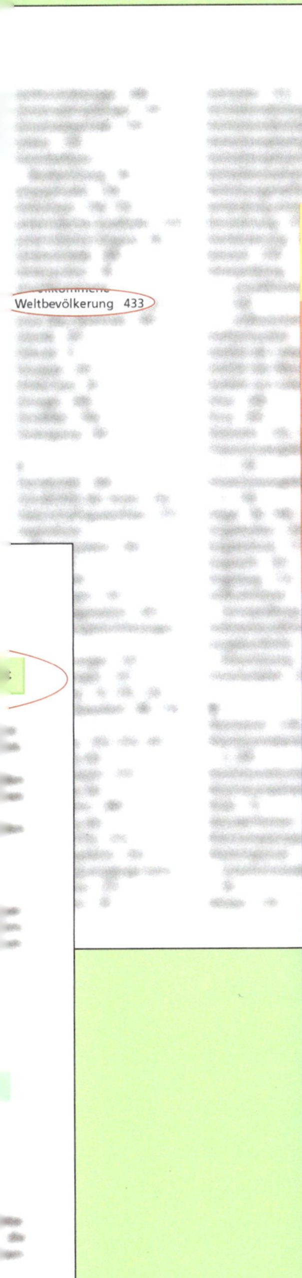

In dieser Form gekennzeichnete Texte enthalten **Beispiele.**

In der Reihe „Basiswissen Schule" sind erschienen:

Basiswissen Schule
Astronomie
272 Seiten
ISBN 3-411-71491-3

Basiswissen Schule
Biologie
376 Seiten
ISBN 3-411-71481-6

Basiswissen Schule
Biologie Abitur
464 Seiten
ISBN 3-411-04550-7

Basiswissen Schule
Chemie
320 Seiten
ISBN 3-411-71471-9

Basiswissen Schule
Chemie Abitur
464 Seiten
ISBN 3-411-04570-1

Basiswissen Schule
Computer
276 Seiten
ISBN 3-411-71512-X

Basiswissen Schule
Deutsch
288 Seiten
ISBN 3-411-71591-X

Basiswissen Schule
Englisch Abitur
360 Seiten
ISBN 3-411-71951-6

Basiswissen Schule
Geographie
416 Seiten
ISBN 3-411-71611-8

Basiswissen Schule
Geschichte
464 Seiten
ISBN 3-411-71581-2

Basiswissen Schule
Informatik Abitur
440 Seiten
ISBN 3-411-71621-5

Basiswissen Schule
Literatur
464 Seiten
ISBN 3-411-71601-0

Basiswissen Schule
Mathematik
390 Seiten
ISBN 3-411-71501-4

Basiswissen Schule
Mathematik Abitur
464 Seiten
ISBN 3-411-71741-6

Basiswissen Schule
Physik
360 Seiten
ISBN 3-411-71461-1

Basiswissen Schule
Physik Abitur
464 Seiten
ISBN 3-411-71751-3

Basiswissen Schule
Politik
464 Seiten
ISBN 3-411-04590-6

Basiswissen Schule
Technik
264 Seiten
ISBN 3-411-71522-7

Basiswissen Schule
Wirtschaft
256 Seiten
ISBN 3-411-71532-4

Internet: www.schuelerlexikon.de

DUDEN

Basiswissen Schule

Biologie Abitur

PAETEC
Verlag für Bildungsmedien Berlin · Frankfurt a. M.

Dudenverlag Mannheim · Leipzig · Wien · Zürich

Herausgeber
Prof. Dr. Wilfried Probst
Petra Schuchardt

Autoren
Prof. Dr. Annelore Bilsing
Andreas Börstler
Jörg Dietze
Dr. Karl-Heinz Firtzlaff
Dr. Axel Goldberg
Dr. Eva Klawitter
Prof. Dr. Siegfried Kluge
Dr. Alexander Kohly
Klaus Kreiselmaier
Prof. Dr. Wilfried Probst
Petra Schuchardt
Dr. Peter Seidel
Sybille Weber

Die Autoren der Inhalte der beigefügten CD-ROM sind im elektronischen Impressum auf der CD-ROM aufgeführt.

Bibliografische Information der Deutschen Bilbliothek
Die Deutsche Bilbliothek verzeichnet diese Publikation in der Deutschen Nationalbibliografie; detaillierte bibliografische Daten sind im Internet über http://dnb.ddb.de abrufbar.

Internet: www.schuelerlexikon.de

Redaktion: Petra Schuchardt (PAETEC GmbH)
Gestaltungskonzept: Britta Scharffenberg (PAETEC GmbH)
Umschlaggestaltung: Hans Helfersdorfer, Heidelberg
Layout: Johanna Dörsing (PAETEC GmbH), Marion Schneider (PAETEC GmbH)
Grafiken: Renate Diener, Johanna Dörsing, Reinhild Gluszak, Wolfgang Gluszak, Christiane Gottschlich, Martha-Luise Gubig, Karin Mall, Christiane Mitzkus, Walther-Maria Scheid, Sybille Storch
Druck und Bindung: Appl, Wemding

ISBN 3-89818-085-9 (PAETEC Verlag für Bildungsmedien)
ISBN 3-411-04550-7 (Dudenverlag)

INHALTSVERZEICHNIS

1 DIE BIOLOGIE – WISSENSCHAFT VON DEN LEBEWESEN

1.1 Das „biologische Zeitalter"

- Ziel der Biologie ist es, die Lebewesen im Einzelnen, deren komplexes Zusammenwirken sowie die vielfältigen Lebenserscheinungen zu verstehen.
- Die Kennzeichen des Lebendigen sind Stoff- und Energiewechsel, Wachstum und Entwicklung, Bewegung, Fortpflanzung und Vermehrung, Reizbarkeit, Selbstregulation und Evolution.

1.1.1 Die Biologie bestimmt unser Leben

bios: griech. = Leben; *logos:* griech. = Wort, Lehre, Wissenschaft; Biologie = Wissenschaft vom Leben

Was haben der Schädlingsbefall im Kleingarten, der Bakterien übertragende Zeckenbiss, das Waldsterben und die Suche nach einem neuen Antibiotikum gemeinsam? Alle diese Erscheinungen und Vorgänge sind biologischer Natur. Stets sind Lebewesen im Spiel. Ihre Verschiedenartigkeit und ihre unterschiedlichen Lebensäußerungen machen die enorme Vielfalt biologischer Phänomene aus.

Ziel der Wissenschaft **Biologie** ist es, diese Vielfalt auf allen Ebenen zu erforschen, das biologische Wissen zu strukturieren und die in der belebten Natur wirkenden Gesetzmäßigkeiten zu erkunden.

Die Bedeutung der MONA LISA in der Kunst kann man vergleichen mit der Bedeutung der Doppelhelix in der modernen Biologie (↗ Abbildung).

Ging es dabei lange Zeit vor allem um das Auffinden, Beschreiben und Ordnen von Lebewesen, so steht heute die experimentelle Erforschung von Lebensvorgängen im Vordergrund. Diese Untersuchungen reichen von der molekularen Ebene bis zur Erforschung globaler Stoff- und Energieflüsse. Dabei haben die molekulargenetischen Erkenntnisse, die durch das Modell der DNA symbolisiert werden, in den letzten Jahrzehnten eine besondere Bedeutung erlangt. Technische Anwendungen biologischer Forschungsergebnisse gewinnen zunehmend an wirtschaftlicher Bedeutung. In der Medizin hofft man auf Heilung von bisher unheilbaren Krankheiten und Leiden, in der Pharmaindustrie setzt man auf neue effektive Verfahren der Medikamentenherstellung, in der Landwirtschaft will man mit transgenen Kulturpflanzen und Nutztieren neue Dimensionen der Agrarproduktion erreichen.

1.1.2 Kennzeichen des Lebendigen

Leben ist stets an Lebewesen gebunden, die uns in großer Vielfalt begegnen und sich in *morphologischen, anatomischen, physiologischen* und *biochemischen* Merkmalen unterscheiden.

Eine Elementaranalyse beweist, dass in Organismen jene Elemente vorkommen, die auch in der unbelebten Natur weit verbreitet sind. Die Elemente Kohlenstoff, Sauerstoff, Wasserstoff, Stickstoff, Phosphor, Schwefel, Kalium, Calcium und Magnesium machen einen besonders hohen Anteil aus. Sie sind Baustoffe für organische Verbindungen, die für Lebewesen charakteristisch sind: Proteine, Kohlenhydrate, Lipide, Nucleinsäuren und einige andere (↗ S. 47 ff.).

Die Einteilung der Lebewesen erfolgt in die drei großen Domänen *Archaea*, *Bacteria* und *Eukarya*. Letztere lassen sich wiederum in vier **Organismenreiche** aufgliedern (↗ S. 341): die Protisten, die Pflanzen, die Pilze und die Tiere.

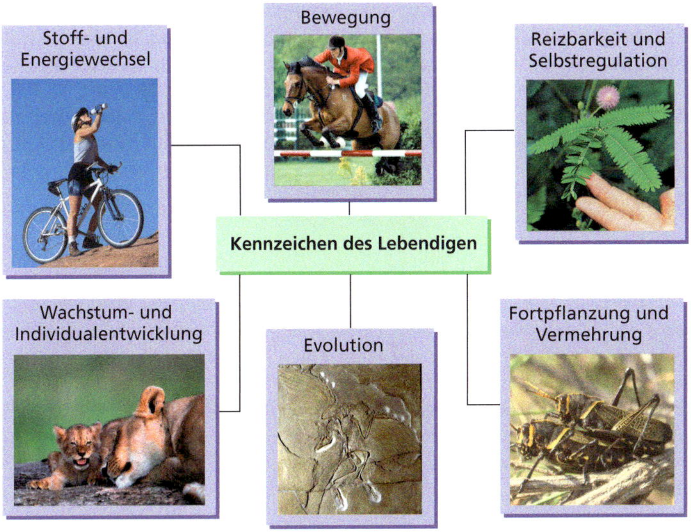

Stoff- und **Energiewechsel** sind unabdingbare Voraussetzungen für alle anderen Erscheinungen des Lebens. Sie liefern die stofflichen und energetischen Grundlagen für Wachstum, Entwicklung, Bewegung, Reizverarbeitung und Fortpflanzung. Stoff- und Energiewechsel vollziehen sich in Form vielfältiger biochemischer Reaktionen des Stoffaufbaus, Umbaus und Abbaus. Sie schließen die Nährstoffaufnahme, die Verwertung, die Energieumwandlung und die Ausscheidung ein (↗ S. 94 ff.).

Wachstum und **Individualentwicklung** drücken sich bereits im Größen- und Gestaltwandel eines Lebewesens aus. Wachstum ist die irreversible Volumenzunahme eines Organismus oder seiner Teile. Bei Vielzellern beginnt es meistens mit der Verschmelzung von Ei- und Samenzelle, es folgen die Embryonalentwicklung, Jugend, Fortpflanzungsfähigkeit, Alter und Tod. Das individuelle Leben der Einzeller endet mit der Zellteilung.

Da viele Einzeller ohne äußere Einwirkung nicht sterben, sondern sich teilen, spricht man auch von „potenzieller Unsterblichkeit".

Nur durch **Fortpflanzung** und **Vermehrung** sichert ein Lebewesen die Erhaltung seiner Art. Grundlage ist die identische Replikation der Erbanlagen. Auf geschlechtlichem oder ungeschlechtlichem Wege können so mehrere bis viele Nachkommen entstehen. Sexuelle Vermehrung führt stets zur Mischung von Erbgut. Durch asexuelle Vermehrung entstehen genetisch einheitliche Nachkommen (Klon, ↗ S.176 ff., 198).

Reizbarkeit und **Selbstregulation** sind eng miteinander verbunden. Durch die Fähigkeit, Reize aufzunehmen, zu verarbeiten und darauf zu reagieren, steht ein Lebewesen in ständiger Beziehung zur Umwelt. Reizbarkeit ist eine entscheidende Voraussetzung für die Selbstregulation biologischer Systeme (↗ S. 136 ff.).

Motilität:
motus: lat. = bewegt; Bewegungsfähigkeit von Zellorganellen und Organismen

Bewegung ist mehr als nur die für Tiere charakteristische Fähigkeit zu aktivem Ortswechsel. Auch die Änderung der Blattstellung an einer Pflanze, Krümmungsbewegungen, die Verlagerung von Organellen in einer Zelle oder Protoplasmaströmungen sind Motilitätserscheinungen.

Evolution beinhaltet die Fähigkeit biologischer Systeme zur genetischen Veränderung und Anpassung an Umweltbedingungen. Im Laufe der stammesgeschichtlichen Entwicklung sind die heutigen Organismenarten in großen Zeiträumen aus einer geringen Vielfalt einfach organisierter Formen hervorgegangen (↗ S. 284 ff.). Erst das geordnete Zusammenwirken dieser Merkmale ergibt ein lebendes System. Da bereits eine einzelne Zelle alle Kennzeichen des Lebendigen auf sich vereint, kann sie als Grundbaustein und einfachste funktionelle Einheit aller Lebewesen aufgefasst werden.

1.1.3 Organisation des Lebendigen

Eucyt:
Zelle der Eukaryoten (mit Kern)

Procyt:
Zelle der Prokaryoten (ohne Kern)

Prokaryoten:
Lebewesen aus Procyten bestehend

Eukaryoten:
Lebewesen aus Eucyten bestehend

Protisten:
Begründer (eines der vier Reiche der Eukaryoten, ↗ S. 341)

Die Vielfalt des Lebens wird in unterschiedlichen **Organisationsformen** und auf verschiedenen Organisationsebenen offenkundig. Da eine einzelne **Zelle** alle Merkmale des Lebens aufweist, kann sie bereits ein eigenständiges Lebewesen verkörpern. Bei den Einzellern ist dies der Fall. Viele Zellen mit gleichartiger Differenzierung und Spezialisierung bilden **Gewebe.** Solche funktionellen Einheiten wiederum bilden **Organe** und **Organsysteme.** Aus ihnen setzt sich ein funktionsfähiger **Organismus** zusammen. Nach Merkmalen der äußeren Gestalt und des inneren Baues, nach physiologischen, biochemischen und molekularbiologischen Besonderheiten lassen sich Lebewesen in Organisationsformen einteilen. Bei ähnlich organisierten Formen spricht man auch von einem gemeinsamen **Bauplan.** Oft ist dieser gemeinsame Bauplan auch Ausdruck der natürlichen Verwandtschaft. Doch können Anpassungen an bestimmte Umweltbedingungen innerhalb einer Verwandtschaftsgruppe sehr unterschiedliche Organisationsformen bewirken, umgekehrt können ähnliche Umweltbedingungen bei nicht näher verwandten Arten zu Ähnlichkeiten führen.

Ein wichtiger Aspekt des Lebens sind die Wechselwirkungen der Lebewesen mit ihrer Umgebung: Ein Individuum gehört (meist) zu einer Population. Diese steht im Lebensraum mit anderen Lebewesen (Biozönose) und der abiotischen Umwelt (Biotop) in vielfältigen Beziehungen. Biozönose und Biotop bilden das Ökosystem (↗ S. 412).

Vom Einzeller zum Vielzeller

Einzellige Alge der Gattung *Bumilleriopsis*

Vierzelliger Zellverband *(Scenedesmus acutus)*

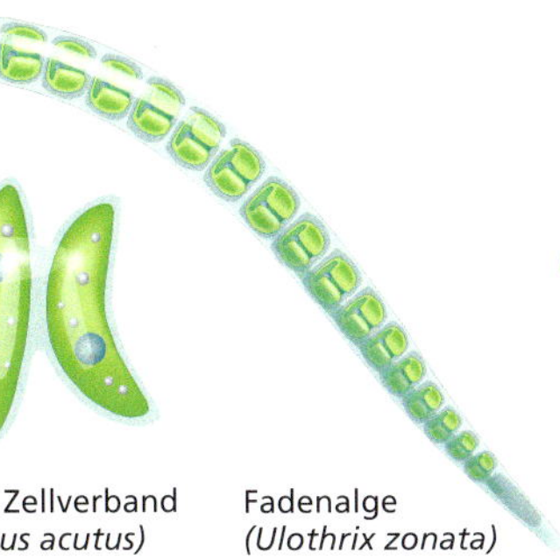

Fadenalge *(Ulothrix zonata)*

Vielzelliger Thallus des Meersalats *(Ulva lactuca)*

Von der Zelle zum Organismus

Knorpelzelle

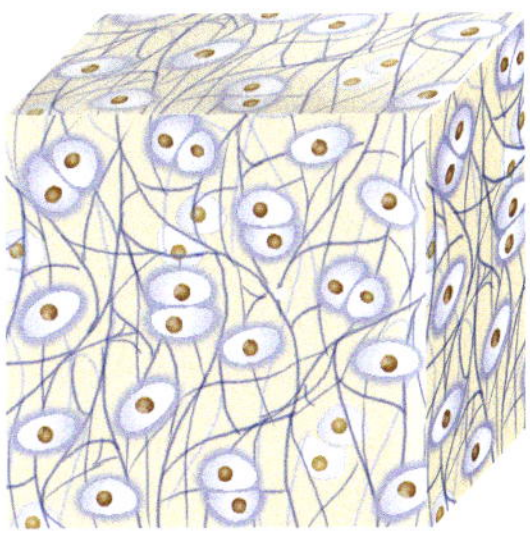

Elastisches Knorpelgewebe

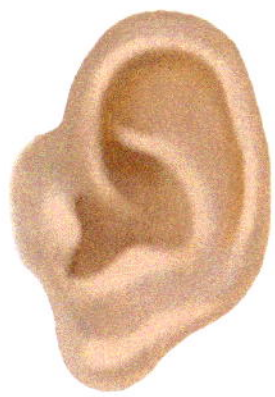

Ohrmuschel als Teil des Gehörorgans

Organismus

Vom Individuum zum Ökosystem

1.2 Die Entwicklung der Biologie als Wissenschaft

- Erste Grundlagen der Naturwissenschaften wurden in der griechischen Antike geschaffen.
- Die Renaissance baute auf den Kenntnissen der Antike auf.
- In der Aufklärung setzte sich die naturwissenschaftliche Forschungsmethode durch.
- LINNÉ entwickelte ein Ordnungssystem für die Fülle der Lebewesen.
- CHARLES DARWIN erklärte die Vielfalt des Lebens durch die Abstammungslehre und die Evolutionstheorie.
- Der Zusammmenhang von Form und Funktion wurde in der Molekularbiologie bis in die Dimension von Molekülen hergestellt.
- Die globale Biologie beschäftigt sich mit Stoff- und Energieflüssen in der Biosphäre.

DEMOKRIT (ca. 470 bis 380 v. Chr.) entwickelte die Vorstellung, dass Materie aus kleinsten unteilbaren Atomen besteht.

1.2.1 Die Anfänge in der Antike

ARISTOTELES (384–322 v. Chr.)

Wie kein anderes Lebewesen ist der Mensch in der Lage, sich ein Bild von der Welt zu machen. Dieses Weltbild schließt Erfahrungen aus der Vergangenheit ein und gestattet Vorhersagen für die Zukunft. Menschen wissen, dass sie geboren wurden und dass sie sterben müssen, Staunen und Zweifel lassen den Menschen die Frage nach dem Sinn des Lebens und der Welt stellen. Dieses Streben nach Erkenntnis wird durch Sprache und Schrift vertieft und führte schon in den ersten Hochkulturen in Ägypten, im Zweistromland, in Iran, in Indien und in China zu Denkschulen und Glaubenstraditionen, in denen sich Philosophie, Religion und Mythologie vermischten.

Eine klare Trennung zwischen rational bestimmter Philosophie und Mythologie wurde zum ersten Mal von den griechischen Naturphilosophen im 5. Jh. v. Chr. vorgenommen. Einige ihrer Ideen kommen den Erkenntnissen moderner Naturwissenschaften sehr nahe. Einen Höhepunkt erlebte die griechische Philosophie in ihrer klassischen Periode. **ARISTOTELES** (384–322 v. Chr.) hat in vorher nicht erreichter Vollständigkeit das gesamte Wissen seiner Zeit aufgezeichnet. Seine umfangreichen Tierbeschreibungen geben nicht nur einen systematischen Überblick über das Tierreich, sie enthalten auch anatomische, physiologische und ökologische Angaben (↗ S. 284).

Von seinem Schüler **THEOPHRASTOS** (um 371–287 v. Chr.) sind botanische Werke überliefert, die ebenfalls sehr präzise physiologische und ökologische Beschreibungen enthalten. Am römischen Hof verbesserten **PEDANIOS DIOSKURIDES** (um 40–90 n. Chr.) und **CLAUDIUS GALENUS** (129 bis ca. 199 n. Chr.) die Heilpflanzenkunde, **PLINIUS DER ÄLTERE** (23–79 n. Chr.) fasste das naturkundliche Wissen seiner Zeit zusammen.

In der nebenstehenden Abbildung sind DIOSKURIDES (links sitzend) und die personifizierte Weisheit dargestellt (Byzanz, um 512).

1.2.2 Ein neuer Anfang in der Renaissance

Während das klassische Altertum durch eine nach außen gerichtete Geisteshaltung gekennzeichnet war, dominierte unter dem Einfluss der christlichen Kirchen im Mittelalter eine ganz nach innen gerichtete Weltschau. Nur selten wurde der Versuch unternommen, hergebrachte Lehrmeinungen durch Untersuchung der realen Gegebenheiten zu überprüfen oder zu revidieren. Aus der Beschäftigung mit der praktischen Medizin und dem Gartenbau entwickelten sich Ansätze naturwissenschaftlicher Kenntnisse in den Klöstern. Die Äbtissin **HILDEGARD VON BINGEN** (1098–1179) verfasste zwei naturwissenschaftlich-medizinische Schriften, und der Dominikaner **ALBERTUS MAGNUS** (1200–1280) führte viele eigenständige naturkundliche Beobachtungen durch.

Über arabische Gelehrte gelangte vergessenes Wissen der Antike ins Abendland:
AVICENNA (980–1037) verfasste ein umfangreiches medizinisches Werk, das von römisch-griechischer Tradition geprägt war.
AL IDRISI (1100–1186) schrieb bedeutende Werke zur Geographie und zur Pflanzen- und Tierkunde.

Im 14. Jh. begann – von Italien ausgehend – eine kulturelle Bewegung, die später Renaissance, also „Wiedergeburt", genannt wurde, weil durch sie der freie, schöpferische Geist der Antike wieder erwachte. Dabei spielten die Araber als Vermittler des antiken Wissens eine bedeutende Rolle. **LEONARDO DA VINCI** (1452–1519), genialer Künstler, Ingenieur und Erfinder, führte exakte vergleichende anatomische Untersuchungen durch. Seine Notizbücher bergen eine Fülle biologischer Darstellungen, die zeigen, dass er seiner Zeit weit voraus war (↗ S. 285).

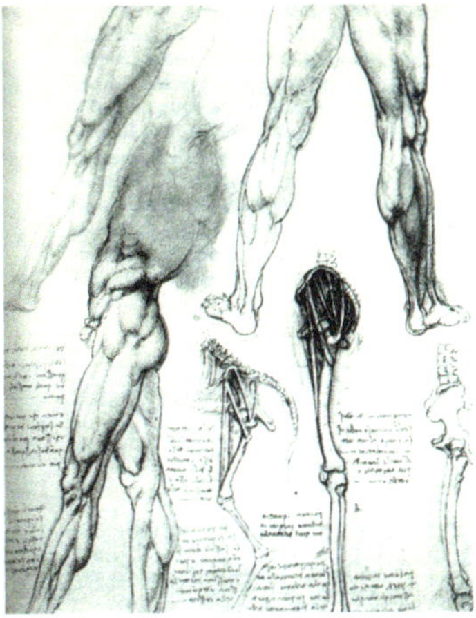

LEONARDO DA VINCIS morphologische Studien des menschlichen Körpers geben exakt jeden Muskel wieder, z. B. nebenstehende Abbildung *„Anatomie eines nackten Mannes"* (1504–1506).

Im 16. Jh. entstanden Werke mit realitätsnahen Darstellungen von Pflanzen und Tieren: Kräuterbücher von **OTTO BRUNFELS** (1488–1534) 1530, **HIERONYMUS BOCK** (1498–1554) 1539 und **LEONHARD FUCHS** (1501–1566) 1543; *Historia animalum* (1551–1558) von **CONRAD GESNER** (1516–1564). **ANDREAS VESALIUS** (1514–1564) veröffentlichte 1542 ein Werk über die Anatomie des menschlichen Körpers. Für die rasche Verbreitung sorgte der 1446 von JOHANNES GUTENBERG erfundene Buchdruck.
Schon im 16. Jh. wurden in Holland die ersten Mikroskope erfunden. **ROBERT HOOKE** (1635–1703) fertigte hervorragende mikroskopische Zeichnungen verschiedenster biologischer Objekte an und veröffentlichte sie in seiner großes Aufsehen erregenden *Micrographia* (1665–1667). **ANTONY VAN LEEUWENHOEK** (1632–1723), ein Leinenhändler aus Delft, eignete sich autodidaktisch den geschickten Umgang mit höchst leistungsfähigen einlinsigen Mikroskopen an. Er beobachtete als Erster Bakterien im Zahnbelag und Samenzellen im menschlichen Sperma (↗ S. 67).

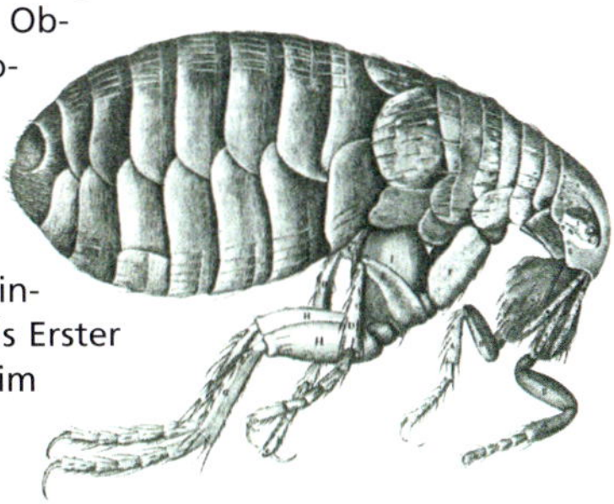

Kopflaus aus HOOKES ***Micrographia*** (Abbildung) aus dem Jahr 1665, ↗ S. 65

William Harvey (1578–1657) entdeckte 1628 den Blutkreislauf im menschlichen Körper.

René Descartes (1596–1650)

Vitalismus und Mechanismus kennzeichnen zwei unterschiedliche Sichtweisen der Biologie im 18. und 19. Jh.

1.2.3 Die Aufklärung

Galileo Galilei (1564–1642), **Johannes Kepler** (1571–1630) und **Isaac Newton** (1643–1727) nutzten die Mathematik, um Gesetzmäßigkeiten der physischen Natur zu erkennen und zu beschreiben. So formte sich eine physikalische Erklärung des Kosmos, die bald auch auf die belebte Natur ausgedehnt wurde. **William Harvey** (1578–1657) gelang 1628 die Entdeckung des Blutkreislaufes, indem er Galileis Mechanik zur Bestimmung der Herzleistung nutzte. Solche Erfolge der exakten Naturwissenschaften waren Grundlage einer philosophisch-gesellschaftlichen Bewegung, die in England als „enlightment" begann und sich dann schnell auf das übrige Europa ausbreitete. Mithilfe der Vernunft sollten sich die Menschen *„aus ihrer selbstverschuldeten Unmündigkeit befreien können"* (Imanuel Kant 1724–1804). Die Erfolge führten allerdings auch zu Überschätzungen der physikalischen Erklärungsmöglichkeiten. **René Descartes** (1596–1650) erklärte die Tiere zu bloßen Automaten bzw. Maschinen, die alleine physikalischen Gesetzmäßigkeiten gehorchten.

Diese mechanistische Auffassung der Lebewesen erreichte mit der Veröffentlichung *„L'homme machine" (Die Maschine Mensch)* von **Julien Offray de la Mettrie** (1709–1751) 1749 einen Höhepunkt. Da sich jedoch schnell zeigte, dass viele Phänomene des Lebens sich einfachen Erklärungsversuchen entzogen, entstand eine Gegenbewegung, die als **„Vitalismus"** bezeichnet wird. Der Streit zwischen Vitalisten und Mechanisten dauerte das ganze 18. und 19. Jh. an.

Die in der Aufklärung entwickelte naturwissenschaftliche Forschungsmethode, die auf Hypothesenbildung, Experimenten, exakten Messungen und logischen Schlussfolgerungen beruht, war die Voraussetzung für die großen Erkenntnisfortschritte der Naturwissenschaften und ihre technischen Anwendungen.

Erkenntnisgewinnung in der Biologie

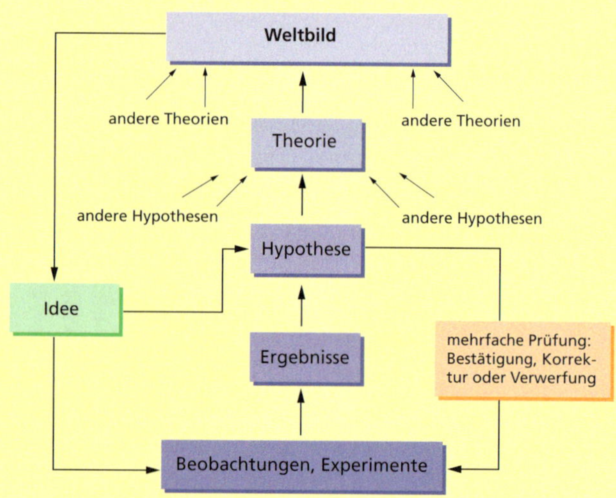

1.2.4 Die Erfassung der Vielfalt

Im 17. und 18. Jh. wurde das durch Aufsammlungen, Beobachtungen und genaue Untersuchungen zusammengetragene biologische Material immer vielfältiger. Die Eroberung erdumspannender Kolonialreiche hatte zur Folge, dass Sammlungen exotischer Tiere und Pflanzen in großer Zahl nach Europa gebracht wurden. Um diese Fülle wissenschaftlich zu bewältigen, war dringend ein geeignetes **Ordnungssystem** erforderlich. Mehrere Versuche zur Entwicklung solcher Systeme wurden unternommen, zum Beispiel von dem Basler GASPARD BAUHIN (1560–1624) oder von dem Engländer JOHN RAY (1628–1705).

CARL VON LINNÉ (1707–1778)

Am erfolgreichsten gelang dies jedoch dem jungen schwedischen Naturwissenschaftler **CARL VON LINNÉ** (1707–1778) mit seinem 1735 zum ersten Mal erschienenen *„Systema naturae"*. In diesem System der Natur werden alle Pflanzen, Tiere und Mineralien in ein hierarchisch gegliedertes System von Arten, Gattungen, Ordnungen und Klassen eingeteilt.

Titel der ersten deutschen Ausgabe von LINNÉS *Systema naturae*, Nürnberg, 1773 (↗ Abbildung).

Die erste Auflage umfasste nur 10 Seiten, die 1758 erschienene 10. Auflage 2 500 Seiten! LINNÉ führte sehr konsequent die wissenschaftliche Benennung aller Tier- und Pflanzenarten mit zwei lateinischen Namen ein **(binäre Nomenklatur,** ↗ S. 339), den ersten für die Gattung, den zweiten – kleingeschrieben als Eigenschaftswort – für die Art.

Der Name des Menschen nach der **binären Nomenklatur** lautet demnach *Homo* (Gattung) *sapiens* (Art).

Mithilfe dieses Systems war es möglich geworden, alle Pflanzen und Tiere eindeutig zu beschreiben und zu ordnen. Dies war eine wichtige Voraussetzung für die Erfassung der biologischen Vielfalt.

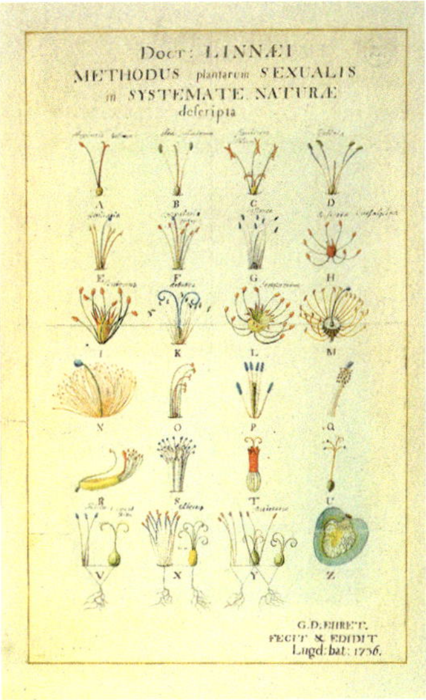

Das linnésche Sexualsystem der Pflanzen gliederte die Pflanzenarten zunächst nach der Anzahl der Staubblätter und dann nach der Anzahl der Fruchtblätter bzw. Griffel (↗ Abbildung).

Dank seiner in alle Welt reisenden Schüler war die Zahl der beschriebenen Arten schon zu LINNÉS Lebzeiten enorm angestiegen, doch im 19. Jh. wurden in kurzer Zeit noch größere Fortschritte erzielt.
Diese systematische Erforschung der **Biodiversität** (↗ S. 444) war eine wichtige Voraussetzung für neue Wissensgebiete der Biologie, die sich im 19. Jh. entwickelten, insbesondere für die Biogeographie, die Ökologie und die Evolutionslehre.

1.2.5 Vitalismus und Mechanismus

CASPAR F. WOLFF (1734–1794) widerlegte die so genannte **Präformationstheorie,** nach der die Generationen bereits in den Keimzellen vorgebildet sein sollten.

Ursprünglich war die Biologie vor allem eine beschreibende und ordnende Wissenschaft. Die durch Sektion und mikroskopische Untersuchungen verbesserten morphologischen und anatomischen Kenntnisse führten dazu, dass sich im 18. Jh. zunehmend die Frage nach dem Zusammenhang von Form und Funktion stellte.

Man konnte mechanisch erklären, wie die Gelenke funktionieren, nicht aber, wie sich die Muskeln verkürzen. Man wusste, dass das Blut durch die Herzpumpe im Körper zirkuliert, die Funktionen des Blutes waren jedoch weitgehend ungeklärt. Insbesondere ungeklärt war die Frage, was bei der Befruchtung passiert und wie sich aus einem Ei bzw. einer Eizelle ein neues Lebewesen entwickelt.

JOSEPH PRIESTLEY (1733–1804)

Erst im 19. Jh. wurden der zelluläre Aufbau der Lebewesen, die Zellteilung und die Zellverschmelzung bei der Befruchtung geklärt. Basierend auf den 1900 wiederentdeckten mendelschen Vererbungsregeln (↗ S. 221), lieferte die von **WALTER S. SUTTON** (1876–1916) und **THEODOR BOVERI** (1862–1915) 1903 formulierte Chromosomentheorie der Vererbung eine abschließende Erklärung auf zellulärer Ebene (↗ S. 224).

Nachdem durch Arbeiten von **ANTOINE LAURENT LAVOISIER** (1743–1794) und **JOSEPH PRIESTLEY** (1733–1804) die chemische Zusammensetzung der Luft aufgeklärt worden war, gelang **JAN INGENHOUSZ** (1730–1799) und **NICOLAS THÉODORE DE SAUSSURE** (1767–1845) die Aufklärung der Gasaustauschvorgänge bei den Pflanzen und damit auch die grundsätzliche Klärung der Fotosynthese (↗ S. 105 ff.).

FRIEDRICH WÖHLER (1800–1882)

FRIEDRICH WÖHLER (1800–1882) konnte 1828 den bis dahin als *„organisch"* geltenden und damit nach vitalistischer Auffassung nur in Lebewesen erzeugbaren Harnstoff aus dem *„anorganischen"* Ammoniumcyanat synthetisieren.
Dies lieferte den Mechanisten ein wichtiges Argument gegen die von den Vitalisten angenommene besondere *„Lebenskraft"*.

Erst folgende Entwicklungen in der ersten Hälfte des 20. Jh. führten dazu, dass vitalistische Erklärungsmodelle aufgegeben wurden:

1. Die **Genetik** lieferte mit der Vorstellung des steuernden „genetischen Programms" eine neue Erklärung für Entwicklungsvorgänge.
2. Die **Evolutionstheorie** konnte mit der Anpassungsselektion die Angepasstheit von Lebewesen an Umweltbedingungen erklären.
3. Biochemische und elektronenoptische Untersuchungen lieferten ein neues, sehr komplexes Bild des Zellplasmas, dem man vorher als „Protoplasma" vitalistische Eigenschaften zugeschrieben hatte.
4. Alle Versuche der Vitalisten, die Existenz einer nichtmateriellen Lebenskraft zu beweisen, waren gescheitert.

1.2.6 Die Evolutionslehre und ihre Folgen

Im ausgehenden 18. Jh. staunte man über die riesige Artenfülle, die durch Forschungsreisen zusammengetragen worden war. Vergleichende Untersuchungen zeigten konvergente Entwicklungen und Homologien (↗ S. 299) auf. Ebenso wie die ersten gründlicheren Bearbeitungen von Fossilfunden forderten sie Erklärungen, die über die biblische Schöpfungsgeschichte hinausgingen. Der Franzose GEORGES BARON DE CUVIER (1769–1832, ↗ S. 287) versuchte, die in unterschiedlichen geologischen Schichten gefundenen Fossilien damit zu erklären, dass gewaltige Naturkatastrophen auf einen Schlag Tier- und Pflanzengruppen ausgelöscht hätten. Er vermutete, dass es anschließend jeweils zu Neuschöpfungen kam **(Katastrophen-Theorie)**.

GEORGES CUVIER (1769–1832)

Der Gedanke, dass Arten sich wandeln und allmählich ineinander übergehen könnten, wurde zum ersten Mal ausführlich und klar von JEAN BAPTISTE DE LAMARCK (1744–1829) geäußert. Er nahm an, dass erdgeschichtlich jüngere von erdgeschichtlich älteren Arten abstammen **(Deszendenz-Theorie).** Als Erklärung der allmählichen Veränderungen von Merkmalen und Arten nahm LAMARCK an, dass diese durch Gebrauch oder Nichtgebrauch von veränderten Merkmalen weiter vererbt werden konnten.

CHARLES DARWIN (1809–1882) konnte als junger Naturwissenschaftler in den Jahren 1831–1835 eine Weltreise unternehmen. Die Beobachtungen und Aufsammlungen, die DARWIN auf dieser Reise machen konnte, ließen in ihm die Überzeugung reifen, dass Arten nicht konstant wären, sondern wandelbar sein müssten. Als Erklärung für diese „Evolution der Lebewesen" entwickelte DARWIN die so genannte **Selektionstheorie** (↗ S. 287). ALFRED RUSSEL WALLACE (1823–1913) kam bei zoologischen Forschungen im Malaiischen Archipel zu ähnlichen Schlussfolgerungen. Beide trugen ihre Ergebnisse am 1. Juli 1858 vor der Royal Society in London vor. Den Durchbruch brachte jedoch erst das 1859 veröffentlichte Werk von DARWIN *„Über die Entstehung der Arten durch natürliche Zuchtwahl"*.

ALFRED R. WALLACE (1823–1913)

Wichtigste Aussagen der **Selektionstheorie zur Abstammung der Arten** sind:

1. Alle Pflanzen und Tierarten produzieren einen hohen Überschuss an Nachkommen, von denen nur ein Bruchteil überlebt bzw. wieder zur Fortpflanzung kommt.
2. Alle Individuen einer Art unterscheiden sich durch kleine erblich festgelegte Unterschiede.
3. Nur diejenigen Arten kommen wieder zur Fortpflanzung, die am besten an ihre Umwelt angepasst sind (**„Anpassungsselektion"**).

ERNST HAECKEL (1834–1919)

DARWINS neue Lehre gewann rasch viele Anhänger, sie war aber auch einer heftigen Gegnerschaft ausgesetzt. In England wurde sie vor allem von **THOMAS HUNT HUXLEY** (1825–1895) und **JAMES D. HOOKER** (1817–1911) vertreten, in Deutschland z. B. von **ERNST HAECKEL** (1834–1919) und ALFRED WEISMANN (1834–1914). Eine Folge der **Evolutionstheorie** war der Versuch, die systematische Ordnung der Lebewesen nun mit ihrer natürlichen Verwandtschaft zu begründen („natürliche" Systeme ↗ S. 17).

Die 1865 von dem Augustinermönch **JOHANN GREGOR MENDEL** (1822 bis 1884) in Brünn veröffentlichten Vererbungsregeln (↗ S. 221 ff.) wurden zunächst nicht weiter beachtet. Erst im Jahre 1900 entdeckten **CARL ERICH CORRENS** (1864–1933), **ERICH TSCHERMAK** (1871–1962) und **HUGO M. DE VRIES** (1848 bis 1935) unabhängig voneinander diese Regeln erneut. Daraus entstand die von **WILLIAM BATESON** (1861–1926) 1905 **„Genetik"** benannte neue Biowissenschaft (↗ S. 200). Zunächst wurde vor allem die Bedeutung der Mutationen in der Evolution von Genetikern und Evolutionsforschern unterschiedlich gesehen. Diese Kontroverse wurde durch die **„synthetische Theorie"** beendet, die Erkenntnisse aus der Populationsgenetik, der Ökologie, der Biogeographie, der Paläontologie und der Phylogenetik verarbeitete (↗ S. 303 ff.).
Während man bis zur Mitte des 19. Jh. davon ausging, dass die **„Urzeugung"** – die spontane Entstehung einfachen Lebens – möglich wäre, wurde dies durch sorgfältige Versuche von **LOUIS PASTEUR** (1822–1895) endgültig widerlegt (↗ S. 275).

J. GREGOR MENDEL (1822–1884)

Doch wie war dann das erste Leben auf der Erde entstanden? Die Theoriebildung zu diesem Thema wurde vor allem durch die Versuche von **STANLEY LLOYD MILLER** (geb. 1930) angeregt. MILLER simulierte in einer Experimentalanordnung die vermutete Zusammensetzung der Erd-Uratmosphäre, indem er Wasserstoff mit Methan, Schwefelwasserstoff, Kohlenstoffdioxid und Ammoniak mischte und in dieses Gemisch elektrische Funkenentladungen („Blitze") einschlagen ließ. Die dabei entstandenen Gase wurden in einer wässrigen Phase aufgefangen. Nach mehreren Versuchszyklen konnten Ameisensäure, Essigsäure, Harnstoff und Aminosäuren – einfache Bausteine des Lebens – nachgewiesen werden. Damit war bewiesen, dass unter Bedingungen, wie sie auf der **Urerde** geherrscht haben könnten, Bausteine des Lebens entstehen konnten (↗ S. 289). Allerdings wird bis heute über den Ablauf und den Ort der Biogenese diskutiert. Auch eine extraterrestrische Lebensentstehung – wie sie zum ersten Mal 1906 von dem schwedischen Physikochemiker **SVANTE AUGUST ARRHENIUS** (1859–1927) vermutet wurde – gilt bis heute für möglich.

1.2.7 Molekulare Grundlagen

Mit den großen Fortschritten der Chemie im 19. Jh. gelang es immer mehr Naturstoffe zu isolieren und ihre Struktur aufzuklären, schließlich sogar synthetisch nachzubilden. Diese neuen Kenntnisse waren Voraussetzung dafür, Stoffwechselwege in Organismen chemisch zu verstehen. Sir **HANS ADOLF KREBS** (1900–1981) klärte so entscheidende Stoffwechselzyklen, wie den Harnstoffzyklus (1932) und – zusammen mit anderen Biochemikern – den Citronensäurezyklus auf (↗ S. 116).

OTTO HEINRICH WARBURG (1883–1970) entwickelte mit dem **„WARBURG-Manometer"** eine neue Technik der quantitativen Messung von Gasentwicklungen bei Stoffwechselvorgängen. Damit gelang ihm die weitgehende Aufklärung der biochemischen Vorgänge bei der Zellatmung und bei Gärungen.
1845 formulierte **JULIUS ROBERT MAYER** (1814 bis 1878) zum ersten Mal, dass Pflanzen Sonnenenergie in chemische Energie umwandeln.

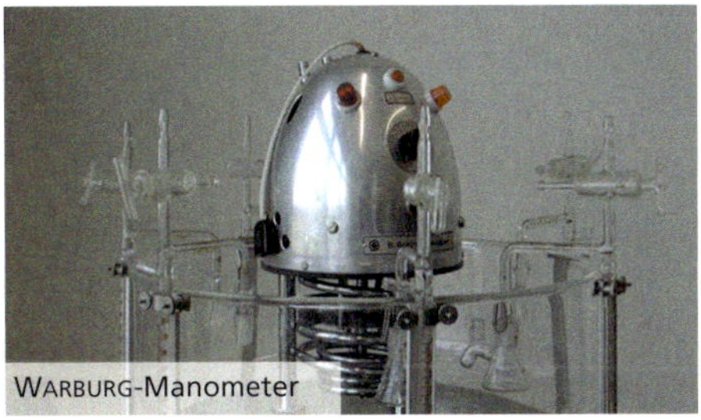
WARBURG-Manometer

JEAN B. BOUSSINGAULT (1802–1887) konnte 1864 nachweisen, dass bei der Fotosynthese etwa gleich viel Sauerstoff freigesetzt wie CO_2 verbraucht wird. Der Physiologe **ARCHIBALD V. HILL** (1886–1977) konnte mit isolierten Chlorophyllkörnern grüner Blätter durch Zugabe eines Oxidationsmittels die Spaltung von Wasser und die Abtrennung von Sauerstoff erreichen (HILL-Reaktion). Er bewies, dass die CO_2-Reduktion und die O_2-Erzeugung zwei getrennte Teilreaktionen der Fotosynthese sind.

OTTO H. WARBURG (1883–1970)

Die weitgehende Aufklärung der Lichtreaktionen der Fotosynthese gelang **DANIEL I. ARNON** (1910–1994) in den 50er Jahren. Der amerikanische Biochemiker **MELVIN CALVIN** (geb. 1911) klärte zwischen 1950 und 1960 den Reaktionszyklus auf, der zur Fixierung des Kohlenstoffdioxidmoleküls als Zucker in der Zelle führt (↗ S. 108).

Während man zunächst Proteine als wahrscheinliche Erbsubstanz annahm, konnte der kanadische Bakteriologe **OSWALD T. AVERY** (1877 bis 1955) 1944 eindeutig nachweisen, dass bei Bakterien die Nucleinsäuren die Träger der Erbinformation sind. 1953 entwarfen **FRANCIS H. CRICK** (geb. 1916) und **JAMES D. WATSON** (geb. 1928) das bis heute gültige Strukturmodell der Desoxyribonucleinsäure (**DNA,** ↗ S. 60 f., 200 ff.) – auf der Grundlage von röntgenspektroskopischen Bildern von **ROSALIND FRANKLIN** (1920–1958). **HAR GORBIND KHORANA** (geb. 1922), **MARSHALL W. NIRENBERG** (geb. 1927) und **SEVERO OCHOA** (1905–1993) gelang in den Jahren 1961 bis 1966 die endgültige **Aufklärung des genetischen Codes** (↗ S. 203), d. h. der Basentripletts der Nucleinsäuren, die bei der Proteinsynthese für den Einbau einer bestimmten Aminosäure in das zu synthetisierende Protein verantwortlich sind. 1970 entdeckten **HOWARD M. TEMIN** (1934 bis 1994) und **DAVID BALTIMORE** (geb. 1938) die Retroviren, die mithilfe der reversen Transkriptase aus einem Ribonucleinsäure-Einzelstrang einen DNA-Doppelstrang synthetisieren können (↗ S. 239).

ROSALIND FRANKLIN (1920–1958)

HAR GORBIND KHORANA (geb. 1922)

1970 gelang HAR GORBIND KHORANA die erste Totalsynthese eines Gens, und 1974 entdeckte **WERNER ARBER** (geb. 1929) die Restriktionsenzyme. Damit waren die Grundlagen für die so genannte Gentechnologie (Gentechnik, molekulare Biotechnologie) gelegt. 1973 zeigten **STANLEY COHEN** (geb. 1922) und **HERBERT BOYER** (geb. 1936), dass DNA-Ketten, die aus Restriktionsfragmenten verschiedener Organismen zusammengesetzt worden waren, über Artengrenzen hinweg in fremde Genome eingebaut werden können. Damit war endgültig bewiesen, dass der genetische Code universell ist und von allen Lebewesen gleichermaßen verstanden wird.

Ein weiterer Meilenstein der molekularen Genetik war die Entwicklung der Polymerase-Kettenreaktion durch **K. B. MULLIS** (1985), mit deren Hilfe DNA-Stränge in vitro vervielfältigt werden können. Auf diese Art und Weise kann man von winzigen DNA-Spuren große Mengen derselben DNA produzieren, die dann auf ihre Sequenz untersucht werden kann (↗ S. 60). Die zunehmende Mechanisierung und Automatisierung dieser Verfahren hat dazu geführt, dass in den letzten Jahren eine Vielzahl von Genomen unterschiedlichster Lebewesen aufgeklärt wurden.

Die Ziele des 1990 in Angriff genommenen **Human Genome Project** waren 2003 mit der vollständigen Sequenzanalyse des menschlichen Genoms erreicht.
Die moderne Genetik und die Sequenzanalyse von Genomen ist heute wichtige Grundlage für die zukünftige Entwicklung in verschiedensten Wissensbereichen.

MENDEL gilt als Begründer der modernen Genetik. Durch Kreuzungsexperimente an Pflanzen kam er zu allgemein gültigen Regeln der Vererbung.

WATSON und CRICK klärten die Struktur der Erbsubstanz DNA auf und erhielten dafür 1962 den Nobelpreis.

Geschichte der Sequenzierung von Genomen			
1995	*Haemophilus influenzae* (Eubacteria)	2000	*Drosophila melanogaster* (Fruchtfliege); *Arabidopsis thaliana* (Acker-Schmalwand)
1996	*Saccharomyces cerevisiae* (Hefepilz)	2001	Mensch (erste Rohversion publiziert)
1997	*Escherichia coli* (Eubacteria)	2002	Labormaus, Laborratte, Reis (jeweils Rohversionen)
1998	*Caenorhabditis elegans* (Rundwürmer)	2003	Mensch (vollständige Version)

1.2.8 Globale Zusammenhänge

Während Genetik und Stoffwechselphysiologie zunehmend die molekularen Grundlagen biologischer Vorgänge erforschen, geht es in der Ökologie um die Beziehungen zwischen komplexen Systemen von Individuen bis zur Biosphäre. Für diese Fragestellungen hatte 1935 die Einführung des Begriffes **„Ökosystem"** von **A. G. TANSLEY** (1871–1955) eine große Bedeutung (↗ S. 412). Angesichts der durch menschliche Aktivitäten bedingten Veränderungen in der Zusammensetzung der Atmosphäre und den Verunreinigungen der Hydrosphäre gewinnt die Erforschung globaler Stoff-Flüsse und Energieumsätze zunehmend an Bedeutung. Solche Forschungen sind Voraussetzung für Zukunftsprognosen zur Entwicklung der Biosphäre. Wegen der hochkomplizierten Wechselwirkungen, die innerhalb eines Ökosystems herrschen, sind Vorhersagen jedoch sehr schwierig und exakte quantitative Aussagen über Stofftransport und Energieumsatz meist eher Momentaufnahmen, die weitergehende Schlussfolgerungen kaum zulassen.

„Ökologie ist die Lehre vom Haushalt der Natur" (ERNST HAECKEL, 1870).

„Ökologie ist die Wissenschaft von der Struktur und Funktion der Natur" (EUGENE P. ODUM, 1967).

„Ökologie ist die Wissenschaft von den Beziehungen der Organismen untereinander und mit ihrer Umwelt" (WOLFGANG TISCHLER, 1975).

So ist z. B. bis heute sehr umstritten, wie sich der durch menschliche Aktivitäten bedingte Anstieg der CO_2-Konzentration in der Atmosphäre auf die Zukunft der Biosphäre auswirken wird (↗ S. 446). Eines jedoch haben die global-ökologischen Forschungen ergeben: Innerhalb der Biosphäre gibt es eine Vielzahl von Rückkopplungs- und Regelungsprozessen, die für die relative Konstanz des Lebensmilieus verantwortlich sind. Dies hat den britischen Mediziner und Geochemiker **JAMES LOVELOCK** (geb. 1919) 1972 dazu veranlasst, dem Bioplaneten Erde, inklusive aller darauf lebender und nicht lebender Materie, insgesamt die Qualitäten eines eigenständigen Lebewesens zuzuschreiben **(Gaia-Hypothese)**.

Gaia: griech. = die Erde als Muttergottheit

Gaia-Hypothese

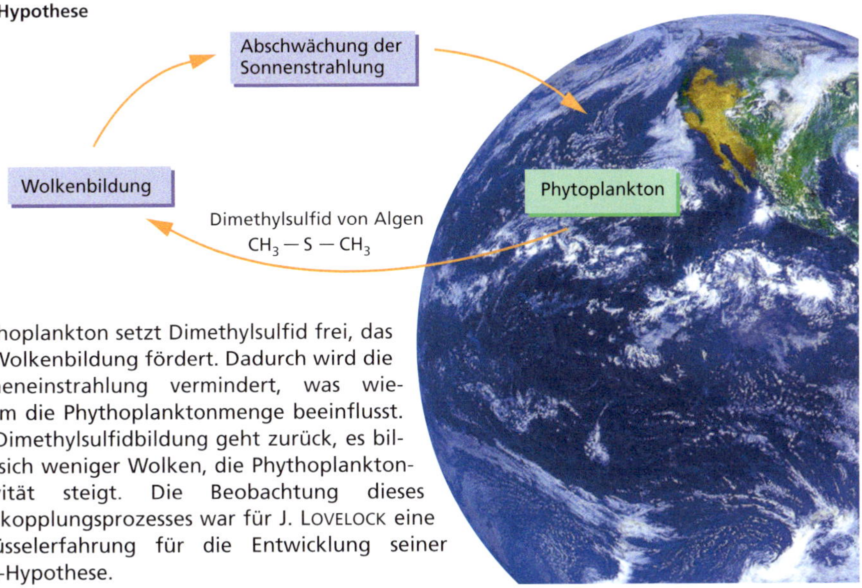

Phythoplankton setzt Dimethylsulfid frei, das die Wolkenbildung fördert. Dadurch wird die Sonneneinstrahlung vermindert, was wiederum die Phythoplanktonmenge beeinflusst. Die Dimethylsulfidbildung geht zurück, es bilden sich weniger Wolken, die Phythoplanktonaktivität steigt. Die Beobachtung dieses Rückkopplungsprozesses war für J. LOVELOCK eine Schlüsselerfahrung für die Entwicklung seiner Gaia-Hypothese.

1.3 Biowissenschaften

- Die Biologie ist in zahlreiche Teildisziplinen gegliedert.
- Enge Beziehungen bestehen zu den anderen Naturwissenschaften Chemie und Physik und zur Mathematik.
- Verbindungen zu den Geisteswissenschaften ergeben sich über die Neurobiologie, aber auch über ethische Probleme, die aus den Möglichkeiten angewandter Erkenntnisse entstehen.
- In Überlappungsbereichen zwischen der Biologie und Nachbarwissenschaften haben sich zahlreiche Brückendisziplinen wie z. B. Biochemie, Biogeographie und Biophysik etabliert (↗ S. 33).

1.3.1 Teildisziplinen der Biowissenschaften

In grünen Kästen sind die Teilgebiete der Biologie so angeordnet, dass verwandte Disziplinen benachbart stehen. Hellgrün sind Disziplinen, die sich mit bestimmten Gruppen von Lebewesen beschäftigen. Orange sind Bereiche angewandter Forschung gekennzeichnet, in den violetten Ovalen stehen Nachbardisziplinen, mit denen es Überlappungsbereiche gibt.

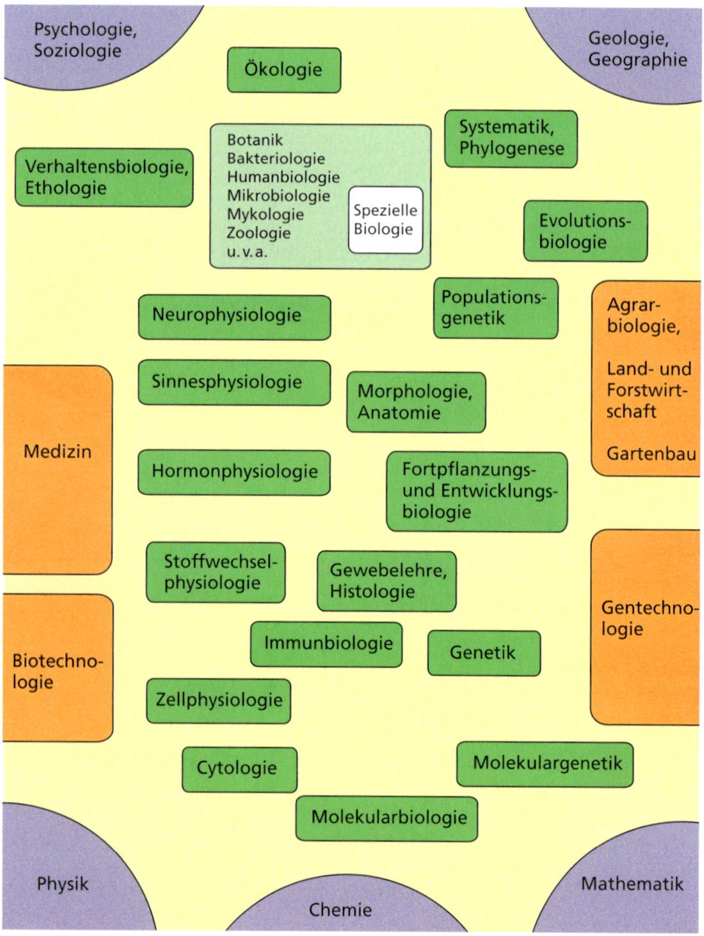

Eine Liste der für die Biologie relevanten Nobelpreisträger von 1900 bis in die Gegenwart aus der Biochemie, Medizin oder anderer benachbarter Disziplinen gibt ebenfalls Auskunft über die Bedeutung der Biologie als Naturwissenschaft.

1.3.2 Denk- und Arbeitsweisen der Biologie

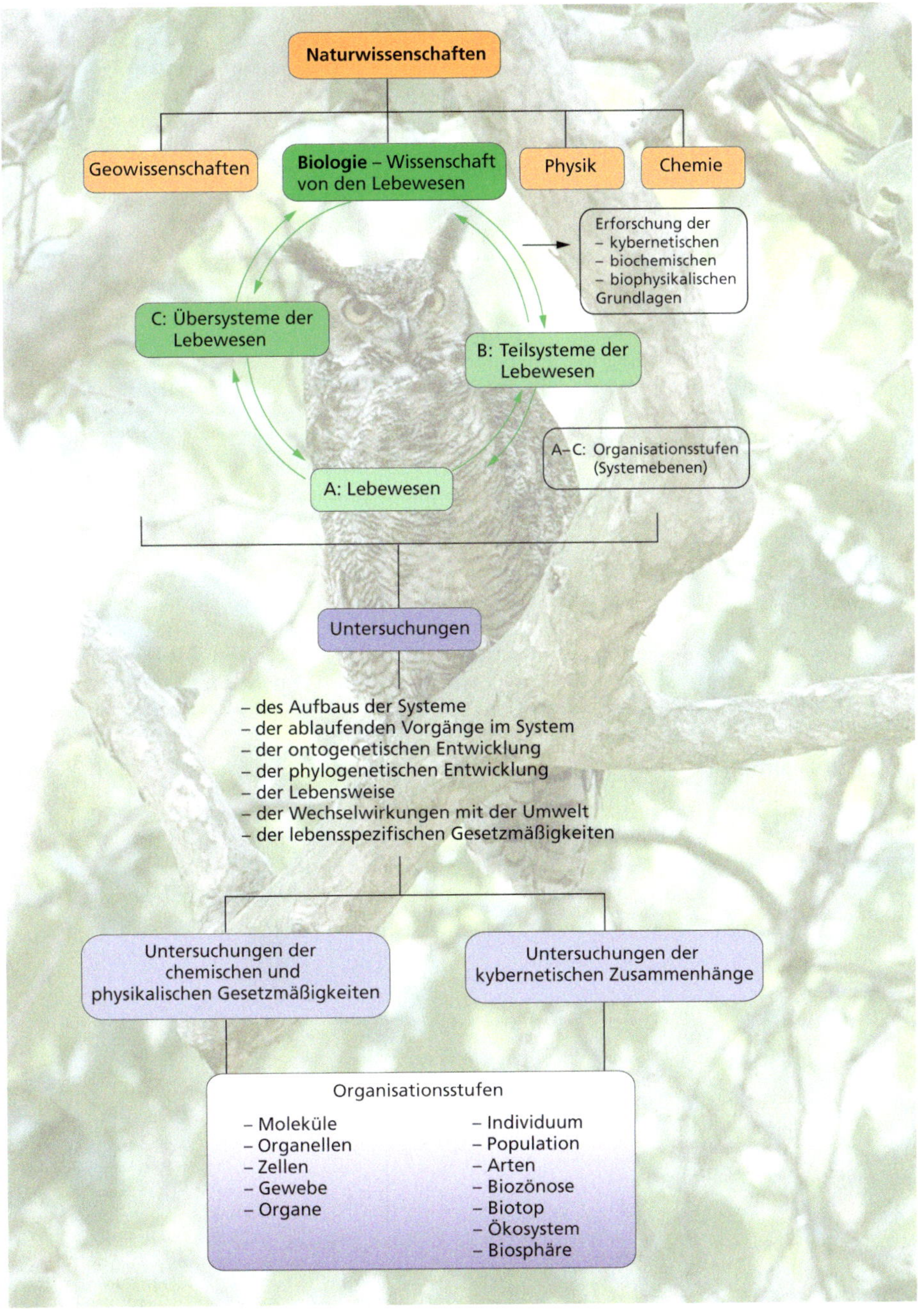

Im Jahr 1990 wurde das World Wide Web (WWW) geboren, einer der heute wichtigsten Internetdienste zum **Suchen, Bewerten, Aufbereiten und Präsentieren von Informationen** auf Hypertextseiten. Der Erfolg jeder **Informationsrecherche** ist abhängig von der systematischen und sorgfältigen Durchführung. Es ist also sinnvoll, die Recherche zu planen.

Seit jeher hat die Biologie bzw. die Erforschung des Lebens den menschlichen Geist in besonderer Weise beschäftigt. Die angeborene Neugier des Menschen für das Leben mit seinen vielfältigen Erscheinungsformen, sein Interesse und Engagement, sich mit anderen Lebensformen verbunden zu fühlen, lassen ihn zum Abenteurer werden. Von seinem Wissensdurst beflügelt, in der Realität oder aber in seiner Fantasie durchstreift er die unterschiedlichsten Lebensräume, wie z. B. Meere, Wüsten oder Dschungelwälder, in denen vielfältige Lebensformen zu komplexen Netzwerken verwoben sind, die man auch als Ökosysteme bezeichnet.

Um das Leben zu erforschen, untersucht der Mensch in Laboratorien, wie ein Organismus aufgebaut ist und wie er funktioniert. Seine geistigen Fähigkeiten und technischen Leistungen ermöglichen es dem Menschen, sowohl die submikroskopische Welt der Moleküle, aus denen die Bausteine der einzelnen Organismen – die Zellen – sich zusammensetzen, als auch das mikroskopische Reich der Zellen zu entdecken. Die Durchdringung oder aber das Begreifen der Strukturen und Prozesse des Lebens erfordert einige Hilfsmittel (z. B. Mikroskop, Chemikalien, Computer) und Methoden (Nachweismethoden). Außerdem sind bestimmte Tätigkeiten in der Biologie erforderlich, um Erkenntnisse über Vorgänge, Zusammenhänge und Gesetzmäßigkeiten in der Natur zu gewinnen, zu begreifen und letztendlich auch darzustellen.

Die Weitergabe von Erfahrungen an andere Individuen, die im Gehirn, in Büchern oder anderen Datenträgern gespeichert werden, bezeichnet man als **kulterelle Evolution** (↗ S. 332).

Suchen, Bewerten, Aufbereiten und Präsentieren von Information

Als die Menschen begannen ihre Umwelt zu beschreiben und zu erklären, waren sie bereits in der Lage, gewonnene Beobachtungen, Erfahrungen, Ergebnisse und daraus entwickelte Erkenntnisse an ihresgleichen und die nachfolgenden Generationen zu übermitteln. Die Weitergabe der Informationen erfolgte anfangs mündlich, dann über Steinplatten, Wachs- oder Tontafeln, Rindenstückchen, Seide oder Papyrusschriftrollen, in der heutigen Zeit über Bücher, Radio, Fernsehen bis hin zum Internet, einem weltweit öffentlichen Netzwerk, das unterschiedliche Computersysteme und -netze miteinander verbindet und zwischen ihnen ein einheitliches Kommunikationssystem bildet.

Hinter der Internetadresse *www.schuelerlexikon.de* verbergen sich speziell für Schüler entwickelte Nachschlagewerke, u. a. für das Basiswissen Abitur im Fach Biologie.

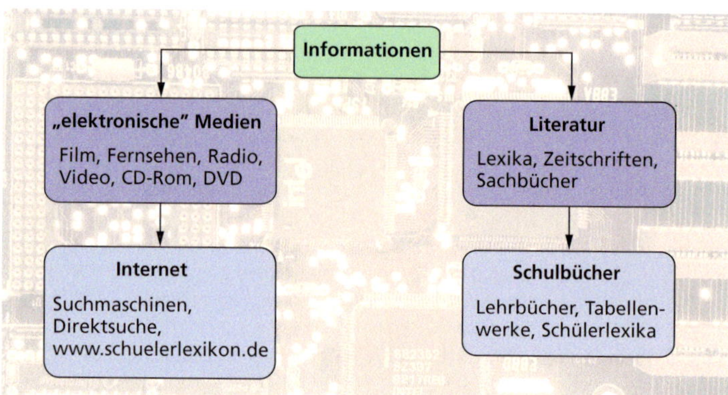

Möglichkeiten der Informationspräsentation

- Referat/Vortrag (Vorbereiten und Halten eines Vortrages)
- Versuchsprotokoll
- Facharbeit, naturwissenschaftliche Arbeit
- Wandzeitung, Poster
- Computerpräsentation (z. B. Power-Point-Präsentation)
- Internetseite gestalten

Ein **Referat** oder Vortrag muss gut vorbereitet werden und auch beim Halten des Referates sind einige Regeln zu berücksichtigen.

Versuchsprotokoll
Im Versuchsprotokoll wird ein Experiment (Versuch), meist ein physikalisches, chemisches oder biologisches, von der Aufgabenstellung bis zum Ergebnis dokumentiert. Das Experiment muss wiederholbar sein, damit daraus eine allgemeingültige Aussage abgeleitet werden kann. Alle benötigten Geräte, Hilfsmittel, Stoffe/Stoffgemische werden notiert. Eine Skizze kann den Versuchsaufbau gegebenenfalls veranschaulichen. Eine kurze inhaltliche Vorbetrachtung dient dem besseren Verständnis des Versuchs. Vor vielen Versuchen existiert bereits eine Vermutung, die sich z. B. durch eine Beobachtung ergeben hat. Das Experiment soll diese Vermutung bestätigen! Sollte es nicht gelingen, diese Vermutung zu bestätigen, muss eine neue Vermutung formuliert werden.

Vor Beginn des Versuchs muss festgelegt werden, wie die zu erwartenden Ergebnisse zu Protokoll gegeben werden sollen: Durchführung und Verlauf schreibt man anschließend chronologisch und stichpunktartig oder in kurzen Sätzen auf. Dabei kommt es besonders auf die Ergebnisse – entscheidende Beobachtungen oder Messwerte – an. Zum Schluss erfolgt die Auswertung des Experiments in kurzen zusammenhängenden Sätzen. Ausgehend von der Aufgabenstellung, wird das Ergebnis kritisch beurteilt.

Eine naturwissenschaftliche Veröffentlichung bzw. eine **naturwissenschaftliche Arbeit** gliedert sich normalerweise in Abstract (kurze Zusammenfassung), Einleitung, Material und Methoden, Ergebnisse, Diskussion und Literaturverzeichnis.

Ordnen, Strukturieren und Klassifizieren
Wissenschaftliche Ordnungssysteme werden aus einer Idee, einer Theorie oder einem Konzept heraus konstruiert. Diese Systeme sind notwendig, um eine klare Kommunikation zwischen Wissenschaftlern bzw. Experten möglich zu machen. Dadurch, dass neue Phänomene in die vorhandenen Systeme eingeordnet werden können, dienen diese Ordnungssysteme auch der Weiterentwicklung der Wissenschaften.

Beispiele für Ordnungssysteme im Alltag:
Lebensmittel: Herkunft, Zubereitung, Verwendung;
Menschen: Geschlecht, Familienstand, Alter, Nationalität, Beruf
Beispiele für wissenschaftliche Ordnungssysteme:
Hierarchisches Ordnungssystem der Lebewesen: Art, Gattung, Familie, Ordnung, Klasse, Stamm, Reich, Domäne;
Komponenten eines Ökosystems: Primärproduzenten, Konsumenten, Destruenten;
Klimazonen der Erde: tropische Zone, subtropische Zone, Übergangsregion, gemäßigte Zone, polare Zone (↗ S. 415 ff.)

Die erlernten **naturwissenschaftlichen Techniken** in der Schule, wie z. B. destillieren, erhitzen, extrahieren, filtrieren, pipettieren oder mikroskopieren, sind Grundvoraussetzung für die aufwendigeren Verfahren in der Wissenschaft.

Wissenschaftliche Tätigkeiten, die in der Biologie eine Rolle spielen	
Tätigkeiten	**Beschreibung**
Beschreiben	Wiedergabe der Merkmale von Objekten, zusammenhängend und umfassend.
Darstellen	Umfassendes und eingehendes Wiedergeben mithilfe von Texten, Diagrammen, Skizzen, Schemata und Tabellen. Die Art der Darstellung muss in der Aufgabenstellung festgelegt sein.
Vergleichen	Feststellen von Gemeinsamkeiten und Unterschieden bzw. Ähnlichkeiten mit dem Ziel, Folgerungen zu formulieren.
Hypothesen entwerfen	Aufstellen von begründeten Vermutungen, dass hinter einem Versuchsergebnis, einer Beobachtung u. a. eine Gesetzmäßigkeit steht.
Definieren	Begriff wird durch wesentliche, gemeinsame Merkmale eindeutig bestimmt und von anderen Begriffen unterschieden, dazu werden häufig ein Oberbegriff und artbildende Merkmale angegeben.
Klassifizieren	Körper, Stoffe und Vorgänge mit gemeinsamen Eigenschaften werden geordnet, zusammengefasst und beschrieben.
Erklären	Aufdecken der Ursachen und der zugrunde liegenden Gesetzmäßigkeiten und Zusammenhänge, Frage nach dem WARUM und WOZU beantworten.
Begründen	Ursache und Wirkung werden zueinander in Beziehung gesetzt.
Interpretieren	Ein Sachverhalt wird in einem bestimmten Zusammenhang betrachtet, analysiert, ausgelegt und gedeutet.
Beurteilen	Differenzierte Darstellung eines komplexen, meist problematischen Sachverhaltes, inklusive Aussagen zur Richtigkeit, Wahrscheinlichkeit, Angemessenheit oder Anwendbarkeit.
Diskutieren	Mithilfe von Pro-und-Kontra-Argumenten systematische Antworten entwickeln, bzw. sich mithilfe einer Pro-und-Kontra-Argumentation mit einer These auseinander setzen, einschließlich Bewertung.
Modell bilden	Die Modellbildung erfolgt bereits in der Phase der Planung. Gedankenmodelle werden konstruiert und im Anschluss daran durch die Herstellung eines entsprechenden gegenständlichen Modells umgesetzt. Aus Beobachtungsdaten und Versuchsergebnissen wird also eine Darstellung oder ein Beziehungsgefüge entwickelt, das bestimmte Aspekte der Wirklichkeit so wieder gibt, dass man Zusammenhänge besser verstehen kann oder sogar Vorhersagen für zukünftige Abläufe machen kann.
Theorie entwickeln	Ein zusammenhängendes Gedankengebäude wird entwickelt, das viele Beobachtungen, Versuchsergebnisse und Gesetzmäßigkeiten bestätigt und erklärt.

„Praktische" Tätigkeiten in der Biologie
Betrachten: Unbewegte Objekte werden mithilfe der Sinnesorgane und anderer Instrumente betrachtet.
Beobachten: Bewegte Objekte (Naturvorgänge) werden beobachtet.
Untersuchen: Untersuchen ist ein Betrachten oder Beobachten mit Eingriffen in das System (Präparieren, Sezieren, Auseinandernehmen, Mikroskopieren, Screening).
Experimentieren: „Frage an die Natur": Eine biologische Erscheinung oder ein biologischer Prozess werden ausgewählten, kontrollierten, wiederholbaren und veränderbaren Bedingungen unterworfen, um Kausalzusammenhänge nachzuweisen. Grundlage ist das Versuchsprotokoll (↗ S. 27).
Sammeln: Das Sammeln von Organismen und Teilen bzw. Inhaltsstoffen von Organismen spielt bei der Erfassung der Biodiversität auf allen Ebenen eine große Rolle.
Kartieren: Erfassung der räumlichen Verteilung von biologischen Systemen (Strukturen, Organismen, Lebensgemeinschaften, ...).
Bestimmen: Identifizierung von biologischen Systemen (Strukturen, Organismen, Lebensgemeinschaften, ...) aufgrund charakteristischer Merkmale (Vergleichen, Beschreibungen, Abbildungen, Tabellen, Bestimmungsschlüsseln und anderen Wissensquellen).

Induktion und Deduktion

Ein Schluss vom Besonderen, also von vielen Einzelfällen, auf eine allgemeine Regel oder Gesetzmäßigkeit wird als **Induktion** bezeichnet. Der umgekehrte Schluss vom Allgemeinen auf das Besondere heißt **Deduktion.** Induktive und deduktive Vorgehensweisen sind im naturwissenschaftlichen Erkenntnisprozess eng miteinander verknüpft.

Der Bau zahlreicher Blüten wird untersucht, dabei wird festgestellt, dass mehrere Arten denselben Blütenaufbau haben. Aus dem ähnlichen Bauplan kann man auf eine Zusammengehörigkeit schließen, die man auf eine gemeinsame Abstammung *(Familie Lippenblütengewächse)* zurückführt (Induktion). Findet man bei weiteren Arten denselben Blütenaufbau, kann man daraus folgern, dass es sich bei diesen Arten um Lippenblütengewächse handelt (Deduktion).

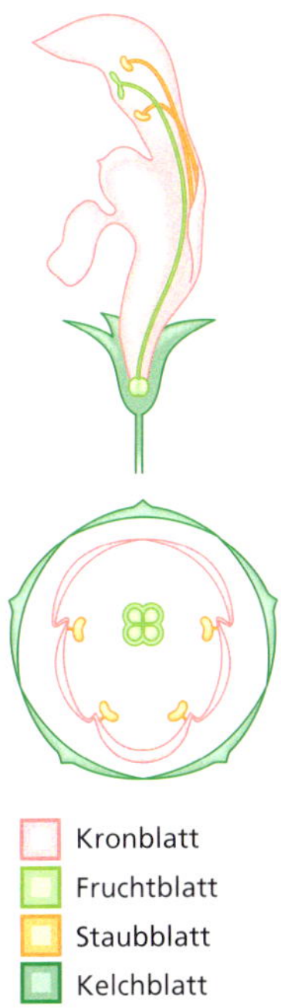

Weiße Taubnessel *(Lamium album)*

So getroffene Verallgemeinerungen müssen der experimentellen Prüfung im Einzelfall Stand halten (bei der Verwandtschaft von Pflanzenarten etwa einer DNA-Analyse). Voraussetzung für die Wirksamkeit einer solchen Vorgehensweise ist die nicht überprüfbare Annahme, dass es eine vorhandene Naturordnung gibt, die mit der induktiven Methode aufgedeckt werden kann (Max Hartmann [1876–1962]). Nach Karl Popper (1902–1994) werden jedoch vom Wissenschaftler immer nur diejenigen Aspekte der Wirklichkeit erfasst, die er aufgrund seiner eingeschränkten Fragestellung überhaupt beachtet. Erkenntnisse sind deshalb immer von Vorannahmen **(Hypothesen, Theorien)** abhängig.

Wissenschaftliche Hypothesen sind stets so formuliert, dass Folgerungen aus ihnen durch Beobachtungen oder Experimente überprüfbar und auch widerlegbar sind. Wissenschaftlicher Fortschritt kommt dadurch zustande, dass Ergebnisse den Vorhersagen einer Hypothese widersprechen und diese deshalb verworfen oder abgewandelt werden muss, um sie mit den Ergebnissen in Übereinstimmung zu bringen **(hypothetisch deduktives Verfahren)**.

Regeln, Gesetze, Modelle und Theorien in der Biologie

Regel: Zusammenhang, der sich nicht so ohne weiteres in Zahlen ausdrücken lässt (je ... desto; wenn, ... dann) oder der nicht streng für alle möglichen Fälle gilt (Ausnahmen). Das Erkennen von regelhaften Zusammenhängen war eine wesentliche Voraussetzung für die kulturelle Entwicklung der Menschheit.

Bauernregeln, Wetterregeln, RGT-Regel (↗ S. 109), bergmannsche Regeln

Modell: Ein Modell stimmt mit einem Teil der Wirklichkeit überein. Es kann gegenständlich (materiell) oder gedanklich (ideell) sein. Ein Modell kann vorwiegend die morphologischen Gegebenheiten des Originals wiedergeben (Blütenmodell, Augenmodell) es kann aber auch die Funktionen modellieren. Mit Funktionsmodellen kann man experimentieren, und die Ergebnisse dieser Experimente ermöglichen Vorhersagen bzw. Bestätigungen von Hypothesen. Eine besondere Form von Modellen sind Computersimulationen. Durch Einbeziehung weiterer Aspekte der Wirklichkeit können Modelle verfeinert und weiterentwickelt werden.

Flüssig-Mosaik-Modell der Biomembran von NICHOLSON und SINGER (↗ S. 69)
Regelkreismodell der Pupillenreaktion
Psychohydraulisches Modell der Motivation

Hypothese: Formulierung eines kausalen Zusammenhangs, der durch Beobachtungen oder Experimente bestätigt oder verworfen werden kann.

Out-of-Africa-Hypothese bei der Hominidenevolution (↗ S. 334)

Gesetz: Gesetze kennen keine Ausnahmen. Sie erlauben genaue Vorhersagen über Zeitpunkt, Verlauf und Wirkung eines Ereignisses. Oft können sie durch mathematische Formeln beschrieben werden.

VOLTERRA-Gesetze (↗ S. 432)

Prinzip: Allgemeine bzw. weitreichende Zusammenhänge, wenn Prinzipien sich bewähren, versucht man meist, den entsprechenden Zusammenhang in einem Gesetz zu beschreiben.

Kausalitätsprinzip: Jeder Ursache ist eindeutig eine Wirkung zuzuordnen, und umgekehrt hat jede Wirkung eine Ursache.

Theorie: System von Gesetzen, Modellen und Regeln, das sich mit einem bestimmten Teil der Realität beschäftigt. Theorien beruhen meist auf einem Modell, mit dem man in der Lage ist zu begründen, warum Gesetze in bestimmten Zusammenhängen gültig sind.

Evolutionstheorie (↗ S. 287), Endosymbiontentheorie (↗ S. 318), Zelltheorie

1.3.3 Beziehungen zu anderen Naturwissenschaften

Biologische Forschungsvorhaben gehen heute im Allgemeinen von der Prämisse aus, dass ein über die reine Beschreibung hinausgehendes Verständnis der Lebensvorgänge nur auf der Basis von Chemie und Physik möglich ist. Diese Form des *Reduktionismus* wäre dann unzureichend, wenn man eine Lebenserscheinung angeben könnte, die sich mit den Gesetzmäßigkeiten der Physik und Chemie grundsätzlich nicht erklären lässt. Solche Beispiele sind bisher nicht bekannt. Allerdings gibt es deutliche Erklärungslücken, etwa im Grenzbereich von Psychologie und Neurobiologie oder bei der Erklärung der komplexen Wechselwirkungen in einer Zelle.
Bis heute kann man selbst die einfachsten Zellen nicht künstlich herstellen. Ein Problem der reduktionistischen Methode ist zweifellos, dass sich lebende Systeme – anders als viele physikalische Systeme – nur über die Wechselwirkungen zahlreicher Variabler erklären lassen, die alle zugleich Ursache und Wirkung sein können.

Der **reduktionistische Forschungsansatz** beinhaltet, dass jeder Lebenserscheinung ein Bedingungskomplex aus Materie, Information und Organisation zugrunde liegt. Gesetzmäßigkeiten der exakten Naturwissenschaften reichen aus, um damit die Lebenserscheinung zu erklären.

Ziel der **biologischen Systemtheorie** ist es, Gesetzmäßigkeiten lebender Systeme zu erkennen und so die Selbstorganisation zur erklären.

In diesem Zusammenhang spielen die von dem belgischen Physikochemiker ILJA PRIGOGINE (geb. 1917) durchgeführten Untersuchungen zum Verhalten von Systemen, die weit von einem thermodynamischen Gleichgewicht entfernt sind, eine wichtige Rolle: In solchen offenen Systemen können sich relativ stabile Strukturen ausbilden (dissipative Strukturen).

Dissipative Strukturen bilden sich durch Selbstorganisation in dynamischen Systemen fern vom thermodynamischen Gleichgewicht. Sie treten spontan auf und für ihr Zustande kommen bedarf es ausreichender Energie und Stoffzufuhr.

Proteine sind Schlüsselmoleküle der Lebensvorgänge (↗ S. 47). Über die Aufklärung ihrer exakten räumlichen Konfiguration lassen sich weitgehende Schlüsse über ihre Funktion im Stoffwechsel oder bei der Aufnahme und Verarbeitung von Reizen ziehen. Die Erforschung der chemischen Grundlagen der Lebenserscheinungen ist in den letzten Jahrzehnten durch neue Forschungsmethoden und insbesondere durch die Möglichkeiten der elektronischen Datenverarbeitung sehr weit fortgeschritten. So können heute die räumlichen Strukturen von Proteinmolekülen oder von Nucleinsäuren, die aus Tausenden von Einzelatomen zusammengesetzt sind, relativ exakt dargestellt werden.

Alkoholdehydrogenase, ADH, als a) Faltungsmodell (engl. ribbon) und b) Kalottenmodell

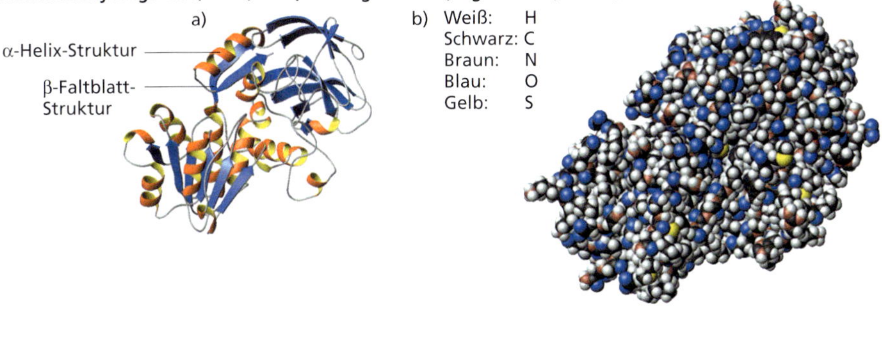

1.3.4 Beziehungen zu den Geisteswissenschaften

Die gesamte biologische Vielfalt (**Biodiversität,** ↗ S. 444) des Lebens wird auf 5 bis mind. 30 Mio. Arten geschätzt.

Der Physiker und Dichter **C. P. Snow** (1905–1980) prägte 1959 den Begriff der „zwei Kulturen". Damit wies er auf die tiefe Kluft hin, die sich zwischen Geisteswissenschaften und Kunst einerseits und den modernen Naturwissenschaften andererseits entwickelt hatte. Geisteswissenschaftler oder „Kultur"-Wissenschaftler werfen den Naturwissenschaften häufig eine reduktionistische Sichtweise vor, die alleine auf eine Beherrschung und Instrumentalisierung der Natur zielt. Umgekehrt gelten Geisteswissenschaftler bei Naturwissenschaftlern oft als fortschrittsfeindlich und weltfremd.

Allerdings ist heute unumstritten, dass die Erkenntnisse der Naturwissenschaften einen starken Einfluss auf Gesellschaft, Kultur und Politik haben. Die Entwicklung, die auch als **„Globalisierung"** gekennzeichnet wird, ist eine Folge von naturwissenschaftlichen Erkenntnissen und ihren technischen Anwendungen. Dabei fehlt es nicht an Versuchen, die beiden Kulturen zusammenzuführen. Der Biologe **Edward O. Wilson** (geb. 1929) betont die große Übereinstimmung allen Wissens (*„Consilience"* 1998), die seiner Meinung nach von den Sozialwissenschaften zu wenig anerkannt wird. Er sieht in der Neurobiologie die Brücke zu den Geisteswissenschaften, die in der Zukunft zu einer Vereinheitlichung des Wissens und der wissenschaftlichen Grundannahmen führen wird.

Die Ergebnisse moderner Naturwissenschaften, insbesondere auch der **Biowissenschaften,** führen zu neuartigen ethischen Fragen und Problemen. Gentechnik (↗ S. 235 ff.) und Reproduktionstechniken (↗ S. 188, 197) sind Gegenstand von Ethikkommissionen und Gesetzgebungsverfahren. Eine eigene **„Bioethik"** beginnt sich zu etablieren. Auch die Erkenntnisse der Ökologie haben zu einer Bewegung geführt, die schon in den sechziger und siebziger Jahren des 20 Jh. den Rahmen der Naturwissenschaften verlassen hat. Die Bewahrung der Biosphäre um des Menschen und um ihrer selbst Willen gilt als Menschheitsziel, das nur erreicht werden kann, wenn Ökologie, Ökonomie und Soziologie zusammenwirken. Gefordert wird – insbesondere seit dem UNESCO-Weltgipfel von Rio 1992 – eine Politik, die **nachhaltige Entwicklung** ermöglicht (**Biopolitik,** ↗ S. 448).

1.3.5 Brückendisziplinen

FREDERICK SANGER (geb. 1918)

Nach der wissenschaftlichen Fundierung der Chemie am Ende des 18. Jh. begann sich sehr schnell die Brückendisziplin **Biochemie** zu entwickeln, die mit den Methoden der Chemie die Zusammensetzung und die Funktion von Lebewesen bzw. Teilen derselben untersucht. Zunächst war die Biochemie im 19. Jh. weitgehend identisch mit Naturstoffchemie und organischer Chemie, später rückten Stoffwechselvorgänge in den Blickpunkt des Interesses. Dabei wurde die Enzymchemie ein zentrales Thema. Erst 1962 wurde ein eigenständiger Diplomstudiengang „Biochemie" an der Universität Tübingen eingerichtet. Heute hat sich die Biochemie zu einem riesigen Wissensgebiet ausgeweitet, wobei die molekular-evolutionäre Sichtweise eine zunehmend bedeutende Rolle spielt. Dabei hat die Biochemie wesentlich zur Erhellung der Entstehung des Lebens sowie der komplexen Stoffwechselwege in der Zelle beigetragen. Zunehmend werden biochemische Grundlagen neuronaler Vorgänge erforscht und so eine Verbindung zwischen Neurologie und Psychologie **(„Biopsychologie")** hergestellt.

Auch die **Biophysik** hat eine lange Geschichte, die bis in die Renaissance zurückreicht. Die systematische Erforschung biophysikalischer Phänomene setzte jedoch erst im 20. Jh. ein. Zunächst spielte die Entdeckung des Effektes ionisierender Strahlen auf biologische Objekte eine wichtige Rolle. Die Röntgenstrukturanalyse war Voraussetzung für die Entschlüsselung der Struktur der Nucleinsäuren und zahlreicher Proteine. Weitere Anwendungen physikalischer Methoden in der Biologie sind die verschiedenen mikroskopischen Techniken, insbesondere das Elektronenmikroskop, das Raster-Elektronenmikroskop, das Raster-Tunnelelektronenmikroskop und das Raster-Kraftmikroskop oder analytische Methoden wie Chromatographie, Zentrifugation oder Elektrophorese. In der modernen Molekularbiologie sind biophysikalische Verfahren besonders wichtig, wie z.B. effiziente Techniken zur Sequenzierung von DNA (Nobelpreis an **P. BERG**, **W. GILBERT** (geb. 1932) und **F. SANGER** 1980).

PAUL BERG (geb. 1926)

Gestresste Pflanzen produzieren Ethylen. Durch eine Laserapparatur können sehr geringe Ethylenkonzentrationen in akustische Signale umgewandelt werden: Man kann die Pflanzen „jammern" hören.

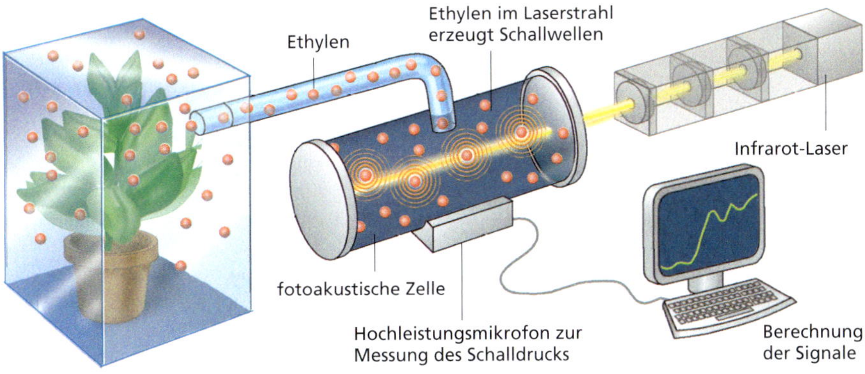

Die **Biomechanik** beschäftigt sich mit den physikalischen Gesetzmäßigkeiten von Bewegungsabläufen (Laufen, Fliegen, Schwimmen usw.), aber auch des Blutkreislaufes, der Flüssigkeitsströmungen in Pflanzen oder verschiedener Sinnesorgane, etwa der Schallrezeption. Die **Bioelektrizität** untersucht physiologische Erscheinungen, die mit elektrischen Vorgängen gekoppelt sind, z. B. in Nerven- und Muskelzellen.

Axiom: von *axioma:* griech. = Postulat, d. h., eine unmittelbar einleuchtende Grundannahme, die weder abgeleitet noch bewiesen werden kann.

Lange Zeit war die Entdeckung von pharmakologisch aktiven Stoffen an zufällige Beobachtungen und Entdeckungen geknüpft. Durch computergestützte makromolekulare Modellierungsmethoden **(molecular modeling, drug design)** konnte die Effektivität hier enorm gesteigert werden. Schließlich beschäftigt sich die theoretische Biophysik damit, Modellvorstellungen zu biologischen Phänomenen zu entwickeln und die Biologie auf wenige, nicht weiter ableitbare Grundannahmen (Axiome) zurückzuführen.

Das Wort **Bionik** ist aus der Verbindung von **Bio**logie und Tech**nik** entstanden. Biologische Materialien und Strukturen werden auf ihre Anwendungsmöglichkeiten in der Technik untersucht (Lotuseffekt, ↗ S. 44). Konstruktionselemente und Funktionsmechanismen natürlicher Strukturen bis zu ganzen Geräten, die auf natürlichen Vorbildern beruhen, werden entwickelt. Auch die Entwicklung von Wasserstofftechnologien nach dem Vorbild der Fotosynthese kann man dem Forschungsbereich Bionik zuordnen, ebenso den Versuch der **„Evolutionsbionik"**, biologische Evolutionsstrategien in der Technik für die Optimierung komplexer Systeme und Verfahren anzuwenden.

Nervenzellen auf Mikrochip: Kommt es zu einer Synthese von Gehirn und Computer? (Abbildung unten)

Auf die Verbindungen von Psychologie und Neurophysiologie wurde schon hingewiesen. Soweit es sich bei der Medizin um eine Naturwissenschaft handelt, könnte man sie auch Humanbiologie nennen. Auch andere Humanwissenschaften, wie Ethnologie oder Anthropologie, haben enge Verbindungen zur Biologie. Über statistische Methoden, Modellierungen und Quantifizierungen ergeben sich Beziehungen zwischen Biologie und Mathematik.

„...Am Ende wird es möglich sein, jedes Teil unseres Körpers und unseres Gehirns auszutauschen und damit alle Defekte und Beschädigungen zu reparieren, die unser Leben so kurz machen. Es versteht sich, dass wir uns dadurch in Maschinen verwandeln. Werden also Maschinen uns ersetzen? Nach meiner Überzeugung wird es dann nicht mehr sinnvoll sein, in dem Gegensatzpaar Mensch/Maschine zu denken. Ich halte es mehr mit HANS P. MORAVEC von der Carnegie-Mellon-Universität in Pittsburgh (Pennsylvania), der in den zukünftigen intelligenten Maschinen in wörtlichem wie in übertragenem Sinn unsere Geisteskinder („mind children") sieht..."

(MARVIN MINSKY [geb. 1927] aus: *„Werden Roboter die Erde beherrschen?" 1998)*

2 Grundbausteine des Lebens

2.1 Kohlenstoff – das Element des Lebens

- Chemische Elemente sind aus jeweils einer Atomart aufgebaut.
- In der Biologie spielt das Element Kohlenstoff eine herausragende Rolle.
- Der Bau des Kohlenstoffatoms erlaubt Bindungen mit vielen anderen Atomen.
- Kohlenstoffatome können untereinander Einfach-, Doppel und Dreifachbindungen eingehen.
- Lebewesen bestehen vorwiegend aus Kohlenstoffverbindungen. Diese sind an allen biologischen Prozessen beteiligt.
- Die funktionellen Gruppen der Moleküle der organischen Kohlenstoffverbindungen haben wesentlichen Einfluss auf die Eigenschaften des jeweiligen Stoffes.

2.1.1 Chemische Grundlagen

Das **Periodensystem der Elemente** wurde 1869 vom russischen Chemiker DIMITRI MENDELEJEW (1834 bis 1907) entwickelt.

Atome bestehen aus einem Atomkern und einer Atomhülle. Im Atomkern befinden sich eine für jede Atomart charakteristische Anzahl positiv geladener Protonen und eine Anzahl von Neutronen. Der Atomkern ist von einer Atomhülle aus negativ geladenen Elektronen umgeben. Ihre Gesamtzahl ist gleich der Zahl der Protonen.

Die Stellung des Elements im Periodensystem wird durch den Bau seiner Atome bestimmt.

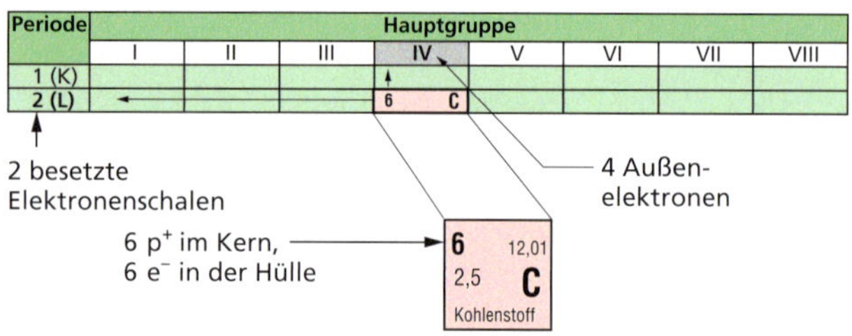

Die Atommasse wird durch die Masse des Kerns bestimmt. Sie setzt sich aus der Summe der Masse der Nucleonen (Protonen und Neutronen) zusammen, wobei die Atome eines Elements zwar immer die gleiche Anzahl von Protonen aufweisen, sich jedoch durch die Zahl der Neutronen unterscheiden können. Atome eines Elements mit unterschiedlicher Anzahl an Neutronen im Atomkern bezeichnet man als **Isotope.**

Da viele Isotope im Laufe der Zeit unter Abgabe von radioaktiver Strahlung zerfallen, kann ihr Anteil in einer Substanz zur geologischen oder archäologischen **Altersbestimmung** genutzt werden (↗ S. 294). In biologischen Versuchen können sie zur **Markierung (Tracer)** eingesetzt werden.

stabile Isotope des Kohlenstoffs: $^{12}_{6}C$ und $^{13}_{6}C$ (6 bzw. 7 Neutronen)

radioaktives Isotop des Kohlenstoffs: $^{14}_{6}C$ (8 Neutronen)

Bindungsarten

Freie Atome existieren nur bei Extrembedingungen. Ansonsten werden Aggregate aus Atomen, Molekülen oder Ionen gebildet. Nach der Art der Wechselwirkungen zwischen ihnen unterscheidet man verschiedene Bindungsarten.

Normbedingungen: $T = 273{,}15\ \text{K} = 0\ °\text{C}$, $p = 101{,}3\ \text{kPa}$

Metallbindungen

Nach dem Elektronengasmodell beruht diese Bindungsart auf elektrostatischen Anziehungskräften zwischen frei beweglichen Elektronen und positiv geladenen Metall-Ionen.

Die Metallbindung ist in der Organik kaum von Bedeutung.

Ionenbindungen

Sie werden durch die elektrostatischen Kräfte unterschiedlich geladener Ionen hervorgerufen (Kochsalz – NaCl, Kaliumhydroxid – KOH).

Atombindungen (Elektronenpaarbindungen, kovalente Bindung)

Zwischen verschiedenen Atomen werden gemeinsame Elektronenpaare gebildet. Je nach der Elektronegativität (EN) der beteiligten Atome, also der Kraft, mit der die Elektronen angezogen werden, ist die Bindung polar oder unpolar. Bei der unpolaren Atombindung werden gemeinsame Elektronenpaare von beiden beteiligten Atomen gleichberechtigt genutzt, das Molekül ist nach außen neutral (z. B. Wasserstoffmolekül – H_2). Bei der polaren Atombindung wird das Elektronenpaar stärker zu dem elektronegativeren Partner hingezogen, wodurch Ladungsschwerpunkte ausgebildet werden (Kohlenstoffdioxid – CO_2, Wasser – H_2O). Gleichen sich die Partialladungen durch die Raumstruktur der Moleküle nicht aus, liegen Dipolmoleküle vor (Wasser – H_2O).

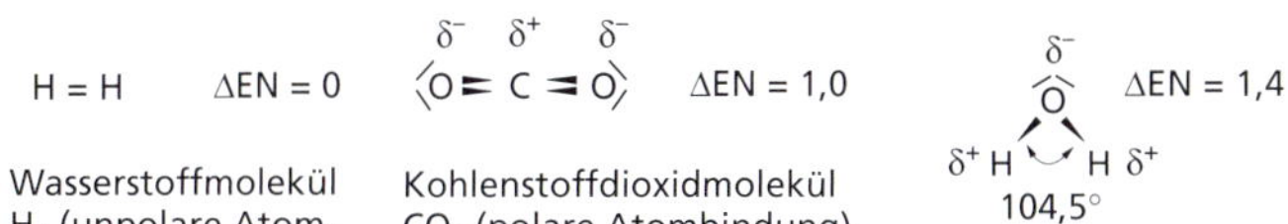

Wasserstoffmolekül H_2 (unpolare Atombindung)

Kohlenstoffdioxidmolekül CO_2 (polare Atombindung)

Wassermolekül H_2O (polare Atombindung/ Dipolmolekül)

ΔEN = Differenze der EN-Werte der beteiligten Atome

VAN-DER-WAALS-Kräfte benannt nach ihrem Entdecker JOHANNES DIDERIK VAN DER WAALS (1837 bis 1923) stellen schwache Bindungen dar, die im Nahbereich zwischen allen Molekülen wirken.

VAN-DER-WAALS-Kräfte

Diese zwischenmolekulare Kräfte beruhen einerseits auf der kurzzeitigen Umverteilung von Elektronen im Molekül, die durch Annäherung eines Dipols oder unpolarer Moleküle induziert wird (temporärer Dipol). Die wirkenden Kräfte sind verhältnismäßig gering. Stärkere zwischenmolekulare Anziehungskräfte wirken andererseits zwischen permanenten Dipolen bzw. zwischen Dipolen und Ionen.

Wasserstoffbrückenbindungen

Ein gebundenes partiell positiv geladenes Wasserstoffatom tritt in Wechselwirkung mit einem partiell negativ geladenen Atom eines anderen Moleküls. Diese Bindungen treten u. a. zwischen Wassermolekülen (↗ Abbildung) und zwischen Ethanolmolekülen auf.

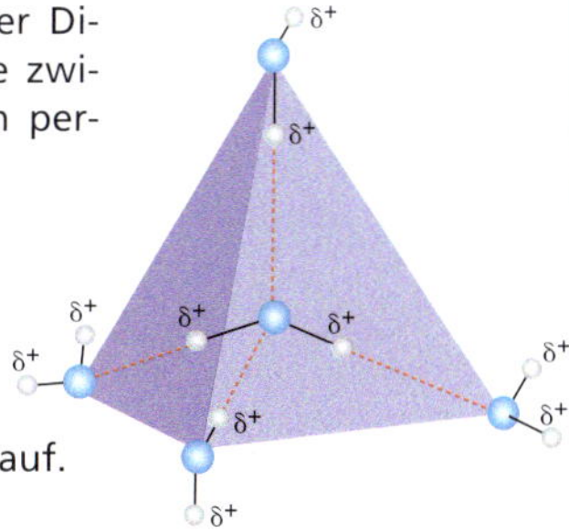

2.1.2 Kohlenstoff als Element

Kohlenstoff wurde von **Antoine Laurent Lavoisier** im Jahre 1775 als Element erkannt. Derzeit sind vier **Modifikationen des Kohlenstoffs** bekannt, zu denen der Grafit und der Diamant zählen. Unter einer Modifikation versteht man, dass ein Stoff (Element oder Verbindung) in unterschiedlichen festen Zustandsformen auftreten kann.

1991 wurde erstmals die vierte Modifikation des Kohlenstoffs nachgewiesen, die so genannten **Nanotubes (Nanoröhren)**. Dabei handelt es sich um zahlreiche miteinander verknüpfte Ringe von jeweils 6 C-Atomen.

Der **Diamant,** die kubische Modifikation des Kohlenstoffs, ist der härteste bekannte natürliche Stoff. Die große Härte rührt von der tetraedrischen Anordnung der Nachbaratome, die ausschließlich durch starke C–C-Einfachbindungen zusammengehalten werden. Dabei ist jedes Kohlenstoffatom mit vier weiteren Kohlenstoffatomen verbunden. Im Kristallgitter des Diamants sind alle Abstände zwischen den Kohlenstoffatomen gleich lang (1,54 Å), was zur Ausbildung eines in alle Richtungen extrem stabilen Gerüstes führt.

Die Längeneinheit Ångström entspricht: 1 Å = 10^{-10} m bzw. 10 Å = 1 nm (Nanometer). Sie wurde nach **Anders Jonas Ångström** (1814–1874), einem schwedischen Forscher, benannt.

Grafit ist dagegen ein weicher, metallisch glänzender, schwarz abfärbender Stoff, der im Unterschied zum Diamant elektrischen Strom leitet. Seine Struktur wurde erst um 1920 ermittelt. Es handelt sich hierbei um übereinander gestapelte Schichten von Kohlenstoffatomen, die aus allseitig verknüpften zweidimensionalen Sechsecknetzen bestehen, die wie Bienenwaben angeordnet sind. Der Abstand der Schichten zueinander ist mit 3,44 Å bedeutend größer als zwischen den Atomen innerhalb der Schichten (1,42 Å). Dadurch lassen sich die einzelnen Schichten leicht gegeneinander verschieben.

Fullerene wurden erst 1985 von **Robert Curl, Richard Smalley** und **Harold Kroto** entdeckt. Die drei erhielten 1996 den Nobelpreis für Chemie (↗ Abbildung). Fulleren-Moleküle sind kugelförmige Hohlkörper mit genau 12 Fünfecken und einer variablen Anzahl von Sechsecken. Fullerene sind käfigartige, in sich geschlossene Moleküle. Zusammen mit einigen anderen Molekülen spielen sie eine wichtige Rolle in der **Nanotechnologie.**

Modifikationen des Kohlenstoffs

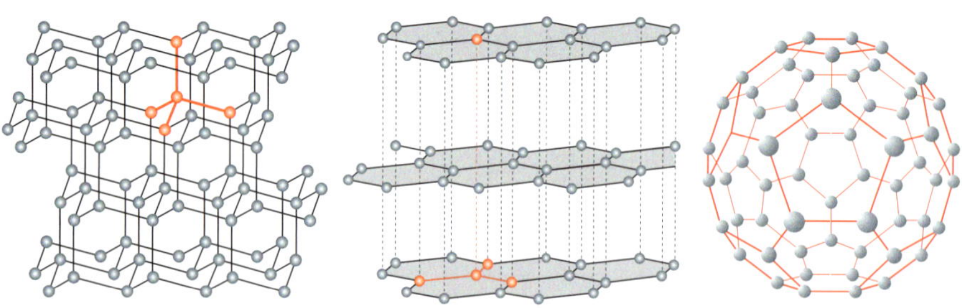

Diamantstruktur

Grafitstruktur

Fulleren C_{60} (Buckminster-Fulleren), besteht aus 60 C-Atomen

2.1.3 Kohlenstoffverbindungen

Aus historischen Gründen werden die Oxide des Kohlenstoffs, die Carbide, die Kohlensäure und ihre Salze zu den anorganischen Verbindungen gezählt. Die anderen Kohlenstoffverbindungen gehören zu den organischen Stoffen.

In vielen Bereichen der Biologie, Chemie und Medizin trifft man auf **Verbindungen des Kohlenstoffs.** Etwa 90 % aller bekannten Verbindungen sind Kohlenstoffverbindungen.

Die große Vielfalt der **Kohlenstoffverbindungen** ist eine Voraussetzung für die Entstehung von Lebewesen. Da man viele dieser Verbindungen zunächst nur in Organismen fand, bezeichnete man sie als organische Verbindungen. Daraus resultiert der Begriff „Organische Chemie“.

Da jedes Kohlenstoffatom vier Außenelektronen besitzt und somit vierbindig ist, können sich mehrere Kohlenstoffatome über Atombindungen zu Ketten, Ringen und Netzen gruppieren. Außerdem sind die Kohlenstoffatome meist noch mit anderen Atomen verbunden. So wird die Vielfalt der organischen Verbindungen erklärlich.
Organische Materie setzt sich zu ca. 95 % allein aus den vier nicht metallischen Elementen Kohlenstoff (C), Sauerstoff (O), Wasserstoff (H) und Stickstoff (N) zusammen. Dazu kommen noch in geringen Anteilen die Elemente Phosphor (P) und Schwefel (S). Der Rest besteht aus den metallischen Elementen Calcium (Ca), Kalium (K), Magnesium (Mg) und Eisen (Fe). Daneben sind eine ganze Reihe anderer Elemente, z. B. Iod (I), Kupfer (Cu), Molybdän (Mo), Cobalt (Co) oder Bor (B), als **Spurenelemente** bedeutsam. Von den 92 natürlich vorkommenden Elementen sind nur ca. 25 am Aufbau organischer Materie beteiligt.

Zinkmangel äußert sich beim Menschen durch weiße Flecken auf den Fingernägeln.
Iodmangel kann zu schweren Schädigungen der Schilddrüsenfunktion führen.
Als Bestandteil des Chlorophyllmoleküls spielt **Magnesium** bei blaugrünen Bakterien, Algen und Pflanzen eine bedeutende Rolle.

Die einfachsten organischen Kohlenstoffverbindungen sind Kohlenwasserstoffe. Die Moleküle der Kohlenwasserstoffe bestehen ausschließlich aus Kohlenstoff- und Wasserstoffatomen. Zwischen ihnen existieren unpolare Atombindungen. Sind alle C-Atome durch Einfachbindungen verknüpft, spricht man von **Alkanen,** (1 C-Atom: Methan, 2 C-Atome: Ethan, 3 C-Atome: Propan). **Alkene** haben eine Doppelbindung zwischen zwei C-Atomen (Ethen: $CH_2=CH_2$), **Alkine** eine Dreifachbindung (Ethin: $CH \equiv CH$). Alkane, Alkene und Alkine bilden homologe Reihen.
Neben unverzweigten Ketten können auch verzweigte Ketten auftreten, die in der Summenformel einer unverzweigten Kette entsprechen.

Stoffe, die die gleiche Summenformel, aber eine unterschiedliche Struktur aufweisen, bezeichnet man als **Isomere.** Sie haben unterschiedliche Eigenschaften.

Summenformel: C_4H_{10}

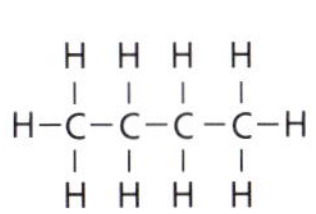
n-Butan

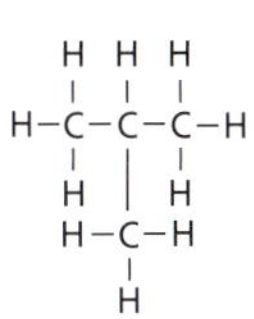
i-Butan

Bindungstypen zwischen Kohlenstoffatomen			
	Einfachbindung	**Doppelbindung**	**Dreifachbindung**
Bindung	–C–C–	–C=C–	–C≡C–
Winkel	109,5°	120°	180°
Beispiel (Kugel-Stab-Modell)	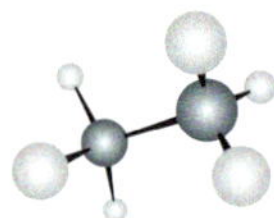 Ethan C_2H_6	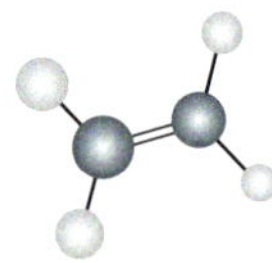 Ethen C_2H_4	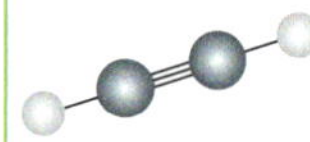 Ethin C_2H_2

Für die chemischen Eigenschaften von organischen Kohlenstoffverbindungen sind bestimmte Atome oder Atomgruppen in den Molekülen von besonderer Bedeutung. Sie werden deshalb auch als „funktionelle Gruppen" bezeichnet. Ihr Einfluss sinkt jedoch mit zunehmender Kettenlänge.

Wichtige funktionelle Gruppen bei organischen Kohlenstoffverbindungen (R – Rest)				
Stoffklasse	**funktionelle Gruppe**	**Eigenschaften**	**Beispiel mit vereinfachter Strukturformel**	
Ether	R–Ō–R Ether-Gruppe	Niedrigmolekulare Ether sind leicht entflammbar und dienen als Lösungsmittel für Fette und Harze.	Diethylether wurde früher als Betäubungsmittel verwendet (Siedepunkt 34,51 °C).	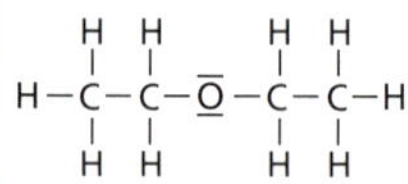 Diethylether
Alkohole	R–Ō–H Hydroxy-Gruppe	Alkohole sind Verbindungen mit einer oder mehreren OH-Gruppen im Molekül.	Ethanol ist die gesundheitsschädliche Droge in alkoholischen Getränken (Siedepunkt 78,3 °C).	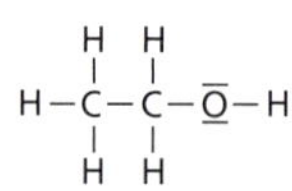 Ethanol
organ. Halogenverbindungen	R–Br Halogenatom	Zwischenprodukte bei der synthetischen Produktion organischer Verbindungen. Sie werden als Lösungsmittel verwendet.	Trichlormethan (Chloroform) wurde als Betäubungsmittel verwendet.	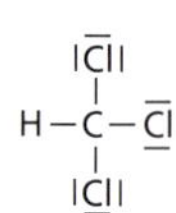 Trichlormethan

Wichtige funktionelle Gruppen bei organischen Kohlenstoffverbindungen (R – Rest)

Stoffklasse	funktionelle Gruppe	Eigenschaften	Beispiel mit vereinfachter Strukturformel	
Aldehyde	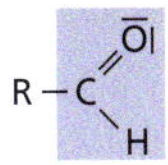 Aldehyd-Gruppe	Typisch ist die reduzierende Wirkung. Niedrigmolekulare Aldehyde sind wasserlöslich.	Methanal ist ein stechend riechendes Gas und denaturiert Eiweiß. Es steht unter Verdacht Krebs zu erregen.	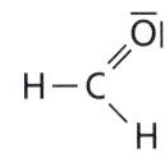 Methanal (Formaldehyd)
Ketone	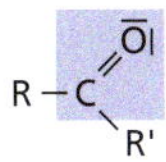 Keto-/ Carbonyl-Gruppe	Niedrigmolekulare Ketone sind wasserunlösliche, oft angenehm riechende Flüssigkeiten.	Das Sexualhormon Testosteron ist ein Keton, ebenso der sekundäre Pflanzenstoff Campher.	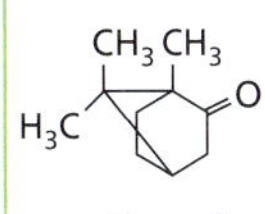 Campher
Carbonsäuren	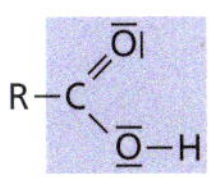 Carboxy-Gruppe	Carbonsäuren reagieren mit Wasser zu Säurerest-Ionen und Oxonium-Ionen (H_3O^+). Die Wasserlöslichkeit nimmt mit der Kettenlänge ab.	Die farblose Buttersäure riecht unangenehm. Sie wird z. B. beim bakteriellen Fettabbau (ranzige Butter) frei.	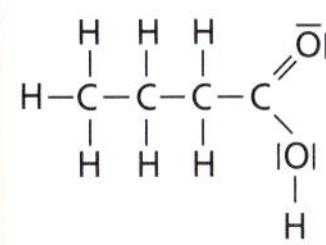 Buttersäure (Butansäure)
Amine	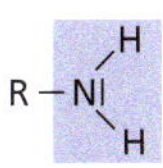 Amino-Gruppe	In wässrigen Lösungen reagieren sie basisch. Dadurch entstehen Hydroxid-Ionen (OH^-)	Amine entstehen beim Abbau von Eiweißen aus Aminosäuren. Viele Neurotransmitter sind Amine (Serotonin).	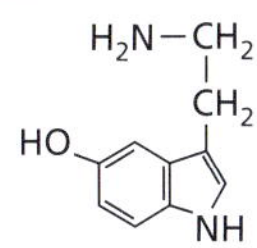 Serotonin
Thiole	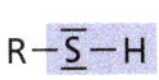 Sulfhydryl-Gruppe	Ähneln in ihrer Struktur der OH-Gruppe, bilden aber keine H-Brücken aus. Sie entstehen bei Fäulnisprozessen von Eiweiß.	Durch Dehydrierung von Cystein entsteht Cystin. Zwei Cysteinmoleküle bilden in einem Protein eine stabile Disulfid-Brücke.	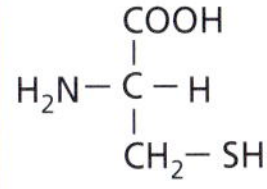 Cystein
organ. Phosphorsäureverbindung	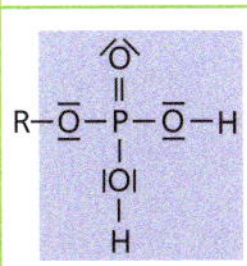 Phosphoryl-Gruppe	Durch Hydrolyse entstehen negativ geladene Phosphat-Ionen bzw. wird der Phosphatrest auf andere Gruppen übertragen.	Wird ATP durch Hydrolyse eine Phosphorylgruppe entzogen, entsteht ADP und Phosphat. Dabei wird Energie frei.	Adenosindiphosphat (↗ S. 97)

Strukturisomerie liegt vor, wenn bei gleicher Summenformel:
- die Moleküle unterschiedliche Verzweigungen aufweisen,
- die Stellung von Mehrfachbindungen unterschiedlich ist,
- sich funktionelle Gruppen an unterschiedlichen C-Atomen befinden.

Neben der **Strukturisomerie** hat die **Stereoisomerie** (z.B. Spiegelbildisomerie, *cis-trans*-Isomerie) bei organischen Verbindungen große Bedeutung. Dabei unterscheiden sich die Isomere nur in der räumlichen Anordnung der Atome im Raum. Dadurch wird oft eine unterschiedliche Wirkung im Stoffwechsel hervorgerufen.

Wenn an ein Kohlenstoffatom vier unterschiedliche Atomgruppen über Einfachbindungen gebunden sind, kann man zwei Isomere erhalten, die sich zueinander wie Bild und Spiegelbild verhalten. Dies nennt man **Chiralität** oder **Spiegelbildisomerie.** Diese speziellen Isomere werden als *Enantiomere* bezeichnet.

Solche Spiegelbildisomere können durch Drehung entlang der Einfachbindungen nicht ineinander umgewandelt werden. Oft unterscheiden sich die beiden Verbindungen nur in ihrer biochemischen Wirkung. Physikalisch können sie durch ihre optischen Eigenschaften getrennt werden. Sie drehen die Schwingungsebene des linear polarisierten Lichtes jeweils nach links bzw. nach rechts. Diese Chiralität wurde 1848 LOUIS PASTEUR (1822–1895) entdeckt, als er das Natriumammoniumsalz der Traubensäure untersuchte.

Chiralität wird auch „Händigkeit" genannt. Die Moleküle verhalten sich wie die linke und die rechte Hand oder Bild und Spiegelbild zueinander (↗ S. 48).

Struktur eines chiralen Moleküls (D- und L- Variante der Milchsäure)

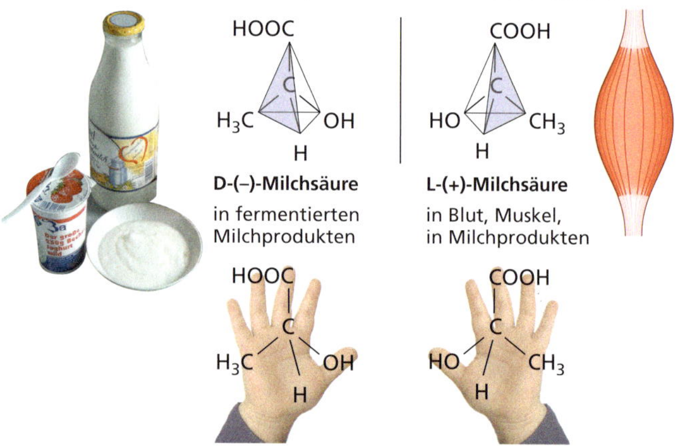

Der menschliche Körper kann nur die „rechtsdrehende" Milchsäure (+) verarbeiten. Ist in Jogurtprodukten sowohl rechts- als auch linksdrehende (–) Milchsäure enthalten, kann unser Organismus nur erstere verstoffwechseln. Aus diesem Grund wird auf dem Etikett solcher Produkte häufig erwähnt, welche Isomere enthalten sind.

Aminosäuren und Zucker in Organismen kommen fast ausschließlich als L-Aminosäuren und als D-Zucker vor. Sie sind optisch aktiv. In Stoffwechselvorgängen können auch nur die entsprechenden Moleküle identifiziert und verarbeitet werden **(molekulare Erkennung)**.

2.2 Wasser – das Medium des Lebens

- Die frühe Entwicklung des Lebens auf der Erde fand im Wasser statt. Bis heute ist es Lebensraum für viele Organismen.
- Alle chemischen Reaktionen in Lebewesen laufen im wässrigen Milieu ab (Reaktionsraum).
- Wasser ist ein wichtiges polares Lösungsmittel.
- Wasser dient für viele Stoffe als Transportmittel.
- Bei vielen biochemischen Reaktionen ist Wasser ein wesentlicher Ausgangsstoff (z. B. bei der Fotosynthese).

2.2.1 Eigenschaften des Wassers

Wasser hat aufgrund seiner besonderen Eigenschaften (relativ hohe Schmelz- und Siedetemperatur, Dichteanomalie, Volumenzunahme beim Erstarren, hohe Schmelz- und Verdampfungsenthalpie, hohe Dielektrizitätskonstante) große Bedeutung für das Leben. Die Eigenschaften resultieren aus dem Bau der Moleküle.

Schon vor etwa 3,5 bis 4 Mrd. Jahren entwickelten sich die ersten Lebewesen im Wasser. Nur hier waren sie in entsprechender Tiefe vor der aggressiven UV-Strahlung geschützt (↗ S. 342).

Die molekulare Natur des Wassers (H_2O) wurde von **A. L. LAVOISIER** (um 1783) erkannt (↗ S. 98). Es handelt sich hierbei um die Verbindung von einem Sauerstoffatom mit zwei Wasserstoffatomen. In dieser Verbindung hat Sauerstoff die größere Elektronegativität. ΔEN beträgt 1,4. Daher werden die gemeinsamen Elektronenpaare vom Kern des Sauerstoffatoms stärker angezogen, sodass Ladungsschwerpunkte entstehen. Der negative Ladungsschwerpunkt am Sauerstoffatom wird durch die beiden nicht bindenden Elektronenpaare verstärkt. Der Bindungswinkel H–O–H beträgt aus energetischen Gründen 104,5°. Durch die gewinkelte Raumstruktur des Moleküls fallen die Ladungsschwerpunkte nicht zusammen und werden nach außen hin wirksam. Wassermoleküle sind Dipolmoleküle.

Modelle von Wassermolekülen

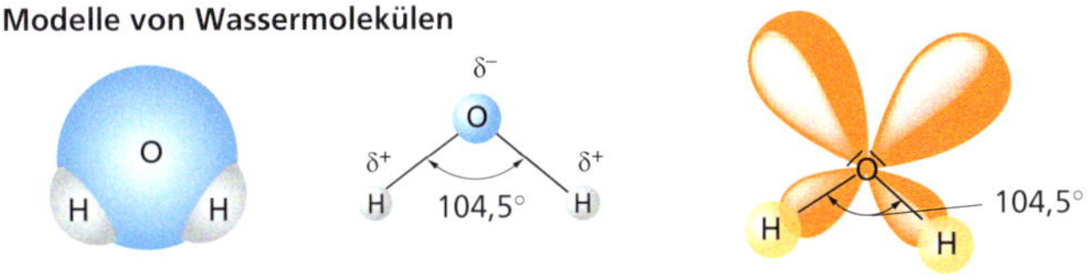

Kalotten-Modell Kugel-Stab-Modell Orbital-Modell

Die möglichen Aufenthaltsräume der Elektronen eines Atoms werden **Orbitale** genannt (Orbitalmodell). Je nach dem Energiegehalt der Elektronen haben sie unterschiedliche Formen.

Ein Molekül wird als **Dipol** bezeichnet und besitzt ein **Dipolmoment,** wenn es

1. aus Atomen mit stark unterschiedlicher Elektronegativität gebildet wird und
2. die Schwerpunkte der positiven und der negativen Ladungen nicht zusammenfallen (Ladungsasymmetrie).

Durch den Dipolcharakter der Moleküle bedingt, verbinden sich Wassermoleküle über Wasserstoffbrückenbindungen zu Aggregaten. Durch diese Bindungen lassen sich die vergleichsweise hohe Schmelztemperatur (0 °C) und Siedetemperatur (100 °C) bei Normaldruck erklären. Schwefelwasserstoff H_2S mit ähnlich kleinen Molekülen siedet bereits bei –62 °C.

Im festen Zustand liegt Wasser aufgrund der Ausbildung der Wasserstoffbrückenbindungen als hexagonales Gitter mit Hohlräumen zwischen den Molekülen vor. Im flüssigen Wasser werden flukturierende, tetraedrische Aggregate gebildet. Schmilzt das Eis, bricht die starre Struktur zusammen und die Packungsdichte der Moleküle erhöht sich. Dadurch verringert sich das Volumen einer bestimmten Masse von Wasser. Die Dichte nimmt bis zur Temperatur von 4 °C zu und erreicht dort das Dichtemaximum (Dichteanomalie des Wassers).

Diese Eigenschaften von Wasser haben Konsequenzen für biologische Systeme. Sie bewirken, dass Wasser auf der Erde zu einem großen Teil in flüssiger Form vorliegt. Gewässer frieren immer von oben nach unten zu, da beim Abkühlen das Wasser mit einer Temperatur von 4 °C nach unten sinkt und sich Eis infolge der geringeren Dichte immer an der Oberfläche bildet. Dadurch gefrieren tiefere Gewässer nicht bis zum Grund. Die Volumenausdehnung beim Erstarren spielt eine Rolle bei der Verwitterung von Gestein, da Wasser in Spalten und Hohlräume eindringt und das Gestein beim Gefrieren sprengt.

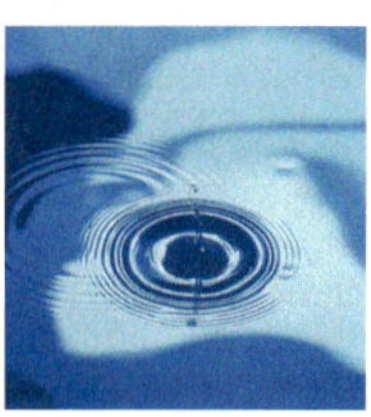

Die Schmelz- und Verdampfungswärme von Wasser und seine spezifische Wärmekapazität sind viel größer als bei anderen Stoffen. Die Ursache liegt in der Ausbildung von Aggregaten auch im flüssigen Zustand. Sie sind bei der Temperaturregulation unseres Körpers durch Schwitzen von Bedeutung. Auch für die Klimaregulation unseres Planeten sind diese Eigenschaften des Wassers wesentlich: Große Meeresströmungen, z. B. der Golfstrom, beeinflussen das Klima in vielen Ländern.

Durch die Polarität der Moleküle und eine große Anzahl von Wasserstoffbrückenbindungen wird der Stoff zusammengehalten (Kohäsion), aber auch die Festheftung an anderen Stoffen wird ermöglicht. Diese Adhäsion kann durch besondere Oberflächenstrukturen vermindert werden **(Lotos-Effekt).** Zusätzlich bewirken die Wasserstoffbrückenbindungen auch die Oberflächenspannung und erhalten den kontinuierlichen Transport von Wassermolekülen in den Leitungsbahnen der Pflanzen bis zu den obersten Pflanzenteilen, z.B. auch den Baumkronen, aufrecht. Dadurch kann Wasser entgegen der Schwerkraft als Transportmittel wirken.

Der polare Charakter des Wassers spiegelt sich in einer hohen Dielektrizitätskonstante (80 bei Zimmertemperatur) wider. Das bedeutet, dass sich zwei elektrische Ladungen mit entgegengesetztem Vorzeichen im Wasser mit nur 1/80 der Kraft anziehen, die sie in Luft (oder im Vakuum) aufeinander ausüben. Daraus folgt, dass sich Ionen, z. B. die eines Natriumchlorid-Kristalls, in Wasser erheblich leichter aus der Kristallstruktur lösen als in Luft, weil die Kraft, die das Ion zur Kristalloberfläche zurückzieht, in Wasser nur 1/80 so stark wie in Luft ist. Wasser ist ein außergewöhnlich gutes Lösungsmittel für polare Stoffe und Stoffe, die aus Ionen aufgebaut sind.

Zudem treten die Wassermoleküle mit gelösten Stoffen in Wechselwirkung und bilden Hydrathüllen. Dies spielt besonders beim Lösen von Salzen eine Rolle. Aufgrund des Dipolcharakters der Wassermoleküle können sowohl mit positiv als auch mit negativ geladenen Ionen entsprechende Dipol-Ionen-Wechselwirkungen auftreten und Hydrate gebildet werden. Dadurch werden die ionischen Ladungen weitgehend abgeschirmt und partiell neutralisiert. Auch polare Moleküle bzw. Molekülteile wie –OH-Gruppen, –NH_2-Gruppen und andere werden von Hydrathüllen umgeben.

Ethanol (C_2H_5OH) löst sich in Wasser. Dagegen ist z. B. Cetylalkohol ($C_{16}H_{33}OH$) in Wasser nicht löslich.

Aufgrund der aufgeführten Eigenschaften bildet Wasser die Voraussetzung, dass sich auf einem Planeten Leben entwickeln kann. Alle Lebewesen auf der Erde bestehen zu einem hohen Anteil aus Wasser. Quallen bestehen beispielsweise zu 98 % aus Wasser. Pflanzen enthalten häufig mehr als 85 %, Kakteen auch über 95 % Wasser. Beim Menschen verändert sich der **Wassergehalt** im Laufe des Lebens vom Säugling (90 %) bis zum älteren Menschen (60 %). Ein ca. 70 kg schwerer Mensch besteht aus etwa 30 l Wasser in den Zellen, 15 l befinden sich zwischen den Zellen und 5 l in den Blut- und Lymphgefäßen. Um die Stoffwechselvorgänge aufrecht zu erhalten, liegt die tägliche Wasseraufnahme je nach Arbeits- und Klimabedingungen zwischen 1,5 und 8 l pro Tag. Ein durchschnittlicher Laubbaum von 15–20 m Höhe mit einer Blattfläche von ca. 1 000 m^2 pumpt täglich etwa 80 l Wasser in seine Krone. Für die Produktion von 1 kg Trockenmasse benötigen Acker-Senf 9–10 l, Mais (eine C_4-Pflanze, ↗ S. 398) sogar 300–400 l Wasser.

Im Jahr 2004 landeten Sonden auf dem Mars, die u. a. Wasserspuren nachweisen konnten. Dies spricht für die Möglichkeit von Leben auf dem Mars.

Der **Wasserverbrauch** in Deutschland hat seit 1950 von ca. 85 l pro Person und Tag auf derzeit 130 l zugenommen. In den USA liegt er mit ca. 510 l noch wesentlich höher, während er in vielen Ländern der „Dritten Welt" um die 40 l beträgt.

Wasser wird auch zur Herstellung von Lebensmitteln gebraucht. Etwa 25 Liter sind nötig, um einen Liter Bier zu produzieren und 120 Liter werden für 1 kg Zucker benötigt.

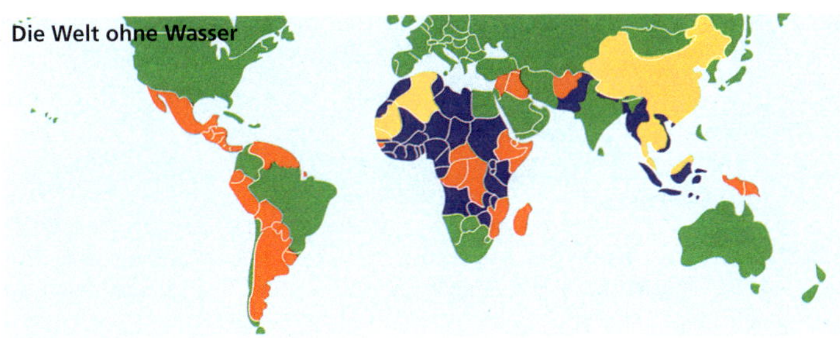

Prozentuale Anteile der Bevölkerung, die keinen Zugang zu sauberem Wasser hat.

- 0 – 20 %
- 20 – 40 %
- 40 – 60 %
- 60 – 80 %

2.2.2 Autoprotolyse des Wassers

Reines Wasser besitzt eine geringe elektrische Leitfähigkeit. Diese ist darauf zurückzuführen, das Wassermoleküle zu einem geringen Teil miteinander reagieren und Hydroxid-Ionen (OH^-) und Oxonium-Ionen (H_3O^+) bilden.

$$2\,H_2O \rightleftharpoons H_3O^+ + OH^-$$

Diese **Autoprotolyse** spielt in der Natur eine große Rolle. Zwischen der Konzentration der Wassermoleküle und der Konzentration der Hydroxid- und Oxonium-Ionen bildet sich ein Gleichgewicht heraus.
Die Konzentrationen der Hydroxid-Ionen under Oxonium-Ionen sind in reinem Wasser gleich. Sie betragen jeweils 10^{-7} mol·l^{-1}. Daher hat reines Wasser einen *pH*-Wert von 7.

Die Bezeichnung *pH* leitet sich ab von *„potentia hydrogenii"*, was so viel wie „Stärke des Wasserstoffs" bedeutet.

Der ***pH*-Wert** ist der negative dekadische Logarithmus der Oxonium-Ionen-Konzentration einer Lösung:

$$pH = -\lg\,[H_3O^+]$$

Das Produkt der Oxonium- und der Hydroxid-Ionen einer Lösung ist ebenfalls immer gleich und beträgt 10^{-14} mol · l^{-1}. In neutralen Lösungen ist die Konzentration der Oxonium-Ionen wie im Wasser mit 10^{-7} mol · l^{-1} ebenso hoch wie die der Hydroxid-Ionen (10^{-7} mol · l^{-1}).

Uniteststreifen zur *pH*-Wert-Bestimmung

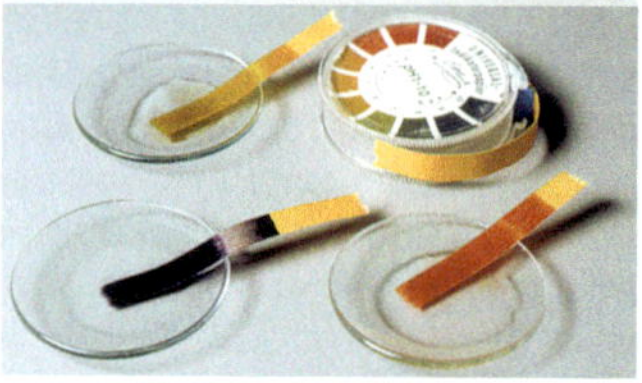

Durch die Zugabe einer Säure wird das Gleichgewicht derart verschoben, dass sich ein Überschuss an Oxonium-Ionen in der Lösung befindet. Je höher die Oxonium-Konzentration ist, desto saurer ist die Lösung. Wenn beispielsweise die Oxonium-Konzentration bei 10^{-6} mol · l^{-1} liegt, ist die Hydroxid-Konzentration entsprechend bei 10^{-8} mol · l^{-1}. Daraus ergibt sich ein *pH*-Wert von 6.
Analog ändern sich die Konzentrationen bei Zugabe einer Lauge, die dann zusätzliche Hydroxid-Ionen in die Lösung entlässt. Der *pH*-Wert steigt.

- Saure Lösungen haben *pH*-Werte kleiner als 7
- Neutrale Lösungen haben einen *pH*-Wert gleich 7
- Basische Lösungen haben *pH*-Werte größer als 7

Die gesunde Haut des Menschen hat einen *pH*-Wert von 5,5. Die leichte Säurewirkung zerstört manche eindringende Keime und fördert das Wachstum anderer Keime.

2.3 Makromoleküle – der Anfang der Vielfalt

- Die vier Hauptklassen organischer Verbindungen der Zelle sind Proteine, Kohlenhydrate, Lipide und Nucleinsäuren.
- Alle Lebewesen bestehen aus Kohlenstoffverbindungen, die meist Polymerstrukturen bilden, wie Proteine, Polysaccharide oder Nucleinsäuren.
- Proteine unterscheiden sich durch die Art, die Anzahl und die Reihenfolge der am Aufbau beteiligten Aminosäuren. Die durch diese Reihenfolge festgelegte Struktur ist für ihre biologische Funktion verantwortlich.
- Kohlenhydrate zählen zu den bedeutenden Betriebs- und Baustoffen der Organismen. Sie entstehen unmittelbar durch die Fotosynthese der grünen Pflanzen.
- Die große Gruppe der Lipide hat als Gemeinsamkeit die schlechte Löslichkeit in Wasser. Lipide enthalten oft langkettige Fettsäurereste und können durch einfache Stoffwechselreaktionen ineinander überführt werden. Einige bestimmen die Eigenschaften der biologischen Membranen.
- Die Nucleinsäuren gelten als Schlüsselmoleküle des Lebens, sie sind die Träger der genetischen Informationen. Ihre Replikation ist Voraussetzung für die Vermehrung der Zellen.

2.3.1 Proteine

Fast alle natürlich vorkommenden **Proteine** werden aus nur 22 Aminosäuren zusammengesetzt. Deshalb besitzen sie eine gut definierte räumliche Struktur, die spezifische Aufgaben hat. Wird durch äußere Umstände diese Funktionalität gestört, spricht man **Denaturierung.** So kann z. B. hohes Fieber die Funktion von Proteinen hemmen. Eine **Aminosäure** ist wie ein Tetraeder aufgebaut. Sie besitzen die gleiche Grundstruktur und unterscheiden sich im Aufbau des Restes R. Die proteinogenen Aminosäuren sind α-Aminosäuren. D. h., die Amino-Gruppe befindet sich am ersten C-Atom neben der Carboxy-Gruppe. Bei β-Aminosäuren dagegen befindet sich die Amino-Gruppe am zweiten C-Atom.

LINUS PAULING (1901 bis 1994) endeckte in den 50iger Jahren einige der grundlegenden Strukturen der Proteine.

Im menschlichen Organismus kommen 22 Aminosäuren vor. Davon werden 14 selbst produziert, die übrigen 8 müssen über die Nahrung zugeführt werden. Diese werden als essenzielle Aminosäuren bezeichnet (↗ S. 203).

An ein zentrales Kohlenstoffatom werden folgende funktionelle Gruppen angelagert:

Amino-Gruppe – NH_2
Carboxy-Gruppe – COOH
Wasserstoffatom – H
organischer Rest – R

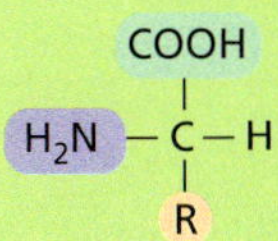

Die kleinste α-Aminosäure ist das Glycin. Ihr organischer Rest ist ein Wasserstoffatom, daher fehlt ihr ein asymmetrisches Kohlenstoffatom. Sie ist nicht chiral.

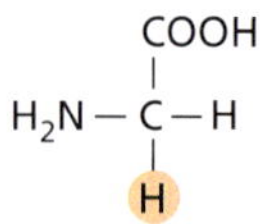

Chiralität

Biogene Aminosäuren sind α-Aminosäuren, sie besitzen ein asymmetrisches Kohlenstoffatom (α-C-Atom), was dazu führt, dass die vier Ecken des Tetraeders mit unterschiedlichen Substituenten besetzt werden und die Moleküle nicht mehr durch Drehung in Deckung gebracht werden können (↗ S. 42). Unterschieden werden Vertreter der L- und der D-Reihe. Im menschlichen Organismus werden nur L-Aminosäuren in die Proteine eingebaut. In Projektionsformeln weist bei Aminosäuren der L-Reihe die Amino-Gruppe stets nach links, wenn die Carboxy-Gruppe nach oben gerichtet ist. Bei der D-Reihe zeigt die Amino-Gruppe nach rechts. Alle biogenen Aminosäuren mit Ausnahme des Glycins besitzen mindestens ein chirales C-Atom. Die biogenen Aminosäuren werden dreibuchstabig oder einbuchstabig abgekürzt, z. B. Alanin = Ala = A.

Verbindungen, mit funktionellen Gruppen, die unterschiedliche elektrische Ladungen tragen (die gesamte Verbindung ist neutral), bezeichnet man als **Zwitterionen**. Aminosäuren liegen in wässriger Lösung als Zwitterionen vor. Sowohl die Carboxy-Gruppe als auch die Amino-Gruppe sind ionisierbar, können also in Abhängigkeit vom *pH*-Wert des umgebenden Mediums als Kation oder als Anion auftreten. Bei einem bestimmten *pH*-Wert der Lösung existieren gleich viele negativ geladene Carboxy-Gruppen wie positiv geladene Amino-Gruppen. Bei diesem **isoelektrischen Punkt** wandern Aminosäuren nicht mehr in einem elektrischen Feld. Dieser Effekt wird bei der **Elektrophorese** genutzt.

Der Süßstoff **Aspartam** ist ein Dipeptid aus einem Asparaginsäure- und Phenylalaninrest, der kalorienreduzierten „light"-Getränken zugesetzt wird. Seine Süßkraft ist ca. 200-mal stärker als die des Zuckers.

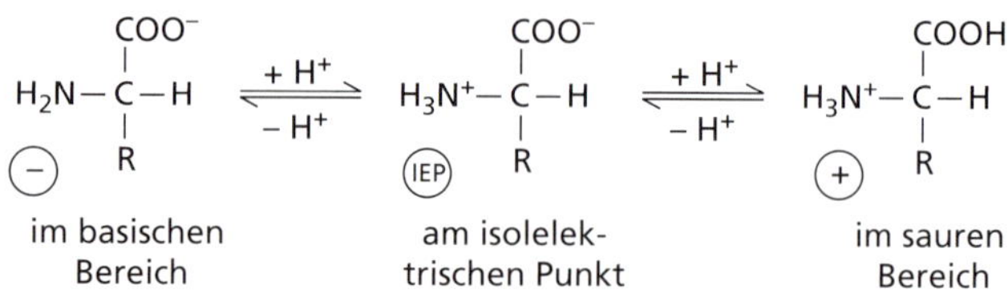

Einteilung

Für die Raumstruktur der Aminosäuren sind ihre organische Reste oder Seitenketten von großer Bedeutung. Als zweckmäßig hat sich die Einteilung in vier Gruppen nach ihrer biochemischen Wirkung herausgestellt:

Gruppe	Merkmal
Aminosäuren mit hydrophober *(unpolarer)* Seitenkette	– Seitenketten, die nur Wasserstoff und Kohlenstoff enthalten – bilden den hydrophoben Kern der Proteinmoleküle
Aminosäuren mit hydrophiler *(polarer)* Seitenkette	– Seitenketten, die O, S, N oder Se enthalten – bilden Wasserstoffbrückenbindungen (Tertiärstruktur)
Saure Aminosäuren	– tragen eine zusätzliche Carboxy-Gruppe in der Seitenkette
Basische Aminosäuren	– tragen eine zusätzliche Amino-Gruppe in der Seitenkette

Peptidbindung

In den Proteinen sind die vielen aneinander gelagerten Aminosäurereste durch **Peptidbindungen** miteinander verbunden. Dabei reagiert die Amino-Gruppe der einen Aminosäure mit der Carboxy-Gruppe der anderen Aminosäure unter Abspaltung von Wasser **(Kondensation)**.

Die entstehenden Peptid-Bindungen können durch Kochen mit Laugen oder Säuren wiederum gespalten werden. Auch die Verwendung von Enzymen zur Proteinspaltung ist möglich. Diese Reaktion, bei der die Spaltung durch eine Reaktion mit Wasser erfolgt, heißt **Hydrolyse.** Ein Molekül aus zwei Aminosäureresten wird **Dipeptid,** aus drei **Tripeptid** genannt. Eine Kette von 2–9 Aminosäurerresten wird als **Oligopeptid** bezeichnet, während ein **Polypeptid** aus 10–100 Aminosäureresten zusammengesetzt ist. Ein Protein wird aus mehr als hundert oder sogar Tausenden Aminosäureresten (bis 220 000) aufgebaut.

Entstehung einer Peptidbindung

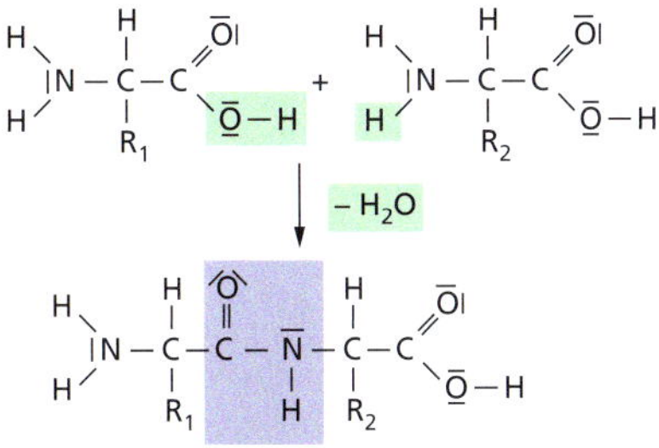

Peptidbindung
(nicht frei drehbar, unbeweglich)

Verkettung von Aminosäuren durch Peptidbindungen

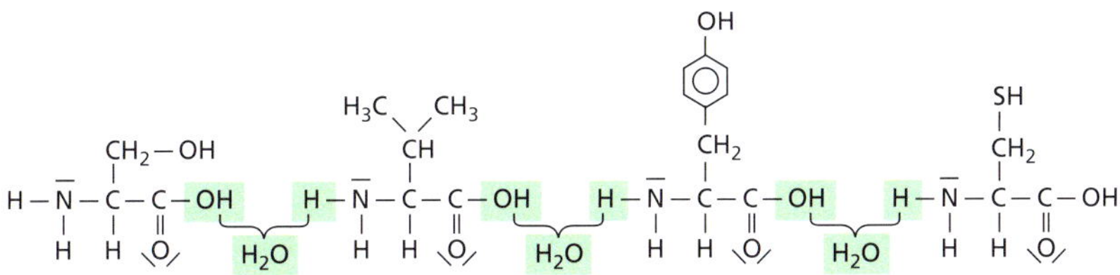

Primärstruktur

Die Art, die genaue Anzahl und die definierte Aufeinanderfolge von Aminosäuren innerhalb einer Kette ist die Primärstruktur eines Proteins oder die **Aminosäuresequenz.** Sie verfügt über ein Ende mit freier Amino-Gruppe und ein Ende mit freier Carboxy-Gruppe (= N-terminales und C-terminales Ende).
Schon das Vertauschen oder Weglassen einer einzigen Aminosäure kann zu Veränderungen in den Eigenschaften und der biologischen Wirksamkeit führen.

Die Erkrankung **Sichelzellenanämie** wird durch einen einzigen Aminosäureaustausch in nur einem Protein ausgelöst.

Sekundärstruktur

Hierunter versteht man die räumlichen Faltungen und Windungen, die für die Gesamtkonformation eines Proteins ausschlaggebend sind. Sie entstehen dadurch, dass neben den Peptidbindungen zusätzliche Bindungen, wie Ionenbindungen oder Wasserstoffbrückenbindungen, ausgebildet werden. Die Festigkeit der Sekundärstruktur wird durch die große Anzahl an Bindungen erreicht. Da die planare Peptidbindung nicht frei drehbar ist, entsteht eine gewisse Unbeweglichkeit. Daher können nur wenige stabile Konformationen wie die α-Helix und das β-Faltblatt produziert werden.

Im **Hämoglobin** ist der α-Helixanteil das dominierende Strukturelement. Das Hämoglobinmolekül in den roten Blutkörperchen besteht aus vier Polypeptidketten, welche je eine Farbstoffgruppe des Häm umgeben. Es ist ein Chromoproteid.

Struktur von Peptiden und Proteinen

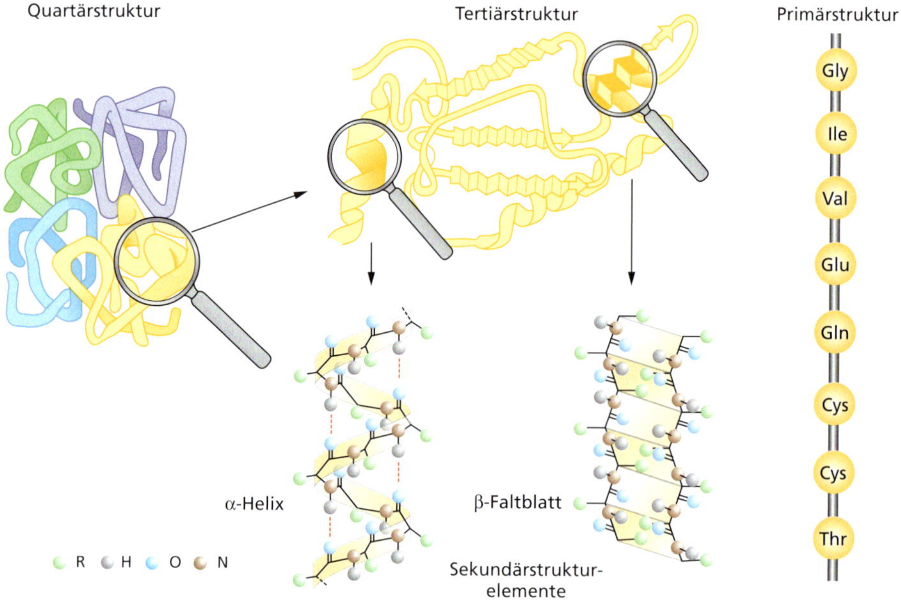

Das Polypeptid **Insulin** besteht aus zwei Polypeptidketten. Eine Kette mit 21 Aminosäuren ist über zwei Disulfidbindungen mit einer Kette aus 30 Aminosäuren verbunden.

Tertiärstruktur

Die Elemente der Sekundärstruktur werden räumlich angeordnet, wobei chemische Bindungen zwischen den organischen Resten für Stabilität sorgen. Große Bedeutung haben dabei hydrophobe Wechselwirkungen. Sie entstehen bei der Faltung, wenn Aminosäuren mit hydrophoben organischen Resten sich in einer Position innerhalb des Proteins versammeln und dadurch das Wasser nach außen drängen. Der Außenbereich kann dann mit Wasser benetzt werden **(Hydratation)**. Wenn sich die Thiolgruppen zweier Cystein-Moleküle nahe kommen, werden zwei Wasserstoffatome abgespalten und eine stabile Disulfidbrücke als kovalente Bindung ausgebildet. Eine Vielzahl schwacher Interaktionen gibt dem Molekül schließlich seine funktionale Gestalt.

Im **Hämoglobin** ist der α-Helixanteil das dominierende Strukturelement. Das Hämoglobinmolekül in den roten Blutkörperchen besteht aus vier Polypeptidketten, welche je eine Farbstoffgruppe des Häm umgeben. Es handelt sich um ein Chromoproteid.

Quartärstruktur

Viele Proteine bestehen nicht allein aus einer, sondern aus mehreren Polypeptidketten. Dabei kann es sich um gleichartige oder um verschiedene Ketten handeln. Die Quartärstruktur entsteht folglich durch Wechselwirkungen zwischen den Polypeptidketten eines Proteinmoleküls. Proteine, die neben den Aminosäuren noch eiweißfremde Bestandteile, wie Kohlenhydrate, Phosphorsäure, Lipide, Nucleinsäuren oder Farbstoffe enthalten, werden als **Proteide** bezeichnet. Entsprechend ihres spezifischen Bestandteils handelt es sich um Glyko-, Phospho-, Lipo-, Nucleo- oder Chromoproteide. Die Reihenfolge der Aminosäuren im Proteinmolekül ergibt nicht nur die Primär-, sondern auch die Sekundär-, Tertiär- und Quartärstruktur. Die dreidimensionale Struktur der Proteine ist direkt mit ihrer Funktion verknüpft.

Biogene Aminosäuren (α-Aminosäuren)

Unpolare Aminosäuren

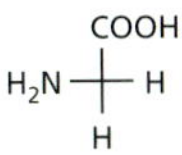
Glycin Gly

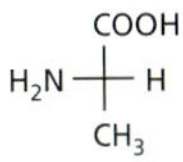
Alanin Ala

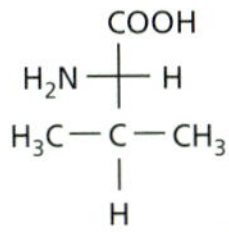
Valin Val

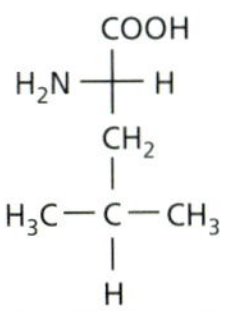
Leucin Leu

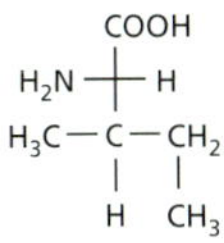
Isoleucin Ile

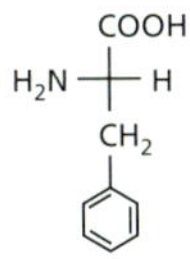
Phenylalanin Phe

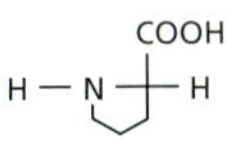
Prolin Pro

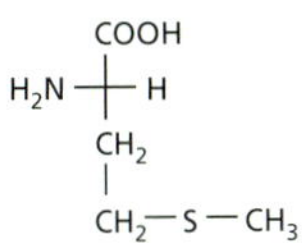
Methionin Met

essenzielle Aminosäuren

Polare Aminosäuren

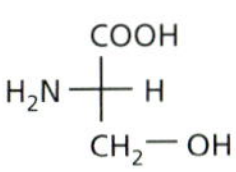
Serin Ser

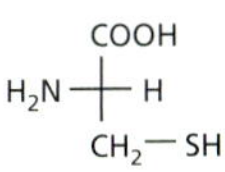
Cystein Cys

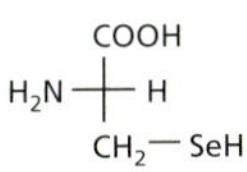
Selenocystein

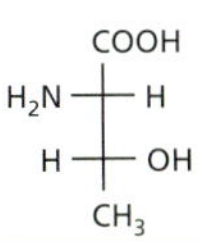
Threonin Thr

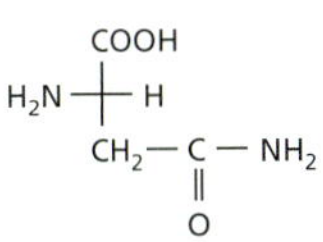
Asparagin Asn

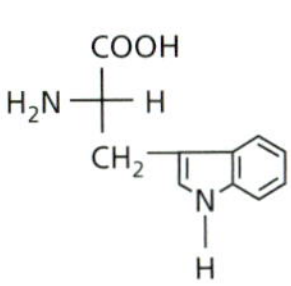
Tryptophan Trp

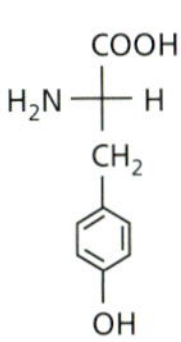
Tyrosin Tyr

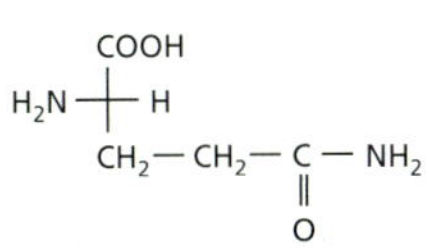
Glutamin Gln

Saure Aminosäuren

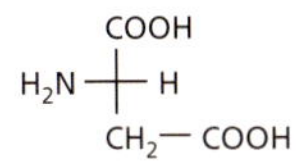
Asparaginsäure Asp

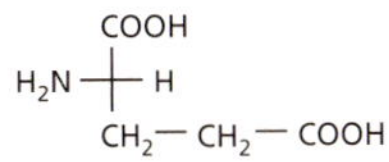
Glutaminsäure Glu

Basische Aminosäuren

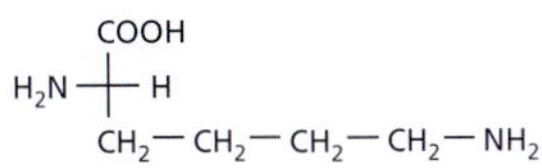
Lysin Lys

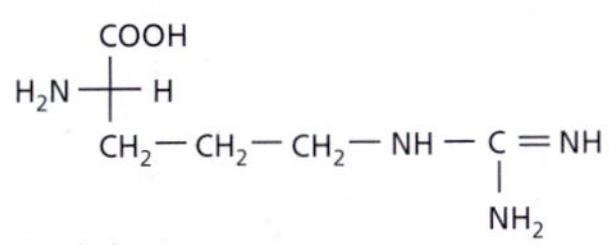
Arginin Arg

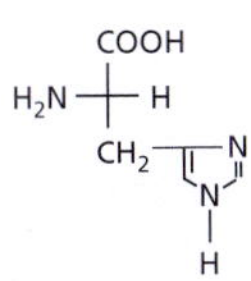
Histidin His

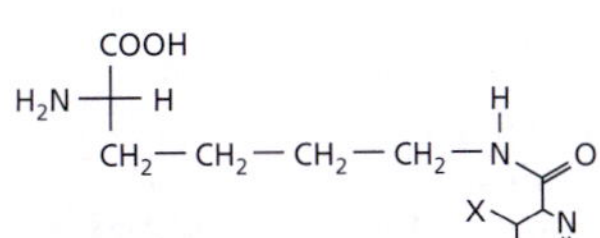
Pyrrolysin
X = CH_3, NH_2 oder OH

2.3.2 Kohlenhydrate

Die Vertreter der Einfachzucker (Monosaccharide) werden nach der Anzahl ihrer Kohlenstoffatome im Molekül eingeteilt: Triosen (3 C-Atome), Tetrosen (4 C-Atome), Pentosen (5 C-Atome), Hexosen (6 C-Atome), etc.

Kohlenhydrate, wie Glucose, Stärke, Glykogen, Dextrine und Cellulose, sind aus Kohlenstoff (C), Wasserstoff (H) und Sauerstoff (O) aufgebaut.

Kohlenhydrate sind Aldehyde oder Ketone mit zwei oder mehreren Hydroxy-Gruppen im Molekül. Die Elemente C, H und O treten meist im Verhältnis 1 : 2 : 1 auf, daraus ergibt sich die Summenformel: $\mathbf{C_n(H_2O)_n}$.

Nicht alle Substanzen, die der Summenformel entsprechen, gehören zu den Kohlenhydraten, wie beispielsweise Essigsäure ($C_2H_4O_2$) oder Milchsäure ($C_3H_6O_3$). Trotzdem wurde die Bezeichnung Kohlenhydrate beibehalten. Kohlenhydrate werden in Einfachzucker (Monosaccharide), Zweifachzucker (Disaccharide) und Vielfachzucker (Polysaccharide) unterteilt. Die Monosaccharide schmecken meist süß und sind die Grundbausteine aller komplexen Kohlenhydrate.

Mono- und Disaccharide stellen eine schnell verfügbare Energiequelle für den Organismus dar. Sie werden in Pflanzen, Algen und Cyanobakterien mithilfe der **Fotosynthese** aufgebaut, wobei aus Kohlenstoffdioxid (CO_2), Wasser und Licht unter Beteiligung von Chlorophyll der Einfachzucker Glucose ($C_6H_{12}O_6$) hergestellt wird (↗ S. 105 ff.).

$$6\,CO_2 + 12\,H_2O \longrightarrow C_6H_{12}O_6 + 6\,H_2O + 6\,O_2$$

Weitere Funktionen im Organismus sind die Speicherung von Energiereserven in Form von Stärke und Glykogen sowie die Funktion als Strukturelement, z. B. in Form von Cellulose.

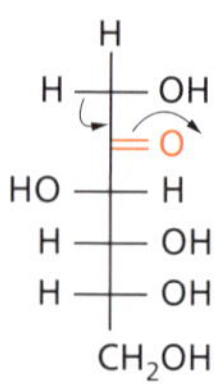

Fructose (Ketose)

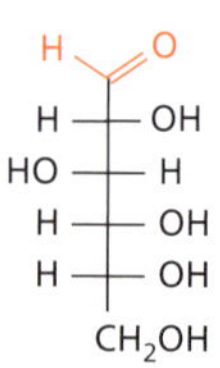

Glucose (Aldose)

Monosaccharide (Einfachzucker)

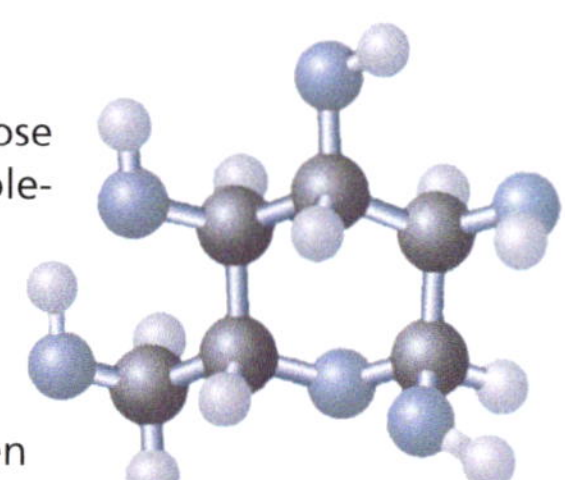

Zu den **Monosacchariden** zählen u. a. Glucose (↗ Abbildung), Fructose und Galactose. Ihre Moleküle lassen sich nicht in einfachere Kohlenhydrate zerlegen. Genauer betrachtet handelt es sich um Aldehyd- oder Keton-Derivate geradkettiger Polyalkohole (das sind Alkohole mit mehreren OH-Gruppen). Sie enthalten außer den Hydroxy-Gruppen, noch weitere funktionelle Gruppen. Entsprechend der Lage der Carbonyl-Gruppe (C=O) kann man die Aldehyd-Derivate auch als Aldosen bezeichnen (z. B. Glucose, Ribose, Desoxyribose) und die Keton-Derivate als Ketosen (z. B. Fructose, Ribulose). Bei den Aldosen befindet sich die Carbonyl-Gruppe am Anfang der Kohlenstoffkette (C_1-Atom), bei den Ketosen innerhalb der Kohlenstoffkette (in der Regel am C_2-Atom).

Die formal einfachsten Zucker sind **Glycerinaldehyd** und Dihydroxyaceton. Sie entstehen dadurch, dass eine Hydroxy-Gruppe zu einer Carbonyl-Gruppe dehydriert wird. Dieser Vorgang lässt sich am folgenden Beispiel zeigen:

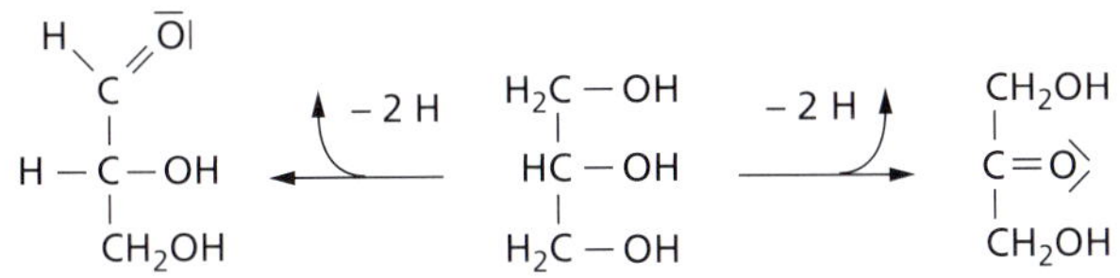

Glycerinaldehyd (Aldotriose) — Glycerin (Alkohol) — Dihydroxyaceton (Ketotriose)

Spiegelbildisomerie bei Zuckern

Aldosen mit drei oder mehr Kohlenstoffatomen sowie Ketosen mit vier oder mehr Kohlenstoffatomen besitzen ein asymmetrisches Kohlenstoffatom. Je nach Ausrichtung der daran angelagerten Hydroxy-Gruppe (diese kann nach links oder nach rechts ausgerichtet sein) unterscheidet man zwischen der **L-Form** und der **D-Form.** Moleküle dieser Art verhalten sich spiegelbildlich. Sie werden **Spiegelbildisomere** genannt. In der Natur kommt als häufigstes Monosaccharid die D-Glucose vor.

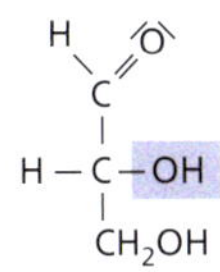

D-Glycerinaldehyd

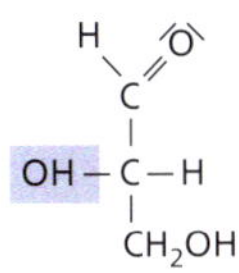

L-Glycerinaldehyd

Ringbildung bei Zuckern

Monosaccharide mit mehr als vier C-Atomen können einen Ring bilden, der aus fünf (Furan-Ring) oder sechs (Pyran-Ring) Atomen besteht. Darin sind vier, bzw. fünf Kohlenstoff-Atome und ein Sauerstoff-Atom enthalten. Die Ringbildung beruht auf der Reaktion zwischen einer Hydroxy-Gruppe und der Carbonyl-Gruppe des Monosaccharids. Es können zwei verschiedene Hydroxy-Gruppen an der Reaktion beteiligt sein. Sie führen zur Bildung eines ringförmigen Halbacetals (oder Halbketals). Monosaccharide aus Fünfer-Ringen nennt man **Furanosen,** während solche aus Sechser-Ringen als **Pyranosen** bezeichnet werden.

Typische Furanosen sind **Ribose** und **Desoxyribose,** die als Bestandteil der RNA bzw. der DNA vorkommen. Die Ribulose dagegen ist eine bedeutende Verbindung bei der Fotosynthese. Hinter den Pyranosen verbergen sich Einfachzucker wie Fructose oder Glucose. Die Furanosen und Pyranosen liegen in Wannen- oder Sesselform vor, werden hier aber der Einfachheit halber als planare Strukturformel dargestellt.

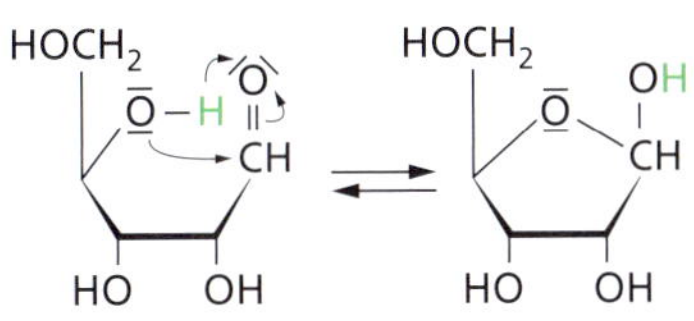

Furanose (Ribose)

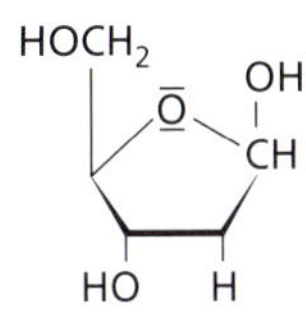

2-Desoxy-Ribose

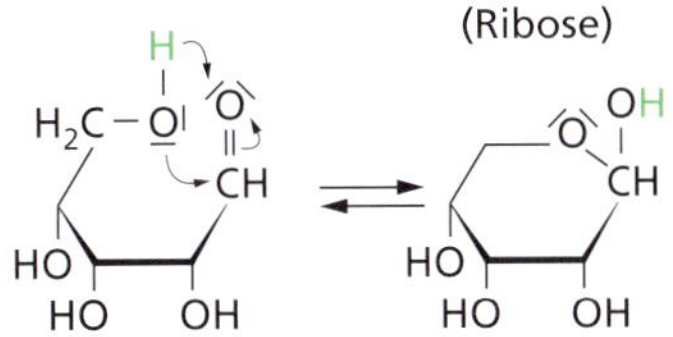

Pyranose

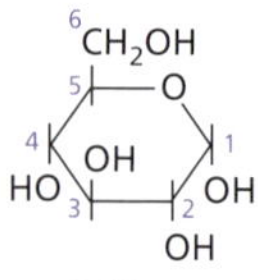

α-D-Glucose

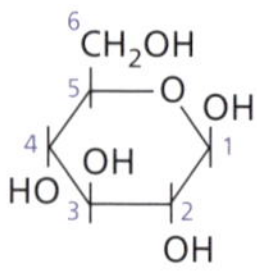

β-D-Glucose

Eine detaillierte Betrachtung der Zucker zeigt, dass zwei unterschiedliche Ringstrukturen vorkommen können, weil beim Ringschluss am C_1-Atom die OH-Gruppe nach unten oder nach oben gerichtet sein kann. Die Formen werden als α- und β-Zucker bezeichnet. Erfolgt die Orientierung von der Ringebene nach unten, handelt es sich beispielsweise um **α-Glucose,** befindet sich die OH-Gruppe dagegen oberhalb der Ringstruktur, wird das Molekül **β-Glucose** genannt. Die chemischen Unterschiede beider Formen sind nur gering, aber viele Enzyme erkennen die daraus resultierende Form **(molekulare Erkennung)**.

Disaccharide (Zweifachzucker)

Chemisch gesehen entsteht aus zwei Monosacchariden ein **Disaccharid**. Dabei reagieren zwei Hydroxy-Gruppen unter Wasserabspaltung. Die entstehende kovalente Bindung nennt man glykosidische Bindung. Disaccharide sind in vielen Nahrungsmitteln enthalten und geben ihnen einen süßen Geschmack.

- Weit verbreitet ist die **Saccharose,** die auch als Rohrzucker bzw. Rübenzucker bekannt ist. Im Verdauungstrakt der Bienen wird dieses Disaccharid durch **enzymatische Hydrolyse** in Glucose und Fructose gespalten.
- Lactose oder Milchzucker bildet den Kohlenhydratbestandteil der Milch.
- **Maltose** (Malzzucker) entsteht in keimenden Samen und wird bei der Bierherstellung benötigt.

Die glykosidische Bindung bei Kohlenhydraten kann mit der Peptidbindung der Proteine verglichen werden, da beide die Bildung komplexer und vielfältiger Moleküle durch die unterschiedliche Verknüpfung weniger Grundbausteine ermöglichen. Anders als die Aminosäuren in Proteinen können Monosaccharide nicht allein linear miteinander verknüpft werden, sondern auch Verzweigungen bilden.

Die bekanntesten Disaccharide und ihre Bindungsformen

Disaccharid	Monosaccharide	Bindung (C-Atome)	Vorkommen
Maltose	Glucose + Glucose	α-(1→4)	keimendes Getreide
Isomaltose	Glucose + Glucose	α-(1→6)	entsteht beim Stärkeabbau
Trehalose	Glucose + Glucose	α-(1→1)	in Algen, Pilzen und Hefen
Cellobiose	Glucose + Glucose	β-(1→4)	Baustein der Cellulose
Lactose	Galactose + Glucose	β-(1→4)	Milchzucker
Saccharose	Glucose + Fructose	α-(1), β-(2)	z. B. Früchte, Zuckerrohr

α-(1→4):
Die Ziffern bezeichnen die Stellung der C-Atome, die an der Bindung beteiligt sind.

Zwei Moleküle α-D-Glucose werden durch die glykosidische Bindung unter Abspaltung von Wasser zur α-D-Maltose zusammengeführt.

Maltose

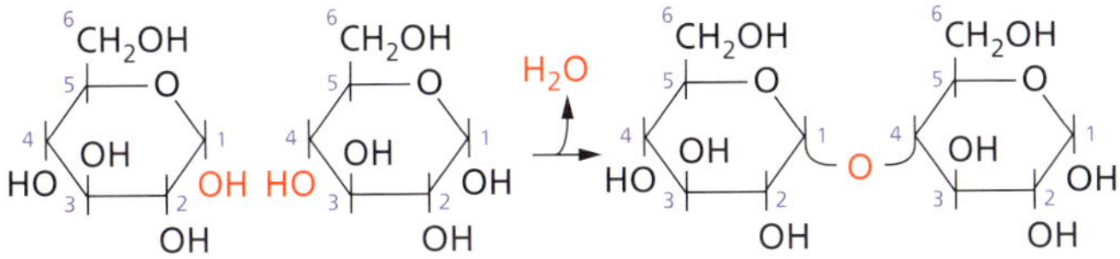

Polysaccharide (Vielfachzucker)

Im Unterschied zu den bisher besprochenen Mono- und Disacchariden bestehen die **Polysaccharide** aus mehr als zehn einzelnen Zuckerresten, die durch glykosidische Bindungen miteinander verknüpft sind. Die gebildeten Ketten der Polysaccharide können einige zehntausend Monosaccharide enthalten. Mit der Nahrung werden vor allem Stärke, Cellulose und Glykogen aufgenommen.
Stärke kommt in zwei unterschiedlichen Formen vor, die wasserlösliche α-Amylose und das wasserunlösliche Amylopectin. Die α-Amylose ist ein lineares Polysaccharid, welches aus einigen tausend Glucosemolekülresten (α-(1→4)-Bindungen) zusammengesetzt ist. Aufgrund der Bindungsform ist der Molekülstrang spiralförmig gewunden. Auch das Amylopectin besteht zum großen Teil aus denselben Einheiten wie die Stärke, weist aber nach etwa 25 Glucosemolekülen α-(1→6)-Bindungen auf, wodurch eine verzweigte Struktur entsteht.

Cellulose ist der dominierende Bestandteil der pflanzlichen Zellwände und ist daher in der Nahrung in größeren Mengen enthalten. Auch die Cellulose besteht aus Glucoseeinheiten, die aber im Gegensatz zur Stärke durch β-(1→4)-Bindungen miteinander verknüpft sind. Derartige Bindungen können von Wirbeltieren und damit auch dem Menschen nicht gespalten werden. Dieses ist bestimmten Mikroorganismen vorbehalten, die Cellulose abbauende Enzyme herstellen können. Sie finden sich z. B. im Verdauungssystem von Wiederkäuern und helfen diese Nährstoffe zu verwerten. In der menschlichen Nahrung spielt Cellulose als Ballaststoff eine bedeutende Rolle. Cellulose-Einlagerungen im Tierreich kommen relativ selten vor, z. B. bei Manteltieren.

Strukturformel der Cellulose (Sesselform)

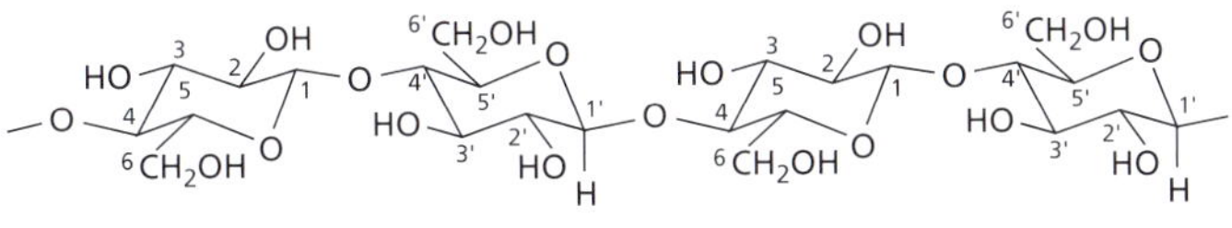

Chitin ist nach Cellulose das zweithäufigste Polysaccharid. Es ist Hauptbestandteil der Skelette von Insekten, Spinnen, Krebstieren und kommt in den Zellwänden von Pilzen vor. Es besteht v. a. aus dem Aminozucker N-Acetylglucosamin, der ein Acetamid ($-NHCOCH_3$) trägt. Durch glykosidische Bindungen β-(1→4) werden lange unverzweigte Ketten gebildet.

Homopolysaccharide enthalten nur eine einzige Sorte Monosaccharide, während Heteropolysaccharide meistens aus zwei unterschiedlichen Monosacchariden bestehen, die sich in ständig wiederholender Folge abwechseln.

Vertreter der Manteltiere sind die Seescheiden:

Skorpione gehören zu den Spinnentieren.

Der Mensch speichert etwa 500 g Glykogen in den Muskeln und in der Leber.

Glykogen bildet das Kohlenhydrat-Depot der Tiere und wird hauptsächlich in den Zellen der Leber und der Muskulatur gespeichert. Die Verknüpfung der Glucoseeinheiten ist ähnlich der des Amylopectin. Die α-(1$\rightarrow$6)-Bindungen treten allerdings nach etwa jedem zehnten Glucosemolekül auf, was zu einer wesentlich dichteren Verzweigung führt.

Mastzellen sind zu den Granulocyten zählende Zellen des Körpergewebes, die bei Immunreaktionen (z. B. bei Allergien) Histamin, Heparin u. a. Hormone ausschütten und damit die Entzündungssymptome (z. B. Schwellung, Rötung) fördern.

Glykosaminoglycane als weitere Gruppe von Polysacchariden sind meist schleimig, elastisch und hochviskos. Sie kommen im Extrazellulärraum von Bindegewebe, Haut, Sehnen und Knorpel vor und bilden eine gallertartige Grundsubstanz. Es handelt sich um unverzweigte Ketten, die aus einem Wechsel von Uronsäure und Aminozuckern bestehen. Sie enthalten 50 bis 1000 Disaccharid-Einheiten und sind für verschiedene Gewebetypen spezifisch zusammengesetzt. Wichtige Vertreter sind beispielsweise die Hyaluronsäure, die Bestandteil der Grundsubstanz von Bindegeweben und des Glaskörpers des Auges ist. Sie ist in der Lage, Wasser bis zum 10000fachen des Eigenvolumens als Gel zu fixieren. Der Glaskörper des Auges enthält vorwiegend Wasser und etwa 1 % Hyaluronsäure. Chondroitinsulfat und Keratansulfat kommen vorwiegend im Knorpel vor, Dermatansulfat in der Haut. Heparin kommt in Mastzellen vor und hilft bei Verletzungen, indem es als Gerinnungshemmer Calcium-Ionen fängt. Heparin hilft auch den Blutegeln das relativ dickflüssige Blut des Wirtes zu verdünnen.

2.3.3 Lipide

Bei der Verbrennung von 1 g Fett (Triglyceride) werden 39,6 kJ (9,5 kcal) gewonnen, wogegen die Oxidation von 1 g Protein bzw. 1 g Kohlenhydraten nur 18,6 kJ (4,4 kcal) liefert.

Die sehr heterogene Gruppe der **Lipide** wird umgangssprachlich auch als **Fette** bezeichnet, obwohl unter diesen Begriff eine Vielzahl von Verbindungen gestellt werden. Als Gemeinsamkeit weisen Lipide und Fette eine schlechte Löslichkeit in Wasser auf. Dagegen lassen sie sich leicht mit unpolaren organischen Lösungsmitteln wie Aceton, Methanol, Ether oder Chloroform aus biologischem Material herauslösen.
Lipide besitzen den höchsten physiologischen „Brennwert"(↗ S. 98). Er ist etwa doppelt so hoch wie der von Proteinen oder Zuckern. Die gewonnene Energie kann in Form von ATP zwischengespeichert werden.
Im Körper dienen Fette als Energiespeicher, als Isoliermaterial gegen Kälte (Unterhautfettgewebe) und als Schutzpolster (z. B. Bauch, Gesäß).
Nach ihrem chemischen Aufbau lassen sich die Lipide in unterschiedliche Gruppen unterteilen:
- Fettsäuren,
- Fette,
- Triglyceride oder Triacylglyceride, genannt Wachse,
- Phospholipide: auch Phosphatide, Phosphoglyceride oder Glycerinphosphatide genannt,
- Sterole und pflanzliche Steroide,
- Eicosanoide,
- Glykolipide: Cerebroside, Ganglioside

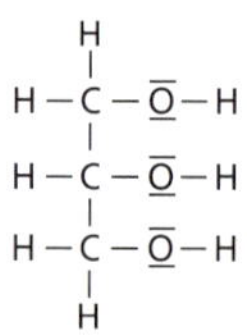

Strukturformel von Glycerin (Glycerol)

Fette sind Stoffe, die durch Veresterung von **Glycerin** mit verschiedenen Fettsäuren (meist Ketten mit 12–20 C-Atomen) entstehen.

Die Bindung zwischen Fettsäureresten und dem Glycerinmolekülrest ist jeweils eine **Esterbindung.** Die Reaktion erfolgt zwischen einer Carboxy- und einer Hydroxy-Gruppe unter Abspaltung von Wasser. An das Glycerinmolekül können maximal drei Fettsäuren gebunden werden (Triglyceride).

Mono- oder Diester des Glycerins werden entsprechend als Mono- oder Diglyceride bezeichnet. In der Regel sind die beiden äußeren Fettsäuren Palmitinsäure oder Stearinsäure, die mittlere ist häufig eine ungesättigte Fettsäure. Jedoch sind Kombinationen aus allen Fettsäuren denkbar. Einige werden als Designer-Lipide oder künstliche Fette produziert.

Triglycerid

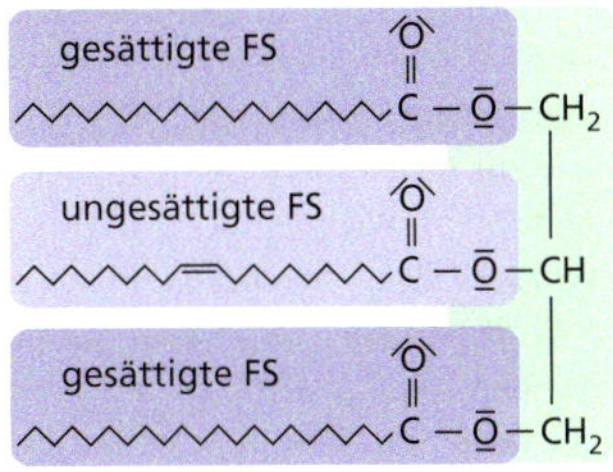

Designer-Lipide sind enzymatisch gewonnene Triglyceride und chemisch hergestellte Produkte. Sie werden z. T. als kalorienreduzierte Fette in Knabbererzeugnissen und Diät-Produkten eingesetzt.

Bei den **gesättigten Fettsäuren** ist das Kohlenstoffgerüst vollständig mit Wasserstoffatomen „gesättigt", sie enthalten keine Mehrfachbindungen. Bei den **ungesättigten Fettsäuren** sind eine oder mehrere Mehrfachbindungen zwischen Kohlenstoffatomen möglich. Je mehr Doppelbindungen in den Fettsäureresten der Estermoleküle vorkommen, desto niedriger liegt der Schmelzpunkt. Während **tierische Fette** (z. B. Speck, Talg, Schmalz oder Butter) gewöhnlich einen hohen Anteil gesättigter Fettsäurereste enthalten und bei Zimmertemperatur fest sind, kommen in den flüssigen **Pflanzenfetten** (z. B. Sonnenblumen-, Oliven-, Raps-, Lein- und Nussöl) viele ungesättigte Fettsäurereste vor. Als besonders wertvoll gelten ungesättigte Fettsäuren mit einer Doppelbindung am drittletzten C-Atom (Omega-3-Fettsäuren, z. B. Linolensäure).

Ungesättigte Fettsäuren kann der menschliche Körper nicht selber herstellen. Diese lebenswichtigen (= essenziellen) Stoffe müssen mit der pflanzlichen Nahrung aufgenommen werden.

Auswahl verschiedener Fettsäuren

	Fettsäure	Anzahl C-Atome (Position der Doppelbindung)	Schmelzpunkt [°C]
gesättigte FS	Buttersäure	4	–6,0
	Capronsäure	6	–3,9
	Caprylsäure	8	16,3
	Caprinsäure	10	31,3
	Laurinsäure	12	44,2
	Palmitinsäure	16	63,1
	Stearinsäure	18	69,6
	Arachninsäure	20	76,5
	Lignocerinsäure	24	86,0
einfach ungesättigte FS	Palmitoleinsäure	16 (9)	–0,5
	Ölsäure	18 (9)	13,4
mehrfach ungesättigte FS	Linolsäure	18 (9, 12)	–5,0
	α-Linolensäure	18 (9, 12, 15)	–11,0
	Arachidonsäure	20 (5, 8, 11, 14)	–49,5

Walrat ist eine helle, wachsähnliche Substanz, die im Kopf von Pottwalen enthalten ist und früher sowohl als Schmiermittel für Präzisionsgeräte als auch als Rohstoff für Kosmetika und Arzneimittel verwendet wurde.

Wachse sind die Ester langkettiger Fettsäuren mit 16 bis 36 C-Atomen. Sie unterscheiden sich von den Fetten außerdem dadurch, dass anstelle des Glycerins höhere einwertige Alkohole treten (z. B. Myricylalkohol). Neben tierischen Wachsen (z. B. Bienenwachs, Walrat) sind auch Pflanzenwachse bekannt, z. B. das Carnauba-Wachs, das für Autopolituren Verwendung findet. Wachse sind ebenso wie Fette neutrale Verbindungen, die unpolare langkettige Kohlenwasserstoffreste enthalten. Im Gegensatz dazu enthalten die Phospholipide und Glykolipide je eine hydrophile und eine lipophile Gruppe, was sie befähigt, in wässrigen Lösungen geordnete Strukturen zu bilden.

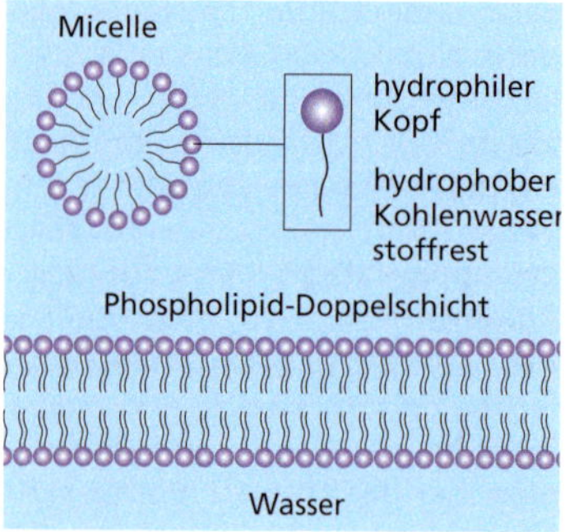

Phospholipide enthalten eine Phosphatgruppe und sind charakteristische Bestandteile zellulärer Membranen. In diesen Substanzen ist Glycerin mit zwei Fettsäuren und Phosphorsäure verestert. Der Phosphorsäurerest besitzt eine negative elektrische Ladung und ist mit einem Alkoholrest (z. B. Ethanolamin, Cholin, Colamin, Serin, Inosit oder Glycerin) verbunden.
Aufgrund ihrer besonderen Struktur bilden Phospholipide in wässrigen Lösungen Micellen oder Lamellen aus. Sie entstehen dadurch, dass die Phospholipidmoleküle sich mit ihrem hydrophilen Kopf zu den Wassermolekülen orientieren und mit ihrem lipophilen (oder hydrophoben) Schwanz zum Inneren einer kugelförmigen Micelle ausrichten.
Lamellen, auch als Phospholipid-Doppelschichten bezeichnet, bilden die Oberflächen der Zellen und sind nicht mit Zellwänden zu verwechseln. Die hydrophilen Köpfe treten in Kontakt mit Wassermolekülen im Inneren und Äußeren der Zellen, während die hydrophoben Schwänze auf beiden Schichten vom Wasser weg weisen.

Micellen und Lamellen bilden sich selbstständig, wenn Phospholipide in wässrige Lösungen gegeben werden.

Sphingolipide sind komplex aufgebaute Phospholipide, die gehäuft im Gehirn und im Nervengewebe anzutreffen sind. Im wichtigsten Vertreter, dem Sphingomyelin, ist anstelle des Glycerinrests der Aminoalkohol Sphingosin enthalten. An seine Amino-Gruppe ist durch Amidbindung ein Fettsäurerest gebunden, die Hydroxy-Gruppe des Aminoalkohols ist mit Phosphorsäure und die wiederum mit dem Alkohol Cholin verestert. Sphingomyeline wurden nach ihrem Vorkommen in den Myelinscheiden der Nerven benannt.

Mit Lipiden wird eine übergeordnete Stoffklasse bezeichnet. Die Fette sind eine Unterklasse der Lipide. Das im Eigelb enthaltene Lecithin ist ein Phospholipid.

Lecithin (Kalotten-Modell)

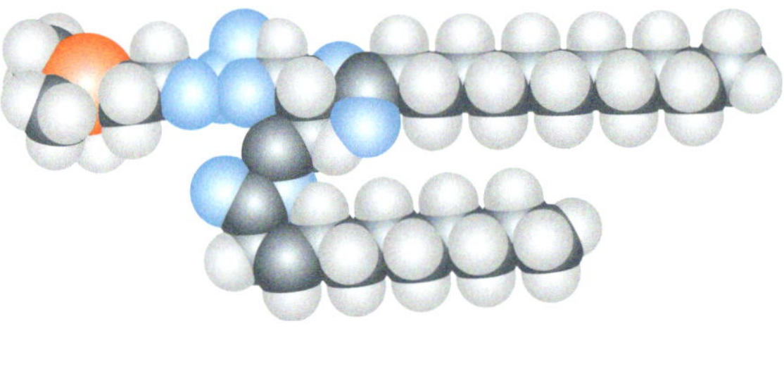

Die Gruppe der **Glykolipide** leitet sich ebenfalls vom Sphingosin ab. Allerdings ist hier statt des Phosphorylcholins ein Mono- oder Oligosaccharidrest verknüpft. Bekanntester Vertreter ist das Lecithin, das gemeinhin als Nervenstärkungsmittel gilt.

Sterole und pflanzliche Steroide sind gekennzeichnet durch ein Gerüst aus vier Kohlenstoffringen, an das verschiedene funktionelle Gruppen angelagert sind. Sie werden auch zur Gruppe der Terpene (↗ S. 63) gestellt. Das **Cholesterin** (Cholesterol) ist das Sterol der Wirbeltiere. Es befindet sich in Membranen inmitten von Phospholipiden und erlaubt einerseits eine gewisse Beweglichkeit der Membran, andererseits verhindert es, dass es bei niedrigen Temperaturen zu einer ungewollten Verfestigung der Membranen kommen kann. Dieser Umstand wird im „Flüssig-Mosaik-Modell" (↗ S. 69) näher erläutert. Cholesterin ist die Vorstufe für eine ganze Reihe von Verbindungen. Beispielsweise kann durch Belichtung von Cholesterin in der Haut auf fotochemischem Wege die Struktur aufgebrochen werden, welche dann in weiteren enzymatischen Schritten zu Vitamin D umgewandelt wird. Auch für die Produktion von Sexualhormonen (Östrogene, Androgene und Gestagene) wird Cholesterin umgewandelt.

Typische pflanzliche Steroide sind die Carotinoide (↗ S. 106), von denen man bereits mehrere hundert identifiziert hat. Sie werden auch zur Gruppe der Terpene gestellt. Ihre Farbigkeit beruht auf ihren vielen konjugierten Doppelbindungen. Sie sind aufgrund ihrer langen Kohlenwasserstoffketten nicht in Wasser löslich. Zu den Carotinoiden gehören unter anderem Lycopin, Carotin und Xanthophylle.

Auch Gallensäuren und Sexualhormone werden aus Cholesterin gebildet.

Das Xanthophyll Astaxanthin gibt dem gekochten Hummer die rote Farbe. Lycopin ist der rote Farbstoff der Tomate, der Paprika und anderer Früchte.

Lipide aus der Nahrung und ihre Stoffwechselprodukte

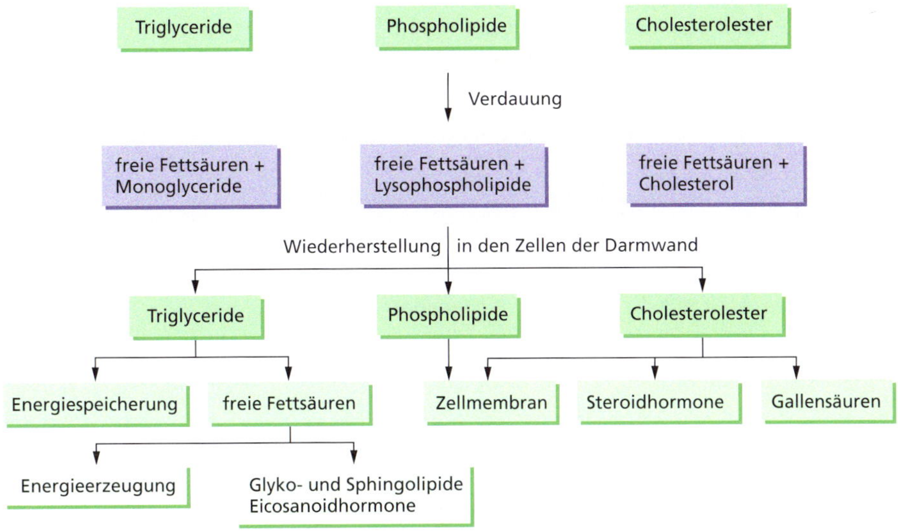

2.3.4 Nucleinsäuren

Nucleinsäuren sind die Träger der Erbinformation aller Organismen. Dabei bestehen sie nur aus vier Grundbausteinen, den **Nucleotiden.** Diese bestehen wiederum aus drei Untereinheiten, wobei eine Phosphatgruppe mit einer Furanose (↗ S. 53) verbunden ist, und diese wiederum mit einer stickstoffhaltigen Base verknüpft ist. Zwei Gruppen von stickstoffhaltigen Basen werden unterschieden: die **Pyrimidine** und die **Purine.** Die drei Vertreter der Pyrimidine sind **Cytosin** (C), **Thymin** (T) und **Uracil** (U). Sie bestehen aus einem Sechser-Ring von Kohlenstoff- und Stickstoffatomen, an die spezifische funktionelle Gruppen angelagert sind. Die beiden Purine **Adenin** (A) und **Guanin** (G) sind aus einem Sechser-Ring mit angelagertem Fünfer-Ring aufgebaut, an die ebenfalls funktionelle Gruppen gebunden sind.

Pyrimidine **Purine**

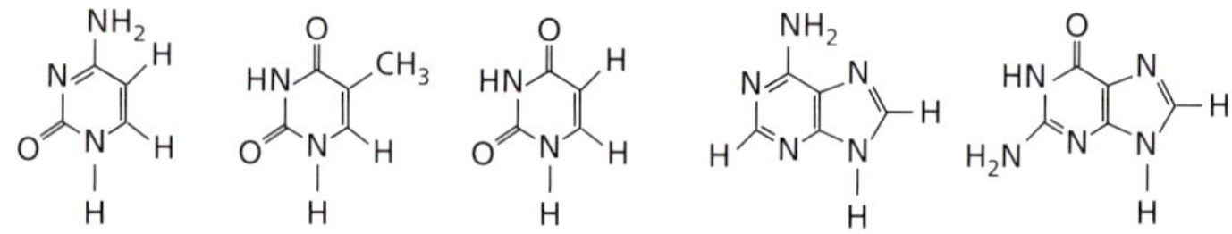

Cytosin (C) Thymin (T) Uracil (U) Adenin (A) Guanin (G)

DNA-Doppelhelix

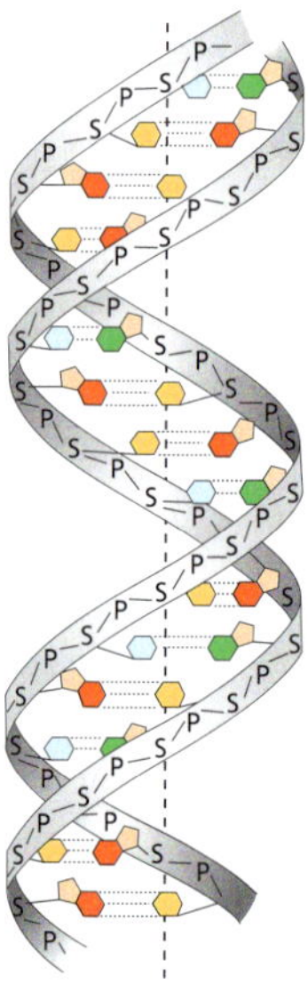

P – Phosphatgruppe
S – Zuckermolekül (engl. *sugar*)

Die Nucleinsäuren werden ihrerseits wieder in **Desoxyribonucleinsäure (DNA)** und **Ribonucleinsäure (RNA)** unterschieden. Bei der DNA ist der Zucker (Furanose) eine Desoxyribose, d. h., sie besitzt im Unterschied zur Ribose ein Sauerstoffatom weniger. Hier kommen die beiden Basenpaare Cytosin – Guanin und Thymin – Adenin vor. Die DNA bildet einen gewundenen Doppelstrang, worin die stickstoffhaltigen Basen ins Innere der Doppelhelix weisen und miteinander über zwei bzw. drei Wasserstoffbrückenbindungen stabilisiert sind. Die RNA weist dagegen einige Unterschiede auf:
- Anstelle der Desoxyribose kommt die Ribose vor.
- Die stickstoffhaltige Base ist hier Uracil anstelle von Thymin.
- Der RNA-Strang ist wesentlich kürzer als bei der DNA.
- Häufig besteht sie aus einem Einzelstrang von Nucleotiden.

Die Basenpaare der DNA mit Wasserstoffbrückenbindungen

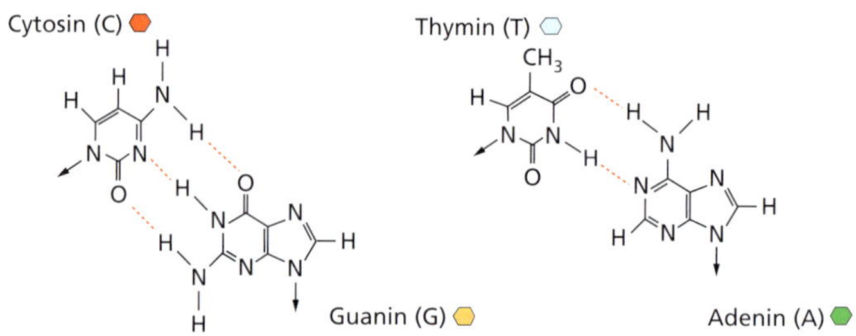

Zwei Bindungen kennzeichnen die Paarung Thymin – Adenin, drei stabilisieren die Paarung Cytosin – Guanin. Die Zuckermoleküle setzen in Richtung der Pfeile an.

Zur fehlerlosen Weitergabe der Erbinformationen wird eine exakte Kopie der DNA-Doppelhelix benötigt. Bei der so genannten **Replikation** (↗ S. 204 ff.) der DNA erfolgt die serielle Verknüpfung der Nucleotide, die als Triphosphate vorliegen müssen, zu Polynucleotiden. Es handelt sich bei der Verknüpfung um Phosphodiesterbindungen, bei denen ein Pyrophosphatrest abgespalten wird und somit um eine Polykondensation.

Der Vorgang der Replikation erfolgt semikonservativ, indem die Basenabfolge des entwundenen Doppelstranges durch das Enzym DNA-Polymerase gelesen wird. Dabei dient die Basensequenz des Einzelstranges als Vorlage oder Matrize für die Anknüpfung der jeweils komplementären Nucleotide.
Als Startpunkt dient ein kurzes RNA-Stück mit freier OH-Gruppe, der Primer. Die Verlängerung der Kette geschieht durch die Verbindung der OH-Gruppe mit dem inneren Phosphoratom des neuen Desoxyribonucleotids. Dieser Vorgang wird fortgesetzt, bis die komplexe Doppelhelix kopiert ist. Fehler, die bei der Replikation entstehen, können durch besondere Mechanismen repariert werden. So weit dies nicht gelingt, entsteht ein veränderter DNA-Strang (Mutation, ↗ S. 216).

Wie bei den Proteinen funktioniert die serielle Verknüpfung der Grundbausteine zu Polynucleotiden gerichtet, das heißt, das erste Nucleotid verbindet sich über das C_3-Atom des Zuckermoleküls über eine Phosphodiesterbindung mit dem C_5-Atom des Zuckermoleküls des zweiten Nucleotids.

Replikation der DNA

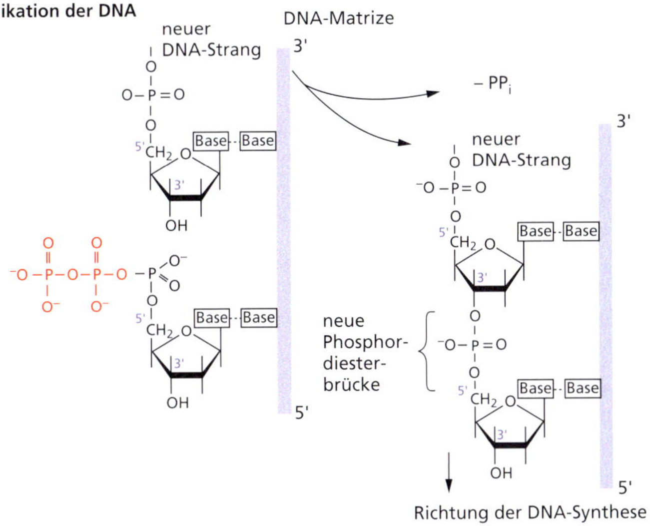

Die Abfolge der Nucleotide in der Nucleinsäure (Nucleotidsequenz) erscheint zunächst regellos, doch gerade die Reihenfolge beinhaltet die genetische Information, wenn auch nicht jede Nucleotidsequenz als Informationsträger fungiert.

2.3.5 Andere bedeutende Biomoleküle

Pyrrolverbindungen

Pyrrol besteht aus einem heterocyclischen Fünferring mit einem Stickstoffatom und zwei Doppelbindungen.

Die zu den Farbstoffen gehörenden **Porphyrine** bestehen aus vier Pyrrolringen, die über Methin-Gruppen (= CH) zusammengesetzt sind. Sie bilden ein Porphyringerüst, das im Falle des Häms, dem farbigen Bestandteil des Hämoglobins, Eisen als Zentralatom besitzt, an das Sauerstoff gebunden wird. Diese Verbindung ist auch in den verschiedenen Cytochromen anzutreffen, die für den Elektronentransport in Chloroplasten und Mitochondrien benötigt werden. Auch das Chlorophyllmolekül enthält einen Porphyrin-Ring mit Magnesium als Zentralatom.

Porphyrin-Ringsysteme

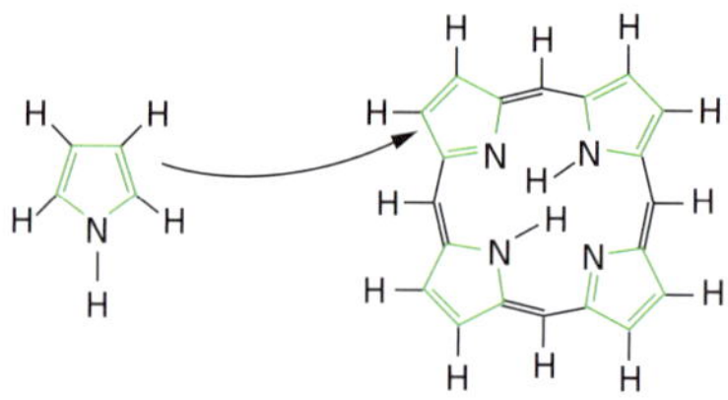

Pyrrol **Porphyrin**

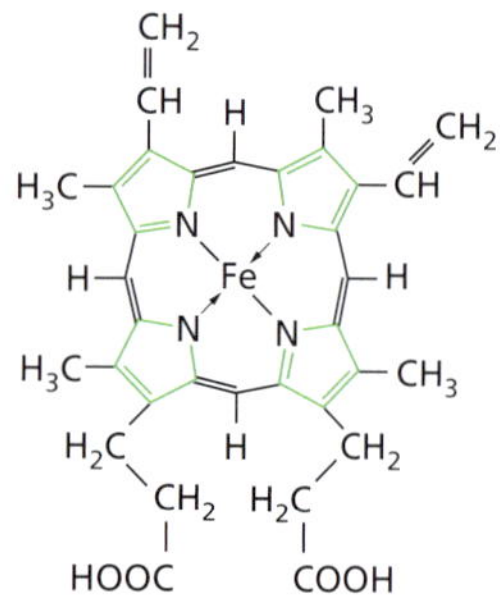

Häm (Porphyringerüst und Eisen-Ion)

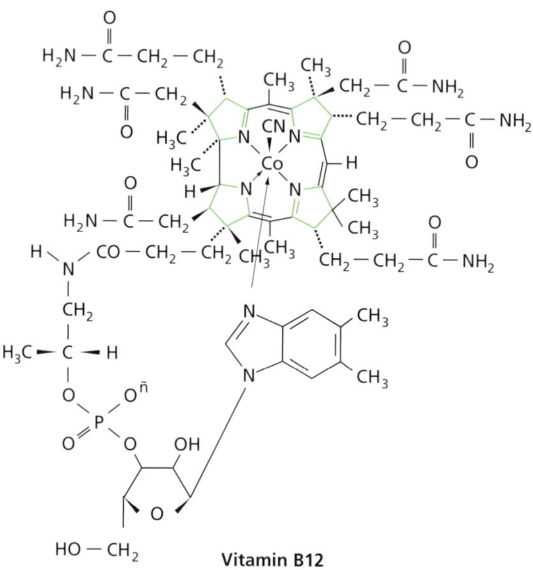

Vitamin B12

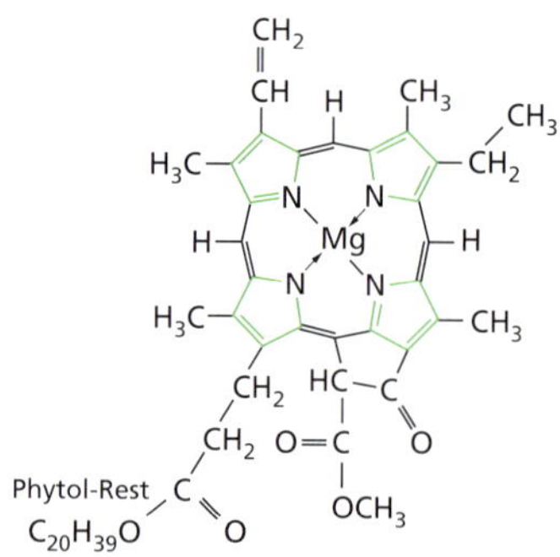

Chlorophyll a

Im Chlorophyllmolekül gruppiert sich um ein zentrales Magnesium-Ion (Mg^{2+}) ein Porphyrinring. Dieser besitzt 11 konjugierte Doppelbindungen mit relativ leicht anzuregenden π-Elektronen, die Licht (Photonen) aufnehmen können. Dieser Abschnitt des Moleküls ist somit für die Lichtabsorption und die Farbigkeit verantwortlich, während der Phytolrest das Molekül in der Thylakoidmembran des Chloroplasten verankert.

Über die Färbung des Wassers kann mithilfe von Satelliten die Chlorophyllmenge und somit auch die Planktonkonzentration berechnet werden.

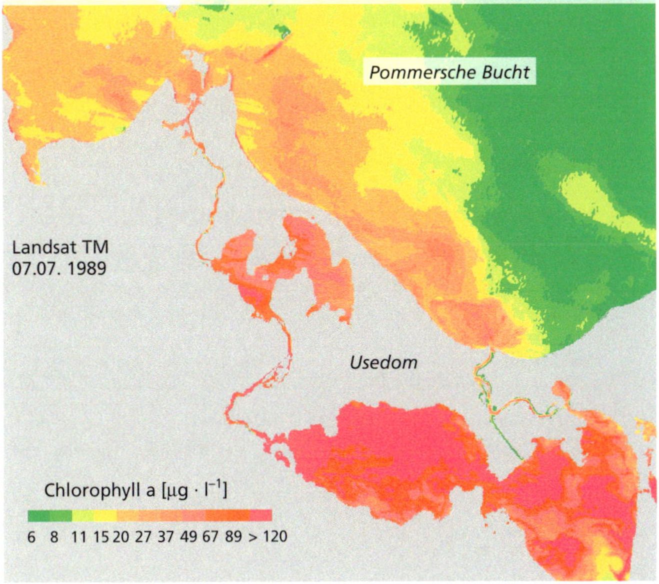

RICHARD WILLSTÄTTER (1872–1942) klärte die Struktur des Chlorophylls auf.
Er erhielt dafür 1915 den Nobelpreis für Chemie.

Terpene – Isoprenoide

Zu der sehr umfangreichen Klasse der **Terpene** werden etwa 22 000 Naturstoffe zusammengefasst, die insbesondere durch charakteristische Gerüche gekennzeichnet sind. Dazu zählen die in der Natur weit verbreiteten etherischen Öle der Pflanzen, die sich aus Wurzeln, Rinden, Früchten oder Blüten gewinnen lassen. Häufig sind Terpene reine Kohlenwasserstoffe, sie können aber auch funktionelle Gruppen in mannigfaltiger Weise tragen. Die Palette der Terpene reicht von niedrigmolekularen, flüchtigen Stoffen, z. B. Geranienöl, Menthol, bis hin zu kolloidalen Suspensionen, etwa dem Milchsaft tropischer Bäume (Kautschuk [↗ Abbildung] oder Latex).

Das Isopren ist das Grundgerüst der Terpene.

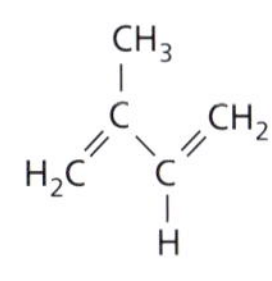

Die Einteilung der Terpene erfolgt nach der Anzahl der am Molekülaufbau beteiligten Isopreneinheiten. Terpene haben die Summenformel $(C_5H_8)_n$. Diese wird auch als Isoprenregel bezeichnet.

Das Lösungsmittel Terpentinöl besteht zum größten Teil aus Pinen. Dieses Monoterpen wird durch Destillation aus dem Harz von Kiefern *(Pinus)* gewonnen.

Terpene sind Lipide, die häufig in Pflanzen vorkommen und oft einen wichtigen Beitrag zum Aroma dieser Pflanzen leisten.

Die etherischen Öle und damit die Terpene sind seit langem in allen Kulturkreisen als antibakterielle Substanzen bekannt. Sie werden als Konservierungsmittel, für Kosmetikprodukte und in der Aromen- und Parfümindustrie genutzt.

Die verschiedenen Klassen der Terpene mit typischen Vertretern

Gruppe	Isopren-einheiten	Beispiele
Monoterpene	2	Pinen, Citral, Menthol, Limonen, Campher
Sesquiterpene	3	Nerolidol, Farnesol
Diterpene	4	Phytol, Vitamin A1
Sesterterpene	5	Ophiobolin A
Triterpene	6	Squalen, Lanosterol
Tetraterpene	8	Carotin (Provitamin A)
Polyterpene	> 8	Kautschuk, Guttapercha

Sterole (↗ S. 59) lassen sich von den Triterpenen ableiten und kommen in Tieren vor, während die Struktur der Carotinoide (↗ S. 106) von den Tetraterpenen hergeleitet wird.

Monoterpene

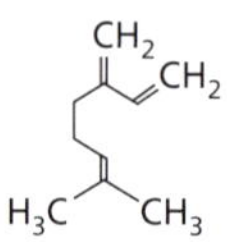

Myrcene

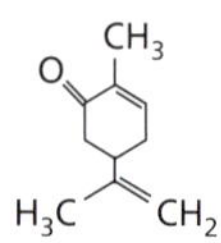

Carvone

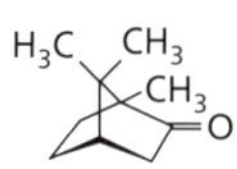

Campher

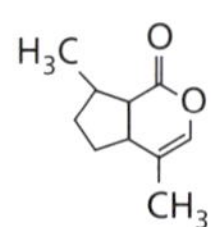

Nepetalacetone

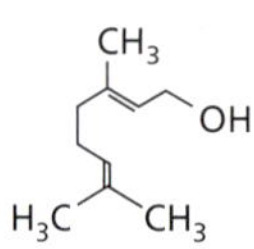

Geraniol

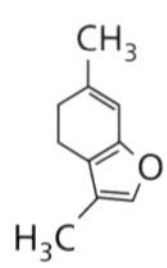

Menthofuran

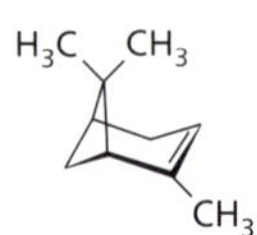

α-Pinene

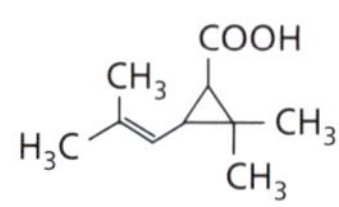

Chrysanthemic-Säure

2.4 Zellen und Zellbestandteile

- Die Zelle ist der Grundbaustein aller Lebewesen.
- Die biologischen Membranen begrenzen das Zellplasma nach außen, gliedern das Zellinnere und regulieren den Stoffaustausch.
- Die wichtigsten Bestandteile eines Eucyten sind das Cytoplasma mit einem Cytoskelett, der Zellkern, die Mitochondrien, die 80-S-Ribosomen, Dictyosomen, Cytosomen, Lysosomen, das endoplasmatische Retikulum und zum Teil Plastiden und Geißeln.
- Den Zellen von Tieren und vielen Protisten fehlen Zellwände. Den Zellen von Tieren, Pilzen und einigen Protisten fehlen Plastiden.
- Im Gegensatz zum Eucyten besitzt der Procyt ausschließlich Ribosomen vom 70-S-Typ, keinen echten Zellkern, keine Mitochondrien und kaum eine innere Kompartimentierung.
- Viren, Viroide und Prionen zeigen Teilaspekte des Lebens, sie haben aber keinen eigenen Stoffwechsel und sind somit keine Lebewesen.

2.4.1 Die Zelle als Grundbaustein der Lebewesen

Die **Zelle** ist der Grundbaustein aller Lebewesen. Nach strukturellen Merkmalen lassen sich Procyten und Eucyten unterscheiden. In den Eucyten kommen als typische Struktureinheiten folgende Bestandteile vor: Kern, Mitochondrien, Plastiden, Endoplasmatisches Retikulum, Dictyosomen, Cytosomen (Microbodies), Lysosomen, Vakuolen, Ribosomen, Cytoskelett, Centriolen. Zellbiologische Erkenntnisse und Experimente interessieren heute nicht mehr nur den Cytologen, den Spezialisten auf diesem Gebiet. Immer häufiger wird die Öffentlichkeit über Aufsehen erregende Ergebnisse aus Zellforschungslaboratorien informiert.

Befruchtungsvorgänge außerhalb des Organismus, gentechnisch veränderte Mikroorganismen und Antibiotika, die Krankheitserreger nicht mehr in ihrer Vermehrung zu stoppen vermögen, lassen viele Menschen aufhorchen. Was die Wissenschaft heute vom Bau der Zelle weiß, wie sie diese in technischen Prozessen nutzen, physiologisch beeinflussen und in ihrem Erbgut verändern kann, das ist das Ergebnis eines langen Erkenntnisweges, der 1665 mit einer fundamentalen Entdeckung von Robert Hooke begann (↗ S. 15).

1839 wiesen Matthias Schleiden für Pflanzen und Theodor Schwann für Tiere nach, dass grundsätzlich alle Organismen aus Zellen aufgebaut sind. Sie belegten auch, dass das Protoplasma der Träger des Lebens ist.

Bis heute gelten grundlegende Aussagen der Zell-Lehre des 19. Jh.:
- Alle Lebewesen bestehen aus Zellen.
- Zellen gehen stets aus Zellen hervor.
- Zellen haben einen prinzipiell gleichartigen Aufbau.
- Die Leistungen eines Organismus basieren auf den Leistungen seiner Zellen.

Die **Geschichte der Mikroskopie** beginnt bereits um 500 v. Chr., als Griechen und Römer Brenngläser als Lupen benutzten. Die beiden Holländer Hans und Zacharias Janssen entwickelten 1550 die ersten Mikroskope.

Mikroskop von van Leeuwenhoek

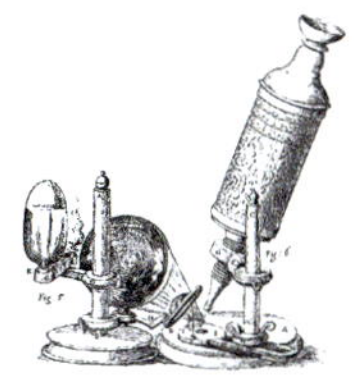

Mikroskop von Hooke

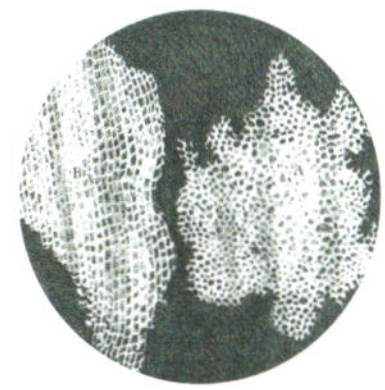

Von Hooke beobachtete Zellen aus dem Flaschenkork.

Kennzeichen des Lebendigen

Stoff- und Energiewechsel

Zellen besitzen einen vielfältigen Stoff- und Energiewechsel. Auf-, Um- und Abbauprozesse im Organismus als Ganzes und in der einzelnen Zelle sichern ihr tägliches Überleben, ihr Wachstum und die Entwicklung. Als Nahrung aufgenommene Stoffe werden zu körpereigenen umgewandelt oder zum Aufbau chemischer Energieträger genutzt.

Wachstum und Differenzierung

Das Leben einer Zelle beginnt mit der Zellteilung oder einem Befruchtungsvorgang. Es endet mit dem Zelltod oder mit der erneuten Teilung. Eine junge, teilungsfähige Zelle in einer Knospe vergrößert ihr Volumen in dem Maße, wie sie vom Vegetationskegel wegrückt. Sie differenziert sich je nach ihrer Lage in einen bestimmten Zelltyp und verliert schließlich mit der Spezialisierung die Teilungsfähigkeit.

Bewegung (Motilität)

Mit Wimpern, Cilien oder Geißeln ausgestattete Zellen sind zur aktiven Ortsbewegung befähigt. Muskelzellen können sich kontrahieren. Innerhalb des Cytoplasmas sorgen kontraktile Strukturen für Bewegungsvorgänge, z. B. für die Cytoplasmaströmung oder die Wanderung der Chromosomen während der Mitose.

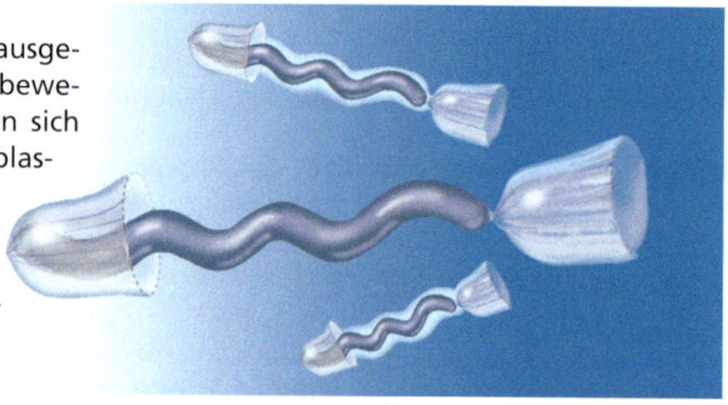

Reizbarkeit

Zellen reagieren auf äußere Reize, die eine Erregung (Änderung des elektrischen Membranpotenzials) auslösen.
Dies bedeutet, dass sich die Eigenschaften der Zellmembran ändern, insbesondere die Permeabilität (Durchlässigkeit) für bestimmte Ionen.

Kennzeichen des Lebendigen

Fortpflanzung, Vererbung, Vermehrung
Der Fortbestand von Lebewesen wird durch Fortpflanzung, Vererbung und Vermehrung gesichert. Bei diesen Vorgängen wird auf zellulärem Niveau ein spezifisches genetisches Programm an die Tochterzellen weitergegeben.

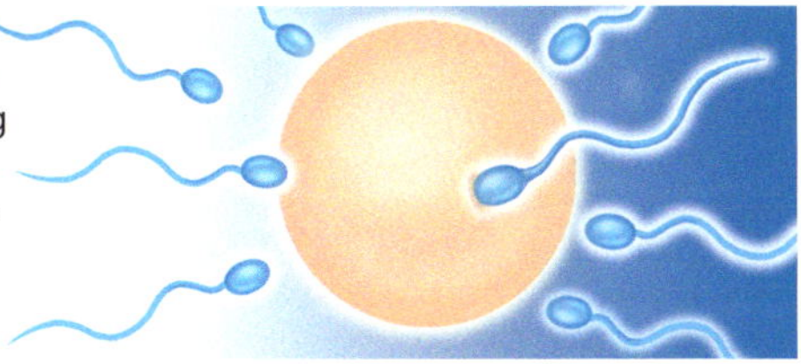

Evolution
Die ersten Zellen entstanden vor etwa 4 Mrd. Jahren. Durch Abwandlung des genetischen Programms (Mutation), Konkurrenz und Symbiose entstand daraus zunächst die Vielfalt der Procyten und später auch die der Eucyten.

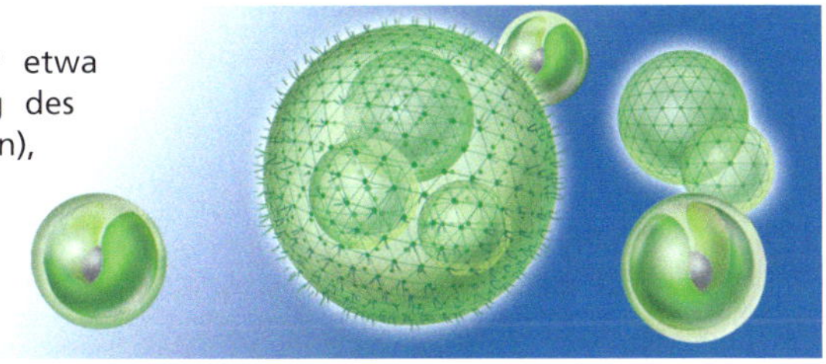

Die **Zelle** ist der Grundbaustein der Lebewesen, der Einzeller ebenso wie der Vielzeller. Sie stellt ein offenes System dar, was bedeutet, dass die Einzelzelle auf ständigen Stoff- und Energieaustausch mit der Umwelt und/oder den angrenzenden Zellen angewiesen ist. Man könnte die Zelle mit einer Art chemischen Fabrik vergleichen, die mit Ausgangsstoffen versorgt werden muss, die sie zu Produkten verarbeitet (↗ S. 68).

Die Urformen und die heute in beachtlicher Vielfalt vorhandenen **Zelltypen** haben eines gemeinsam: Sie alle besitzen die Kennzeichen des Lebendigen. Was für Pflanzen, Tiere, Pilze und Mikroorganismen charakteristisch ist, trifft auch auf den einzelnen Baustein, die Zelle, zu.

Jahr	Zellforscher	Daten zur Entdeckungsgeschichte der Zelle
1665	ROBERT HOOKE	HOOKE entdeckt die zelluläre Struktur des Flaschenkorks und führt den Begriff „*Cellula*“ (Zelle) ein (↗ S. 65).
um 1680	ANTONY VAN LEEUWENHOEK	VAN LEEUWENHOEK entdeckt Einzeller, Bakterien, Blutkörperchen und Säugerspermien (↗ S. 15).
1838/ 1839	THEODOR SCHWANN, MATTHIAS SCHLEIDEN	SCHWANN und SCHLEIDEN sind die Begründer der Zelltheorie, die besagt, dass alle Lebewesen aus Zellen aufgebaut sind.
1855	RUDOLF VIRCHOW	VIRCHOW formulierte den noch heute gültigen Satz: „*Omnis cellula e cellula*“: Jede Zelle entstammt einer Zelle.

Die **Entdeckungsgeschichte der Zelle** reicht bis in das 17. Jh. zurück. Wissenschaftler wie ROBERT HOOKE (1635–1703), ANTONY VAN LEEUWENHOEK (1632–1723), MATTHIAS SCHLEIDEN (1804–1881), THEODOR SCHWANN (1810–1882), RUDOLF VIRCHOW (1821–1902) bis hin zu CHRISTIANE NÜSSLEIN-VOLHARDT (geb. 1942) in der Gegenwart haben mit ihren Erkenntnissen dazu beigetragen.

Die Zelle als Grundbaustein im Gewebe eines Laubblattes

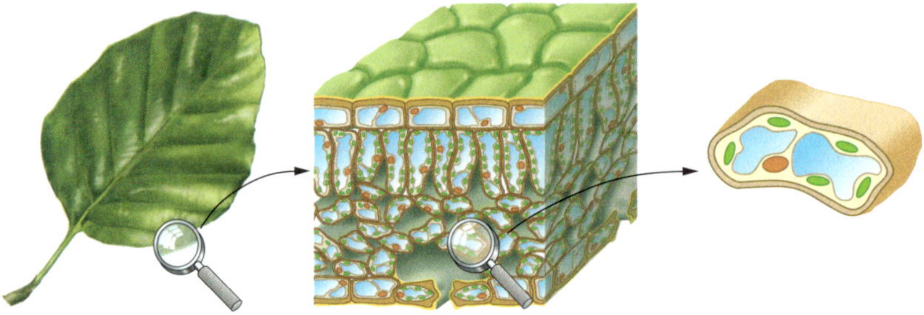

Zellformen, Zellgröße und die **Lebensdauer von Zellen** können sehr variieren. Während ein *Coli*-Bakterium eine Länge von ca. 5 µm aufweist, kann eine menschliche Eizelle das 50-fache an Größe erreichen, und eine pflanzliche Faserzelle mehrere Zentimeter lang sein.

Zelltypen des Menschen	Lebensdauer von Zellen
Nervenzellen	Lebensdauer des Organismus
Skelettmuskelzellen	Lebensdauer des Organismus
Erythrocyten	3 bis 4 Monate
Dünndarmepithelzellen	3 bis 4 Monate

Zellen zeichnen sich durch eine große Vielfalt aus. Man kann grundsätzlich den **Procyten** als Grundbaustein der **Prokaryoten** und den **Eucyten,** den zellulären Baustein der **Eukaryoten,** unterscheiden. Zellen variieren aber auch in Form, Größe, Leistungsfähigkeit und Lebensdauer. Sie sind sind häufig kugelförmig, kubisch, zylindrisch oder polyedrisch.

Die Zelle als Chemiefabrik

Die Procyten messen oft weniger als 1 µm, können aber auch bis über 100 µm groß sein. Die durchschnittliche Größe eukaryotischer Zellen liegt zwischen 10 und 100 µm. Blutzellen sind kleiner, manche Zelltypen, wie Tracheen der Pflanzen oder Nervenzellen, können um ein Vielfaches größer sein. Im Einzelfall können Zell-Längen im Zentimeterbereich liegen. Leistungsfähigkeit und Spezialisierung sind zwei eng mit einander verbundene Phänomene. Während bei einzelligen Organismen die Zelle noch alle Funktionen und Leistungen erbringen kann, treten bei kompliziert gebauten Vielzellern tief greifende Spezialisierungen ein. Der menschliche Körper zum Beispiel besteht aus etwa 200 verschiedenen Zelltypen. Was eine Knochenzelle zu leisten vermag, können Blutzellen nicht erbringen und umgekehrt. Einzeller sind normalerweise potenziell unsterblich. Sie gehen bei der Teilung in den Nachfolgezellen auf. Die Körperzellen der Vielzeller haben aber eine begrenzte, allerdings sehr unterschiedliche Lebensdauer.

2.4.2 Grundstrukturen: Membran, Fibrille, Granum

So wie ein Haus aus Ziegeln, Betonteilen und Balken entsteht, so dienen auch relativ wenige Grundstrukturen zur Ausbildung von Zellorganellen und -bestandteilen. Immer wiederkehrende Grundstrukturen sind

- die **Membran,**
- die **Fibrille,**
- das **Granum.**

Bei einem **Mikroskop** handelt es sich um ein optisches Gerät, das aus zwei Linsen, dem Objektiv und dem Okular besteht. Während die besten **Licht-Mikroskope** eine Auflösung von 200 nm besitzen, kann das **Elektronen-Mikroskop** sogar ein Auflösungsvermögen von 1 nm erreichen.

Durch lichtmikroskopische, molekularbiologische und biochemische Untersuchungen verstehen wir heute den Bau und die Funktion von biologischen **Membranen** recht gut. Membranen dürfen nicht als statische, feste und dauerhafte Strukturen aufgefasst werden. Ihre molekularen Bausteine sind vielmehr in ständiger Bewegung. Sie fließen, worauf S. J. SINGER und G. L. NICOLSON mit dem entwickelten **„Flüssig-Mosaik-Modell"** (engl.: *fluid mosaic model*) aufmerksam gemacht haben.

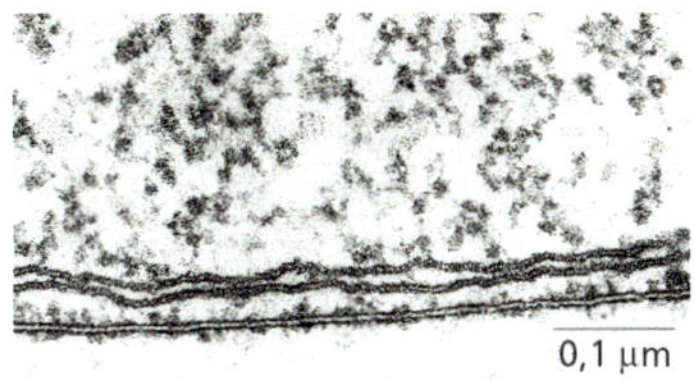

Unit membranes einer Mesophylzelle von *Pinus pinaster.* Unten ist die Plasmamembran dargestellt, darüber beide Hüllmembranen eines Chloroplasten.

Membranen bestehen aus Proteinen und Lipiden von beachtlicher chemischer und struktureller Vielfalt (↗ S. 56). Ein einheitliches Membranprotein oder Membranlipid gibt es nicht. Die Lipide bilden eine flüssig-kristalline Doppelschicht (bilayer), auf der beidseitig Proteine aufgelagert sind. Die Proteine ragen mehr oder weniger in die Lipidschicht hinein (periphere Proteine) oder gar durch sie hindurch (integrale Proteine, Tunnelproteine). Grundlegende Vorstellungen vom Bau der biologischen Membran wurden bereits 1935 von J. F. DANIELLI und H. DAVSON entwickelt. Wir bezeichnen dieses noch heute gültige, jedoch verfeinerte Konzept vom Membranbau als „Einheitsmembran" (engl.: *unit membrane*). Die Membranproteine erfüllen stets spezielle Funktionen. Sie sind spezifisch für einen bestimmten Membrantyp. Damit erklärt sich, dass in ein und derselben Zelle verschiedene Membranen – etwa die der Kernhülle und die des Plasmalemmas – unterschiedliche Funktionen erfüllen. Das ist auch der Grund dafür, dass nur ganz bestimmte Zellen und in ihnen wiederum nur bestimmte Strukturen auf Botenmoleküle wie Hormone oder Transmitter ansprechen.

Das erste **Membranmodell** wurden bereits 1895 von CHARLES OVERTON entwickelt (gut 50 Jahre bevor man diese Strukturen im EM sehen konnte). Er nahm bereits an, dass die Membranen aus Lipiden bestehen.

Membranmodelle

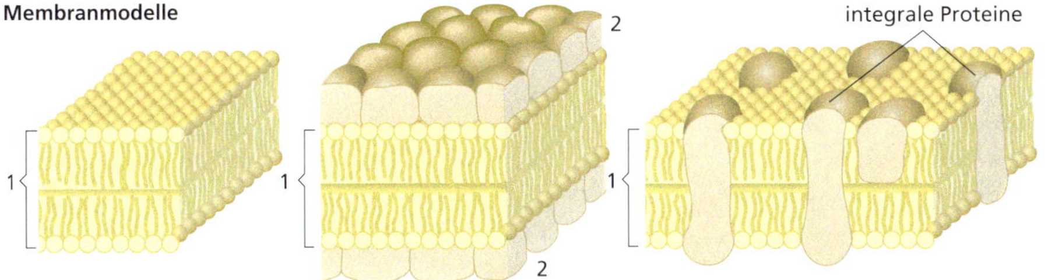

bimolekulare Lipidschicht

Membranmodell nach DANIELLI und DAVSON

Flüssig-Mosaik-Modell nach SINGER und NICOLSON

1 Lipiddoppelschicht
2 Proteinschicht

Bei den Membranlipiden handelt es sich vorwiegend um Phospholipide. Ihre Moleküle richten sich gegenüber Wassermolekülen aus. Die Esterbindung orientiert sich zum Wasser hin. Die Fettsäurereste hingegen verhalten sich hydrophob.

Die Lipide stellen die Grundsubstanz einer Membran dar. Sie sind für deren grundsätzliche Eigenschaften wie **Stabilität, Flexibilität, Fluidität** und **Semipermeabilität** verantwortlich.

Die **Stabilität** der Membranen ergibt sich sowohl aus der Neigung der Membranlipide zur Bildung von Doppelschichten in wässrigem Milieu als auch aus den Wechselbeziehungen der Membranbausteine untereinander. Stabilität als wesentliche Eigenschaft der Membran für ihren Erhalt und die Aufrechterhaltung der Funktionen schließt aber zugleich **Flexibilität** ein. Diese ist vor allem begründet in den nur schwachen und ungerichteten Kräften zwischen den Kohlenwasserstoffketten der Membranlipide. Sie sind es auch, die die **Fluidität** einer Membran ausmachen. Gern wird die Lipiddoppelschicht mit dem Polarmeer verglichen, in dem die Proteine wie Eisberge schwimmen. Dieses Bild verdeutlich einerseits, dass sich eine Biomembran in einem flüssigen Zustand befindet, andererseits die laterale Beweglichkeit der Membranproteine. Mit einem eindrucksvollen Experiment haben die Wissenschaftler L. D. FRYE und M. EDIDIN 1970 die Fluidität der Membran nachgewiesen. Sie verschmolzen isolierte menschliche Zellen mit Mäusezellen, nachdem sie in dem einen Falle mit rot, im anderen Fall mit grün fluoreszierenden Antikörpern markiert worden waren. Nach der Zellverschmelzung (Fusion) mischten sich rot und grün fluoreszierende Antikörper auf der Membranoberfläche.

Unter **Osmose** versteht man einen einseitig gerichteten **Diffusionsvorgang** durch eine semipermeable Membran.

Manche Stoffe können Membranen passieren, andere werden an ihnen zurückgehalten. Der Durchtritt von Molekülen und Ionen durch die Membran wird ab einer gewissen Größe oder durch besondere Eigenschaften des Moleküls (z. B. Polarität) erschwert. Hinsichtlich des Stoffaustausches sind Membranen semipermeabel. Wasser, ausreichend kleine Moleküle und Ionen können die Membran durchdringen, die größeren nicht. Auf dieser **Semipermeabilität** beruhen alle osmotischen Vorgänge einer Zelle. Sie sind den **passiven Transportmechanismen** zuzurechnen und benötigen keinerlei Energiezufuhr, da sie infolge eines Konzentrationsgefälles ablaufen. Der selektive Transport großer Moleküle und mancher Ionen ist oft nur unter Aufwand von Energie möglich. Er wird als **aktiver Transport** bezeichnet.

Transportmechanismen durch Membranen

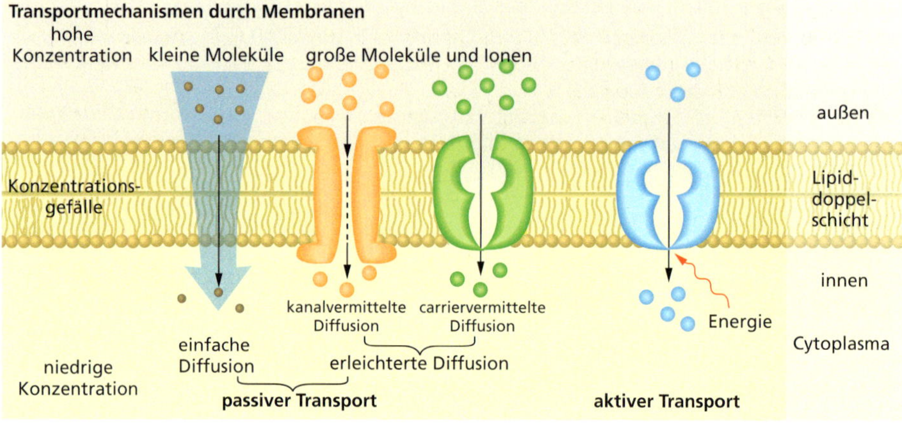

Die Transportvorgänge führen dazu, dass sich die Konzentration von Stoffen innerhalb der Zelle oder eines Kompartimentes von der Umgebung unterscheidet. Damit ist auch die Ionenverteilung auf den beiden Seiten einer Membran ungleich. Diese Ungleichverteilung verursacht ein elektrisches Potenzial **(Membranpotenzial).** Dabei ist die cytoplasmatische Seite der Membran im Ruhezustand gegenüber der Außenseite stets negativ. Bei relativ großen Zellen, wie Muskel- und Nervenzellen, sind diese Membranpotenziale mit Mikroelektroden gut messbar.

Den Vesikeltransport flüssiger Stoffe bezeichnet man als **Pinocytose**, den Transport fester Stoffe als **Phagocytose.**

Zum Stofftransport in die Zelle hinein oder aus ihr heraus muss man auch die **Endo- und Exocytosevorgänge** rechnen. Durch sie werden größere Partikel oder Tröpfchen aufgenommen oder abgegeben.

Grundlage dieser Vorgänge ist das Fließvermögen (Fluidität) der biologischen Membranen. Sie ermöglicht einerseits den Einschluss von festen und flüssigen Stoffen und deren Umhüllung durch eine Membranbläschen, andererseits die Wiederverschmelzung und somit Freigabe des Bläscheninhaltes. Die Membranen in einer Zelle sind häufig wesentlich kürzer existent als die Zelle lebt. Demzufolge müssen die Membranen ständig erneuert werden.

Endocytose und Exocytose

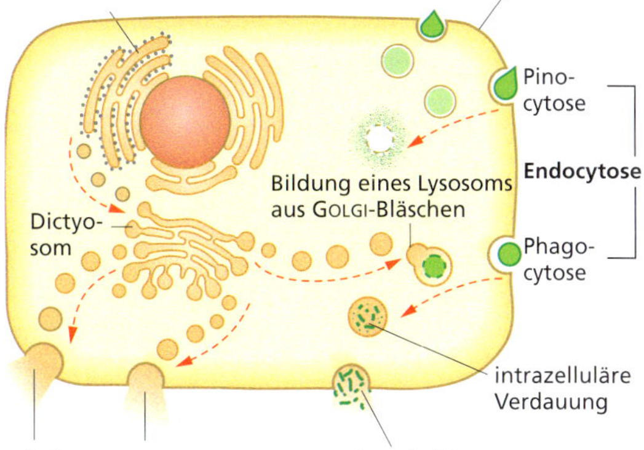

Dieser Vorgang bedarf sowohl der Protein- als auch der Lipidsynthese. Die Proteine der cytoplasmatischen Membranen werden in der Regel am rauen endoplasmatischen Retikulum (ER, ↗ S. 79) synthetisiert, die der inneren Mitochondrien- und der Plastidenmembranen – soweit sie kerncodiert sind – an freien Ribosomen (↗ S. 81, 209). Die Lipide entstehen am glatten ER.
Eine Zelle ist auf den ständigen Stoff- und Energieaustausch mit der Umwelt und/oder den angrenzenden Zellen angewiesen. Sie stellt ein offenes System dar. Membranen dürfen den Stoff-, Energie- und Informationsaustausch nicht behindern oder ihn gar unmöglich machen. Sie müssen den Zell-Zell-Kontakt ermöglichen und fördern.
Zell-Zell-Verbindungen stellen dünne von Membran umgebene Plasmaverbindungen dar. **Fädige Proteinstrukturen** finden sich zum einem als Zellanhangsgebilde in Geißeln und Wimpern (Cilien), zum anderen bilden sie das Cytoskelett der Zellen (↗ S. 74, 317). Röhrenförmige Strukturen nennt man **Mikrotubuli,** kompakte Fäden nennt man **Filamente** (↗ S. 75). In besonders regelmäßiger Anordnung finden sie sich als Actin- und Myosin-Filamente in den Muskelzellen (↗ S. 166).
Granuläre Strukturen stellen stets mehr oder weniger kugelförmige, globuläre Gebilde dar, wie z. B. Ribosomen, Proteinkörner oder auch Kristalle (↗ S. 81, 209).

Fluidität:
Kenngröße einer Flüssigkeit; Fließeigenschaft bzw. Verformbarkeit; Kehrwert der so genannten dynamischen Viskosität oder Zähigkeit, wird in $ms \cdot kg^{-1}$ angegeben.

2.4.3 Der Procyt – die Zelle der Prokaryoten

Bau einer Bakterienzelle (Procyt)

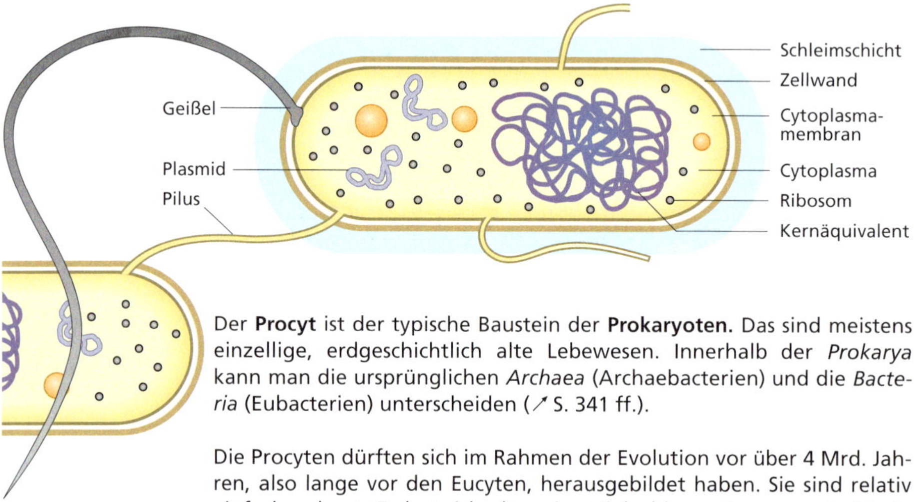

Der **Procyt** ist der typische Baustein der **Prokaryoten.** Das sind meistens einzellige, erdgeschichtlich alte Lebewesen. Innerhalb der *Prokarya* kann man die ursprünglichen *Archaea* (Archaebacterien) und die *Bacteria* (Eubacterien) unterscheiden (↗ S. 341 ff.).

Die Procyten dürften sich im Rahmen der Evolution vor über 4 Mrd. Jahren, also lange vor den Eucyten, herausgebildet haben. Sie sind relativ einfach gebaut. Es hat sich aber eine Vielzahl von Formen entwickelt, die zu den unterschiedlichen physiologischen und biochemischen Leistungen in der Lage sind.

Die meisten Procyten besitzen eine Größe von 1 bis 5 µm. Sie sind damit allgemein kleiner als Eucyten und haben wahrscheinlich gerade jenes Volumen, das zur Unterbringung und Realisierung der genetischen Information erforderlich ist. Die **Zellen der Bakterien** sind meist von einfacher Gestalt. Kugel-, Stäbchen und spiralige Formen sind verbreitet.

Mit Zelldurchmessern deutlich unter 1 µm sind **Mykoplasmen und Mikrokokken** die kleinsten Lebewesen.
Nanoarchaeum equitans scheint mit einer Größe von 400 nm das derzeit kleinste bekannte Bakterium zu sein.
Das Foto zeigt eine Gefrierätzung einer *Ignicoccuszelle* mit vier aufsitzenden *Nanoarchaeumzellen.*

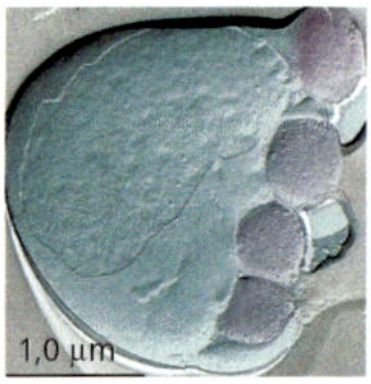

Formen der Bakterienzelle

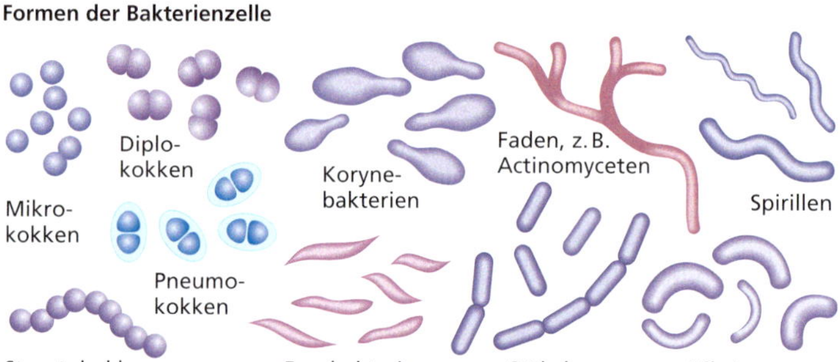

Der Procyt weist charakteristische Baumerkmale auf. Typisch ist das Fehlen eines membranumgebenen Zellkernes. Der Procyt besitzt dafür ein ringförmiges, spiralisiertes und geknäultes DNA-Molekül, das als Kernäquivalent oder Nucleoid bezeichnet wird. In entspiralisierter Form erreicht es ein Vielfaches des Zelldurchmessers und der Zell-Länge.

Neben dem großen DNA-Molekül, das um die 90 % der Erbinformation eines Procyten trägt, finden sich häufig zahlreiche kleine, zirkuläre, doppelsträngige DNA-Moleküle, die **Plasmide** (↗ S. 77). Sie tragen die genetische Information für spezielle, oft artcharakteristische physiologische Leistungen und Erscheinungen. Zahlreiche Antibiotikaresistenzen von Bakterienstämmen sind zum Beispiel plasmidcodiert. Plasmide können leicht von einer Zelle auf die andere übertragen werden.

Die leichte Übertragbarkeit der Plasmide nutzen Molekularbiologen und Gentechniker beim Transfer genetischer Information.

Dem Procyten fehlen Mitochondrien. Dennoch benötigt er wie jede andere Zelle die durch chemische Umsetzungen frei werdende Energie. Diese Aufgabe übernimmt im Procyten die Cytoplasmamembran. Sie ist der Sitz der Enzyme für den Elektronentransport und die Energiefreisetzung. Auch Dictyosomen und Lysosomen sind im Procyten nicht zu finden. Im Gegensatz zum Eucyten trägt der Procyt ausschließlich **Ribosomen** (↗ S. 8) vom 70-S-Typ. Sie bestehen aus den 50-S- und den 30-S-Untereinheiten und erfüllen wie in der Eukaryotenzelle die Aufgabe der Proteinsynthese. Auffällig ist die spärliche Kompartimentierung der Prokaryotenzelle. Da es ihr an einem ausgeprägten Membransystem, vergleichbar dem endoplasmatischen Retikulum des Eucyten, fehlt, kommt es kaum zur Ausbildung von zellulären Reaktionsräumen.

Escherichia coli besitzt 4 288 Gene mit $4 \cdot 10^6$ Basenpaaren.

Nach außen wird der Procyt durch eine Zellwand, oftmals zusätzlich durch eine Schleimhülle oder Kapsel begrenzt. Der Aufbau der Zellwand unterscheidet sich sowohl hinsichtlich der Struktur als auch der chemischen Zusammensetzung deutlich von dem Eucyten. Er ist einmalig in der Natur und kommt nur bei Bakterien vor.

Die Kapsel verhindert bei manchen Bakterien die Zerstörung der Zelle durch **Makrophagen.**

Die **Bakterienwand** besteht aus einem netzartig strukturierten, sackförmigen Riesenmolekül, dem **Murein.** Diese Hülle verleiht der Bakterienzelle Form und Stabilität.

Murein ist ein Heteropolymer aus Aminozuckern, die durch Peptid-Seitenketten miteinander verknüpft sind.

Bei den rezenten Bakterien sind zwei Wandtypen zu unterscheiden, die zur taxonomischen Einteilung genutzt werden. Der Pharmakologe und Arzt HANS GRAM (1853–1938) hat diese Wandunterschiede 1884 mit einem eigens dafür entwickelten Färbeverfahren sichtbar gemacht. Nach der Anfärbbarkeit mit einem blauen und einem roten Farbstoff werden **grampositive** und **gramnegative Bakterien** unterschieden.

Zellwand grampositiver (links) und gramnegativer Bakterien (rechts)

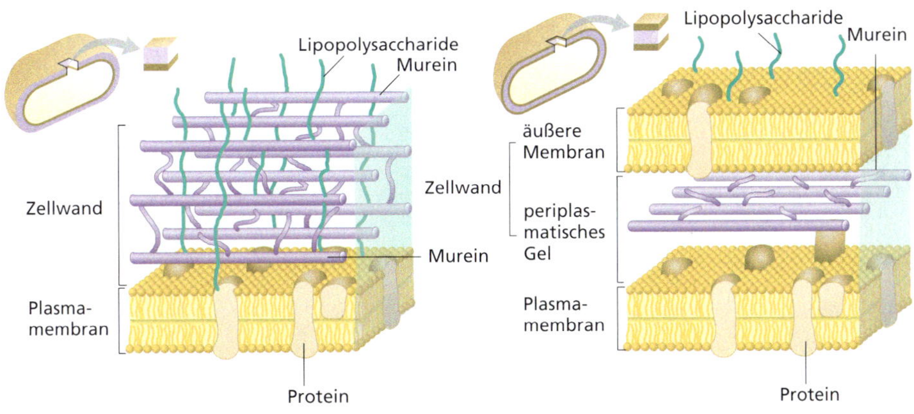

Geißelursprung

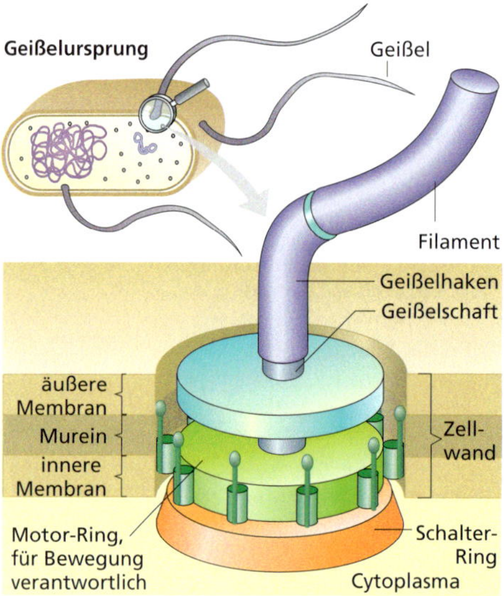

Begeißelungstypen von Bakterien

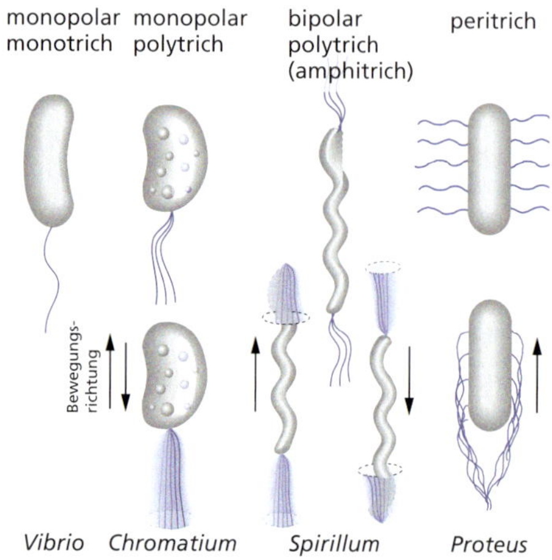

Bei verschiedenen Bakterienarten tragen die Zellen Geißeln (↗ S. 317). Sie dienen der aktiven Fortbewegung, entspringen einem innerhalb der Plasmamembran liegenden Basalkörper und übertreffen die Länge des Procyten deutlich. Zahlreiche Prokaryoten sind in der Lage, Überdauerungsstadien in Form von **Dauersporen** zu bilden. Solche **Endosporen** bilden sich meist – aber nicht ausschließlich – unter ungünstigen Umweltbedingungen im Inneren des Procyten heraus (↗ S. 179). Das Zellplasma kugelt sich ab und verliert Wasser. Solche Überdauerungssporen können als Stadium des latenten Lebens Jahrzehnte überstehen.

Aus einem *Escherichia-coli*-Bakterium können sich in 10 Stunden 2^{20} Bakterien bilden.

Vor der Teilung eines Procyten haftet sich das Kernäquivalent an die Zellmembran und verdoppelt sich. Anschließend schnürt sich der Procyt so ein, dass zwei neue Tochterzellen mit jeweils einem Nucleoid entstehen. Die Teilungsrate der Procyten ist meist hoch. Zellen von *Escherichia coli* können sich bei günstigen Lebensbedingungen etwa alle 20 bis 30 Minuten teilen. Die Rekombination von DNA kann zwischen Bakterienzellen über besondere **Plasmabrücken (Pili)** erfolgen. Dieser der Sexualität vergleichbare Vorgang kann auch zwischen verschiedenen Bakterienarten stattfinden (↗ S. 240) .

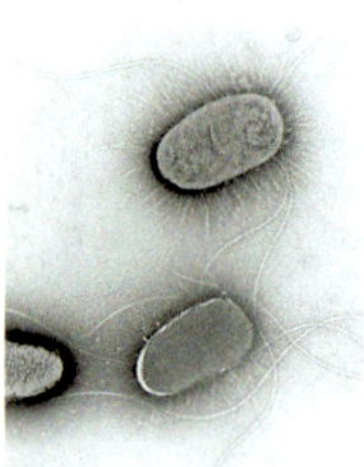

Endosporenbildung

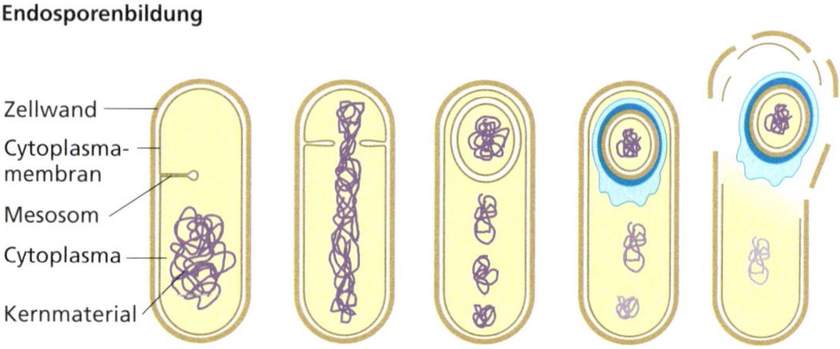

Form, Größe und Begeißelungstyp der Bakterien können sehr stark variieren.

2.4.4 Der Eucyt – die Zelle der Eukaryoten

Schematischer Bau eines Eucyten

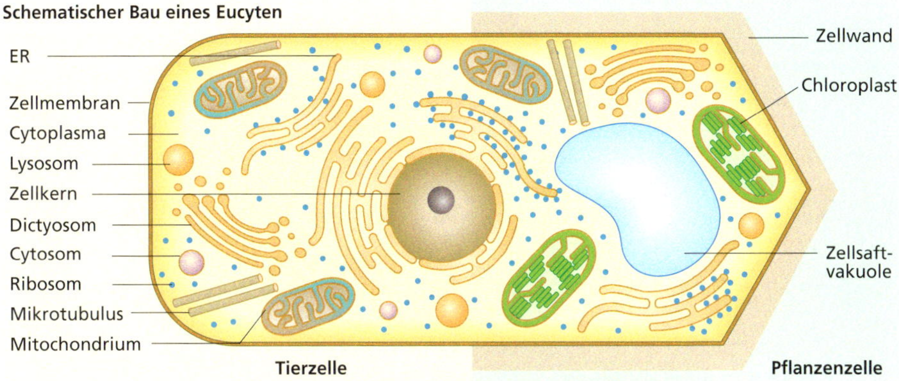

Der zelluläre Baustein aller **Eukaryoten**, gleichgültig ob Ein- oder Vielzeller, Pflanzen, Pilze oder Tiere, ist der **Eucyt**. Gegenüber dem Procyten zeichnet sich dieser Zelltyp in erster Linie durch folgende Baueigenheiten aus:
- Er besitzt einen membranumgebenen Zellkern mit Chromosomen, der sich bei der Zellvermehrung als Erstes teilt (Mitose).
- Er weist ein ausgeprägtes Membransystem und eine starke innere Kompartimentierung auf.
- Als Zellorganellen treten Mitochondrien, oft auch Geißeln (Undulipodien) und Plastiden auf.
- Er besitzt im Cytoplasma Ribosomen vom 80-S-Typ (↗ S. 81).

Das **Cytoplasma** ist die „Grundsubstanz" der lebenden Zelle. Es umgibt die Zellorganellen und wird auch definiert als der Bereich zwischen dem Zellkern und der die Zelle umgebenden Membran. Das Cytoplasma besteht zu einem beachtlichen Teil aus Wasser, enthält Proteine, lösliche Kohlenhydrate und Nucleinsäuren. Auch organische Säuren und Ionen sind im Cytoplasma zu finden. Die chemische Zusammensetzung des Cytoplasmas hängt sehr vom physiologischen Zustand der Zelle, der Spezialisierung und ihrem Alter ab. Hinsichtlich der Konsistenz kann das halbflüssige **Cytosol,** in dem die Organellen liegen, vom dünnflüssigen Solzustand in den eher zähflüssigen Gelzustand wechseln. Auffällige Bewegungen des Plasmas und der von ihm eingeschlossenen Organellen sind die Rotation, die Zirkulation und die Pulsation.
Ursprünglich nahm man an, das Cytoplasma sei eine homogene, strukturlose Flüssigkeit. Mittels Immunfluoreszenz und Elektronenmikroskopie aber fand man heraus, dass das Cytoplasma eine ausgeprägte innere Architektur besitzt. Die aus Proteinen bestehenden Filamente und **Mikrotubuli** bilden ein Gerüst, das man **Cytoskelett** nennt. Die Funktionen des Cytoskeletts sind noch nicht vollkommen geklärt, neben der Stabilisierung der Zellgestalt dürfte es für Bewegungs-, Transport- und Informationsvorgänge mitverantwortlich sein (↗ S. 166).

Mikrotubuli einer Nierenzelle eines Rattenkängurus

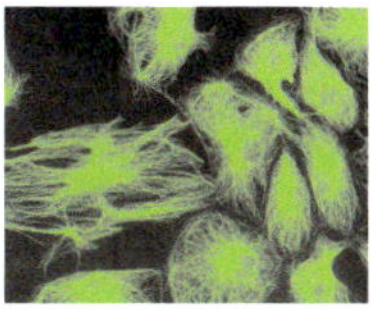

Eine charakteristische Anordnung von Mikrotubuli ermöglicht bei den Eukaryoten den Schlag der **Geißeln** (Flagellen) und **Cilien** (Wimpern, ↗ S. 317).

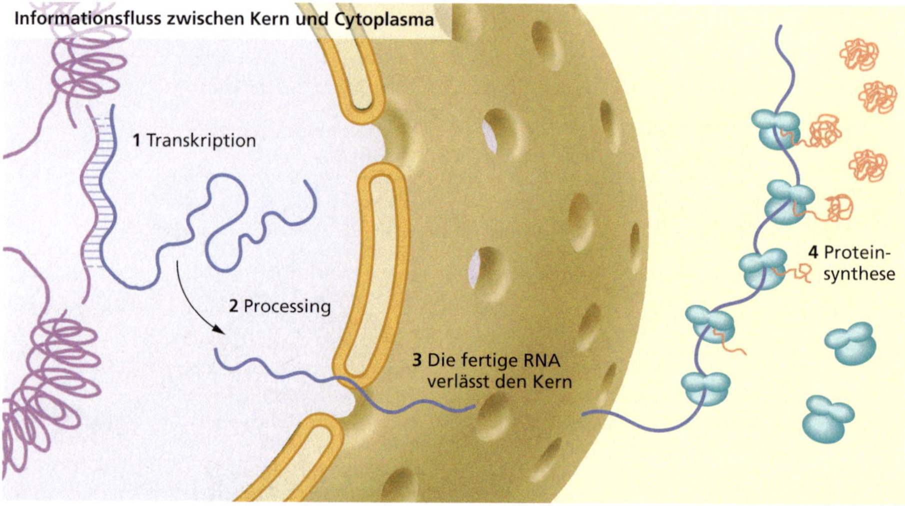

Der **Zellkern** (**Nucleus**, Karyon) gehört zu den größten Zellorganellen. Er ist meist von kugelförmiger Gestalt, in der Zelle in Einzahl vorhanden und bereits im Lichtmikroskop gut zu sehen. Der Kern wird von einer Doppelmembran mit Poren umgeben. Diese Poren haben einen Durchmesser von 40 bis 100 nm und lassen Makromoleküle passieren. Die Kerndoppelmembran hat direkte Verbindung zum endoplasmatischen Retikulum (ER, ↗ S. 79).

Äußere und innere Kernhülle mit Kernporen (EM-Bild, Gefrierätztechnik)

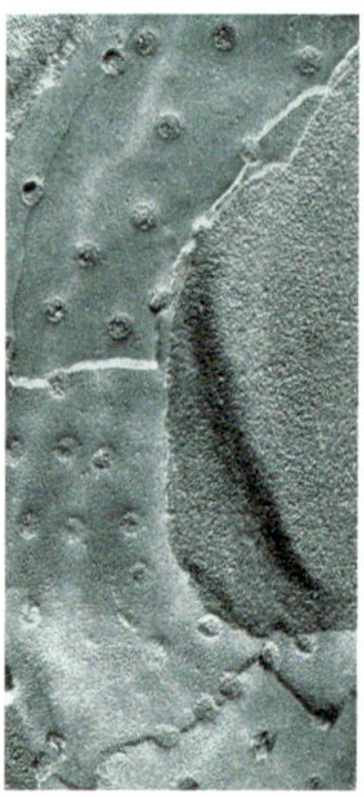

Im Kerninneren befindet sich das Karyoplasma mit Cytoskelett-Strukturen (Kernskelett). Mit geeigneter Färbetechnik lässt sich im Kern ein nucleinsäurehaltiges Netzwerk, das Chromatin, nachweisen. Es besteht aus den teilweise entspiralisierten **Chromosomen** und enthält den größten Teil der **Erbinformation** einer Zelle. Die Nucleotidsequenz der DNA und die Anzahl der Chromosomen sind artspezifisch. Im Zellkern findet man außerdem meist zwei **Kernkörperchen (Nucleoli).** Sie bestehen vorwiegend aus RNA und wirken bei der Bildung der Ribosomen mit (↗ S. 81). Während der Mitose und Meiose löst sich die Kernmembran auf. Die Chromosomen werden sichtbar. Nach der Ausbildung der Chromatiden und deren Verteilung auf die beiden entstehenden Zellen bzw. der Trennung der homologen Chromosomen und deren Verlagerung in die Tochterzellen bildet sich die Kernmembran vom ER aus wieder neu.

Wie der Zellkern so sind auch die 1 bis 10 nm langen **Mitochondrien** Organellen mit zwei Membranen als Hülle. Die innere Membran ist vielfach gefaltet und eingestülpt. An dieser großen Oberfläche können zahlreiche Stoffwechselvorgänge gleichzeitig ablaufen. Durch die Doppelmembran entstehen zwei Kompartimente: Der **Intermembranraum** (perimitochondrialer Raum) und die **Matrix.** Die Außenmembran gilt als relativ durchlässig. Durch die Innenmembran gelangen Stoffe nur mit Transportproteinen. Sie ist der Sitz der Enzyme für die Atmungskette und der ATP-Synthese (↗ S. 117).

Mitochondrium

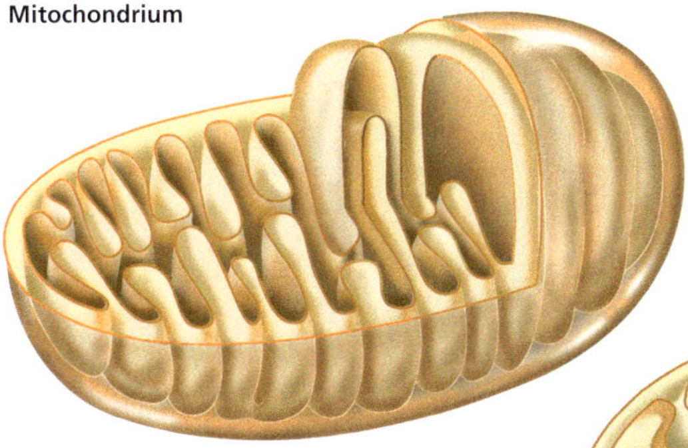

Cristae-Typ

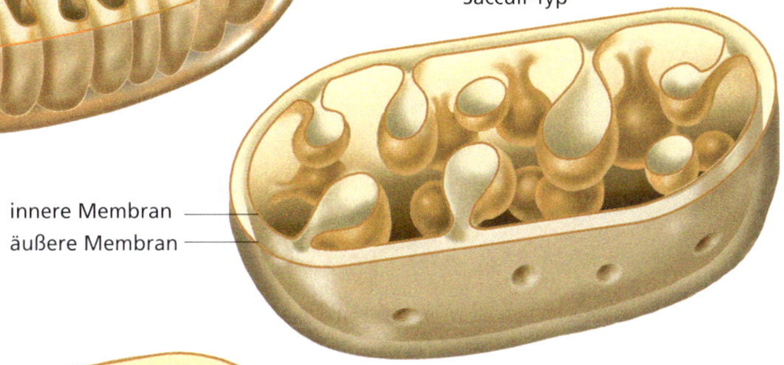

Tubuli-Typ

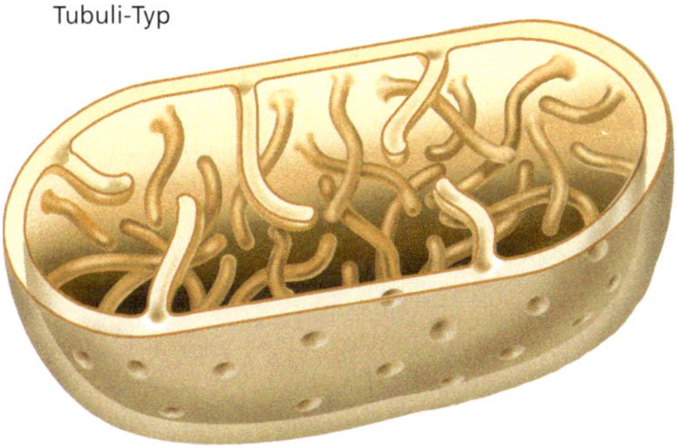

Die Anzahl der Mitochondrien in einer Zelle hängt von der Zellgröße und der Zellaktivität ab. Während Zellen der Säugerleber bis zu 1 500 **Mitochondrien** enthalten, sind es in manchen Eizellen etwa 100 000 und in einzelligen Amöben um die 50 000.

Die Gesamtheit der genetischen Information in den Mitochondrien einer Zelle wird als Chondriom bezeichnet.

Plastiden sind typische Organellen von Algen und Pflanzen. Sie können sehr unterschiedlich gestaltet sein. Plastiden vermehren sich durch Teilung über ein als Proplastid bezeichnetes Vorstadium. Als **Chloroplasten** ermöglichen sie ihren Trägern eine autotrophe Lebensweise. Fotosynthetisch aktive Zellen höherer Pflanzen besitzen durchschnittlich 50 bis 100 Chloroplasten von linsenförmiger Gestalt und etwa 5 µm Größe (↗ S. 105). Besonders in grünen Algen kommen auch anders geformte Chloroplasten vor (↗ S. 178). Die bereits lichtmikroskopisch sichtbaren Chloroplasten sind von einer Doppelmembran umgeben. Die Außenmembran grenzt sie gegen das Cytoplasma ab. Von der Innenmembran geht ein weit verzweigtes, geordnetes Membransystem, das Thylakoidsystem, aus. Dieses **Thylakoidsystem** lässt sich in zwei Bereiche gliedern: Die **Granathylakoide** und die **Stromathylakoide.**

Alle Plastiden in einer Zelle bilden das Plastidom. Die Gesamtheit der Erbinformation in den Plastiden nennt man Plastom.

Bau eines Chloroplasten

EM-Aufnahme: Chloroplast

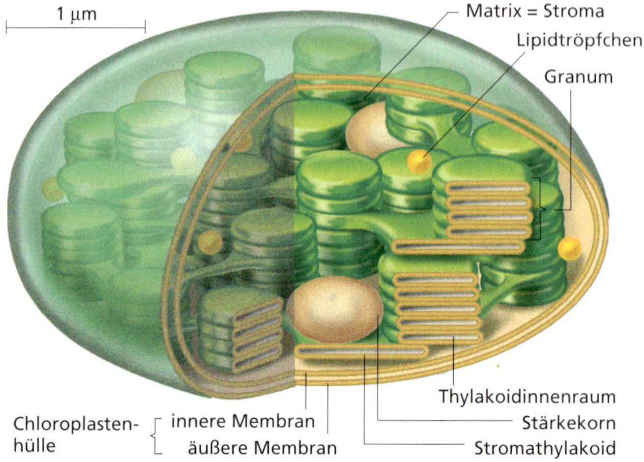

Die Granathylakoide bilden geordnete Stapel von Doppelmembranen. Diese als dunkelgrüne Areale im Chloroplasten erscheinenden Lamellenstapel enthalten reichlich Fotosynthesepigmente und alle für die Lichtreaktion erforderlichen Enzyme. Die Stromathylakoide stellen Verbindungen zwischen den Grana her. Sie bilden keine Stapel aus, sondern durchziehen das Plastideninnere in Form von Membranflächen. Das Thylakoidsystem ist in die Grundsubstanz des Chloroplasten, dem Stroma (Matrix), eingebettet. Im Stroma befinden sich auch die Enzyme für die lichtunabhängige Reaktion. Während der Alterung etwa im Zuge der Herbstfärbung degeneriert das Membransystem bei gleichzeitigem Abbau des Chlorophylls (↗ S. 106 ff.).

Die frei schwimmende **Schraubenalge** *(Spirogyra)* besitzt nur einen oder zwei große, gestreckte, schraubenförmige Chloroplasten (↗ Abbildung unten links).

Mitochondrien und Plastiden sind aus endosymbiontischen Prokaryoten hervorgegangen, und sie verfügen bis heute über eine eigene DNA (mt-DNA bzw. p-DNA). Da sie auch Ribosomen des 70-S-Typs enthalten, sind sie in der Lage, einige Enzyme selbst herzustellen. Sie vermehren sich durch einfache Teilung (↗ S. 81).

Plattenförmiger Chloroplast *(Mougeotia)*

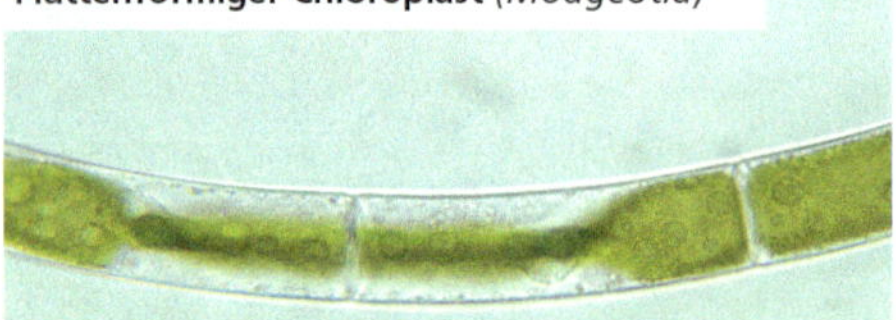

Schraubenförmiger Chloroplast *(Spirogyra)*

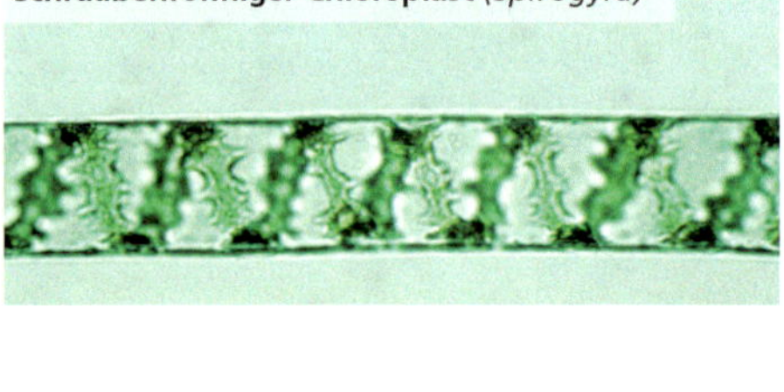

Algenchromatophoren

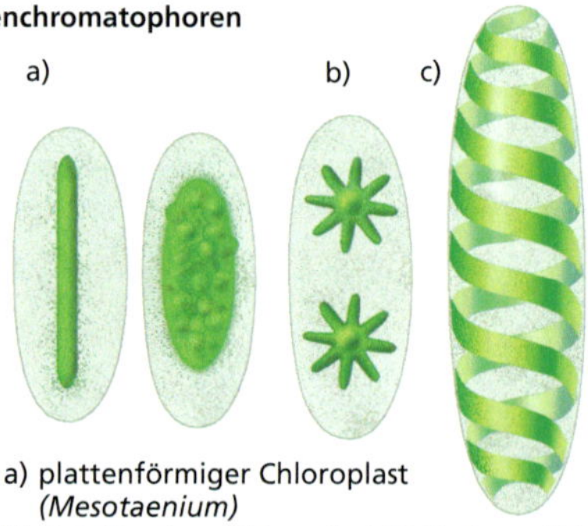

a) plattenförmiger Chloroplast *(Mesotaenium)*
b) steinförmiger Chloroplast *(Cylindrocystis)*
c) schraubiger Chloroplast *(Spirotaenia)*

Bau eines endoplasmatischen Retikulums

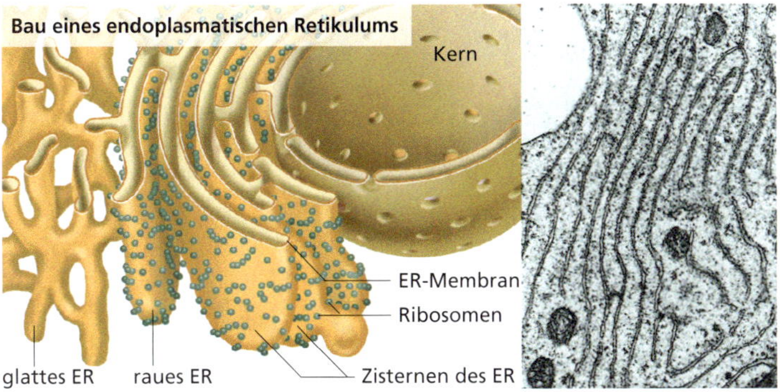

Das Endomembransystem der Zelle besteht aus **endoplasmatischem Retikulum (ER)**, **GOLGI-Apparat (Dictyosomen)**, **Lysosomen** und **Cytosomen** (Microbodies). Das ER durchzieht in ausgewachsenen Zellen als reich gegliedertes Membransystem das Cytoplasma. Es steht mit verschiedenen Zellorganellen, etwa dem Kern und den Dictyosomen, in enger Verbindung und kompartimentiert das Zellinnere.

CAMILLO GOLGI (1844 bis 1926) entdeckte 1898 das plasmatische Zisternensystem, den GOLGI-Apparat in der Zelle.

Die Zisternen genannten Hohlräume zwischen den beiden Membranen sind intrazelluläre Speicherorte und Transportkanäle, an deren Ende Vesikel abgeschnürt werden. Die Außenseiten der ER-Membranen können ohne oder mit Ribosomen besetzt sein. Entsprechend unterscheidet man glattes (agranuläres) von rauem (granulärem) ER. Das raue ER ist der Syntheseort zahlreicher Proteine, vor allem der Speicher- und Membranproteine. Das glatte ER wirkt bei sehr unterschiedlichen Stoffwechselvorgängen mit.

Dictyosomen oder der GOLGI-Apparat als die Gesamtheit der Dictyosomen in einer Zelle können als Membranstapel mit besonders aktiven Zisternen aufgefasst werden. An Dictyosomen sammeln sich Polysaccharide oder Proteine, die nach Vesikelabschnürung in andere Zellorganellen gelangen oder als „coated vesicle" die Zelle verlassen. In Zellen mit sekretorischer Funktion ist der GOLGI-Apparat besonders stark ausgeprägt. In Pflanzenzellen produzieren Dictyosomen beispielsweise Pectine und Hemicellulosen, in tierischen Zellen Verdauungsenzyme und Hyaluronsäure.

Dictyosom mit Vesikelbildung

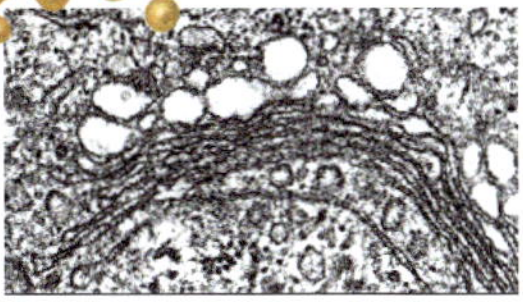
GOLGI-Apparat

Lysosomen sind von einer einfachen Membran umgeben und enthalten Enzyme. Gebildet werden diese Organellen vom GOLGI-Apparat. Aufgabe der Lysosomen in der Zelle ist es, sehr selektiv mit Endocytosevesikeln zu verschmelzen und den Vesikelinhalt hydrolytisch abzubauen. Beim Absterben von Zellen löst sich die Lysosomenmembran auf. Die Enzyme werden frei und autolysieren die Zelle. Bislang sind mehr als 60 verschiedene lysosomale Enzyme nachgewiesen worden. Als Leitenzym gilt die saure Phosphatase.

Infolge von Defekten an Lysosomen können beim Menschen Erbkrankheiten auftreten. Mehr als 30 derartiger Krankheiten sind bekannt.

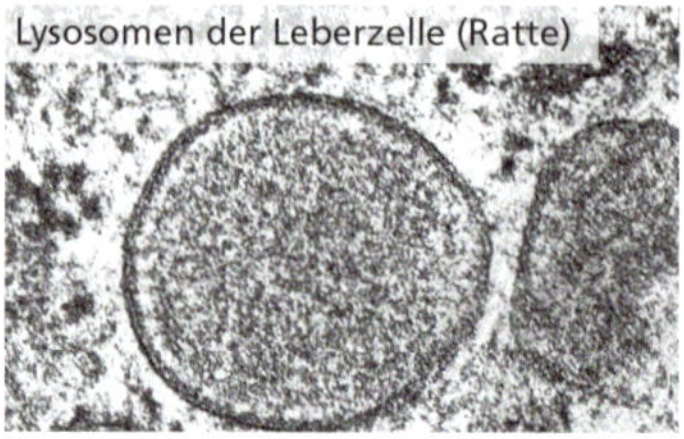

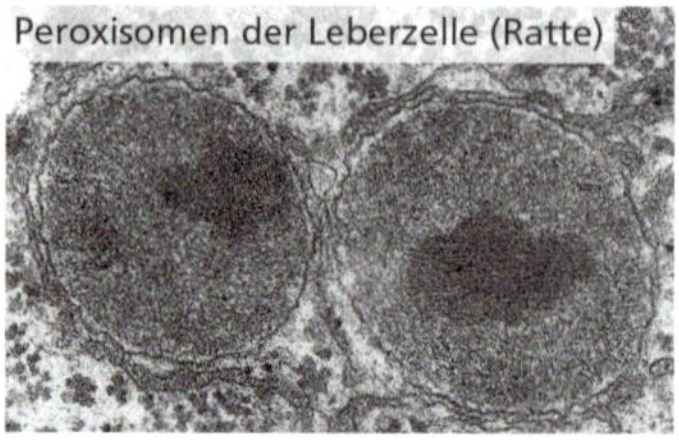

0,5 bis 1,5 µm große, von einer Membran umgebene und mit bestimmten Enzymen gefüllte Vesikel bezeichnet man als **Microbodies (Cytosomen).** Cytosomen schnüren sich, im Gegensatz zu den Lysosomen, nicht vom Endomembransystem ab, sondern gehen aus bereits Bestehenden durch Teilung hervor. Der Inhalt dieser kleinen Zellorganellen wird von freien, cytoplasmatischen Ribosomen synthetisiert. Bisher sind nahezu 50 verschiedene Enzyme in den Microbodies nachgewiesen worden. Entsprechend dem Inhalt differenziert man nach **Peroxisomen** (u. a. Oxidasen, Katalasen) in tierischen Zellen und Blatt-Peroxisomen und Glyoxsomen (u. a. Isocitrat-Lyase, Malat-Synthase).

Vakuole (V) einer embryonalen Pflanzenzelle aus der Sprossknospe des Blumenkohls (Gefrierbruchpräparat)

Sowohl bei tierischen als auch bei pflanzlichen Zellen treten **Vakuolen** auf. In tierischen Zellen sind es nur kleine, mit Flüssigkeit angefüllte Räume. In älteren Pflanzenzellen erreichen sie ein beachtliches Volumen. In manchen Zellen entsteht aus mehreren einzelnen Vakuolen eine mächtige Zentralvakuole. Die einfache Membran, die den Vakuoleninhalt zum Cytoplasma hin abgrenzt, wird als **Tonoplast** bezeichnet. Dieser Tonoplast unterscheidet sich zwar nicht im grundsätzlichen Aufbau, jedoch in den Membraneigenschaften deutlich vom **Plasmalemma.** So sind Plasmalemma und Tonoplast für verschiedene Stoffe unterschiedlich durchlässig. Vakuolen können osmotisch Wasser aufnehmen und abgeben. Der davon abhängige Binnendruck (Turgor) einer Pflanzenzelle hat Bedeutung für die Stabilität des Pflanzengewebes. Heute weiß man, dass Vakuolen in pflanzlichen Zellen mehrere wichtige Funktionen erfüllen. Sie können den Lysosomen gleich lytische Enzyme enthalten und so bestimmte Stoffumsetzungen beeinflussen. Vakuolen dienen aber auch als Deponieraum für überflüssige, oft toxische Sekundärstoffe. Sie ersetzen und ergänzen die ansonsten spärlichen Ausscheidungsmöglichkeiten der Pflanze. Der Vakuoleninhalt besteht dann vor allem aus Glykosiden, Phenolen oder Pigmenten. Bedeutsam können Vakuolen auch für die Speicherung von Stoffen sein.

Das Vakuom stellt die Gesamtheit der Vakuolen in einer Zelle dar.

Osmotische Verhältnisse zwischen Zellsaft und Außenmedium

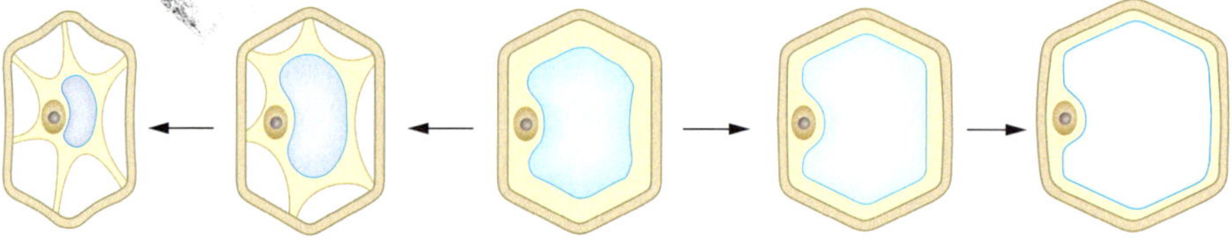

konzentrierte Salzlösung
osmotischer Druck außen > innen

iso-osmotische Lösung
osmotischer Druck außen = innen

destilliertes Wasser
osmotischer Druck außen < innen

Sowohl verschiedene Zucker als auch Proteine und Fette erreichen in den Vakuolen zum Teil beachtliche Konzentrationen. Sie sind somit zunächst dem aktuellen Stoffwechselgeschehen entzogen. Bei Bedarf werden diese Reservestoffe wieder mobilisiert. Vakuolen spielen auch eine entscheidende Rolle bei der Aufrechterhaltung der Turgeszenz von Zellen. Der Zellsaft enthält gelöste, osmotisch wirksame Verbindungen. Sie machen den osmotischen Wert des Vakuoleninhaltes aus. Dieser bestimmt im Wesentlichen die Intensität und Richtung des Wasserstromes in oder aus der Zelle.

Ribosomen sind die Orte der Proteinsynthese in der Zelle. Sie stellen Organellen ohne Membranhülle dar. Zwei Ribosomen-Grundtypen werden unterschieden: die 80-S-Ribosomen im Cytoplasma des Eucyten und die vom 70-S-Typ der Plastiden, Mitochondrien und des Procyten.
Gemeinsam ist beiden Typen, dass das komplette Ribosom aus zwei Untereinheiten aufgebaut ist. 70-S-Ribosomen setzen sich aus 30-S- und 50-S-Untereinheiten zusammen, 80-S-Ribosomen aus 40-S- und 60-S-Untereinheiten. Während der Proteinsynthese (Translation) reihen sich 5 bis 40 Ribosomen an der mRNA zu einer Polysomenkette auf.

In Procyten hat man um die 10 000 Ribosomen pro Zelle, in stoffwechselaktiven Säugerzellen ein Vielfaches davon gefunden. Die Lebensdauer der Ribosomen kann relativ kurz sein. Deshalb müssen sie ständig neu gebildet werden. Bis zu 100 Ribosomen pro Sekunde können es in einer Wirbeltierzelle sein. Funktionsfähige Ribosomen bestehen aus Proteinen und RNA in einem Mengenverhältnis von 1 : 1. Im Zellkern wird die ribosomale RNA synthetisiert und mit Proteinen beladen. Als Vorstufen der Ribosomen-Untereinheiten passieren so genannte Präribosomen die Poren der Kernmembran und gelangen so in das Cytoplasma. Dort erhalten sie ihre endgültige Ausprägung.

Das Vorhandensein von zwei Ribosomentypen in der gleichen Zelle gilt als wesentliche Stütze der Endosymbionten-Theorie (↗ S. 318). Ursprünglich eigenständige Vorläufer der Plastiden und Mitochondrien haben die 70-S-Ribosomen ebenso wie eine eigene DNA bei der Cytosymbiose mit eingebracht. Allerdings können die 70-S-Ribosomen nur einen kleinen Teil der Proteine vollständig selbst herstellen. Die Mehrzahl der für die Organellen erforderlichen Proteine wird an den cytoplasmatischen Ribosomen oder in Kooperation mit ihnen synthetisiert.

Ribosomenzyklus

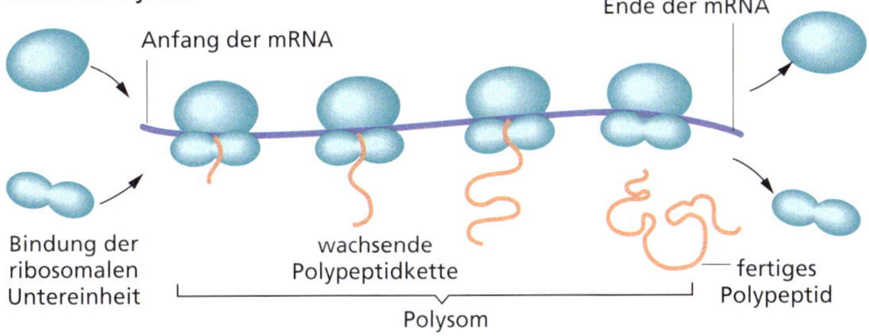

Gelangen Pflanzenzellen in eine im Vergleich zu ihrer Zellflüssigkeit hypertonische Außenlösung, so strömt das Wasser aus der Vakuole ins Außenmedium. Diesen Vorgang bezeichnet man als **Plasmolyse,** weil sich das Plasma von der Zellwand löst.

Ribosomen und ihre Untereinheiten werden entsprechend ihrem Sedimentationskoeffizienten bei der Ultrazentrifugation nach SVEDBERG-Einheiten (S) benannt. Der Wert einer größeren Einheit (80-S) ergibt sich nicht aus der Summe der Werte von Untereinheiten.

THEODOR SVEDBERG (1884–1971)

Nicht in allen eukaryotischen Zellen kommen **Centriolen** vor. Während sie in tierischen Zellen stets paarweise auftreten, fehlen sie in den Eucyten der Bedecktsamer (Angiospermen). Centriolen sind von tubulärer, geordneter Struktur. Sie gelten allgemein als Organisationszentren für Mikrotubuli und spielen eine wichtige Rolle bei der Ausbildung von Basalkörpern der Geißeln und beim Aufbau der Kernteilungsspindel während der Mitose (↗ S. 87) und Meiose (↗ S. 178).

In der **Zellwand** gibt es dünne Aussparungen, die Tüpfel, durch die die Cytoplasten mit **Plasmodesmen** verbunden sind (↗ S. 121).

Die **Zellwand** umgibt die pflanzliche Eucyte mit einer festen, Form gebenden Hülle. Während des Lebens einer Zelle durchläuft die Wandbildung verschiedene Phasen. Nach erfolgter Kernteilung entsteht zwischen den beiden Tochterzellen von innen heraus (zentrifugal) eine neue Trennschicht. Protopectin- und Hemicellulose-Moleküle ergeben eine Mittellamelle. Während des folgenden Zellstreckungswachstums lagern sich zunächst ungeordnet beidseitig Mikrofibrillen aus Cellulose ein. Die **Primärwand** entsteht. Sobald das Streckungswachstum abgeschlossen ist, verstärkt sich die Wand durch schichtweise Auflagerung weiterer Cellulosefibrillen **(Sekundärwand).** Ein- und Auflagerungen von Wachs, Lignin und Suberin imprägnieren die Wand und verleihen ihr Festigkeit und Widerstandsfähigkeit **(Tertiärwand).**

Die **Cellulosefibrillen** liegen immer parallel zur Zellmembran, sie können in Form der Parallel- oder Streutextur angeordnet sein.

Pflanzliche und **tierische Zellen** können über **Plasmabrücken** (Plasmodesmen) in Verbindung stehen. Die Pflanzenzelle unterscheidet sich von den tierischen Eucyten durch den Besitz von Plastiden, einer großen Zentralvakuole und einer Zellwand. Im Vergleich zu pflanzlichen Eucyten bilden tierische Zellen häufig Fortsätze aus. Ein charakteristisches Merkmal tierischer Zellen ist auch der Besitz von zwei Centriolen.

Schematischer Aufbau der Zellwand einer ausgewachsenen Pflanzenzelle

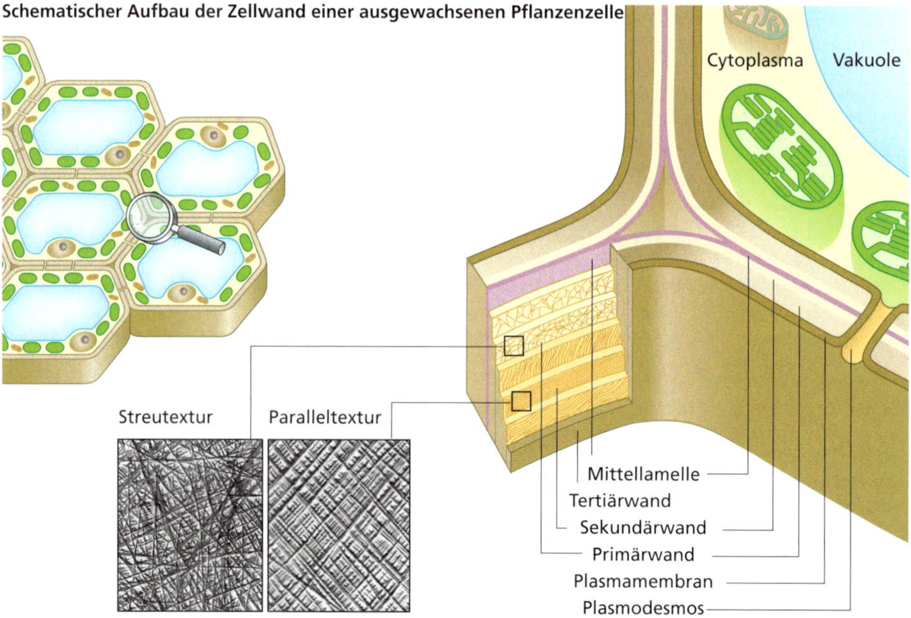

2.4.5 Viren, Viroide und Prionen

Obwohl die Zelle die kleinste Grundeinheit eines jeden Lebewesens darstellt und Leben an diese Einheit gebunden ist, gibt es makromolekulare Partikel, die unter bestimmten Bedingungen Merkmale des Lebens aufweisen: die **Viren** (↗ S. 236 ff.).
Sie stellen keine eigenständigen Lebewesen dar, zeigen aber Merkmale des Lebens, sobald sie in eine Wirtszelle eingedrungen sind. Die Vermehrung, die Weitergabe genetischer Information und die Bildung bestimmter Stoffwechselprodukte sind solche Lebensmerkmale.
Viren bestehen aus einem Genom aus RNA oder DNA, das von einer Proteinhülle (Capsid) umgeben ist. Manche der über 2 000 bekannten Viren besitzen weitere Hüllen, die sich von den Membranen der Wirtszellen ableiten. Sie enthalten jedoch auch viruseigene Proteine und Glykoproteine. Viren sind meist an bestimmte Typen von Wirtszellen gebunden. Sie kommen bei allen Gruppen von Lebewesen von den Bakterien bis zum Menschen vor.

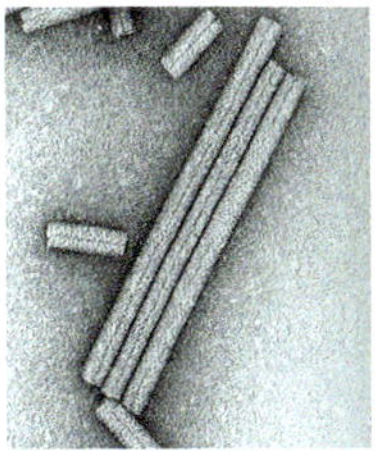
Tabak-Mosaik-Virus (150 000fach vergrößert)

Tabak-Mosaik-Virus

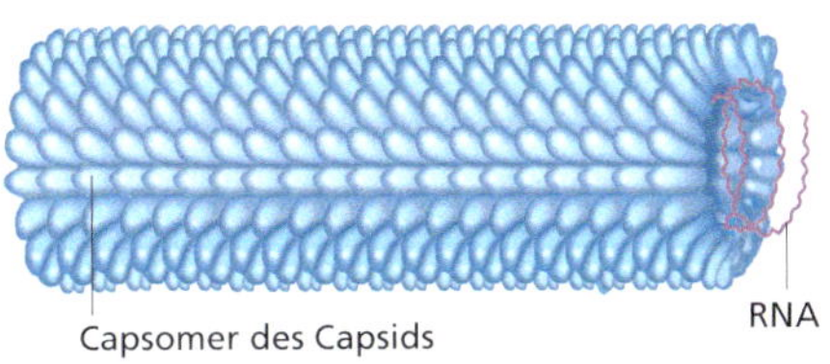

Das Tabak-Mosaik-Virus hat ein helicales, stäbchenförmiges Capsid.

Adeno-Virus

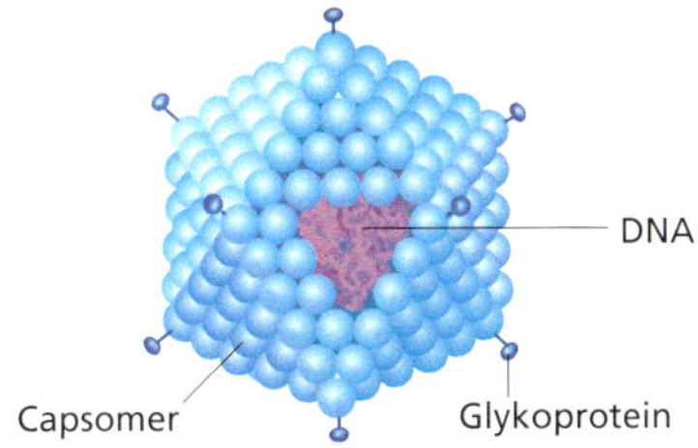

Adeno-Viren haben polyedrische Capside mit Glykoproteinstiften an den Scheitelpunkten.

Influenza-Virus

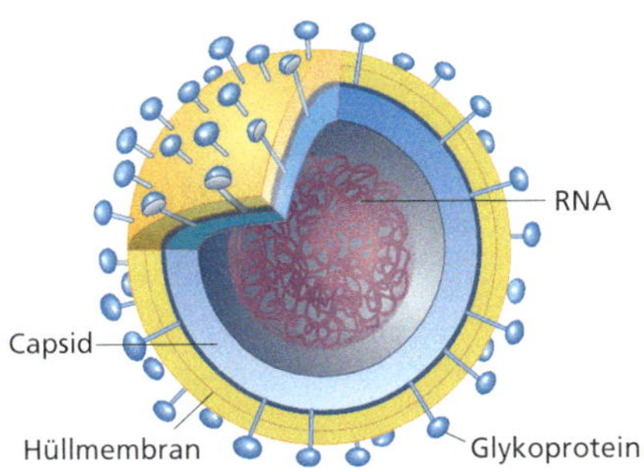

Influenza-Viren bestehen aus acht von helicalen Capsiden umschlossenen RNA-Molekülen, die von einer Hüllmembran umgeben sind (↗ S. 259).

HI-Virus

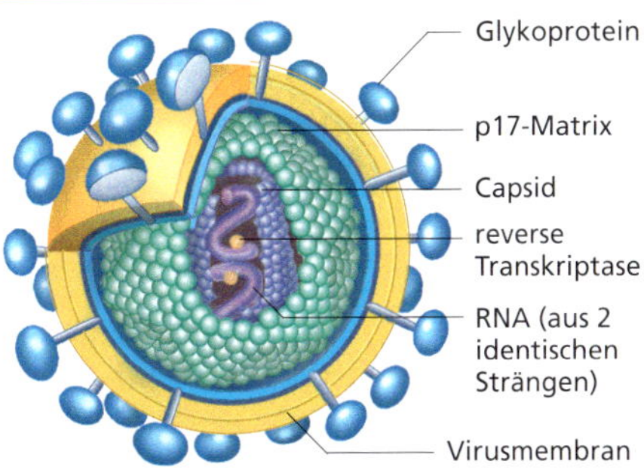

Das HI-Virus (↗ S. 259) enthält in der glykoproteinhaltigen Hülle ein Capsid mit zwei identischen RNA-Molekülen und dem Enzym „reverse Transkriptase“.

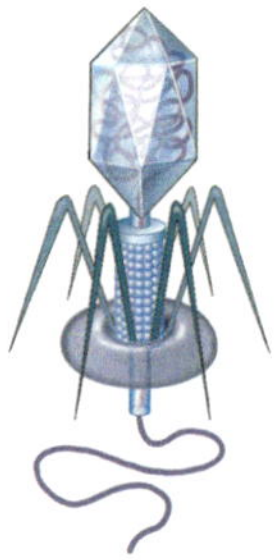

Aufbau, Form und Größe der Viren weisen eine große Variabilität auf.

Viren, die Bakterien befallen, werden als **Bakteriophagen** (↗ S. 237 ff.) bezeichnet.

Der Bakteriophage T_4 (↗ Abbildung) besteht aus einem polyedrischen Kopf-Capsid, das die DNA und einen komplizierten Schwanzapparat enthält.

Viroide sind infektiöse, nackte RNA-Moleküle (↗ S. 258). Die Viroid-RNA besteht nur aus mehreren Hundert Nucleotiden. Sind die für die Neubildung der parasitären RNA notwendigen Mechanismen in einer Wirtszelle vorhanden, setzt die Viroid-Synthese ein. Als viroidbedingte Krankheiten kennt man u. a. die Kartoffel-Spindelknollensucht, die Eichelfrüchtigkeit der Citrusfrüchte und die Cadang-Cadang-Erkrankung der Kokospalme.

Fehlgestaltete Formen eines körpereigenen Proteins können Ursache ansteckender Krankheiten werden. Von solchen **Prionen** wird der Rinderwahnsinn (*bovine spongiforme encephalopathy* = **BSE**) und eine Variante der menschlichen CREUTZFELDT-JAKOB-Erkrankung (*CREUTZFELDT-JAKOB-Disease* – vCJD) hervorgerufen. Obwohl sich derzeit viele Forscherteams mit dem Prionennachweis und den durch diese Formen ausgelösten Krankheitsverläufen befassen, sind noch viele Fragen offen.

Die CREUTZFELDT-JAKOB-Erkrankung – vCJD wurde erstmals 1920 von den beiden deutschen Ärzten HANS-GERHARDT CREUTZFELDT und ALFONS JAKOB beschrieben.

Im Gegensatz zu Viren und Bakterien enthalten Prionen keine Nucleinsäuren. Sie bestehen nur aus einem Protein. Hierbei handelt es sich um ein Oberflächenprotein, das v. a. in den Zellen des zentralen Nervensystems vorkommt und als Prion-Protein PrP^C (C für cellular) bezeichnet wird. Das abnorme pathogene Protein wird als PrP^{Sc} (Sc für Scrapie) oder PrP^{res} (res für proteaseresistent) bezeichnet. Die Prion-Hypothese geht davon aus, dass einmal gebildetes PrP^{Sc} befähigt ist, bei normalen PrP^C-Molekülen eine Konformationsänderung zu PrP^{Sc} zu veranlassen. Wenngleich dieser Mechanismus der Konformationsübertragung noch nicht sicher bewiesen ist, so bietet er jedoch eine nachvollziehbare Erklärung. Infiziert ein PrP^{Sc}-Prion eine Wirtszelle, so verursacht es die Umformung der normalen PrP^C-Prione. Das Krankheitsgeschehen nimmt seinen Lauf (↗ S. 258).

Prionen: Abkürzung für *„proteinaceus infectious particles"*, proteinartige, infektiöse Partikel (Prion-Proteine, Abk. PrP)

Der weltweit erste BSE-Fall, die „Kuh 133" erkrankte im Dezember 1984 in Südengland und starb 6 Wochen später an einer spongiformen Enzephalopathie (schwammartige Gehirnveränderung).

Krankheit	Abkürzung	Organismus
CREUTZFELDT-JAKOB-Erkrankung	CJD	Mensch
neue Variante der CJD	vCJD	Mensch (Überträger: Rind)
Kuru-Kuru-Krankheit (Lachkrankheit)		Mensch
bovine spongiforme Enzephalopathie (Rinderwahnsinn)	BSE	Rind
Scrapie (Traberkrankheit)		Schaf, Ziege
feline spongiforme Enzephalopathie	FSE	Katzen

2.5 Von Zellen zu Geweben und Organen

- Bei Eukaryoten teilt sich zunächst der Kern (Mitose), dabei werden die Chromosomen repliziert und danach gleichmäßig auf die beiden Tochterzellen verteilt.
- Bei einzelligen Organismen sind die gebildeten Tochterzellen bereits voll funktionsfähige neue Individuen.
- Bei Vielzellern schließt sich an die Teilung der Zellen in der Regel eine Differenzierung an.
- So entstehen verschiedene Gewebetypen, die sich wiederum zu höheren Funktionseinheiten (Organen) zusammenschließen.

2.5.1 Kern- und Zellteilung

Prokaryoten vermehren sich durch Zweiteilung. Zunächst verdoppelt sich das ringförmige Nucleinsäuremolekül, danach teilt sich die Zelle.
Beim Menschen entsteht aus einer befruchteten Eizelle (Zygote) ein Individuum mit ca. 50 Billionen Zellen. Der fundamentale Prozess dieser Zellvermehrung beim Menschen ist – wie bei allen vielzelligen Eukaryoten – die **Mitose.** Bei jeder Mitose gehen aus einer Ausgangszelle (Mutterzelle) stets zwei erbgleiche Tochterzellen hervor.

Prokaryoten vermehren sich durch Zweiteilung der Zelle

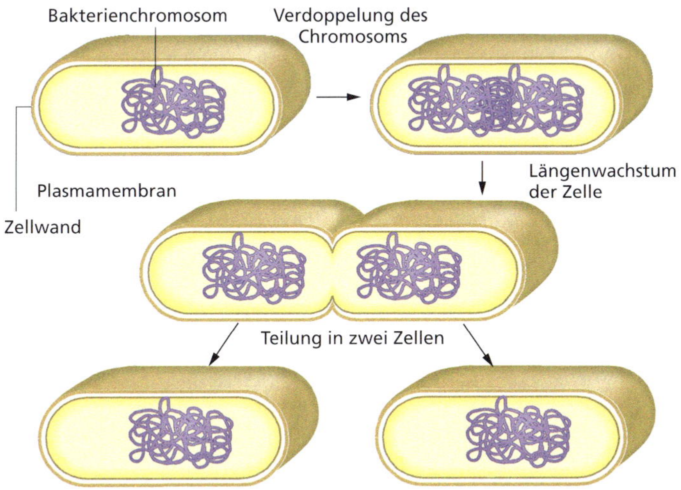

Zunächst kommt es zur DNA-Replikation, d.h. das einzelne, an die Plasmamembran gebundene Chromosom wird verdoppelt. Die Zelle wächst, und dadurch bedingt rücken die beiden Tochterchromosomen auseinander; die Plasmamembran beginnt sich einzuschnüren, es kommt zur Ausbildung einer neuen Zellwand, und zwei neue Tochterzellen bilden sich aus. Die genetische Ausstattung dieser entstehenden Zellen ist identisch, die Zweispaltung oder auch „binäre Spaltung" ist abgeschlossen.

Der Chromosomensatz einer jeden Tochterzelle entspricht dem der Mutterzelle. Das setzt voraus, dass während der Mitose Chromosomenhälften (Chromatiden) und nicht ganze Chromosomen auf die nachfolgenden Zellen übergehen. Mitosen dauern bei unterschiedlichen Lebewesen und Zelltypen verschieden lange. Immer aber laufen sie in fünf Phasen ab: Pro-, Prometa-, Meta-, Ana- und Telophase.

Eine weitere Form der Kernteilung ist die Meiose. Durch sie werden aus diploiden Zellen haploide Zellen (↗ S. 178).

Der Mitose folgt die Teilung des Cytoplasmas, die **Cytokinese.** Sie vollzieht sich bei tierischen Zellen als Furchung, bei pflanzlichen Zellen vom Inneren heraus durch Ausbildung einer Zellplatte. Letztlich sind aus einer Mutterzelle zwei Tochterzellen hervorgegangen. Deren Chromosomensatz entspricht demjenigen der Ausgangszelle. Bleibt die gebildete Zelle teilungsbereit, tritt sie in die Interphase ein, bevor sie sich erneut mitotisch teilt.

Dauer von Mitosestadien in Minuten (Die Prometaphase ist als Übergangsphase nicht gesondert ausgewiesen. Sie ist zeitlich der Prophase zugeordnet).

Objekt	Prophase	Metaphase	Anaphase	Telophase	Gesamt
Staubfadenhaarzellen der *Tradescantia*	105	50	15	30	200
Endospermzellen der Erbse	40	20	12	110	182
Milzzellen der Maus	27	10	12	18	67

Den zyklisch verlaufenden Prozess vom Abschluss einer Mitose mit Tochterzellenbildung bis zum Ende einer folgenden Mitose bezeichnet man als **Zellzyklus.** Er ist für alle sich mitotisch teilenden Zellen typisch und gliedert sich in mehrere Phasen. In der G_1-Phase wächst die Zelle heran und entfaltet eine hohe Stoffwechselaktivität. Am G_1-Kontrollpunkt fällt die endgültige Entscheidung über das weitere Schicksal der Zelle. Hat sie diesen Punkt überschritten, tritt sie in die S-Phase ein und steuert unwiderruflich auf eine neue Mitose zu. Während der S-Phase verdoppelt sich die DNA. Dabei entstehen die Chromatiden.

Der Phasenwechsel beim Zellzyklus wird durch Regulatorproteine gesteuert.

Zellzyklus

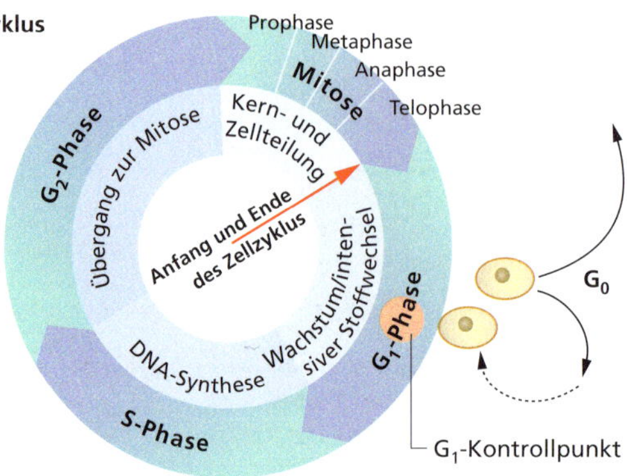

Die G_2-Phase stellt den Übergang zur Mitose dar, die dann in den fünf aufeinander folgenden Schritten abläuft.

Die mitotisch entstandenen Tochterzellen können erneut in einen Zellzyklus eintreten oder aber in die G_0-Phase und damit die Differenzierung zu Zellen des Dauergewebes übergehen.
In Ausnahmefällen können Zellen aus der G_0-Phase in den Zellzyklus zurückkehren.

Die **Prophase** ist die am längsten währende Mitosephase. Mit ihr strukturiert sich die Zelle um. Im Zellkern kondensiert das Chromatin, und die Chromosomen werden sichtbar. Jedes Chromosom besteht aus zwei identisch gebauten Strängen, den Chromatiden. Sie werden nur noch am Centromer zusammengehalten. Im Cytoplasma beginnt sich der Spindelapparat herauszubilden. Schließlich verschwindet die Kernmembran, und die Chromosomen liegen frei.

In der **Prometaphase** treten die Chromosomen deutlich hervor. Die Chromosomen orientieren sich mit dem Centromer zur Zellmitte hin. Der Zellinhalt gerät in kräftige Bewegung.

Während der **Metaphase** teilt sich – wenn vorhanden – das Centriol. Die Centriolen wandern zu den Polen des Spindelapparates. Fehlen Centriolen, bilden sich Polkappen aus. Die Chromosomen ordnen sich in der Äquatorialebene an. Sie sind extrem spiralisiert. Das Centromer verliert seine chromatidenverbindende Funktion. Der Chromosomenbestand kann in der Metaphase besonders gut untersucht werden. Es lassen sich so genannte Karyogramme erstellen.

In der **Anaphase** wandern die Chromatiden auf den Zugfasern des Spindelapparates zu den Polen. Dabei gelangt je ein Chromatid eines Chromosoms zum einen, der andere Chromatid zum anderen Pol. An jedem Pol befindet sich ein vollständiger Satz Einchromatid-Chromosomen.
Die beiden künftigen Zellen sind so mit der gleichen Anzahl Chromatiden und der gleichen genetischen Information ausgestattet. Die Anaphase ist die kürzeste Mitosephase.

Haben die Tochterchromosomen die Pole erreicht, tritt die Zelle in die **Telophase** ein. Die Teilungsspindel verschwindet. Die Chromosomenstruktur lockert sich. Um den Chromosomenkomplex bildet sich die Kernhülle aus. Gleichzeitig entsteht das Chromatingerüst.

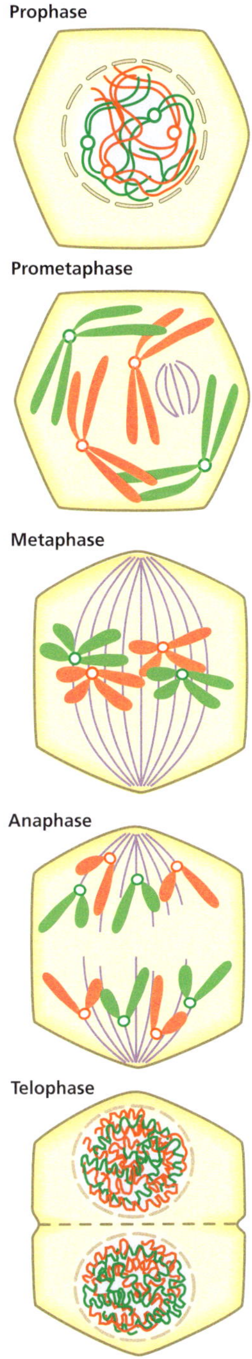

Zwei Wege zur Vielzelligkeit

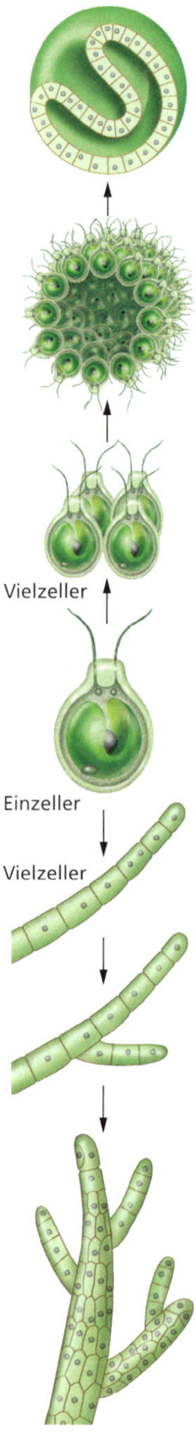

2.5.2 Einzeller und Vielzeller

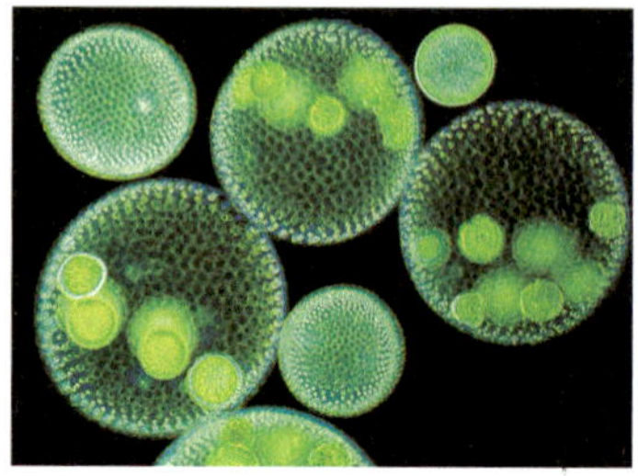

Bei **einzelligen Lebewesen** sind unmittelbar nach dem Ablauf einer Mitose und der Zellteilung zwei neue Tochterindividuen entstanden. Lösen sich die beiden Zellen voneinander, bestehen sie als unabhängige Organismen fort. Gehen sie als Mutterzelle später wieder in den Tochterzellen auf, spricht man von potenzieller Unsterblichkeit. Am Beispiel der Algen ist modellhaft nachzuvollziehen, wie in der Evolution aus einzelligen Lebewesen Vielzeller wurden. Die Grundlage dafür war und ist das Zusammenbleiben und die spätere Arbeitsteilung mitotisch entstandener Zellen. Auch im Bereich heterotropher Lebewesen lassen sich solche noch relativ einfachen Zelldifferenzierungen finden. Bei den Hohltieren sind im Prinzip ähnliche Vorgänge der Differenzierung und Arbeitsteilung zu beobachten wie bei *Volvox* (↗ Abbildung oben).

2.5.3 Zelldifferenzierung

Schon bei einfach gebauten **Vielzellern** gibt es zahlreiche unterschiedlich differenzierte Zelltypen.

Körperwand eines Süßwasserpolypen (Hydra) mit differenzierten Zellen

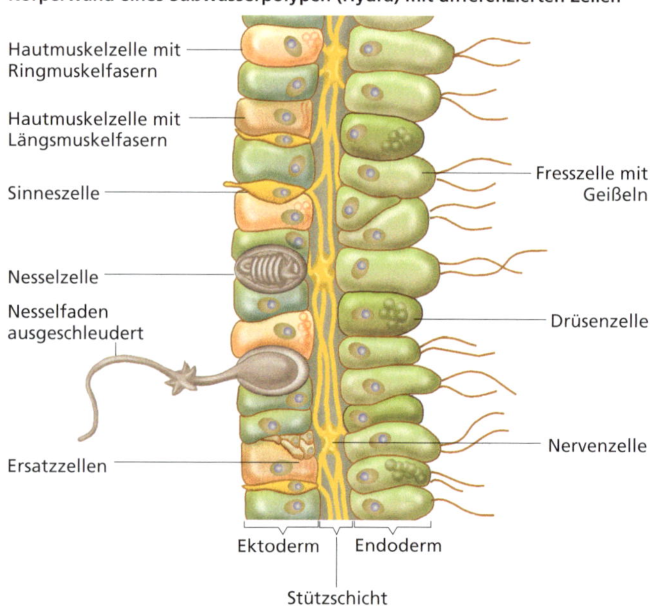

Schon in einem sehr frühen Stadium werden neu gebildete Zellen auf ihre künftige Aufgabe festgelegt. Die fortschreitende Einengung der Entwicklungsmöglichkeiten totipotenter Zellen bezeichnet man als **Determination.** Sie wird bestimmt durch cytoplasmatische Faktoren, die Lage der Zellen und ihre physiologischen Beziehungen zueinander.

Der Determination folgt die **Zelldifferenzierung.** Während der Differenzierungsphase wird die Zelle durch strukturelle und funktionelle Spezialisierung auf ihre künftigen Aufgaben vorbereitet und mit den dafür erforderlichen Strukturen ausgestattet. Dabei bleiben alle Erbanlagen (Gene) erhalten. Die Genexpression wird jedoch verändert. Damit werden zu einer bestimmten Zeit ganz bestimmte Proteine synthetisiert.

Bei der Differenzierung kann es zu beachtlichen Unterschieden in der Gestalt, der Größe und des inneren Baues der Zellen kommen. Muskel-, Nerven- und Faserzellen können ihre Funktion als lang gestreckte Zellen gut erfüllen. Bei Zellen des Grundgewebes, dem Parenchym, ist eine polyedrische oder nahezu kugelige Gestalt vorteilhaft. Die Anzahl der Mitochondrien wird in jenen Zellen besonders hoch sein, in denen viel Energie benötigt wird, und in sezernierenden Drüsenzellen prägt sich der Golgi-Apparat besonders stark aus.

Determination und Differenzierung sind genetisch gesteuerte Vorgänge. Während eine totipotente Zelle (Meristemzelle, Stammzelle, embryonale Zelle) noch zu einem jeden beliebigen Zelltyp ausdifferenzieren kann, sind die Zellen des Dauergewebes von festgelegter Struktur und Funktion. Nur in Ausnahmefällen können sie ihre Totipotenz wiedererlangen. Auch in einem erwachsenen Lebewesen sind nicht alle Zellen ausdifferenziert. Stets sorgen teilungsfähige, totipotente Zellen in bestimmten Organen oder Organteilen für Nachschub an Dauerzellen. Zellen des Kambiums und solche in den Apikalmeristemen der Pflanzen oder Stammzellen bei Säugern sind Beispiele dafür.

Stammzellen sind undifferenzierte, teilungsfähige Zellen in Geweben, deren eine Tochterzelle sich differenziert und nicht teilungsfähige Zellen ersetzt. Die andere Tochterzelle bleibt Stammzelle.

Aus der Differenzierung hervorgegangene Zellverbände, bestehend aus Zellen gleicher Gestalt und Funktion, werden als **Gewebe** bezeichnet.

Aus den Bildungsgeweben gehen so Dauergewebe hervor, die ihre Funktionen über sehr unterschiedlich lange Zeiträume erfüllen können. Mehrere Gewebetypen bilden zusammen eine Funktionseinheit, die man **Organ** nennt.

Moderne Zell- und Gewebekulturtechniken erlauben die Vermehrung von Zellen und Geweben unabhängig vom Organismus lediglich in und auf Nährmedien.

Innerhalb eines Organes bilden sich dabei ganz charakteristische Muster von Zelltypen und Geweben heraus. Die Musterbildung ist ein wesentliches Element der Gestaltentwicklung von Organismen.

Am Aufbau und den Funktionen eines Organs beteiligen sich mehrere Gewebetypen.

Koloniebildung und Zelldifferenzierung bei Grünalgen des Süßwassers			
Chlamydomonas angulosa	***Gonium pectorale***	***Eudorina elegans***	***Volvox globator***
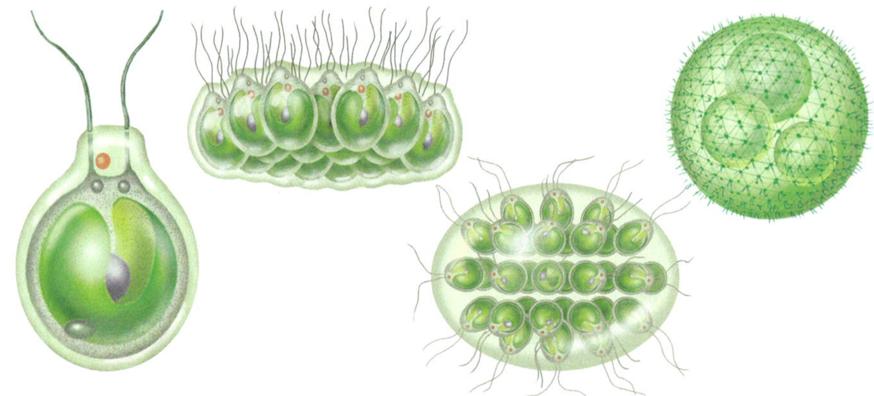			
20 µm große einzellige Grünalge	100 µm große Alge, bei der 16 begeißelte Zellen in einer gallertigen Hülle zusammenbleiben	100 µm große Alge, bei der 32 begeißelte, gleichartige Zellen in einer gallertigen Hohlkugel zusammenleben	800 µm große Kugelalge, bestehend aus 20 000 Einzelzellen, Zellen stehen untereinander über Plasmabrücken in Verbindung
Einzeller	**Plattenförmige Kolonie**	**Kugelförmige Kolonie**	**Dauerhafte, große Kolonie**
Eine neue Alge entsteht nur durch Kern- und Zellteilung aus der Mutterzelle.	Jede Zelle kann durch Kern- und Zellteilung neue Kolonien bilden.	Jede Zelle kann durch Kern- und Zellteilung neue Kolonien bilden.	Bestimmte Zellen der Mutterkolonie bilden im Kugelinneren Tochterkolonien, die freigesetzt werden.
Die Einzelzelle vollbringt alle Leistungen, es existiert keine Differenzierung und Spezialisierung.	Jede Zelle der Kolonie vollbringt gleichartige Leistungen, ist selbstständig lebens- und vermehrungsfähig.	Jede Zelle der Kolonie vollbringt gleichartige Leistungen, ist selbstständig lebens- und vermehrungsfähig.	Die Zellen einer Kolonie durchlaufen eine Differenzierung und erfüllen innerhalb der Kolonie arbeitsteilige Aufgaben. *Volvox* gilt damit als Übergangsform von den Ein- zu den Vielzellern.

Die **Differenzierung** pflanzlicher Zellen: **meristematische Zelle**

Um die Funktionen eines höher organisierten Pflanzenkörpers sicherzustellen, entstehen aus teilungsfähigen meristematischen Zellen solche der spezialisierten Dauergewebe.
Weit verbreitet sind
- Abschlussgewebe,
- Festigungsgewebe,
- Leitgewebe,
- Grundgewebe.

Auch treten weitere spezialisierte **Zell-** und **Gewebetypen** auf. Die Vielfalt der Differenzierung und Spezialisierung bleibt bei Pflanzen jedoch hinter dem tierischen Organismus zurück.

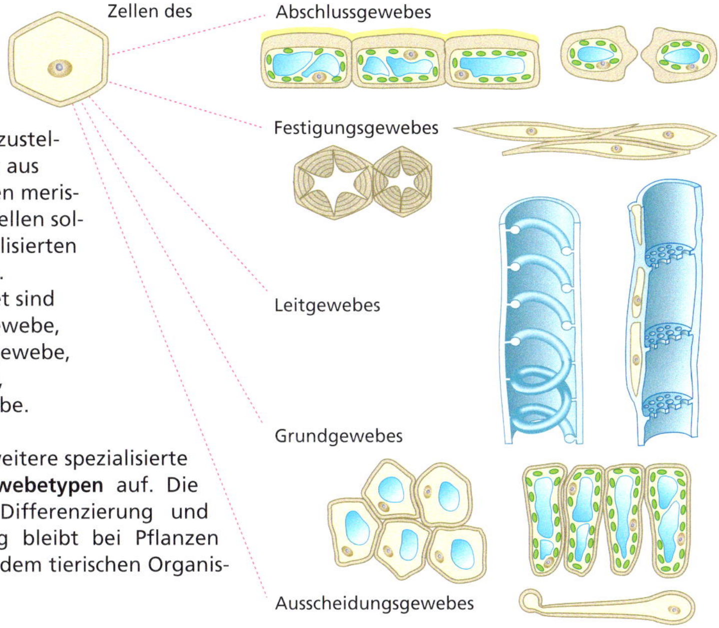

Die Differenzierung tierischer Zellen: **embryonale Zelle/Stammzelle**

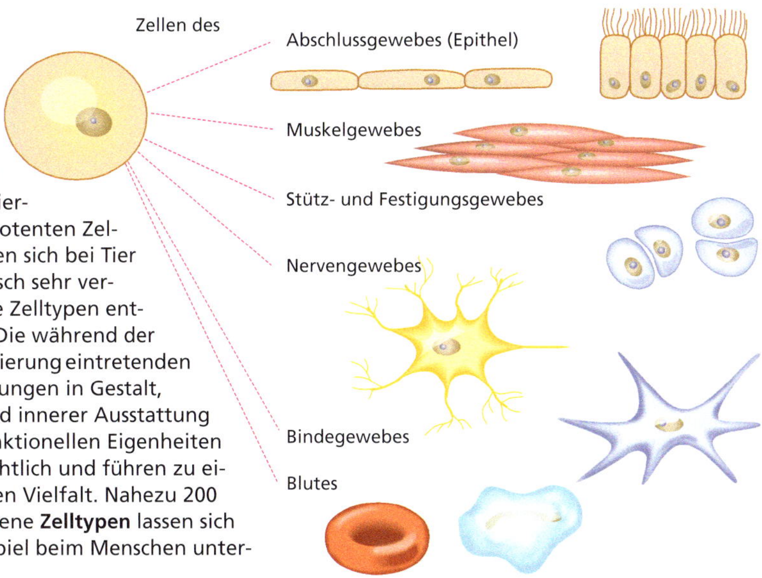

Aus nicht differenzierten, totipotenten Zellen können sich bei Tier und Mensch sehr verschiedene Zelltypen entwickeln. Die während der Differenzierung eintretenden Veränderungen in Gestalt, Größe und innerer Ausstattung sowie funktionellen Eigenheiten sind beachtlich und führen zu einer großen Vielfalt. Nahezu 200 verschiedene **Zelltypen** lassen sich zum Beispiel beim Menschen unterscheiden.

Am Aufbau und den Funktionen eines **Organes** beteiligen sich mehrere Gewebetypen.

Organ Laubblatt

Laubblatt (Spitzahorn)

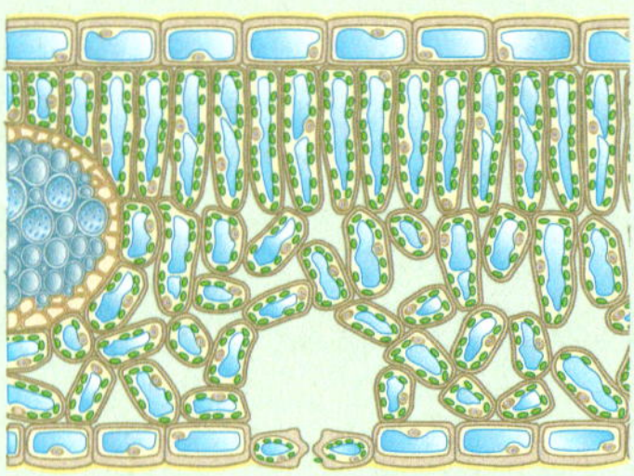

Blattquerschnitt (schematisch)

- Abschlussgewebe (Epidermis)
- Palisaden- und Schwammparenchym
- Festigungsgewebe
- Leitgewebe
- weitere Gewebetypen oder/und spezialisierte Zellen

Organ Haut

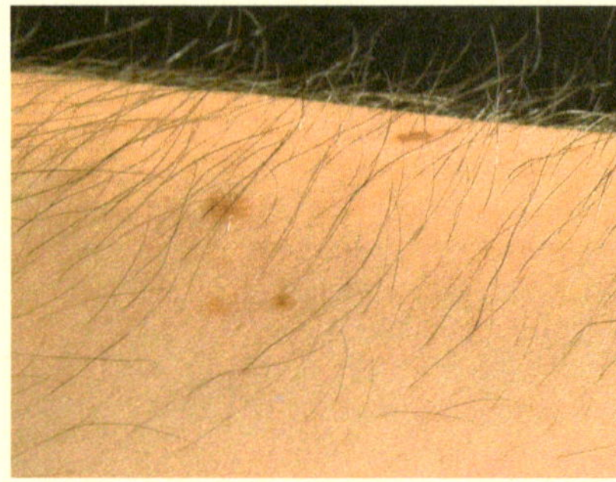

Haut (Mensch)

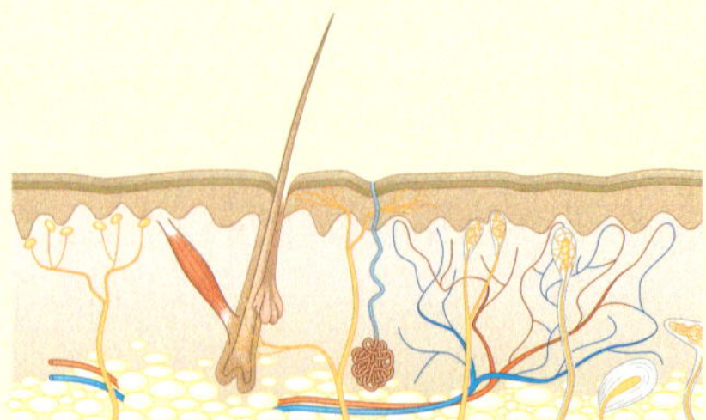

Hautquerschnitt (schematisch)

- Abschlussgewebe (Epithelien)
- Muskelgewebe
- Nervengewebe
- Bindegewebe
- Fettgewebe
- Drüsengewebe
- weitere Gewebetypen oder/und spezialisierte Zellen

3 STOFFWECHSEL UND ENERGIEUMSATZ

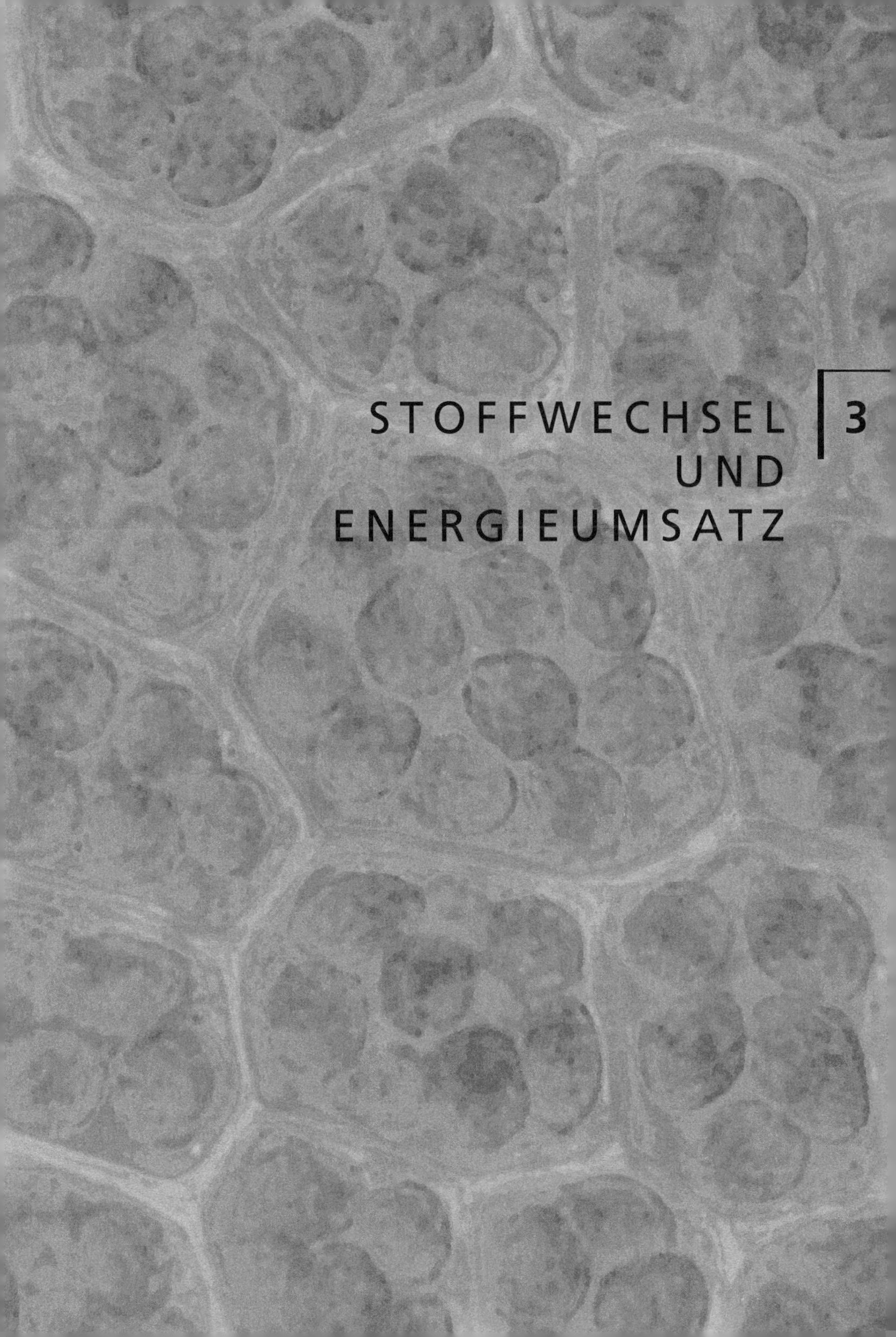

3.1 Energieumsatz bei Stoffwechselvorgängen

- Unter Stoffwechsel versteht man die chemischen Reaktionen in einem Organismus.
- Man unterscheidet zwischen Energiestoffwechsel und Baustoffwechsel und aufbauendem und abbauendem Stoffwechsel.
- Stoffwechselvorgänge laufen fern vom chemischen Gleichgewicht ab.
- Adenosintriphosphat (ATP) dient als Energieüberträger in der Zelle.
- Enzyme katalysieren Stoffwechselreaktionen.
- Der Energieumsatz kann durch direkte und indirekte Kalorimetrie gemessen werden.

3.1.1 Stoffwechselwege

Stoffwechselvorgänge, die der Freisetzung chemischer Energie dienen, bezeichnet man als Energiestoffwechsel. Unter **Baustoffwechsel** versteht man die Stoffwechselreaktionen, die zum Auf- und Abbau von Zellstrukturen führen.

Alle chemischen Reaktionen in Organismen bezeichnet man als Stoffwechsel **(Metabolismus)**. Beim abbauenden Stoffwechsel werden komplexe organische Verbindungen wie Kohlenhydrate, Proteine und Lipide (↗ S. 47 ff.) in einfachere Verbindungen zerlegt. Diesen Vorgang nennt man auch **Katabolismus** oder **Dissimilation.** Dazu gehören die **Zellatmung** und die verschiedenen **Gärungen.** Dabei wird Energie freigesetzt.

Beim aufbauenden Stoffwechsel **(Anabolismus, Assimilation)** werden aus einfachen energiearmen Stoffen komplizierte energiereiche Verbindungen aufgebaut. Die zum Aufbau erforderliche Energie entstammt entweder der Dissimilation oder aus Quellen außerhalb des Organismus (z.B. aus der Sonne **[Fotosynthese]** oder aus anorganischen chemischen Verbindungen).

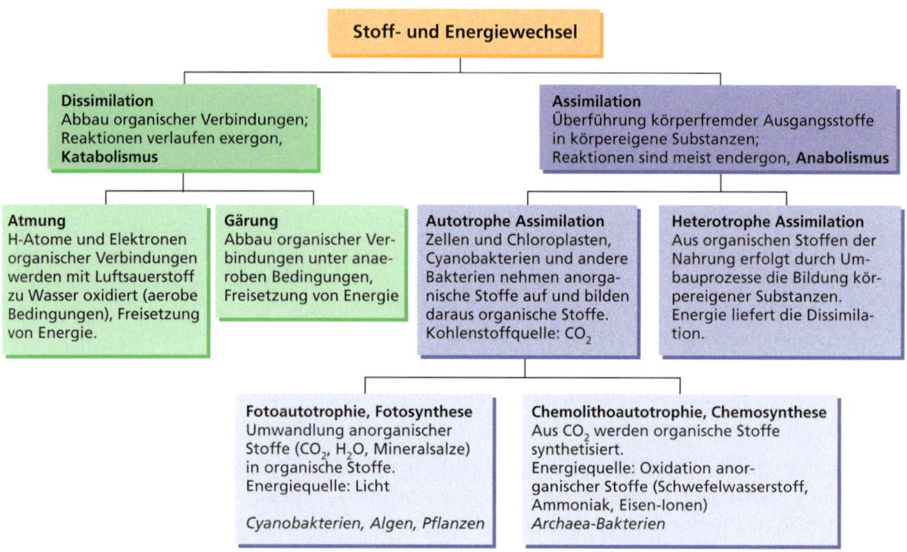

3.1.2 Organismen leben von freier Energie

Thermodynamisches Gleichgewicht und freie Energie

Liegt eine **chemische Reaktion** vom Typ A + B $\rightleftharpoons$ C + D vor, stellt sich nach einer gewissen Zeit ein **Gleichgewicht** zwischen den Ausgangsstoffen A und B und den Endprodukten C und D ein. Seine Lage wird durch die thermodynamische **Gleichgewichtskonstante *K*** angegeben. Danach ist

$$K = \frac{c(\mathrm{C}) \cdot c(\mathrm{D})}{c(\mathrm{A}) \cdot c(\mathrm{B})},$$

wobei *c*(A) ... *c*(D) die Konzentrationen der Stoffe in Mol pro Liter darstellen, die sich im Gleichgewicht eingestellt haben. Je weiter die tatsächlichen Konzentrationen der Stoffe von den Gleichgewichtskonzentrationen entfernt sind, desto „energiereicher" ist das System, d. h., desto mehr Energie wird bei der Reaktion zum chemischen Gleichgewicht hin freigesetzt. Diese nutzbare freie Energie wird **„freie Enthalpie"**, ΔG, genannt. Im Allgemeinen wird sie bei physiologischen Reaktionen für eine Temperatur von 25 °C, für einen Druck von 1 bar, einen Umsatz von 1 Mol und einen *pH*-Wert von 7 angegeben: G_0'. Die Maßeinheit ist $\mathrm{kJ \cdot mol^{-1}}$.
Die Änderung der freien Enthalpie ist ein Kriterium dafür, ob eine Reaktion spontan verlaufen kann:

1. Eine Reaktion kann nur spontan ablaufen, wenn ΔG negativ ist. Die Reaktion verläuft **exergonisch.**
2. Ein System befindet sich im Gleichgewicht, wenn ΔG null ist.
3. Eine Reaktion kann nicht spontan ablaufen, wenn ΔG positiv ist. Die Zufuhr von Energie ist notwendig, um die Reaktion anzutreiben. Die Reaktion verläuft **endergonisch.**

Der 1. und 2. Hauptsatz der Thermodynamik erklären die energetischen Verhältnisse in biologischen Systemen.

Fließgleichgewicht

Modell eines Fließgleichgewichts

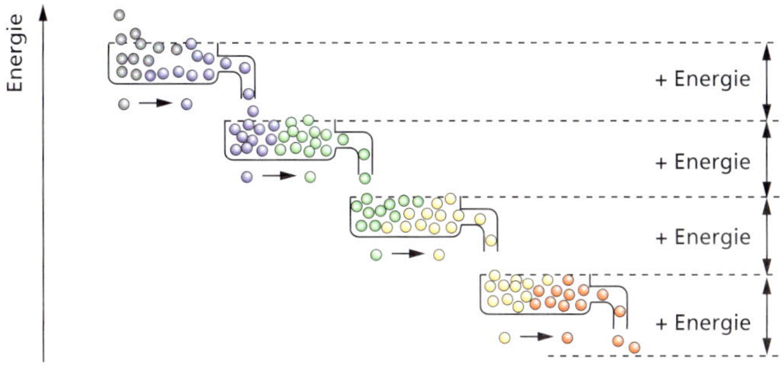

In der Abbildung wird das **Fließgleichgewicht** als hydraulisches Modell dargestellt: Es stellt sich z. B. beim abbauenden Stoffwechsel eines Organismus ein, bei dem ständig energiereiche Ausgangsstoffe (grau) zugeführt und energiearme Endprodukte (rot) abgeführt werden.

SANTORIO, lat. SANCTORIUS (1561–1636), ein italienischer Arzt, verglich 1625 mit seiner Stoffwechselwaage als Erster aufgenommene mit abgegebenen Stoffen beim Menschen.

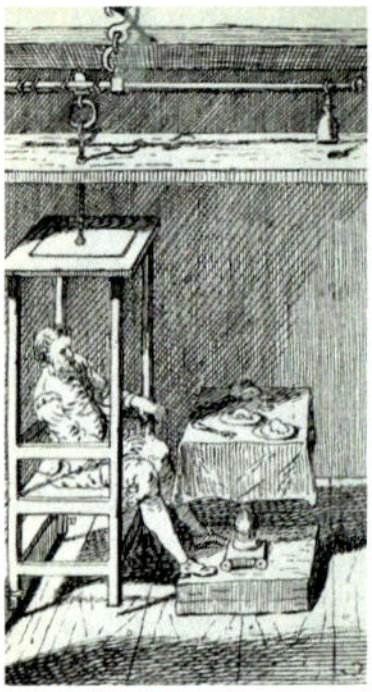

Durch ständigen Stoffaustausch mit der Umwelt wird verhindert, dass sich ein chemisches Gleichgewicht der einzelnen Reaktionen einstellt. Die Gleichgewichte der verschiedenen Teilreaktionen werden angestrebt, aber nie erreicht. Dadurch ist das Reaktionssystem zu dauernder Arbeitsleistung fähig. Das von der lebenden Zelle aufrechterhaltene Ungleichgewicht wird als Fließgleichgewicht bezeichnet. Eine lebende Zelle stellt damit ein energetisch offenes System dar. Sie steht mit ihrer Umwelt in einem ständigen Austausch von Stoffen und Energie. Theoretische Grundlage solcher Vorgänge ist nicht die klassische **Thermodynamik,** sondern die **Nichtgleichgewichts-Thermodynamik.** Aus ihr lässt sich ableiten, dass Leben nur fern vom thermodynamischen Gleichgewicht existieren kann. Trotz des Ungleichgewichtes liegen die verschiedenen Stoffe in annähernd konstanten Konzentrationen vor.

Prinzipiell gelten die Gesetzmäßigkeiten des Fließgleichgewichtes für alle biologischen Systeme auf allen Organisationsebenen:
1. auf molekularer Ebene bei biochemischen Reaktionsketten der Stoffwechselwege,
2. auf der Ebene der Organismen bei Stoffaustausch zwischen einzelnen Organen oder zwischen Organismus und Umwelt,
3. auf der Ebene von Ökosystemen zwischen den Organismen.

Die Abbildung stellt modellhaft eine einzelne Reaktion dar, z. B. A → B. Energie wird freigesetzt, solange das Ungleichgewicht besteht: die Lampe brennt. Ist das Gleichgewicht erreicht, wird keine Energie mehr freigesetzt, die Lampe erlischt.

Modell zur Darstellung eines Nichtgleichgewichtes und eines Gleichgewichtes

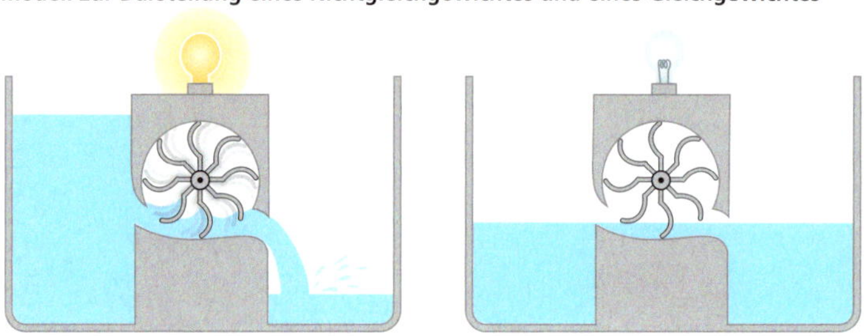

Freie Enthalpie leistet Zellarbeit

1. Mechanische Arbeit, z. B. Kontraktion von Muskelzellen.
2. Transportarbeit, z. B. Transport von Molekülen durch Membranen entgegen dem Konzentrationsgefälle.
3. Chemische Arbeit, z. B. Bildung von Makromolekülen aus Monomeren.

Bei der Zellatmung (↗ S. 113 ff.) wird so lange Energie freigesetzt, so lange der Zelle Glucose und Sauerstoff zugeführt und Kohlenstoffdioxid und Wasser abgeführt werden. Um die Energie länger zur Verfügung zu haben, wird sie sofort als chemische Energie gebunden, meist als ATP.

3.1.3 ATP – Energieüberträger in Zellen oder in Lebewesen

Adenosintriphosphat – ATP

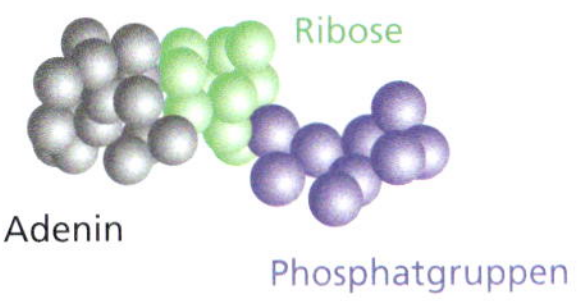

Kalottenmodell ATP

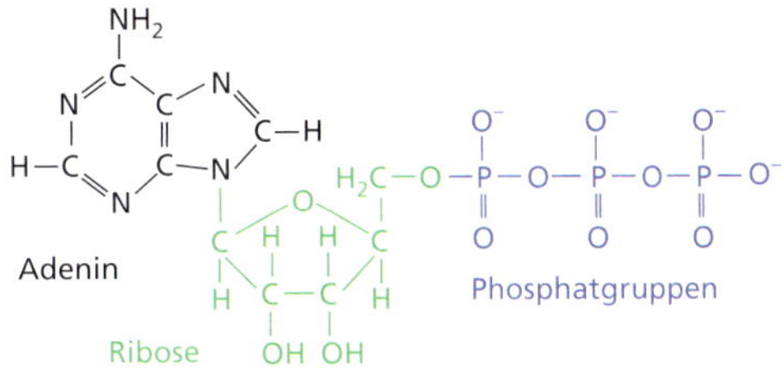

Strukturformel ATP

Hydrolyse von ATP

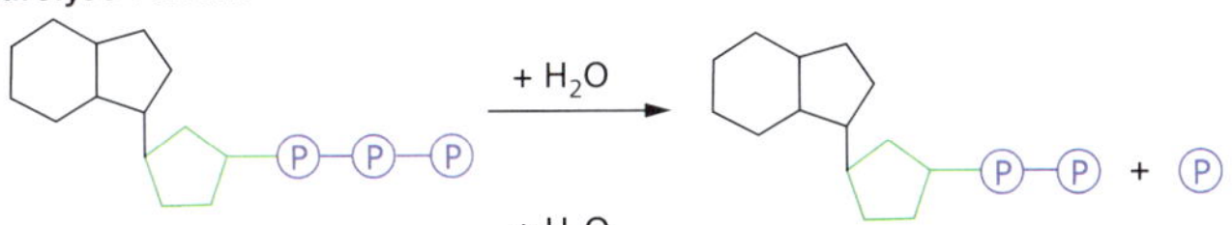

ATP $\xrightarrow{+ H_2O}$ ADP + Phosphat (P)

Die aus Stoffwechselvorgängen freigesetzte Energie wird in ATP gebunden. ATP besteht aus der stickstoffhaltigen Base **Adenin,** die an **Ribose** (5-Kohlenstoffzucker) gebunden ist. An der Ribose sind drei anorganische Phosphatgruppen (P) angelagert. Reagiert ATP mit Wasser, wird eine Phosphatgruppe abgespalten. Es entstehen **ADP (Adenosindiphosphat)** und Phosphat. Bei dieser Reaktion wird Energie freigesetzt.

$$\text{ATP} + H_2O \longrightarrow \text{ADP} + (\text{P}) \qquad \Delta G = -30{,}5\ \text{kJ} \cdot \text{mol}^{-1}$$

Der Vorgang ist **exergon**. In der Zelle kann die exergonische ATP-Spaltung mit endergonischen Reaktionen gekoppelt sein.

ATP-Regeneration

Eine normal arbeitende Muskelzelle setzt ihren gesamten ATP-Vorrat etwa einmal pro Minute um. Das bedeutet, dass pro Sekunde und Zelle zehn Millionen ATP-Moleküle verbraucht werden. Bei maximaler Arbeit verbraucht die Muskelzelle ihren ATP-Vorrat in wenigen Sekunden.

Die im menschlichen Körper täglich verbrauchte ATP-Menge entspricht etwa dem Körpergewicht. Die Regeneration von ATP erfolgt aus ADP und Phosphat. Der Vorgang verläuft endergonisch. Er wird als **Phosphorylierung** bezeichnet.

$$\text{ADP} + (\text{P}) \longrightarrow \text{ATP} + H_2O \qquad \Delta G = +30{,}5\ \text{kJ} \cdot \text{mol}^{-1}$$

ATP ist der wichtigste Überträger chemischer Energie in der Zelle.

ATP ist die Abkürzung für **A**denosin**tri**phos**p**hat, ADP für **A**denosin**di**phosphat.

Exergonische ATP-Spaltung ist mit endergonischen Reaktionen bei der **Energieübertragung in der Zelle** gekoppelt.

Man spricht von **exergonischen Reaktionen**, wenn Energie freigesetzt wird ΔG erhält ein negatives Vorzeichen, weil die Energie vom System abgegeben wird. Reaktionen, die eine Energiezufuhr benötigen, bezeichnet man als **endergonisch,** ΔG erhält ein positives Vorzeichen.

3.1.4 Ermittlung des Energieumsatzes

1 J = 0,24 cal,
1 cal = 4,2 J

Stoffwechselrate

Den Energieverbrauch eines Lebewesens kann man messen. Der Gesamtenergieverbrauch in einer bestimmten Zeit wird als **Stoffwechselrate** bezeichnet. Sie wird in **Joule** (J) oder **Kilojoule** (kJ) angegeben. Früher verwendete man die Einheit Kalorie (cal) oder Kilokalorie (kcal). Stoffwechselraten können durch direkte Messung der abgegebenen Wärme oder indirekt durch Ermittlung des Sauerstoffverbrauchs bestimmt werden.

Tierkalorimeter (Längsschnitt)

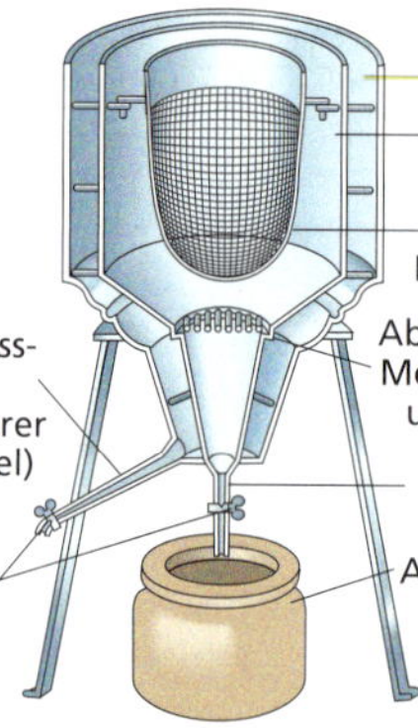

Zur Ermittlung des Energieumsatzes wurde 1780 das erste Eiskalorimeter hergestellt.

> Bei der **Kalorimetrie** handelt es sich um Messungen von Wärmemengen, die beim Verbrennen von Nährstoffen im Kalorimeter frei werden. Man unterscheidet **direkte** und **indirekte** Kalorimetrie.

Direkte Kalorimetrie

ANTOINE L. LAVOISIER

Alle Energieformen, auch die chemische Energie der Nährstoffe, können in Wärme umgewandelt werden. Sie wird an die Umwelt abgegeben. Mit Kalorimetern kann diese Wärmemenge gemessen werden. Das erste **Eiskalorimeter** konstruierten **ANTOINE LAURENT LAVOISIER** (1743–1794) und **PIERRE SIMON DE LAPLACE** (1749–1827) im Jahr 1780 (↗ Abbildung). Damit wurde der Energieumsatz kleinerer Tiere gemessen. Die moderneren Verbrennungskalorimeter werden in der Chemie bei der Bestimmung der physikalischen Brennwerte reiner Nährstoffe genutzt.
Dazu wird in der **kalorimetrischen Bombe** 1 g der zu untersuchenden Substanz durch elektrische Zündung verbrannt. Die gemessene Wärmemenge in Joule entspricht dem **physikalischen Brennwert.**
Unter den physiologischen Bedingungen der Zellatmung erhält man den **physiologischen Brennwert.** Bei Kohlenhydraten und Fetten entspricht der physiologische dem physikalischen Brennwert. Bei Proteinen ist er geringer, weil Proteine nicht nur zu CO_2 und H_2O abgebaut, sondern auch zu Harnstoff umgewandelt werden. Harnstoff enthält aber im Vergleich zu den vollständigen Oxidationsprodukten noch Energie.

Die Messung physikalischer Brennwerte erfolgt in der kalorimetrischen Bombe.

Vergleich physikalischer und physiologischer Brennwerte

	Kohlenhydrate	Fette	Proteine
physikalischer Brennwert	$17\ kJ \cdot g^{-1}$	$39\ kJ \cdot g^{-1}$	$24\ kJ \cdot g^{-1}$
physiologischer Brennwert	$17\ kJ \cdot g^{-1}$	$39\ kJ \cdot g^{-1}$	$17\ kJ \cdot g^{-1}$

Indirekte Kalorimetrie (Respirometrie)

Da zwischen der Oxidation von Glucose und anderen Nährstoffen und dem Sauerstoffverbrauch eine direkte Beziehung besteht, kann man vom Sauerstoffverbrauch auf die Energiemenge schließen. Dazu muss man wissen, wie viel Energie bei 1 Liter verbrauchtem Sauerstoff und einem bestimmten Nährstoff freigesetzt wird. Diese Energiemenge wird als **kalorisches Äquivalent** bezeichnet. Für die Oxidation von Glucose beträgt der Wert 21 kJ je Liter Sauerstoff. Bei reiner Kohlenhydraternährung ergibt sich die Energiemenge durch Multiplikation des Wertes mit der Menge des aufgenommenen Sauerstoffs.
Da die Nahrung aber aus einem Gemisch verschiedener Nährstoffe besteht, wird bei der Ermittlung der Energiemenge der **respiratorische Quotient** verwendet. Er ergibt sich aus dem Verhältnis von abgegebener CO_2- zur aufgenommenen O_2-Menge und beträgt bei Pflanzenfressern 1,0, bei Fleischfressern 0,75 und beim normal ernährten Menschen 0,9.

Der **Leistungsumsatz** kann durch **indirekte Kalorimetrie** ermittelt werden.

Direkte Kalorimetrie:
Energieumsatz wird über Wärmeabgabe gemessen.
Indirekte Kalorimetrie (Respirometrie):
Energieumsatz wird über die Menge des verbrauchten Sauerstoffs gemessen.

Grundumsatz und Leistungsumsatz

Die niedrigste Stoffwechselrate wird gemessen, wenn der Körper entspannt ist und sich in völliger Ruhe befindet, sodass nur die wichtigsten Lebensvorgänge wie Atmung, Herzschlag und Hirntätigkeit Energie beanspruchen. Diese Stoffwechselrate wird als **Ruhestoffwechsel** oder **Grundumsatz** bezeichnet. Der Wert ist für die medizinische Diagnose von Bedeutung.
Beim erwachsenen Mann beträgt er etwa 4,2 kJ pro kg Körpergewicht und Stunde. Je nach Gewicht ergibt sich daraus der tägliche Verbrauch.
Maximale Stoffwechselraten entstehen bei körperlichen Höchstleistungen, z. B. bei Leistungssportlern. Dieser Wert wird als **Leistungsumsatz** bezeichnet.
Der maximal erreichbare Wert liegt beim Menschen in etwa bei 30 000 kJ pro Tag. Damit ist die Aufnahmefähigkeit des Verdauungssystems erschöpft.

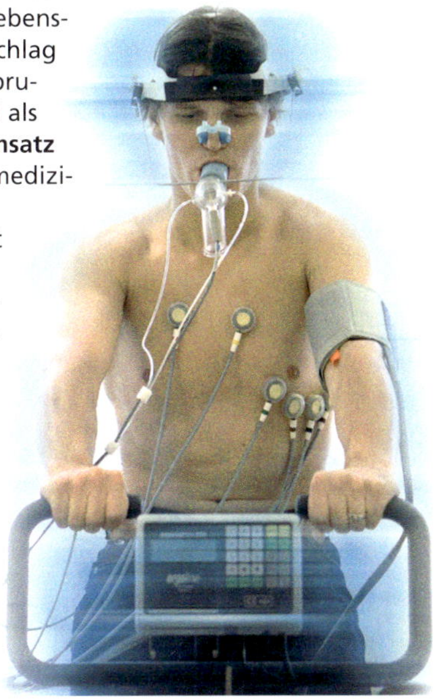

3.2 Enzyme – die Katalysatoren im Organismus

- Enzyme sind Biokatalysatoren, die die Aktivierungsenergie herabsetzen und so die Reaktionsgeschwindigkeit erhöhen.
- Enzyme sind substrat- und wirkungsspezifisch.
- Die Enzymaktivität hängt vom physikalisch-chemischen Milieu der Zelle ab.
- Enzyme können durch Inhibitormoleküle gehemmt werden.
- Für Enzyme gibt es ein breites Anwendungsspektrum in Industrie und Medizin.

3.2.1 Verlauf enzymatischer Reaktionen

Katalase ist eines der „schnellsten" Enzyme. Es kann die Reaktionsgeschwindigkeit um das 100 000fache erhöhen.

Zucker kann man in Kristallform jahrzehntelang aufbewahren, ohne dass an seiner Struktur eine Veränderung stattfindet. Auch bei Zusatz von Wasser wäre die Zuckerlösung noch nach Jahren erkennbar, obwohl eine kaum wahrnehmbare **Hydrolyse** unter Abgabe von Energie stattfindet. Setzt man dieser Lösung aber eine geringe Menge von **Saccharase** zu, wird der Zucker in Sekundenschnelle hydrolysiert.

$$\text{Saccharose} + H_2O \xrightarrow{\text{Saccharase}} \text{Glucose} + \text{Fructose} \qquad \Delta G = -29\ \text{kJ} \cdot \text{mol}^{-1}$$

Energetischer Verlauf einer Enzymreaktion

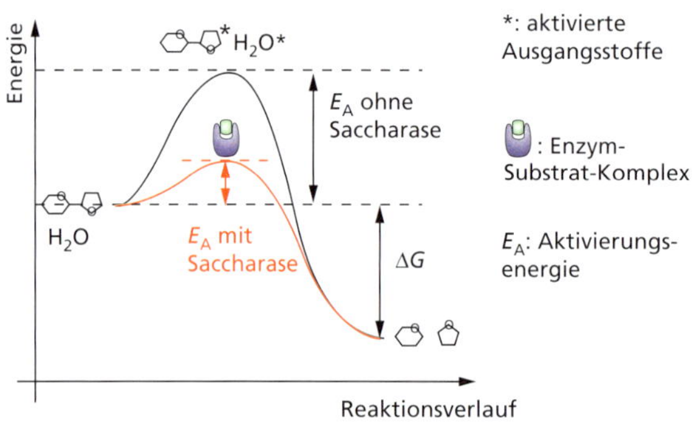

Enzyme sind **Biokatalysatoren.** Wie Katalysatoren beschleunigen sie eine chemische Reaktion, ohne dabei selbst verbraucht zu werden. Bei der Hydrolyse von Saccharose werden die Bindungen im Saccharosemolekül und im Wassermolekül aufgebrochen. Dazu ist eine bestimmte **Aktivierungsenergie** notwendig. Saccharase setzt die Aktivierungsenergie für die Hydrolyse von Saccharose herab, indem es eine Verbindung mit der Saccharose eingeht **(Enzym-Substrat-Komplex)**.

An diesem Komplex findet die Hydrolyse statt. Die Hydrolyse ist eine chemische Reaktion, bei der eine Verbindung durch Einwirkung von Wasser gespalten wird.

$$\text{A–B} + \text{H–OH} \longrightarrow \text{A–H} + \text{B–OH}$$

Dabei trennt sich die Saccharase wieder von den Produkten **Glucose** und **Fructose**, wobei insgesamt nur die Energie freigesetzt wird, die auch ohne Saccharase freigesetzt werden würde.

3.2.2 Bau und Wirkung der Enzyme

Fast alle Enzyme sind Proteine. Wie Proteine generell besitzen auch Enzymproteine Kettenlängen von 100 bis 500 Aminosäureresten. Sie zeigen eine Primär-, Sekundär-, Tertiär- und in seltenen Fällen eine Quartärstruktur (↗ S. 50). Enzyme reagieren nicht in Form von Aminosäureketten, sondern in Form von räumlichen Strukturen (Tertiärstruktur). Jedes Enzym besitzt ein **aktives Zentrum.** Das ist die katalytisch wirksame Region des Enzyms. Es umschließt ein **Substrat** nach dem **Schlüssel-Schloss-Prinzip** oder es passt sich an **(Substratspezifität).**

Bau und Wirkung der Enzyme basieren auf dem Schlüssel-Schloss-Prinzip.

Das Enzym Saccharase katalysiert die Reaktion

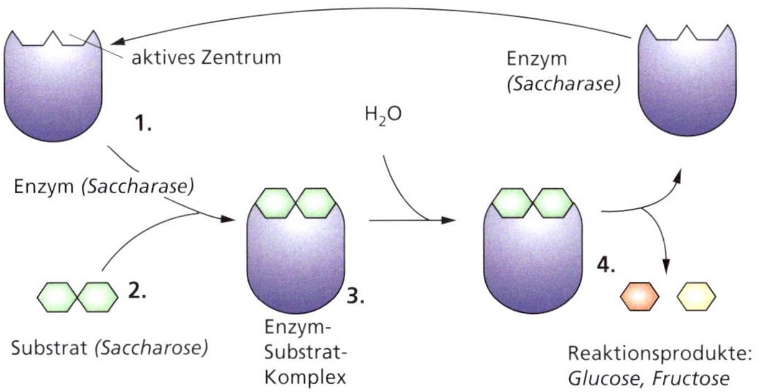

1. Das aktive Zentrum des Enzyms ist unbesetzt.
2. An das aktive Zentrum lagert sich das Substrat an. Das aktive Zentrum verändert seine Gestalt und schmiegt sich eng um das Substrat.
3. Es entsteht eine vorübergehende Enzym-Substrat-Bindung.
4. Unter Wasseraufnahme wird das Substrat in die Reaktionsprodukte umgewandelt. Die Produkte werden freigesetzt, und das aktive Zentrum steht für ein weiteres Substratmolekül zur Verfügung.

Ribozyme sind keine Proteine. Hierbei handelt es sich um RNA-Enzyme bzw. katalytisch wirksame Ribonucleinsäuren.

Allgemein kann der Vorgang folgendermaßen beschrieben werden:

Enzym + Substrat ⟶ Enzym-Substrat-Komplex
Enzym-Substrat-Komplex ⟶ Enzym + Produkt(e)

Die Passgenauigkeit zwischen Substrat und Enzym bewirkt seine Substratspezifität. Jedes Enzym katalisiert nur einen bestimmten Reaktionstyp. Diese **Wirkungsspezifität** ist stärker ausgeprägt als die Substratspezifität. Viele Enzyme haben außer den Aminosäureresten nicht proteinartige Bestandteile, die in den Ablauf der enzymkatalysierten Reaktion mit eingreifen. Diese **Cofaktoren** können komplexe organische Moleküle – **Coenzyme** – sein, die meist nur vorübergehend und locker, manchmal aber auch fest mit dem Enzym verbunden sind. Es kann sich aber auch um Metall-Ionen wie Fe^{2+} oder Fe^{3+}, Cu^{2+}, Zn^{2+}, Ni^{2+}, K^{+} oder Atome wie Molybdän oder Selen handeln.

Coenzyme und Cofaktoren bestimmen den Bau und die Wirkung der Enzyme.

3.2.3 Enzymaktivität

Einfluss der Temperatur

Als Denaturierung bezeichnet man die Überführung biologischer Makromoleküle von der natürlichen, biologisch aktiven Struktur in eine nicht natürliche, meist inaktive Form.

Jedes Enzym hat Bedingungen, bei denen es optimal reagiert. Einer der wichtigsten Faktoren ist die **Temperatur.** Steigende Temperaturen verändern die Enzymreaktionen positiv, weil sich die Enzym- und Substratmoleküle schneller bewegen. Jedes Enzym besitzt ein **Temperaturoptimum.** Steigt die Temperatur weiter an, denaturieren die Enzyme wie alle anderen Proteine. Bei den meisten Enzymen beginnt die **Denaturierung** bei 60 °C. Ausnahmen bilden die Enzyme der Bakterien, die in der Lage sind, in heißen Quellen zu leben. Sie haben ein Temperaturoptimum von 70 °C und darüber (↗ S. 342).

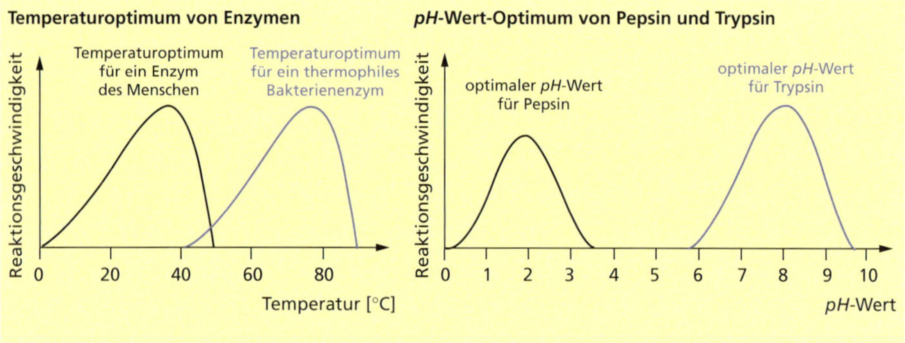

Einfluss des *pH*-Wertes

Jedes Enzym ist bei einem bestimmten ***pH*-Wert** am aktivsten. Bei den meisten Enzymen liegt das *pH*-Wert-Optimum zwischen 6 und 8 (neutrales Milieu). Pepsin, das Eiweiß verdauende Enzym des Magens, benötigt ein saures Milieu. Es reagiert bereits bei einem *pH*-Wert von 2. Das Trypsin dagegen, das im Dünndarm wirkt, benötigt ein alkalisches Milieu.

Konzentration

Die MICHAELIS-Konstante K_m gibt die Substratkonzentration [mol · l^{-1}] an, bei der die maximale Reaktionsgeschwindigkeit V_{max} zur Hälfte erreicht ist.

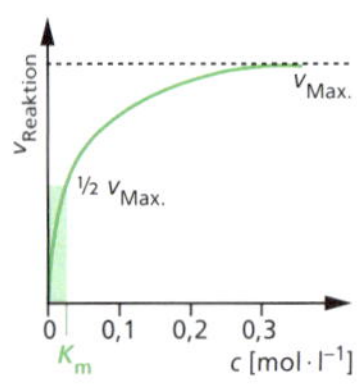

Jede Enzymreaktion kann durch Erhöhung der Konzentration des Substrates beschleunigt werden. Wenn mehr Moleküle des Substrates zur Verfügung stehen, stoßen sie öfter mit aktiven Zentren zusammen und reagieren. Bei gleich bleibender Menge des Enzyms erhöht sich die Reaktionsgeschwindigkeit aber nicht beliebig. Sind alle Enzymmoleküle besetzt, steigt die Reaktionsgeschwindigkeit nicht weiter an (Sättigung).

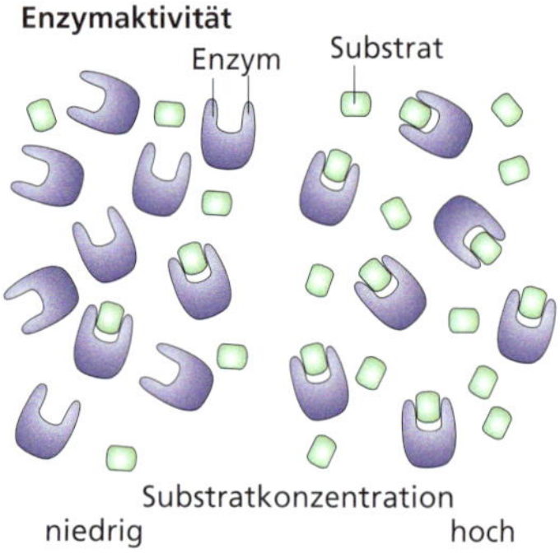

1878 prägte FRIEDRICH WILHELM KÜHNE (1837–1900) den Begriff Enzym für alle katalytisch aktiven Stoffe, die bisher als Fermente bezeichnet wurden. Ihre Benennung unterliegt festen Regeln.

Die **Benennung der Enzyme** erfolgt nach einer Einteilung in die Reaktionstypen oder die Substrate.

Enzymregulation

Enzyme dürfen nicht ständig aktiv sein, sondern nur wenn ihre Wirkung gebraucht wird. Hemmung und Aktivierung der Enzymaktivität stellen einen wichtigen Kontrollmechanismus dar.

Stoffe, die die Aktivität von Enzymen hemmen, heißen **Inhibitoren.**

Man unterscheidet **reversible** oder **irreversible Hemmung.** Die reversible Hemmung kann nach einer bestimmten Zeit aufgehoben werden. Bei der irreversiblen Enzymhemmung lässt sich die Bindung zwischen Inhibitor und Enzym nicht wieder lösen.

So inhibiert z. B. das Umweltgift **DDT** (↗ S. 439) ein wichtiges Enzym im Nervensystem. Viele Medikamente sind Inhibitoren für lebenswichtige Enzyme in Bakterien, z. B. **Aspirin®.**

Aspirin® ist ein kompetitiver Hemmer.

Wenn das Inhibitormolekül in seiner Struktur dem Substrat ähnelt, liegt eine **kompetitive Hemmung** vor. Es setzt sich an Stelle des Substrates in das aktive Zentrum, wird aber nicht umgesetzt. Das aktive Zentrum ist dadurch blockiert (↗ Abbildung b).
Da sich der Anteil der wirksamen Enzymmoleküle durch die Blockierung mit Inhibitoren für die Substrate verringert, wird die Reaktionsgeschwindigkeit herabgesetzt. Die kompetitive Hemmung kann durch Erhöhung der Substratkonzentration überwunden werden.

Bei **nichtkompetitiver Hemmung,** die ebenfalls reversibel ist, können Inhibitor und Substrat gleichzeitig vom selben Enzym gebunden werden. Die Bindungszentren sind nicht identisch. Ein nichtkompetitiver Inhibitor hemmt die Substratbindung nicht, erniedrigt aber die Anzahl der Substratmoleküle, die pro Zeiteinheit in das Produkt umgewandelt werden können. Wenn das Inhibitormolekül an das Enzym andockt, ändert sich seine Gestalt. Das aktive Zentrum bindet noch das Substrat, die Umsetzung zum Produkt erfolgt aber weniger effektiv (↗ Abbildung c).

Enzymhemmung

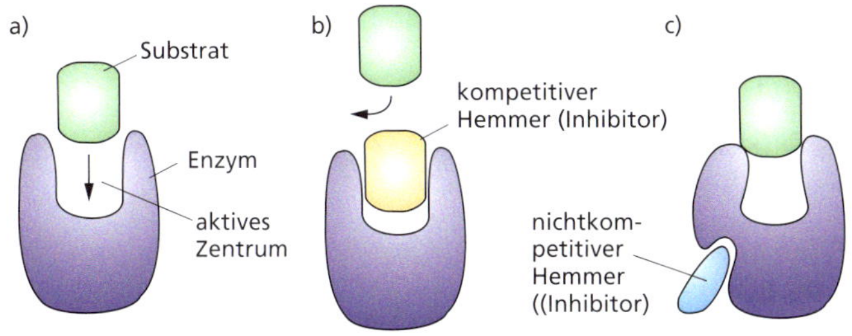

en: griech. = in
zyme: griech. = Sauerteig, Hefe

Phosphofructokinase regelt als allosterisches Enzym die ADP/ATP-Produktion.

Einige Enzyme besitzen neben dem aktiven noch ein so genanntes **allosterisches Zentrum.** Während das Substrat immer an das aktive Zentrum bindet, besetzen andere Moleküle das allosterische Zentrum und bewirken eine Änderung der Gestalt des Enzymmoleküls, sodass es in seiner Wirkung aktiviert oder gehemmt ist. Inhibitoren verändern das Enzymmolekül so, dass das Substrat nicht mehr gebunden wird. Andere Moleküle wirken als Aktivator. Sie verändern die Gestalt so, dass das Substrat besser gebunden werden kann.

Enzyme mit allosterischem Zentrum sind meist Proteine, die aus zwei oder mehr Polypeptidketten bestehen. Jede Kette oder Untereinheit besitzt ihr eigenes aktives Zentrum, das allosterische Zentrum befindet sich in der Regel dort, wo die Untereinheiten sich berühren.

Allosterische Regulation

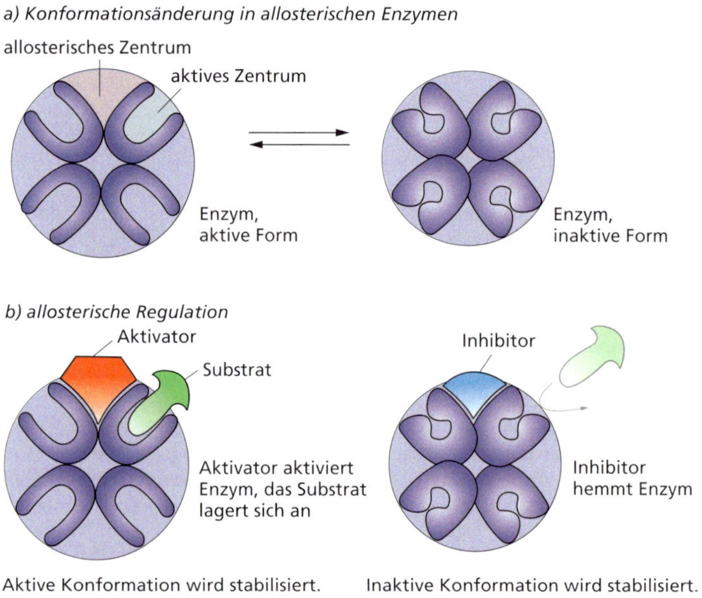

Bedeutung der Enzyme

Ursache der **Milchunverträglichkeit** bei Erwachsenen ist der Mangel des Enzyms **Lactase.**

Jeder Stoffwechselvorgang besteht aus zahlreichen Einzelreaktionen, wobei ein spezifisches Enzym jede einzelne katalysiert. Fehlen wichtige Enzyme im Organismus, kommt es zu schweren Stoffwechselerkrankungen.

Beispiele für solche Stoffwechselerkrankungen sind **Phenylketonurie** (↗ S. 231) und Milchunverträglichkeit.

Der **biotechnologische Einsatz von Enzymen** betrifft viele Industriezweige, wie z. B. Pharma-, Lebensmittel-, Getränke-, Textil- und Waschmittelindustrie.

Isolierte Enzyme können als Medikament zur Heilung von Krankheiten und zur Diagnostik verwendet werden. In der Industrie werden viele Enzyme eingesetzt, da die Substrate aufgrund der Reaktionsbedingungen geschont werden.

Enzyme in Waschmitteln unterstützen die Waschwirkung, indem sie hochmolekulare, in Wasser nicht lösliche organische Verbindungen zu niedermolekularen, teilweise löslichen Verbindungen abbauen.

3.3 Aufbauender Stoffwechsel

- Die Bindung der Sonnenenergie durch Fotosynthese ermöglicht das Leben auf der Erde.
- Chloroplasten sind die Orte der Fotosynthese.
- Licht, Wasserversorgung, Temperatur und Kohlenstoffdioxidangebot beeinflussen die Fotosyntheseleistung.
- Die Fotosynthese kann man in lichtabhängige und lichtunabhängige Teilreaktionen untergliedern.
- Chemoautolithotrophie (Chemosynthese) ist eine andere Form des aufbauenden Stoffwechsels.
- Durch Assimilation gebildete organische Stoffe können in Lebewesen gespeichert werden.

Bau und Funktion des Laubblattes geben Aufschluss über den Ort der Fotosynthese.

3.3.1 Fotosynthese

Durch die **Fotosynthese** wird Sonnenenergie genutzt, um aus Kohlenstoffdioxid und Wasser Kohlenhydrate zu synthetisieren. Ein Teil der Prokaryoten und Protisten sowie die Pflanzen sind auf der Basis dieser Assimilation in der Lage, alle körpereigenen Stoffe aus anorganischen Stoffen aufzubauen. Die Bilanzgleichung der Fotosynthese stellt die Umkehrung der Zellatmung dar:

$$6\,CO_2 + 6\,H_2O \underset{\text{Atmung}}{\overset{\text{Fotosynthese}}{\rightleftharpoons}} C_6H_{12}O_6 + 6\,O_2$$

Die Orte der Fotosynthese in den Zellen der Pflanzen und Protisten sind die **Chloroplasten** (↗ S. 77 f.), die auf **endosymbiontische Prokaryoten** zurückgehen (↗ S. 318).

Die Untersuchung des Feinbaus ist durch die **Isolation der Chloroplasten** möglich. Neben Chloroplasten gibt es noch andere **Plastidenformen.**

Ort der Fotosynthese – Feinbau der Chloroplasten

Chloroplasten sind gegen das Cytoplasma durch eine Doppelmembran abgegrenzt. Die wenig strukturierte Grundsubstanz in ihrem Inneren wird **Stroma** genannt. Sie enthält Ribosomen, Enzyme und eine ringförmige DNA. Zur Oberflächenvergrößerung ist die innere Membran lamellenartig eingestülpt **(Thylakoide).** Geldrollenartige Stapel der Thylakoidmembranen werden als **Granathylakoide** („Körner"), einfache Lamellen im Bereich des Stromas als **Stromathylakoide** bezeichnet. Die Fotosynthese lässt sich in eine lichtabhängige und eine lichtunabhängige Reaktionsfolge untergliedern. Die **Fotosynthesepigmente** liegen auf den Granathylakoiden (↗ S. 77 f.). Die Thylakoidmembranen mit einer **Elektronentransportkette** (z. B. Cytochrome), die ATP-Synthase als Enzym und die beiden **Fotosysteme** ermöglichen die lichtabhängigen Reaktionen. Die lichtunabhängige Reaktion **(Calvin-Zyklus,** ↗ S. 108) findet im pigmentlosen Stroma statt.

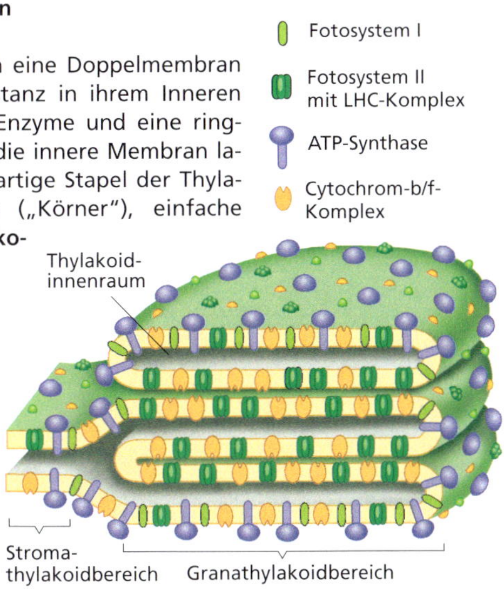

	Chlorophylle	**Carotinoide**
	grüner Blattfarbstoff	gelbe oder rote Blattfarbstoffe
Bau	– 4 Pyrrolringe bilden Porphyrin-Grundgerüst – Mg als Zentralatom – Phytolrest – Unterscheidung durch Reste in ~a, ~b usw.	– kettenförmige Kohlenwasserstoffe mit vielen konjugierten Doppelbindungen
Funktion	– Chlorophyll a: Moleküle bilden Reaktionszentrum in Fotosystemen. – Andere Chlorophyllmoleküle sind Hilfspigmente im Antennenkomplex.	– Hilfspigmente im Antennenkomplex – Schutz der Chlorophylle

Die Fotosyntheserate lässt sich durch gleichzeitige Bestrahlung mit Licht der Wellenlängen 650 und 700 nm steigern (**EMERSON-Effekt**).

Pflanzen nutzen nur die Wellenlängen des sichtbaren Lichtes zur Fotosynthese. Die im Chloroplasten vorkommenden **Farbstoffe (Pigmente)** stellen die Lichtenergie durch **Absorption** den Pflanzen zur weiteren Verwendung zur Verfügung. **Chlorophylle** und **Carotinoide** absorbieren vorwiegend Wellenlängen des blauen und roten Bereiches. So entsteht im mittleren Bereich des sichtbaren Lichtes eine „Grünlücke". Für eine optimale Lichtausbeute bilden die verschiedenen Pigmente einen **Fotosystem-Komplex,** der sich in den Thylakoidmembranen befindet.

Aufbau der Fotosysteme

Fotosysteme bestehen aus einem **Reaktionszentrum** und einem **Antennenkomplex** (**LHC**: = **L**ight **H**arvesting **C**omplex). Mehrere hundert Chlorophyll- und Carotinoid-Moleküle bilden einen Antennenkomplex.

Aufbau eines Fotosystems

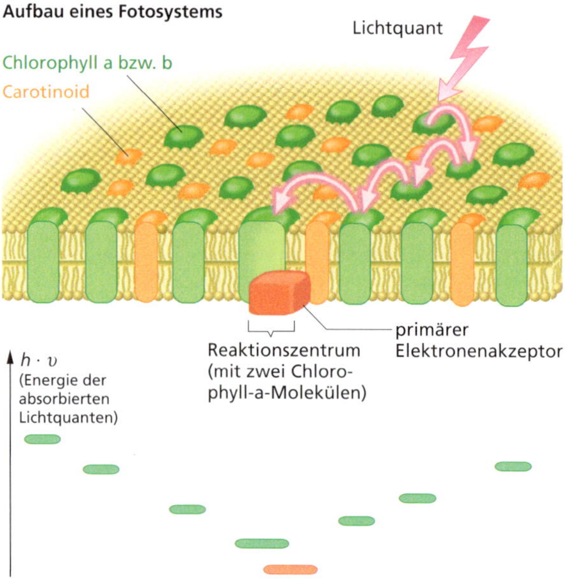

Dort sind die Pigmentmoleküle so angeordnet, dass die äußeren Pigmente die energiereichsten Photonen absorbieren und nach innen die Größe der aufzunehmenden Energiequanten abnimmt. So landen schließlich alle Energiequanten beim Reaktionszentrum des Fotosystems I oder II, das aus zwei **Chlorophyll-a**-Molekülen (↗ S. 62 f.) besteht.
Sie absorbieren die energieärmsten Lichtquanten (680 bzw. 700 nm), wodurch Elektronen angeregt werden.
Dadurch erhöht sich die Elektronegativität der beiden Chlorophyllmoleküle und ein Elektron wird an einen primären Akzeptor weitergegeben, bevor es wieder in einen energieärmeren Zustand zurückfallen kann.

Ablauf der Fotosynthese – lichtabhängige Reaktionen

Vom primären Akzeptor werden die Elektronen an mehrere hintereinander geschaltete Redoxsysteme weitergegeben. Dafür kommen zwei Wege in Frage, ein **zyklischer** und ein **nichtzyklischer Elektronentransport.** Die Begriffe beziehen sich darauf, ob die vom Reaktionszentrum abgegebenen Elektronen an ihren Ursprungsort zurückkehren oder nicht.

Lichtabhängige Reaktionen werden auch als **Lichtreaktionen** bezeichnet.

Nichtzyklischer Elektronentransport

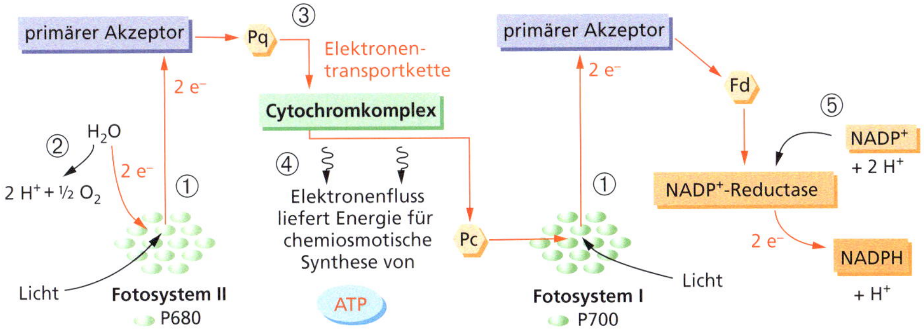

1. Durch Absorption von Lichtenergie wird die Elektronegativität des Chlorophyllmoleküls (Reaktionszentren der Fotosysteme) erhöht, das Redoxpotenzial wird vom positiven in den negativen Bereich verschoben. Dadurch gibt das Chlorophyllmolekül des Reaktionszentrums 2 Elektronen an einen primären Akzeptor ab.

2. Das Redoxpotenzial des P680 ist nun so positiv (+810 mV), dass es dem Wasser Elektronen entziehen kann **(Fotolyse des Wassers)**.

$$H_2O \longrightarrow 2\,H^+ + \tfrac{1}{2}\,O_2 + 2\,e^-$$

3. Das vom angeregten P680 abgegebene Elektronenpaar wird über eine Elektronentransportkette [Plastochinon (Pq) – Cytochromkomplex – Plastocyanin (Pc)] zum Fotosystem I (P700) weitergeleitet.

4. Die Elektronentransportkette liefert die Energie für die ATP-Bildung **(nichtzyklische Fotophosphorylierung)**.

5. Das angeregte P700 gibt 2 Elektronen über Ferredoxin an $NADP^+$ ab, wo es zusammen mit 2 H^+ aus 2. zu NADPH + H^+ reagiert.

6. Bei größerem ATP-Bedarf läuft am Fotosystem I zusätzlich ein zyklischer Elektronentransport ab, der zur ATP-Bildung führt **(zyklische Fotophosphorylierung)**.

Die Anlagerung von Phosphatgruppen an ADP unter Beteiligung von Lichtenergie (ATP-Bildung) nennt man **Fotophosphorylierung.**

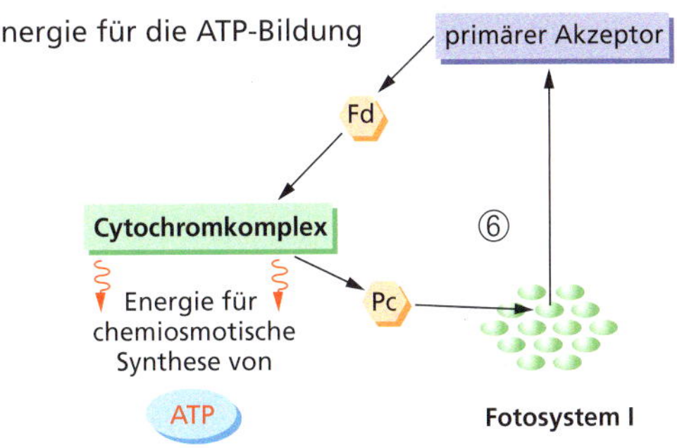

Zyklischer Elektronentransport

MELVIN CALVIN (geb. 1911), ein amerikanischer Chemiker, entdeckte den Kreisprozess, auch als CALVIN-Zyklus bekannt. Die Abbildung zeigt ihn an einem Fotosyntheseapparat.

Lichtunabhängige Reaktion (Dunkelreaktion, CALVIN-Zyklus)

ATP und NADPH + H^+ aus den lichtabhängigen Reaktionen sind die Voraussetzungen, dass diese Reaktionsfolge im pigmentlosen Stroma ablaufen kann.

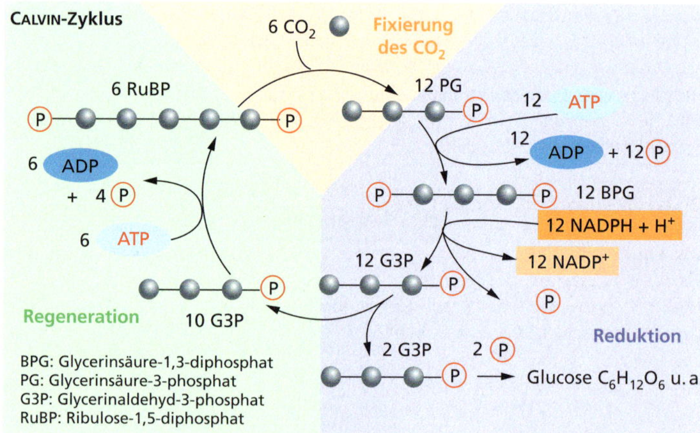

Der Enzymkomplex Ribisco (Ribulosediphosphatcarboxylase/oxidase) veranlasst eine Übertragung des CO_2 auf den Zucker Ribulosediphosphat.

Ablauf der lichtunabhängigen Reaktion

1. **Fixierung von Kohlenstoffdioxid:** Kohlenstoffdioxid wird an Ribulose-1,5-diphosphat (RuBP) gebunden. Die entstandene instabile Zwischenverbindung zerfällt sofort in 2 Moleküle Glycerinsäure-3-phosphat. Alle Pflanzen, die Glycerinsäure (Verbindung mit 3 C-Atomen im Molekül) als erstes stabiles Zwischenprodukt in der lichtunabhängigen Phase bilden, werden als **C_3-Pflanzen** bezeichnet.
2. **Reduktion:** Jedes Molekül Glycerinsäure-3-phosphat wird zu Glycerinaldehyd-3-phosphat (G3P) reduziert. ATP liefert für diesen energieaufwendigen Prozess die Energie und NADPH + H^+ die Elektronen. Aus jeweils zwei Molekülen Glycerinaldehyd-3-phosphat bildet sich unter Abspaltung der Phosphatgruppen Glucose. Daraus kann sich durch Polymerisation Stärke bilden.
3. **Regeneration des Ribulose-1,5-diphosphats:** Aus jeweils 5 G3P-Molekülen werden 3 Moleküle RuBP regeneriert. Für jeweils 6 CO_2-Moleküle, die in den Zyklus eingeschleust werden, entsteht ein Glucose-Molekül. Dafür werden 18 ATP und 12 NADPH + H^+ verbraucht.

Die Ausgangsstoffe und Reaktionsprodukte der Fotosynthese und ihre Abhängigkeit lassen sich durch Experimente zur Fotosynthese nachweisen.

Es wird eine Energiemenge von 2 872 kJ umgewandelt, um ein Molekül Glucose zu bilden.

Wenn man alle Prozesse der lichtabhängigen und lichtunabhängigen Reaktionen zusammenfasst, ergeben sich folgende Gesamtgleichungen:

Bruttogleichung:

$$6\,CO_2 + 12\,H_2O \longrightarrow C_6H_{12}O_6 + 6\,O_2 + 6\,H_2O$$

Nettogleichung:

$$6\,CO_2 + 6\,H_2O \longrightarrow C_6H_{12}O_6 + 6\,O_2$$

Beeinflussung der Fotosynthese

Die Fotosynthese ist vorrangig von der Energie des Sonnenlichtes, der Temperatur und dem Kohlenstoffdioxidgehalt der Luft abhängig, wobei jede Art ihre spezifischen Ansprüche an die Umwelt hat.

Dabei stehen die Landpflanzen vor einer prinzipiellen Schwierigkeit: Der geringe CO_2-Gehalt der Atmosphäre zwingt sie zur Oberflächenvergrößerung, die Gefahr des Austrocknens durch zu hohe **Transpirationsraten** wird dadurch erhöht. Teilweise wird dieses Problem dadurch gemildert, dass der Gasaustausch durch die **Spaltöffnungen** reguliert werden kann (↗ S. 124).

Beeinflussung der Fotosyntheseleistung

Bei einer Erhöhung der **Lichtintensität** steigt zunächst die **Fotosyntheseleistung** an. Am **Lichtkompensationspunkt** besteht ein Gleichgewicht zwischen CO_2-Abgabe und CO_2-Aufnahme. Wenn eine weitere Steigerung der Lichtintensität zu keiner weiteren Erhöhung der Fotosyntheseleistung führt, ist die **Lichtsättigung** erreicht.

Abhängigkeit von der Lichtintensität

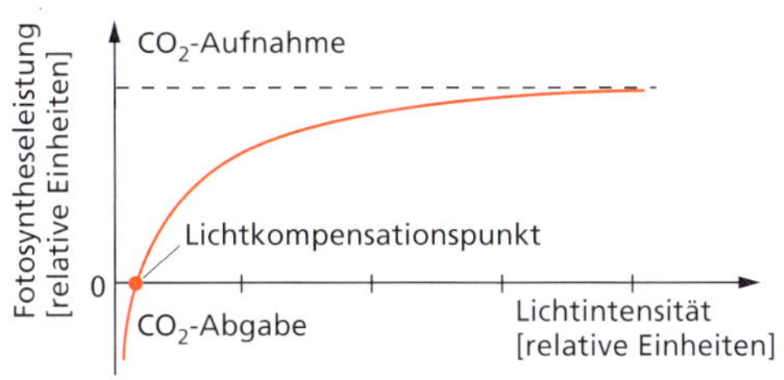

Kohlenstoffdioxid ist in der Natur der begrenzende Faktor für die Fotosyntheseleistung.
Die Erhöhung der **Kohlenstoffdioxidkonzentration** bis ca. 0,1 Vol.-% führt zu einer Steigerung der Fotosyntheseleistung. Danach erfolgt trotz steigendem Kohlenstoffdioxidanteil keine Zunahme der Fotosyntheseleistung **(Kohlenstoffdioxidsättigung)**.

Abhängigkeit von der CO_2-Konzentration

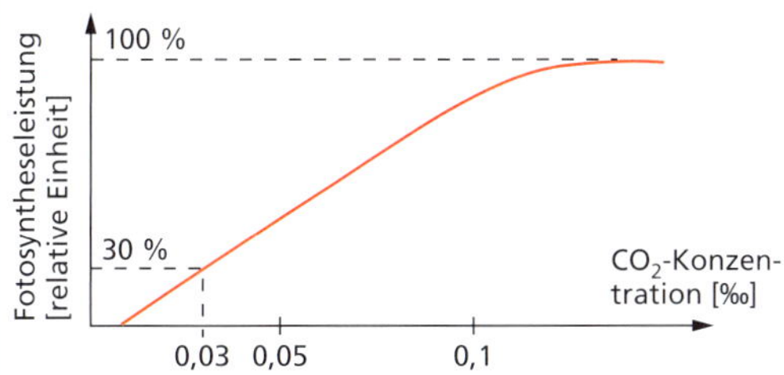

Wie bei allen chemischen Reaktionen steigt die Fotosyntheseleistung bei einer Erhöhung der **Temperatur** von 10 K um das Zwei- bis Dreifache (**RGT-Regel,** ↗ S. 30).

Bei mehr als 40 °C sinkt die Fotosyntheseleistung durch die **Denaturierung** der an den Reaktionen beteiligten Enzyme (↗ S. 102). Aufgrund der erhöhten Transpiration schließen sich die Spaltöffnungen (↗ S. 124) bei den Pflanzen, was zur verminderten Kohlenstoffdioxidaufnahme führt.

Abhängigkeit von der Temperatur

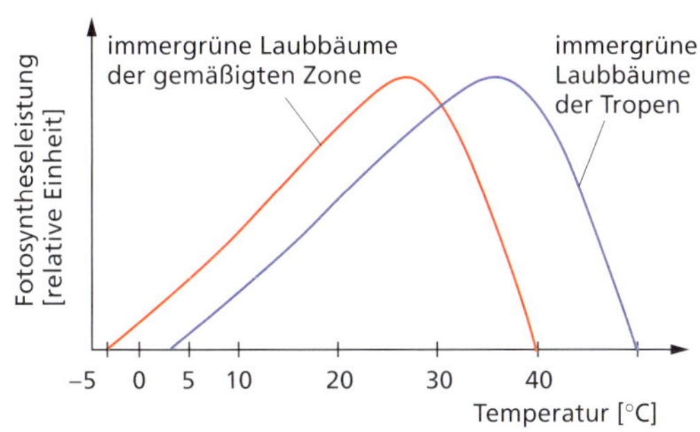

Bei der **Fotosynthese der Prokaryoten** können neben Wasser auch andere Wasserstoffdonatoren auftreten, z. B. H_2S oder Bernsteinsäure.

Die **Geschichte der Fotosyntheseforschung** begann in der 2. Hälfte des 18. Jh. mit der Entdeckung von JOSEPH PRIESTLEY (1733–1804), dass von Tieren verbrauchte Luft von grünen Pflanzen wieder aufbereitet werden kann.

Teilweise sind die Blätter einer Pflanzenart an unterschiedliche Lichtverhältnisse angepasst (Licht- und Schattenblätter, z. B. bei der Rotbuche, ↗ Abbildung unten). Wenn Pflanzen trockener, heißer und sonniger Standorte ihre Spaltöffnungen geschlossen halten, sinkt die CO_2-Konzentration in den chlorophyllhaltigen Blattzellen ab, die Sauerstoffproduktion läuft aber noch weiter. Dies kann dazu führen, dass statt CO_2 O_2 an Ribulosediphosphat gebunden wird, was schließlich zur Freisetzung von CO_2 **(Lichtatmung)** führt. Dieser Prozess kann durch besondere physiologische Anpassungen verringert werden: **C_4-Pflanzen** (z. B. Mais, Hirse-Arten, ↗ S. 398) binden CO_2 sehr wirkungsvoll in den Mesophyllzellen, wo als erstes stabiles Produkt ein C_4-Körper (z. B. Äpfelsäure) entsteht. Von dort erfolgt der Weitertransport der C_4-Verbindung über **Plasmodesmen** in die Gefäßbündelscheidezellen, wo CO_2 abgespalten und dem CALVIN-Zyklus zur Verfügung gestellt wird. Pflanzen mit tagesperiodischem (diurnalem) Säurezyklus **(CAM-Pflanzen)** binden das CO_2 nachts als organische Säure. Aus dieser wird es tagsüber bei geschlossenen Spaltöffnungen wieder freigesetzt.

Die Fotosynthese
- ist für die große Mehrzahl der Organismen direkt oder indirekt die Nahrungsgrundlage (Biomasseproduktion);
- liefert für die aeroben Organismen den notwendigen Sauerstoff;
- ist ein wichtiger Prozess im Kohlenstoffkreislauf (jährlicher Verbrauch von ca. 400 Mrd. Tonnen CO_2);
- stellt langfristige Energieressourcen bereit (Holz, Kohle, Erdöl, Torf);
- hat einen indirekten Einfluss auf die lebensnotwendige Ozonschicht (Schutz vor UV-Strahlung).

Licht- und Schattenblätter

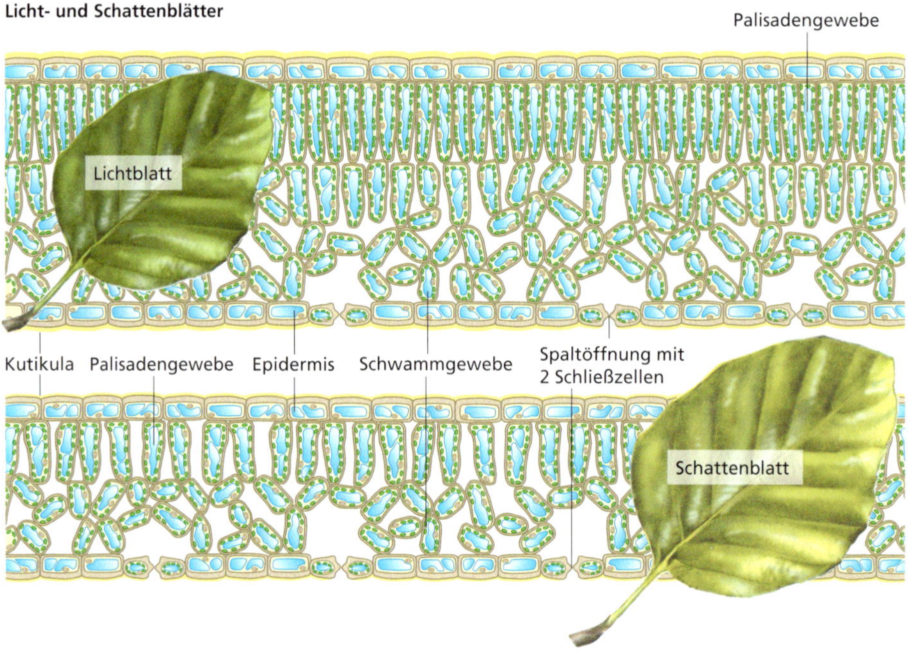

3.3.2 Chemolithoautotrophie (Chemosynthese)

Einige Prokaryoten können die bei der Oxidation anorganischer Stoffe freigesetzte Energie zur ATP-Bildung nutzen. Die zu oxidierenden Stoffe werden aus der Umwelt aufgenommen und die entstandenen Oxidationsprodukte zum überwiegenden Teil abgegeben oder vorübergehend gespeichert (z. B. Einlagerung von Schwefel bei *Thiothrix*).
Die chemoautotrophen unterscheiden sich von den fotoautotrophen Organismen durch die Art der Energiebereitstellung und des Reduktionsmittels, während der Weg des Kohlenstoffs (CALVIN-Zyklus, ↗ S. 108) bei den meisten Organismen übereinstimmt oder ähnlich ist.

Im Rahmen des Stickstoffkreislaufes spielen die im Boden lebenden **nitrifizierenden Bakterien** *(Nitrosomonas, Nitrobacter)* bei der Bereitstellung von Nitraten als Hauptstickstoffquelle für höhere Pflanzen eine besondere Rolle.

Zentrale Reaktionsschritte der Chemolithoautotrophie

1. Phase:
   - Durch die freigesetzte Energie aus der Oxidation anorganischer Verbindungen wird ATP gebildet.
   - Die bei der Oxidation freigesetzten Elektronen reduzieren zusammen mit Protonen das Coenzym (hier: NAD^+ zu $NADH + H^+$) oder das Reduktionsmittel $NADH + H^+$ kann durch eine Kombination mit der Atmungskette hergestellt werden (z. B. *Thiomargarita*).
2. Phase:
   - Im CALVIN-Zyklus wird Kohlenstoffdioxid zu Kohlenhydraten (Glucose) durch $NADH + H^+$ und der Energie aus ATP reduziert.

Bei den Prokaryoten findet sich eine sehr große Vielfalt verschiedener Stoffwechseltypen. Sie lassen sich danach gliedern:
- woher die Energie stammt (Licht: *Foto-*; chemische Reaktion: *Chemo-*),
- was der Elektronendonator ist (organischer Stoff: *-organo-*; anorganischer Stoff: *-litho-*),
- woher der Kohlenstoff für den Aufbau von Zellsubstanz stammt (organischer Stoff: *-hetero-*; anorganischer Stoff: *-auto-*).

Die Fotosynthese ist eine Fotolithoautotrophie, die Zellatmung eine Chemoorganoheterotrophie einschließlich der anaeroben Atmung vieler Bakterien.

Chemolithoautotrophie	aerobe Formen	anaerobe Formen
Beispiele für Vertreter	nitrifizierende Bakterien, Eisenbakterien	einige Schwefelbakterien *(Thiobacillus, Thiomargarita)*
Sauerstoff	aus der Atmosphäre	aus Nitrat, Sulfat, Carbonat, Fumarat
Kohlenstoff-Quelle	CO_2	
Wasserstoff-Quelle	H_2O, H_2S, NH_3	
primärer Elektronendonator	H_2S, NH_3, H_2O, Fe^{2+}, H_2	CO, H_2
Reduktionsäquivalent	$NADH + H^+$	
Energieäquivalent	ATP	

3.3.3 Speicherung von chemischer Energie

Die **Bildung weiterer organischer Stoffe** aus dem primären Fotosyntheseprodukt Glucose erfolgt in komplexen chemischen Reaktionen.

Bei autotrophen Organismen sind die gebildeten Glucosemoleküle aus dem CALVIN-Zyklus Ausgangsstoff für die Bildung weiterer organischer Stoffe. Mithilfe von Mineralstoffen werden **Proteine, Kohlenhydrate** und **Fette** und andere organische Produkte (z. B. Alkaloide, organische Säuren u. a.) hergestellt. Heterotrophe Lebewesen nehmen diese organischen Stoffe mit der Nahrung auf und bauen diese im Organismus entsprechend ihres Bedarfs um.
Proteine, Kohlenhydrate und Fette stellen als Nährstoffe die wichtigsten Energieträger für die Organismen dar (↗ S. 47 ff.).

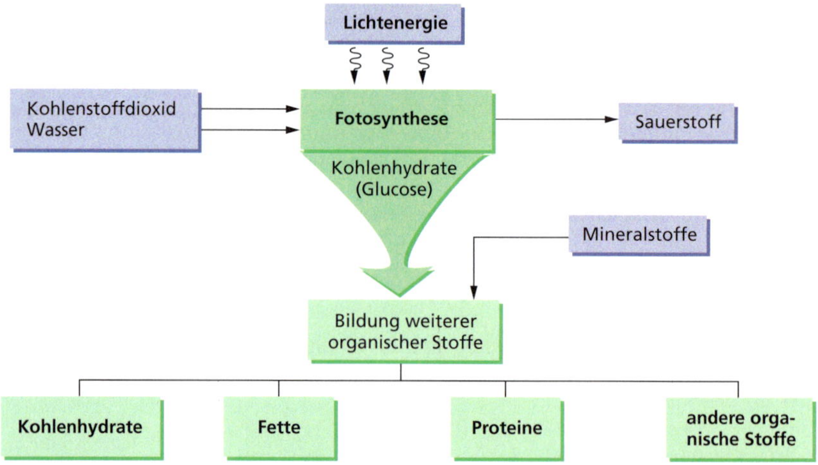

Kohlenhydrate

- **Glucose** und andere Monosaccharide in Früchten
- **Saccharose** und andere Disaccharide in Speicherorganen
- Polysaccharide wie **Stärke** in Speicherorganen und Früchten
- **Cellulose, Pectin** als Zellwandsubstanzen

Wichtige Nahrungsmittel:
Weintrauben, Zuckerrüben, Zuckerrohr, Kartoffeln, Getreide

Fette

- Membranlipide
- Fette und fette Öle vor allem in Früchten und Samen

Wichtige Nahrungsmittel:
Erdnüsse, Sonnenblumenkerne, Oliven, Rapssaat, Früchte der Ölpalme, Kokosnüsse

Proteine

- wichtigster Bestandteil des Cytoplasmas, Speicherung in Früchten, Samen und Speicherorganen

Wichtige Nahrungsmittel:
Erbsen, Bohnen, Linsen, Getreidekörner („Vollkorn")

andere organische Stoffe

- **ätherische Öle:** *Minze, Rosmarin, Thymian, Kümmel*
- **Alkaloide:** *Morphin (Schlafmohn), Atropin (Tollkirsche), Nicotin (Tabakpflanze)*
- **Organische Säuren:** *Äpfelsäure (Johannis-, Stachelbeeren), Citronensäure*
- **Fruchtester**
- **Frucht- und Weinaromen**
- **Flavonoide**

3.4 Abbauender Stoffwechsel

- Zellatmung und Gärungen sind Energie liefernde Stoffwechselprozesse.
- Bei der Glykolyse, die im Cytoplasma abläuft, wird Glucose zu Brenztraubensäure (Pyruvat, C_3-Körper) abgebaut.
- Im Citratzyklus werden diese C_3-Körper zu CO_2 abgebaut, dabei wird $NADH + H^+$ gebildet. Er läuft in den Mitochondrien ab.
- In der Atmungskette werden die Wasserstoffatome des $NADH + H^+$ auf Sauerstoff übertragen. Sie findet in den Mitochondrien statt.

3.4.1 Zellatmung

Zur Aufrechterhaltung der Lebensfunktionen und für die Verrichtung von Arbeit (Membrantransport, Bewegung von Organellen, Myofibrillen und Mitosespindel, Aufbau von Makromolekülen) benötigen Zellen laufend Energie. Sie wird aus Nährstoffmolekülen der Kohlenhydrate, Lipide und Proteine durch Zellatmung gewonnen. Stellvertretend für alle Stoffe wird die Zellatmung am Glucosemolekül erklärt.

Die **Struktur eines Mitochondriums** zeigt immer den gleichen Grundaufbau, Länge und Dicke können stark variieren (↗ S. 76 f.).

$$C_6H_{12}O_6 + 6\ O_2 + 6\ H_2O \longrightarrow 6\ CO_2 + 12\ H_2O \qquad \Delta G = -2\,870\ kJ \cdot mol^{-1}$$

Glucose wird in vielen Reaktionsschritten zu Kohlenstoffdioxid abgebaut. Wasserstoffatome der Nährstoffe werden auf das Coenzym NAD^+ (**N**icotinamid-**A**denin-**D**inucleotid) übertragen und zum Sauerstoff transportiert, sodass Wasser entsteht. Die freigesetzte Energie wird in Form von ATP gespeichert.

Die **Zellatmung** verläuft in drei großen Reaktionskomplexen: **Glykolyse, Citratzyklus, Atmungskette.**
Mitochondrien sind die Orte der Zellatmung und damit die Kraftwerke der Zelle (↗ S. 76). Der Citratzyklus läuft in der Matrix ab, die Atmungskette an der inneren Mitochondrienmembran.

Bei der **Zellatmung im Überblick** kommt es auf einige grundsätzliche Vorgänge an.

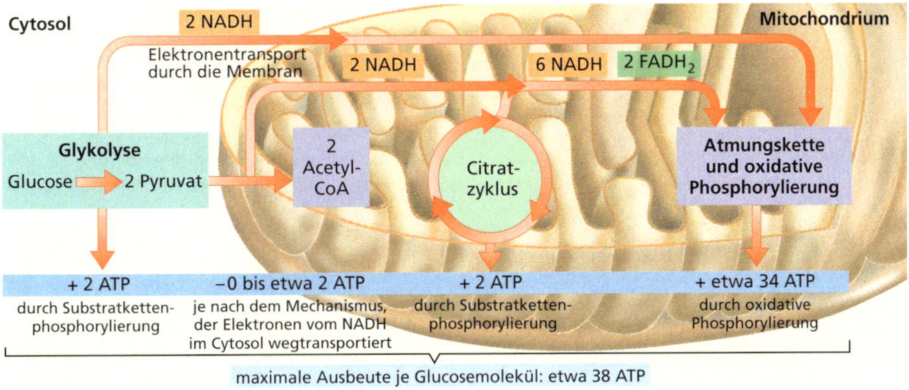

Glykolyse

Die **Glykolyse** verläuft in 2 Phasen, der Energieinvestitionsphase und der Energiefreisetzungsphase.

Während der **Glykolyse** (griech.: *glycos* = süß, *lysis* = Auflösung) wird ein Molekül Glucose (C_6-Verbindung) zu zwei Molekülen Pyruvat (C_3-Verbindung) abgebaut. Dieser Abbau findet im Cytoplasma in vielen Reaktionsschritten statt. In der Übersicht sind die 7 wichtigsten Schritte dargestellt.

Glykolyse

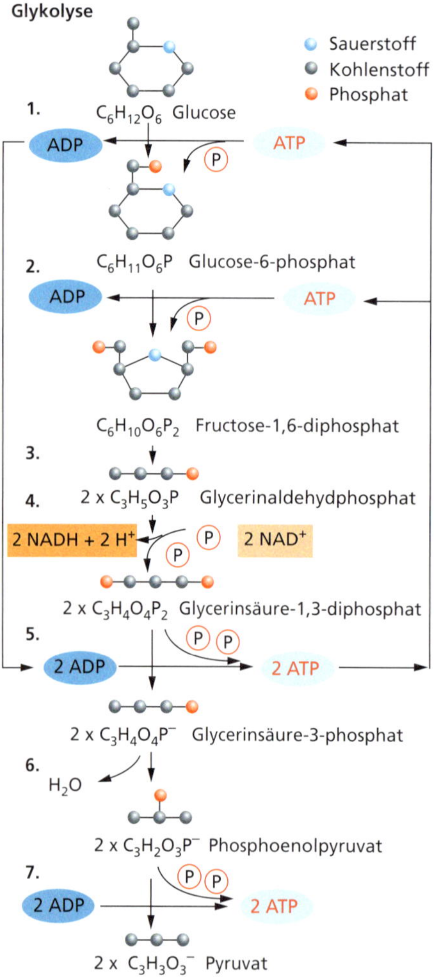

1. ATP überträgt eine Phosphatgruppe auf Glucose **(Phosphorylierung)**. Es entsteht **Glucose-6-phosphat.**

2. Durch weitere Phosphorylierung wird eine zweite Phosphatgruppe übertragen. Durch Umlagerung entsteht **Fructosediphosphat**.

3. Das entstandene Fructosediphosphat wird in zwei Moleküle **Glycerinaldehydphosphat** gespalten. Diese Reaktion gab der Glykolyse ihren Namen.

4. Glycerinaldehydphosphat überträgt Elektronen und Protonen auf das **Coenzym NAD^+**. Es wird zu NADH + H^+ reduziert. Dieses Gleichgewicht **NAD^+/NADH + H^+** wird als **Elektronenschaukel** bezeichnet.

5. Pro Glycerinsäure-1,3-diphosphat wird eine Phosphatgruppe auf ADP übertragen. Es entstehen 2 Moleküle ATP. Die Energiebilanz ist an dieser Stelle gleich null, weil in (1) und (2) zwei Moleküle ATP aufgenommen wurden.

6. Ein Molekül Wasser wird aus dem Substrat abgespalten, es entsteht das instabile **Phosphoenolpyruvat** (PEP).

7. Eine weitere Phosphatgruppe wird pro Phosphoenolpyruvat auf ADP übertragen. Diese beiden ATP-Moleküle sind die Energieausbeute der Glykolyse. Es entsteht Pyruvat (Anion der Brenztraubensäure).

Gesamtgleichung der Glykolyse:

$$\underset{\text{(Glucose)}}{C_6H_{12}O_6} + 2\,ADP + 2\,P + 2\,NAD^+ \longrightarrow \underset{\text{(Pyruvat)}}{2\,C_3H_3O_3^-} + 2\,ATP + 2\,NADH + 4\,H^+$$

Transport von Pyruvat in die Matrix und seine Umwandlung in Acetyl-CoA

Das **Pyruvat** ist noch sehr energiereich, d. h., dass bei der Glykolyse nur ein geringer Teil der im Glucosemolekül enthaltenen Energie freigesetzt wird. Das entstandene Pyruvat wird durch ein Transportprotein aus dem Cytoplasma in die Mitochondrienmatrix transportiert. Dort wird CO_2 abgespalten, und der Acetylrest verbindet sich mit Coenzym A, das CO_2 wird ausgeschieden.
Gleichzeitig werden Elektronen und Protonen von NAD^+ aufgenommen, wodurch $NADH + H^+$ entsteht. Der Enzymkomplex **Pyruvat-Dehydrogenase** katalysiert die gesamte Umwandlung. Das Acetyl-CoA tritt nun in den **Citratzyklus** ein.

Citratzyklus

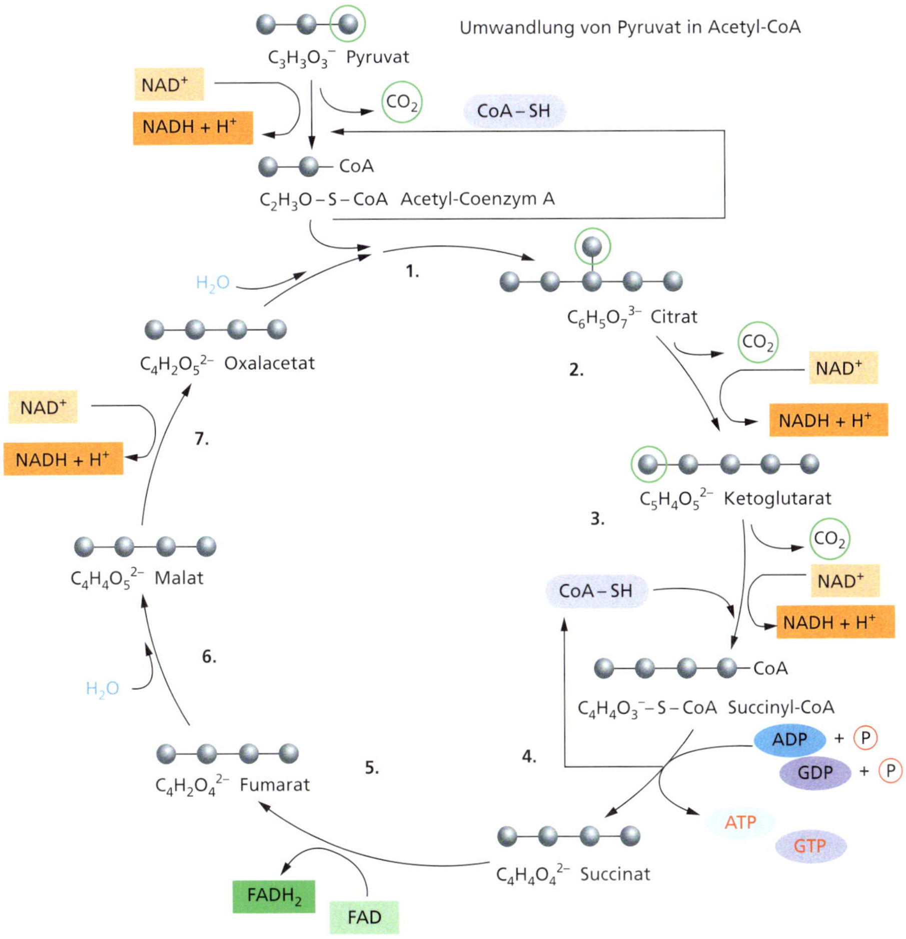

Citratzyklus (Citronensäurezyklus, Krebs-Zyklus, Tricarbonsäurezyklus)

Hans Adolf Krebs (1900–1981) entdeckte 1937 den Krebs-Zyklus oder Citratzyklus.

Im **Citratzyklus** liegen die gelösten Substrate in Ionenform vor. Deshalb benennt man die Ionen und nicht die dazugehörenden Säuren (Citrate sind Anionen der Citronensäure).

Reaktionsschritte:

1. In einem ersten Schritt wird **Acetyl-CoA** unter Addition von Wasser auf das **Oxalacetat** übertragen. Auf diese Weise entsteht die C_6-Verbindung Citrat, nach der dieser Zyklus benannt wurde.
2. Aus dem Citrat wird über eine Zwischenverbindung ein CO_2-Molekül abgespalten **(oxidative Decarboxylierung)**. Elektronen und Protonen werden auf NAD^+ übertragen, sodass NADH + H^+ sowie die C_5-Verbindung **Ketoglutarat** entsteht.
3. CO_2 wird abgespalten. Durch Übertragung von Elektronen und Protonen wird NADH + H^+ gebildet. Diese C_4-Verbindung lagert sich an das Coenzym A an und wird zu **Succinyl-CoA**. Es ist instabil.
4. Aus Succinyl-CoA wird durch Abspaltung des Coenzyms A **Succinat** gebildet; dabei wird Energie frei. Durch Phosphorylierung entsteht ATP.
5. Durch Übertragung von Wasserstoff wird aus Succinat **Fumarat** gebildet. Der Elektronenakzeptor ist FAD, der zu FADH2 reagiert. Dieser Stoff ähnelt dem NAD^+.
6. Aus Fumarat entsteht durch Wasseraufnahme **Malat.**
7. Malat wird durch Protonen- und Elektronenübertragung an NAD^+ in Oxalacetat überführt. Oxalacetat tritt erneut in den Zyklus ein.

Kreisprozesse wie der Citratzyklus sind typisch für den Stoffwechsel. Auf diese Weise kann Energie und Material eingespart werden. Wenn Oxalacetat nicht ständig regeneriert werden könnte, würde der Mensch täglich etwa 1 kg davon benötigen.

Im Citratzyklus wird nicht nur ein Teil der Energie freigesetzt, er liefert auch Bausteine für viele Biosynthesen.

Bei der Übertragung von Elektronen setzen Donatoren Elektronen frei und Akzeptoren nehmen sie auf.

Bilanz des Citratzyklus (pro Glucosemolekül):

1. Sechs CO_2-Moleküle werden gebildet (wenn man die Decarboxlierung von Pyruvat zu Acetyl-Coenzym A mitrechnet).
2. Zwei Moleküle ATP- bzw. GTP werden gebildet.
3. Der größte Teil der chemischen Energie wird auf NAD^+ und FAD übertragen.

$$8\,NAD^+ + 16\,H^+ + 16\,e^- \longrightarrow 8\,NADH + 8\,H^+$$
$$2\,FAD + 4\,H^+ + 4\,e^- \longrightarrow 2\,FADH_2$$

Die beiden Coenzyme NAD^+ und FAD übertragen mit dem Wasserstoff den größten Teil der Energie zur Atmungskette.
4. Im Citratzyklus werden sechs Moleküle H_2O aufgenommen.

Atmungskette

Die aus der Glykolyse und dem Citratzyklus stammenden Coenzyme NADH und $FADH_2$ übertragen ihre Elektronen auf die Enzymkomplexe der **Atmungskette.** Komplex I nimmt Elektronen von NADH auf. Das Zentralion wird reduziert: $2\ Fe^{3+} + 2\ e^- \longrightarrow 2\ Fe^{2+}$
Die Elektronen übernimmt nun Komplex II, dessen Elektronenaffinität größer ist als die des ersten Komplexes. Auf diese Weise wandern die Elektronen von Enzymkomplex zu Enzymkomplex ans Ende der Kette. Hier werden sie von Sauerstoffatomen aufgenommen:

$$\tfrac{1}{2}\ O_2 + 2\ e^- \longrightarrow O^{2-}$$

Die entstehenden Sauerstoff-Ionen reagieren mit den Protonen zu Wasser:

$$2\ H^+ + O^{2-} \longrightarrow H_2O$$

Im **Fett- und Eiweißstoffwechsel** wird Energie freigesetzt.

Transport der Elektronen in der Atmungskette

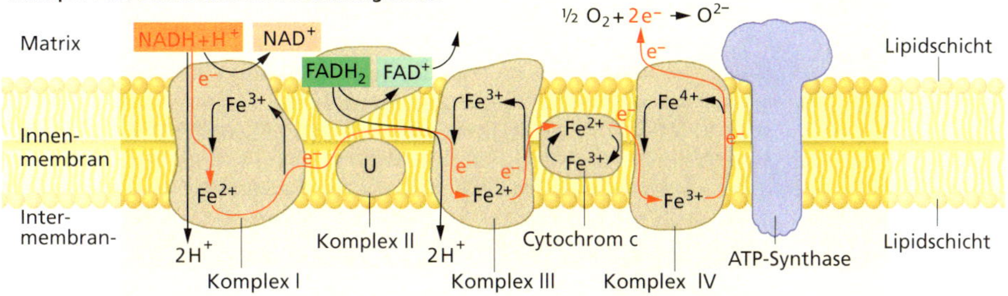

Die durch den Elektronentransport frei werdende Energie wird in einem weiteren Vorgang, der **Chemiosmose**, in ATP gebunden. Sie dient zunächst dazu, die aus NADH + H^+ und $FADH_2$ stammenden Protonen (H^+) aus der Matrix in den Intermembranraum zu pumpen. Den Transport übernehmen ebenfalls die Enzymkomplexe. Es entsteht ein H^+-Gradient. Nun diffundieren die Protonen – ihrem eigenen Konzentrationsgefälle folgend – zurück durch die Membran in die Matrix. Die Membran ist für Protonen aber nur an den ATP-Synthasen durchlässig. Während sie diese Enzyme passieren, wird gleichzeitig Phosphat an ADP gebunden, sodass ATP entsteht **(ATP-Synthese)**.

Bei der Veratmung eines **Glucosemoleküls** können bis 38 ATP-Moleküle entstehen.

Chemiosmose und ATP-Synthese

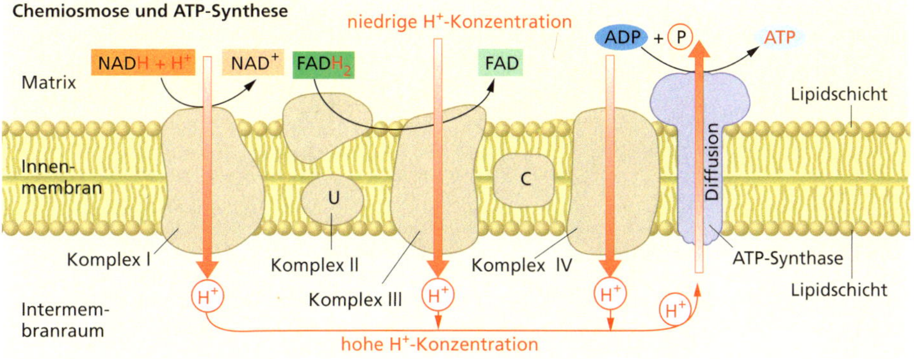

3.4.2 Gärung – Energiefreisetzung ohne Sauerstoff

Neben der alkoholischen Gärung und der Milchsäuregärung gibt es auch noch andere **Formen der Gärung,** zu denen Bakterien befähigt sind: z. B. Propionsäuregärung, meisensäuregärung, Buttersäure-Butanolgärung, Homoacetatgärung.

Mithilfe **biotechnologischer Verfahren zur Milchsäure- und alkoholischen Gärung** ist es heute möglich, durch den gezielten Einsatz von **Bioreaktoren** oder **Fermentern** für eine optimale Produktbildung (z. B. Herstellung von Alkohol) zu sorgen.

Bei Bakterien kommen viele verschiedene Formen der Gärung vor. Zwei bekannte Formen sind die **alkoholische Gärung** (Ethanolbildung erfolgt überwiegend durch Hefepilze oder Bakterien) und die **Milchsäuregärung** (hauptsächlich durch Milchsäurebakterien). Sie verlaufen unter anaeroben Bedingungen (ohne Sauerstoff).
Beide Formen der Gärung beginnen mit der Glykolyse, dabei werden pro Glucosemolekül zwei ATP gebildet. Nach der Glykolyse wird ein Mechanismus benötigt, der die Regeneration des NAD^+ aus NADH steuert. Ohne diese Regeneration wäre der Vorrat der Zelle an NAD^+ schnell erschöpft. Im Unterschied zur Zellatmung, bei der das in der Glykolyse entstehende NADH seine Elektronen auf die Atmungskette überträgt, werden sie bei der Gärung an Pyruvat abgegeben.
Bei der **alkoholischen Gärung** wird Pyruvat in zwei Reaktionsschritten zu Ethanol umgewandelt. Zunächst wird aus dem Pyruvat CO_2 abgespalten, es entsteht Acetaldehyd, das im zweiten Reaktionsschritt durch NADH zu Ethanol reduziert wird. Dieser Vorgang wird auch zum Bierbrauen oder zur Weinherstellung genutzt.
Bei der **Milchsäuregärung** wird das Pyruvat vom NADH direkt zu Lactat (Anion der Milchsäure) reduziert, wobei kein CO_2 entsteht. Dieser Vorgang wird in der Lebensmittelindustrie zur Herstellung von Käse, Jogurt oder Sauerkraut genutzt. Auch in der Tierernährung spielen durch Milchsäuregärung veränderte Futtermittel eine wichtige Rolle **(Silage).** Die Herstellung der Nahrungs- und Genussmittel erfolgt in speziellen biotechnologischen Anlagen.

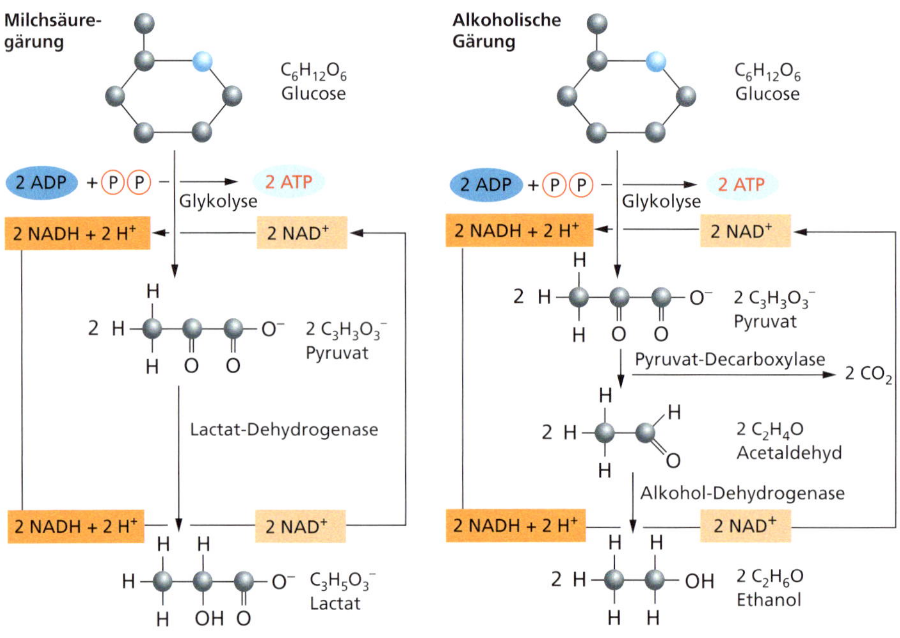

3.5 Stofftransport bei Pflanzen

- Die Pflanze nimmt Kohlenstoffdioxid, Wasser und Mineralstoffe aus der Umwelt auf und stellt daraus Nährstoffe und Baustoffe her.
- Bei landlebenden Pflanzen wird Wasser durch die Wurzeln aufgenommen und gelangt über das Xylem bis in die Blätter.
- Die Verdunstung wird durch die Spaltöffnungen (Stomata) geregelt.
- Ionenaustausch und aktiver Transport durch Zellmembranen ermöglichen die Aufnahme von Mineralsalzen aus dem Boden.
- Fotosyntheseprodukte werden v. a. als Saccharose durch das Phloem in die Speicher- oder Verbrauchsorgane transportiert.

3.5.1 Elementare Bestandteile der Pflanze

Wiegt man eine frisch aus dem Boden entnommene **Pflanze,** so erhält man ihr **Frischgewicht**, nach völliger Trocknung bei 100 °C ihr **Trockengewicht.** Die Differenz ergibt den Wasseranteil. Er ist bei den meisten Pflanzen sehr hoch. Erhitzt man die Trockensubstanz unter Luftzufuhr weiter, entweichen einige Elemente als Verbrennungsgase (H_2O, NO, NO_2, CO_2, SO_2), andere Elemente bleiben in der Asche zurück (Ca, Mg, K, P, B, Zn, Cu, Mo, Ni). C und O werden zum Teil aus der Luft, alle anderen Elemente vorwiegend als Ionen aus der Bodenlösung aufgenommen. JUSTUS FREIHERR VON LIEBIG ermittelte den Mineralstoffbedarf von Kulturpflanzen und schuf damit die Grundlagen für den Einsatz von mineralischem Dünger („Kunstdünger") in der Landwirtschaft.
Landlebende Sprosspflanzen nehmen osmotisch Wasser durch die **Wurzelhaare** aus dem Boden auf und geben den größten Teil davon über die **Spaltöffnungen** wieder an die Atmosphäre ab. Dieser Transportprozess wird durch die **Wasserpotenzialdifferenz** zwischen Boden und Luftraum in Gang gehalten. Man bezeichnet ihn als **Transpirationssog.** Transportzellen sind die **Gefäße des Xylems.**

Wassergehalt pflanzlicher Organe in %:

Kiefernwurzel	74,2
Karotte	88,2
Spargel (essbarer Teil)	88,3
Apfel	84,0
Wassermelone	92,1

JUSTUS FREIHERR VON LIEBIG (1803–1873) ermittelte den **Mineralstoffbedarf von Kulturpflanzen,** der für jede Pflanzenart spezifisch ist.

Bereits im zeitigen Frühjahr, wenn die Bäume noch ohne Blätter sind, beginnt das Wasser in die Äste zu steigen. Frisch gefällte oder verletzte Bäume können im Frühjahr „bluten". Der Xylemsaft tritt aus. Ursache ist der Wurzeldruck, der meist weniger als 100 kPa, bei Birken aber z. B. über 200 kPa betragen kann. Während es sich hierbei um einen positiven Druck handelt, ist der Transpirationssog ein negativer Druck, eine Saugspannung. Bei 50 % relativer Luftfeuchtigkeit beträgt sie bereits 93 000 kPa. Die hohen Spannungen in den Wasserfäden des Xylems können vor allem durch die hohen Kohäsions- und Adhäsionskräfte an den Gefäßwänden der Wassermoleküle ausgehalten werden.

Mineralsalze werden in Ionenform aus dem Boden aufgenommen. Teilweise handelt es sich dabei um aktive Vorgänge, für die Atmungsenergie bereitgestellt werden muss. Die in den Blättern gebildeten Fotosyntheseprodukte werden vor allem in Form von Saccharose durch die **Siebröhren** des **Phloems** zu den Orten des Verbrauchs oder der Speicherung transportiert (↗ S. 108, 125).

Aufnahme-, Transport- und Transpirationsorgane der Pflanze

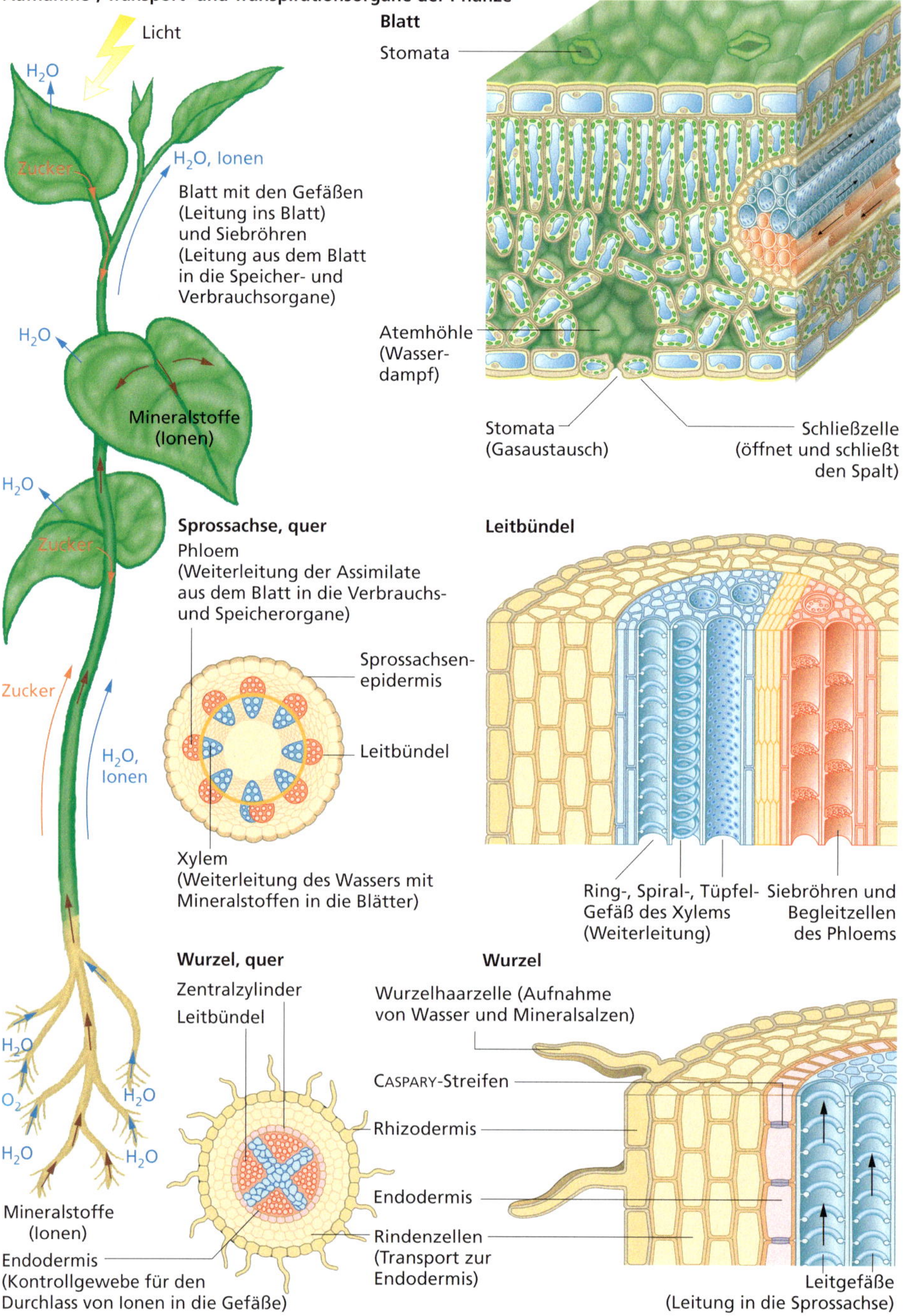

3.5.2 Aufnahme von Wasser und Mineralsalzen

Die Aufnahme von Wasser mit Mineralsalzionen geschieht an den Wurzelspitzen. Nur hier besitzen die Zellwände der **Rhizodermis** noch keine Wasser abstoßenden Schichten aus Kork und Cutin. Außerdem sind die Rhizodermiszellen zu langen **Wurzelhaaren** ausgewachsen. Durch diese Oberflächenvergrößerung können sie die Bodenlösung besonders effektiv aufnehmen. Wurzelspitzen können darüber hinaus dem Wasser nachwachsen **(positiver Hydrotropismus)**.

Die Oberfläche der Wurzelhaare einer Roggenpflanze in einem Bodenvolumen von 56 l beträgt 400 m².

Die Aufnahme und der laterale Transport von Wasser und Ionen in der Wurzelrinde erfolgen auf zwei verschiedenen Wegen:

a) Wurzelhaarzellen nehmen die Lösung auf. Der Weitertransport erfolgt von Zelle zu Zelle über **Plasmodesmen**, da der osmotische Wert von der Rhizodermis bis zur Endodermis zunimmt. Plasmodesmen sind Kanäle aus Cytoplasma, die über Poren in den Zellwänden die Zellen miteinander verbinden (↗ S. 82, 125). Diese Form des Transports bezeichnet man als **symplastischen Wanderweg.**
b) Wasser und Ionen dringen in das Netzwerk der Zellwände (Apoplast) ein, die Bodenlösung wird fließpapierartig aufgesaugt. Diesen Transport bezeichnet man als **apoplastischen Wanderweg.**

Das Wurzelsystem einer Maispflanze kann während der Hauptvegetationszeit rund 3 km täglich wachsen.

Wasser und Ionen gelangen bis zur **Endodermis.** Dort blockiert der **CASPARY-Streifen** (wachsartige Einlagerung in die Zellwand) den weiteren apoplastischen Transport durch die Zellwände. Nur durch das Cytoplasma der Endodermiszellen kann das Wasser in den Zentralzylinder gelangen. Dabei wird Stoffwechselenergie benötigt. Über die Gefäßzellen des **Xylems,** die im funktionsfähigen Zustand bereits abgestorben sind, gelangen Wasser und Mineralsalze aus der Wurzel in die Sprossachse. Die Triebkraft dafür ist die Verdunstung des Wassers in den Blättern und die dadurch entstehende Saugspannung. Mineralsalze und Wasser aus dem Boden sowie Kohlenstoffdioxid aus der Luft bilden die Grundlage der **Pflanzenernährung.**

Mineralsalze und Wasser gelangen auf symplastischem und apoplastischem Weg durch die Wurzel

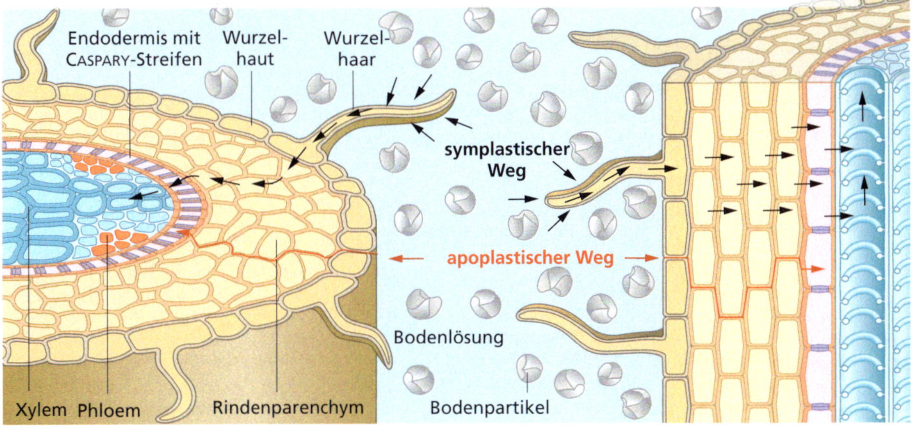

Die **Chemiosmose** an der Wurzel kann experimentell nachgewiesen werden.

Wurzelhaar mit Calcitmineral

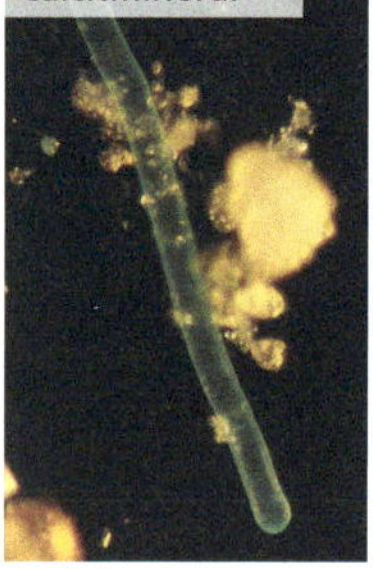

Die Aufnahme von Mineralsalzionen (K^+, Ca^{2+}, Mg^{2+}, NO_3^-, PO_4^{3-} u.a.) ist wesentlich komplizierter und an ATP-Verbrauch gebunden.

Kationenaustausch im Boden

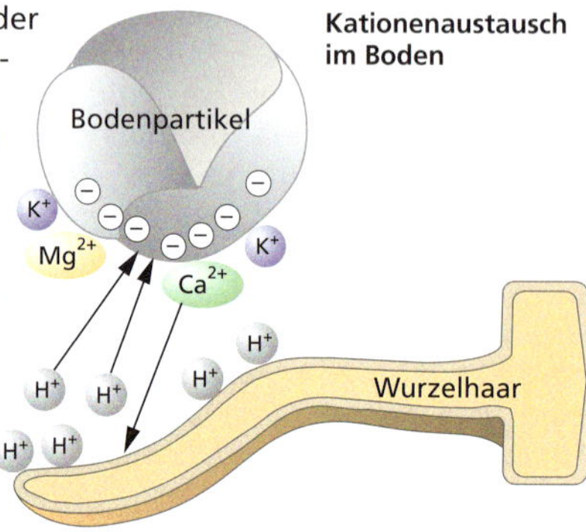

Die Transporteigenschaften der Wurzelhaar-Biomembran werden – wie die anderer Biomembranen – von transmembranen Proteinen bestimmt. Sie fungieren als Kanäle, Translokatoren oder aktive Pumpen. Zunächst werden Kationen, die fest an der Oberfläche der Bodenpartikel verankert sind, durch Ionenaustausch gelockert und so zum Durchtritt durch die Membran vorbereitet. Diese Funktion übernehmen Protonen, die sich außerhalb der Zellen befinden. Sie verdrängen z. B. Ca^{2+}-Ionen vom Bodenpartikel (↗ Abbildung). Die Ionen gelangen in die Bodenlösung. Den Eintritt von Ionen in die Zelle erklärt man mit dem **chemiosmotischen Modell.** Mit ATP als Energiequelle werden Protonen durch ein Membranprotein, die **Protonenpumpe,** aus der Wurzelhaarzelle durch die Membran nach außen gebracht. Es entsteht ein **Protonenkonzentrationsgradient** und ein **elektrisches Membranpotenzial.** Daurch werden Kalium-Ionen durch spezielle **Transportproteine** der Membran ins Zellinnere transportiert.

Dem Konzentrationsgefälle folgend, wandern Protonen durch bestimmte Membranproteine (Carrier) zurück in die Zelle. Auf diesem Wege nehmen sie Anionen, z. B. Nitrat (NO_3^-), im Cotransport mit. Alle Membranproteine nehmen nur bestimmte Ionen auf. Deshalb wirkt der Durchtritt durch eine Membran (Wurzelhaarzelle, Endodermis) immer selektiv.

Man unterscheidet isotonische und anisotonische Lösungen (*tonos:* griech. = Spannung):
Von isotonischen Lösungen spricht man, wenn der osmotische Wert der Lösungen dem Wert des Zellsafts entspricht.
Bei anisotonischen Lösungen handelt es sich um Lösungen mit einem geringeren (hypotonisch) oder höheren (hypertonisch) osmotischen Wert als der Wert der von ihnen umgebenen Zelle.

Chemiosmotisches Modell zur Aufnahme von Ionen durch Membranen

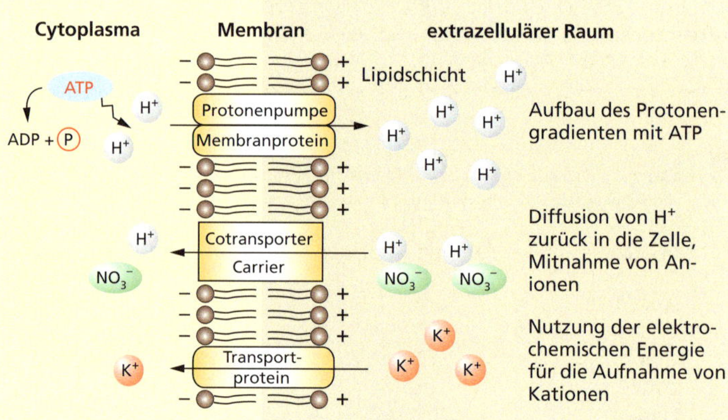

3.5.3 Wasser- und Ionentransport in der Sprossachse

Wurzeldruck und besonders der **Transpirationssog** sorgen dafür, dass das Wasser mit den Ionen durch den Spross in die Blätter transportiert wird. Der Transport kann nur funktionieren, wenn die dünnen Wasserfäden in den Leitungsbahnen nicht abreißen. Dies wird durch **Kohäsion** (Dipole der Wassermoleküle ziehen sich gegenseitig an) und **Adhäsion** bewirkt. In den sehr engen Kapillaren bewirken die Kräfte zwischen den Wassermolekülen untereinander und mit den Gefäßwänden, dass die Wasserfäden nicht abreißen. Der **Transpirationssog** wird auch als negatives **Wasserpotenzial** bezeichnet. Wie Messungen an verschiedenen Pflanzenarten zeigten, nimmt dieses Potenzial mit zunehmender Entfernung vom Boden immer negativere Werte an. Besondere Leistungen werden an das Transportsystem der Bäume gestellt, die bis über 100 m hoch werden können.

1) Intensität der Wasseraufnahme und Transpiration der Sonnenblume an einem Sommertag

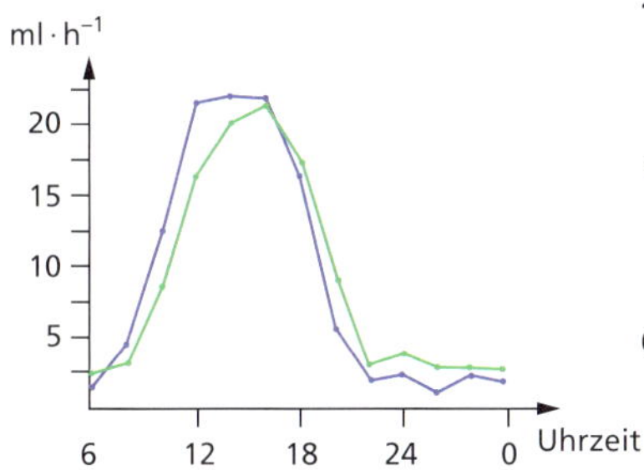

2) Osmotisches Potenzial

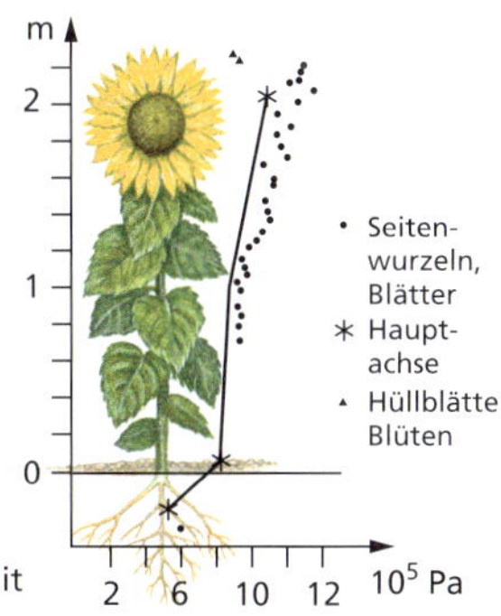

Die Leitungsbahnen des Xylems sind ihrer Funktion gut angepasst. Ihr Protoplast ist abgestorben. Die ligninhaltigen Wände der Wasserleitungsbahnen sind ring-, spiral- und netzförmig versteift, bei vielen Gehölzen sind sie rundum verdickt und die Verbindung zu Nachbargefäßen wird lediglich durch kleine Wandporen, so genannte **Tüpfel,** aufrechterhalten. Bedecktsamer haben weitlumigere Gefäße als Nacktsamer. Ihre Querwände sind zum größten Teil aufgelöst. Im Gegensatz zu den dünneren **Tracheiden** mit Querwänden nennt man diese Gefäße **Tracheen.**

Zusammenhang zwischen dem Durchmesser der Tracheen und der Transportgeschwindigkeit

Pflanze	Ø der Tracheen in μm	Geschwindigkeit in m/h
Ahorn	30–110	2,4
Birke	30–130	1,6
Hainbuche	16–18	1,25
Linde	25–90	3,43
Lianen	bis 700	bis zu 150,0

Der Bau von Leitungsgewebe ist bei krautigen Pflanzen und Bäumen seiner Funktion gut angepasst.

Kürbis

Sprossachse, Querschnitt

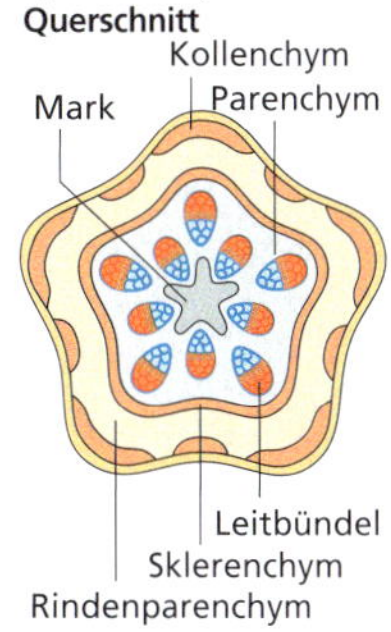

Leitbündel, Querschnitt

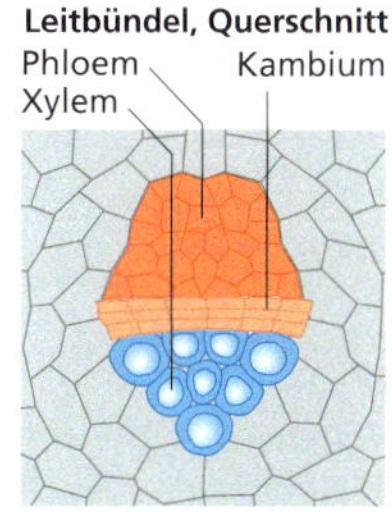

Gefäße im Xylem, Längsschnitt

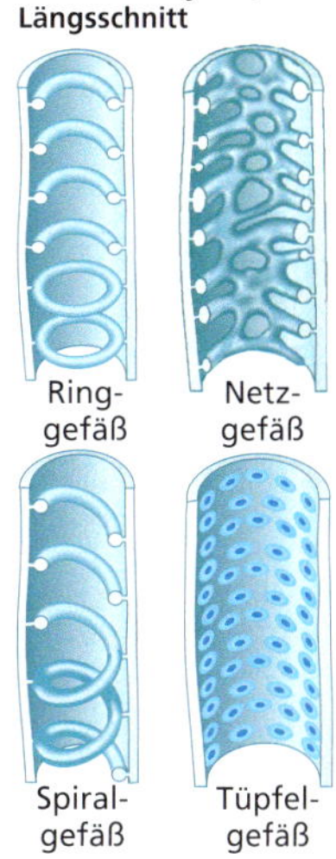

3.5.4 Regulation der Transpiration

Über die Gefäße des Xylems in den Blattadern gelangen Wasser und Ionen ins Blatt. Ein Teil des Wassers und die Mineralsalze werden im Palisaden- und Schwammgewebe für die Fotosynthese und die sich anschließenden Stoffwechselvorgänge verbraucht. Der weitaus größte Teil des Wassers gelangt als Wasserdampf in die Interzellularen des Blattes und wird durch die **Spaltöffnungen (Stomata)** verdunstet.
Bei den meisten Landpflanzen liegen die Stomata auf der Unterseite der Blätter, bei manchen auch auf beiden Seiten. Bei den Schwimmblättern von Wasserpflanzen liegen sie auf der Blattoberseite.

Epidermiszellen mit Spaltöffnungen von der Blattunterseite:

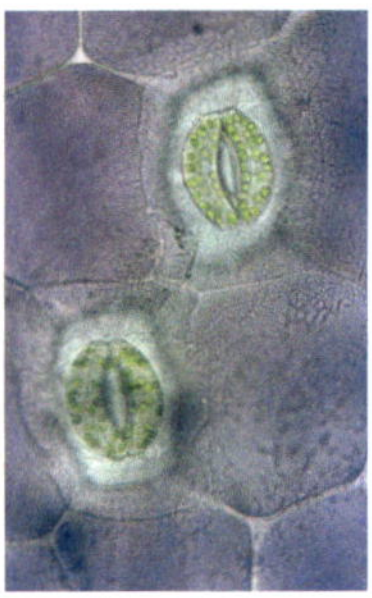

Zahl der Spaltöffnungen einiger Pflanzen je mm^2 Blattfläche:

Art	Blattoberseite	Blattunterseite
Apfelbaum	0	290
Bohne	40	280
Buschwindröschen	0	67
Iris	65	58
Stieleiche	0	450
Seerose	490	0

Obwohl die Gesamtfläche der geöffneten Spaltöffnungsporen nur 1 bis 2 % der gesamten Oberfläche ausmacht, erreicht die Transpiration durch den Randeffekt über 50 % der Transpiration einer der Blattfläche entsprechenden freien Wasserfläche.

Öffnen und Schließen der Spaltöffnungen (Stomata)

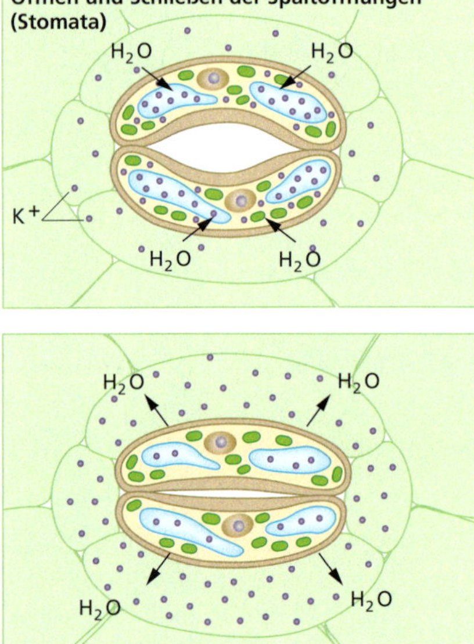

Prinzipiell können die Spaltöffnungen durch Öffnen oder Schließen des Spaltes die Verdunstung regulieren. Dies geschieht durch **Turgorveränderung** in den beiden Schließzellen gegenüber ihren Nachbarzellen. Eine Turgorerhöhung bewirkt die Öffnung, eine Turgorsenkung den Verschluss. Die Turgoränderungen gehen auf Änderungen des osmotischen Potenzials der Schließzellen zurück, das v. a. von der K^+-, der Cl^-- und der Malat-Ionen-Konzentration in den Zellen abhängt. Der Schließzellenturgor wird durch mehrere, miteinander in Wechselwirkung stehende Regelkreise kontrolliert. So bewirken gute Wasserversorgung des Blattgewebes, niedriger CO_2-Gehalt der Interzellularen und Belichtung eine Öffnung, niedriges Wasserpotenzial der Blattgewebe, hoher CO_2-Gehalt der Interzellularen und fehlendes Licht einen Spaltenschluss. Viele Pflanzen haben zudem bestimmte **Verdunstungsschutz-Einrichtungen** ausgebildet, die sie vor dem Austrocknen schützen (↗ S. 397).

3.5.5 Transport organischer Substanzen

Die durch Fotosynthese hauptsächlich in der Palisaden- und Schwammschicht der Blätter gebildete Glucose wird in **Saccharose** als Transportform umgewandelt. Weiterer Bestandteil der **Assimilate** sind Oligosaccharide, Zuckeralkohole und nicht proteinogene Aminosäuren.

Pflanzen bilden **Speichergewebe** aus.

Der Transport der Assimilate vom assimilierenden Gewebe bis zu den Siebröhren ist auf zwei Wegen möglich, entweder von Zelle zu Zelle durch die **Plasmodesmen** oder durch die Zellwände. Der Eintritt in die **Siebröhren** erfolgt unter ATP-Verbrauch aktiv durch **Chemiosmose.** Eine Protonenpumpe erzeugt einen H^+-Gradienten an der Membran. Durch andere Membranproteine (Saccharose-Wasserstoff-Ionen-Symporter) diffundieren H^+-Protonen zurück und nehmen die Saccharose mit.

In den Siebröhren bewegen sich die Assimilate mit dem Wasserstrom. Dieser Assimilatestrom ist in alle Richtungen möglich, von den Fotosyntheseorganen zu den Speicherorganen und den Vegetationspunkten, aber auch von den Speicherorganen zu den Verbrauchsorten. Nach der **Druckstromtheorie** wird die Richtung des Phloemtransports durch ein osmotisches Gefälle und damit durch einen Turgorgradienten bewirkt:

a) An der Quelle wird die Siebröhre mit Zucker chemiosmotisch beladen. Das Wasserpotenzial erniedrigt sich. Die Siebröhre nimmt osmotisch Wasser aus der Umgebung auf.
b) Durch die Wasseraufnahme erhöht sich der Druck, der die Lösung durch die Siebröhre strömen lässt.
c) Der Druckgradient wird durch Abgabe von Wasser und Zucker am Verbrauchsort erhöht.
d) Das Xylem führt Wasser zurück zur Quelle.

Druckstrom in einer Siebröhre

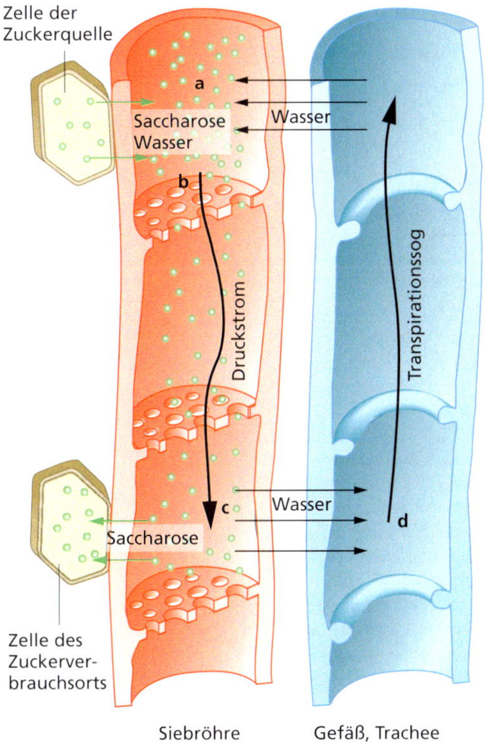

Siebplatte

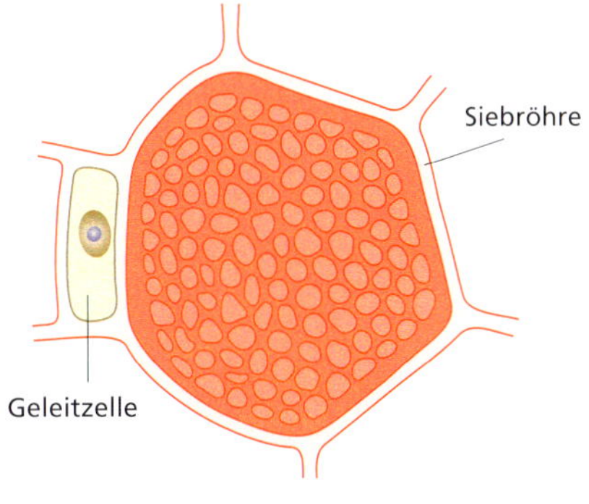

Die **Siebzellen** als nährstoffleitende Zellen enthalten noch Protoplasma. Ihre Querwände sind mit Poren durchsetzt, weshalb man sie Siebplatten nennt. Sie erleichtern den Stofftransport. Jede Siebzelle wird von einer **Geleitzelle** flankiert.

3.6 Verdauung, Atmung und Stofftransport bei Tieren

- Verdauung und Resorption von Nährstoffen sind zum Aufbau und Ersatz von Zellstrukturen und zur Energiegewinnung lebensnotwendig.
- Sauerstoff wird über die Atmungsorgane für die Zellatmung geliefert.
- Transportmittel für die Nährstoffe, den Sauerstoff, das Kohlenstoffdioxid und andere Stoffwechelendprodukte ist bei vielen Tieren das Blut oder die Hämolymphe.
- Stoffwechselendprodukte werden über Nieren, Lunge und Haut ausgeschieden.

3.6.1 Verdauung und Resorption bei Tieren

Viele Protisten (↗ S. 338 ff.) sowie alle Pilze und Tiere sind heterotroph und beziehen ihre Nährstoffe aus lebenden oder toten Organismen.

Verdauungs- und Nahrungsresorption können bei verschiednen Tiergruppen sehr unterschiedlich ablaufen.

Ihre Ernährung besteht aus:

1. der **Nahrungsaufnahme:** Sie erfolgt bei Protisten und Pilzen durch die Zellmembran und bei Tieren durch den Fressakt.
2. der **Verdauung:** enzymatischer Abbau der in der Nahrung enthaltenen Makromoleküle in Monomere. Sie findet in Nahrungsvakuolen, Darmsäcken und Darmkanälen statt.
3. der **Resorption:** Aufnahme der Nährstoffe in die Körperzellen. Bei Tieren mit durchgehendem Verdauungskanal (Mundöffnung bis After) übernehmen spezialisierte Zellen des Verdauungskanals die Resorption der Nährstoffe oder sie erfolgt am gesamten Darm.
4. der **Ausscheidung:** Bei Einzellern wird unverdauliches Material durch die Zellmembran und bei Tieren als Kot aus dem Darmende (After) ausgeschieden.

LAZZARO SPALLANZANI (1729–1799), ein italienischer Forscher, stellte zum Ende des 18. Jh. zahlreiche Selbstversuche zur Verdauung an.

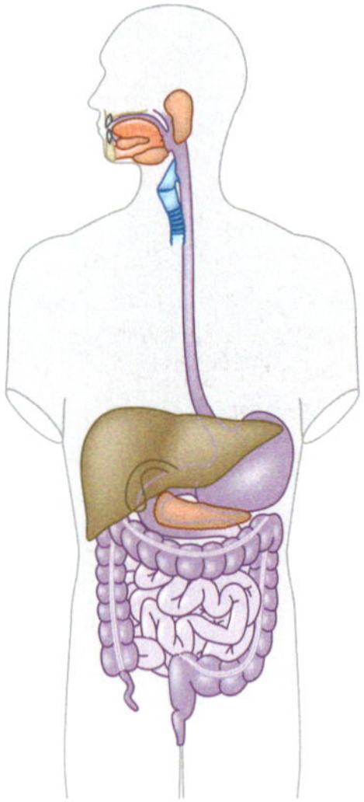

Beim Menschen geht man davon aus, dass er jährlich ca. 500 kg Nahrungsmittel aufnimmt. Das System, in dem die Nahrung verdaut wird, ist ein 8 m langer Schlauch, der sich durch Form, Lage und Funktion in verschiedene Abschnitte untergliedern lässt. Während der Passage werden die **Nährstoffe Proteine, Kohlenhydrate** und **Fette** zu Glycerin, Fettsäuren, Monosacchariden und Aminosäuren abgebaut und durch die Darmwand in das Blut oder die Lymphe aufgenommen.

Manche Stoffe dienen im Zellstoffwechsel als **Energiequelle,** andere als Bausteine zum Neubau von Gewebe für Wachstum oder Ersatz von Strukturen, wieder andere werden gespeichert. Außerdem sind **Vitamine, Mineralstoffe, Ballaststoffe** und **Wasser** als **Ergänzungsstoffe** der Nahrung lebensnotwendig. Die **menschliche Verdauung** beginnt in der Mundhöhle. Die im Speichel enthaltene Amylase baut einen Teil der Stärke zu Maltose (Disaccharid) ab.

Magen und Magendrüsen

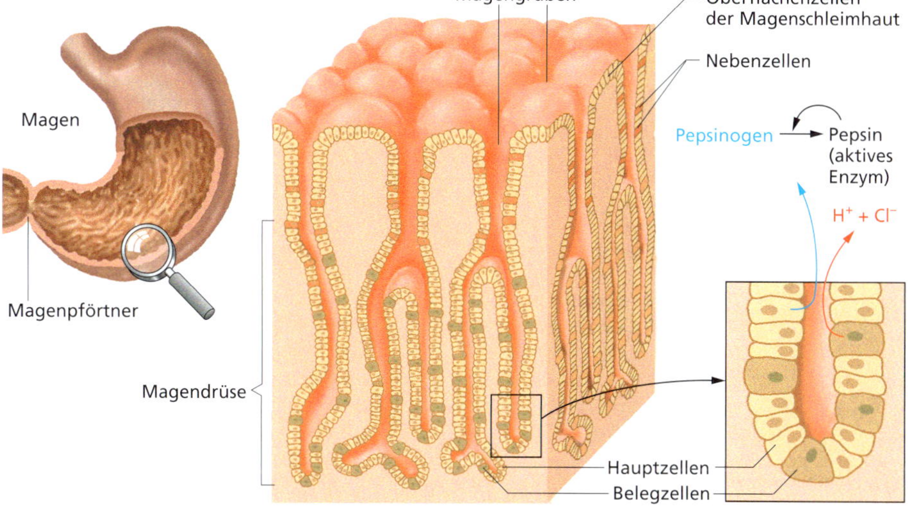

Der **Magen** des Menschen fasst 1,5 bis 2 l Nahrung. Er hat die Funktion eines Vorratsbehälters, der die Nahrung durch kräftige Muskelkontraktionen vermischt und portionsweise in den Darm drückt. Von den Belegzellen der Magengruben werden Protonen und aus dem Blut stammende Chlorid-Ionen getrennt abgegeben, was zur Bildung einer etwa 0,5%igen Salzsäure im Magensaft führt, die einen *pH*-Wert von 1,5 zur Folge hat. Die Salzsäure wirkt keimtötend, außerdem aktiviert sie das Eiweiß verdauende Enzym **Pepsin** im Magensaft.

Die Hauptzellen bilden **Pepsinogen,** eine Vorstufe des Pepsins. Die Salzsäure wandelt Pepsinogen in Pepsin um, indem sie ein kurzes Peptid abspaltet. Außerdem aktiviert das neu gebildete Pepsin die Umwandlung von Pepsinogen in Pepsin.
Da die Magenwand ebenfalls Proteine enthält, besteht die Gefahr der Selbstverdauung. Dem wirkt der von den Nebenzellen gebildete Magenschleim entgegen. Er kleidet die Mageninnenwand aus.

Verletzungen der Magenschleimhaut können zu Magengeschwüren führen. Dies wird u. a. durch das Bakterium ***Helicobacter pylori*** verursacht.

Der 3 m lange **Dünndarm** beginnt mit dem 25 cm langen **Zwölffingerdarm.** In den Zwölffingerdarm münden der Gallengang und der Gang der **Bauchspeicheldrüse.** Durch den **Gallengang** gelangt Gallensaft, der in der Leber gebildet wird. Die **Leber** ist ein wichtiges Stoffwechselorgan und die größte Drüse des Körpers.
Im Dünndarm finden die Verdauungsprozesse von Proteinen, Fetten und Kohlenhydraten statt. Daran beteiligt sind Enzyme der Bauchspeicheldrüse, der Darmwand und der Gallensaft der Leber.
Gallensaft enthält **Gallensäure.** Durch sie werden Fette in Fett-Tröpfchen emulgiert. Lipasen spalten die Fette in Fettsäuren und Glycerin. Alle ankommenden Kohlenhydrate werden durch die in der Bauchspeicheldrüse gebildete α-Amylase in **Disaccharide** zerlegt. Im **Bürstensaum** der Dünndarmzotten entstandene Disaccharasen spalten sie weiter in **Monosaccharide** (↗ S. 52 ff.).

Der menschliche Organismus als Depot – neben natürlichen Stoffen muss der menschliche Körper auch Stoffe, die nützlichen (Arzneimittel) oder schädlichen Charakter (Gifte) haben, verstoffwechseln.

Dünndarm, Zotten, Epithelzellen

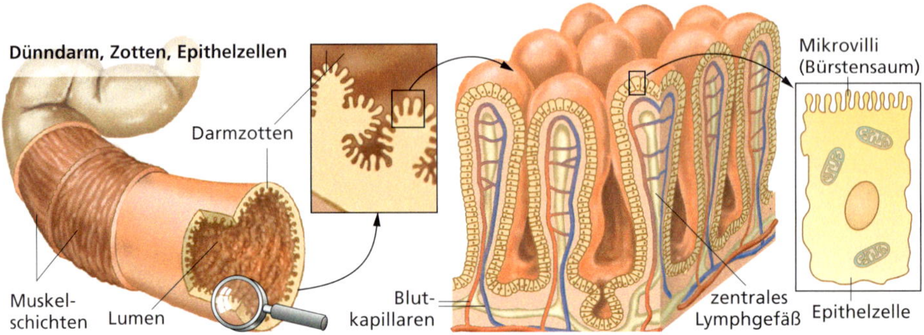

Die **Proteinverdauung** schließt ab, was im Magen begonnen wurde. An der Spaltung sind die Enzyme Carboxypeptidase, Chymotrysin und Trypsin beteiligt, die als Zymogene (Procarboxypeptidase, Chymotrypsinogen, Trypsinogen) aus der Bauchspeicheldrüse stammen. Zerlegt werden die Polypeptide in kleinere Polypeptide oder Aminosäuren. Unterstützt werden diese Vorgänge durch **Dipeptidasen** aus dem Bürstensaum.

Zymogene sind inaktive Vorstufen von Proteasen des Magen-Darm-Trakts.

Während ein großer Teil der Nährstoffspaltung bereits im Zwölffingerdarm abgeschlossen wird, dient der **Dünndarm** hauptsächlich der **Resorption.** Schleimhautfalten, fingerförmige Darmzotten und Bürstensaum bewirken eine enorme Vergrößerung der Oberfläche im Dünndarm. Fructose wird passiv mit dem Konzentrationsgefälle aufgenommen, Aminosäuren und Vitamine gelangen aktiv ins Blut. In den Dünndarmzotten wird Glucose über einen **Na^+-abhängigen Carrier-Transport** resorbiert. Die Membranen pumpen Na^+-Ionen aktiv unter ATP-Beteiligung aus den **Epithelzellen** in den Darm, sodass sich ihre Konzentration erhöht. Durch passiven Eintritt der Na^+-Ionen mit dem Konzentrationsgefälle nehmen sie im **Cotransport** Glucosemoleküle mit.

Im **Dickdarm** wird Wasser resorbiert, Cellulose zersetzt und Vitamine gebildet.

Resorption von Glucose durch passiven Cotransport

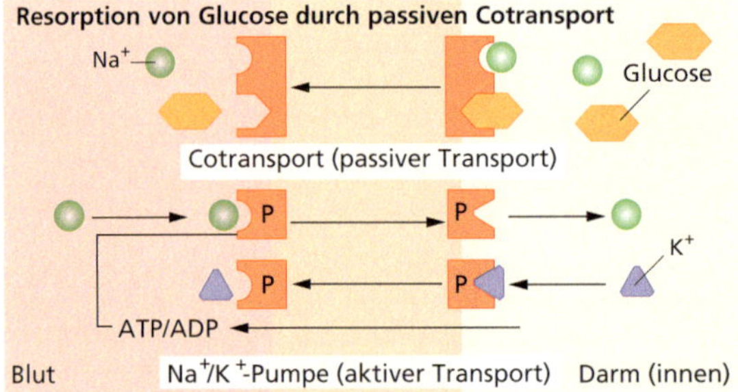

Resorption von Fettsäuren und Glycerin

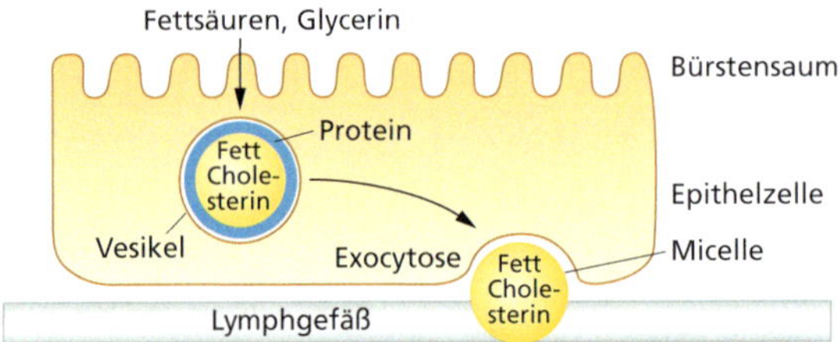

Nachdem Glycerin und Fettsäuren von den Epithelzellen resorbiert wurden, werden sie zu körpereigenen Lipiden zusammengefügt. Zusammen mit Proteinen bilden sich kugelige Lipoproteide, die über Blut und Lymphe zu Orten des Verbrauchs oder der Speicherung transportiert werden. Wichtiger Bestandteil dieser Lipoproteide ist auch das **Cholesterin** (Cholesterol).

Die wasserlöslichen Transportkügelchen werden in **sekretorische Vesikel** verpackt und durch **Exocytose** aus den Epithelzellen geschleust, um dann im Lympgefäß der Darmzotten zu landen. **Wasser** gelangt durch einfache Diffusionsvorgänge ins Blut. Das resorbierende Organ ist der **Dickdarm.**

3.6.2 Atmung und Atmungsorgane

Über die **äußere Atmung** wird das Blut und über die **Zellatmung (innere Atmung)** werden die Zellen kontinuierlich mit Sauerstoff versorgt. Dieser stammt entweder aus der Luft (21 %) oder aus dem Wasser. Der Bereich, an dem Sauerstoff aus der Umgebung in den Organismus diffundiert und Kohlenstoffdioxid diese verlässt, wird als **respiratorische Oberfläche** bezeichnet.

Bei Einzellern, Schwämmen, Nesseltieren und Plattwürmern diffundieren die Atemgase praktisch durch jede Zellmembran. Bei allen anderen Tieren ist die Hauptmasse des Körpers von der respiratorischen Oberfläche getrennt. Ihr feuchtes Epithel ist auf verschiedene Weise auf den Gasaustausch spezialisiert.

Die **Regulation der Atmung** erfolgt über das Atemkontrollzentrum.

Regenwürmer atmen durch die Haut, Insekten durch Tracheen und Fische durch Kiemen. Bei den Lurchen, Reptilien, Vögeln und Säugern ist die respiratorische Oberfläche der Lungen unterschiedlich entwickelt.

Sauerstoff kann über **Zellmembranen, Haut, Tracheen, Kiemen und Lungen** aus der Umgebung aufgenommen werden.

Bei der äußeren Atmung des Menschen gelangt die Luft durch Nase, Rachen, Kehlkopf (Stimmorgan) und Trachea (Luftröhre) in die Bronchien. Jede **Bronchie** verzweigt sich etwa 20-mal in immer kleiner werdende **Bronchiolen,** die schließlich in den **Lungenbläschen** enden. **Trachea** und **Bronchien** sind mit Schleimhaut und Flimmerepithel ausgekleidet.

Die Lungenbläschen sind von Blutkapillaren umgeben. Ihr feuchtes Epithel dient als respiratorische Oberfläche. Darunter versteht man die einzellschichtige Haut der Lungenbläschen, durch die der Gasaustausch stattfindet. Meistens atmen wir unbewusst. Die Regulation erfolgt immer über das Atemkontrollzentrum im Nachhirn (↗ S. 158 f.). Zur Gesund-erhaltung seiner Atmungsorgane kann jeder selbst beitragen. So werden mindestens 25 % aller Krebsfälle mit Todesfolge auf das **Rauchen** zurückgeführt.

Atmungsorgane

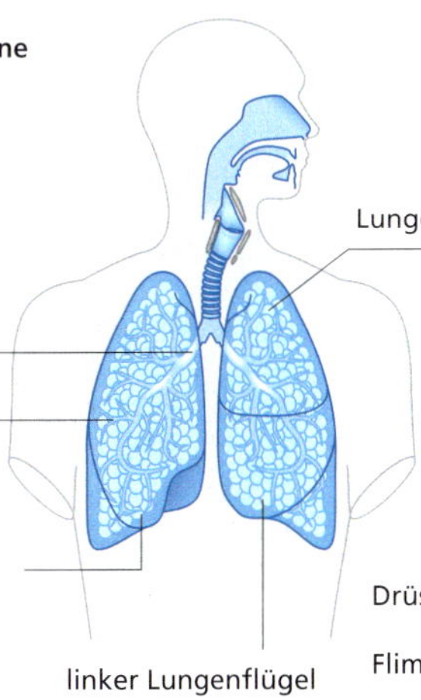

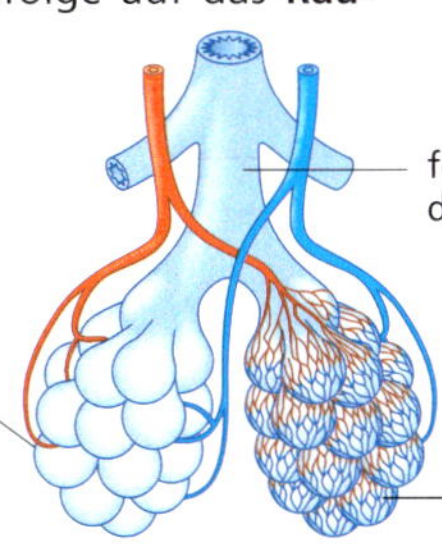

Schnitt durch eine Bronchie

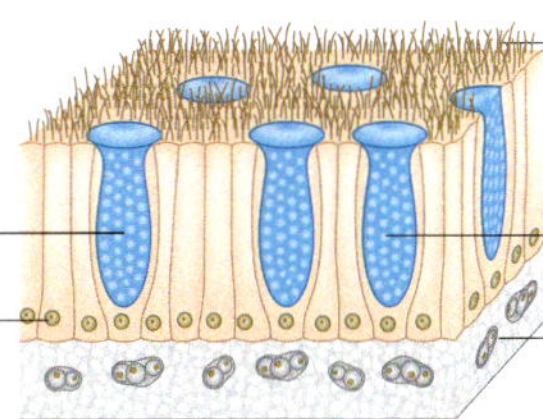

3.6.3 Herz und Blutkreislauf

Herz- und Kreislauferkrankungen sind die häufigste Todesursache.

Der **Herzzyklus** wird vom Sinusknoten gesteuert.

Der Austausch von Sauerstoff, Kohlenstoffdioxid, Nährstoffen und Stoffwechselschlacken zwischen den Zellen und der Umwelt findet über feuchte Epithelien statt. Der weitere Transport durch Diffusion ist nur im Mikrometerbereich effizient (Einzeller). Bei größeren Tieren übernehmen besondere Kreislaufsysteme den Transport der Stoffe, Transportmittel ist das **Blut.** Da das Blut zirkuliert, besteht bei Verletzungen des Blutkreislaufsystems die Gefahr des Verblutens. Das verhindert die **Blutgerinnung.**

Säugetierherz

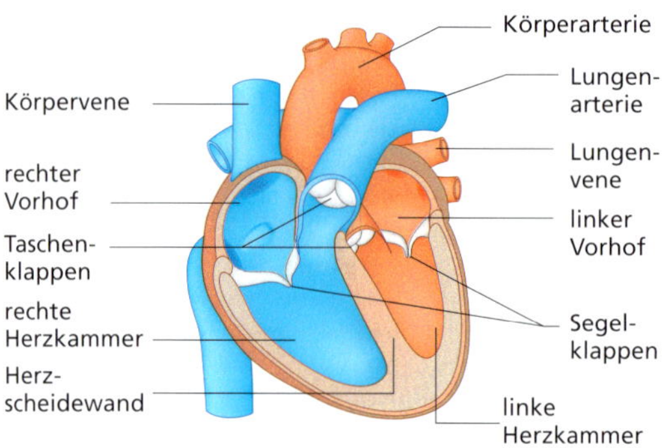

Den Antrieb für den Transport übernimmt ein Hohlmuskel, das Herz. Seine Kontraktionen bewirken den Blutkreislauf.
Während das Herz der Fische lediglich aus einem Vorhof und einer muskulösen Hauptkammer besteht, wird das Herz der Säugetiere durch die Herzscheidewand in eine linke und rechte Hälfte geteilt. Jede Hälfte besteht aus einer **Vorkammer,** in die die Venen führen, und einer **Herzkammer,** in die die Arterien münden. Beide sind durch **Segelklappen** miteinander und durch **Taschenklappen** mit den Arterien verbunden. **Herzkranzgefäße** versorgen den Herzmuskel.

Blutkreislauf

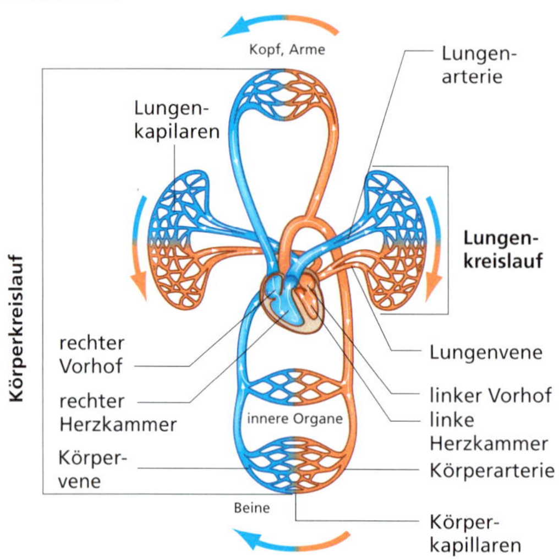

Im **Blutkreislauf** zirkuliert das Blut durch regelmäßige Herzschläge.
Die linke Herzkammer pumpt das sauerstoffreiche Blut in die **Körperarterie (Aorta)**. Von hier aus wird es in alle Organe verteilt. Durch Aufteilung der **Arterien** bildet sich ein dichtes Netzwerk von **Kapillaren** in den Organen. In Richtung der **Venen** vereinigen sich die Kapillaren wieder zu größeren Gefäßen. Das Blut wird über die **Körpervene** (**untere** und **obere Hohlvene**) zum Herzen in die rechte Vorkammer und dann in die rechte Herzkammer transportiert. Von dort wird das sauerstoffarme und CO_2-beladene Blut über die **Lungenarterie** in die Lunge gepumpt. In der Lunge findet der Gasaustausch statt. Das sauerstoffreiche Blut gelangt über die **Lungenvene** in die linke Herzvorkammer und von dort in die Herzkammer.

Gasaustausch in Lunge und Gewebe

In der **Lunge** nimmt das Blut Sauerstoff auf und gibt Kohlenstoffdioxid ab. Beides sind Diffusionsvorgänge (↗ S. 70). Die Gase diffundieren entlang eines Konzentrationsgradienten. Beim Einatmen gelangt Sauerstoff in die Lungenbläschen, während das Blut einen großen Teil des Sauerstoffs in den Zellen abgeladen hat. Sauerstoff diffundiert aus den Lungenbläschen ins Blut. Die Menge der diffundierenden Gase wird durch den **Partialdruck *(P)*** bestimmt. Die eingeatmete Luft besteht zu 21 % aus Sauerstoff und zu 0,04 % aus Kohlenstoffdioxid.

In Meereshöhe hat die Luft insgesamt einen Druck von 101 kPa, dies entspricht einem Partialdruck des Sauerstoffs von 21,28 kPa und des Kohlenstoffdioxids von 0,03 kPa (0,133 kPa = 1 mm Hg). Blut, das die Lunge über die Lungenarterie erreicht, hat $P_{(CO_2)}$ = 5,99 kPa und in den **Lungenalveolen** immer noch 5,32 kPa. Deshalb diffundiert Kohlenstoffdioxid aus dem Blut in die Lungenalveolen.

Umgekehrt ist der Partialdruck des Sauerstoffs im Blut äußerst gering, sodass Sauerstoff von den Alveolen in die Blutkapillaren diffundiert. Ausgeatmete Luft enthält etwa 17 % Sauerstoff und 4 % Kohlenstoffdioxid. Das entspricht $P_{(O_2)}$ = 15,96 kPa und $P_{(CO_2)}$ = 3,59 kPa.

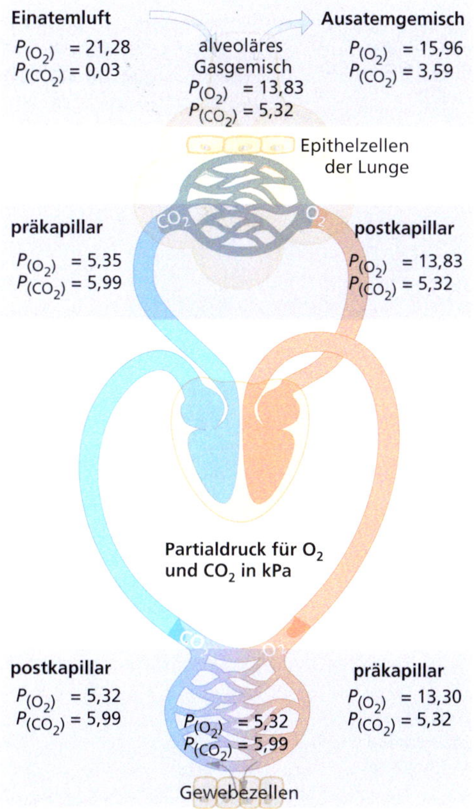

Durch das **Hämoglobin** im Blut wird der Sauerstofftransport noch effizienter gestaltet, da ein großer Teil des Sauerstoffs im Blut an das Hämoglobinmolekül gebunden wird. Die Blutfarbstoffe verschiedener Tiere haben eine unterschiedliche Sauerstoffkapazität.

Die **Partialdruckgradienten** in den Körperkapillaren bewirken die Abgabe von Sauerstoff an die Zellen und die Aufnahme von Kohlenstoffdioxid ins Blut. Ändern sich die äußeren Druckverhältnisse z. B. bei Bergsteigen in extrem großen Höhen oder beim Tauchen, ist eine Anpassung nur in bestimmten Grenzen möglich.

Organismus	Blutpigment	ml O_2 pro 100 ml Blut
Weinbergschnecke	Hämocyanin	1,15–15,7
Frosch	Hämoglobin	9,8
Taube/Mensch	Hämoglobin	20

Tauchende Säuger können große Sauerstoffmengen speichern. Bergsteiger sind sehr niedrigen, Taucher extrem hohen Druckverhältnissen ausgesetzt.

Biophosphoglycerat senkt die Sauerstoffaffinität des Hämoglobins.

Transport von Kohlenstoffdioxid

Der **Transport des Kohlenstoffdioxid**-Moleküls ist komplizierter als der des Sauerstoffmoleküls. Auch daran sind die roten Blutzellen **(Erythrocyten)** und das **Hämoglobin** beteiligt. Das bei der **Zellatmung** entstehende CO_2 gelangt aus den Zellen ins Blut. 7 % der Menge werden in gelöster Form im Blutplasma transportiert. Das übrige CO_2 diffundiert aus den Körperzellen in die Erythrocyten, wird an das Hämoglobin gebunden und so transportiert. Ein Großteil des CO_2 reagiert in den Erythrocyten mit Wasser und bildet Kohlensäure.

$$H_2O + CO_2 \longrightarrow H_2CO_3$$

Kohlensäure dissoziert in Protonen und Hydrogencarbonat-Ionen.

$$H_2CO_3 \longrightarrow H^+ + HCO_3^-$$

Die meisten Hydrogencarbonat-Ionen diffundieren zurück ins Blutplasma und werden so zur Lunge transportiert. Das Hämoglobin bindet die Protonen. Dadurch bleibt der *pH*-Wert nahezu konstant und schwankt nur in geringen Grenzen: $pH = 7{,}4 \pm 0{,}5$.
Die Protonen werden zur Lunge transportiert. In den Lungenkapillaren gibt das Hämoglobin die Protonen zur Bildung von Kohlensäure ins Blutplasma ab. Es entsteht Kohlenstoffdioxid, was ausgeatmet wird. Außerdem wird Wasser gebildet. Das Hämoglobin wird in der Lunge wieder mit Sauerstoff beladen.
Kohlenstoffmonooxid ist deshalb ein gefährliches Atemgift, weil es die Kontaktstellen des Hämoglobins zu Sauerstoff dauerhaft blockiert.

Gasaustausch und Transport der Atemgase

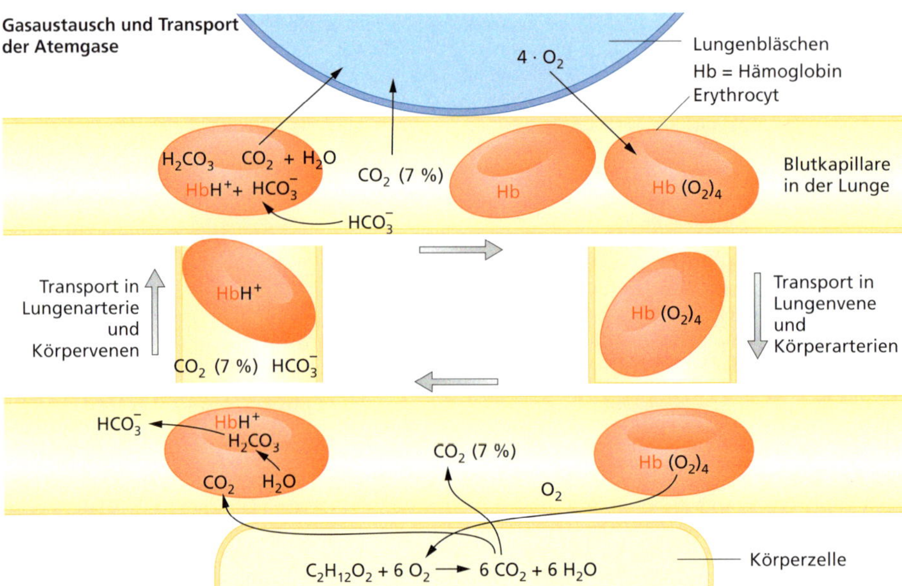

3.6.4 Ausscheidungsorgane und Ausscheidung

Durch die **Lunge** wird überschüssiges Kohlenstoffdioxid aus dem Körper ausgeschieden. Weitere **Ausscheidungsorgane** sind Haut, Nieren und Darm. Die **Haut** scheidet Salze, Harnstoff und Wasser aus, die **Nieren** entfernen Wasser, Salze und Harnstoff als Harn. Besonders wichtig ist dabei die Entfernung überschüssigen Stickstoffs aus dem Eiweißabbau. Über den Darm werden nicht verdaubare Nahrungsreste abgegeben. Die **Leber** wandelt Abbauprodukte des Hämoglobins in eine transportierbare Form um, die mit der Gallenflüssigkeit über den **Darm** ausgeschieden wird.

Bau und Funktion der menschlichen Niere

Die paarigen **Nieren** liegen beiderseits der Wirbelsäule in den Lendengruben im hinteren Oberbauch, sind 10 cm lang, 5 cm breit, 4 cm dick und wiegen 120 bis 300 g. Sie regulieren den Flüssigkeitshaushalt, sind wesentlich an der Einstellung des Säure-Base-Haushaltes beteiligt und kontrollieren den Gehalt von Salzen. Ihre Funktion ist an die Durchblutung gekoppelt. Das gesamte Blut durchfließt 15-mal in der Stunde die beiden bohnenförmigen Nieren. Durch die Bildung von **Harn** befreien sie das Blut von Schlacken und Giften. Über die beiden 3 mm dicken **Harnleiter** fließt der Harn in die **Harnblase** und wird über die **Harnröhre** ausgeschieden. Die **Nierenarterie** versorgt die Niere mit Sauerstoff und Nährstoffen. In der Rinde wird das Blut von Schlacken befreit und fließt über die **Nierenvene** und die untere Hohlvene zum Herzen zurück. Mangelhaft arbeitende Nieren führen zu schweren Erkrankungen. Der Tod kann nur durch **Dialyse** oder **Nierentransplantation** verhindert werden.

Das Harnsystem

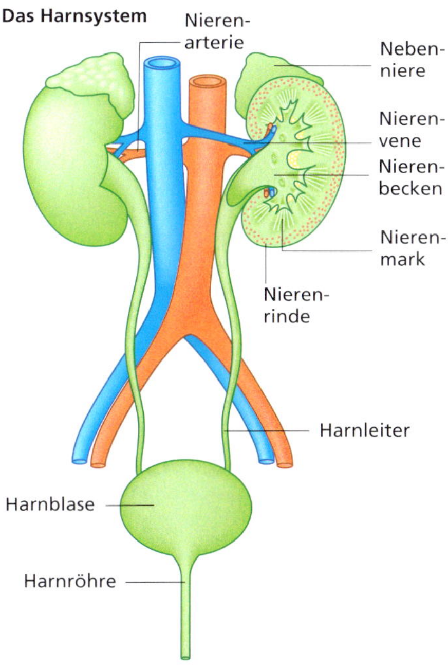

Bau der Niere

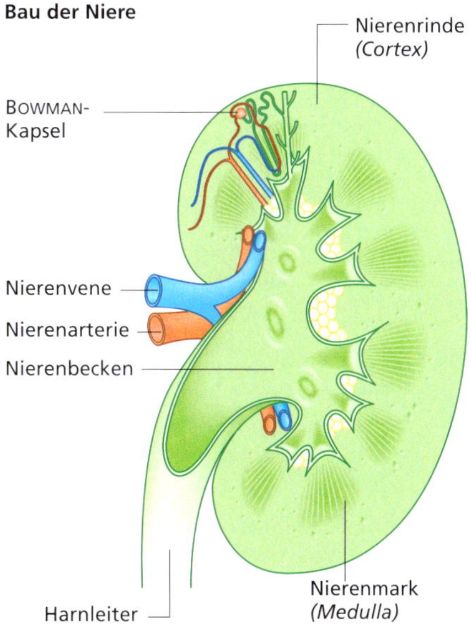

Bildung von Harn im Nephron

Die in der menschlichen Niere enthaltenen Nephrone belaufen sich auf eine Anzahl von ca. 1 Mio. und entsprechen damit einer Länge von 80 km an Kanälen.

Der Harn entsteht durch drei Prozesse.

1. **Primärharnbildung durch Druckfiltration:**
   Der Blutdruck presst durch ein Blutkapillarknäuel (Glomerulus) Flüssigkeit in die BOWMAN-Kapsel. Das Blutplasma wird durch die Kapillarwände und durch die Wand der BOWMAN-Kapsel gedrückt. Während Blutzellen und Proteine in den Kapillaren verbleiben, wird das übrige Blutplasma herausgepresst. Auf dem Weg zum Sammelrohr ändert sich die stoffliche Zusammensetzung des Ultrafiltrats (Primärharn). Es entstehen 170 l Primärharn pro Tag.
2. **Rückresorption lebenswichtiger Stoffe:**
   Glucose und bestimmte Salzionen gelangen durch aktiven Transport zurück ins Blut.
3. **Rückresorption von Wasser:**
   Wasser wird osmotisch aus dem Sammelrohr entfernt. Dadurch erhöht sich die Konzentration des Endharns. An die Vorgänge der Rückresorption ist auch die hormonelle Steuerung des **Säure-Base-Haushaltes** gebunden.

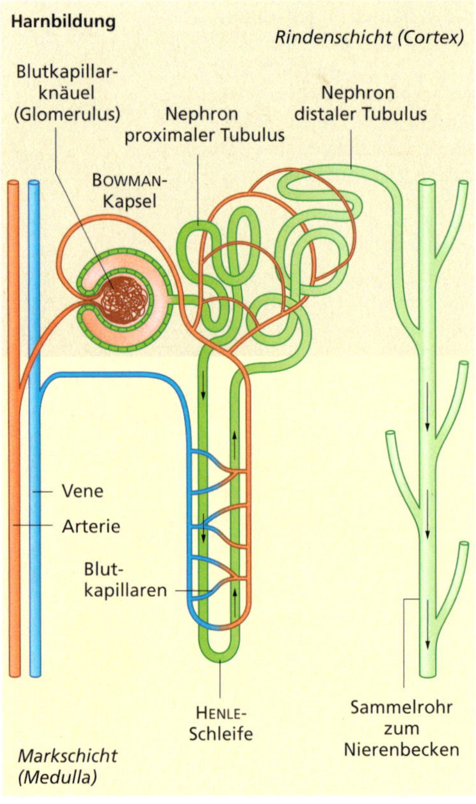

Die kleinsten Funktionseinheiten der Niere sind zahllose Exkretionskanälchen, die **Nephrone.** Man unterscheidet oberflächliche Nephrone, die überwiegend in der **Rindenschicht (Cortex)** vorkommen und tiefer gehende Nephrone, die mit ihrem langen Kanal bis in die **Markschicht (Medulla)** hinein reichen. Mehrere Nephrone münden in **Sammelrohren,** die ins **Nierenbecken** führen. Jedes einzelne Nephron besteht aus einem von einer **BOWMAN-Kapsel** umgebenden **Glomerulus,** einem proximalen Tubulus, der **HENLE-Schleife** und einem distalen Tubulus. Nephrone, Sammelrohre und die beteiligten Blutgefäße produzieren gemeinsam aus dem Ultrafiltrat **(Primärharn)** den Urin (**Endharn** oder **Sekundärharn**).

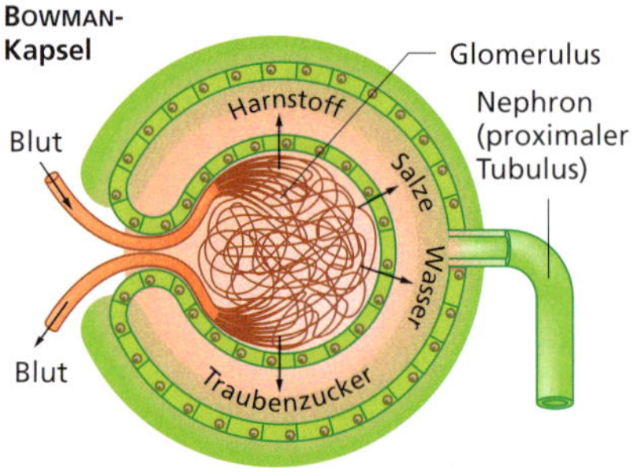

4 STEUERUNG, REGELUNG, INFORMATONS-VERARBEITUNG

4.1 Erregung und Erregungsleitung

- Alle lebenden Zellen bilden an der Zellmembran chemische und elektrische Gradienten aus.
- Die chemischen und elektrischen Gradienten sind die Grundlage für die Ruhe-, Aktions-, Rezeptor- und Synapsenpotenziale.
- Die Änderungen der Potenziale sind Voraussetzung für Erregung und Erregungsleitung.
- Die Membranstruktur sowie passive und aktive Transportvorgänge bedingen die verschiedenen Biopotenziale.
- Im Tierreich haben sich spezialisierte Zellen (Sinnes-, Nerven- und Muskelzellen) für die Erregungsleitung und Reaktion entwickelt.
- Synapsen sind entscheidende Schaltstellen zwischen den Nervenzellen und zwischen Nerven- und Muskelzellen. Sie koordinieren die Vielzahl der eintreffenden Erregungen durch Bahnung (Förderung) oder/und Hemmung.

Aktive Transportmechanismen setzen Stoffwechselenergie um. Die Energiebereitstellung erfolgt über die energiereiche Verbindung Adenosintriphosphat (ATP), die in Adenosindiphosphat (ADP) und Phosphat (P) umgewandelt wird:
ATP ⟶ ADP + P + Energie

4.1.1 Biologische Grundlagen

An jeder lebenden Zelle kann man eine unterschiedliche Verteilung der elektrischen Ladung über die Zellmembran nachweisen. Die Innenseite der Membran ist negativer geladen als die Außenseite, dadurch entsteht ein elektrischer Spannungsgradient. Dieses **Membranpotenzial** ist auf Unterschiede in der Ionenzusammensetzung (chemischer Gradient) der intra- und extrazellulären Flüssigkeit und auf die **selektive Permeabilität** (ausgewählte Durchlässigkeit und Leitfähigkeit der Membran) zurückzuführen. Sie wird durch passive Mechanismen (Struktur der Membran) und durch aktive Mechanismen (Transport gegen das Konzentrationsgefälle unter Einsatz von Stoffwechselenergie) erreicht.

Intra- und extrazelluläre Ionenverteilung (Durchschnittswerte)

		innen [$mmol \cdot l^{-1}$]	außen [$mmol \cdot l^{-1}$]	Beispiel
tierische Zellen	Na^+ K^+ Cl^- HCO_3^-	15 150 10 8	150 5 120 30	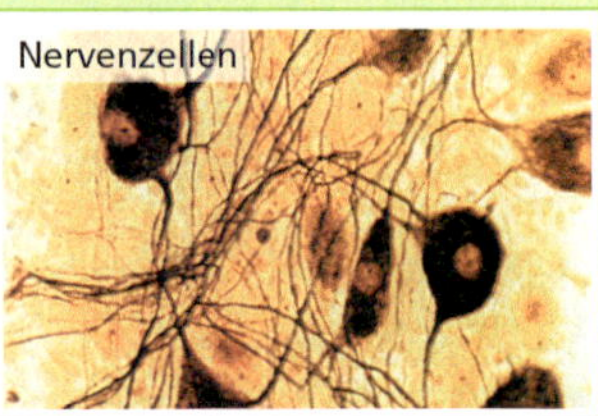 Nervenzellen
pflanzliche Zellen (Wurzelgewebe der Erbse)	K^+ Na^+ Mg^{2+} Ca^{2+} NO_3^-	75 8 3 2 28	1 1 0,25 1 2	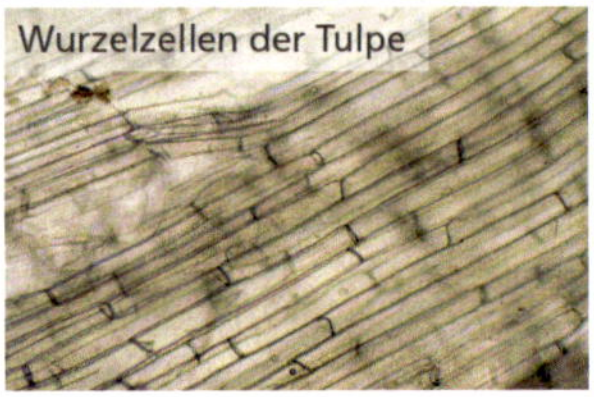 Wurzelzellen der Tulpe

Messanordnung zur Ableitung von Biopotenzialen

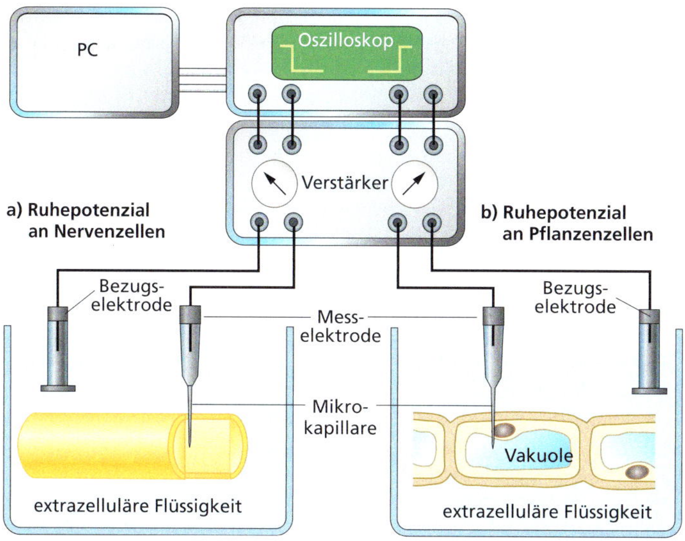

Im Ruhezustand der Zelle wird das Membranpotenzial als **Ruhepotenzial (RP)** bezeichnet. An erregten Zellen verändert sich das Membranpotenzial zum **Aktionspotenzial (AP).** In Rezeptorzellen wird bei Reizung das **Rezeptorpotenzial** und in Synapsen bei Erregungsübertragung das **Synapsenpotenzial** aufgebaut. Alle diese **Biopotenziale** können mit Mikroelektroden abgeleitet und gemessen werden.

Die Mikroelektrode wird in das Cytoplasma oder in die Vakuole eingestochen und eine Bezugselektrode befindet sich außerhalb der Zelle. Das Ruhepotenzial hat bei tierischen Zellen einen Wert von –50 mV bis –100 mV, bei Algen- und Pflanzenzellen beträgt es –80 mV bis –200 mV. Im Ruhezustand besteht eine hohe K^+**-Ionen-Leitfähigkeit** der Membran und eine niedrige Na^+-Ionen-Leitfähigkeit (tierische Zellen) bzw. eine niedrige H^+-Ionen-Leitfähigkeit (pflanzliche Zellen).

Die **Ruhepotenziale** der verschiedenen Zellen bei Algen, Pflanzen und Tieren unterscheiden sich zum Teil erheblich.

4.1.2 Erregbarkeit und Reaktion bei Algen und Pflanzen

Bei Algen- und Pflanzenzellen sind Membranpotenziale an Zell- und Organellengrenzen zu messen.

Riesenzellen, wie sie bei Algen (z. B. *Nitella, Chara, Acetabularia*) vorkommen und auffällig reagierende Pflanzen (Mimose) werden bevorzugt für elektrophysiologische Untersuchungen verwendet.

Das Membranpotenzial wird überwiegend durch aktiven Transport von Ionen mithilfe **elektrogener Pumpen** erzeugt. Bei Algen und Pflanzen transportiert die **Protonenpumpe** Protonen (H^+-Ionen) aktiv aus der Zelle. Damit werden positive Ladungen von innen nach außen verschoben.

Elektrogene Pumpen sind Transportproteine, die zwischen zwei Membranseiten eine elektrische Spannung aufbauen bzw. erhalten, sie setzen dabei Stoffwechselenergie um.

Reaktionen von Pflanzen auf Reize der Umwelt sind häufig auf Potenzialänderungen zurückzuführen.

Mechanische Reize, Lichtreize, Turgordruck u. a. können bei Pflanzen Veränderungen des Membranpotenzials auslösen. Es entsteht das **Aktionspotenzial,** das durch De- und Repolarisation der Membran gekennzeichnet ist. Dieses Aktionspotenzial wurde z. B. bei der Mimose gemessen. Es pflanzt sich in den Siebröhren (↗ S. 120) fort und führt in den Motorzellen der Blattgelenke zu typischen Klappbewegungen der doppelt gefiederten Blätter.

Das **Aktionspotenzial in Pflanzenzellen** wurde an der Mimose untersucht.

Mimose ungereizt

Mimose gereizt

Die Fortleitung des Aktionspotenzials (Erregungsleitung, Signaltransfer) erfolgt als:

- Elektrische Erregungsleitung, bevorzugt durch lang gestreckte Zellen mit einer Geschwindigkeit von 0,7 bis 5 $cm \cdot s^{-1}$.
- Chemische Erregungsleitung über Erregungssubstanzen (Turgorine) von Zelle zu Zelle und durch lang gestreckte Zellen mit einer Geschwindigkeit von 0,15 bis 2 $cm \cdot s^{-1}$. Die höchste Geschwindigkeit wurde mit 6 bis 20 $cm \cdot s^{-1}$ bei der Venusfliegenfalle *(Dionaea)* gemessen. *Turgorine* sind Glykoside von der Gallussäure und anderen Hydrobenzoesäuren.

Auch **Spaltöffnungsbewegungen** (↗ S. 124) sind auf Erregungsprozesse als Auslöser von Turgordruckänderungen in den Schließzellen zurückzuführen. Solche ungerichteten Bewegungen nennt man **Nastien.**

Andere Reaktionen der Pflanzen sind Krümmungsbewegungen aufgrund von Wachstumsänderungen. Dazu gehören **tropistische** (gerichtete) **Krümmungsbewegungen.** Bewegungen zum Reiz hin bezeichnet man als **positiven Tropismus,** Bewegungen vom Reiz weg als **negativen Tropismus. Taxien** sind auf den Reiz ausgerichtete freie Ortsbewegungen (z. B. positive Fototaxie der Augengeißler *Euglena*).

Autonome (auch endogene bzw. durch innere Ursachen bedingte) **Bewegungen** werden hauptsächlich durch physiologische Prozesse (physiologische oder innere Uhr) gesteuert **(endogene Rhythmik)**. Hierzu gehören z. B. „Suchbewegungen" von Ranken.

Reaktionsform	Reizart	Reiz/Reaktionsort	Beispiele/Pflanzen
Seismonastie	Erschütterungsreiz, mechanischer Reiz	Blattgelenke, Staubblätter, Ventile der Fangblase	Mimose, Venusfliegenfalle, Flockenblume, Wasserschlauch
Thigmonastie	Berührungsreiz, mechanischer Reiz	Ranken, Tentakeln, Staubfäden	Erbse, Sonnentau, Berberitze
Chemonastie	chemischer Reiz	Blattgelenke	Insektivoren, z. B. *Venusfliegenfalle, Sonnentau*
Fotonastie	Veränderung der Lichtintensität, optischer Reiz	Blütenorgane, Blattgelenke	Mimose, Sauerklee

4.1.3 Erregbarkeit tierischer Zellen

Bei Tieren haben sich für Erregung und Erregungsleitung spezielle Zell- und Gewebetypen entwickelt:
Sinneszellen (Rezeptorzellen) sind spezialisierte Nervenzellen bzw. Nervenzellanteile für die Reizaufnahme.
Primäre Sinneszellen sind Reiz aufnehmende Zellen, deren Zellkörper unmittelbar in den erregungsleitenden Neuriten übergeht. Sie kommen vor allem in den Sinnesorganen wirbelloser Tiere vor.
Sekundäre Sinneszellen sind modifizierte Epithelzellen, die von Endigungen sensibler Neurite umschlossen werden. Dieser Sinneszelltyp wurde bisher nur bei Wirbeltieren nachgewiesen.
Freie Nervenendigungen werden durch feinste Verzweigungen der sensiblen Neurite gebildet. Sie sind vor allem bei Wirbeltieren als Rezeptoren des Tast- und Temperatursinnes verbreitet.

Der **Feinbau der Neurone** weist eine große Vielfalt auf. Dendrite und Neurite sichern vielfältige Verbindungen zwischen den Neuronen untereinander und zu anderen Zellen.

Nervenzellen (Neuronen) sind für die Informationsübertragung und Informationsverarbeitung spezialisierte Zellen. Während Stoffwechselvorgänge im **Zellkörper (Soma)** speziell in den Mitochondrien ablaufen, dienen die Fortsätze der Erregungsleitung. Über **Dendrite** werden Erregungen zugeführt, **Neurite (Axone)** sichern die Erregungsweiterleitung. Neurite, die die Erregung von den Sinnesorganen zum Rückenmark und Gehirn leiten, sind **sensible** oder **afferente Neurite.** Solche Neurite, die die Erregung vom Gehirn und Rückenmark an die Muskeln leiten, sind **motorische** oder **efferente Neurite**. Die seitlichen Verzweigungen des Neuriten werden als **Kollaterale** bezeichnet.
Verbindungen zwischen den Nervenzellen untereinander und zu anderen Zellen (z. B. Muskelzellen) werden über **Synapsen,** bläschenförmige Erweiterungen an den Enden der Neuriten und Dendriten, hergestellt. In den Synapsen findet die Erregungsübertragung zwischen zwei Zellen statt. Viele Neurite sind von einer **Markscheide** (lipid- und eiweißreiche Myelinhülle), umgeben, die aus den **schwannschen Zellen** gebildet wird.

Aufbau eines Neurons

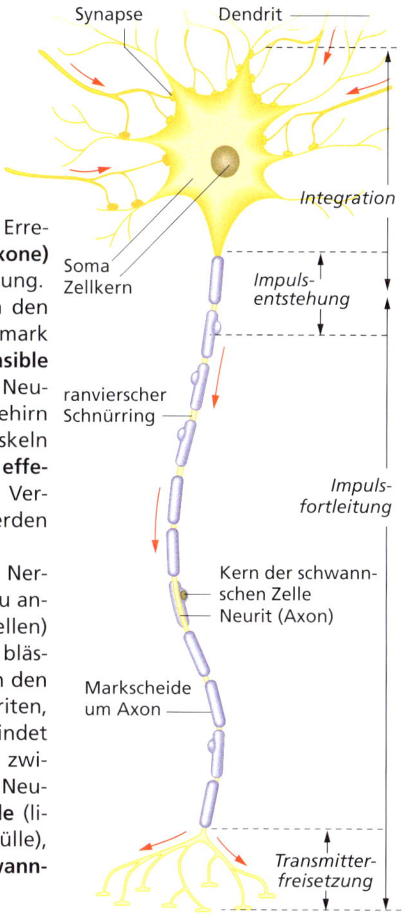

Rezeptortypen

Theodor Schwann (1810–1882) untersuchte tierische Zellen. Er entdeckte u. a. Zellen, die die Markscheide ausbilden.

Louis Ante Ranvier (1835–1922) war als Histologe in Paris an der Entdeckung der kontinuierlich auftretenden Einschnürungen der Markscheide beteiligt, daher die Bezeichnung ranvierscher Schnürring.

Elektronenmikroskopische Untersuchungen zeigen viele Einzelheiten über den **Aufbau der Muskelfaser.**

Die Markscheide wirkt wie die Isolation eines Kabels und wird in Abständen von etwa 1 bis 2 mm durch die **ranvierschen Schnürringe** unterbrochen. Sie spielen bei der Erregungsleitung eine wesentliche Rolle.

In den **Muskelzellen** werden die Erregungen der Neuronen in Bewegung umgesetzt. Man unterscheidet glatte Muskelzellen, quer gestreifte Muskelzellen und die Herzmuskelzellen.

Glatte Muskelzellen sind lang gestreckte spindelförmige Zellen mit einer durchschnittlichen Länge von 0,05 bis 0,2 mm. Sie haben einen Zellkern und wenig strukturiertes Cytoplasma, das bei Muskelzellen als **Sarkoplasma** bezeichnet wird. Im Sarkoplasma befinden sich kontraktionsfähige parallel verlaufende fädige Strukturen, die **Myofibrillen.** Glatte Muskelzellen bilden die Muskulatur der inneren Organe von Wirbeltieren und die „Haltemuskulatur" bei einigen Wirbellosen (z. B. Schalenschließmuskel der Muschel). Sie entwickeln einen guten **Muskeltonus** (Daueranspannung) ohne größeren Energieverbrauch.

Quer gestreifte Muskelzellen bilden bei Wirbeltieren und Arthropoden die Skelettmuskulatur und kommen auch im Schirmrand von Quallen und im Schlundkopf der Gliederwürmer vor. Sie enthalten mehrere Zellkerne. Im Zellplasma (Sarkoplasma) befinden sich als kontraktile Elemente einige 100 Myofibrillen. Die kleinste Einheit einer Myofibrille ist ein ca. 2 µm langes **Sarkomer,** das beidseitig von der **Z-Membran** begrenzt ist. Im Lichtmikroskop kann man helle und dunkle Bänder unterscheiden, die durch die parallele Lage der Myofibrillen zustande kommen.

Aufbau der quer gestreiften Wirbeltiermuskulatur

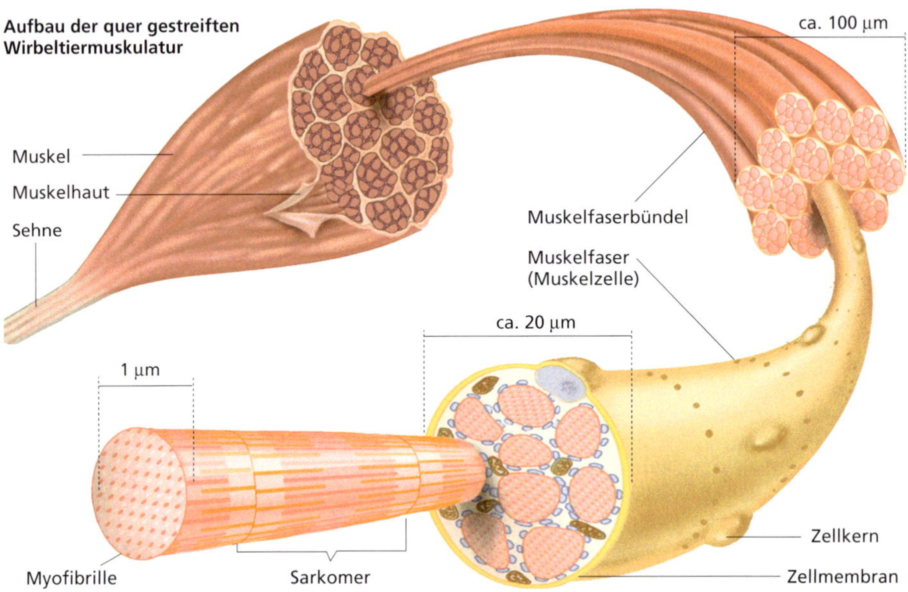

Die gesamte Muskelfaser ist von einem weit verzweigten Röhrensystem, dem **sarkoplasmatischen Retikulum** und dem **T-System** (transversales System, Einstülpungen der Zellmembran) durchzogen. Es ist für die Erregungsübertragung und die Ca^{2+}-Ionen-Speicherung und Ca^{2+}-Ionen-Freisetzung wichtig. Quer gestreifte Muskeln kontrahieren schnell, sie werden vom ZNS über die **motorischen Endplatten** innerviert.

Glanzstreifen gliedern die Herzmuskulatur in 0,05–0,12 mm lange Abschnitte.

Herzmuskelzellen ähneln in ihrem Aufbau den quer gestreiften Muskelzellen. Sie bilden ein Netzwerk, und nur die **Glanzstreifen** deuten den zellulären Aufbau an. Die ständig arbeitenden Herzmuskelzellen haben einen hohen Sarkoplasmaanteil. Herzmuskelzellen werden über Erregungsbildungszentren des Herzens in ihrer Funktion koordiniert und durch das vegetative Nervensystem (↗ S. 156) beeinflusst.
Werden diese speziellen, erregbaren Zellen gereizt, so verändert sich ihr Ruhepotenzial. In den Nerven- und Muskelzellen entsteht das Aktionspotenzial und in den Rezeptorzellen das Rezeptorpotenzial.

Erregungsbildungszentren (Schrittmacher) sind Sinusknoten, Vorhofknoten (Atrioventrikularknoten) und hisssche Bündel.

Das **Aktionspotenzial** (AP) ist durch eine sehr schnelle **Depolarisation** der Membran gekennzeichnet, bei der ein Ladungsüberschuss von +30 mV auf der Membraninnenseite gemessen werden kann. Im Anschluss kommt es zu einer raschen **Repolarisation.**

Diese Potenzialänderungen werden durch die spannungsabhängigen Ionenkanäle (↗ S. 137 f., elektrogene Pumpen) möglich. Bei Depolarisation der Membran über einen bestimmten Wert (Schwellenwert) öffnen sich die Na^+-Ionen-Kanäle. Na^+-Ionen können die Membran passieren, wodurch die positive Ladung der Membranaußenseite geringer wird. Das führt zur Öffnung weiterer Na^+-Ionen-Kanäle und zur explosionsartigen Veränderung der Spannungsverhältnisse an der Membran. Die Außenseite ist jetzt negativer als die Innenseite geladen. Nun schließen sich die Na^+-Ionen-Kanäle und die K^+-Ionen-Kanäle öffnen sich. K^+-Ionen werden aus der Zelle transportiert, bis das Ruhepotenzial wieder erreicht ist (Repolarisation). Während der **Repolarisationsphase** sind die Nerven- und Muskelzellen nicht wieder erregbar, sie befinden sich in der **Refraktärphase.**

Während der Depolarisation erhöht sich die Na^+-Ionen-Permeabilität der Membran um das 10fache.

refractarius: lat. = widersetzlich, refraktär: unerregbar, nicht beeinflussbar

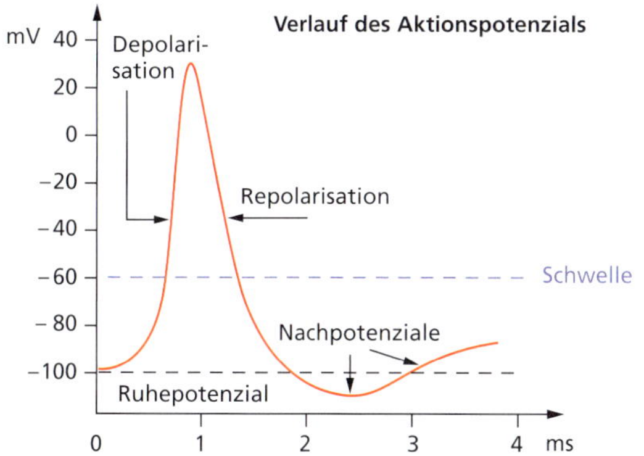

Depolarisation: (*de:* lat. = weg) schnelle Änderung des Membranpotenzials zum positiven Spannungsbereich

Repolarisation: (*re:* lat. = zurück) Rückkehr des Membranpotenzials zum negativen Spannungsbereich (Ruhepotenzial)

Die Zeitdauer des Aktionspotenzials variiert in den erregbaren Zellen. Sie ist an Axonen am kürzesten (1 bis 2 ms) und an Herzmuskelzellen am längsten (bis 200 ms).

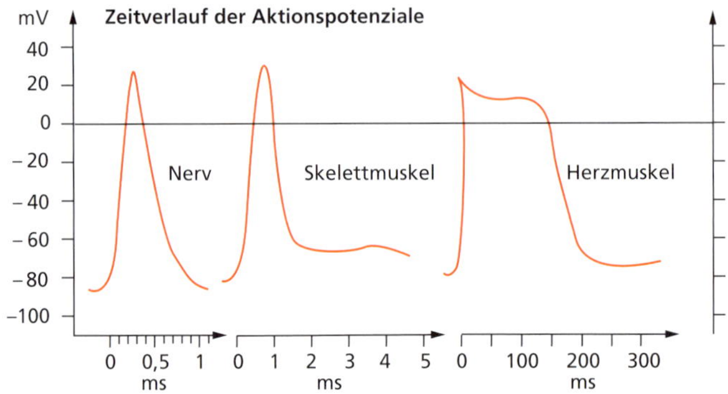

Frequenz der AP: Anzahl der AP pro Zeiteinheit

Aktionspotenziale (AP) folgen der **Alles- oder Nichtsregel,** d. h., ist das Schwellenpotenzial überschritten, haben sie – unabhängig von der Reizstärke – dieselbe Größe. Die Information über die Reizstärke wird durch die Frequenz der aufeinander folgenden AP codiert.

Während Nerven und Muskeln durch Depolarisation benachbarter Zellen und im Experiment durch elektrische Reizung erregt werden, nehmen Rezeptorzellen die Reize der Umwelt (z. B. optischer Reiz, akustischer Reiz, mechanischer Reiz, chemischer Reiz) auf, reagieren mit Potenzialänderungen (Rezeptorpotenzial) und bewirken das Aktionspotenzial in den anschließenden erregungsleitenden Nervenfasern.

Das Rezeptorpotenzial entsteht in spezialisierten Rezeptorzellen. Es ist von der Reizstärke abhängig und löst in erregungsleitenden Strukturen ein AP aus.

Das **Rezeptorpotenzial** ist von der **Reizstärke** abhängig, je stärker der Reiz, umso höher ist die Amplitude der De- bzw. Hyperpolarisation in den Rezeptorzellen (↗ S. 138, 146, 377).

Die meisten Rezeptoren reagieren mit einer **Depolarisation,** d. h., mit einer erhöhten Na^+-Ionen-Permeabilität der gereizten Membran, die in der gesamten Zelle noch verstärkt wird. Bei adäquaten Reizen genügt schon eine geringe Reizstärke, um diese Reaktion auszulösen.
Lichtsinneszellen reagieren bei Belichtung mit **Hyperpolarisation,** d. h., die Na^+-Ionen-Permeabilität verringert sich bei Reizung. Diese ersten Umwandlungen des Reizes in einen zelleigenen Prozess (Membranpotenzialänderungen) bezeichnet man als **Transduktion.**
Das Rezeptorpotenzial löst an den erregungsleitenden Nervenfasern, die mit der Rezeptorzelle in Verbindung stehen, ein Aktionspotenzial aus. Diesen Vorgang bezeichnet man als **Transformation** des Rezeptorpotenzials. Die Frequenz der Aktionspotenziale ist von der Amplitude des Rezeptorpotenzials abhängig.

Hyperpolarisation (*hyper:* griech. = über hinaus): Verstärkung des negativen Spannungsbereiches über den Wert des Ruhepotenzials hinaus.

4.1.4 Erregungsleitung

Um die Information zwischen den erregbaren Strukturen zu sichern, müssen die Aktionspotenziale fortgeleitet werden. Voraussetzung dafür ist die Eigenschaft der Axonmembran, Spannungsänderungen (AP) an einer Stelle der Membran als Auslöser für die Spannungsänderung an der benachbarten Stelle der Membran zu nutzen. Diese Art der Erregungsleitung ist für marklose Neuriten (Axone) typisch. Sie wird als **kontinuierliche Erregungsleitung** bezeichnet.

Die **Erregungsleitung** erfolgt kontinuierlich oder saltatorisch.

Bei Isolierung des Neuriten durch die Markscheide (markhaltige Neurite) können die AP nur an den ranvierschen Schnürringen entstehen, da sich nur dort die spannungsabhängigen Ionenkanäle befinden und Kontakt zwischen Außenmedium und Zellinnerem besteht. Das AP „springt" also von Schnürring zu Schnürring. Diese Art der Erregungsleitung wird deshalb auch als **saltatorische Erregungsleitung** bezeichnet.

saltatorisch: *saltare:* lat. = springen

Die saltatorische Erregungsleitung ist schneller und sicherer, sie verbraucht auch weniger Energie, da Ionenpumpen nur an ranvierschen Schnürringen arbeiten.

Kontinuierliche und saltatorische Erregungsleitung

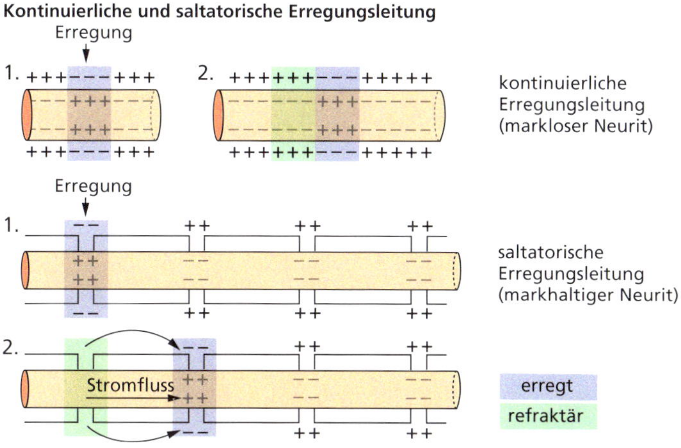

Hermann L. F. von Helmholtz (1821 bis 1894) hat als Erster die Leitungsgeschwindigkeit des AP an Frosch-Neuriten gemessen.

> Die Erregungsleitungsgeschwindigkeit ist außerdem vom Faserdurchmesser, von der Temperatur und vom Stoffwechsel abhängig. Je größer der Faserdurchmesser, umso größer die Leitungsgeschwindigkeit.

Marklose Neurite haben eine Leitungsgeschwindigkeit von ca. $1\ m \cdot s^{-1}$. Maximale Geschwindigkeit von $25\ m \cdot s^{-1}$ erreichen die 0,7 mm dicken marklosen Neurite des Tintenfisches. Markhaltige Neurite leiten mit Geschwindigkeiten bis $120\ m \cdot s^{-1}$ bei einem Durchmesser von $15\ \mu m \cdot s^{-1}$.

4.1.5 Erregungsübertragung zwischen den erregbaren Zellen

Transmittersubstanzen sichern die Funktion chemischer Synapsen.

Ein Neuron des Gehirns hat bis zu 50 000 Synapsen.

excitatorisch, *excitare:* lat. = erregen

inhibitorisch, *inhibere:* lat. = hemmen

Die Erregungsübertragung von Nervenzelle zu Nervenzelle oder von Nervenzelle zu Muskelzelle erfolgt über spezialisierte Verbindungsstellen, so genannte Synapsen.
Die **Synapsen** bestehen aus dem **Endknöpfchen,** einer Verdickung an den Endverzweigungen des Neuriten (präsynaptischer Anteil), und winzigen Bezirken der angrenzenden Zelle (postsynaptischer Anteil). Zwischen beiden Membranen **(prä- und postsynaptische Membran)** liegt der **synaptische Spalt.** Besonders große Verbindungsflächen haben die **motorischen Endplatten,** die sich zwischen motorischer Nervenzelle und Muskelzelle befinden. Je nach Art der Erregungsübertragung unterscheidet man **elektrische** und **chemische Synapsen.**

In elektrischen Synapsen findet eine direkte Übertragung der AP von der prä- zur postsynaptischen Membran statt. In chemischen Synapsen führt ein AP, das mit einer bestimmten Frequenz den präsynaptischen Anteil erreicht, dort zu einer frequenzabhängigen Abgabe von **Transmittersubstanz** (Überträgersubstanz) aus den synaptischen Bläschen (Vesikel). Diese Substanz gelangt über den synaptischen Spalt an den postsynaptischen Anteil, verbindet sich dort mit **Rezeptormolekülen** nach dem Schlüssel-Schloss-Prinzip und ermöglicht die Auslösung der postsynaptischen Potenziale, kurz **Synapsenpotenziale.**

Schematische Darstellung des Aufbaus einer Synapse

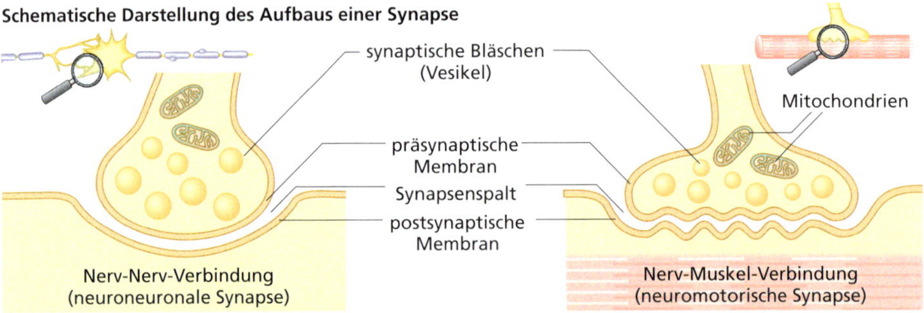

Wichtige Transmittersubstanzen und ihre Wirkung

Transmitter	Wirkungsort	Wirkung
Acetylcholin	Skelettmuskel, motorische Nervenzellen, vegetatives NS	erregend (excitatorisch), erregend (excitatorisch), erregend oder hemmend
Noradrenalin	meist in sympathischen Teilen des ZNS	erregend (Herzmuskel) oder hemmend (Darmmuskel)
Serotonin	Hirnstamm, Hypothalamus	meist hemmend (inhibitorisch)
Substanz P (Neuropeptid)	afferente Fasern des ZNS	erregend

Funktion der Synapsen

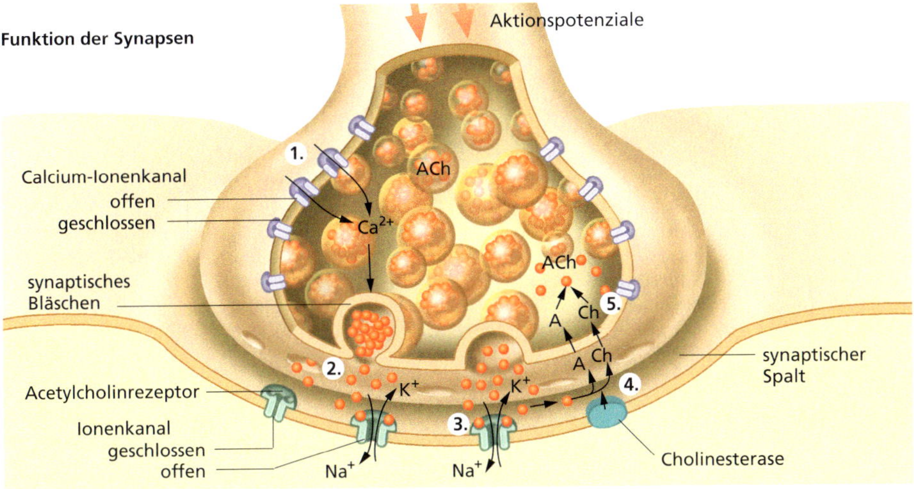

1. Durch ankommende AP werden Ca^{2+}-Ionen-Kanäle geöffnet.
2. Ca^{2+}-Ionen führen zur Wanderung der Vesikel und Öffnung der präsynaptischen Membran zum synaptischen Spalt.
3. Acetylcholin (ACh) verbindet sich mit dem ACh-Rezeptormolekül, Na^+-Ionen-Kanal öffnet sich.
4. Enzym Cholinesterase spaltet Ach in A = Acetat und Ch = Cholin.
5. A, Ch wandern in die Zelle zurück und werden zu Ach synthetisiert.

Bahnungs- und Hemmungsprozesse sind maßgeblich auf Synapsenfunktionen zurückzuführen.

Man unterscheidet **excitatorische postsynaptische Potenziale (EPSP)** und **inhibitorische postsynaptische Potenziale (IPSP).**
Beim EPSP wird die Na^+-Ionen-Permeabilität der postsynaptischen Membran erhöht, die Membran wird depolarisiert, beim IPSP sinkt die Na^+-Ionen-Permeabilität, die Membran wird hyperpolarisiert.

Die EPSP und IPSP haben eine kleine Amplitude, und nur durch zeitliche und/oder räumliche Summation kann an der gesamten Zellmembran ein Aktionspotenzial aufgebaut und die Erregung fortgeleitet werden.
Synapsen können in ihrer Funktion durch **Synapsengifte** beeinflusst werden. Diese Gifte blockieren die Abgabe der Transmitter aus den synaptischen Bläschen oder die Abgabe in den synaptischen Spalt, oder aber sie sind den Transmittern so ähnlich, dass sie an ihrer Stelle mit den Rezeptormolekülen in der postsynaptischen Membran reagieren.

Das Pfeilgift Curare blockiert die Erregungsübertragung auf den Skelettmuskel. Abbildung: Pfeilgiftfrosch

Synapsenpotenziale [mV]

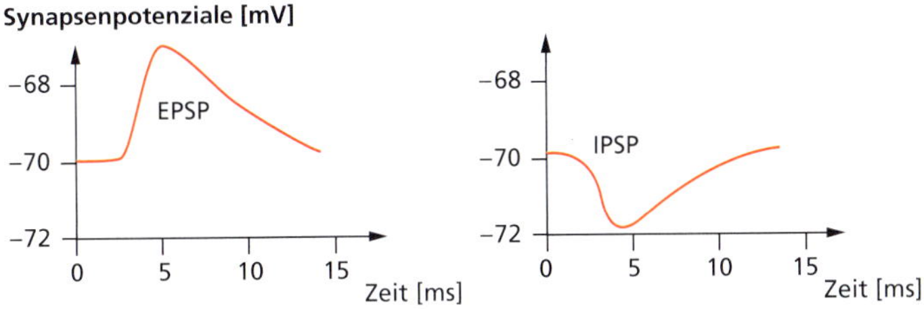

4.1.6 Von der Reizaufnahme bis zur Reaktion

Mit den Reiz aufnehmenden, erregungsleitenden, erregungsübertragenden und reagierenden Zellen und Zellstrukturen haben Tiere und Menschen die Möglichkeit, Reize der Umwelt wahrzunehmen, d. h., Informationen aufzunehmen, sie zu verarbeiten und zu speichern und in Abhängigkeit von Erfahrungen und Randbedingungen sinnvoll zu reagieren.

In den afferenten und efferenten Nervenbahnen sind die Neurone sehr unterschiedlich verbunden, sodass sich die Erregung
- entweder ausbreiten kann (divergentes Schaltprinzip),
- zusammengeführt wird (konvergentes Schaltprinzip),
- parallel verläuft (Parallelschaltprinzip) oder
- im Kreis verläuft (Kreisschaltung).

Neuronale Schaltprinzipien ermöglichen eine Vielfalt von Reaktionen auf Umwelteinflüsse.

Durch die synaptische Verarbeitung der Erregung und kollaterale (seitliche) Verbindungen der Neurite wird auf die **Reiz-Reaktions-Beziehung** fördernder oder hemmender Einfluss ausgeübt. So sind Beute jagende Tiere in der Lage, schnell zu reagieren und sich gleichzeitig gegen Feinde zu sichern.

Eine sich bewegende Maus löst bei der Katze die Verarbeitung optischer und akustischer Informationen, Vergleich mit Erfahrungen zum Beutefang und schließlich Sprung und Biss aus. Ein sich gleichzeitig annähernder Hund führt zu anderen Informationsverarbeitungsprozessen und Entscheidungen zwischen Beutefang und Abwehr. Welches Verhalten überwiegt, hängt von der **Reizstärke,** der **Erfahrung** und der **Motivation** ab.

Schematische Darstellung der Reiz-Reaktions-Beziehung

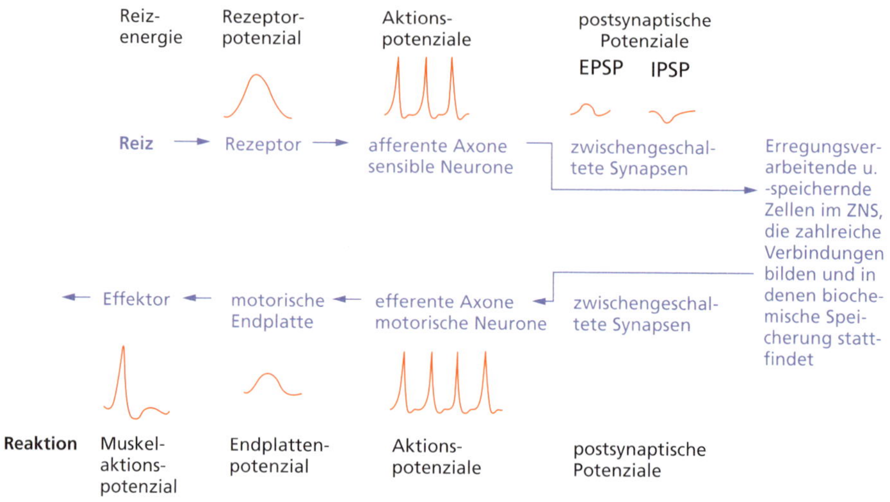

4.2 Sinnesorgane

- Auf die Lebewesen wirken mechanische, chemische, optische, elektrische, magnetische sowie thermische Reize ein.
- Organismen besitzen die Fähigkeit diese Reize aus ihrer Umgebung wahrzunehmen und darauf zu reagieren.
- Die Informationsaufnahme erfolgt über die Sinnesorgane (Auge, Ohr, Haut u. a.), welche die spezifischen Rezeptoren enthalten.
- Bei den Rezeptoren werden nach Art der aufgenommenen Reizenergie Mechano-, Chemo-, Thermo-, Fotorezeptoren u. a. unterschieden.
- Die Reizenergieaufnahme führt zur Veränderung der Membranpotenziale, die in Form von Aktionspotenzialen codiert über sensible Nerven in das ZNS geleitet werden.

Mithilfe der **Sinne und Sinnesorgane** können sich Organismen in ihrer Umwelt orientiern.

4.2.1 Vermittler zwischen Organismus und Umwelt

Organismen besitzen die Fähigkeit, Veränderungen aus ihrer Umgebung wahrzunehmen und darauf zu reagieren. Treten die Phänomene der Umwelt mit den **Sinnesorganen** in Wechselwirkung, dann sind es **Sinnesreize.** Diese werden von den unterschiedlichen Rezeptortypen in elektrochemische Signale umgewandelt und als **sensorische Erregung** in Form von Aktionspotenzialen über sensible afferente Nervenbahnen in das ZNS übertragen. Das Sinnesorgan vermittelt bestimmte **Sinneseindrücke,** die in ihrer Intensität (Quantität) unterschiedlich sein können. Die Summe dieser Sinneseindrücke wird als **Sinnesempfindung** bezeichnet. Das Gehirn interpretiert die sensorische Erregung unter Einbeziehung von gespeicherten Informationen, eine **Wahrnehmung** entsteht.

Bisher nahm man an, dass der Mensch vier Geschmacksqualitäten (süß, sauer, bitter und salzig) unterscheiden kann. Aber auch für Glutamat und Fett soll es Rezeptoren geben. Die Geschmacksrezeptoren verteilen sich nicht ganz gleichmäßig auf Zungenspitze, Zungenrand, Zungengrund und Gaumen. Der Geschmack wird durch Temperatur, Struktur und Konsistenz beeinflusst.

Geschmacksregionen der Zunge

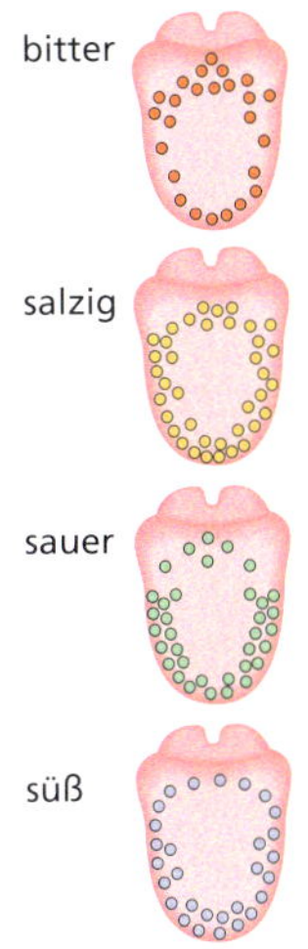

Vom Phänomen zur Wahrnehmung

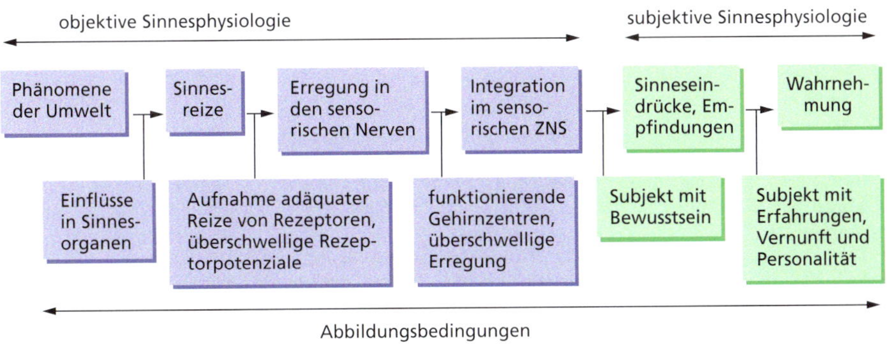

Räumliches Sehen und Entfernungssehen sind Leistungen beider Augen.

Sinnesorgane sind zur Aufnahme von Sinnesreizen fähige, mit sensiblen Nerven in Verbindung stehende Einrichtungen im Körper von Vielzellern. Sie bestehen aus zahlreichen Rezeptoren, die von Schutz- und Hilfseinrichtungen umgeben sind.

Rezeptoren sind modifizierte Nerven- oder Epithelzellen, die nach der Art der aufgenommenen Reizenergie unterschieden werden.

Reizarten	Energieform	Ort der Reizaufnahme	Sinne	Empfindungen
Licht (optische Reize)	elektromagnetische Energie	Fotorezeptoren in der Netzhaut (Retina) des Auges	Lichtsinn (Gesichtssinn)	hell und dunkel, Farben, Bewegungen, räuml. Sehen, Entfernungs- und Bildsehen
elektrische Felder		Fische: Schwanzregion, Schnabeltier: Schnabel	elektrischer Sinn	Veränderungen der elektrischen Feldstärke
Magnetfelder		Honigbiene: Magnetit im Hinterleib	Magnetsinn	Richtung des Feldes und Veränderungen der magnet. Feldstärke
mechanische Reize	mechanische Energie	Säuger: Rezeptoren im Innenohr	Schallsinn (Gehörsinn)	Töne und Lautstärken, Geräusche
		Lagerezeptoren im Vorhof und Bewegungsrezeptoren in den Bogengängen im Innenohr	Gleichgewichtssinn	Körperlage im Raum, Haltung und Bewegung
		Rezeptoren und freie Nervenendigungen in der Haut u. inneren Organen	Druck- und Berührungssinn	Druck- und Berührungsempfindungen
chemische Reize	chemische Energie	Chemorezeptoren im Riechfeld der Nasenschleimhaut	Geruchssinn	Geruchsqualitäten (z. B. faulig, blumig, brenzlig)
		Chemorezeptoren in Geschmacksknospen der Zunge und des Gaumens	Geschmackssinn	Geschmacksqualitäten (z. B. süß, sauer, bitter, salzig)
Temperaturveränderungen	thermische Energie	Thermorezeptoren der äußeren Haut und Schleimhaut	Temperatursinn	Temperaturunterschiede, Wärme- und Kälteempfindung
alle Reizarten	alle Energieformen	freie Nervenendigungen	Schmerzsinn	Schmerzen

4.2.2 Lichtsinn

Das Licht besteht aus Lichtquanten (Photonen), die man sich als kurze „Wellenzüge" vorstellen kann. Das für das menschliche Auge sichtbare Licht ist nur ein kleiner Teil des **elektromagnetischen Spektrums,** der **Wellenlängenbereich** von 390–780 nm. Andere Tiere können im länger- und kürzerwelligen Bereich dieses Spektrums elektromagnetische Wellen wahrnehmen. Die Lichtsinnesorgane vermitteln optische Sinneseindrücke, mit deren Hilfe sich Organismen in ihrer Umgebung orientieren.

Die **Komplexaugen (Facettenaugen)** ermöglichen ein hohes zeitliches Auflösungsvermögen. Unter den Krebsen ist das **Farbensehen** weit verbreitet.

Aussschnitt aus dem Spektrum elektromagnetischer Wellen

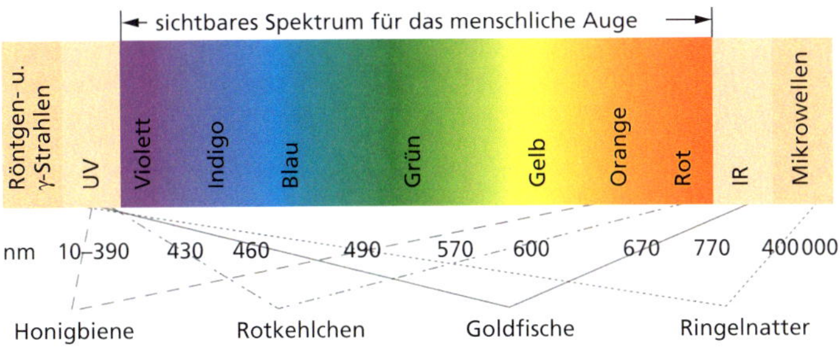

Der **Lichtsinn** ist die Fähigkeit bzw. das Vermögen, elektromagnetische Wellen wahrzunehmen.

Alle **Wirbeltieraugen** können akkommodieren und erzeugen in einem bestimmten Abstand von Linse und **Netzhaut (Retina)** ein scharfes Bild. Die **Akkommodation** kann durch die Regulierung dieses Abstands bzw. durch die Veränderung des Krümmungsradius der Linse erfolgen.
Die Brechkraft des Auges kommt durch den optischen Apparat zustande, der aus **Hornhaut, Kammerwasser, bikonvexer Linse** und **Glaskörper** besteht.

Der **Aufbau des Wirbeltierauges** ist trotz artspezifscher Anpassungen als Lichtsinnesorgan sehr einheitlich.

Bau des menschlichen Auges

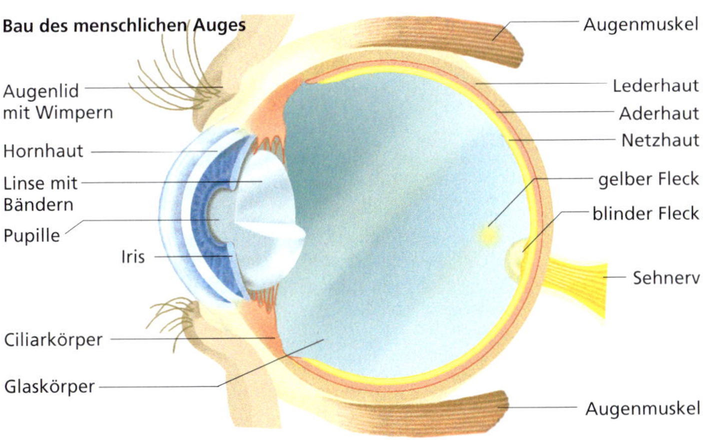

Durch **Auge und Sehvorgang** vermittelte Eindrücke, die den gespeicherten Informationen widersprechen, führen zu **optischen Täuschungen.**

Nachtaktive Tiere besitzen eine reflektierende Zellschicht *(Tapetum lucidum)* vor der Pigmentschicht, die Teile des einfallenden Lichtes noch einmal auf die Retina reflektieren („Katzenauge").

Die meisten Organismen werden ständig mit wechselnden Lichtverhältnissen konfrontiert. Die Augen höher entwickelter Tiere können diese Helligkeitsunterschiede durch verschiedene Mechanismen der **Adaptation** ausgleichen. Im Verlauf der Evolution wurden bei tag-, dämmerungs- und nachtaktiven Wirbeltieren unterschiedliche Netzhauttypen ausgebildet.

Einige ausschließlich tagaktive Eidechsen besitzen in der **Netzhaut (Retina)** nur die weniger lichtempfindlichen **Zapfen,** die für das Tages- und Farbensehen zuständig sind. Einige nachtaktive Tiere (Mausmaki, ↗ Foto, Fledermäuse, Maulwürfe) weisen in der Retina nur die sehr lichtempfindlichen **Stäbchen** auf, die für das Dämmerungssehen verantwortlich sind. Die übrigen Wirbeltiere haben eine gemischte Retina aus Zapfen und Stäbchen.

Schematischer Aufbau der Retina

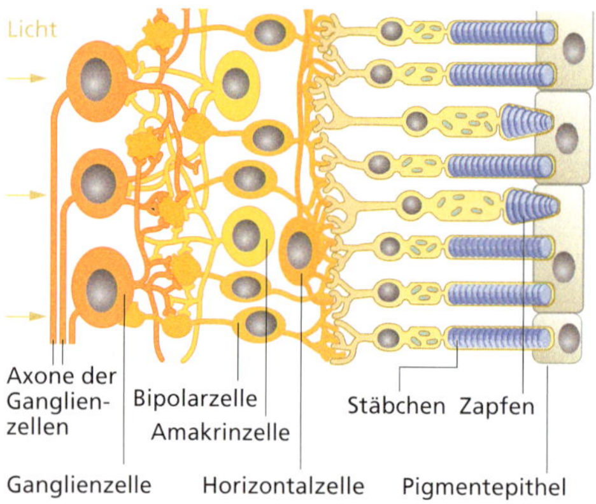

Fotorezeptoren

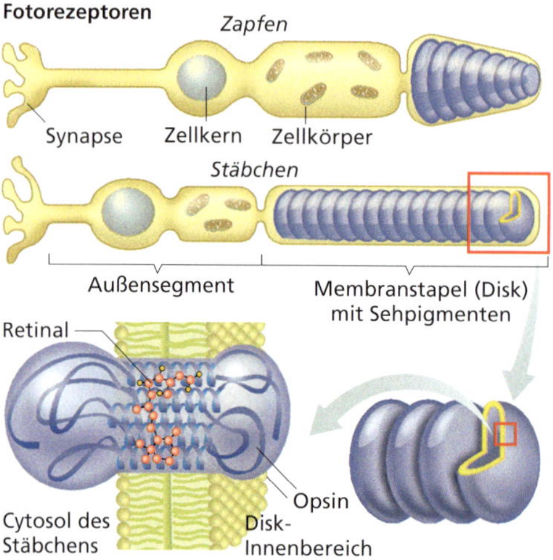

Obwohl die **Fotorezeptoren** dem Licht abgewandt sind, kommt es aufgrund der geringen Dicke der Retina (bei Säugern 0,1 mm) und der dichten Rezeptorpackung zu einer fast unabgeschwächten Photonenaufnahme durch die Sehfarbstoffe und eine große Sehschärfe wird ermöglicht. In den Fotorezeptoren werden die Lichtquanten durch einen **Sehfarbstoff** absorbiert. Durch die Lichtabsorption ändert der Sehfarbstoff seine chemische Struktur.

Alle Sehfarbstoffe bestehen aus einem Protein- **(Opsin)** und einem Pigmentanteil (z. B. 11-*cis*-Retinal). Das **Retinal** bildet sich aus Carotin.

Die etwa 130 Mio. Rezeptoren im menschlichen Auge geben ihre elektrischen Signale an etwa 1 Mio. Bipolarzellen (Ganglienzellen) weiter. Dazwischen geschaltet sind so genannte **Horizontalzellen** und **amakrine Zellen**, die Querverbindungen zwischen den Rezeptoren und den nachgeschalteten Zellen herstellen. Im Sehnerv jedes Auges verlaufen die Axone der Ganglienzellen, die die empfangenen Signale als AP ans Gehirn weiterleiten. Nur etwa 20 % der in der Sehrinde eintreffenden Signale stammen aus den Fotorezeptoren der Retina, der restliche Anteil entfällt auf Informationen aus anderen Hirnteilen und Erfahrungen.

4.2.3 Schallsinn

Der **Schallsinn** ist ein Fernsinn. Eine Schallquelle verdichtet (erhöhter Druck) oder verdünnt (verringerter Druck) das umgebende Medium. Diese Druckschwankungen breiten sich in der Luft unter Normbedingungen ($T = 273{,}15\ \text{K} = 0\ °\text{C}$, $p = 101{,}3\ \text{kPa}$) mit einer Schallgeschwindigkeit von $330\ \text{m} \cdot \text{s}^{-1}$ aus.

Ein **Vergleich der akustischen Sinnesorgane der Tiere** zeigt, dass sie auf Schwingungen von Masseteilchen **(Schall)** reagieren.

Druckschwankungen, die sich wellenförmig ausbreiten, bezeichnet man als **Schall.**

Die **Schallwellen** erreichen das menschliche Hörorgan über die **Ohrmuschel** und den Gehörgang. Sie führen zu Schwingungen des **Trommelfells.** Die Schwingungen werden durch die Hebelkonstruktion der **Gehörknöchelchen** und das Flächenverhältnis Trommelfell/**ovales Fenster** in kräftigere Schwingungen übersetzt und auf das ovale Fenster übertragen. Das ovale Fenster versetzt die **Perilymphe** im **Vorhofgang** der **Schnecke** in Schwingungen. Diese führt zur Auslenkung des Endolymphschlauches im **Schneckengang,** dadurch wird die **Basilarmembran** nach unten gedrückt. Der Basilarmembran ist das **cortische Organ** aufgelagert, das die **Hörsinneszellen** enthält. Die Abscherung der Sinneshaare bewirkt eine Änderung der Membranpermeabilität der Haarzellen, die zur Ausbildung von Rezeptorpotenzialen führt, d. h., dort erfolgt die Umwandlung der Schallwellen in Erregung.
Für jede Schallfrequenz (Tonhöhe) entsteht die Ausbuchtung der Basilarmembran an einem anderen Ort und führt zur Erregung der Haarsinneszellen an dieser Stelle.

Die Frequenz einer Schallschwingung bezeichnet man als **Tonhöhe,** ihre Amplitude als **Tonstärke** oder Lautstärke.

Lärm führt zur Funktionsbeeinträchtigung im Innenohr.

Aufbau des menschlichen Ohres

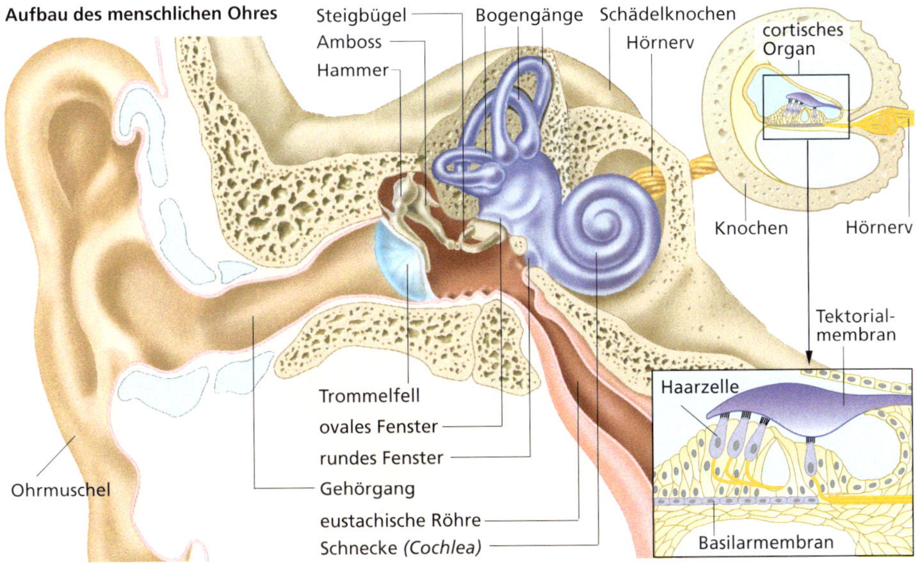

4.2.4 Gleichgewichtssinn

Zum **Gleichgewichtssinn** gehören **Lage- und Bewegungssinn.** Das Gleichgewichtsorgan und das Hörorgan liegen beim Menschen im **Innenohr.** Das Innenohr besteht aus der Schnecke *(Cochlea)*, außerdem aus den drei Bogengängen und dem oberen sowie unteren Bläschen *(Utriculus* und *Sacculus)*. Diese Teile gehören zum Lage- und Bewegungssinn (Gleichgewichtssinn).

In die Gallertschicht sind $CaCO_3$-Kristalle (1–15 µm) eingelagert.

Jede Sinneszelle trägt einen Schopf aus 60 bis 80 Härchen *(Stereocilien)* und einem Kinocilium.

Die statischen Sinnesorgane tragen Sinneszellen mit haarförmigen Zellmembranausstülpungen (Cilien), deren Lage zueinander die Richtungsspezifität der Wahrnehmung bestimmt. Die Cilien ragen in eine gallertartige Masse hinein. Eine Veränderung der Cilienlage durch einen zu- oder abnehmenden Druck auf den Cilien bewirkt eine Zugkraft und somit die Abscherung der Sinneshärchen. Damit kann die Richtung der **Schwerkraft** wahrgenommen werden.
Die **Bogengänge** stehen in den drei Raumebenen senkrecht aufeinander. Jede schnelle Drehbewegung beeinflusst die Endolymphe in mindestens einem Bogengang pro Kopfseite. Diese durch Trägheit verursachte relative Bewegung der Endolymphe führt zum Abbiegen der Gallertzunge *(Cupula)* und somit zur Abscherung der Sinneshärchen.

Die Gleichgewichtsorgane erfüllen zwei Funktionen.
Sie melden dem ZNS:
- die Richtung der Schwerkraft,
- beschleunigte oder verzögerte lineare Bewegungen und Drehbewegungen in alle Richtungen des Raumes.

Gleichgewichtsorgane im Innenohr

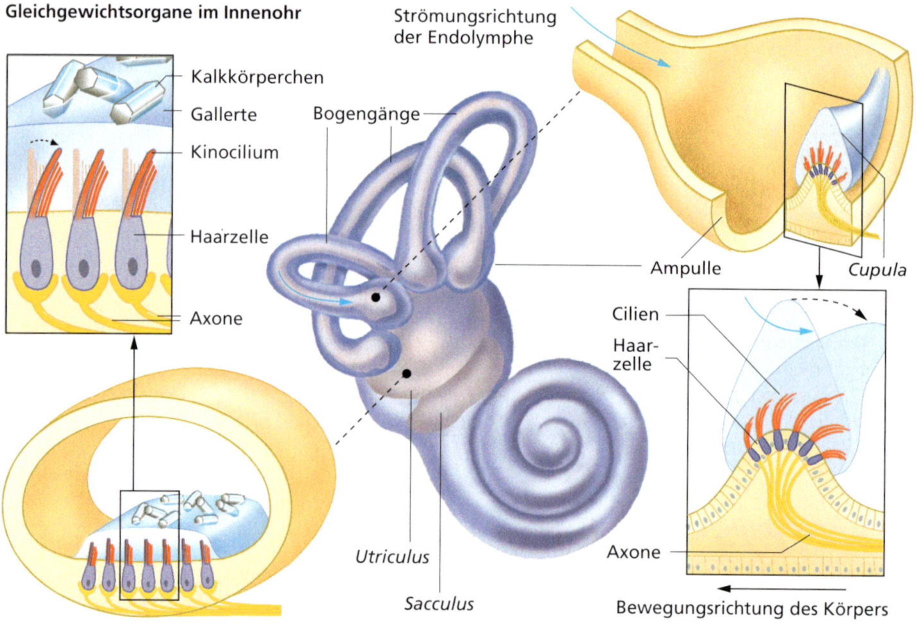

4.2.5 Hautsinne

Die **Haut** ist ein wichtiges Sinnesorgan. Mit ihr nimmt man Druck, Berührungen, Vibrationen, Temperaturen und Schmerzen wahr.
Der **Tastsinn** fasst die Leistung von verschiedenen Rezeptortypen in der Haut und Unterhaut zusammen. Berührungsreize lösen u. a. Ausweich-, Abwehr- oder Fluchtbewegungen aus. Der Ferntastsinn ermöglicht das Wahrnehmen von Objekten aufgrund von Luft- und Wasserbewegungen. Diese Rezeptoren werden durch mechanische Deformation erregt.

Der **Hautsinn** umfasst Tast-, Temperatur- und Schmerzsinn.

Die Dichte der **Tastrezeptoren** beim Menschen verschiedener Körperpartien ist unterschiedlich. Der Abstand für eine getrennte Wahrnehmung zweier Berührungsreize beträgt: Fingerspitze 2 mm, Zungenspitze 1 mm, Handrücken 31–32 mm und Rücken 60–70 mm.

Die Grubenottern, zu denen die Klapperschlangen gehören, haben hinter ihren Augen paarige, in zwei Gruben liegende Infrarotrezeptoren, die sehr empfindlich auf Wärmestrahlung reagieren. Die Wärmestrahlung einer Maus kann auf 1 m Entfernung wahrgenommen werden.

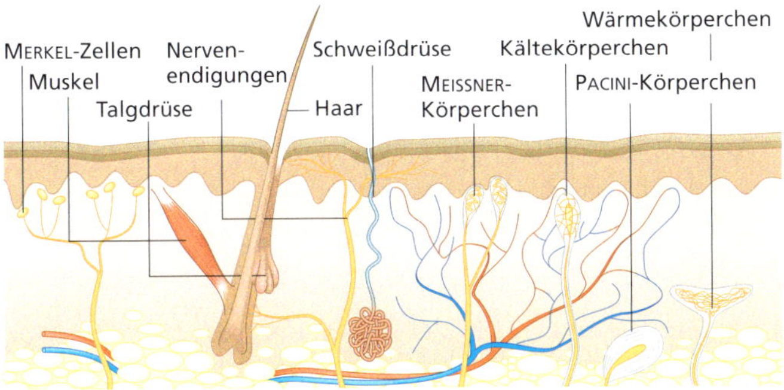

Tastrezeptoren im Vergleich			
Rezeptortypen	**Druckrezeptoren**	**Berührungsrezeptoren**	**Vibrationsrezeptoren**
Rezeptor-bezeichnung	MERKEL-Zellen, Tastscheiben	MEISSNER-Körperchen, Haarwurzelrezeptoren	PACINI-Körperchen
Rezeptor-funktion	messen die Druckintensität sowie die Reizwirkungsdauer	messen die Geschwindigkeit der Deformation	messen die Beschleunigung der Deformation

Ein **Temperatursinn** wird bei allen Tieren vermutet. Er ermöglicht die Wahrnehmung von Temperaturreizen und ist damit Voraussetzung für die **Thermoregulation**. Man unterscheidet die Qualitäten warm und kalt. Beim Menschen liegen die Kälterezeptoren dichter und näher an der Oberfläche als die Wärmerezeptoren.
Der **Schmerzsinn** vermittelt unangenehme Sinnesempfindungen. Er informiert über schädigende Einflüsse im Körperinneren oder von außen. Schmerzreize werden von spezifischen Schmerzrezeptoren in der Haut und in vielen Organen wahrgenommen. An der Wahrnehmung von Schmerzen sind sensorische, emotionale und vegetative Komponenten beteiligt.

Die Schmerzpunkte liegen etwa um den Faktor 10 dichter als Druck- und Temperaturpunkte.

Geschmacksknospen der Zunge

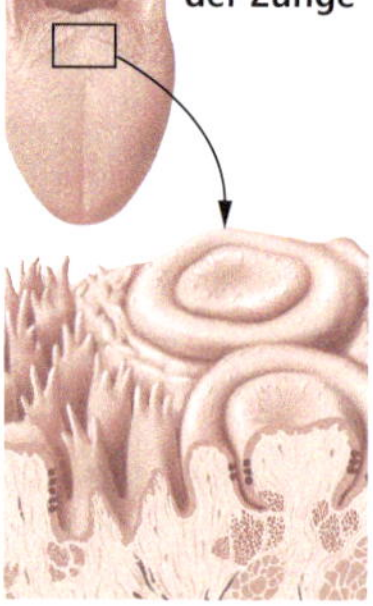

4.2.6 Chemischer Sinn

Der **Geruchs- und Geschmackssinn** werden als **chemischer Sinn** zusammengefasst, da beide Sinne an chemische Substanzen als Reizauslöser gekoppelt sind. Die Teilchen binden an ein spezifisches Membranprotein des Rezeptors und verändern die Membrandurchlässigkeit für Ionen. Die Depolarisation der Rezeptormembran führt zur Potenzialentstehung.

Kennzeichen (Mensch)	Geschmackssinn	Geruchssinn
Rezeptorlage	sekundäre Rezeptoren auf der Zunge	primäre Rezeptoren im Nasen-Rachen-Raum
adäquater Reiz	Moleküle, Ionen	Moleküle
Zahl der Qualitäten	6 (mit Glutamat und Fett)	zahlreich, schwer abgrenzbar
absolute Empfindlichkeit	10^{16} und mehr Moleküle/ml Lösung	10^{7} Moleküle/ml Luft
biologische Bedeutung	Nahsinn, Nahrungskontrolle	Nah- und Fernsinn, Futtersuche, Hygiene, Fortpflanzung, Kommunikation, Nahrungskontrolle

Die Riechschleimhaut in der Nase von Hunden nimmt eine Fläche von 85 cm^2 ein und enthält $2{,}3 \cdot 10^8$ Rezeptoren. Auf einer Fläche von 2,5 bis 5 cm^2 weist der Mensch $3 \cdot 10^7$ Rezeptoren auf.

4.2.7 Elektrischer Sinn und Magnetsinn

Elektrischer Sinn und Magnetsinn dienen der Orientierung.

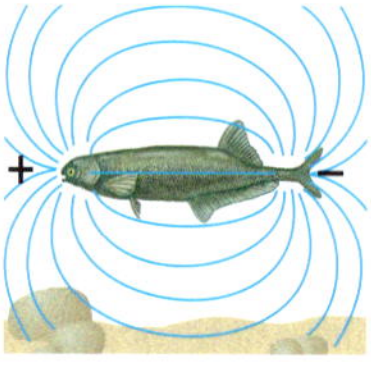

Viele Unterwasserorganismen verschiedener Wirbeltierklassen haben die Fähigkeit entwickelt, **elektrische Felder** eines Körpers wahrzunehmen. Die **elektrischen Signale** dienen dem Erkennen und Orten von Objekten sowie der Kommunikation.

Nilhechte und Messerfische haben elektrische Organe in der Schwanzregion, mit denen sie ein elektrisches Feld aufbauen. Gegenstände mit anderer Leitfähigkeit verändern das elektrische Feld. Diese Veränderungen können von den zahlreichen besonderen Elektrorezeptoren in der Haut wahrgenommen werden.

Die Erde hat ein **Magnetfeld**. An den magnetischen Polen der Erde wirkt die magnetische Kraft senkrecht, am Äquator parallel zur Erdoberfläche. Für die Orientierung der Tiere im Magnetfeld spielen die Stärke und die Richtung des Feldes eine Rolle.

Wichtiger Bestandteil des Magnetsinnes, der bei unterschiedlichsten Lebewesen von Bakterien bis zu den Walen vorkommt, sind **Magnetit-Kristalle** (Fe_3O_4). Bei Delfinen liegen Magnetit-Kristalle im Siebbein des Schädels. Sie können damit noch Unterschiede des magnetischen Flusses bis zu 10^{-11} Tesla wahrnehmen ($1 \text{ Tesla} = 1 \text{ Vs} \cdot \text{m}^{-2}$).

4.3 Informationsverarbeitung und -speicherung

- Wirbellose Tiere besitzen radiärsymmetrische oder bilateralsymmetrische Nervensysteme (NS).
- Das NS der Wirbeltiere wird unterteilt in das zentrale NS (ZNS), das periphere NS (PNS).
- Das ZNS besteht aus Gehirn und Rückenmark, die bilateralsymmetrisch (zweiseitig) angelegt sind.
- Das PNS hat einen efferenten und einen afferenten Anteil.
- Den autonom (unwillkürlich) arbeitenden Teil des NS nennt man Vegetatives NS (VNS).

4.3.1 Nervensysteme von Wirbellosen (Invertebraten)

Bei den wirbellosen Tieren sind unterschiedliche Typen von **Nervensystemen (NS)** ausgebildet. Mit der Evolution der zweiseitigen (bilateralen) Symmetrie findet eine fortschreitende Zentralisation der Nervensysteme und Cephalisation (Kopfbildung) statt. Ein bilateral-symmetrisches NS besteht häufig aus einem **peripheren (PNS)** und einem **zentralen (ZNS) Nervensystem.** Das ZNS setzt sich aus dem Gehirn im Kopfteil und einem oder zwei von ihm ausgehenden Marksträngen zusammen. Markstränge sind Bündel von Nervenfasern, die längs am Körper verlaufen.

Nervensysteme wirbelloser Tiere sind sehr unterschiedlich.

Das Nervensystem ist ein aus Neuronen (↗ S. 139) aufgebautes koordinierendes Organsystem. Es erfüllt drei Aufgaben:

1. die Wahrnehmung der unterschiedlichen Reizarten (↗ S. 142) mithilfe der Rezeptoren,
2. die **Informationsverarbeitung** und **-speicherung** auf allen Ebenen des Nervensystems und
3. die Beantwortung der Informationen mit entsprechenden Verhaltensweisen bzw. die Steuerung innerer Organe.

Die marine Schnecke *Aplysia* (Seehase) besitzt mit einem einfachen NS – ca. 20 000 relativ große Neuronen – die Fähigkeit zu lernen.

Radiärsymmetrisches Nervensystem		Bilateralsymmetrisches Nervensystem	
Nesseltiere	**Stachelhäuter**	**Plattwürmer**	**Gliedertiere**
Bsp.: Süßwasserpolyp 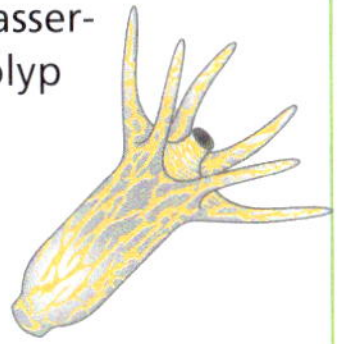 Nervennetz, das gering oder gar nicht zentral gesteuert wird.	Bsp.: Seestern  Von einem zentralen Nervenring ziehen radiäre Nervenstränge in die Arme.	Bsp.: Strudelwurm 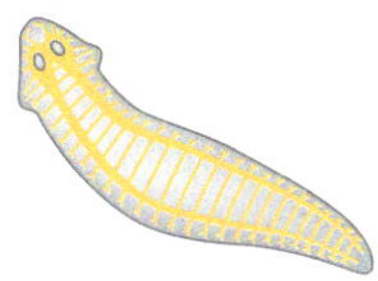 Das NS besteht aus einem kleinen Gehirn und zwei oder mehreren Marksträngen.	Bsp.: Insekt 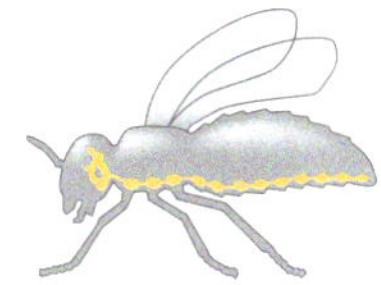 Das NS besteht aus einem Gehirn und zwei zum Bauchmark verbundenen Nervensträngen.

4.3.2 Nervensystem der Wirbeltiere (Vertebraten)

Es gibt funktionell unterschiedliche Gliazellen:
Astrocyten kleiden Blutkapillaren im Gehirn aus, Oligodendrocyten umschließen und isolieren Neuronen mit ihrer Markscheide.

Das **Nervensystem** (NS) der Wirbeltiere besteht aus Neuronen und Gliazellen. Die Gliazellen isolieren, schützen und unterstützen die Neuronenfunktion. Das Nervensystem der Wirbeltiere kann unterteilt werden:

1. in das **zentrale Nervensystem** (ZNS), in dem Informationen verarbeitet werden, sowie
2. in das **periphere Nervensystem** (PNS), das Informationen von den Rezeptoren in das ZNS und zu Muskel- und Drüsenzellen sendet.

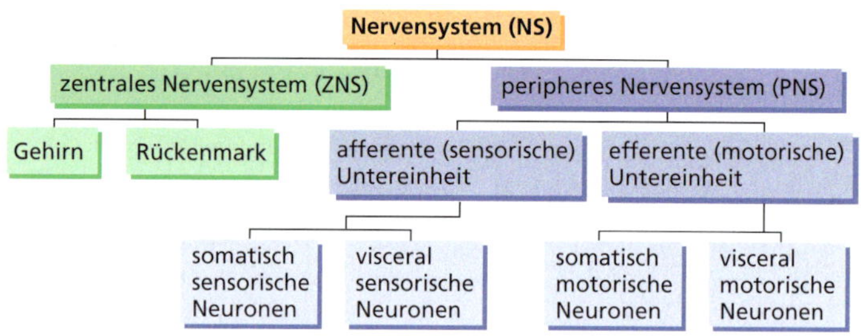

Der afferente Teil des PNS überträgt Information an das ZNS, der efferente Teil gliedert sich in das somatische NS, das die Skelettmuskulatur steuert und das viscerale NS, das für die glatte Muskulatur, den Herzmuskel und die Organe des Verdauungs-, Hormon- und Ausscheidungssystems verantwortlich ist. Dieser Teil ist nicht willentlich beeinflussbar. Zusammen mit sensorischen und zentralnervösen Anteilen des NS, die unbewusst und unwillkürlich arbeiten, wird dieser Teil des NS als **vegetatives** oder **autonomes Nervensystem** bezeichnet.

Das **vegetative Nervensystem (VNS)** besteht aus den zwei Gegenspielern **Parasympathicus** und **Sympathicus.** Es regelt die lebensnotwendigen Körperfunktionen (z. B. Atmung, Stoffwechsel, Blutdruck) so, dass sie den Bedürfnissen des Körpers optimal entsprechen. Diese Regelung funktioniert unwillkürlich (ohne Bewusstsein) und wird daher auch als autonomes NS bezeichnet.

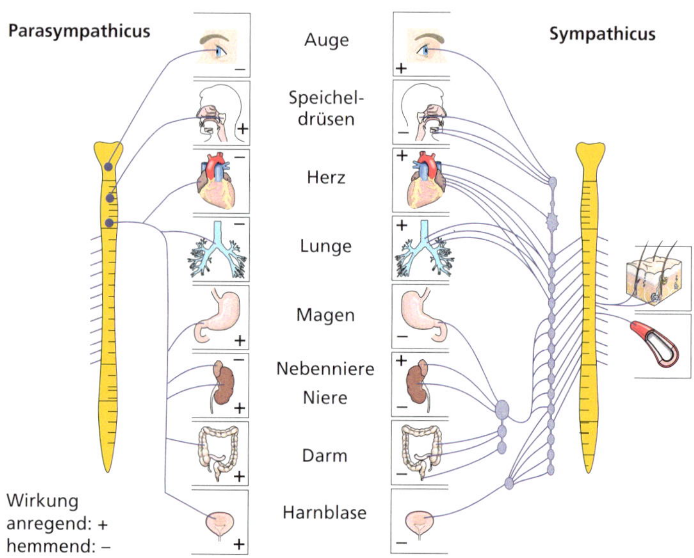

Das PNS des Menschen besteht aus 43 paarig angelegten Nerven. Die 12 Hirnnerven entspringen dem Hirnstamm und beeinflussen die Organe des Kopfes und des Oberkörpers. Die restlichen 31 paarigen Nerven treten aus der Wirbelsäule aus und ziehen in den gesamten Körper. Die meisten Hirnnerven enthalten sensorische und motorische Fasern. Der Sehnerv und der Geruchsnerv setzen sich nur aus sensorischen Fasern zusammen. Das ZNS ist die integrierende Verbindungsstelle zwischen der sensorischen und motorischen Untereinheit des PNS.

Das ZNS der Wirbeltiere besteht aus Gehirn und **Rückenmark,** die bilateralsymmetrisch angelegt sind.

Das Nachhirn geht ohne Begrenzung in das **Rückenmark** über. Das Rückenmark verläuft im Wirbelkanal der Wirbelsäule und endet mit einer kegelförmigen Spitze in der Höhe des 2. Lendenwirbels.

Das **Rückenmark** besteht außen aus **Nervenfasern** (weiße Substanz) und innen, schmetterlingsförmig angeordnet, aus **Nervenzellkörpern** (graue Substanz). Das Rückenmark leitet Impulse weiter und vermittelt unbedingte Reflexe.

Im ZNS liegen mehrere flüssigkeitsgefüllte Hohlräume. Der Zentralkanal durchzieht das Rückenmark und weitet sich im Gehirn zu Kammern (Ventrikel). Die Flüssigkeit *(Liquor cerebrospinalis)* umgibt das Gehirn, absorbiert mechanische Stöße und transportiert Nährstoffe, Hormone und weiße Blutzellen in verschiedene Areale des Gehirns. Alle Wirbeltiergehirne entwickelten sich aus drei blasenartigen Ausstülpungen am vorderen Ende des Rückenmarks: Vorder-, Mittel- und Rautenhirn. Die evolutionären Veränderungen des Wirbeltiergehirns zeigen sich in der relativen Größenzunahme des Gehirns, der Differenzierung der Gehirnfunktionen und der Komplexität des Vorderhirns.

Rückenmark

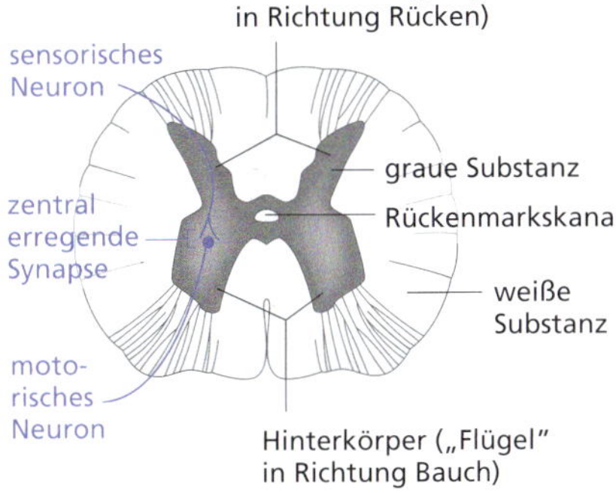

Pro Tag werden im menschlichen Gehirn ca. 650 ml Liquor produziert und resorbiert.

Art	Oberfläche in mm^2	Gehirngewicht in g	Anteil am Körpergewicht
Elefant	301 343	4 924	0,08 %
Mensch	112 471	1 590	2,25 %
Rind	49 849	540	0,07 %
Schimpanse	39 572	375	0,80 %

Gehirn sowie Lappen und Rindenfelder

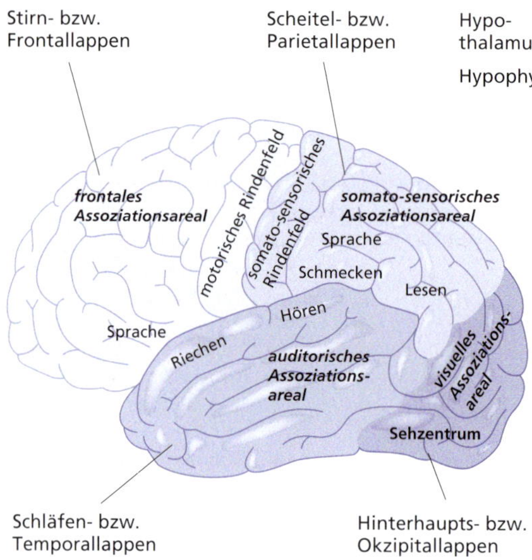

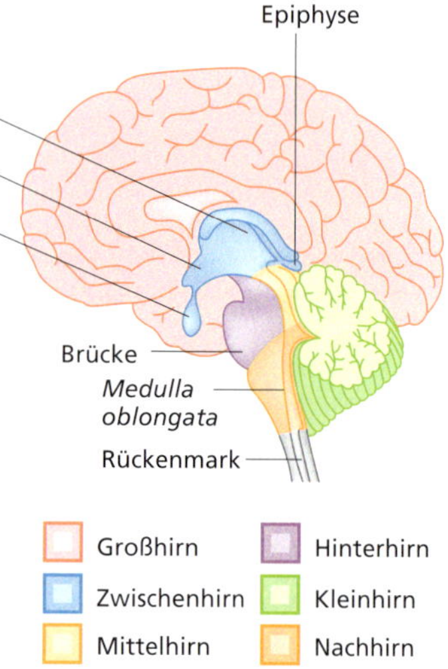

Das **menschliche Gehirn** liegt in der knöchernen Schädelkapsel. Seine untere Seite ist relativ flach und ruht auf der knöchernen Schädelbasis, die gewölbte Oberfläche grenzt an das Schädeldach. Es wird von drei schützenden Hirnhäuten umgeben.

Das menschliche Gehirn enthält etwa 100 Mrd. Neuronen.

Das **Gehirn der Wirbeltiere** gliedert sich in 5 Abschnitte. Jeder Abschnitt erfüllt bestimmte Aufgaben. Das Kleinhirn und das Großhirn bestehen aus Hirnrinde (graue Substanz) und Hirnmark (weiße Substanz). Die Oberfläche beider Hirnabschnitte ist durch Furchen und Windungen stark vergrößert. Das Großhirn ist in somato-sensorische und motorische Rindenfelder unterteilt. Die motorischen Rindenfelder steuern alle bewussten Verhaltensweisen, wie z. B. Sprechen und Schreiben. Die beiden Hirnhälften (Hemisphären) des Großhirns haben unterschiedliche Funktionen. Die linke Hemisphäre ist für die Sprache und analytische Fähigkeiten verantwortlich, räumliche Wahrnehmung und künstlerische Fähigkeiten sind in der rechten Hemisphäre lokalisiert.

Eine ungesunde Lebensweise (Alkoholismus, Fehlernährung, Stress) kann zu Erkrankungen des Nervensystems führen.

Die Hirnrinde *(Cortex)* des Menschen ist ca. 5 mm dick und macht ca. 80 % der Gesamtmasse des Gehirns aus. Die Hirnrinde enthält ca. 50 Milliarden Neuronen und erreicht durch Einfaltung eine größere Oberfläche. Plazentatiere besitzen einen stark gefalteten *Cortex*. Vergleicht man die Oberfläche der Hirnrinde relativ zur Körpergröße verschiedener Tiere, so liegen Tümmler hinter dem Menschen auf Platz 2. Die Oberfläche einer Hemisphäre des menschlichen Großhirns beträgt ca. 112 471 mm^2.

Die Gehirnforschung hat gezeigt, dass es gewisse Unterschiede im Bau und in der Funktion von männlichen und weiblichen Gehirnen gibt.

Gehirnabschnitte	Aufbau der Gehirnabschnitte	Funktionen
Großhirn	– Oberfläche des menschlichen Großhirns zu etwa 66 % in Furchen ver borgen – Hirnhälften über Balken miteinander verbunden – Cortex in Rindenfelder (sensorische, motorische und Assoziations regionen) unterteilt – graue Substanz enthält Zellkörper, weiße Substanz enthält Axone	– Zentrum von Gefühlen, Denken, Verhalten, Gedächtnis, bewussten Handeln, Lernen und Wortsprache – Aufnahme, Verarbeitung und Weiterleitung von Informationen – Assoziationsbahnen verbinden Rindenfelder miteinander – Projektionsbahnen verbinden Hirnteile und Rückenmark miteinander – Assoziationsfelder verknüpfen Informationen der Sinnesorgane sowie anderer Hirnteile
Zwischenhirn	Thalamus	– Umschaltstation zwischen Sinnesorgan (Auge, Innenohr, Haut) und grauer Substanz der Hirnrinde
	Hypothalamus	– Steuerzentrale des VNS, Steuer- und Regelzentrum für Körperfunktionen (u. a. Hunger, Durst, Körpertemperatur,Wasserhaushalt), Verhalten (Flucht, Angriff) sowie den Biorhythmus (Schlaf-Wachzustand) – Schaltzentrale zwischen Nerven- und Hormonsystem
Mittelhirn	– besteht aus drei Stockwerken (Dach, Haube Fuß)	– Integrations- und Verarbeitungszentrale für sensorische Informationen – Umschaltstation zwischen Sinnesorgan und Muskulatur – Reflexzentrum (Pupillenreflex)
	– große Areale bilden Vierhügelplatte	– Hörnervenfasern verlaufen oder enden an Vierhügelplatte
Kleinhirn	– domförmige Aufwölbung mit stark gefurchter Oberfläche – Neukleinhirn bei Säugern	– Koordination von Bewegungen und Gleichgewicht (Gelenkstellung, Muskellänge) sowie Befehlsformulierung für Körperaktivitäten
Hinterhirn, Nachhirn	– die oberhalb liegende Brücke und das verlängerte Rückenmark *(Medulla oblongata)* verbinden Rückenmark und Mittelhirn	– Reflexzentrum (Kauen, Husten , Niesen, Schlucken, Speichel- und Tränenfluss) – Kreislauf- (Herzfrequenz-, Blutdruckregulation) und Atmungszentrum (Rhythmusvorgabe für Ein-, Ausatmen)

4.3.3 Gedächtnis, Sprache, Bewusstsein

Gedächtnisleistungen von Tieren und Menschen bieten immer wieder neue Erkenntnisse.

Gedächtnis ist **wiederabrufbare Informationsspeicherung.** Gedächtnis ist an neuronale Strukturen und ihre Fähigkeit, Informationen der Umwelt zu verarbeiten und zu speichern, gebunden, das heißt, Lernen (Wissenserwerb) und Gedächtnis (Wissensabruf) beeinflussen und bedingen sich.

Gedächtnisleistungen wurden bei Planarien, verschiedenen Mollusken (z. B. *Aplysia* und *Octopus*), zahlreichen Insekten und den Wirbeltieren, speziell den Säugetieren, nachgewiesen.

Schritte der Speicherung von Information

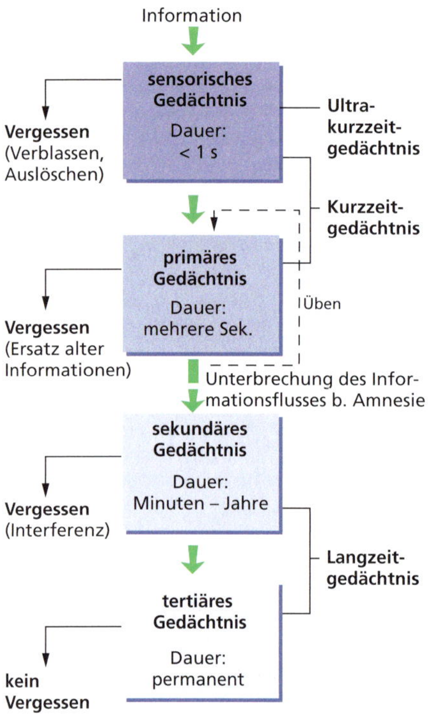

Weitgehend anerkannt sind folgende Merkmale des menschlichen Gedächtnisses:

- Nur etwa ein Prozent der bewusst aufgenommenen Informationen wird langfristig gespeichert.
- Die Menge der zu speichernden Information ist begrenzt.
- Einzelinformationen werden nach nervöser Verarbeitung meist generalisiert.
- Die Speicherung der Information erfolgt in mehreren Schritten.
- In jedem der Teilschritte ist ein Vergessen möglich.
- Wiederholte Aufnahme und Verarbeitung der Information erleichtert die Überführung der Information in das **Langzeitgedächtnis.**
- Beim Menschen besteht die zusätzliche Möglichkeit der Abstraktion durch Verbalisierung.

Wenig bekannt sind die neuronalen Prozesse bei der Gedächtnisbildung. Das sensorische Gedächtnis ist auf Erregungsleitung, das primäre Gedächtnis auf kreisende Erregungen, das sekundäre und tertiäre Gedächtnis auf biochemische Prozesse zurückzuführen. **Gedächtnisstörungen** werden als **Amnesie** bezeichnet.

Sprache entwickelte sich als Ergebnis einer weiteren Differenzierung von Gehirnabschnitten, komplexer Interaktionen zwischen mehreren Assoziationsfeldern (↗ S. 158) und anatomischen Veränderungen im Kehlkopfbereich.
Diese notwendigen Entwicklungen sind nach bisheriger Kenntnis nur beim Menschen gegeben, er ist als einzige Art fähig, artikuliert zu sprechen. Viele Tiere haben sprachähnliche Kommunikationsformen. Für das Sprechen sind die Sprachregionen, die sich in der Regel in der linken Hemisphäre des Gehirns befinden, verantwortlich.

Sprachregionen des Gehirns

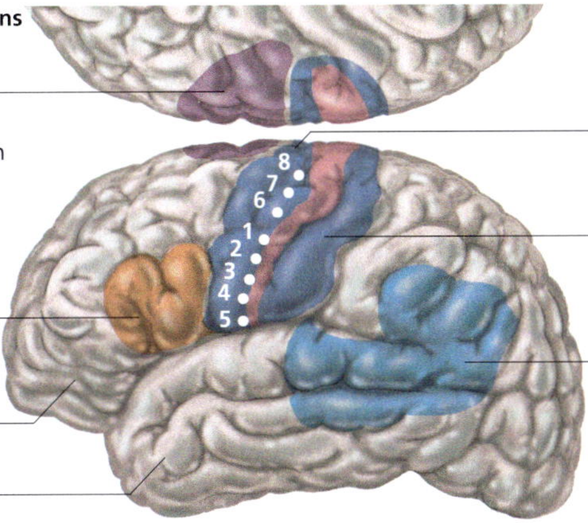

Die **frontale (primäre) Sprachregion (Broca-Areal)** ist wichtig für die Formulierung von Wörtern und Sätzen, sie steht in enger Beziehung zu den motorischen Zentren für Zungen-, Wangen- und Kehlkopfmuskulatur. Die **temporale (sekundäre) Sprachregion (Wernicke-Sprachzentrum)** ermöglicht das Sprachverständnis. Nervenzentren dieser Region haben enge funktionelle Verbindungen zu den Erinnerungsfeldern der akustischen Region im Temporallappen. Die **tertiäre Sprachregion** ist in ihrer Funktion noch weitgehend unbekannt. **Sprachstörungen (Aphasien)** treten nach Verletzungen auf. Die Sprache ist ein wichtiges verbales Kommunikationsmittel, sie ist Voraussetzung für Begriffsbildung oder aber Erarbeitung von Konzepten und steigert damit die Effektivität der Gedächtnisbildung.

Paul Broca (1824 bis 1880), ein französischer Anthropologe und Chirurg, entdeckte 1861 das nach im benannte Broca-Areal – das motorische Sprachzentrum in der unteren Windung des Stirnlappens.

Bewusstsein ist ein sehr schwer zu definierender Zustand des Organismus, in dem sich Informationsverarbeitungsprozesse mit dem Ergebnis der Wahrnehmung der Umwelt, mit Erinnerungen und Erwartungen, mit emotionalen Zuständen, mit Motivationen, Zielvorstellungen, Folgeabschätzungen und Selbsterkennen vermischen (↗ S. 380, 394)

Aus physiologischer Sicht kann man Randbedingungen nennen, unter denen Bewusstsein möglich erscheint. Das sind unter anderem:
- Aufmerksamkeit und die Fähigkeit, die Richtung der Aufmerksamkeit gezielt zu wechseln,
- Verallgemeinerungsfähigkeit, Abstraktionsfähigkeit,
- Umgang mit Verallgemeinerungen und Umsetzung in Worte oder andere Symbole und Handlungen,
- Fähigkeit, die Folgen von Handlungen abzuschätzen,
- Selbsterkenntnis,
- Entwicklung und Vorhandensein von Wertvorstellungen und Mitgefühl (ästhetische und ethische Werte).

Wenn man diese Randbedingungen zugrunde legt, besteht kein Zweifel, dass Tiere Bewusstsein haben. Es gibt aber Abstufungen, die offensichtlich von der Komplexität des ZNS abhängen.

Karl Wernicke (1848 bis 1905), ein deutscher Psychiater, gilt als Mitbegründer der Aphasielehre und entdeckte das sensorische Sprachzentrum (Wernicke-Sprachzentrum) im Gehirn.

4.3.4 Schlaf

Die **Bedeutung des Schlafes** beschäftigt viele Hirnforscher und Schlafexperten.

Im **Schlaf** ist der Kontakt mit der Umwelt reduziert. Dabei wird die Gehirnfunktion nicht ausgeschaltet, sondern anders organisiert. Als Maß für die Schlaftiefe dient die Intensität des Weckreizes (einfachste und älteste Methode) und das Auftreten von charakteristischen Veränderungen im **EEG** (moderne, aufwendige Methode). Mithilfe des EEG können fünf **Schlafstadien** unterschieden werden: entspanntes Wachsein (1: α-Rhythmus), Einschlafen (2: ϑ-Wellen), Leichtschlaf (3: δ-Wellen, Schlafspindeln), mitteltiefer Schlaf (4: δ-Wellen, K-Komplexe) und Tiefschlaf (5: große langsame δ-Wellen).

Schlafspindeln und K-Komplexe sind Gruppierungen von EEG-Wellen (EEG= Elektroenzephalogramm), die im Leichtschlaf und im mitteltiefen Schlaf auftreten.

Im Verlauf des Schlafes werden die einzelnen Stadien mehrfach durchlaufen (durchschnittlich 4- bis 5-mal). Während des Tiefschlafes treten in Abständen Wellenlängen auf, die dem Einschlafstadium entsprechen. Gleichzeitig treten Salven schneller Augenbewegungen auf. Diese besonderen Perioden während des Tiefschlafes bezeichnet man als **REM-Schlaf** (**R**apid **E**ye **M**ovements = schnelle Augenbewegungen). Alle übrigen Schlafstadien werden als **NREM** (Non-REM-Schlaf) zusammengefasst. Sowohl die tägliche Schlafzeit wie auch der Anteil des REM-Schlafes ändern sich im Verlauf des menschlichen Lebens.

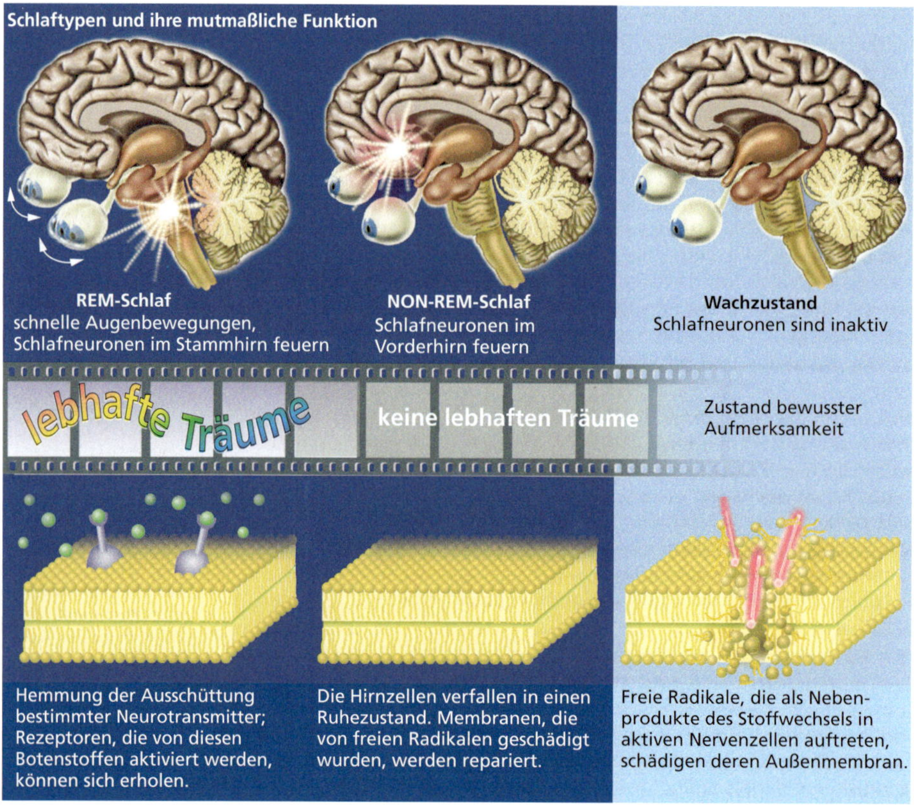

4.3.5 Psychoaktive Stoffe und Nervengifte

Psychoaktive Stoffe und **Nervengifte** verändern den Stoffwechsel von Nervenzellen, beeinflussen die Synapsenfunktion und können über die Blockierung der Nervenzellfunktion oder die Zerstörung von Nervenzellen zum Tode führen. Psychoaktive Stoffe sind Psychopharmaka, legale und illegale Drogen. Sie können erregend oder hemmend wirken, sie lösen Euphorie bei gleichzeitiger Überschätzung der eigenen Leistungen und Halluzinationen aus und führen häufig zur **Abhängigkeit (Sucht).** Man unterscheidet:
- **psychische Abhängigkeit,** die durch Kontrollverlust bezüglich der Substanzeinnahme gekennzeichnet ist.
- **physische Abhängigkeit,** bei der durch Toleranzausbildung eine Dosissteigerung erforderlich wird.

Das Fehlen der psychoaktiven Substanzen kann zu **Entzugserscheinungen** (z. B. Schmerzen, Krämpfe, Übelkeit) führen. Psychopharmaka helfen neuronale Erkrankungen zu behandeln. Sie sind rezeptpflichtig.

Eine **Gesundheitsgefahr durch Rauchen** besteht durch den suchtauslösenden Nicotingehalt und die Teer- und Rußpartikel der Zigaretten.

Auch **legale Drogen** wie Nicotin und Alkohol können zur Abhängigkeit führen. **Nicotin** ähnelt chemisch dem Acetylcholin (ACh) und wirkt durch Bindung an den ACh-Rezeptoren der Synapsen. Es wurde nachgewiesen, dass mit höherem Nicotingehalt der Zigaretten die Suchtgefahr steigt. In Deutschland gibt es um die 17. Mio. Raucher, von denen ca. ein Drittel stark abhängig sein sollen (ca. 5,6 Mio.)

Alkohol (Ethanol) ist neben dem Nicotin eine häufige Ursache für Suchterkrankungen. In Deutschland wird die Anzahl der alkoholkranken Menschen auf 2,5 Mio. geschätzt. Alkohol beeinträchtigt die Erregungsverarbeitung und die Speicherung der Informationen im ZNS. Alkohol wird durch Stoffwechselprozesse in der Leber entgiftet. Da die Leber aber nur eine bestimmte Entgiftungskapazität hat, sind bleibende Schäden nicht ausgeschlossen.

Eine **genetisch bedingte Alkoholempfindlichkeit** beruht auf veränderten Stoffwechselenzymen der Leber.

Zu den **illegalen Drogen** (Rauschgiftdrogen) gehören u. a. **Opiate, Kokain, Mescalin, Psilocybin, Haschisch, LSD.** Allen ist gemeinsam, dass psychische und z. T. auch physische Abhängigkeit entsteht. Die Drogen verdrängen die **Transmitter** (Überträgerstoffe) an den Synapsen oder blockieren die Rezeptormoleküle. Als Kompensation bildet der Organismus zusätzlich Transmitter oder aktiviert Rezeptormoleküle in den Synapsen. Zu den illegalen Drogen gehört auch das synthetisch hergestellte **Ecstasy.** Pharmakologisch hat es große Ähnlichkeit mit Amphetaminen und Kokain.

Illegale Drogen sind von der Weltgesundheitsbehörde verbotene Psychopharmaka, die nur vom Arzt in kleinen Mengen verordnet werden dürfen.

Nervengifte sind Substanzen, die durch irreversible Schädigung von Nervenzellen zum Tode führen können. Sie werden von Pflanzen und Tieren gebildet, so z. B. das Aconitin des Blauen Eisenhuts, das Gift der Kobra oder die Toxine der Farbfrösche. Sie dienen dem Schutz vor Fressfeinden oder zum Beutefang und werden von Menschen für eigene Zwecke genutzt. Synthetisch hergestellte Nervengifte sind z. B. Sarin, Soman, Tabun und das Nervengas VX. Sie hemmen u. a. die Spaltung von Acetylcholin in Acetat und Cholin und führen damit zur Lähmung bzw. Blockierung der Atmung und von Herz und Kreislauf mit tödlicher Wirkung (↗ S. 145).

Die **Wirkung von Nervengiften** wird von Tieren und Pflanzen genutzt. Menschen stellen synthetisch Nervengifte für den Einsatz von **biologischen Waffen** her.

Substanz	Herkunft	Wirkung	Folgeschäden
Opiate, z. B. Opium, Heroin, Diacetylmorphin, Morphium	Saft der Schlafmohnkapseln *(Papaver)*, synthetische Substanzen	– Reaktion mit Opiatrezeptoren im Gehirn und Rückenmark – Verringerung der Schmerzempfindung – Herabsetzung v. Angst u. Unruhe – Ausschaltung von Hungergefühl – kurzzeitige Euphorie	– bei Missbrauch starke psychische und physische Abhängigkeit – Persönlichkeitsverlust, Gehirnschäden – körperlicher Verfall
Kokain	Blätter des Kokastrauches	– Hemmung d. Monoamin-Oxidase – Anreicherung v. Noradrenalin u. Serotonin in den Gehirnzellen – Übererregbarkeit – Selbstüberschätzung – Hemmungslosigkeit – Ausschaltung von Hungergefühl	– Depressionen – Halluzinationen – irreversible Veränderung des Transmitterstoffwechsels – starke psychische Abhängigkeit
Mescalin (Trimethoxyphenylethylamin)	Peyote-Kaktus der mexikanischen Wüste *(Lophophora williamsi)*	– Beeinflussung des biogenen Aminstoffwechsels in Nervenzellen des Gehirns – starke Erregbarkeit mit Gefühlsschwankungen – Störungen der Wahrnehmung – Sinnestäuschung – sehr hohe Risikobereitschaft	– gesteigerte Wahnvorstellungen – Psychosen – psychische Abhängigkeit
Psilocybin	Pilze *(Psilocybe)*	– wie bei Mescalin	– wie bei Mescalin

Haschisch, Marihuana (9-Tetrahydrocannabinol, THC)	Harz aus Blätter und Blüten des Indischen Hanfes *(Cannabis indica)*	– Erhöhung des Noradrenalin-, Dopamin- und Serotonin-Umsatzes im Gehirn,
		– wahrscheinlich dadurch psychotrope Wirkung, die individuell variiert:
		  – Euphorie
		  – Sinnestäuschung
		  – Halluzinationen, Angstzustände
		  – verändertes Zeit- u. Raumgefühl
			– Herabsetzung der Konzentrations- und Leistungsfähigkeit
			– Abhängigkeit kontrovers diskutiert
			– offensichtlich geringere Folgeschäden als durch Alkohol und andere Drogen

Ecstasy	synthetische Substanz	– Überhitzung, Flüssigkeitsmangel und Herz-Kreislauf-Versagen – Beeinfussung der zentralen Synapsen (limbisches System)	– Halluzinationen – Depressionen – Abhängigkeit
LSD (Lysergsäurediäthylamid)	Mutterkornpilz *(Claviceps purpurea)*, synthetisch	– Störung des biogenen Amin-Stoffwechsels – Serotonin-Antagonist – ähnlich wie Mescalin, weitaus stärkere Wirkung	– ähnlich wie Mescalin

4.4 Muskel und Bewegung

- Die Bewegung ist ein Merkmal des Lebendigen.
- Für aktive Bewegung müssen Lebewesen Energie aufbringen.
- Bei Tieren wird diese Energie durch Muskelarbeit erzeugt.
- Bei Wirbeltieren und bei Gliederfüßern arbeiten die Muskeln zum großen Teil gegen ein festes Skelett.
- Die Skelettmuskeln der Wirbeltiere bestehen aus vielkernigen Zellen (Muskelfasern), die mit zahlreichen parallel gelagerten Myofibrillen ausgefüllt sind (quer gestreifte Muskeln).
- Die Arbeitsleistung der Muskeln kommt durch aktive Verkürzung der Myofibrillen zustande, die Dehnung der erschlafften Muskeln ist ein passiver Vorgang.

Die meisten Tiere können sich aktiv fortbewegen **(Lokomotion).** Diese Fähigkeit zur Bewegung ermöglicht den Tieren das Suchen nach Nahrung, das Entkommen vor Gefahren/Feinden und das Finden des Fortpflanzungspartners. Bei jeder Art der Fortbewegung müssen die Tiere Energie aufbringen, um die Trägheit der Körpermasse, Reibungskräfte und Widerstände des Mediums und die Schwerkraft zu überwinden. Das für diesen Energieumsatz nötige ATP wird durch Veratmung energiereicher Stoffe (v. a. Kohlenhydrate, Fette) bereitgestellt.

Für die verschiedenen Arten der Bewegung gibt es bestimmte Anpassungen an die Körperform und die Gliedmaßen.

Der **Energieumsatz** für verschiedene Arten der Fortbewegung ist unterschiedlich:

Schwimmen ist energetisch günstig, da durch den Auftrieb im Wasser das Körpergewicht weitgehend kompensiert wird und somit das Überwinden der Schwerkraft leichter ist. Beim Laufen wird viel Energie umgesetzt, da das Tier den eigenen Körper trägt und mit jedem Schritt ein Bein aus der Ruhelage beschleunigt werden muss. Große Tiere bewegen sich effizienter fort, d. h., sie benötigen für die gleiche Distanz weniger Energie pro kg Körpergewicht als kleinere Tiere.

Energetische Kosten der Fortbewegung

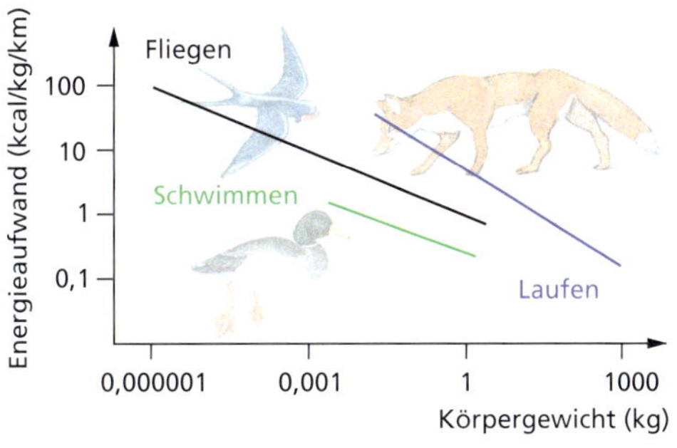

Der Mensch besitzt etwa 400 **Skelettmuskeln** (↗ S. 140), die meistens über Sehnen an den Knochen befestigt sind. Die Skelettmuskulatur **(quergestreifte Muskelzellen)** ist für die Bewegung der Gliedmaßen und des Rumpfes, aber nicht für die Bewegung der inneren Organe verantwortlich. In der Regel wirken diese Muskeln antagonistisch, d. h., der Antagonist ist der einem anderen mechanisch entgegenwirkende Muskel.

Das **Skelett** erfüllt drei Funktionen, es schützt und stützt den Körper und ermöglicht die Bewegung.

Die meisten Bewegungen der Wirbeltiere und der Gliederfüßer beruhen auf Muskelarbeit gegen ein festes Skelett.

4.4.1 Funktion der Muskelzellen

Mikrotubuli sind in den Cilien und Geißeln vorhanden (↗ S. 71).

Ein **Hydroskelett** ist bei den meisten Nesseltiere, Plattwürmern, Ringelwürmern und Fadenwürmern ausgebildet. Das hydrostatische Skelett schützt die inneren Organe vor mechanischen Einflüssen und ermöglicht den Organismen eine kriechende und grabende Fortbewegung.

Beim Regenwurm wirkt die Flüssigkeit im Coelom als Hydroskelett. Diese extrazelluläre Flüssigkeit wird durch Scheidewände zwischen den Segmenten in einzelne Kompartimente getrennt.Der Regenwurm kann durch die rhythmische Kontraktion der Muskeln des Hautmuskelschlauches seine Gestalt in jedem Segment verändern.

Funktion der Muskelzelle

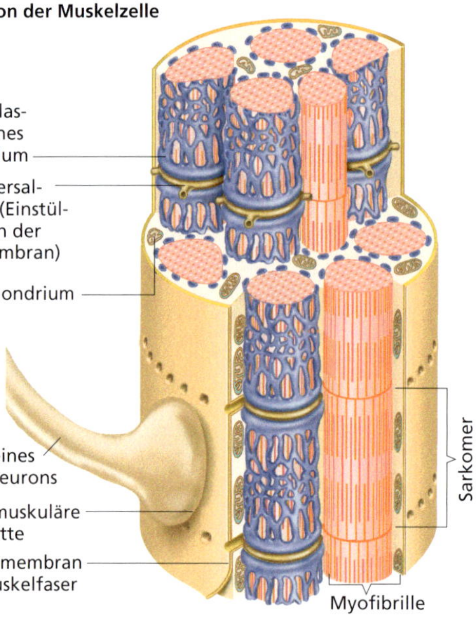

Die unterschiedlichen Arten der Fortbewegung beruhen auf gleichen Mechanismen. Auf zellulärer Ebene funktioniert die Bewegung auf der Basis von kontraktilen **Proteinstrukturen (Mikrotubuli, Myofibrillen)**, die aneinander vorbeigleiten.

Die Myofibrillen **(Myosin-, Actinfilamente)** liegen in den Muskeln von vielzelligen Tiere vor. Im entspannten Muskel ist die Myosinbindungsstelle am Actinfilament durch das regulatorische Protein **Tropomyosin** (stabförmige Eiweißkette) sterisch blockiert ($c(Ca^{2+}) > 10^{-7}\ mol \cdot l^{-1}$). Das **Troponin** (Molekülkomplex aus drei Untereinheiten kontrolliert die Stellung des Tropomyosins. Die quer gestreiften Muskelzellen (Muskelfasern) kontrahieren nur, wenn sie über die motorischen Endplatten der Neurite motorischer Nervenzellen (Motoneuronen) erregt werden.

Die Ca^{2+}-Ionen ($c(Ca^{2+}) > 10^{-7}\ mol \cdot l^{-1}$) binden sich an das Troponin C, welches seine Struktur ändert, das Tropomyosin verschiebt und die Kontraktion einleitet. Nach der Muskelkontraktion werden die Ca^{2+}-Ionen aktiv aus dem Cytoplasma herausgepumpt.

Um den Arm zu beugen (Flexion), muss der Bizeps kontrahieren, wobei das **Scharniergelenk** des Ellenbogens die Drehachse des Hebels bildet. Um den Arm zu strecken (Extension), entspannt der Bizepsmuskel und der auf der gegenüberliegenden Seite ansetzende Trizeps kontrahiert.

Scharnier-Gelenk

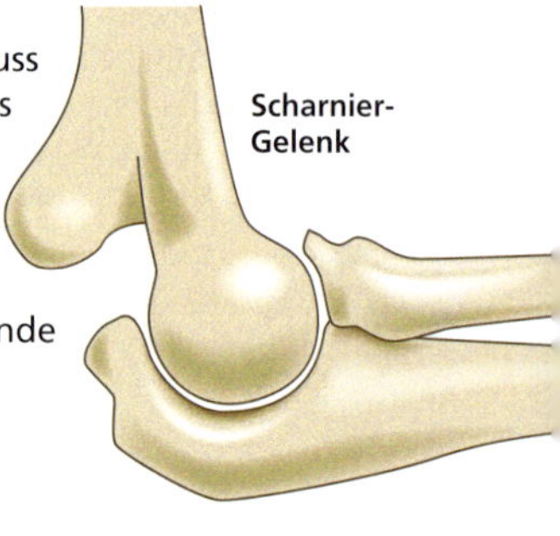

Die Gelenkformen bestimmen die Bewegungsrichtung.

Bei der **Muskelkontraktion** laufen die im **Gleitfilamentmodell** dargestellten Prozesse ca. 5-mal pro Sekunde ab. Da jedes Myosinfilament aus hundert Molekülen besteht und nicht alle gleichzeitig angeheftet oder gelöst werden, resultiert daraus eine kontinuierliche Muskelkontraktion.

Bei der Muskelkontraktion verkürzt sich jedes Sarkomer (Abstand zwischen den Z-Streifen) um ca. 20 nm. Jede Muskelkontraktion verbraucht Energie in Form von ATP, dabei bleibt der ATP-Spiegel des Muskels trotz des Verbrauchs relativ konstant. Während der Muskelarbeit wird Energie sehr schnell aus dem Reservoir bereitgestellt. Fehlt die Energie, so wird der Muskel starr und ist nicht mehr dehnbar.

Eine Muskelzelle hat ATP für wenige Kontraktionen gespeichert. Bei höchster Anstrengung reicht der Vorrat für 15–20 Sekunden.

Aktivität	Verbrauch in 30 min
Rad Fahren (10 km/h)	362 kJ
Treppen steigen (zügig)	1 043 kJ
Brustschwimmen (50 m/min)	1 382 kJ

Muskeln werden aktiv kontrahiert, können nur passiv gedehnt werden, was durch einen anderen Muskel ausgelöst wird.

Gleitfilamentmodell

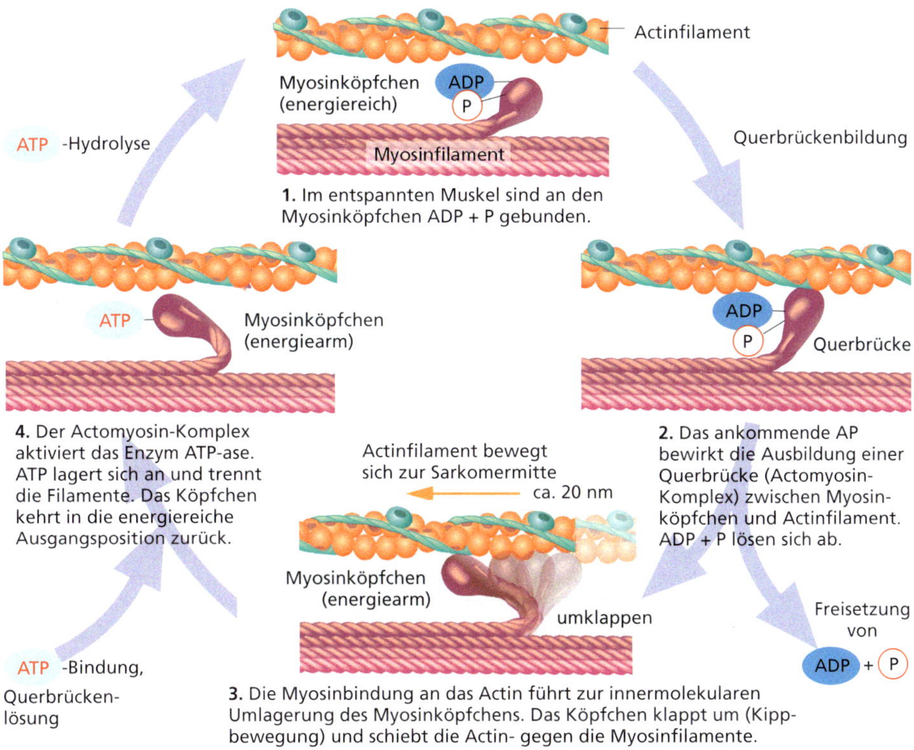

Energiebereitstellung für die Muskelarbeit

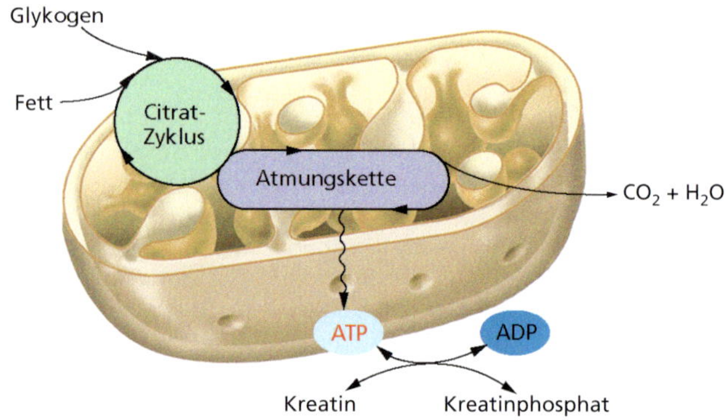

Für den Fall, dass der Muskel schnell über Energie verfügen muss, nutzt er ein „Reservephosphat" im Muskel, das **Kreatinphosphat.** Bei dieser Reaktion wird aus Kreatinphosphat und ADP ATP und Kreatin gebildet (Kreatinkinasereaktion). ATP wird immer wieder gebildet, da das Gleichgewicht dieser Kreatinkinasereaktion auf der ATP-Bildungsseite liegt. Der *pH*-Wert des Muskels ist im leicht sauren Bereich anzusiedeln. Befindet sich der Muskel wieder im Ruhezustand, wird Kreatin wieder zu Kreatinphosphat regeneriert. Ein 100-m-Läufer kommt mit dem gesamten Vorrat an ATP und Kreatinphosphat ca. 15–20 s aus, die Reserve reicht also für einen kompletten Lauf.

Ein erwachsener Mensch besitzt in den Muskeln ca. 500 g und in der Leber 100 g Glykogen. Im Fettgewebe eines normalgewichtigen erwachsenen Menschen sind ca. 8 kg Fett gespeichert.

4.4.2 Bewegung der Muskeln

Eine sequenziell zu erhöhende Muskelspannung wird erreicht, in dem eine zunehmende Zahl von Motoneuronen aktiviert wird (Rekrutierung).

Einer Ermüdung der Muskeln, die für die Körperhaltung verantwortlich sind, wird vorgebeugt, indem verschiedene motorische Einheiten aktiviert werden.

Die Skelettmuskeln ermöglichen feinste Bewegungen und große Kraftleistungen. Eine abgestufte Muskelkontraktion kann erreicht werden, wenn die AP-Frequenzen der zuständigen **Motoneuronen** variieren. Ein AP führt zur Spannungsänderung der **Muskelfaser** für 100 ms **(Muskelzuckung).** Erreicht ein weiteres AP die Faser, so summieren sich die Einzelzuckungen zu einer größeren und länger anhaltenden Kontraktion **(Tetanus).** Die Frequenz der AP bestimmt die Stärke der Kontraktion.
Durch das Zusammenfassen von mehreren Muskelzellen zu einer **motorischen Einheit** kann auch eine abgestufte Kontraktion hervorgerufen werden. Ein Wirbeltiermuskel wird von vielen Motoneuronen gesteuert. Jedes Motoneuron innerviert eine bestimmte Muskelzelle. Wird eine Muskelzelle über die Synapse eines Motoneurons erregt, kontrahiert sie sich. Die Kontraktionsstärke des ganzen Muskels wird durch die Anzahl der Muskelzellen bestimmt, die von Motoneuronen einen Impuls empfangen, d. h., das NS wählt aus, wie viele motorische Einheiten zu jedem Zeitpunkt aktiviert werden, und reguliert damit die Stärke der Muskelkontraktion.

4.5 Hormone

- Hormone sind chemische Signalstoffe, die die Koordination von Körperfunktionen sichern.
- Hormone der Tiere und Menschen beeinflussen den Stoffwechsel und den Energiehaushalt, fördern bzw. hemmen das Wachstum und die Entwicklung und nehmen Einfluss auf die Homöostase und das Verhalten.
- Hormone und die Hormone produzierenden Drüsen und Zellen bilden das endokrine System.
- Im Vergleich mit dem Nervensystem ist die Koordinationswirkung des endokrinen Systems langsamer, lang anhaltender und lokal (räumlich) weniger begrenzt.
- Endokrines System und Nervensystem stehen in funktioneller Verbindung.
- Die Hormonwirkung an den Zielorganen wird durch die Bildung von Hormon-Rezeptor-Komplexen erreicht.
- Hormone werden nach der Ähnlichkeit ihrer chemischen Struktur, nach ihrem Bildungsort oder ihrer Funktion unterschieden.
- Hormone der Pflanzen (Phytohormone) beeinflussen das Wachstum und die Entwicklung der Pflanzen.
- Pheromone sind chemische Signalstoffe, die der Übermittlung von Signalen zwischen Tieren derselben Art dienen. Von Pflanzen kennt man ähnliche Signalstoffe, die sogar zwischen verschiedenen Arten wirken.

Hormone: *hormon:* griech. = antreibend
Homöostase: *homöostasis:* griech. = Zustand
Als **Homöostase** bezeichnet man die Aufrechterhaltung des physiologischen Gleichgewichts.

Endokrin = durch innere Drüsen gebildet (und in die Blutbahn abgegeben)

4.5.1 Das endokrine System der Wirbeltiere und des Menschen

Unter dem Begriff **„endokrines System"** werden alle Hormone und die sie produzierenden Zellen, Gewebe und Hormondrüsen zusammengefasst. Das endokrine System ist ein wichtiges Koordinationssystem, das den Stoffwechsel, den Energiehaushalt, das Wachstum, die Entwicklung, die Homöostase und das Verhalten beeinflusst.

ERNEST HENRY STARLING (1866 – 1927), britischer Physiologe, führte 1905 den Begriff „Hormon" ein.

Hormone sind chemische Signalstoffe, die von den Bildungsorten ins Blut oder in die Zwischenzellflüssigkeiten abgegeben werden und in kleinsten Mengen wirken.

Klassifizierung der Hormone

Nach ihrem Bildungsort unterscheidet man **Drüsenhormone** und **Gewebshormone.** Hormone werden auch nach ihren Wirkungsschwerpunkten eingeteilt: kinetische Wirkung, morphologische Wirkung, Stoffwechsel- und Verhaltenswirkung. Die Ähnlichkeit ihrer chemischen Struktur führt zur Klassifizierung in **lipophile Steroidhormone** und in von Aminosäuren abgeleitete **hydrophile Hormone (Derivate** einzelner **Aminosäuren, Peptidhormone** und **Proteinhormone)**. Ihre Funktion und ihr Bildungsort sind in der folgenden Tabelle (↗ S. 171) zusammengefasst.

Thyroxin (Hormon der Schilddrüse) wirkt in einer Verdünnung von 1:500 Mio., Adrenalin (Hormon des Nebennierenmarks) in einer Verdünnung von 1:1000 Mio.

Das **Hormonsystem** (endokrines System) **des Menschen** besteht aus etwa 50 Hormonen, die in verschiedenen Regelkreisen wirken.

Hormone werden an ihrem Zielort an spezifische Rezeptormoleküle gebunden, wodurch ein Signalmechanismus auf zellulärer Ebene ausgelöst wird. Der **zelluläre Wirkungsmechanismus der Hormone** beruht auf zwei Hauptwegen:
- **Lipophile Steroidhormone** wirken im Zellkern und führen zu lang anhaltenden Änderungen der Proteinsynthese.
- **Hydrophile Hormone** haben zeitlich begrenzte Wirkung über Second-Messenger.

4.5.2 Kopplung von Nervensystem und Hormonsystem

Beziehungen zwischen Hypothalamus und Hypophyse

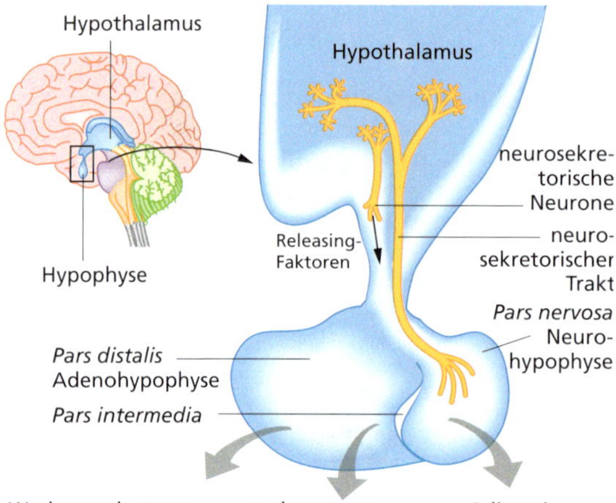

Bei Tieren und dem Menschen findet die *Kopplung des Nerven- und endokrinen Systems* auf drei Ebenen statt. Es gibt strukturelle, chemische und funktionelle Beziehungen. Beide Systeme sind Koordinationssysteme, die die Leistungen und das Verhalten des Organismus beeinflussen. Während vom Nervensystem schnelle, lokal meist stark begrenzte, nur kurz anhaltende (solange der Nervenimpuls anhält) Wirkungen ausgehen, beeinflusst das endokrine System langsamer, lokal weniger begrenzt und länger anhaltend.

Strukturelle Beziehungen zwischen Nerven- und endokrinem System bestehen durch die anatomisch enge Verbindung.

Außerdem bestehen viele Hormondrüsen aus Nervengewebe (Teile des **Hypothalamus** und der **Neurohypophyse (Hypophysenhinterlappen)** und Teile des Insektengehirns) oder haben sich in der Evolution aus Nervengewebe entwickelt (z. B. Nebennierenmark).

Chemische Beziehungen sind daran zu erkennen, dass Hormone auch als Signalmoleküle im Nervensystem verwendet werden (z. B. Adrenalin). Funktionelle Beziehungen werden in dem Zusammenwirken neuronaler und hormoneller Kontrollmechanismen in vielen physiologischen Prozessen, z. B. bei der Kontrolle der Schilddrüsenfunktion (↗ S. 172) und bei der Beeinflussung des Verhaltens (↗ S. 366 ff.) deutlich. Dabei kommt der Verbindung zwischen Nervensystem und **Adenohypophyse** (Hypophysenvorderlappen) und der Bildung von effektorischen Hormonen und glandotropen Hormonen durch die Adenohypophyse eine entscheidende Bedeutung zu.

Während die **effektorischen Hormone** (wie z. B. Prolactin, ↗ S. 172) direkt auf die Erfolgsorgane wirken, die Reaktion also selbst auslösen, steuern die **glandotropen Hormone** (z. B. Thyreotropin, ↗ S. 172) die Hormonproduktion der peripheren Körperdrüsen.

Bei **Stress** ist die Beteiligung des Nervensystems und verschiedenen Teilen des Hormonsystems sehr gut zu erkennen.

Wichtige endokrine Drüsen und Hormone der Wirbeltiere			
Drüse	**Hormone**	**Stoffklasse**	**Funktion (Beispiel)**
Adenohypophyse	– Prolactin – Wachstumshormon – „trope" Hormone (↗ S. 172)	Protein Protein Glykoproteide	– stimuliert Milchsekretion – fördert Körperwachstum – beeinflussen Tätigkeit anderer Hormondrüsen
Neurohypophyse	– Adiuretin (↗ S. 170) – Oxytocin (↗ S. 170)	Peptid Peptid	– Salz-, Wasserhaushalt – Milchsekretion, Wehen
Schilddrüse	– Triiodthyronin (T_3) und Thyroxin (T_4) – Calcitonin	Aminosäurederivate Peptid	– stimulieren den Stoffwechsel und das Wachstum – senkt Calciumspiegel im Blut
Nebenschilddrüse	– Parathyrin (PTH)	Peptid	– erhöht Calciumspiegel im Blut
Pankreas	– Insulin – Glucagon	Protein Protein	– senkt Glucosespiegel im Blut – hebt Glucosespiegel im Blut
Nebennierenmark	– Adrenalin und Noradrenalin	Aminosäurederivate	– erhöhen Glucosespiegel im Blut und die Stoffwechselaktivität – verengen Blutgefäße
Nebennierenrinde	– Glucocorticoide – Mineralcorticoide	Steroide Steroide (Lipidabkömmlinge)	– heben Glucosespiegel im Blut, Immunreaktion – fördern Reabsorption von Na^+-Ionen und Exkretion von K^+-Ionen durch die Nieren, Salzhaushalt
Hoden	– Androgene (Testosteron)	Steroide	– fördern Spermienbildung; – fördern Entwicklung der männlichen sekundären Geschlechtsmerkmale und erhalten diese
Ovarien (Eierstöcke)	– Östrogene (Östradiol) – Gestagene (Progesteron)	Steroide Steroide	– stimulieren Wachstum der Uterusschleimhaut – fördern Entwicklung der weiblichen sekundären Geschlechtsmerkmale und erhalten diese – fördern Differenzierung der Uterusschleimhaut
Zirbeldrüse (Epiphyse)	– Melatonin	Aminosäurederivat	– beteiligt an biologischen Rhythmen
Thymus	– Thymosin	Peptid	– stimuliert T-Zellen

Neuronale und hormonelle Kontrolle der Schilddrüsenfunktion und damit des Energiestoffwechsels

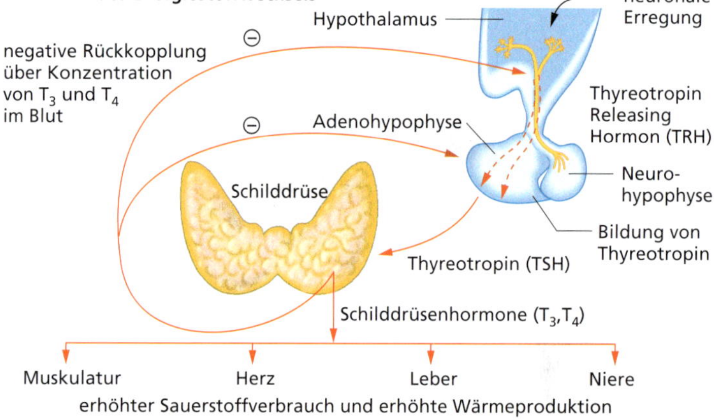

i

Durch die Kopplung der Funktion von Nerven- und Hormonsystem und der Hormondrüsen sind **Erkrankungen des endokrinen Systems** schwer zu lokalisieren.

Die Funktion der Adenohypophyse wird über Releasing- (stimulierende) Hormone oder Inhibiting- (hemmende) Hormone reguliert.

Diese Hormone werden im Hypothalamus gebildet und über ein Pfortadersystem zur Adenohypophyse transportiert. Eine anatomische und funktionelle Verbindung von Nerven- und Hormonsystem besteht auch bei Wirbellosen.

Hormone der Adenohypophyse		
Hormon	**Stoffklasse**	**Wirkung/Funktion**
Effektorische Hormone (lösen selbst Reaktion aus)		
Prolactin (PRL)	Protein	– Wachstum der Brustdrüsen – Synthese von Milchproteinen; Milchsekretion
Wachstumshormon (GH)	Protein	– Körperwachstum – Förderung des Gesamtstoffwechsels
Glandotrope Hormone (lösen Hormonproduktion in peripheren Hormondrüsen aus)		
Follikelstimulierendes Hormon (FSH)	Glykoproteid	– ♀: Stimulierung der Follikelreifung – ♂: Erhöhung der Spermienproduktion
Luteinisierendes Hormon (LH)	Glykoproteid	– ♀: Östrogen- und Progesteronproduktion – ♂: Synthese und Sekretion von Testosteron
Thyreotropin (TSH)	Glykoproteid	– Thyroxinproduktion und Abgabe der Schilddrüse
Adrenocorticotropes Hormon (ACTH)	Glykoproteid	– Produktion und Abgabe der Hormone der Nebennierenrinde

4.5.3 Das endokrine System der Wirbellosen

Die **Hormone der Wirbellosen** beeinflussen die Homöostase, die Fortpflanzung, die Entwicklung und das Wachstum.

Besonders gut untersucht ist das **endokrine System der Insekten.** Für die Häutung und Entwicklung der Tiere sind drei Hormone verantwortlich.
- **Ecdyson** (Steroidhormon) löst die Häutung aus und führt zur Ausbildung der Adultmerkmale (z. B. die Entwicklung der Raupe zum Schmetterling). Es wird in einer paarigen Prothoraxdrüse gebildet.
- **Prothoracotropes Hormon** (PTTH, Peptidhormon) kontrolliert die Synthese von Ecdyson. Es wird in Zellen des Insektengehirns gebildet.
- **Juvenilhormon** (JH, Terpenderivat) wird häufig auch als Neotenin bezeichnet. Es bewirkt die Beibehaltung von Larvenstadien. Ein Paar kleiner Drüsen *(Corpora allata)*, die sich hinter dem Insektengehirn befinden, bilden das JH. Das Verhältnis von Ecdyson und Juvenilhormon bestimmt die Richtung der Entwicklung. Überwiegt JH, so entstehen Larven (Jugendstadien). Ist Ecdyson verstärkt vorhanden, entstehen geschlechtsreife Tiere.

Ecdysis = Abstoßung
adult = erwachsen
juvenil = jugendlich

Änderung des Juvenilhormonspiegels während des Lebens eines Insektes

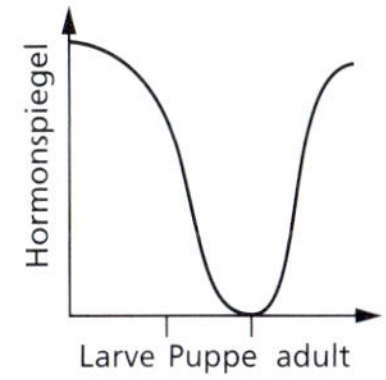

Insektenentwicklung

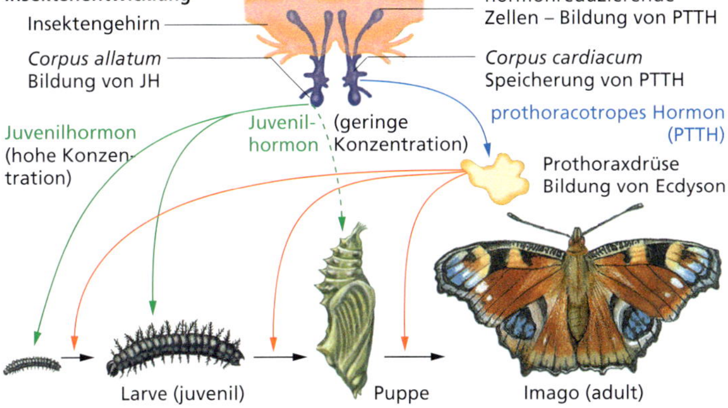

Schädlingsbekämpfung kann mit synthetisch hergestelltem JH erreicht werden.

4.5.4 Phytohormone

Hormone der Pflanzen (Phytohormone) beeinflussen das Wachstum und die Entwicklung. Das betrifft die Teilung, Streckung und Differenzierung von Zellen.

Zum Teil werden auch physiologische Reaktionen der Pflanzen auf externe Reize ausgelöst. Ähnlich wie bei den Hormonen der Tiere wirken Phytohormone schon in geringen Konzentrationen. Phytohormone können im Zellkern die Genexpression verändern, die Aktivität schon vorhandener Enzyme beeinflussen oder auf die Membraneigenschaften wirken.

Hormon	Bildungsort	Hauptfunktion
Auxin	Embryo im Samen, Apikalmeristeme	stimuliert Streckungswachstum, Differenzierung, Verzweigung und Fruchtentwicklung;
Cytokinine	Wurzel	beeinflussen Wurzelwachstum und Differenzierung; stimulieren v. a. Zellteilungswachstum, Keimung und Blüte
Gibberelline	Apikalmeristeme und Wurzeln, junge Blätter, Embryo	fördern Samenkeimung und Austreiben der Knospen, Spross-Streckung, Blattwachstum; stimulieren Blüte und Fruchtentwicklung; beeinflussen Wurzelwachstum und Differenzierung
Abscisinsäure	Blätter, Stängel, grüne Früchte, Samen	hemmt Wachstum, fördert Blattfall, schließt bei Wasserstress Spaltöffnungen (Stomata)
Ethylen	reifende Früchte, alternde Gewebe und Blüten	fördert die Reifeprozesse (z. B. Fruchtreife)

4.5.5 Pheromone

Pheromone werden häufig zu den Hormonen gezählt, da sie auch in sehr geringen Mengen wirken und wie die bereits beschriebenen Hormone zu den **chemischen Botenstoffen** gehören.

Pheromone werden mithilfe exokriner Drüsen (Duftorgane, Pheromondrüsen) außerhalb des Organismus abgegeben. Sie dienen der chemischen Informationsübermittlung zwischen Tieren derselben Art, z. B. beim Sexualverhalten, bzw. der Partnerfindung, der Orientierung, der Revierabgrenzung oder beim Alarmverhalten.

Um auf die Signale der Weibchen zu reagieren, reichen dem Seidenspinner-Männchen etwa 1 000 *Bombykol*-Moleküle/cm^3 im Luftstrom aus. Unter ständigem Richtungswechsel bewegt sich das Männchen anhand des Duftstoffgradienten zickzackartig auf das Weibchen zu.

Signalstoffe bei Pflanzen wirken sogar zwischen verschiedenen Arten. Pflanzen locken damit z. B. Feinde von Pflanzenparasiten an.
Ausgehend von ihrer physiologischen Wirkung unterscheidet man kurzzeitig wirkende **Signalpheromone,** die über chemische Rezeptoren wahrgenommen werden und **Primerpheromone,** die im Hormon- und Nervensystem des Empfängers längerfristige Umstellungen auslösen können.

- Venusmuscheln und Seesterne regeln über Pheromone die Abgabe von Geschlechtszellen (Signalpheromon)
- Im weiblichen Schweiß enthaltene Pheromone reichen aus, um die Menstruationszyklen in einer Gruppe von Frauen zu synchronisieren (Signalpheromon).
- Die Königinsubstanz der Honigbiene hemmt die Ovarialentwicklung der Arbeiterinnen, ist gleichzeitig Sexuallockstoff für die Drohnen und reguliert das Schwarmverhalten (Primerpheromon).

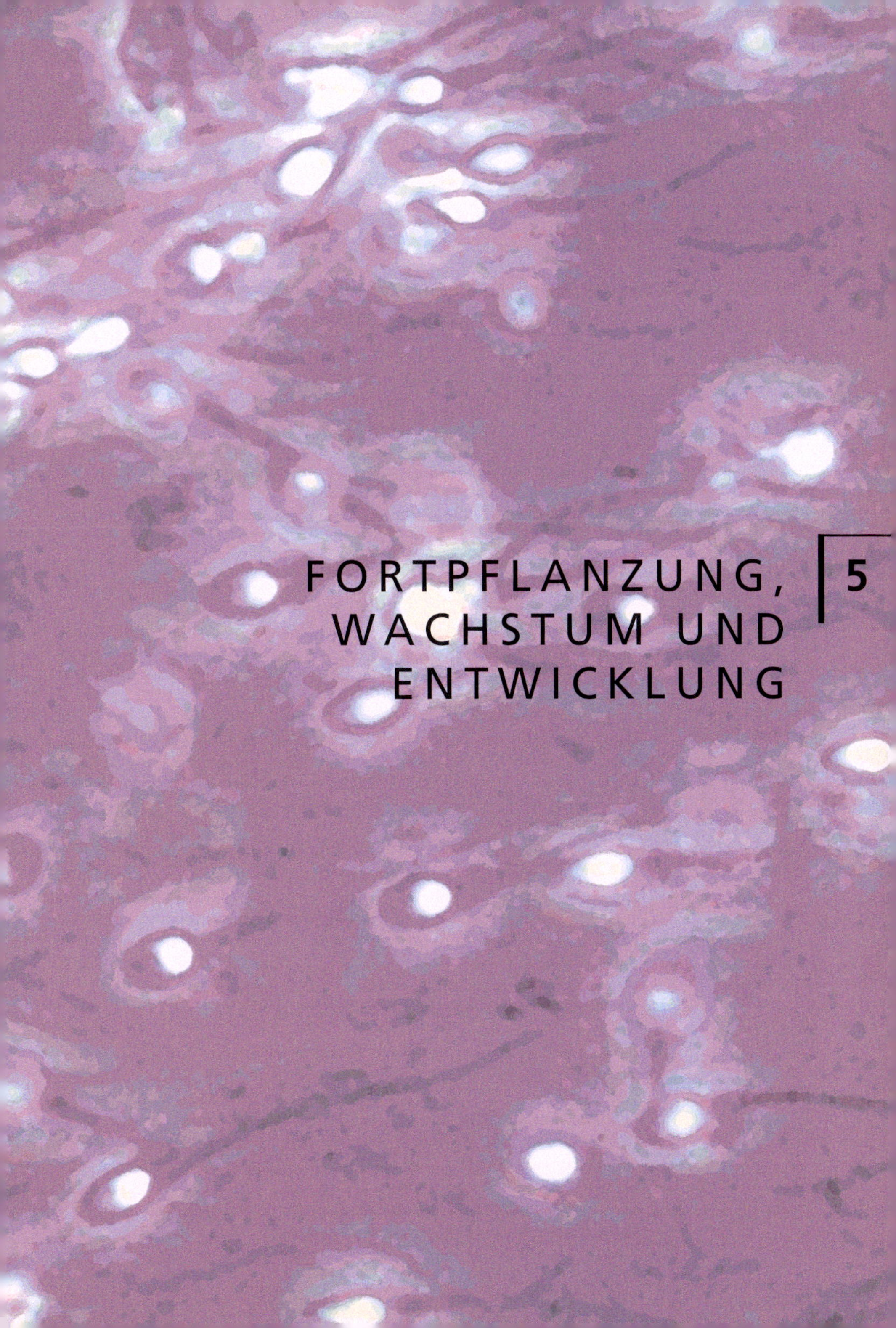

FORTPFLANZUNG, WACHSTUM UND ENTWICKLUNG

5

5.1 Fortpflanzung

- Fortpflanzung kann auf ungeschlechtlichem und geschlechtlichem Weg erfolgen.
- Fortpflanzung ist häufig mit Vermehrung verbunden.
- Die ungeschlechtliche Fortpflanzung basiert auf der mitotischen Kernteilung.
- Zur geschlechtlichen Fortpflanzung gehören Kernverschmelzung und meiotische Teilung (Reduktionsteilung).

5.1.1 Fortpflanzung und Vermehrung

Altern, Tod und Individualität sind bei Lebewesen eng verknüpft.

Altern und Tod sind eng verbunden mit individuellem Leben. Unsterblichkeit gibt es nur bei Einzellern, die durch Zellteilung in ihren Tochterzellen aufgehen. Allerdings gibt es auch mehrzellige Tiere, Pilze und Pflanzen, die sich immer wieder durch Abspaltung von Tochterindividuen oder durch Aufspaltung in mehrere Tochterindividuen fortpflanzen und vermehren.

Etwa 500 Sträucher der Proteaceen-Art *Lomatia tasmanica* im tasmanischen Regenwald gehen auf eine Ursprungspflanze zurück, die vor ca. 43 000 Jahren lebte.

Bei **ungeschlechtlicher Fortpflanzung** entstehen erbgleiche Tochterindividuen.

Eine solche Vermehrung bzw. Fortpflanzung eines Lebewesens durch Teilung, Knospung, Ausläufer- und Ablegerbildung, Brutzwiebeln u. Ä. nennt man **ungeschlechtliche Fortpflanzung.** Die Grundlage dieser Vorgänge bildet die mitotische Teilung einzelner Zellen oder eines Zellverbandes. Die Tochterindividuen besitzen alle die gleiche genetische Information (↗ S. 86 f.). Demgegenüber beruht die **geschlechtliche Fortpflanzung** auf der Kombination des Erbgutes zweier genetisch unterschiedlicher Individuen.
Normalerweise verschmelzen zwei **Gameten** mit einfachem Chromosomensatz zu einer diploiden **Zygote.** Ebenso wie die Kernverschmelzung gehört die Reduktionsteilung **(Meiose)**, bei der der doppelte Chromosomensatz wieder halbiert wird, zum Lebenszyklus eines sich sexuell fortpflanzenden Lebewesens (↗ S. 178 f.).

5.1.2 Ungeschlechtliche Fortpflanzung

Euglena von *euglénos:* griech. = mit schönen Augen

Bei Einzellern kennt man **äquale Zellteilung** (Teilung in gleiche Tochterzellen, z. B. Augengeißler *Euglena*), **inäquale Zellteilung** (Sprossung bei Hefen) und multiple Zellteilung, bei der sich eine Mutterzelle in viele Tochterzellen aufspaltet (z. B. Malariaerreger *Plasmodium,* ↗ S. 264). Ähnlich kann man bei Vielzellern Teilung, Brutkörperbildung (Knospung, Ableger, Brutzwiebeln usw.) oder Fragmentierung in zahlreiche Tochterindividuen unterscheiden.
Die sechs wesentlichen Formen sind in der folgenden Tabelle mit entsprechenden Abbildungen zusammengestellt:

Formen ungeschlechtlicher Fortpflanzung		
Ergebnis	**Einzeller**	**Mehrzeller**
zwei gleich große Tochterorganismen	äquale Teilung 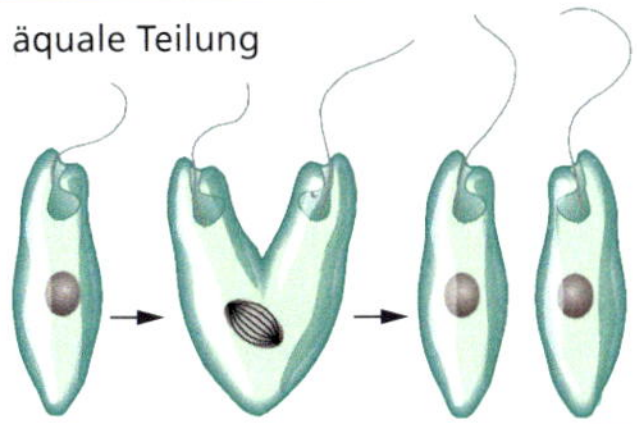	Zweiteilung (Dividuenbildung) 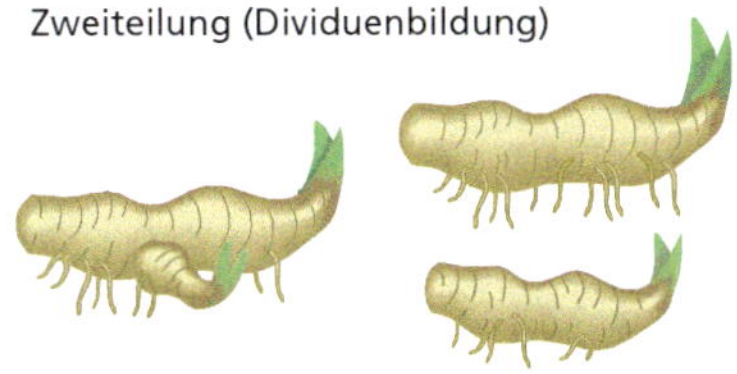
kleinere Tochterorganismen neben dem Mutterorganismus	Zellsprossung 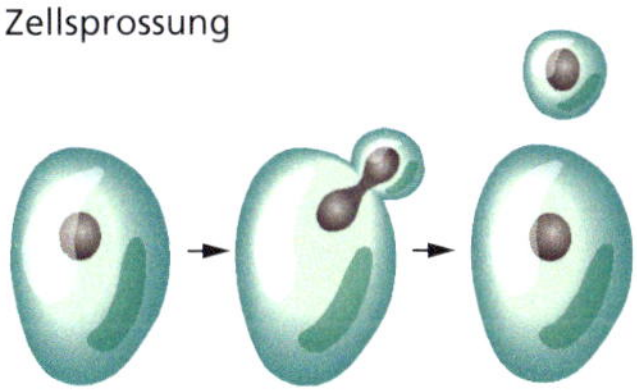	Brutkörperchenbildung 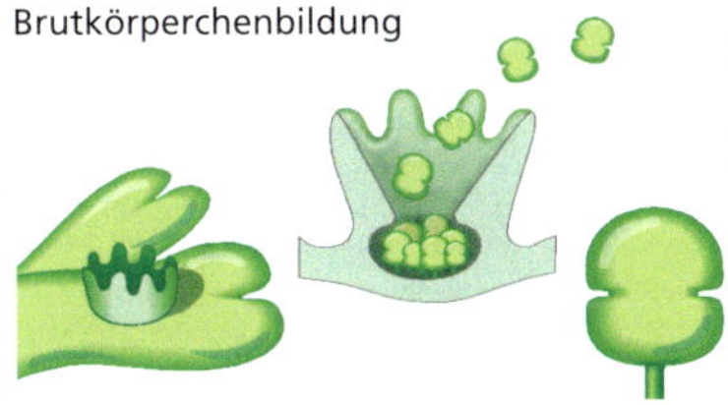
mehrere Tochterorganismen außer- oder innerhalb des Mutterorganismus	multiple Zellteilung 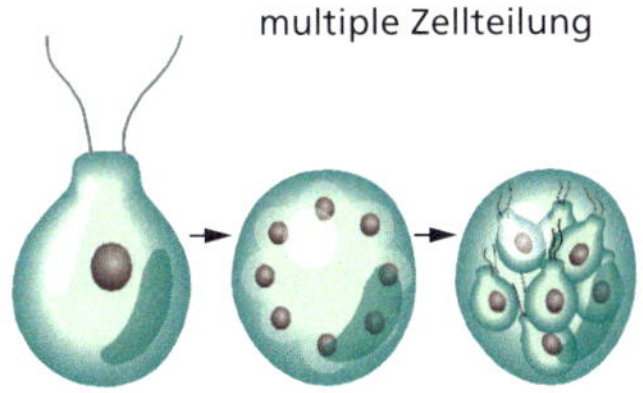	Fragmentierung 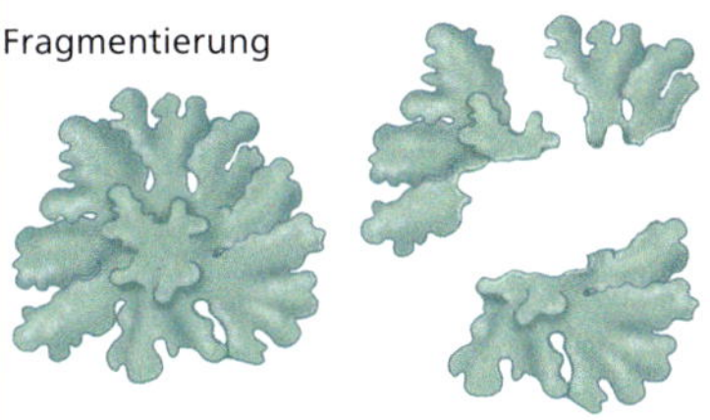

5.1.3 Geschlechtliche Fortpflanzung

Nach der **Befruchtung** kann sich die diploide Zygote sofort wieder meiotisch teilen. Aus den Teilungsprodukten entstehen haploide Nachkommen, die dann mitotisch Keimzellen bilden **(Haplonten)**. Bei den **Diplonten** – der Mehrzahl der höheren Lebewesen – entwickeln sich aus den Zygoten diploide Nachkommen, bei denen die **Meiose** erst während der Keimzellenbildung stattfindet. Bei vielen Algen und bei Pflanzen entstehen aus den haploiden Keimzellen ohne Befruchtung durch mitotische Teilungen haploide Organismen. Sie bilden mitotisch **Gameten,** die sich über eine Befruchtung zu diploiden Zygoten entwickeln **(Haplodiplonten)**. Daraus entstehen diploide Nachkommen, die über Meiose haploide **Sporen** (bzw. Zoosporen) bilden.

Die Meiose lässt sich in zwei Kernteilungsprozesse untergliedern: In der ersten meiotischen Teilung wird die Zahl der Chromosomen halbiert (Reduktionsteilung), die zweite meiotische Teilung entspricht weitgehend einer normalen Mitose.

Ablauf der Meiose

Interphase

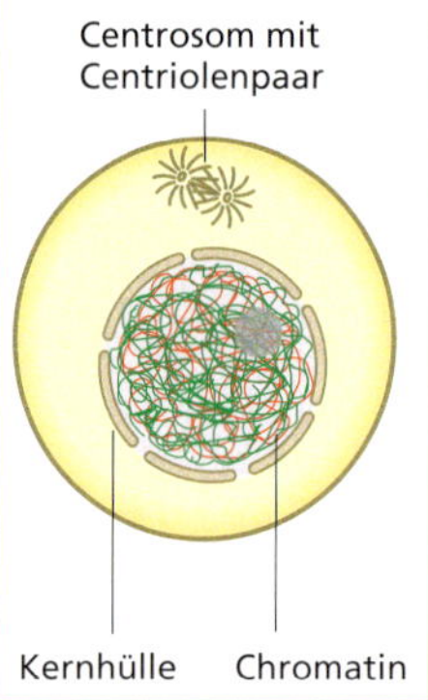

Prophase I

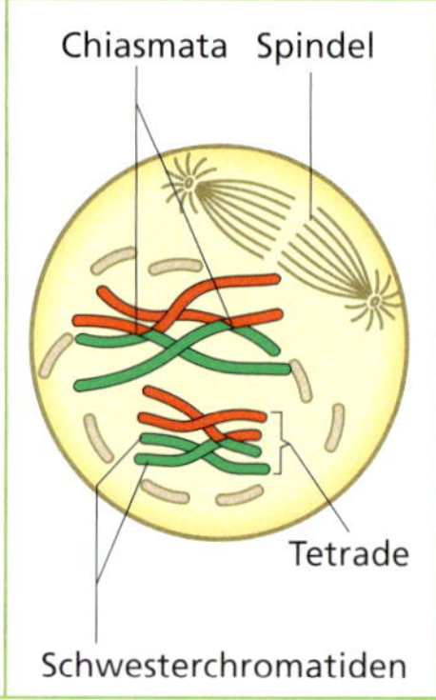

Metaphase I

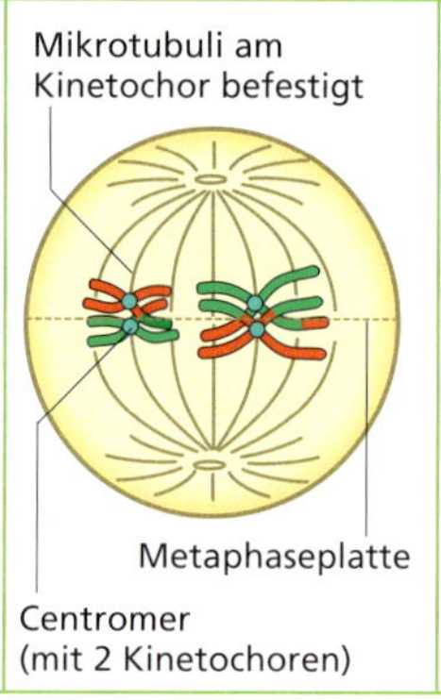

Anaphase I

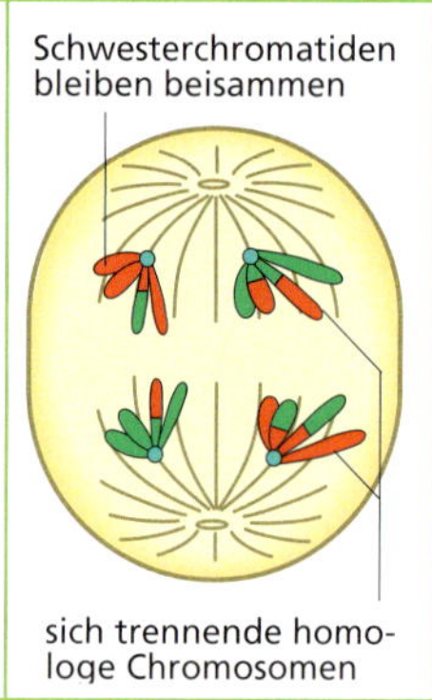

Prophase I
Vier Chromatiden ordnen sich parallel an (Tetraden). Es kommt zu Überkreuzungen (Chiasmata) und vertauschtem Zusammenwachsen (Crossing-over).
Metaphase I
Homologe Chromosomenpaare ordnen sich in der Äquatorialplatte an.
Anaphase I
Homologe Chromosomen werden auseinander gezogen und wandern zu den Zellpolen.
Telophase I
Nun kommt es entweder zu einer Interphase (Entspiralisierung der Chromosomen, Bildung von Kernhüllen) oder es schließt sich sofort die zweite meiotische Teilung an. Sie entspricht einer Mitose. Nach Trennung der Schwesterchromatiden, dem Aufbau neuer Kernmembranen und der Zellteilung sind nun vier Tochterzellen entstanden, die über je einen haploiden **Ein-Chromatid-Chromosomensatz** verfügen. Aus der Vielzahl der Verteilungsmöglichkeiten der homologen Chromosomen in der Metaphase I und aus den Prozessen des **Crossing-over** resultiert die im Vergleich zur asexuellen Fortpflanzung hohe Variabilität der Tochterindividuen.

Prophase II

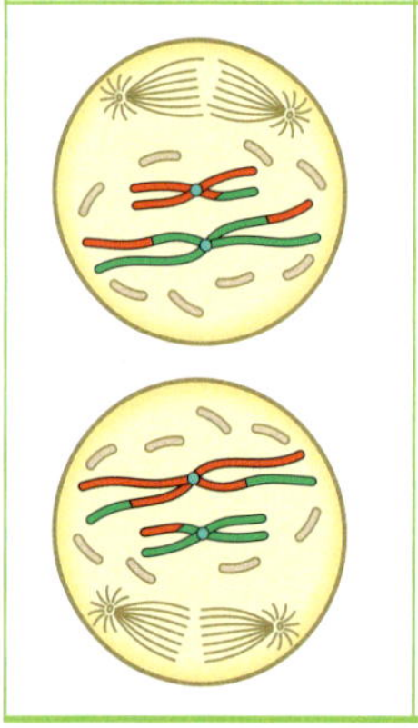

Metaphase II

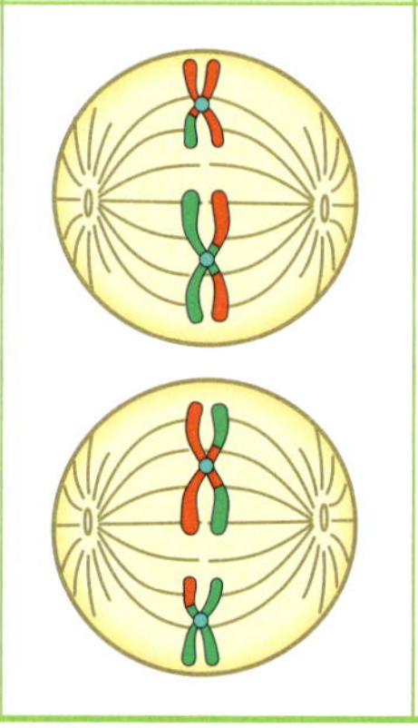

Anaphase II

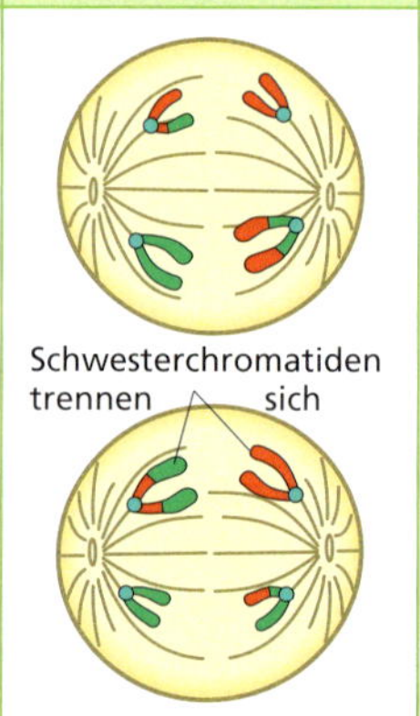

Telophase II

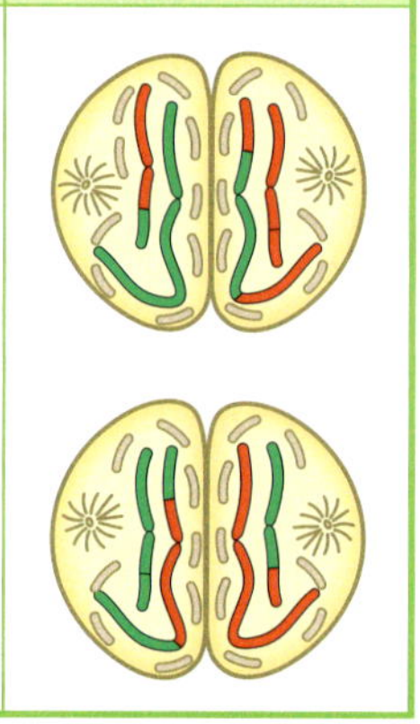

5.2 Niedere Organismen

- Bei Prokaryoten kommen neben Zellteilung verschiedene Formen des Austauschs von genetischem Material vor, auch zwischen verschiedenen „Arten".
- Viele Algengruppen mit geschlechtlicher Fortpflanzung entwickeln sich über einen Generationswechsel.
- Kennzeichnendes Merkmal bei der geschlechtlichen Fortpflanzung von Pilzen ist die räumliche und zeitliche Trennung von Plasmaverschmelzung und Kernverschmelzung.
- Vegetativ vermehren sich Pilze häufig durch Konidien.

LOUIS PASTEUR (1822 bis 1895) widerlegte die spontane Entstehung aus unbelebten Stoffen von Bakterien (Urzeugung).

5.2.1 *Prokaryota*

Fortpflanzung und Vermehrung der ***Prokaryota*** erfolgen überwiegend durch **Zweiteilung,** seltener durch **multiple Zellteilung.**

Zellteilung einer Bakterienzelle

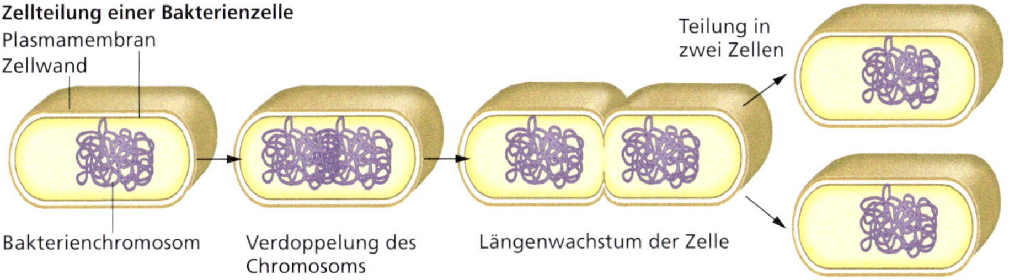

Nachdem die DNA verdoppelt wurde, bleiben die Kopien an benachbarten Stellen der Membran gebunden. Nun wächst die Membran zwischen den Anheftungsstellen, wodurch die DNA-Ringe weiter auseinander rücken. Wenn die Bakterienzelle durch Wachstum ca. das Doppelte ihrer ursprünglichen Länge erreicht hat, schnürt sich die Plasmamembran nach innen ein, und zwischen den Tochterzellen wird eine Zellwand gebildet. Die Zellen können nach der Teilung in mehr oder weniger festen Ketten verbunden bleiben. Zur Überdauerung ungünstiger Lebensbedingungen können manche Bakterien Dauerzellen oder **Sporen** ausbilden. Diese können endogen – in einer Mutterzelle – oder exogen – als Abschnürungen nach außen – gebildet werden (↗ S. 74).

Sporenbildung bei Bakterien

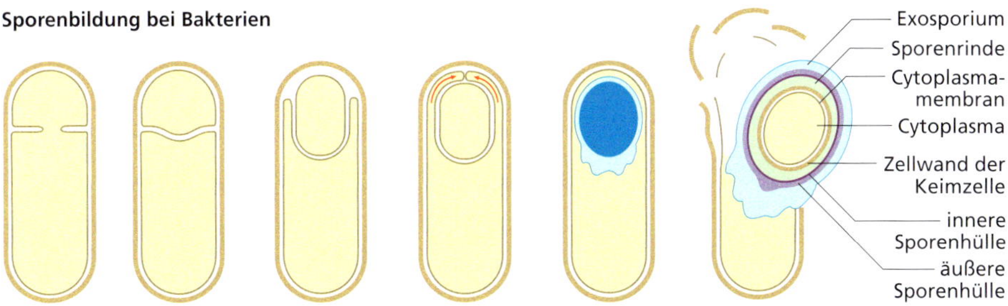

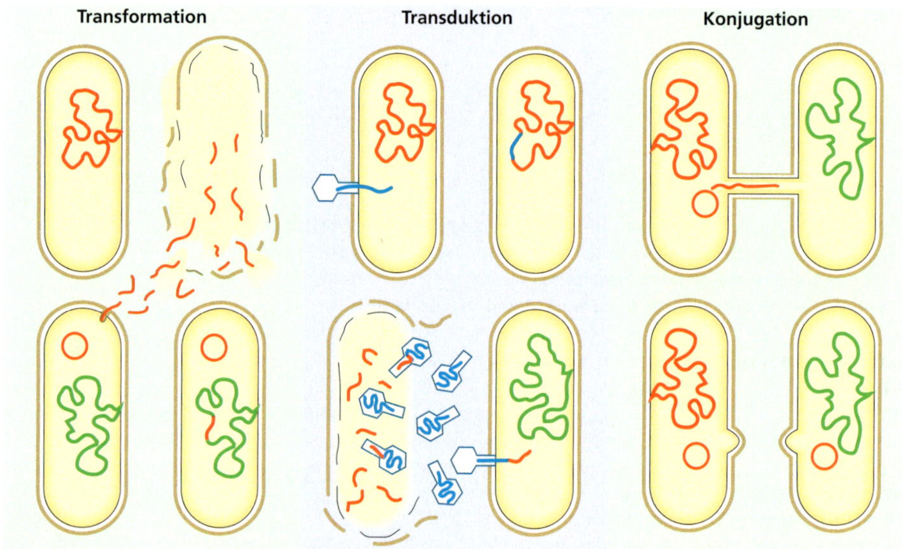

Verschiedene Formen des Genaustausches bei Prokaryoten fasst man als **Parasexualität** zusammen.

Auch **prokaryotische** Organismen verfügen über die Möglichkeit, Erbinformation zu rekombinieren. Dafür gibt es drei Möglichkeiten.

1. Bei der **Transformation** nehmen kapsellose Bakterien nackte DNA auf. Dafür besitzen sie häufig spezielle Membran-Transportproteine, die selektiv Erbinformationen eng verwandter Arten erkennen und ins Zellinnere transportieren. Das fremde **Gen** wird dann durch einen DNA-Austausch, der dem Crossing-over (↗ S. 225) entspricht, ins Bakterienchromosom ausgetauscht.
2. Bei dem als **Transduktion** bekannten Mechanismus übertragen Viren **(Bakteriophagen)** Nucleinsäureabschnitte von einer Wirtszelle auf eine andere: Gelegentlich wird ein kleines Fragment der Wirts-DNA statt der oder zusätzlich zu der Viren-DNA in ein **Capsid** eingebaut und später in ein anderes Bakterium injiziert. Danach kann die injizierte Bakterien-DNA in das Bakteriengenom eingebaut werden.
3. **Konjugation** ist der direkte Transfer genetischen Materials zwischen zwei Bakterienzellen, die vorübergehend über Cytoplasmabrücken miteinander in Verbindung stehen. Eine Bakterienzelle fungiert als Spender, die andere als Empfänger. Es können kurze DNA-Ringe (Plasmide), aber auch Teile des großen Ringgenoms oder sogar das ganze Ringgenom übertragen werden. Genübertragung ist auch zwischen verschiedenen Bakterienarten möglich **(horizontaler Genaustausch).**

5.2.2 Protisten (Einzeller, Algen und Niedere Pilze)

Auch bei den eukaryotischen Einzellern ist die **Schizogonie** (Zweiteilung) der am häufigsten realisierte asexuelle Fortpflanzungsprozess. Die nachfolgende Zellteilung kann längs, wie z. B. bei *Euglena*-Arten, oder quer zur Zellachse, wie z. B. bei *Paramecium*-Arten, erfolgen.

Längsteilung von *Euglena*

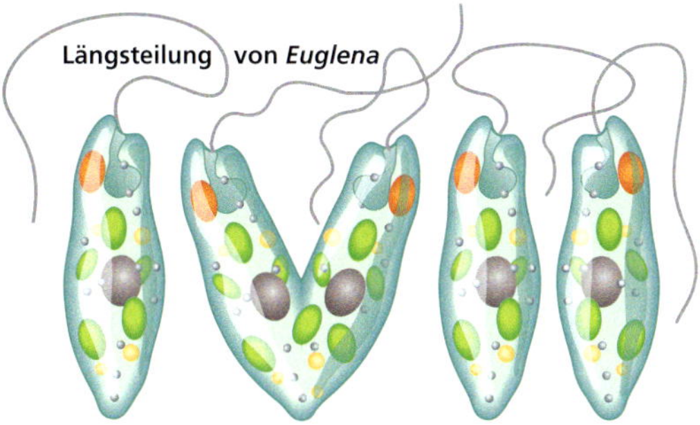

Querteilung von *Paramecium*

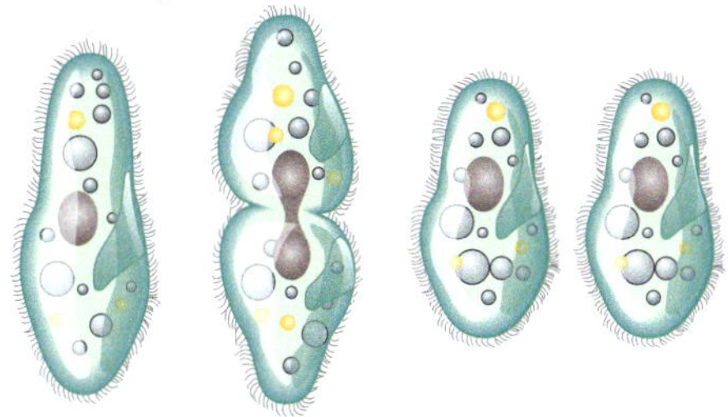

Bei der multiplen Zellteilung **(Schizogonie)** werden nach wiederholten Teilungen in der Mutterzelle entweder bewegliche **Zoosporen** oder unbewegliche **Aplanosporen** gebildet. Diese können sich entweder einzeln oder in Zellverbänden zu ausgewachsenen Organismen entwickeln.

Bei *Volvox* teilen sich einzelne, relativ große Zellen des Mutterorganismus mehrmals längs. Nach Einstülpung dieser Zellen bildet sich ein Hohlnapf, der sich schließlich zu einer oben offenen Hohlkugel formt. Die derart entstandene Tochterkugel wird abgelöst, stülpt sich um und verbleibt zunächst im Inneren der Mutterkugel, bis diese platzt und zugrunde geht.

Als weitere ungeschlechtliche Fortpflanzungsform bei den mehrzelligen Algen tritt die **Fragmentation** auf. Diesen Zerfall des Vegetationskörpers *(Thallus)* findet man beispielsweise bei den Braunalgen-Gatttungen *Fucus* und *Sargassum.* Eine spezielle Form der sexuellen Fortpflanzung bei eukaryotischen Einzellern ist die **Konjugation** bei **Ciliaten.** Dabei werden von zwei Individuen letztlich jeweils zwei haploide Kerne gebildet, von denen einer über eine Plasmabrücke auf den anderen Organismus übertragen wird. Danach verschmelzen die haploiden Kerne zu je einem diploiden Kern. Viele einzellige und einige mehrzellige Algen (z. B. Alge *Ulothrix*) haben morphologisch identische Keimzellen **(Isogamie)**. Sind die Gameten in größere und kleinere differenziert (z. B. einzellige Grünalge *Chlamydomonas*) spricht man von **Anisogamie.** Bei der **Oogamie** ist die weibliche Keimzelle groß und unbegeißelt (Eizelle), die männliche klein und meistens begeißelt (Spermazelle).

Konjugation bei *Paramacium*-Arten ist eine außergewöhnliche Form geschlechtlicher Fortpflanzung.

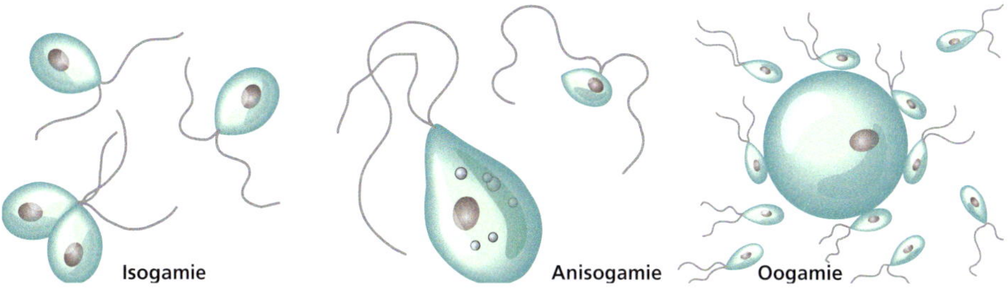

Gametocyste weiblich: Gynogametocyste, männlich: Androgametocyste

Werden die Gameten durch multiple Zellteilung aus einer Zelle gebildet, die nicht von sterilen Zellen umgeben ist, spricht man von einer **Gametocyste.** Entsprechende Sporenbehälter werden **Sporocyste** genannt. Nach der Befruchtung unterliegen die mehrzelligen Algen ganz unterschiedlichen Wachstums- und Differenzierungsprozessen. Sehr charakteristisch ist die Ausbildung von unverzweigten oder verzweigten Zellfäden. Wenn die Zellen, von einem Initialpunkt ausgehend, flächige oder räumliche Zellverbände bilden, die von der Teilung an verbunden bleiben, spricht man von echten **Geweben (Parenchymen).** Solche Gewebe bilden verschiedene Braunalgen und Grünalgen aus.

Entwicklung einer Sporocyste

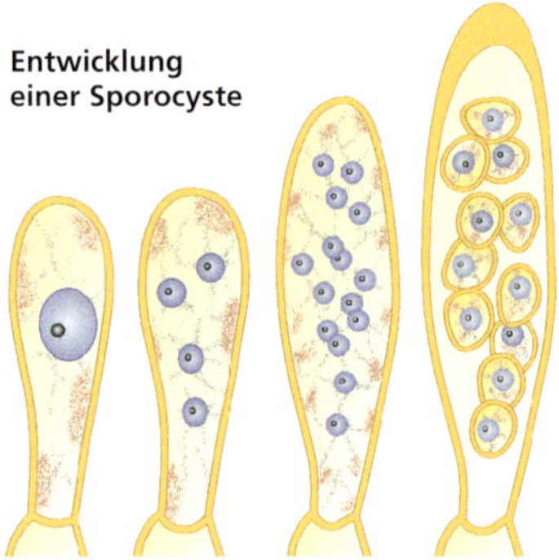

Der Lebenszyklus vieler Algen ist durch einen mit **Kernphasenwechsel** verbundenen **Generationswechsel** gekennzeichnet.

Bei vielen Algen wechselt eine Gameten bildende, aus haploiden Individuen bestehende Generation mit einer Sporen bildenden diploiden Generation ab. Die Gameten werden mitotisch vom **Gametophyten,** die meist begeißelten Sporen **(Zoosporen)** unter Meiose vom **Sporophyten** gebildet. Die Ausgestaltung dieses Generationswechsels unterscheidet sich bei den einzelnen Algenarten stark. In der Abbildung ist ein Beispiel für einen **isomorphen Generationswechsel** beim Gabelzungentang (Gattung *Dictyota*) dargestellt, bei dem sich beide Generationen morphologisch nicht unterscheiden.

Generationswechsel des Gabelzungentangs (*Dictyota dichotoma*)

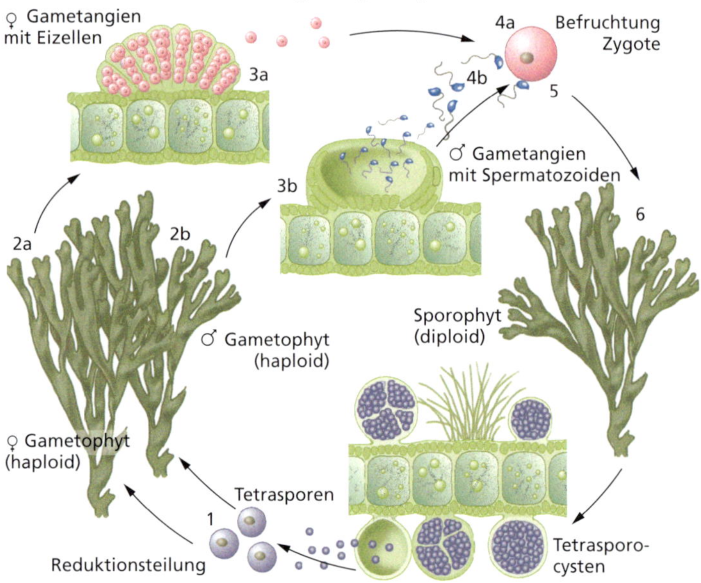

Die Schleimpilze *(Myxomycota)* nehmen eine Sonderstellung innerhalb der Protisten ein, die sich auch in ihrem Entwicklungs- und Fortpflanzungszyklus zeigt.

Entwicklungszyklus eines zellulären Schleimpilzes

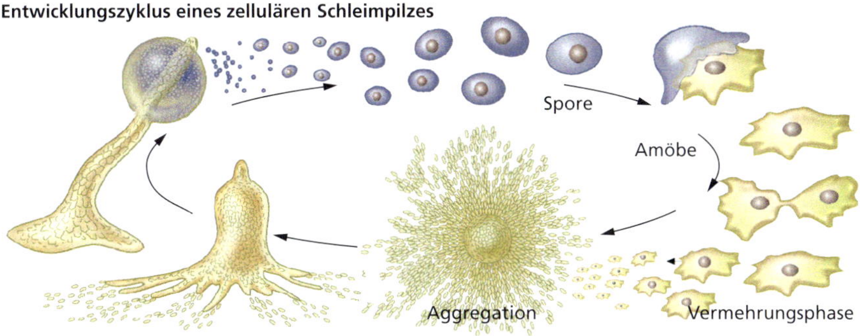

Das Beispiel zeigt das zu den zellulären Schleimpilzen gehörende *Dictyostelium.* Bei ausreichendem Nahrungsangebot leben *Dictyostelien* als amöbenartige haploide Einzeller. Bei Nahrungsknappheit findet, ausgehend von einem Bildungszentrum, eine **Aggregation** statt. Es bildet sich eine Fruchtkörperachse und ein Sporenträger. In seinem Inneren entstehen kugel- oder eiförmige Sporen, die bei manchen Arten feste Cellusosewände ausbilden. Die reife Sporocyste platzt auf, die Sporen werden durch Wind oder Wasser verbreitet und können unter günstigen Bedingungen wieder zu Amöben auskeimen.

5.2.3 Pilze

Die meisten **Pilze** bestehen aus einem sich ständig ausbreitenden Fadengeflecht, dem **Mycel.** Die einzellreihigen Fäden werden **Hyphen** genannt. Wenn die alten Mycelteile absterben, können aus einem ursprünglich zusammenhängenden Mycel viele Tochtermycelien entstehen. Außerdem können sich Pilze durch asexuell entstandene Sporen vermehren, die bei exogener Entstehung als **Konidien** bezeichnet werden.

Konidienbildung bei Schimmelpilzen

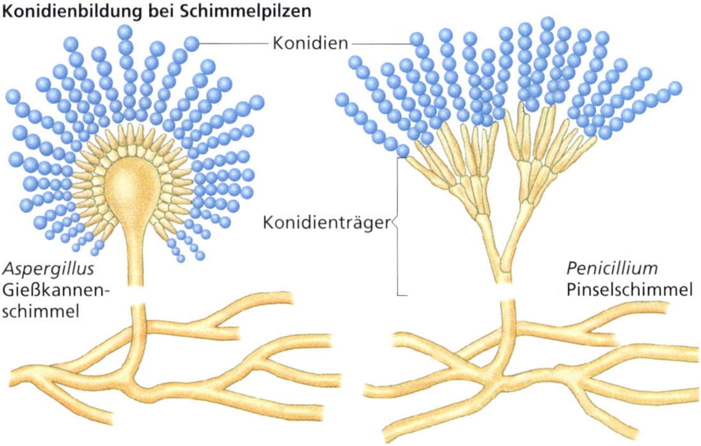

angefärbtes EM-Foto des Pinselschimmels *(Penicillium)*

Die **sexuelle Fortpflanzung bei Pilzen** ist sehr vielgestaltig.

In Anpassung an das Landleben haben die Pilze bis auf die Flagellenpilze *(Chytridiomycota)* keine begeißelten, freien Gameten mehr. Bei den Jochpilzen *(Zygomycota)* und den Schlauchpilzen *(Ascomycota)* verschmelzen ganze Gametocysten **(Cystogamie)** zu einer so genannten **Sammelzygote.**

Beim Jochpilz Köpfchenschimmel *(Mucor mucedo)* wachsen zunächst zwei Hyphen aufeinander zu (a). Später berühren sie sich unter Abplattung (b), dabei lösen sich dann die Zellwände auf (c), und es werden vielkernige Gametocysten von den Trägerzellen abgetrennt. Sie vereinigen sich zur **Zygospore** (d). Die Zygospore bildet dicke Wände, und (e) keimt schließlich aus. Am Ende der Keimhyphe entwickelt sich eine Sporocyste, in der sich unter Meiose zahlreiche Sporen bilden (f).

Zygosporenbildung

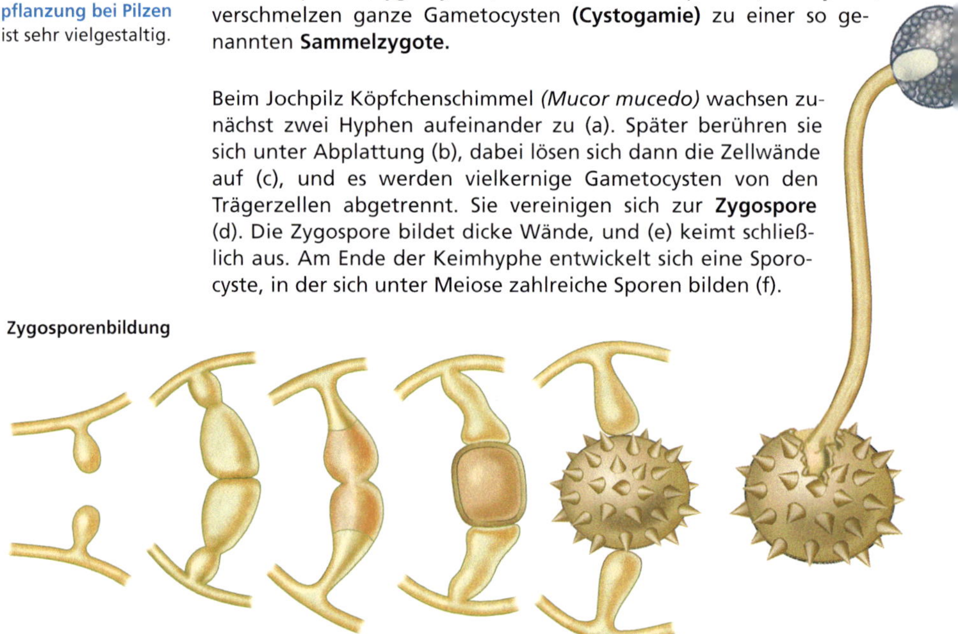

Hutpilz

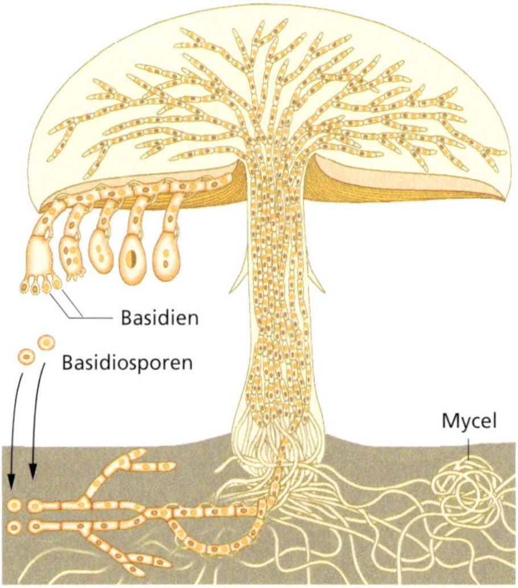

Bei Schlauchpilzen werden männliche und weibliche Gametocysten gebildet. Die weibliche Gametocyste, auch **Ascogon** genannt, bildet über eine Empfängnishyphe (Trichogyne) eine Brücke zu der männlichen Gametocyste aus, durch die die männlichen Kerne zu den weiblichen Kernen in das Ascogon wandern. Sie bilden Kernpaare, die aber erst später in den Endzellen mit den aus dem Ascogon auskeimenden paarkernigen Hyphen verschmelzen. Gleich danach finden Meiose und Ascosporenbildung statt (↗ S. 354).
Bei den Ständerpilzen *(Basidiomycota)* verschmelzen kaum differenzierte Hyphen, also somatische Zellen **(Somatogamie).** Nach der Somatogamie entsteht ein paarkerniges Hyphengeflecht. Von diesem Paarkern**mycel** werden immer wieder Fruchtkörper gebildet. Auf Teilen der Fruchtkörperoberfläche oder im Inneren der Fruchtkörper werden unter Meiose **Basidiosporen** gebildet.

5.3 Pflanzen

- Die Fortpflanzung aller Pflanzen ist an einen Generations- und Kernphasenwechsel gebunden.
- Bei Moosen ist der Gametophyt, bei Farnpflanzen und Samenpflanzen der Sporophyt die vorherrschende Generation.
- Aus den Zygoten entstehen Embryonen, die den Grundbauplan der späteren Pflanze aufweisen.
- Wachstums- und Differenzierungsprozesse sind an Phytohormone gebunden.
- Der Mensch nutzt die Kenntnis bzgl. Wachstums- und Differenzierungsprozessen zur gezielten Reproduktion von Pflanzen.

5.3.1 Fortpflanzung

Die **Pflanzen** (Moose, Farnpflanzen und Samenpflanzen) zeigen, wie die vorangegangenen taxonomischen Gruppen auch, sowohl eine vegetative als auch eine generative Fortpflanzung.
Lebermoose sind in der Lage, **Brutbecher** zu bilden, in denen **Brutkörper** gebildet werden, aus denen sich nach Abschnürung neue Moospflanzen entwickeln. Ähnliche Brutkörper und **Brutknospen** kennt man von Laubmoosen, Farnpflanzen und Samenpflanzen. Besonders auffällige Einrichtungen zur vegetativen Verbreitung kennt man von Bedecktsamern: Hier werden, wie bei der Erdbeere oder Quecke, ober- bzw. unterirdische **Sprossausläufer** gebildet. Wenn die neu gebildeten Sprossknospen eine Bewurzelung erfahren haben, findet **Fragmentation** statt. Außerdem bildet eine Reihe von Samenpflanzen mehrzellige vegetative Brutkörper. Bei verschiedenen Kalanchoë-Arten bilden sich in den Blattkerben selbstständige junge Pflänzchen, die zu Boden fallen und dort weiterwachsen.

1694 beweist Rudolf Jakob Camerarius (1665–1721) die Sexualität der Pflanzen.

Adventive Regeneration ist eine spezielle Form der asexuellen Fortpflanzung.

a) Brutpflänzchen

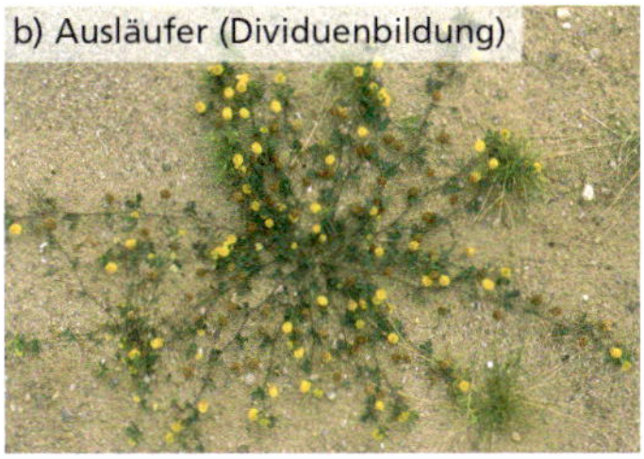
b) Ausläufer (Dividuenbildung)

c) Brutpflanze auf dem Blatt

d) Brutbecher mit Brutkörpern

a) Brutblatt (*Kalanchoe daigremontiana)*
b) Hopfen-Schneckenklee *(Medicago lupulina)*
c) „Henne mit Küken" *(Tolmiea menziesii)*
d) Brunnenlebermoos *(Marchantia polymorpha)*

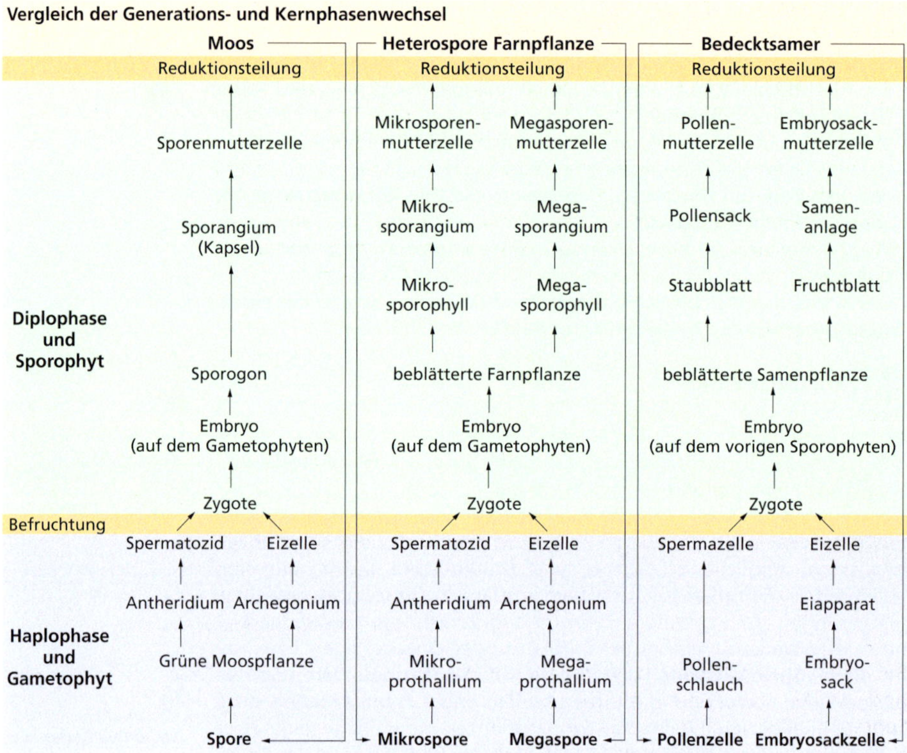

Der regelmäßige Wechsel von Generationen mit verschiedenen Fortpflanzungsformen wird **Generationswechsel** genannt.

Bezüglich der geschlechtlichen Fortpflanzung weisen die Pflanzen – wie viele Algen – einen **heteromorphen Generationswechsel** mit **Gametophyt** (Gameten bildende Pflanze) und **Sporophyt** (Sporen bildende Pflanze) auf. In allen drei Abteilungen werden vom Sporophyten unter Meiose haploide Sporen gebildet. Aus ihnen entwickelt sich die haploide Gametophytengeneration. Die Gameten entstehen in **Gametangien,** in den **Archegonien** jeweils eine Eizelle, in den **Antheridien** eine größere Zahl von Spermazellen. Nach der Befruchtung der Eizelle wird ein Embryo gebildet. Aus ihm entwickelt sich der Sporophyt, der schließlich wieder **Sporen** hervorbringt.

5.3.2 Wachstum und Differenzierung

Aus der haploiden Spore der Moospflanze entsteht zunächst das **Protonema** (ein fadenförmiger Keim), aus dem sich dann das haploide Moospflänzchen entwickelt. Auf ihm werden die Antheridien und Archegonien gebildet. Die grüne Moospflanze ist die Gametophytengeneration. Die Verschmelzung von Spermatozoid und Eizelle erfolgt im Archegonium. Aus der diploiden Zygote entwickelt sich der Sporophyt mit Sporenkapsel, der mit dem Gametophyten verbunden bleibt. Aus den Sporenmutterzellen bilden sich unter Meiose die Sporen.

Bei den meisten isosporen **Farnpflanzen** (z. B. Wurmfarn) werden auf einem Prothallium sowohl Antheridien als auch Archegonien ausgebildet. Nach der Befruchtung wird ein Embryo gebildet. Dieser wächst dann auf dem Gametophyten zur jungen Farnpflanze heran. Gleichzeitig geht das Prothallium zugrunde. Die nun selbstständige Farnpflanze bildet nach weiterem Wachstum Sporen – sie ist folglich der Sporophyt.

Bei heterosporen Farnpflanzen (z. B. Schwimmfarn) ist die geschlechtliche Differenzierung mit der Meiose festgelegt. Die Mikrosporen entwickeln sich zu stark reduzierten Mikroprothallien (männliche Gametophyten), die Antheridien hervorbringen. Aus den Megasporen entwickeln sich Megaprothallien (weibliche Gametophten) mit Archegonien.

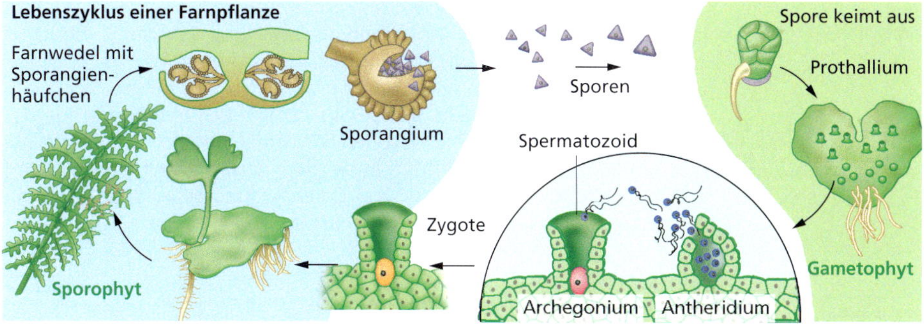

Bei den **Samenpflanzen** ist der Gametophyt noch stärker zurückgebildet. Die weiblichen Sporen bleiben in den Sporangien und ihren Hüllen (den **Samenanlagen**) eingeschlossen. Die männlichen **Sporen (Pollen)** keimen aus und bilden einen **Pollenschlauch,** in dem die Spermazellen bis zu den Eizellen transportiert werden. Nur bei einigen Nacktsamern werden noch begeißelte Spermatozoiden gebildet.

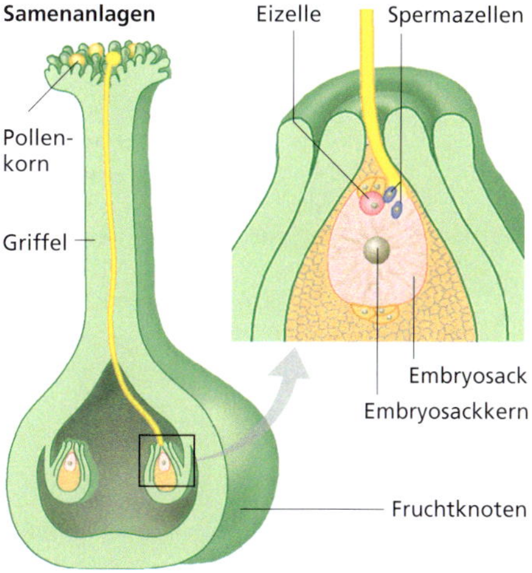

Nach der Befruchtung entwickelt sich aus der Samenanlage ein Same, der den aus der Zygote entstandenen Embryo und ein Nährgewebe enthält. Bei den Bedecktsamern sind die Gametophyten noch stärker reduziert als bei den Nacktsamern. Im männlichen Geschlecht besteht er nur noch aus einer Pollenschlauchzelle, die zwei Spermazellen enthält.

Die Embryonen der bedecktsamigen Pflanzen zeigen sehr unterschiedliche Zellteilungsmuster. Es besteht jedoch ein gemeinsames Prinzip: Die erste Teilung erfolgt quer zur Längsachse, wodurch eine Apikal- und eine Basalzelle entstehen. Während die Basalzelle wenig zur Embryonalentwicklung beiträgt (sie wird zum Träger des Embryos – **Suspensor**), durchläuft die Apikalzelle ein komplexes Teilungsmuster, wodurch zunächst ein kugeliger, später ein herzförmiger Embryo entsteht.

i

Die Acker-Schmalwand ist ein gut untersuchtes Beispiel für **pflanzliche Embryonalentwicklung.**

Nun lassen sich die Anlagen für die späteren Pflanzenorgane erkennen: **Keimwurzel, Keimspross** und **Keimblätter.**

Während bei Tieren der späte Embryo gewöhnlich als Miniaturversion der adulten Form anzusehen ist, entwickeln sich bei Pflanzen die adulten Strukturen nur aus **Bildungsgeweben (Meristemen)** der Spross- und der Wurzelspitze. Seitlich des Sprossmeristems werden Auswüchse gebildet – die Blattanlagen. Unterhalb der Spross-Spitze erfolgt eine Differenzierung in Rindengewebe, Leit- und Festigungsgewebe und in das Mark. Zwischen Rinde und Mark verbleibt bei den Zweikeimblättrigen eine Schicht teilungsfähiger Zellen, mit deren Hilfe das sekundäre Dickenwachstum erfolgt.

Die **Blühinduktion** wird von abiotischen Faktoren bestimmt.

Durch die Wachstumsprozesse entstehen sich wiederholende Module. Diese bestehen aus einem **Nodium** (Knoten) mit ansitzendem Blatt (bzw. Blättern) und dem **Internodium,** dem Sprossabschnitt zwischen zwei Nodien. In der Blattachsel wird mindestens eine Achselknospe angelegt, die selbst ein Spitzenmeristem aufweist. Aus diesem kann sich ein Seitenspross entwickeln, wenn dies nicht durch Phytohormone der Sprossspitze verhindert wird. Aus den Sprossmeristemen können sich bei den Samenpflanzen auch Blüten entwickeln. Dieser Übergang wird von endogenen Faktoren wie Alter und Ernährungszustand, aber auch von Außenfaktoren wie Tageslänge oder Temperatur gesteuert.

5.3.3 Reproduktionstechniken

Zwei Gruppen von **Phytohormonen,** die Auxine und Cytokinine, sind maßgeblich an der Regulierung von Wachstum und Differenzierung beteiligt (↗ S. 137 f.). So haben unter anderem Untersuchungen an Tabakpflanzen belegt, dass das Konzentrationsverhältnis von Indolessigsäure (IES) – einem Auxin – zu Kinetin – einem Cytokinin – entscheidend für den jeweilig realisierten Differenzierungsprozess ist.

Abhängigkeit des Wachstums vom IES- und Kinetingehalt

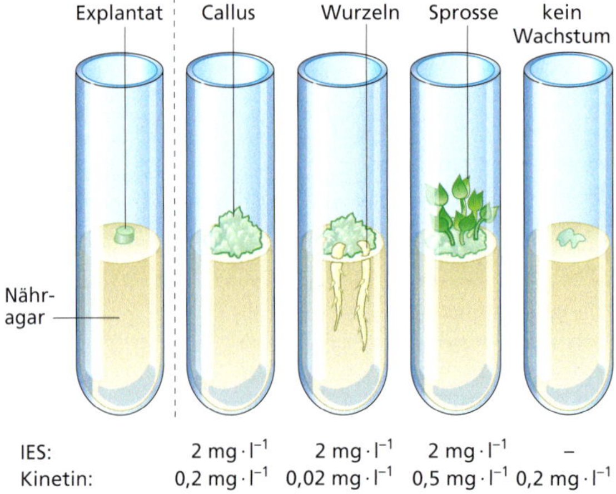

Man entnimmt einer Pflanze ein steriles Explantat, welches nach Möglichkeit noch meristematisches Gewebe (z. B. Cambium) enthalten sollte. Dieses Explantat überträgt man auf einen ebenfalls sterilen Nährboden, der durch Agar verfestigt wurde und die jeweiligen Phytohormon-Konzentrationen enthält.

Die in der Abbildung angeführten Konzentrationsverhältnisse haben keine generelle Gültigkeit, da sie artspezifisch sind. Bevor man mit einer gezielten **Reproduktion von Pflanzen** beginnen kann, müssen die konkreten Werte experimentell ermittelt werden.

Will man erbgleiche Pflanzen in großer Stückzahl reproduzieren, wendet man heute Sterilarbeitstechniken an. Dabei wird das Explantat nach Desinfektion auf einen Nährboden gegeben, der lebhafte Zellteilung initiiert, ohne Differenzierung zuzulassen. Es entsteht ein undifferenzierter Zellhaufen – ein **Kallus.** Dieser Kallus wird in eine **Suspensionskultur** gegeben, deren Phytohormone ebenfalls Zellteilung induzieren. Da diese Kultur ständig geschüttelt wird, lösen sich die neu gebildeten Zellen ab, und es entsteht eine Ein-Zell-Suspension. Nach entsprechender Zellvermehrung, werden jeweils wenige Milliliter der Lösung erneut auf Nährböden ausplatiert, die Kalluswachstum auslösen. Sind die Calli hinreichend groß, werden sie auf Nährboden zur Sprossdifferenzierung übertragen. Anschließend erfolgt eine Umsetzung auf Nährboden, der Wurzelbildung auslöst. Auf diese Art und Weise kann man aus einer Pflanze, welche die vom Züchter gewünschten Eigenschaften trägt, Millionen genetisch gleichartiger Pflanzen erzeugen. Diesen Prozess bezeichnet man als **Klonieren.**

callus: lat. = Schwiele

Normalerweise lassen sich artfremde Pflanzen nicht problemlos kreuzen. Auch hier bietet die sterile Kultur eine neue Möglichkeit. Entfernt man bei Zellen einer Suspensionskultur durch Zugabe von Cellulase die Zellwand, erhält man „nackte" Pflanzenzellen – **Protoplasten.** Diese Protoplasten kann man durch bestimmte physikalische oder chemische Behandlungen zur Verschmelzung bringen. Bei der Protoplastenfusion von Zellen verschiedener Arten entstehen **somatische Hybride.** Somit ergibt sich die prinzipielle Möglichkeit, Eigenschaften zweier Pflanzenarten zu kombinieren. In der Praxis gelingt dies jedoch nur zwischen näher verwandten Arten. Heute ist es auch möglich, Pollen oder Eizellen zum Wachstum in Sterilkultur anzuregen. Dadurch erhält der Züchter haploide Pflanzen, bei denen alle Allele im Phänotyp repräsentiert sind. Nach Verdopplung der Erbinformation erhält er reinerbige Linien, die er dann gezielt miteinander kombinieren kann.

J. G. Friedrich Melzer (1906–1997) gelang es, eine somatische Hybride aus Tomate und Kartoffel **(Tomoffel)** herzustellen.

Isolierte Pflanzenzellen in Sterilkulturen können gentechnisch verändert werden. Über **Kalluskulturen** können aus diesen Zellen dann wieder vollständige Pflanzen mit gezielt eingebauten neuen Genen gewonnen werden **(transgene Pflanzen).**

Entwicklung einer Tabakpflanze aus einer isolierten Eizelle

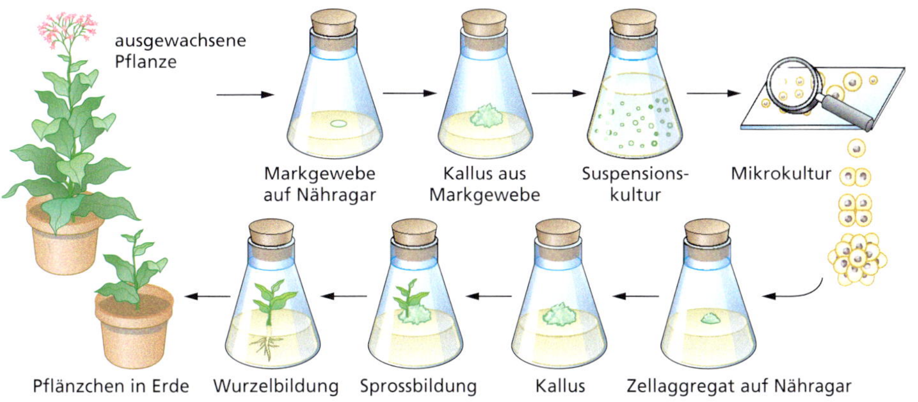

5.4 Tiere und Mensch

- Die Embryonalentwicklung umfasst die Entwicklung der Eizelle bis zum Schlüpfen oder der Geburt des Jungtieres.
- Sie lässt sich in vier Abschnitte gliedern: Furchung, Keimblattbildung, Organbildung und histologische Differenzierung.
- Die einzelnen Phasen können ganz unterschiedlich ablaufen und sind von der inneren Strukturierung der Eizelle abhängig.
- Die Anlage von Organen und Organsystemen erfolgt oft in Segmenten.

5.4.1 Embryonalentwicklung bei Tieren

Neben der bisexuellen Fortpflanzung kommen bei Tieren auch ungeschlechtliche Fortpflanzung sowie Pseudogamie (Merogamie) und Parthenogenese (Jungfernzeugung) vor.

Die Embryonalentwicklung der Tiere beginnt in den meisten Fällen mit der Befruchtung einer Eizelle durch ein Spermium eines Individuums der gleichen Art. Dabei kommt es zunächst zur Zellverschmelzung **(Plasmogamie)** und später zur Verschmelzung der Zellkerne **(Karyogamie).** Das Resultat ist eine **Zygote.** In der nun entwicklungsbereiten Eizelle sind nicht alle Bestandteile gleichmäßig verteilt. Daher sind die Eizellen immer mehr oder weniger polar strukturiert. Besonders eindrucksvoll zeigt sich diese Polarität, wenn eine Ungleichverteilung des **Dotters** vorliegt. Ist der Dotter, wie beispielsweise bei Amphibien oder Vögeln, an einer Seite des Eies konzentriert, so spricht man von **vegetativem Pol.** Der Kern liegt dann, je nach Dottermenge, näher an der anderen Seite, dem **animalen Pol.**

<table>
<tr><th colspan="4">Dotterverteilung im tierischen Ei mit resultierenden Furchungstypen</th></tr>
<tr><th rowspan="2">gleichmäßige Dotterverteilung bei dotterarmen Eiern</th><th colspan="3">ungleichmäßige Dotterverteilung bei dotterreichen Eiern</th></tr>
<tr><th colspan="2">Dotteranreicherung am vegetativen Pol</th><th>Anreicherung im Zentrum</th></tr>
<tr><td>
isolecithales Ei</td><td>
telolecithales Ei</td><td>
extrem telolecithales Ei</td><td>
centrolecithales Ei</td></tr>
<tr><td colspan="2">Die ganze Eizelle nimmt an der Furchung teil „Totalfurcher“ (Holoblastier).</td><td colspan="2">Nur ein Teil der Zelle nimmt an der Furchung teil „Teilfurcher“ (Meroblastier).</td></tr>
<tr><td>
äquale Furchung</td><td>
total inäquale Furchung</td><td>
discoidale Furchung</td><td>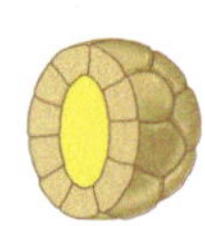
superficielle Furchung</td></tr>
<tr><td>Lanzettfischchen</td><td>Frosch</td><td>Vogel</td><td>Insekt</td></tr>
</table>

Ei- und Furchungstypen

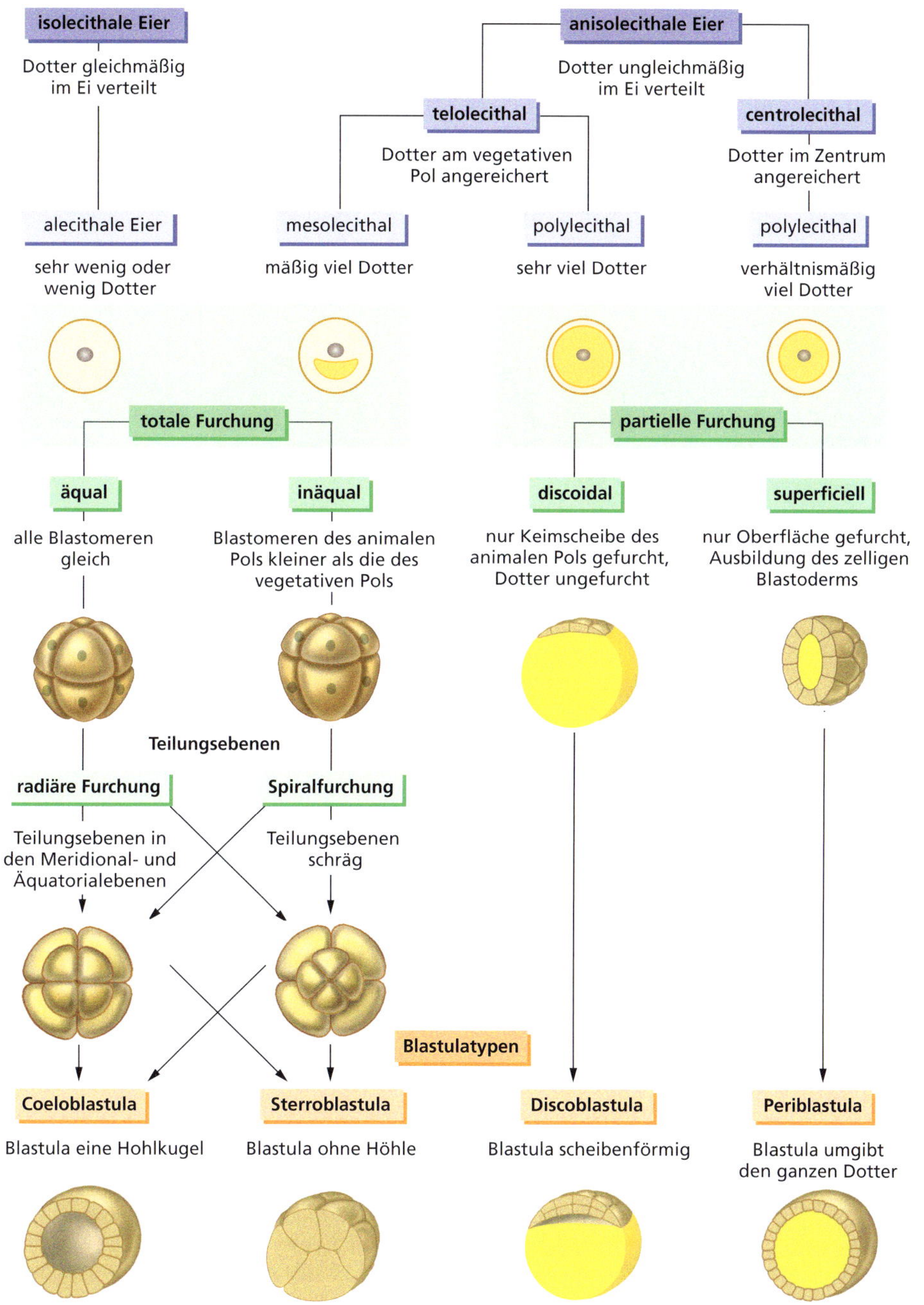

Gastrulation			
total äquale Furchung		**total inäquale Furchung**	**discoidale Furchung**
Einstülpung	Einwanderung	Umwachsung	Hypoblastbildung
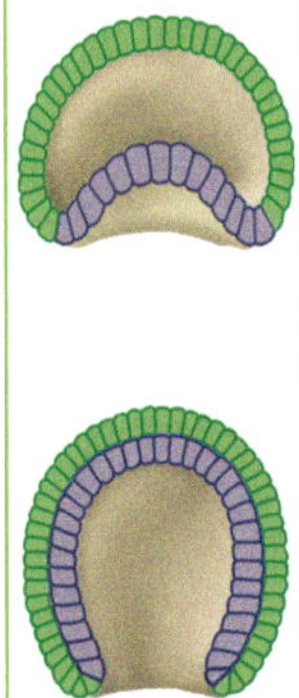	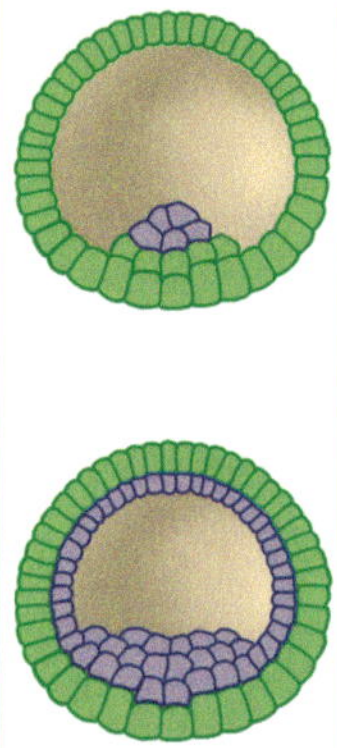	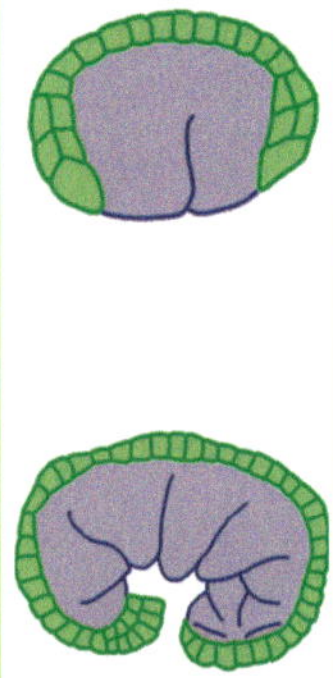	
Seeigel	Nesseltiere	Lurche	Vögel

Den nun folgenden Entwicklungsschritt, der in der obigen Abbildung anhand von vier prinzipiellen Varianten veranschaulicht wird, bezeichnet man als **Gastrulation** (Becherkeimbildung). Dabei erfolgt die Ausbildung der **Keimblätter.**

Die meisten total äqualen und total inäqualen Furchungen führen zu einer Blastula mit animalem und vegetativem Pol. Bei diesen Typen wird der vegetative Pol während der Gastrulation nach innen eingestülpt oder umwachsen. Dabei entsteht der Urmund. Einfach gebaute Vielzeller, wie wie die Hohltiere (z. B. Süßwasserpolyp (↗ S. 88), Ohrenqualle), geben Zellen aus dem **Ektoderm** in das Blastocoel ab, die sich dann zum **Entoderm** organisieren. Mit der Stufe der Gastrula ist ihre Organisationsstufe bereits erreicht.

Bei discoidal gefurchten Eiern, wie z. B. bei Vögeln, entsteht das Entoderm durch intensive Teilungsvorgänge einer Zellschicht vom Randbereich der Keimscheibe. Sie wächst zwischen Blastoderm und Dotter.

Auch die Blastodermzellen des superficiellen Furchungstyps (z. B. Insekten) sondern sich im typischen Fall in zwei Gruppen. Die eine zeigt geringe Teilungsaktivität und wird zur **Hüllanlage.** Die sich lebhafter teilende Zellgruppe stellt die **Vorkeimanlage** dar. Dann überwachsen die Randbereiche den zentralen Bereich der Vorkeimanlage und schließen diesen ein. Beide Gewebsschichten vereinigen sich zur **Keimanlage.**

Mit Ausnahme der Schwämme und Hohltiere schließt sich nun die Bildung des dritten Keimblattes, des **Mesoderms,** an. Dabei werden entweder vom Entoderm oder vom Ektoderm Zellen in den Gewebszwischenraum abgegeben, die sich nachfolgend zur dritten Gewebsschicht organisieren.

i

Bei allen Tieren, die ein Larvenstadium durchlaufen (z. B. Würmer, Krebse, Manteltiere, Lurche, Insekten) findet eine **Metamorphose** statt.

Neurulation und Mesodermentwicklung bei Amphibien

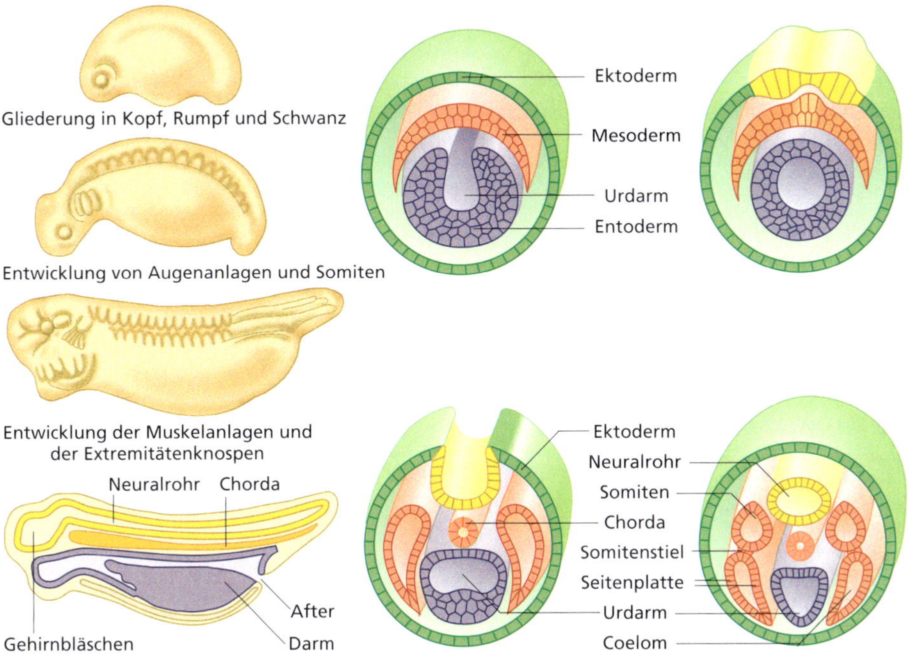

Die Neuordnung der Keimbereiche führt auch zu neuen Nachbarschaften von Zellgruppen. Dieser Kontakt hat wesentlichen Einfluss auf die weitere Entwicklung. Im Folgenden sollen wesentliche Entwicklungsschritte exemplarisch anhand der **Amphibien** dargestellt werden.

Nach der Gastrulation grenzt sich auf dem Ektoderm die schuhsohlenförmige **Neuralplatte** ab. Durch Einsenkung entsteht daraus das Neuralrohr (Neurulation, ↗ Abbildung). Vom Mesoderm wird zwischen **Neuralrohr** und Urdarm eine längliche Struktur, die „Rückensaite" *(Chorda dorsalis)* gebildet. Aus diesem ursprünglichen Stützorgan werden bei den Wirbeltieren später die Zwischenwirbelscheiben.

Das an die Chorda seitlich anschließende Mesoderm bildet die **Ursegmente,** die auch als **Somiten** bezeichnet werden. Ventral (bauchseitig) entstehen aus dem Mesoderm die ungegliederten **Seitenplatten,** in deren Inneren die **sekundäre Leibeshöhle** gebildet wird, das **Coelom.**

Seitenplatten und Somiten sind durch mesodermale Zellen miteinander verbunden, die im mikroskopischen Bild wie Stielchen aussehen. Man bezeichnet diese Verbindungen daher als **Somitenstiel.** Mit diesen Entwicklungen ist die Neurulation abgeschlossen.

Mit der Bildung der Somiten deutet sich ein Charakteristikum aller Tiere mit sekundärer Leibeshöhle an: Äußere und innere Organsysteme werden ursprünglich segmental angelegt. Man bezeichnet eine solche Segmentierung des Körpers als **Metamerie.** Mit Ausnahme der Ringelwürmer und der Gliederfüßer ist sie später äußerlich meist nicht mehr und innerlich nur begrenzt erkennbar.

i

Nach der Neurulation gliedert sich der längliche Embryo in die drei Abschnitte Kopf, Rumpf und Schwanz.

Neben der hier dargestellten gibt es im Tierreich viele weitere **Neurulations- und Organbildungsvarianten.**

Bei den Wirbeltieren lässt sich die Metamerie noch gut an der Wirbelsäule mit den Rippen und an der Zwischenrippenmuskulatur erkennen, die aus den Somiten hervorgehen.

Nach der Neurulation wächst die Schwanzknospe an der Urmundseite aus. Der Urmund wird daher zum After und der Mund muss neu gebildet werden. Organismen mit dieser Entwicklungsform bezeichnet man deshalb als Neumundtiere oder **Deuterostomier.** Neben den Chordatieren zählen die Stachelhäuter zu dieser Organismengruppe.

Plattwürmer, Fadenwürmer, Ringelwürmer, Gliederfüßer und Weichtiere legen den After neu an und behalten den Urmund. Sie werden als Urmundtiere oder **Protostomier** bezeichnet (↗ S. 358).

Dieser ontogenetische Unterschied hat auch Auswirkungen auf die Grundorganisation: Bei den Protostomiern wird der Nervenstrang bauchseitig („Bauchmark"), das Herz rückenseitig angelegt, bei den Deuterostomiern ist dies umgekehrt.

Beim Mosaikkeim (Mosaik-Ei) besitzen die verschiedenen Teile der Eizelle schon Determinanten für die späteren Körperteile des Embryos. Beim Regulationskeim sind die einzelnen Regionen noch nicht auf ihre spätere Entwicklung festgelegt .

Lanzettfischchen

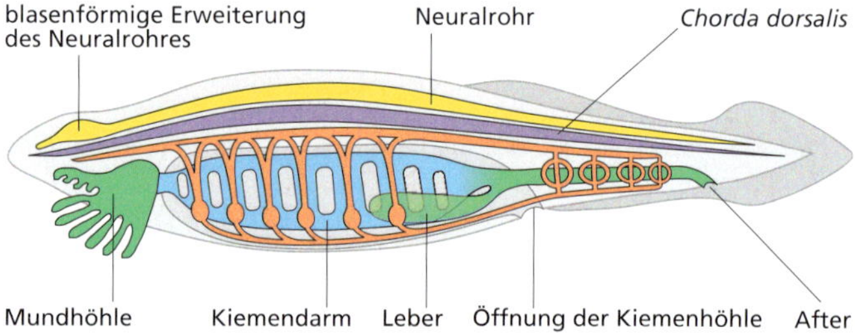

Das bis zu 6 cm große Lanzettfischchen lebt, eingegraben in den sandigen Untergrund, als Strudler in den Flachwasserzonen der europäischen Meere. Es repräsentiert die Grundgestalt der **Chordatiere.** Hier lässt sich nicht nur im Bereich der Muskulatur, sondern auch am Kiemendarm und am Herz-Kreislauf-System die Metamerie deutlich erkennen. Der Grundaufbau entspricht dem Schlüpfstadium eines Amphibienkeims.

Übersicht über die Organbildungen aus den drei Keimblättern:

Ektoderm: Oberhaut mit Drüsen und Anhangsgebilden (z. B. Nägel), Anfang und Ende des Darmkanals mit Drüsen, Nervensystem mit Sinneszellen, Außenskelett

Entoderm: Mitteldarmepithel mit Drüsen, Leber, Bauchspeicheldrüse, Schwimmblase, Lungen, Kiemen, Schilddrüse

Mesoderm: Innenskelett, Chorda, Muskeln, Bindegewebe, Blutgefäßsystem, Lymphsystem, Ausscheidungs- und Geschlechtsorgane

5.4.2 Embryonalentwicklung des Menschen

Die **Keimesentwicklung des Menschen** verläuft ähnlich der aller anderen Säugetiere. Die Eizelle ist nur 0,2 mm groß, polar gebaut und, im Gegensatz zu den anderen Wirbeltierklassen, dotterlos.

Während des Transports durch den Eileiter furcht sich die Zygote total äqual und entwickelt sich zur **Blastocyste.** Dies ist ein spezielles Entwicklungsstadium der Säugetiere und entspricht nicht dem Blastulastadium. Sie besteht aus einer äußeren, einschichtigen Zell-Lage, dem **Trophoblasten,** einer **Blastocystenhöhle** und dem in sie hineinragenden **Embryoblasten.** In diesem Stadium (etwa 6. Tag) nistet sich der Embryo in die Gebärmutterschleimhaut ein. Vom Embryoblasten differenzieren sich dann durch Abspaltung basale Zellen zum **Entoderm** und verteilen sich auf der Innenseite des **Trophoblasten.** Im Trophoblasten werden zottenartige Ausstülpungen gebildet, das **Chorion** (Zottenhaut). Die Chorionzotten eröffnen im Uterusgewebe Blutgefäße, womit ein intensiver Stoffaustausch zwischen Mutter und Embryo eingeleitet wird. Bis zum 12. Tag entsteht im Embryoblasten die **Amnionhöhle**, ihr basaler Teil wird zur **Keimscheibe**. Aus ihm alleine entwickelt sich der Embryo, alle übrigen Gewebe bilden nur Hilfsorgane. Unterhalb der Keimscheibe entsteht der **Dottersack**, sodass der Embryo zwischen zwei Bläschen, der Amnionhöhle und dem Dottersack, liegt.
Zwischen dem Hinterende des Embryos und der Trophoblastenhülle bleibt ein zusammenhängender Strang, der **Haftstiel**, der sich später zur Nabelschnur entwickelt. In diesen stülpt sich aus dem Urdarm die Allantois aus, die später an der Plazentabildung beteiligt ist.

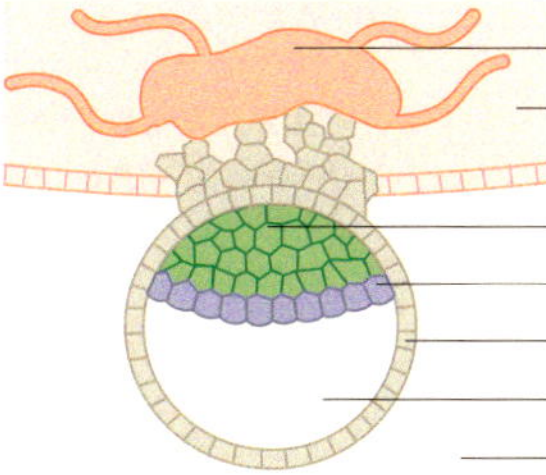

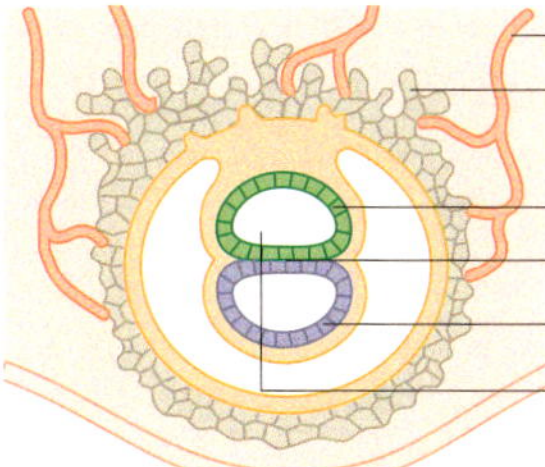

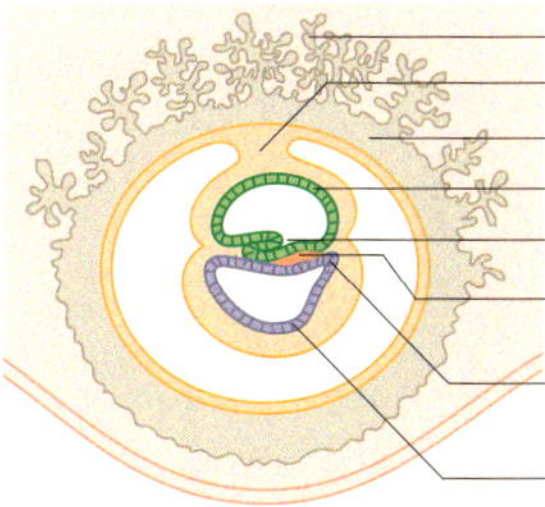

In der dritten Woche entwickelt sich der Keim außerordentlich schnell. Die vom Ektoderm gebildete Einstülpung entwickelt sich zu einer verdickten Zellplatte. Aus ihr werden die Chordaanlagen gebildet. Nun organisieren sich die von der Primitivrinne zwischen Ektoderm und Entoderm abgegebenen Zellen zu einer geschlossenen Zell-Lage, dem **Mesoderm**. Dieser Vorgang wird bei den Säugetieren – abweichend zur üblichen Benennung – als Gastrulation bezeichnet. Aus dem Mesoderm bilden sich etwa ab dem 20. Tag zu beiden Seiten der Chorda würfelförmige Gebilde aus, die Somiten. Sie sind die Reste eines ursprünglich segmentalen Aufbaus des Wirbeltierkörpers.

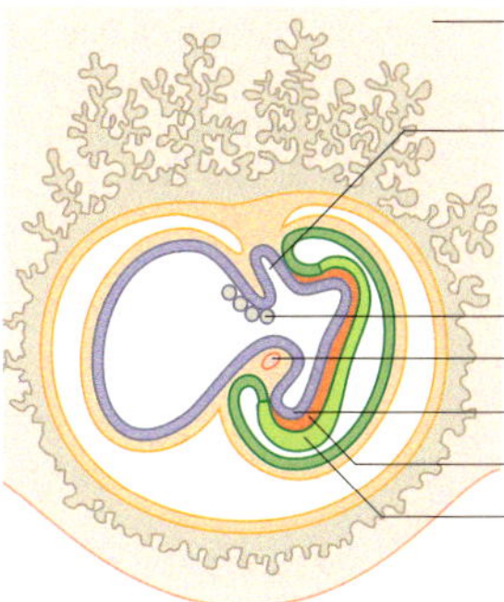

Originalgrößen

5. Woche (36. Tag)

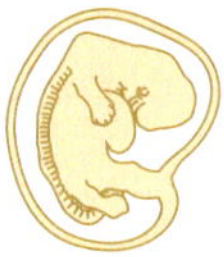

6. Woche (41. Tag)

7. Woche (48. Tag)

Ebenfalls in der 3. Woche verdichtet sich das über der Chorda liegende Ektoderm zur Neuralplatte, die später zum Neuralrohr gefaltet wird. Weiterhin entsteht ein einfaches Kreislaufsystem, in dem ein ungekammertes, schlauchförmiges Herz zu schlagen beginnt. Während der Embryo am Beginn der 4. Woche noch gestreckt ist, wird er durch das Wachstum der Somiten gebogen. Das Amnion umwächst den Haftstiel. Dabei entstehen der Nabelstrang und die flüssigkeitsgefüllte Fruchtblase. Gleichzeitig bilden sich die Anlagen für die Sinnesorgane, die Leber, die Lunge und die Extremitäten. Ab der 5. Woche wächst vor allem der Kopf des **Embryos**, und es beginnen sich die Anlagen der Extremitäten zu differenzieren. Die 6. Woche ist durch weiterhin starkes Wachstum des Kopfes gekennzeichnet. Außerdem werden allmählich die Fingerstrahlen sichtbar. In der 7. Woche beginnt sich das Gehirn in seine fünf Abschnitte zu gliedern. Des Weiteren kommt es zu einer deutlichen Verlängerung der Extremitäten. Gegen Ende der 8. Woche werden die Ohrmuscheln gebildet. Die Zeit zwischen der 9. und 12. Schwangerschaftswoche ist durch starkes Körperwachstum, Vervollkommnung und zunehmende Tätigkeit der Organe, Ausformung des Gesichtes sowie erste Bewegungen gekennzeichnet. Als Ernährungsorgan bildet sich die scheibenförmige **Plazenta** mit einem Durchmesser von ca. 20 cm. Sie besteht aus dem embryonalen Teil, der Zottenhaut, und dem mütterlichen Teil, der Uterusschleimhaut. Mit der 20. Schwangerschaftswoche ist die Embryonalbildung abgeschlossen, es beginnt die **Fetalzeit**.

Bildung von Organanlagen und Extremtiäten 4.– 8. Woche

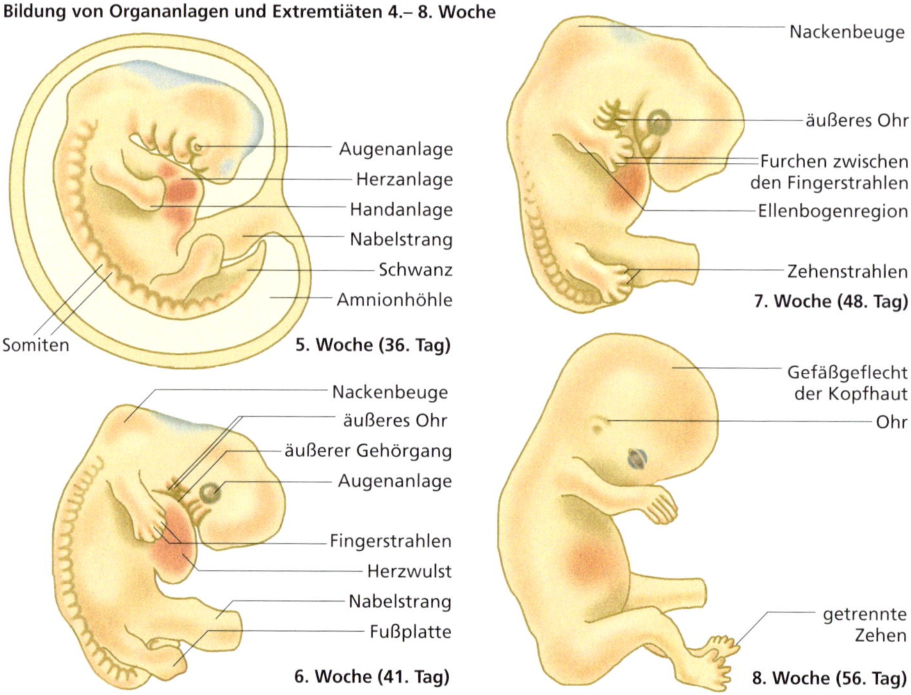

5.4.3 Entwicklungsstörungen und Reproduktionstechniken

Entwicklung ist das Ergebnis von koordiniertem Zellverhalten. Dabei induzieren so genannte **Morphogene** die **Musterbildung,** welche die charakteristische **Morphogenese** nach sich zieht. Sind diese Morphogene durch **Mutation** verändert, hat dies Entwicklungsstörungen zur Folge. Ein klassisches Beispiel für den Nachweis dieses Zusammenhangs ist eine Mutation im Mausgen „Brachyury". Die Embryonen sterben in einem frühen Stadium, weil sich das hintere Mesoderm nicht entwickelt.

Störfaktoren der Embryonalentwicklung können Drogen, Medikamente oder Infektionskrankheiten sein.

Die **Homöobox-Gene** codieren DNA-bindende Proteine, die als Transkriptionsfaktoren wirken. Eine Untergruppe dieser Gene sind die **Hox-Gene.** Da die einzelnen Gene in verschiedenen Embryonalregionen unterschiedlich stark exprimiert werden, resultieren je nach Mutation abweichende Entwicklungsstörungen (↗ S. 216 ff.).

Mutationen an **Homöobox-Genen** können die Umwandlung einer Körperstruktur in eine andere (z. B. Antenne in Bein, **homöotische Transformation**) auslösen.

Entwicklungsstörungen bei der Maus:
Mutation im Hox-a3-Gen: Komplexe strukturelle Defekte im Kopf- und Brustbereich;
Mutation im Hox-d11-Gen: Wirbel des vorderen Kreuzbeins werden in Lendenwirbel umgewandelt.

Entwicklungsstörungen können aber auch auf Umweltfaktoren zurückgehen, die sich nicht mutierend auf das Genom auswirken. So kann der **Gedrängefaktor** (↗ S. 429) dazu führen, dass bereits gebildete Embryonen bei Mäusen oder Kaninchen wieder abgebaut werden. Infektionen während der frühen Schwangerschaft können zu Missbildungen führen, z. B. führt der Rötel-Virus zur unvollständigen Ausbildung der Herzscheidewand. Medikamente und Genussmittel (z. B. Nicotin oder Alkohol) können ebenfalls einen hemmenden oder verzögernden Einfluss auf die Entwicklung haben.

Umwelteinflüsse können **modifikative Einflüsse auf die Embryonalentwicklung** haben.

Anfänglich sollte mit der **Reproduktionsbiologie** die Produktion landwirtschaftlicher Nutztiere und ihre Züchtung verbessert werden. Außerdem wurde sie eingesetzt, um ungewollt kinderlosen Paaren den Kinderwunsch zu ermöglichen. Mit den Fortschritten in der Gentechnologie und der Zellkultur eröffneten sich Möglichkeiten zur Produktion wertvoller medizinischer Wirkstoffe und Spenderorgane durch **transgene Nutztiere.** Prinzipiell kann man zwischen **In-vivo-Technik** und **In-vitro-Techniken** unterscheiden. Im ersten Fall werden die Embryonen durch Spender-Samen innerhalb und im zweiten Fall außerhalb des weiblichen Organismus erzeugt.

Bei **Ursachen und Therapie von Sterilität** gibt es mehrere Möglichkeiten.

In den meisten Fällen wird die Einleitung einer Schwangerschaft bzw. Trächtigkeit mittels **Embryotransfer** realisiert. Ausgangspunkt ist in jedem Fall das hormonelle Auslösen einer Superovulation im weiblichen Spendertier. Danach können die Eizellen im Mutterleib befruchtet und die Embryonen nach 5–7 Tagen abgesaugt werden oder dem Spendertier die reifen Eizellen entnommen und die Befruchtung in einem Nährmedium vorgenommen werden **(In-vitro-Fertilisation).** „Übrige" in-vitro erzeugte Embryonen können zu vielfältigen medizinischen Zwecken genutzt werden, doch ist dieser Einsatz der Reproduktionsbiologie aus ethischen Gründen umstritten **(therapeutisches Klonen).**

Die älteste Technik der Reproduktionsbiologie ist die **künstliche Besamung.** Für pharmakologische und medizinische Zwecke werden **transgene Nutztiere** produziert.

Nach den ersten Teilungen der Zygote werden ein oder mehrere Embryonen in die Gebärmutter eines Empfängerorganismus implantiert, der zuvor ebenfalls hormonell auf die Einnistung vorbereitet wurde.

Klonen mittels Kerntransfer ist nach neuesten Untersuchungen problematisch.

Mit dem **Klonen** will man genetisch identische Organismen schaffen. Dies kann mittels **Embryoteilung, Blastomer-Isolierung** oder **Kerntransfer** realisiert werden.

Klonen durch Teilen des Embryos

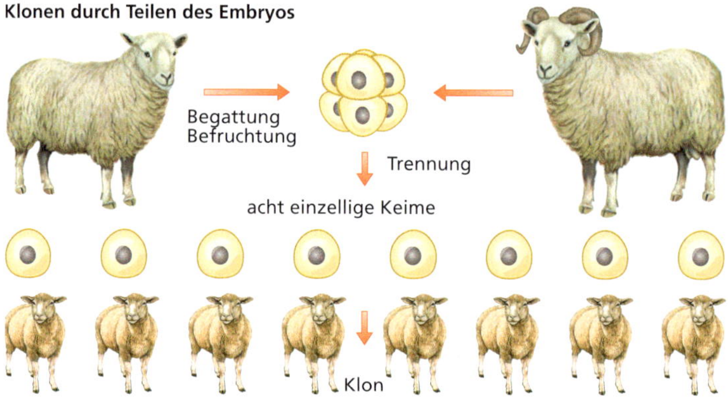

Experimente mit menschlichen ES lösten kontroverse ethische Diskussionen aus, da dazu Embryonen „verbraucht" werden.

Einen weiteren Hoffnungsträger in der medizinischen Forschung stellen **embryonale Stammzellen** (ES) dar. Sie sind totipotent, d.h., aus ihnen können noch alle Gewebe und Organe gebildet werden. Es besteht allerdings Aussicht, dass auch aus adulten Stammzellen (z.B. Knochenmarkszellen) eine weit gehende Geweberegeneration möglich ist.

Klonen durch Kerntransfer

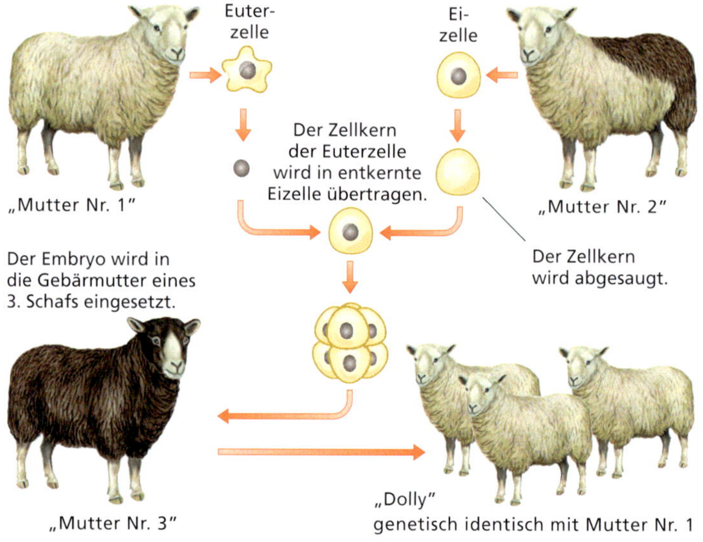

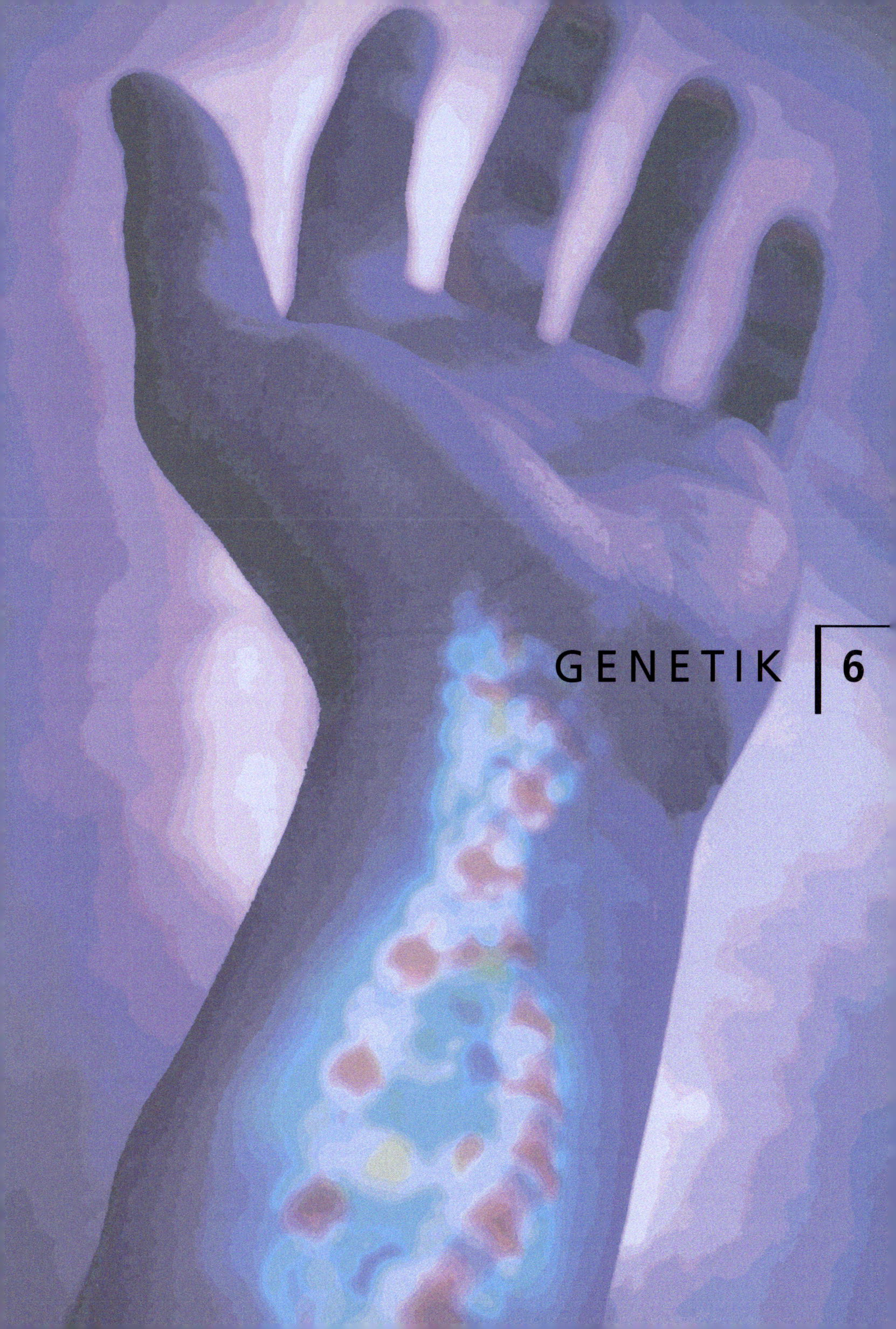
GENETIK
6

6.1 Molekulare Grundlagen der Vererbung

- Die DNA ist ein Information speicherndes, identisch kopierbares Makromolekül.
- Leben ist das Zusammenwirken von Information (DNA) und Funktion (Protein).
- Die genetische Information wird durch Transkription und Translation zum Aufbau zelleigener Proteine genutzt.
- Die genetisch fixierte Reaktionsnorm ist die Grundlage der phänotypischen Anpassungsfähigkeit.
- Neue genetische Programme entstehen durch Mutationen und Rekombinationen.

Die **Geschichte der Genetik** begann mit JOHANN GREGOR MENDEL (1822–1884), der 1865 über die Resultate seiner Kreuzungsexperimente an Erbsen berichtete. WILLIAM BATESON (1861–1926) erfand 1906 den Begriff Genetik, der sich aus dem lateinischen Wort Genesis („Werden“) ableitet und mit den Begriffen Ursprung, Entstehung und Leben übersetzt werden kann (↗ S. 20).

6.1.1 Nucleinsäuren als Träger der genetischen Information

Nucleinsäuren (Kernsäuren) sind Makromoleküle mit relativen Molekülmassen von 10^4 bis 10^6. Innerhalb dieser chemischen Verbindungsklasse unterscheidet man die **Desoxyribonucleinsäuren (DNA)** und die **Ribonucleinsäuren (RNA).**

Im Jahre 1953 entwickelte der amerikanische Biochemiker **JAMES D. WATSON** (geb. 1928) in Zusammenarbeit mit seinem englischen Kollegen **FRANCIS H. C. CRICK** (geb. 1916) das Doppelhelix-Modell für Desoxyribonucleinsäuren. Diese Modellvorstellung basierte auf Daten der Röntgenstrukturanalyse der DNA, die 1952 von **ROSALIND E. FRANKLIN** (1920 bis 1958) und **MAURICE H. F. WILKINS** (geb. 1916) durchgeführt wurde.

Experimentaldaten	Modellvorstellung
Röntgenbeugungsmuster eines DNA-Faserbündels nach FRANKLIN und WILKINS 1952. Die Kreuzfigur in der Mitte weist auf einen helikalen Aufbau hin. 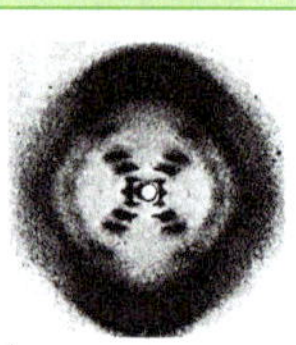	Skizze nach der Veröffentlichung von WATSON und CRICK in der Zeitschrift NATURE vom 25. April 1953: die DNA-Doppelhelix 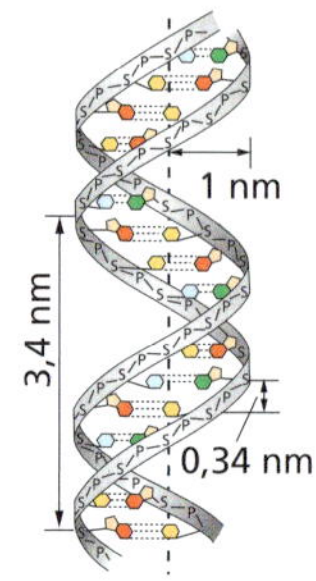

Der Begriff DNA stammt aus dem Englischen und ist die Abkürzung für **d**esoxyribo**n**ucleid-**a**cid.

FREDERICK GRIFFITH (1877–1941) konnte bereits 1928 nachweisen, dass von abgetöteten Pneumokokken ein transformierender Stoff auf lebende Pneumokokken übertragen werden kann. GRIFFITH nahm allerdings an, dass es sich bei dieser „Gensubstanz“ um Proteine handele.

Im Jahre 1944 gelang es dem kanadischen Bakteriologen **OSWALD T. AVERY** (1877–1955), bei Transformationsversuchen mit Pneumokokken durch den Einsatz von Proteasen und Nucleasen nachzuweisen, dass die genetische Information in Nucleinsäuren und nicht in Proteinen gespeichert wird.
Dieses Ergebnis konnte 1952 durch die nordamerikanischen Molekularbiologen **ALFRED D. HERSHEY** (1908–1997) und **MARTHA CHASE** (1930–2003) in Versuchen mit Bakteriophagen bestätigt werden.

Die Struktur der DNA

Die DNA ist ein Makromolekül, welches in seiner Primärstruktur durch die lineare Abfolge der Grundbausteine, der **Nucleotide** (↗ S. 60), gebildet wird. An deren Aufbau sind drei stoffliche Komponenten beteiligt – **Desoxyribose, Phosphorsäure, Pyrimidin-** bzw. **Purinbasen**. Aufgrund der vier verschiedenen Basen **(Adenin, Guanin, Cytosin** und **Thymin)** können vier unterschiedliche Nucleotide gebildet werden.

Die DNA eines ***Escherichia coli***-Bakteriums umfasst vier Mio. Nucleotide, das entspricht 4^4 Mio. möglichen Sequenzen.

Strukturbildung eines Nucleotids (Desoxythymidinmonophosphat dTMP)

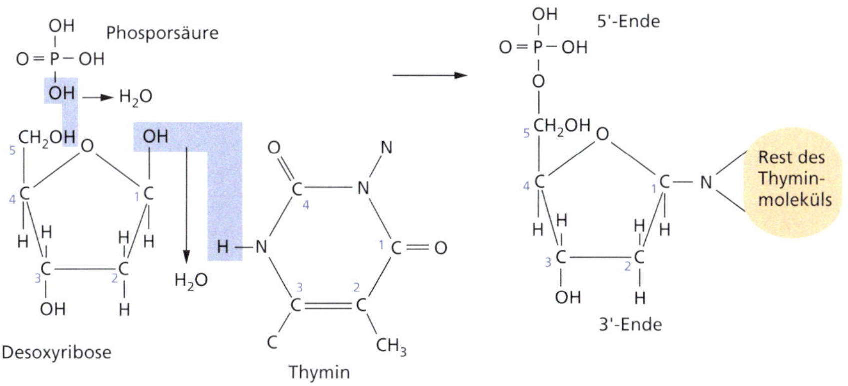

Die Nucleotide werden durch kovalente Phosphorsäurediesterbindungen zwischen dem 3. C-Atom der Desoxyribose des einen Monomers und dem am 5. C-Atom der Desoxyribose gebundenen Phosphatrest des nächsten Nucleotids unter Wasserabspaltung verknüpft. Auf diese Weise kommt es zur Bildung von Polynucleotidketten. Charakteristisch ist dabei für jeden Polynucleotidstrang die lineare Anordnung der vier Pyrimidine Purine, die **Basensequenz.**

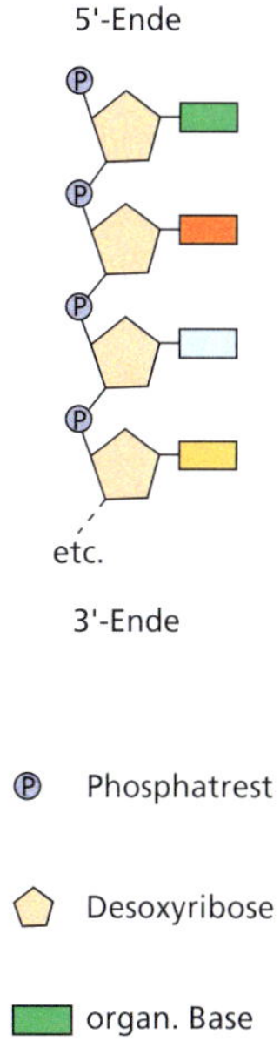

Die Anzahl der unterschiedlichen möglichen Sequenzen einer Polynucleotidkette ergibt sich aus der Potenz 4^n, wobei n der Kettenlänge des Moleküls entspricht. Mit dem ungebundenen Phosphatrest auf der einen Seite (5'-Ende) und der nicht veresterten Hydroxygruppe am anderen Kettenende (3'-Ende) bekommt der **Polynucleotidstrang** eine typische Polarität (5'→ 3'). Das Zucker-Phosphat-Rückgrat sichert über die kovalenten Bindungsverhältnisse, dass die Stabilität der Information speichernden Primärstruktur der Polynucleotidstränge und damit die Konstanz der genetischen Information garantiert wird.

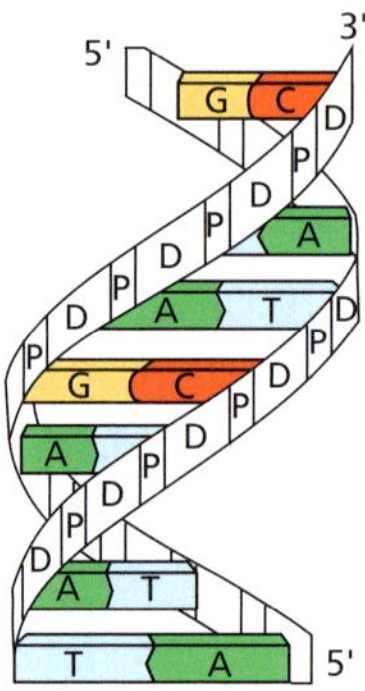

In ihrer **Sekundärstruktur** liegt die DNA als **Doppelhelix** vor, d. h., am Aufbau eines DNA-Moleküls sind zwei Polynucleotidstränge beteiligt.

Das Zucker-Phosphat-Rückgrat weist zur Außenseite. Im Inneren werden die Ketten durch die Bildung von Wasserstoffbrückenbindungen zwischen jeweils einer Purin- und einer Pyrimidinbase zusammengehalten. Dabei paaren sich ausschließlich Adenin und Thymin über zwei, Guanin und Cytosin über drei Wasserstoffbrückenbindungen. Diese Spezifität bedingt das *komplementäre* Verhältnis der beiden Stränge. Durch die Basensequenz des einen Stranges wird die des anderen determiniert. Die räumliche Beziehung zwischen den Doppelhelixsträngen kann nur durch die antiparallele Anordnung beider Polynucleotidketten gebildet werden. Die gegenläufige Polarität führt also zur Unterscheidung von 5' → 3'-Strang und 3' → 5'-Strang. Hinsichtlich der höheren Stufen in der Hierarchie der biochemischen Ordnung **(Tertiär- und Quartärstruktur,** ↗ S. 49 ff.) unterscheiden sich die DNA-Moleküle des bakteriellen Procyten von denen des Eucyten nachhaltig.

Die DNA ist aufgrund ihrer Strukturmerkmale ein Information speicherndes, identisch kopierbares Makromolekül. Bedingt durch die Primärstruktur **(Sequenz),** ist eine grenzenlose Vielfalt des Polymers möglich, und auf der Basis der Sekundärstruktur (Komplementarität) sind Matrizen für die Vervielfachung gegeben. Die DNA stellt damit die materielle Grundlage für die Vererbung dar.

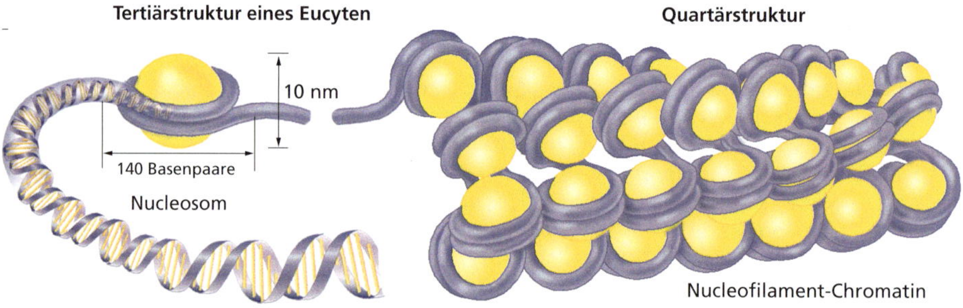

Eigenschaften der DNA	Procyt	Eucyt
Anordnung der Doppelhelix	zirkuläres Molekül	lineare Moleküle
Wechselwirkung mit Proteinen	nicht mit Proteinen assoziiert	um Histone gewunden – Bildung von Nucleosomen
Kettenlänge	ca. 1,36 μm	ca. 1 m (alle Moleküle des haploiden Chromosomensatzes/Säuger)
Anzahl der Basenpaare (bp)	4 363 bp (Plasmid pBR 322) bis $4 \cdot 10^6$ bp (Nucleoid *E. coli*)	10^6 bis zu 10^{10} bp (alle Moleküle des haploiden Chromosomensatzes/Säuger)

Genetischer Code

Der **genetische Code** stellt eine universelle Programmiersprache dar, die mittels vier verschiedener chemischer Bausteine die spezifischen Programme – **Gene** – verschlüsselt. Dabei codiert die lineare Abfolge dieser vier chemischen Buchstaben die spezifische Information eines Gens.
Um die insgesamt 20 Aminosäuren *direkt* zu codieren, die am Aufbau körpereigener Proteine beteiligt sind, müssen im Minimum 20 Codierungseinheiten – **Codone** – existieren (↗ S. 47). Dies ist nur über die Kombination von drei aufeinander folgenden Nucleotiden möglich. Die dadurch entstehenden Tripletts bilden insgesamt 64 (4^3) Codone. Aus der Nutzung aller Codone resultiert, dass die meisten proteinogenen Aminosäuren durch mehrere Tripletts codiert werden, der genetische Code ist in diesen Fällen redundant (bzw. „degeneriert").

Der Begriff Gen wurde 1909 von W. L. JOHANNSEN für die von G. MENDEL postulierten konstanten, untereinander frei kombinierbaren Erbeinheiten eingeführt.

MARSHALL W. NIRENBERG, ROBERT W. HOLLEY und **HAR G. KHORANA** bekamen für ihre Erkenntnisse zur **Entschlüsselung des genetischen Codes** 1968 den Nobelpreis für Medizin.

Nucleotidsequenz der DNA

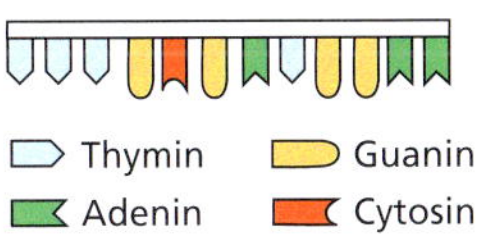

Aminosäuresequenz eines Polypeptids

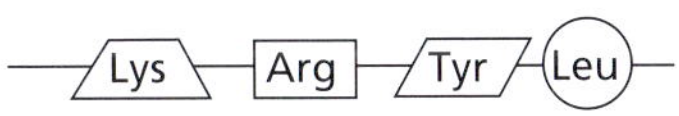

Besonderheiten in der „Grammatik" des genetischen Codes:

- das Codon AUG verschlüsselt die Aminosäure Methionin und definiert als **Startcodon** den Beginn einer genetischen Botschaft
- die Codone UAA, UGA und UAG wirken als „Satzende" und signalisieren das Ende einer genetischen Botschaft – **Stoppcodone**
- das Leseraster der codierten Information erfolgt linear in Dreiergruppen

Code-Sonne

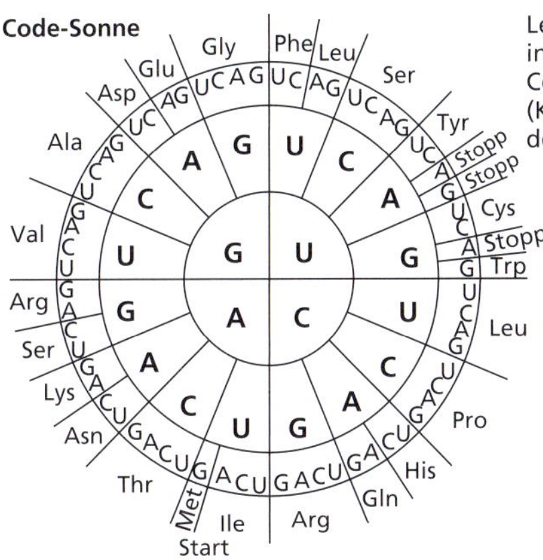

Leserichtung von innen nach außen: Codone der mRNA (Komplemente der DNA)

Ribonucleinsäuren (RNA)

Eine direkte Übersetzung der Nucleotidsequenz der DNA in die entsprechende Aminosäuresequenz des Proteins ist im zellulären System nicht möglich. Als Mittler zwischen den beiden Ebenen **Information** und **Funktion** fungieren hierbei die **Ribonucleinsäuren** (↗ S. 60).

Formen	Funktionen
mRNA (messenger-RNA)	Übermittlung von Transkripten vom Zellkern zum Ribosom
tRNA (transfer-RNA)	Transport der proteinogenen Aminosäuren
rRNA (ribosomale-RNA)	Aufbau der Ribosomen

6.1.2 Identische Replikation

Mit dem **Meselson-Stahl-Experiment** wiesen M. Meselson und F. Stahl den semikonservativen Mechanismus der Replikation nach.

Grundlage der Weitergabe der genetischen Informationen ist die **identische Replikation.** An DNA-Einzelstränge wird ein neuer komplementärer Strang in antiparalleler Richtung synthetisiert. Da die beiden entstandenen Tochtermoleküle aus je einem alten und einem neu synthetisierten Strang bestehen, wird der Replikationsverlauf auch als *semikonservativ* bezeichnet. Es werden zwei Grundtypen unterschieden, die hier dargestellte Replikation nach dem Y-Modell und die **„Rolling-Circle"-Replikation**.

Art	Anzahl der Basenpaare	Art	Anzahl der Basenpaare
Plasmid pBR 322 (aus *Escherichia coli)*	ca. 4 363	*Coenorhabdites elegans* (Rundwurm)	ca. $195 \cdot 10^6$
Bakteriophagen T_2 und T_4	ca. $180 \cdot 10^3$	Seeigel	ca. $1{,}6 \cdot 10^9$
Escherichia coli	ca. $4 \cdot 10^6$	Mensch	$6{,}4 \cdot 10^9$
Hefe	ca. $27 \cdot 10^6$	Kröte, Säugetiere	ca. $6 \cdot 10^9$
Fruchtfliege	ca. $320 \cdot 10^6$	Bei Eukaryoten beziehen sich die Werte auf den diploiden Chromosomensatz.	

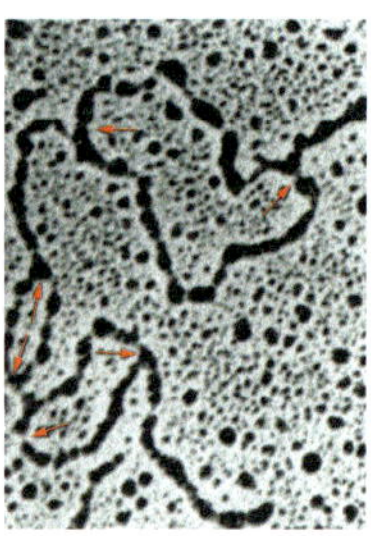

Replikationsblasen in der DNA von Hamsterzellen (Pfeile: Replikationsgabel)

Trotz der großen Menge an Basenpaaren dauert die Replikation beispielsweise bei Bakterien lediglich einige Minuten bis hin zu wenigen Stunden bei Eukaryoten.

In Bakterien werden ca. 500–1 000 Nucleotide pro Sekunde synthetisiert, wobei hier die Replikation an einem **Replikationsursprung** beginnt. Im Gegensatz dazu wird die geringere Replikationsgeschwindigkeit bei Eukaryoten (30–50 Nucleotide/s) durch den Start an Hunderten bis Tausenden Ursprüngen kompensiert. Elektronenmikroskopisch werden die dabei entstandenen **Replikationsgabeln** als **Replikationsblasen** sichtbar.

ringförmiges Bakterienchromosom

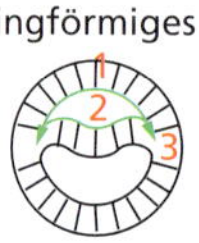

1: Replikationsursprung
2: Replikationsblase
3: Replikationsgabel

Abschnitt einer chromosomalen DNA

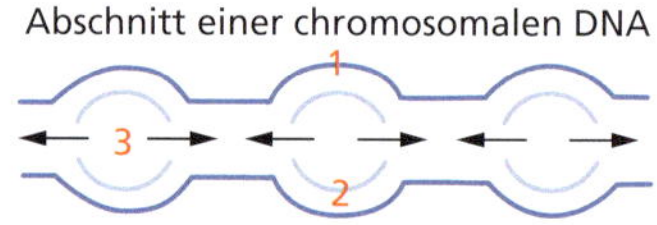

Die DNA-Replikation verläuft in allen Organismen prinzipiell ähnlich. Sie ist in drei Hauptphasen unterteilt.

1. Initiation

Replikationsursprung

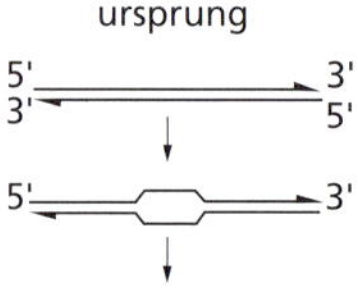

Die **Initiation** erfolgt jeweils an den Replikationsursprüngen. Bei *E. coli* entspricht dies einer 245 Basenpaare langen Sequenz mit Bindungsstellen für Initiationsproteine. Der DNA-Doppelstrang öffnet sich und ermöglicht die Anlagerung von Proteinen zur Stabilisierung der Einzelstrangabschnitte und Replikationsenzyme.

2. Elongation

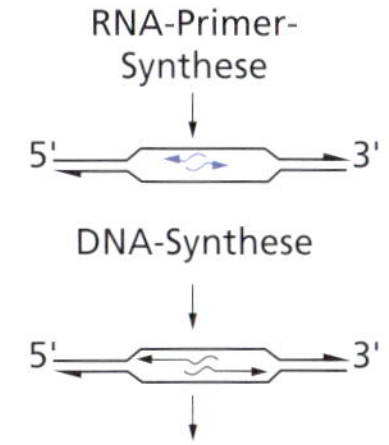

Bevor die **Elongation**, dass schrittweise Verlängern der neuen DNA-Sequenz, beginnen kann, müssen noch einige vorbereitende Prozesse ablaufen. Zuerst wird die Doppelhelix durch ein Enzym entspiralisiert. Dieses Entwinden vollzieht sich jedoch nicht durch Rotation des Moleküls, sondern durch Trennen und erneutes Verknüpfen des DNA-Stranges. Sonst wären bei durchschnittlichen Replikationsgeschwindigkeiten mehrere Tausend Umdrehungen pro Minute nötig. Im Anschluss daran wird der DNA-Doppelstrang enzymatisch zur Replikationsgabel geöffnet. Die sofortige Wiederverbindung der Einzelstränge wird durch die Anlagerung von Einzelstrang-Bindungsproteinen verhindert. An den freigelegten DNA-Matrizen muss nun zunächst ein 6 bis 30 Nucleotide langer Primer aus Ribonucleotiden angelagert werden. Dies wird durch eine **RNA-Polymerase** vermittelt. Erst danach kann die **DNA-Polymerase** mit der Elongation beginnen. Die DNA-Polymerase katalysiert nun die Verbindung neuer komplementärer DNA-Nucleotide mit dem als Matrize vorliegenden Elternstrang. Diese Reaktion kann nur von 5' nach 3' fortschreiten.

Reaktionsmechanismus:

Die Synthese schreitet am neuen Strang in 5' → 3'-Richtung fort. Ausgangsstoffe sind die vier **Desoxynucleosidtriphosphate** (dNTP) dATP, dCTP, dGTP und dTTP.

1. Das passende dNTP bindet sich komplementär durch Bildung einer Wasserstoffbrückenbindung an den Elternstrang.
2. Pyrophosphat wird vom dNTP abgespalten. Seine anschließende Hydrolyse in zwei Phosphatreste treibt die Synthese an.
3. Die Verknüpfung des neuen Nucleotids mit dem DNA-Strang erfolgt dann durch Veresterung des übrig gebliebenen Phosphates mit dem 3'-C-Atom der Desoxyribose des vorhergehenden Nucleotids.

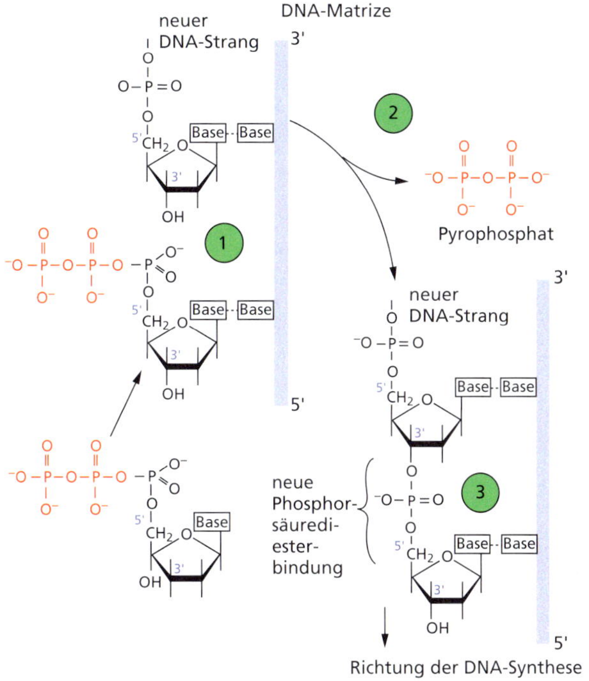

Die Synthese des Primers erfolgt nach dem gleichen Prinzip, allerdings sind hier Nucleosidtriphosphate (NTP) mit Ribose als Zuckeranteil die Ausgangsstoffe.

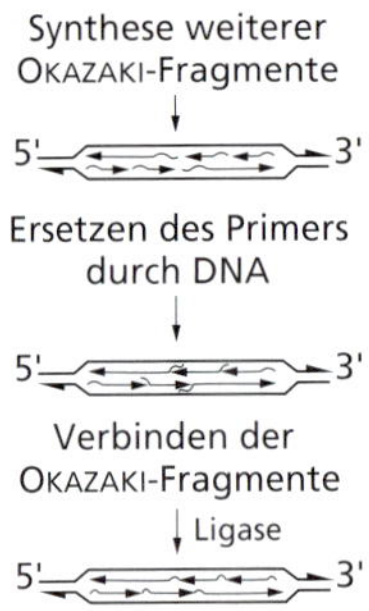

R. OKAZAKI entdeckte 1967 die nach ihm benannten Fragmente.

Mit voranschreitender Öffnung der Replikationsgabel wird der eine der beiden Elternstränge in Öffnungsrichtung abgelesen. Es ist der so genannte **Leitstrang.** Die DNA-Polymerase gleitet an ihm in 3'→5'-Richtung entlang und synthetisiert so kontinuierlich den neuen Strang. Die Synthese am anderen Elternstrang, dem **Folgestrang,** verläuft komplizierter, da er eine umgekehrte Orientierung (antiparallel) aufweist. Die Replikation kann hier erst ablaufen, wenn die Eltern-DNA ein Stück geöffnet ist. Die neue DNA wird hier gegen die Öffnungsrichtung diskontinuierlich in Form von **OKAZAKI-Fragmenten** gebildet. Jedes der etwa 1 000–2 000 Basen langen Fragmente benötigt zu seiner Entstehung einen Primer als Anheftungsstelle der DNA-Polymerase. Wenn das Enzym auf den Primer des vorhergehenden Fragmentes trifft, werden die RNA-Nucleotide gegen DNA-Bausteine ausgetauscht. Die letzte Lücke im neuen DNA-Strang wird dann durch ein Enzym geschlossen.

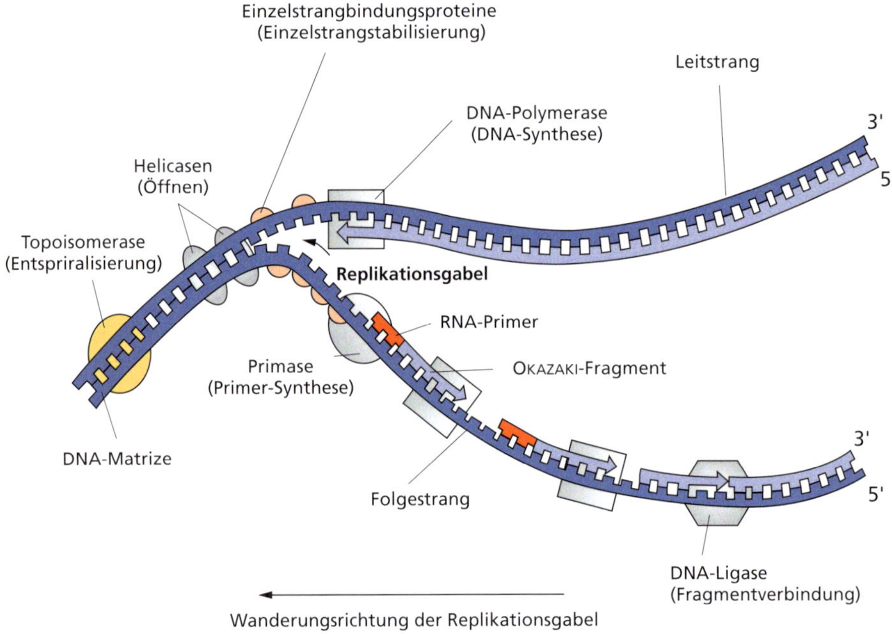

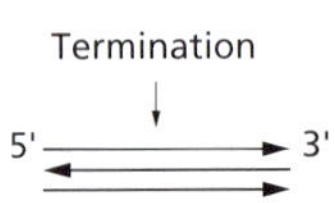

3. Termination

Die Replikation endet an bestimmten Basensequenzen der DNA. Hier treffen zwei Replikationskomplexe aufeinander. Nur einer der beiden repliziert weiter, bis die noch fehlenden Nucleotide ergänzt sind. Anschließend werden die beiden entstandenen Tochter-DNA-Moleküle voneinander getrennt.

Die Fehlerrate der Replikation ist ziemlich gering. Bei Bakterien beträgt sie ca. 10^{-9}–10^{-10}. Die hohe Genauigkeit wird durch Kontroll- und Reparaturfunktionen bestimmter Polymerasen und anderer Replikationsenzyme erreicht.

Replikationsfehler werden durch die **DNA-Reparatur** beseitigt.

6.1.3 Vom Gen zum Protein

Ein **Gen** ist eine abgegrenzte Funktionseinheit des genetischen Materials. Seine Basensequenz bestimmt die Struktur von Proteinen und RNA-Molekülen (tRNA, rRNA). Diese so genannten **Strukturgene** werden hinsichtlich ihrer Aktivität durch **Kontrollgene** reguliert. Die Länge eines derartigen DNA-Abschnitts kann 75 bis über 2 300 kb betragen. In Kilobasen (kb) wird der Informationsgehalt eines genetischen Abschnitts angegeben. Eine **Kilobase** (kb) entspricht Tausend **Basenpaaren** (bp).

Die genetische Information wird nur auf einem der beiden Polynucleotidstränge der DNA gespeichert, dieses codierende Polynucleotid wird häufig auch als Matrizenstrang *(Template Strand)* bezeichnet. Im Falle des menschlichen Genoms sind nur 20 bis 30 % der gesamten DNA aktive Gene. Das heißt, der größte Teil der Erbsubstanz umfasst intergene DNA ***(Spacer)***, also DNA-Bereiche zwischen den einzelnen Genen.

Die genetisch codierenden Abschnitte der DNA **(Genotyp)** bestimmen die Ausbildung spezifischer Merkmale **(Phänotyp)**, indem sie die Synthese von **Proteinen** in der Zelle bedingen. Als Mittler zwischen diesen beiden Ebenen kommt der RNA eine besondere Rolle zu.

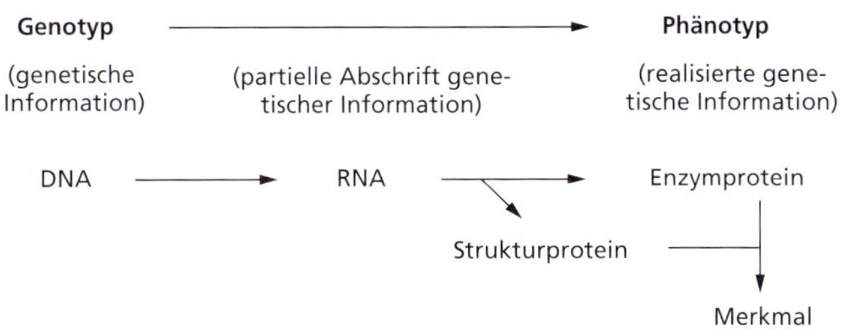

FRANCIS H. C. CRICK (geb. 1916)

Bei der **Genexpression** wird die in einem Gen enthaltene Information in der Zelle verwirklicht. Dazu muss die genetische Information der DNA zuerst in RNA überführt und anschließend als Protein realisiert werden. Dieses zentrale Dogma der Molekulargenetik postulierte FRANCIS H. C. CRICK schon 1958.
Daraus resultiert für die Synthese eines spezifischen Proteins ein zweistufiger Prozess:

Proteinbiosynthese bei Pro- und Eukaryoten

Prinzipiell stimmen die beiden Mechanismen Transkription und Translation bei allen Organismen überein. Bedingt durch den unterschiedlichen Grad der Kompartimentierung bei Pro- und Eucyt gibt es aber auch Unterschiede (↗ S. 72 ff.).
Bei dem bakteriellen Procyt befinden sich DNA und Ribosomen im Cytoplasma, d. h., es existiert keine räumliche Trennung der Prozessebenen Transkription (an der DNA) und Translation (an den Ribosomen). Ein fließender Übergang zwischen den Reaktionsgefügen ist dadurch gewahrt. Noch während die RNA an der DNA transkribiert wird, können Ribosomen das sich bildende RNA-Molekül translatieren.

Beim Eucyt sind Transkription und Translation räumlich und zeitlich voneinander getrennt. Die Transkription findet im Zellkern statt, die Translation im Cytoplasma. Das bedeutet, dass das Transkript (RNA) erst über die Kernporen zu den Ribosomen transferiert werden muss. Im Vorfeld wird die transkribierte RNA einem Processing unterzogen, d. h., die primäre RNA-Nucleotidsequenz wird in vielfältiger Weise modifiziert.

transcriptio: lat. = Umschrift

Durch die **Transkription** werden die Nucleotidsequenzen der Gene auf einzelne RNA-Ketten kopiert. Dabei wird der Matrizenstrang der DNA durch die katalytische Wirkung des Enzyms RNA-Polymerase komplementär durch aktivierte RNA-Nucleotide ergänzt, sodass eine Abschrift des zu exprimierenden Gens entsteht. Die gebildete **mRNA** (messenger-RNA, Boten-RNA) verschlüsselt somit in Form ihrer spezifischen Nucleotidsequenz die Syntheseanweisung für die Aminosäuresequenz eines zu bildenden Proteins.

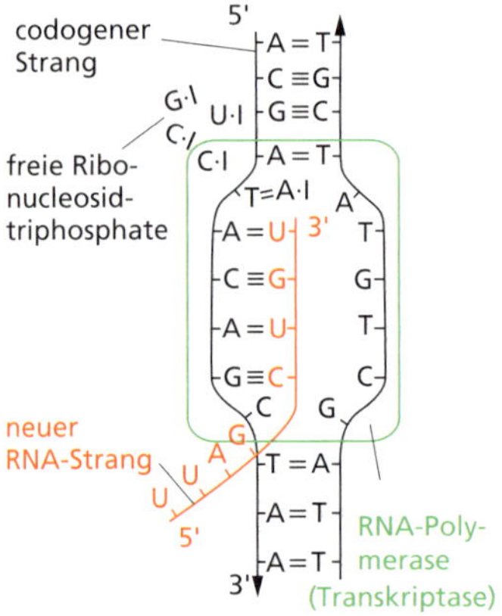

Ablauf der Transkription:

1. Bindung der RNA-Polymerase an die DNA
2. **Initiation:** Bildung eines Promotorbereichs zwischen Polymerase und DNA ⇒ Lösen der Wasserstoffbrückenbindungen zwischen den Basen ⇒ Entstehung eines offenen Promotorkomplexes ⇒ RNA liest nur den Matrizenstrang (codogener Strang)
3. **Elongation:** Start der RNA-Synthese ⇒ komplementäre Anlagerung der ersten Nucleosidtriphosphate und Verknüpfung unter Freisetzung von Pyrophosphat ⇒ Wanderung der RNA-Polymerase entlang des codogenen Stranges in 3'→ 5'-Richtung
4. **Termination:** Stopp der Transkription durch Terminatorsequenzen ⇒ Ablösen des Transkriptes von der DNA ⇒ Lösen der RNA-Polymerase ⇒ Bindung der DNA-Einzelstränge zur Doppelhelix

Produkte der Transkription sind einzelsträngige RNA-Moleküle, die zum codogenen Strang der DNA-Matrize komplementär sind. Alle RNAs werden nach dem Matrizenmuster der DNA synthetisiert. Neben der messenger-RNA sind dies die tRNAs und rRNAs, welche für den Ablauf des Translationsprozesses von ausschlaggebender Bedeutung sind.

Prozessierung der mRNA bei Eukaryoten

Die gebildeten Primärtranskripte durchlaufen im Zellkern des Eucyten einen Reifungsprozess zu funktionsfähigen, d. h. translationsfähigen mRNA Molekülen. Kurz nach, zum Teil aber bereits während der Transkription wird die mRNA durch mehrere parallel verlaufende, gekoppelte Reaktionen prozessiert. Unabdingbar ist dabei der Prozess des **„Spleißens“** – das Herausschneiden intervenierender Sequenzen **(Introns)** sowie die Verknüpfung der translationsfähigen Sequenzen **(Exons)**. Das **Capping** sowie die **Polyadenylierung** erhöhen zwar die Effizienz der Translation, sind aber nicht zwingend erforderlich. Dabei werden sowohl das 5′-Ende (Capping) als auch das 3′-Ende der mRNA (Polyadenylierung) chemisch verändert.

processus: lat. = fortschreiten

Processing

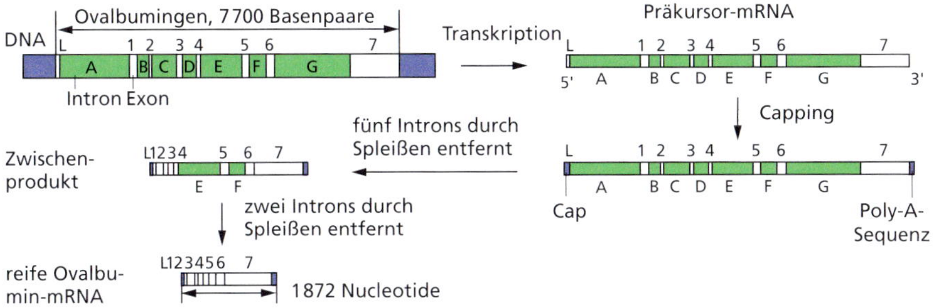

Das Beispiel des Ovalbumingens verdeutlicht den Mosaikcharakter eukaryotischer Gene. Die grün markierten Introns werden durch Spleißen in mehreren Schritten entfernt. Das zur Translation fähige Transkript besteht nur noch aus 1 872 der ursprünglich 7 700 Nucleotide.

Während der **Translation** werden die proteinogenen Aminosäuren durch Peptidbindung zu unverzweigten Polypeptidketten verknüpft. Die Nucleotidsequenz des mRNA-Moleküls bestimmt die Aminosäuresequenz des Polypeptids. Die Übersetzung der Nucleinsäure-„Sprache“ in die Protein-„Sprache“ wird durch Translater, die **Ribosomen**, sowie durch spezielle Adapter, die **Transfer-RNAs** garantiert.

translatio: lat. = Übersetzung

Ribosom

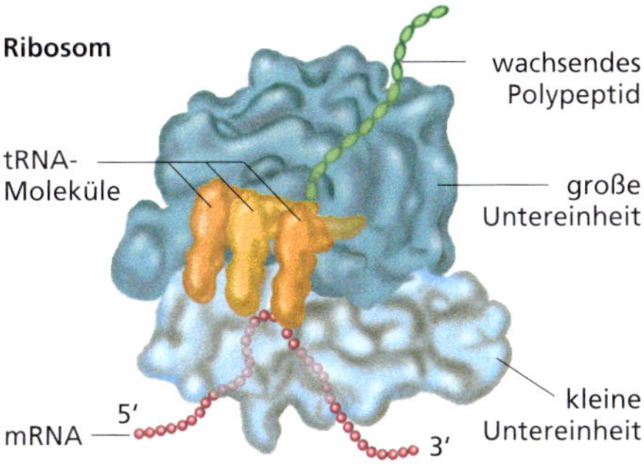

tRNA

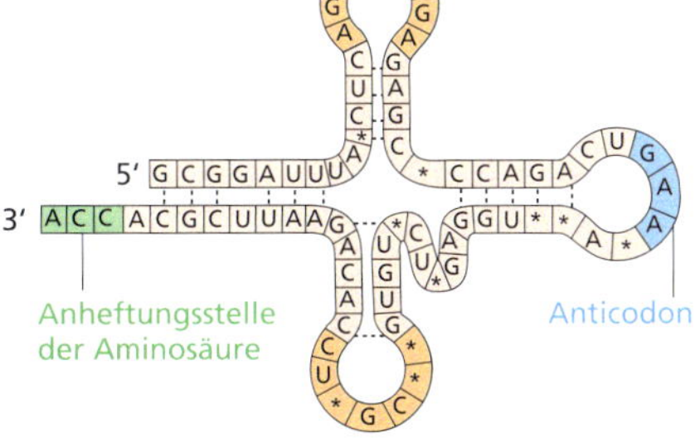

Das **allosterische Dreistellenmodell** entspricht dem derzeitigen Stand der Forschung auf diesem Gebiet.

Jede aminosäurespezifische Transfer-RNA wird im Cytoplasma mit der jeweiligen Aminosäure beladen. Die Kopplung der Aminosäuren an ihre tRNA erfolgt unter katalytischer Wirkung von Aminoacyl-tRNA-Synthetasen. Diese Enzyme besitzen eine außerordentlich hohe Substratspezifität. Das Ribosom sichert mit seiner kleinen Untereinheit das Einfädeln und Binden der mRNA, während über die große Untereinheit die katalytische Aktivität für die Ausbildung der Peptidbindungen gesichert wird. Die eindeutige Zuordnung der tRNAs ist durch das komplementäre Verhältnis von Anticodon und Codon gewahrt.

Die folgende Schilderung des Verlaufs orientiert sich an der bakteriellen **Proteinbiosynthese.** Die Einzelschritte verlaufen bei Eukaryoten nach einem ähnlichen Modus, sind aber komplexer.

Translation nach dem allosterischen Dreistellenmodell

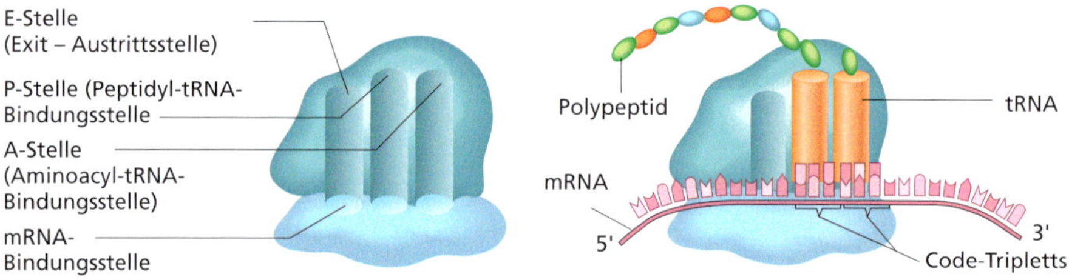

Initiation	Bildung des Initiationskomplexes durch Vereinigung von der ersten tRNA (Met), mRNA, kleiner ribosomaler Untereinheit und abschließend der großen Untereinheit. Die Met-tRNA ist dabei in der P-Stelle lokalisiert.
Elongation	In der Kettenwachstumsphase kommt es zur zyklischen Wiederholung von drei Reaktionsschritten. 1. Aminoacyl-tRNA-Bindung in der A-Stelle durch Codon-Anticodon-Paarung zwischen mRNA und Aminoacyl-tRNA. 2. Peptidyltransfer, d. h., unter Aufbau einer Peptidbindung wird die Aminosäure bzw. bei folgenden Zyklen der Peptidyl-Rest auf den Aminosäurerest in der A-Stelle übertragen. 3. Translokation, die Peptidyl-tRNA rückt mit der mRNA um ein Triplett in die P-Stelle weiter. Die entladene tRNA rückt in die E-Stelle und wird dort abgegeben. Die frei gewordene A-Stelle kann erneut besetzt werden und ein weiterer Elongationszyklus beginnt.
Termination	Wenn nach erfolgter Translokation eines der drei Terminationscodone (UAA, UAG, UGA) in der A-Stelle auftritt, wird die Proteinsynthese abgebrochen. Nach Freisetzung des Polypeptids kommt es auch zur Dissoziation des Translationskomplexes (Ribosoms).

An einem mRNA-Molekül werden gleichzeitig mehrere Polypeptide synthetisiert, da nach Verlassen der Initiationsregion sofort weitere Ribosomen binden. Die Ribosomengruppen werden als **Polysomen** bezeichnet. Schon vor Beendigung der Peptidsynthese beginnen sich die Ketten zur Sekundär- und Tertiärstruktur zu falten. So entstehen Proteinmoleküle mit spezifischer biologischer Funktion.

6.1.4 Regulation der Genaktivität

In der Deutschen Industrie-Norm (DIN) wird **Regulation** als ein Vorgang definiert, bei dem eine zu regelnde Größe fortlaufend erfasst, mit der so genannten Führungsgröße verglichen und im Sinne einer Angleichung an diese Führungsgröße beeinflusst wird. Für zelluläre Verhältnisse heißt das, dass durch regulierende Mechanismen eine Kontrolle über die Menge an Genprodukten vorhanden sein muss. Dadurch pegelt sich für jedes Produkt eine eigene Gleichgewichtskonzentration ein, die durch die Synthese- und Abbaugeschwindigkeit beeinflusst wird.

Grundsätzlich können folgende Gentypen unterschieden werden:

1. **Konstitutive Gene:** Gene des Grundstoffwechsels, die für die Aufrechterhaltung der Zellfunktionen ständig gebraucht werden.
2. **Gene für spezielle Aufgaben:** Diese Gene werden nur zu bestimmten Zeitpunkten und unter spezifischen Umständen benötigt.

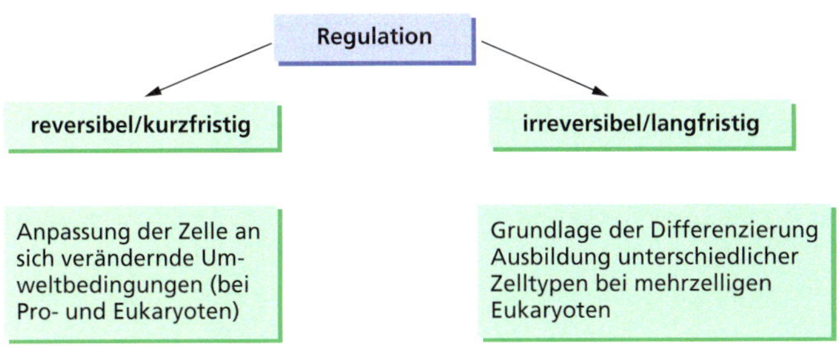

Die folgende Abbildung zeigt, an welchen Stellen auf dem Weg vom Gen zum Phän Regulation stattfinden kann.

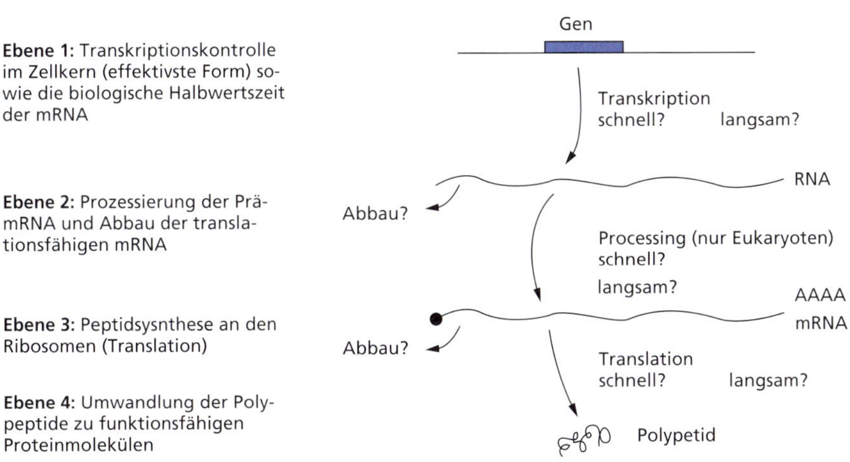

FRANÇOIS JACOB (1920 bis 1984) und JAQUES MONOD (1910–1976) bekamen 1965 gemeinsam mit ANDRE LWOFF (1902–1994) den Nobelpreis.

JAQUES MONOD

FRANÇOIS JACOB

Transkriptionskontrolle bei Prokaryoten

Das von JACOB und MONOD 1961 entwickelte **Operon-Modell** lieferte eine überzeugende Erklärung für Regulationsvorgänge bei Bakterien auf molekulargenetischer Ebene. Nach diesem Modell sind mehrere Strukturgene für einen bestimmten Stoffwechselweg zusammen mit regulatorischen Elementen in einer funktionellen Einheit, dem Operon, verknüpft. Das **Operon (Promotor, Operator, Strukturgene)** ist funktionell mit einem Regulatorgen assoziiert, welches das Repressorprotein codiert.

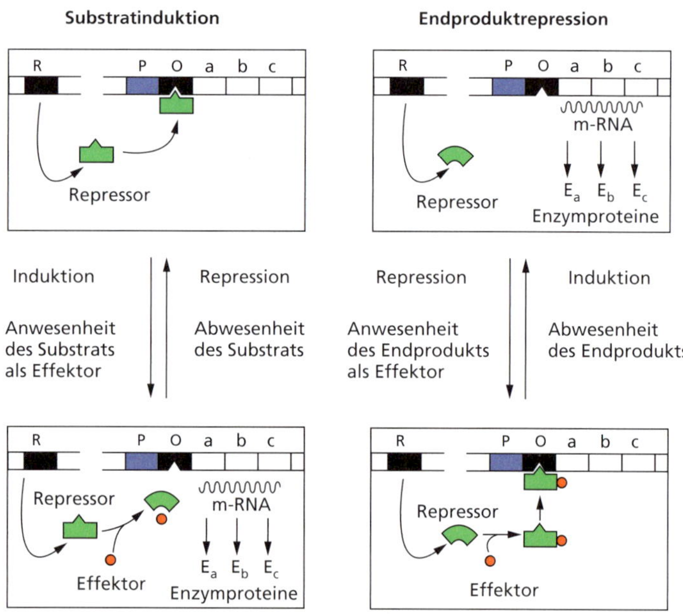

Struktur	Funktion
Promotor	Sequenz auf der DNA für die Bindung der RNA-Polymerase
Operator	Sequenz auf der DNA für die Bindung des Repressorproteins: „Schalter"
Strukturgene	zu transkribierende DNA-Sequenzen/zu regulierende Einheit
Repressor	Protein, welches den Zustand des Operators kontrolliert
Regulatorgen	DNA-Sequenz, welche die Aminosäuresequenz des Repressors verschlüsselt/kein Bestandteil des Operons
Effektor (Induktor/Corepressor)	beeinflusst durch Bindung an den Repressor dessen Aktivität und damit die Transkriptionsfähigkeit eines Operons

Regulation der Genaktivität bei Eukaryoten

Wie die Prokaryoten sind auch die eukaryotischen Zellen wechselnden Umweltbedingungen ausgesetzt, die die Anpassung durch Umstellungen im Stoffwechsel erfordern. Dies kann entweder durch Induktion oder Hemmung der Enzymaktivität auf der Ebene der Proteine erfolgen oder aber durch Regulierung der Genexpression. Dabei können kurzfristige Änderungen der Genaktivität durch die Bildung regulatorischer Proteine (z. B. Hormone) ausgelöst werden. Darüber hinaus sind auch im Interphasekern große Teile des Chromatins hoch kondensiert und damit nicht transkriptionsfähig.

Hormone sind vom Organismus selbst gebildete Wirkstoffe, die bestimmte Lebensvorgänge steuern. Für Steroidhormone von Insekten ist die direkte Beeinflussung der Transkription nachgewiesen worden, und zwar an den so genannten **Riesenchromosomen** in den Speicheldrüsen von Zweiflüglern, wie Fruchtfliegen oder Zuckmücken (↗ S. 216). Diese **Chromosomen** bestehen aus Hunderten von Chromatiden und sind deshalb auch im Interphasenkern lichtmikroskopisch beobachtbar. Die Transkriptionsaktivität der Riesenchromosomen kann man an Aufblähungen (so genannten Puffs) erkennen. Das **Puffmuster** eines Chromosoms ändert sich im Laufe der Larvalentwicklung.

Bei der **Fruchtfliege *(Drosophila melanogaster)*** konnte man durch radioaktive Markierung des Häutungshormons **Ecdyson** nachweisen, dass dieses Steroidhormon im Cytoplasma an Rezeptormoleküle gebunden wird und dass der Komplex in den Zellkern wandert. Dort bindet er sich an die Chromosomen, und kurze Zeit später kann man die Puffbildung beobachten. Bei Säugern wurde ein ähnliches Wirkprinzip bei den Östrogenen, weiblichen Sexualhormonen, nachgewiesen (↗ S. 171).

i

Bei der Präparation von Riesenchromosomen werden diese aus den Speicheldrüsen von *Drosophila*-Larvenstadien isoliert.

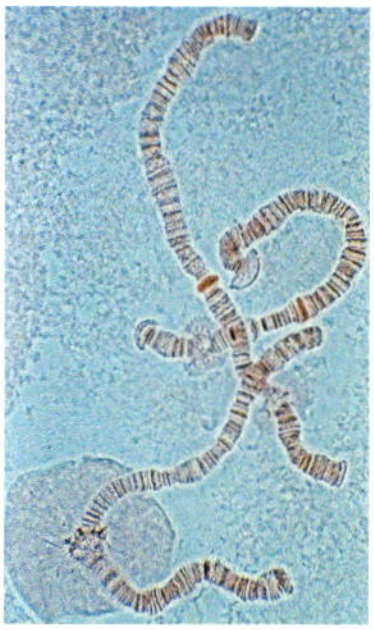

Puffmuster während der Individualentwicklung von *Drosophila melanogaster*

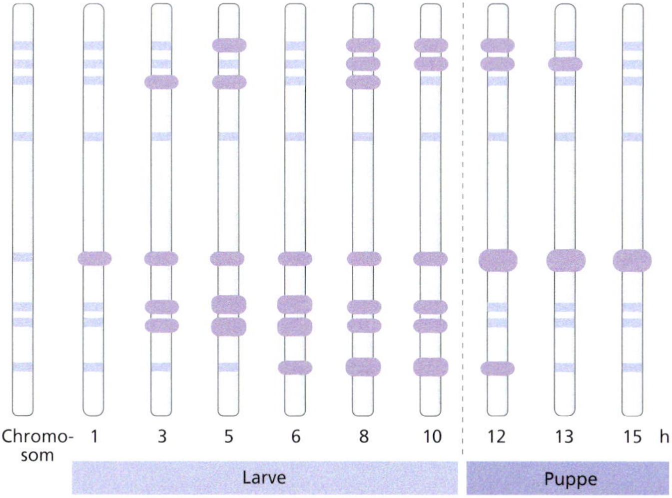

Ausschnitt eines Riesenchromosoms

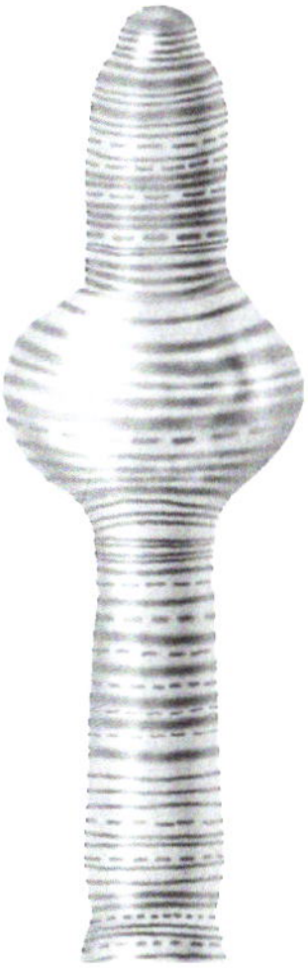

6.1.5 Modifikation

Lichtblatt

Schattenblatt

Licht- und Schattenblatt einer Rotbuche

Eine Rotbuche *(Fagus sylvatica)* bildet im Inneren ihrer Krone Schattenblätter mit großer Blattoberfläche und im äußeren, der Sonne zugewandten Kronenbereich Lichtblätter mit kleiner Oberfläche aus (↗ S. 110). Beide Blatt-Typen verfügen über identische Erbanlagen. Wird eine Kultur von Pantoffeltierchen, ausgehend von einem einzelnen Individuum, aufgezogen, variieren die erreichten Zellgrößen. Auch hier sind die Genotypen der Tiere gleich.

Größenverteilung von 300 Pantoffeltierchen aus den genetisch identischen Nachkommen eines Tieres

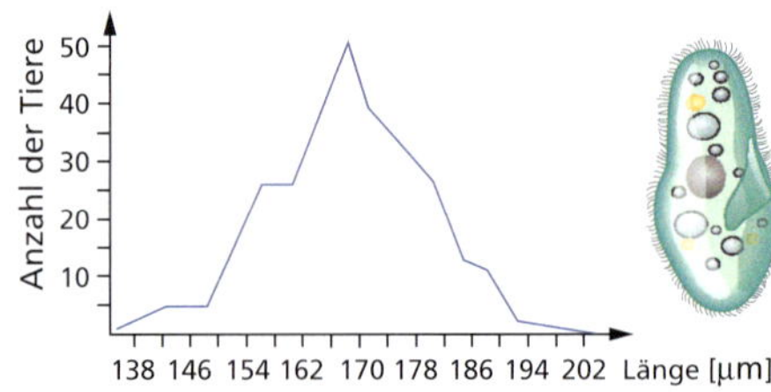

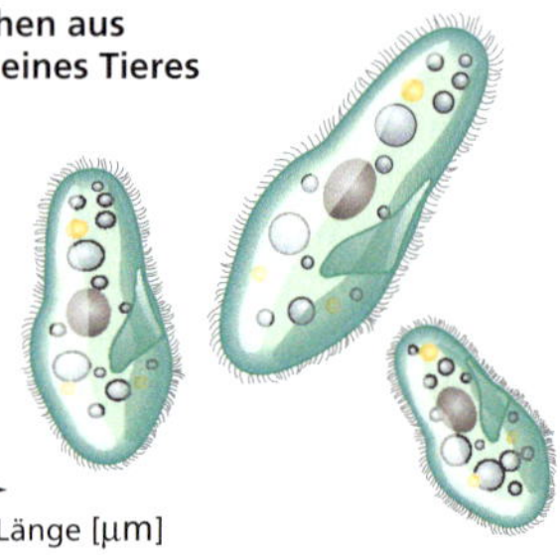

Die **Nichterblichkeit von Modifikationen** kann durch Klonierung nachgewiesen werden.

Umwelteinflüsse, wie z. B. Licht, Temperatur, Nahrung oder Wasser, führen zu den veränderten Phänotypen. Die Änderungen werden als **Modifikationen** bezeichnet. In welcher Weise diese *umweltlabilen Merkmale,* wie z. B. Blatt-Typ oder Größe, variieren, ist genetisch als **Reaktionsnorm** festgelegt. Modifikationen können nicht vererbt werden. Durch sie wird eine bessere Anpassung der Organismen an die momentan vorliegende Umwelt ohne langwierige Veränderung des Genotyps ermöglicht. Es werden zwei Formen der Modifikation unterschieden, die fließende und die umschlagende Modifikation.

Fließende Modifikation

Die Merkmale werden hier um einen Mittelwert herum kontinuierlich abgestuft. Je weiter die einzelnen Varianten abweichen, umso seltener treten sie auf. Die Verteilung entspricht einer Binomialkurve. **Fließende Modifikationen** entstehen in der Regel dann, wenn hemmende und fördernde einzelne Umweltbedingungen während der Merkmalsausbildung gleichzeitig wirken.
Die Massen- und Größenvariabilität von Organismen, Organen oder Zellen ist in der Regel diesem Modifikationstyp zuzuordnen. Zwischen Licht- und Schattenblättern einer Pflanzenart existieren entsprechend der vorherrschenden Lichtintensität fließende Übergänge.

Beispiele für fließende Modifikationen:
- Nadellänge von Rotfichtennadeln: Sie variiert an den Zweigen eines Baumes und sogar an einem Zweig.
- Bohnensamengröße: Sie variiert auch bei reinerbigen Eltern.
- Hautpigmentierung beim Menschen: Sie variiert auch bei eineiigen Zwillingen.

Umschlagende Modifikation

Bei diesem Modifikationstyp werden an einem Umschlagpunkt des modifizierenden Umweltfaktors alternierende Merkmale ausgeprägt.
Die unterschiedliche Ausprägung der Fellfarbe beim Himalaja- und beim Russen-Kaninchen sowie bei der Siamkatze ist ein bekanntes Beispiel für die **umschlagende Modifikation.** Schwarzes Fell wird durch Melaninbildung bei Hauttemperaturen unter 34 °C gebildet. Beträgt die Hauttemperatur mehr als 34 °C, bleibt das Fell bei der Katze weiß bzw. hellbraun, weil ein Enzym der Melaninsynthese temperaturempfindlich ist und nur unterhalb der Temperaturgrenze arbeitet. Dadurch entsteht die typische Musterung der Tiere: Die „kälteren" Schnauzenspitzen, Nasenspitzen, Ohren, Pfoten und Schwanzspitzen werden schwarz. Im Experiment lässt sich die Modifikation durch Rasur und Kühlung wärmerer Hautpartien beweisen. Das nachwachsende Fell wird dann schwarz.

Saisondimorphismus beim Landkärtchen.

Art	umschlagende Modifikation
Chinesische Primel *(Primula sinensis)*	Kronblätter rot bei Temperaturen < 30 °C Kronblätter weiß bei Temperaturen > 30 °C
Wasserknöterich *(Polygonum amphibium)*	Wasserpflanze mit kahlen Blättern, bis 3 m Landpflanze mit behaarten Blättern, 0,3 – 1 m
Landkärtchen *(Araschnia levana)*	helle Frühjahrsform Tageslängen < 16 h Licht dunkle Sommerform Tageslängen > 16 h Licht
Hermelin *(Mustela erminea)*	braunes Sommerfell bei höheren und weißes Winterfell bei niedrigen Temperaturen

Modifikatorische (phänotypische) Geschlechtsbestimmung

Das Geschlecht wird nicht nur **genotypisch,** wie z. B. bei uns Menschen, bestimmt. Es kann auch in Abhängigkeit verschiedener innerer und äußerer Bedingungen (Umweltfaktoren) festgelegt werden.

So bestimmt beim Borstenwurm *Ophryotrocha puerilis* die Segmentanzahl das Geschlecht. Junge, kurze Tiere werden männlich (15 – 20 Segmente). Alte mit mehr als 20 Segmenten entwickeln sich dagegen zu Weibchen.
Die Bebrütungstemperatur in einer sensiblen Phase bewirkt, ob aus den Eiern des Mississippi-Alligators Männchen oder Weibchen schlüpfen. Bei Temperaturen unter 30 °C entstehen Weibchen. Über 36 °C entwickeln sich ausschließlich Männchen.
Der CO_2-Gehalt des Wassers entscheidet, ob aus den Larven des Igelwurms ***Bonellia viridis*** weibliche oder männliche Tiere werden. Im freien CO_2-armen Wasser bilden sich weibliche Tiere. Auf der CO_2-reichen Oberfläche der Weibchen entwickeln sich die Larven zu Männchen. Die Männchen von *Bonellia viridis* parasitieren im Uterus des Weibchens.

Die Geschlechtsbestimmung bei Honigbienen erfolgt genotypisch und modifikativ.

Bonellia viridis

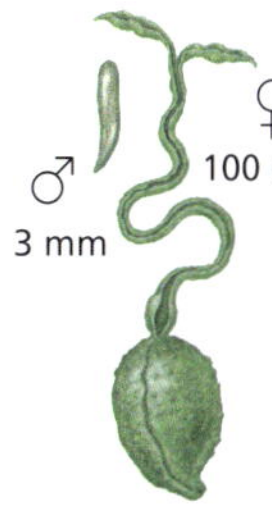

Albinismus ist im Tierreich weit verbreitet.

6.1.6 Mutation

Mutationen, Veränderungen der genetischen Information, verursachen unterschiedlichen Phänotypen. Die entstandenen Organismen werden **Mutanten** genannt.
Die **Mutationsrate,** die Häufigkeit, mit der Mutationen auftreten, beträgt 10^{-5} bis 10^{-9} Mutationen pro Gen und Generation. Dabei können zwischen verschiedenen Organismengruppen, aber auch Zelltypen sehr große Unterschiede auftreten.
Körperzellmutationen werden nicht auf die nächste Generation vererbt, sie setzen sich lediglich in den Abkömmlingen der betroffenen Zelle fort. Die Merkmale der veränderten Zellen können abweichen, wie z. B. dunklere Pigmentierung von Hautzellen, sodass Flecken entstehen.
Im Gegensatz dazu wirken sich **Keimzellmutationen** nicht auf den betroffenen Organismus aus. Erst in der nächsten Generation können sie phänotypisch in Erscheinung treten.

Während die Rotbuche eine verbreitete Baumart unserer Wälder ist, haben in Gärten und Parkanlagen eine Reihe verschiedener, gezüchteter Sorten der Rotbuche Einzug gehalten. Sehr häufig findet man die Blutbuche *(Fagus sylvatica f. purpurea),* deren Blätter durch den Farbstoff Anthocyan in der Vakuole rötlich gefärbt sind. Andere Zuchtformen besitzen geschlitzte, schmale oder kleine, rundliche Blätter. Die Nachkommen der Buchenformen weisen auch bei einer veränderten Umwelt diese Merkmale wieder auf.

Beispiele für Mutationen

Rote bzw. weiße sowie zweiseitig- bzw. radiärsymmetrische Blüten des Garten-Löwenmauls *(Antirrhinum majus)*

Albinismus: Durch Störung der Melaninsynthese sind betroffene Organismen fast nicht pigmentiert.

Mutanten der Fruchtfliege *(Drosophila melanogaster,* ↗ S. 225).

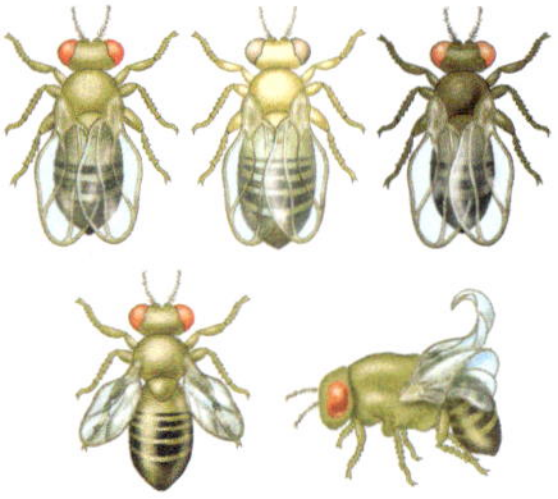

„normale" Blätter der Rotbuche

purpurne Blätter

geschlitzte, schmale Blätter

kleine, rundliche Blätter

Mutationsursachen

Fehler bei molekulargenetischen Prozessen wie der Replikation oder der DNA-Reparatur bzw. Fehler bei der Chromosomenverteilung während der Zellkernteilung bewirken spontan Mutationen.

Im Zuge der Replikation können beispielsweise Fehlpaarungen entstehen, weil die Stickstoffbasen in verschiedenen isomeren Strukturen existieren und sich ständig ineinander umwandeln. Die selteneren Basen treten mit einer Häufigkeit von 10^{-4} bis 10^{-5} auf. Fast alle dieser fehlerhaften Paarungen werden dann durch die Reparatursysteme beseitigt. Nur wenige bleiben als Mutation übrig.
Bei menschlichen Eizellen haften vermutlich die homologen Chromosomenpaare während der je nach Lebensalter unterschiedlich viele Jahre dauernden Meiose mit zunehmendem Alter fester aneinander, sodass die Trennung in der Anaphase erschwert ist. Dadurch können spontan **Chromosomenfehlverteilungen** entstehen.

anthropogen von *anthropos:* griech = Mensch, durch Menschen; *genés:* geworden: durch menschliche Einwirkung verursacht

Im Stoffwechsel entsteht erst aus **Nitrit** das direkt wirkende Mutagen.

Zahlreiche physikalische oder chemische Faktoren können als **Mutagene** Veränderungen am Erbgut induzieren.

Mutagen	Natürliche Quellen	„Anthropogene" Quellen
chemisch:		
Aflatoxin	Stoffwechselprodukte von Schimmelpilzen	verschimmelte Lebensmittel oder Rohprodukte (z. B. falsche Lagerung von Nüssen oder Getreide)
Colchicin	Gift der Herbstzeitlosen *(Colchicum autumnale)*	gezielte Anwendung in der Forschung
Nitrit	entsteht durch nitrifizierende Bakterien aus Ammonium-Ionen und im Speichel	als Pökelsalz in Fleisch und Wurstwaren, falsche Lagerung von Speisen
Dioxin	entsteht durch bakteriellen Abbau organischer Stoffe (Nitrifizierung)	Nebenprodukt bei der Herstellung und bei Bränden von chlorierten Kohlenwasserstoffen
physikalisch:		
UV-Strahlung	UV-Anteil des Sonnenlichtes	Verstärkung durch Ozonloch, Solarien
Röntgenstrahlung	nicht in Biosphäre	medizinische Strahlenquellen
α-, β-, γ-Strahlung	natürliche Umgebungsstrahlung, kosmische Strahlung	Emmissionen aus Kernkraftwerken, Fallout nach Unfällen, Bergbau nach radioaktiven Erzen, medizinische Strahlungsquellen

Mutationsformen

Das Gift der Herbstzeitlosen kann Genommutationen hervorrufen.

Mutationen können ganze Chromosomensätze, einzelne Chromosomen oder die DNA selbst verändern. Entsprechend der betroffenen Struktur werden einzelne Mutationsformen unterschieden.

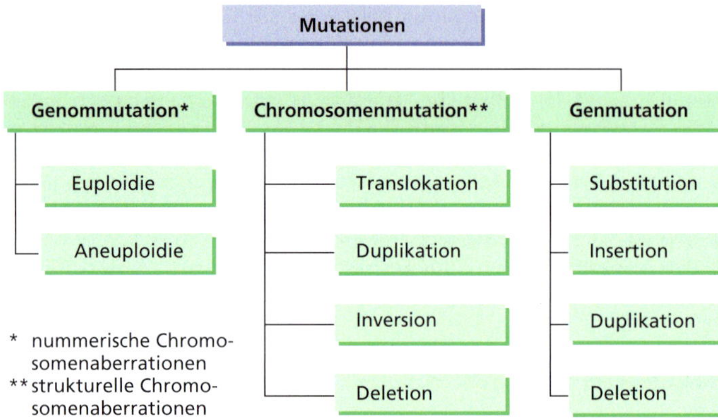

* nummerische Chromosomenaberrationen
** strukturelle Chromosomenaberrationen

Genommutation

Veränderungen der Anzahl der Chromosomen im Vergleich zum natürlichen Chromosomenbestand werden als **Genom- oder Ploidiemutationen** bezeichnet (↗ S. 232). Man unterscheidet Abweichungen um gesamte Chromosomensätze **(Euploidie)** und Abweichen der Anzahl einzelner Chromosomen **(Aneuploidie).**

Euploidie

Es werden **haploide** (ein **Chromosomensatz**), **diploide** (zwei Chromosomensätze, normal) und **polyploide** (drei und mehr Chromosomensätze) Organismen unterschieden.

In der Natur kommt Polyploidie bei Pflanzen v. a. in gemäßigten und subpolaren Gebieten häufig vor. Offensichtlich haben sie unter den bestehenden klimatischen Bedingungen eine verbesserte Fitness. Auch viele unserer heutigen Kulturpflanzen sind polyploid und dadurch besonders ertragsstark.
Im Tierreich kommt Polyploidie nicht so häufig vor. Jedoch werden dazu zunehmend neue Erkenntnisse gewonnen. Man weiß, dass neben ca. 100 Insektenarten auch einige Fischarten (Kärpflinge) und Lurcharten polyploid sind. In den meisten Fällen führen jedoch vielfache Chromosomensätze zum Tod. Beispielsweise sind triploide menschliche Embryonen, die durch doppelte Befruchtung entstehen können, nicht lebensfähig.

Haploide Organismen können durch die Entwicklung unbefruchteter Eizellen entstehen und bilden unter Umständen die Grundlage homozygoter Züchtungslinien.

Aneuploidie

Die Nichttrennung ***(Nondisjunction)*** von homologen Chromosomenpaaren oder Schwesternchromatiden während der Meiose und Mitose führt zu Aneuploidien. Trennt sich in der Meiose ein homologes Chromosomenpaar nicht, entstehen entweder *monosome* (ein Chromosom zu wenig) oder *trisome* (ein Chromosom zu viel) befruchtete Eizellen. Findet die Nichttrennung erst in der zweiten Phase der Meiose statt, ist die Hälfte der Meioseprodukte nicht normal. Die phänotypischen Auswirkungen sind in der Regel negativ. Betroffene Organismen sind meist nicht oder nur mit schweren Behinderungen lebensfähig.

Möglichkeiten meiotischer *Nondisjunctions*

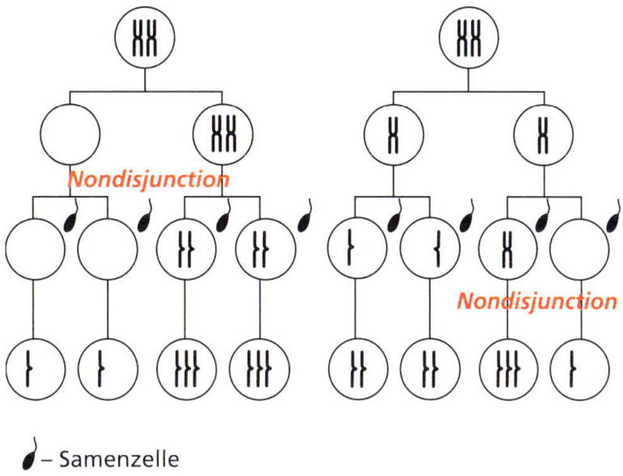

Chromosomenmutation

Chromosomenmutationen sind Strukturveränderungen an Chromosomen, die über die Grenze eines einzelnen Genes hinausgehen.

Duplikation

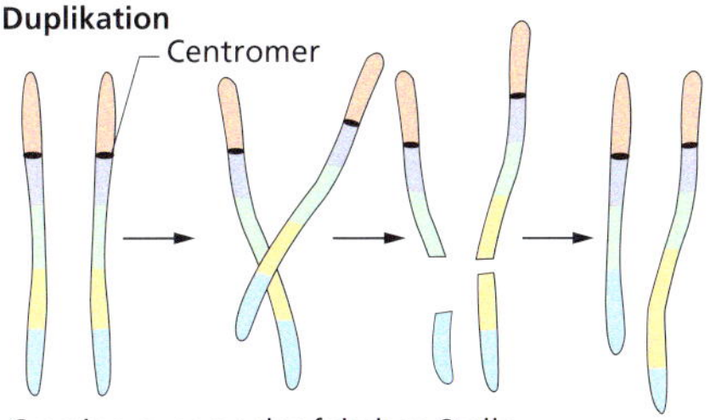

Crossing-over an der falschen Stelle

Deletion

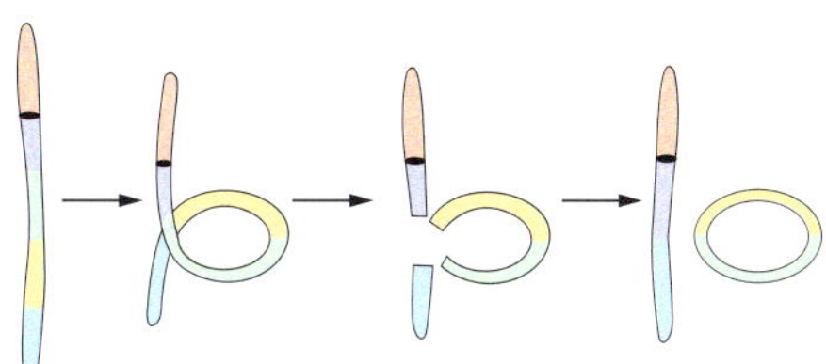

falsche Verknüpfung der Bruchenden und Verlust des centromerfreien Stückes

Translokation

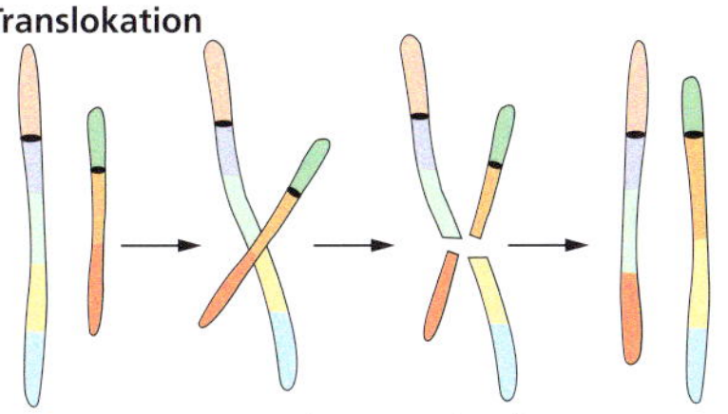

Crossing-over zwischen verschiedenen Chromosomen

Inversion

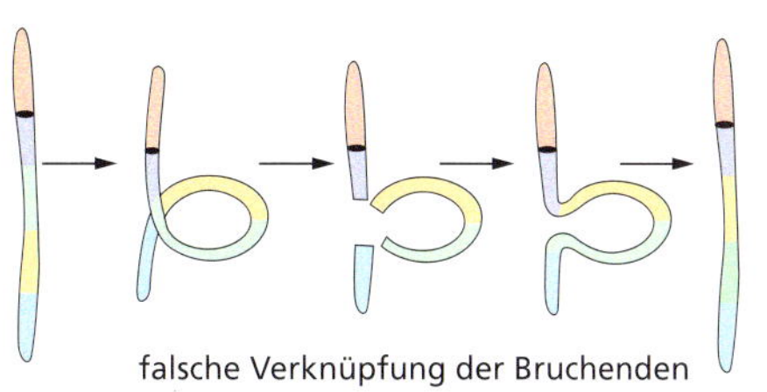

falsche Verknüpfung der Bruchenden

In den veränderten Chromosomen kann die Menge **(Deletion, Duplikation)** oder die Lage **(Inversion, Translokation)** des Erbmaterials verändert sein. Lageveränderungen wirken sich meist nur gering auf den Phänotyp aus, lediglich seine Kreuzbarkeit ist erschwert. Mit zunehmender Größe der betroffenen Stücke ähneln Mengenveränderungen den Aneuploidien.

Die **ROBERTSON-Translokation** kann beim Menschen das **DOWN-Syndrom** (↗ S. 233) hervorrufen.

Den **Zufallscharakter von Genmutationen** bewiesen u. a. Max Delbrück und Salvador E. Luria (1943) durch ihren Fluktuationstest sowie Joshua Lederberg (1952) durch seine Stempeltechnik.

Genmutation

Veränderungen an Genen werden als **Genmutation** bezeichnet. Sie entstehen zufällig an beliebigen Stellen der Gene bzw. Chromosomen und sind somit im Sinne der Evolution ungerichtet. Erst der nach der Mutation entstandene Phänotyp wird in seiner Umwelt durch Selektion bewertet. Es können einzelne Basen oder längere Genabschnitte betroffen sein. Je größer die veränderten Abschnitte sind (etwa ab 50 000 Basen), umso mehr ähneln die zellbiologischen Auswirkungen Chromosomenmutationen. Durch Genmutationen entstehen neue Allele. Grundsätzlich werden **Basensubstitutionsmutationen** und **Leserastermutationen** unterschieden. Häufig weist der mutierte Organismus andere Polypeptidstrukturen auf.

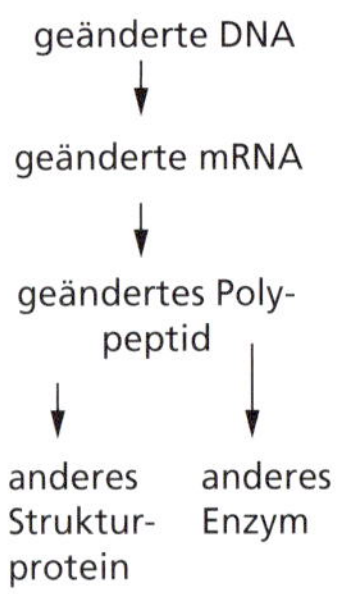

Bei der **Basensubstitution,** auch Punktmutationen genannt, kommt es zum Austausch von Nucleotiden der DNA. Das während der Translation gebildete Polypeptid besitzt dann entweder eine andere Aminosäure oder hat sich aufgrund der Degeneration des genetischen Codes nicht verändert. Es kann auch kleiner sein, da ein zufällig entstandenes Stopp-Codon zum Translationsabbruch führte.

Durch Einfügen **(Insertion),** Verdoppeln **(Duplikation)** oder Entfernen **(Deletion)** von Basen bzw. Genabschnitten verschiebt sich das Leseraster der mRNA am Ribosom. Infolge des Rasterschubs bricht die Translation meist ab, da Stopp-Codone vorzeitig entstehen. Es können auch Polypeptide mit völlig falscher Aminosäuresequenz entstehen.

Entstehung von Genmutation

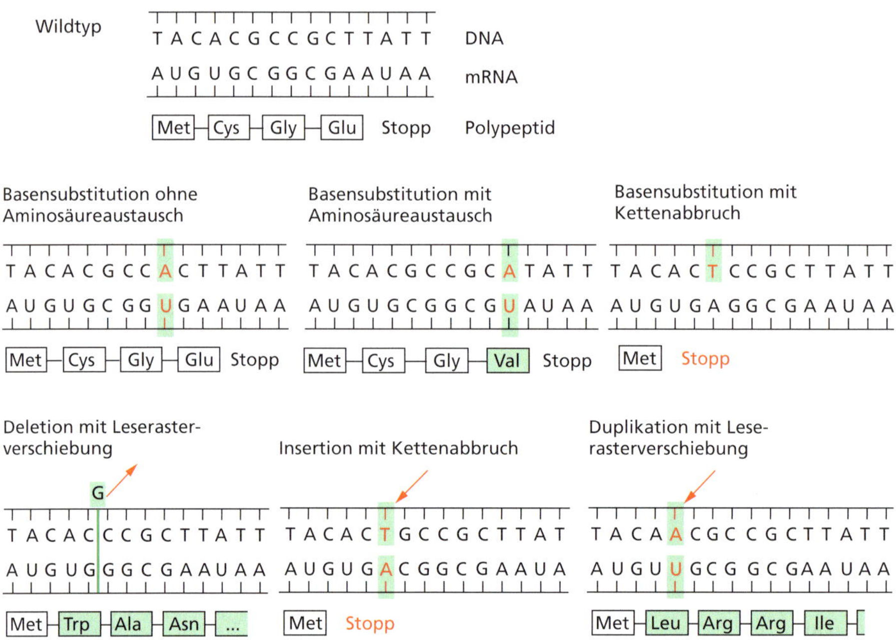

6.2 Vererbungsregeln und ihre Anwendung

- Erst die quantitative Auswertung von Züchtungsexperimenten ermöglichte die Entdeckung von Vererbungsregeln.
- Aus den Vererbungsregeln können grundlegende genetische Aussagen abgeleitet werden.
- Bei den Eukaryoten sind die Chromosomen die Träger der Erbanlagen.
- Bei vielen Lebewesen wird das Geschlecht durch Geschlechtschromosomen festgelegt.
- Erbkrankheiten können auf abweichenden Chromosomenzahlen, auf Veränderungen einzelner Chromosomen oder auf punktuellen Veränderungen einzelner Gene beruhen. Sie werden nach den mendelschen Regeln weitergegeben.

6.2.1 Die mendelschen Vererbungsregeln

JOHANN GREGOR MENDEL, ein Augustinermönch aus dem Kloster Brünn, veröffentlichte 1866 die Ergebnisse seiner **Kreuzungsexperimente** an der Erbse *(Pisum sativum)*. Viele Jahre wurden seine Ergebnisse nicht beachtet, obwohl er den so lange vergeblich gesuchten Schlüssel zu den Gesetzmäßigkeiten der Vererbung gefunden hatte. Sein besonderes forschungsmethodisches Vorgehen unterschied ihn von der Arbeitsweise seiner Vorgänger bzw. Zeitgenossen und brachte ihm den Erfolg, der erst nach seinem Tod erkannt wurde.

MENDEL ist bei seinen Kreuzungsversuchen ursprünglich von 15 Merkmalspaaren ausgegangen. Erst die Reduktion auf 7 brachte klare Ergebnisse. Weil die zugehörigen Erbanlagen auf verschiedenen Chromosomen liegen, traten keine Kopplungen auf.

GREGOR MENDEL (1822–1884)

Forschungsmethodisches Vorgehen von MENDEL

- MENDEL wählte ein günstiges Forschungsobjekt, die Erbse *(Pisum sativum)*. Sie bringt in kurzer Zeit viele Nachkommen hervor und ist ein Selbstbestäuber und Selbstbefruchter.
- MENDEL arbeitete mit reinerbigem Saatgut. Über zwei Jahre prüfte er, ob die äußeren Merkmale der Nachkommen noch denen der Eltern entsprachen.
- MENDEL verglich keine Art-, sondern individuelle Merkmale.
- MENDEL erfasste zwar insgesamt sieben Merkmalspaare, verglich aber nur jeweils eins oder zwei miteinander. Dadurch wurde das Vererbungsgeschehen überschaubar.
- MENDEL erfasste eine Vielzahl von Individuen und wertete die Ergebnisse quantitativ und statistisch aus.

Durchführung der Kreuzungsversuche

1. Pollenentnahme mit einem Tuschepinsel aus der Blüte einer Pflanze, die aus einem gelben Samen hervorgegangen ist.
2. Kastration der Blüte einer Pflanze, die aus einem grünen Samen gezüchtet war durch Entfernung der Staubblätter.
3. Übertragung des entnommenen Pollens auf die Narbe der weiblichen Blüte und deren Schutz vor Fremdbestäubung.

MENDELS Experimente beruhten auf der Kreuzung von Erbsenpflanzen. In seinen statistischen Auswertungen bezog er sich ausschließlich auf phänotypische Merkmale. Erst nach der Wiederentdeckung der mendelschen Regeln und dem Aufstellen der **Chromosomentheorie der Vererbung** (↗ S. 224) wurde der Zusammenhang zwischen der **Chromosomenverteilung** (Träger der **Gene**) und der Merkmalsausbildung im **Phänotyp** erkannt. Mittlerweile wurden Kreuzungsexperimente mit vielen verschiedenen Arten durchgeführt.

Die **mendelschen Regeln** beruhen auf statistisch ermittelten Zahlenverhältnissen der **Kreuzungsergebnisse.**

Dominant – rezessiv – intermediär

MENDEL hatte bei der Wahl seiner Forschungsobjekte Merkmalspaare betrachtet, bei denen das eine Merkmal dominant und das andere rezessiv war. Das dominate Allel bestimmt die Merkmalsbildung. Vollständige Dominanz und vollständige Rezessivität sind aber Grenzfälle, zwischen denen es fließende Übergänge gibt.

Eine weitere Form des monohybriden Erbganges wurde von **CARL CORRENS** (1864–1933) beschrieben. Er kreuzte weiß- und rotblühende Pflanzen der Wunderblume *(Mirabilis jalapa)* und erhielt rosablühende Hybride, es liegt eine intermediäre Merkmalsausbildung vor. Bei einer intermediären Merkmalsausbildung sind beide Allele eines Gens gleichwertig an der Ausprägung des Phänotyps beteiligt.

parentes: lat. = Eltern
filia: lat. = Tochter
dominare: lat. = herrschen
recedere: lat. = zurücktreten

Terminologie

MENDEL führte zur Veranschaulichung seiner Kreuzungsversuche bereits Buchstabensymbole ein und nutzte Kombinationsquadrate. Bis heute ist das aktuell und folgt allgemein festgelegten Grundsätzen:

Symbolik für die Darstellung von Erbgängen:

P:	Elterngeneration – Parentalgeneration
F_1:	1. Tochtergeneration – Filialgeneration
F_2:	2. Tochtergeneration
X:	Kreuzung von zwei Individuen
großer Buchstabe:	dominantes, merkmalsbestimmendes Allel
kleiner Buchstabe:	rezessives, merkmalsunterlegenes Allel (intermediär: 2 kleine unterschiedliche Buchstaben)
Zwei Buchstaben:	beide Allele des diploiden Chromosomensatzes
homozygot:	Allele eines Genes sind gleich
heterozygot:	Allele eines Genes unterscheiden sich
Genotyp:	Gesamtheit der Erbanlagen eines Organismus
Phänotyp:	Erscheinungsbild des Organismus

Die heutigen Kreuzungsschemata beruhen auf dem von **REGINALD CRUNDALL PUNNET** (1875–1926) 1911 in seinem Buch „Mendelism" dargestellten „PUNNET-Square"-Schema, welches die Genotypen in der P, F_1 und F_2-Generation wiedergibt.

1. **mendelsche Regel, Uniformitätsregel**
   Kreuzt man reinerbige Eltern (P), die sich in einem Merkmal unterscheiden, so sind alle Nachkommen (F_1) untereinander gleich (uniform).

2. mendelsche Regel, Spaltungsregel
Kreuzt man die Individuen der F_1-Generation untereinander, so erhält man in der F_2-Generation eine Aufspaltung der Merkmale in festen Zahlenverhältnissen; bei dominant-rezessiven Erbgang 3:1, bei intermediären Erbgang 1:2:1.

Vererbung der Bütenform bzw. der Blütenfarbe beim Garten-Löwenmaul (monohybride Erbgänge)

dominant-rezessiv

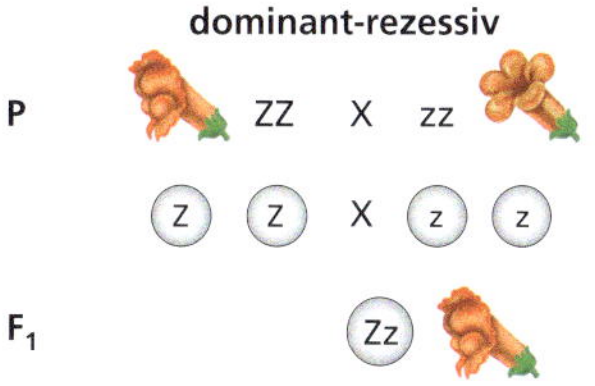

F_2

♀ \ ♂	Z	z
Z	ZZ	Zz
z	Zz	zz

zygomorph : radiär = 3 : 1

intermediär

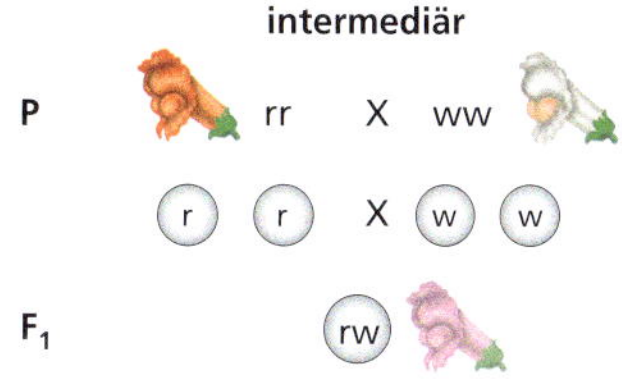

F_2

♀ \ ♂	r	w
r	rr	rw
w	rw	ww

rot : rosa : weiß = 1 : 2 : 1

Monohybrid bedeutet, dass nur ein unterschiedliches Merkmalspaar betrachtet wird.
Dihybrider Erbgang bedeutet, dass zwei unterschiedliche Merkmalspaare betrachtet werden.

3. mendelsche Regel (Unabhängigkeits-/Neukombinationsregel)
Kreuzt man homozygote Individuen (P), die sich in mehreren Merkmalen voneinander unterscheiden, so wird jedes Merkmal unabhängig von den anderen vererbt.

Entsprechend der 3. mendelschen Regel treten in der F_2-Generation sämtliche Merkmalskombinationen der vorherigen Generationen und zusätzlich noch neue Kombinationen auf. In diesem Beispiel sind die Neukombinationen:
- weiße, zygomorphe Blüten,
- rote, radiäre Blüten,
- rosa, radiäre Blüten.

Die Gültigkeit der 3. mendelschen Regel für di-, tri- und polyhybride Erbgänge ist nur dann gegeben, wenn die Gene der betrachteten Merkmalsanlagen auf verschiedenen Chromosomen liegen. Befinden Sie sich auf einem Chromosom, werden sie gekoppelt vererbt (↗ S. 225).

Die 3. mendelsche Regel findet bei der Kreuzungszüchtung Anwendung.

Dihybrider Erbgang beim Garten-Löwenmaul

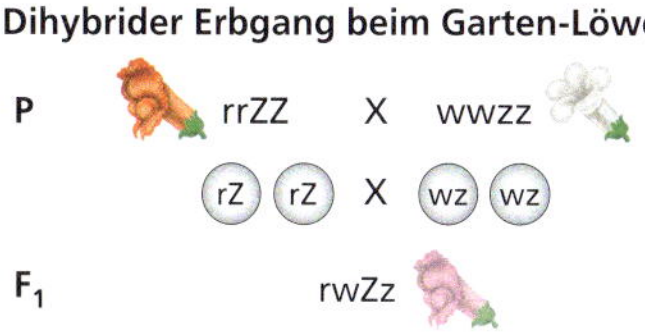

F_2

♀ \ ♂	rZ	rz	wZ	wz
rZ	rrZZ	rrZz	rwZZ	rwZz
rz	rrZz	rrzz	rwZz	rwzz
wZ	rwZZ	rwZz	wwZZ	rwZz
wz	rwZz	rwzz	wwZz	wwzz

6.2.2 Chromosomentheorie der Vererbung

Nachdem MENDELS Versuche die theoretische Basis für das Verständnis von Erbgängen geschaffen hatten, galt es im Organismus nach den materiellen Trägern der Erbanlagen zu suchen. Die Grundlagen dafür hatten die Cytologen durch die mikroskopischen Untersuchungen der Zellen geschaffen (↗ S. 67). Die Bedeutung des Zellkerns wurde durch die Erkenntnisse von **OSKAR HERTWIG** (1849–1922) und **EDUARD STRASBURGER** (1844–1912) in den Jahren 1875 bzw. 1877 hervorgehoben. Sie erkannten, dass die Befruchtung auf der Vereinigung je eines Zellkerns der mütterlichen und väterlichen Keimzellen beruht, und schlossen daraus, dass die Erbanlagen im Kern enthalten sein müssten.
In den 70er-Jahren des 19. Jh. wurden von verschiedenen Cytologen färbbare Körperchen im Kern beobachtet, die während der Zellteilungen sichtbar sind. Für diese fadenförmigen Gebilde wurde 1888 von **WILHELM VON WALDEYER HARTZ** (1836–1921) die Bezeichnung **Chromosomen** eingeführt (↗ S.76). Grundlegende Erkenntnisse über die Bedeutung der Chromosomen bei der Vererbung wurden durch die Erforschung der **Mitose** und **Meiose** gewonnen (↗ S. 85 ff., 178). Endgültige Vorstellungen über die chromosomalen Grundlagen der Vererbung wurden erst nach der Wiederentdeckung der mendelschen Regeln (1900) entwickelt. **WALTER STANBOROUGH SUTTON** (1876–1916), **THEODOR BOVERI** (1862–1915) und **CARL CORRENS** (1864–1933) zeigten, dass es weitgehende Parallelen zwischen der Gen- bzw. Allelverteilung in den mendelschen Kreuzungsversuchen und der Chromosomenverteilung bei Mitose, Meiose und der Befruchtung gibt (↗ S. 85 ff., 178). Sie begründeten damit die Chromosomentheorie der Vererbung.

Die **Chromosomentheorie der Vererbung** besagt, dass die in den mendelschen Regeln erfassten Gene in den Chromosomen des Zellkerns liegen.

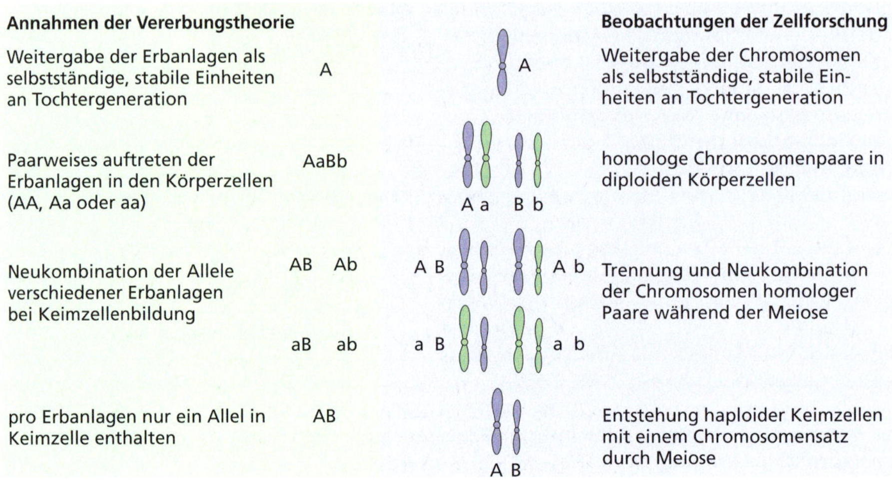

Kopplung von Genen

Thomas Hunt Morgan (1866–1944) begründete 1907 durch seine cytogenetischen Versuche mit der **Fruchtfliege *Drosophila melanogaster*** experimentell die Chromosomentheorie. Er führte damit auch ein ideales Versuchstier für genetische und entwicklungsphysiologische Forschungen ein. Morgan kreuzte z. B. stummelflügelige, dunkeläugige homozygote *Drosophila*-Weibchen mit heterozygoten normalflügeligen, rotäugigen Männchen. Dabei erzielte er bei dihybriden Erbgängen Ergebnisse, die nicht den Erwartungen der dritten mendelschen Regel entsprachen.

Im ersten Fall traten nur die parentalen Merkmale im Verhältnis 1:1 auf. Morgan deutete das Fehlen von Rekombinanten damit, dass die Genorte pr und vg gemeinsam auf einem Chromosom (Nr. 2) lokalisiert sind, sie werden also gekoppelt vererbt.

Im Fall zwei traten vier Phänotypen im Zahlenverhältnis von 89,76 % parentale Merkmalsträger und 10,74 % rekombinante Merkmalsträger (rotäugig, vg und pr, normalflügelig) auf. Die Entstehung der **Neukombinationen** bei **gekoppelter Vererbung** erklärte Morgan als Kopplungsabbruch durch **Crossing-over,** den reziproken Austausch homologer Segmente zwischen den Nicht-Schwesterchromatiden von homologen Chromosomen während der Prophase I der Meiose. Das außergewöhnliche Zahlenverhältnis kündet vom Zufallscharakter des Crossing-over.

Drosophila wurde – bedingt durch die Übersichtlichkeit des Erbmaterials (nur vier Chromosomenpaare) und **Riesenchromosomen** in den Speicheldrüsen – zum Modellorganismus der Genetik.

Genkopplung bei *Drosophila melanogoster*

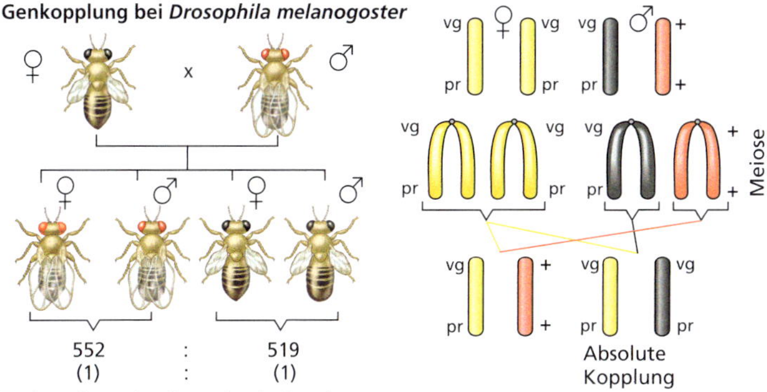

Entkopplung der Gene durch Crossing-over

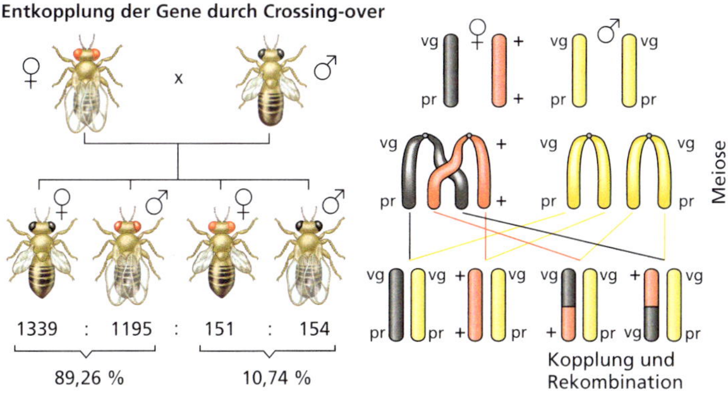

Legende:

+ = dominante Wildtypallele, hier rotäugig bzw. normalflügelig
rezessive Mutantenallele:
pr = purple, dunkeläugig
vg = vestigal, stummelflügelig

Thomas Hunt Morgan
(1866–1944)

Mithilfe derartiger Kreuzungsexperimente konnte Morgan zeigen, dass die Gene linear auf den Chromosomen angeordnet sind und die relative Lage der Gene zueinander nachweisen. Mit der theoretischen Deutung und experimentellen Anwendung von Kopplung und Kopplungsabbruch, waren 1911 die Voraussetzungen für die Erstellung der ersten Chromosomenkarte von *Drosophila*. Darüber hinaus entdeckte T. H. Morgan die geschlechtsgebundene (gonosomale) Vererbung von Merkmalen. Eine weitere Bestätigung der Chromosomentheorie der Vererbung ist folgende Erkenntnis:

Für alle Organismen gilt, dass die Zahl der Kopplungsgruppen mit der Zahl ihres einfachen Chromosomensatzes übereinstimmt.

6.2.3 Vererbung beim Menschen

Wie die folgenden Beispiele belegen, gelten die mendelschen Vererbungsregeln auch für den Menschen. Es handelt sich dabei sowohl um harmlose, oft unauffällige Merkmale als auch um schwere Erbkrankheiten.

Die **genetische Beratung** stützt sich auf die mendelschen Regeln. Dazu werden z. B. **Familienstammbäume** herangezogen.

Beispiele für Merkmale mit mendelscher Vererbung beim Menschen		
Beispiel	**dominant**	**rezessiv**
Zungenroller	Zungenroller	Nichtroller
Ohrläppchen	frei stehend	angewachsen
Daumenreflexion (mit Doppelgelenk)	nach außen biegbar	nicht biegbar
Fähigkeit, Phenylthiocarbamid (PTC) zu schmecken	schmecken	nicht schmecken
Ausscheiden des auffällig riechenden Methylmerkaptans nach Spargelessen	nicht ausscheiden	ausscheiden
Ausscheiden des roten Farbstoffes Betamin nach dem Genuss Roter Beete	nicht ausscheiden	ausscheiden

Multiple Allelie liegt vor, wenn mehrere Allele für die Ausbildung eines Merkmals vorhanden sind.

Codominante Expression von Allelen – Vererbung der Blutgruppen

Die Bildung der Blutgruppenantigene A, B und 0 wird durch die Allele A_1, A_2, B und 0 gesteuert. A_1 und A_2 unterscheiden sich nur in der Menge der gebildeten A-Antigene. Je zwei der vier Allele bestimmen die Blutgruppenmerkmale eines Menschen. Die Allele A_1, A_2 und B sind gegenüber dem Allel 0 bzw. das Allel A_1 ist gegenüber Allel A_2 dominant. A_1 und A_2 verhalten sich **codominant** zu B.

Codominanz der Allele liegt vor, wenn zwei Allele im Phänotyp nebeneinander und gleich stark ausgebildet werden.

Die sechs Blutgruppen (Phänotypen) werden demnach durch zehn Allelkombinationen festgelegt.

Durch genauere Tests werden weitere Untergruppen unterschieden: A_1, A_2, A_3 und B_1 und B_2, wobei z. B. A_1 über A_2 und A_2 über A_3 dominiert.

Bei der Blutgruppe A_1 werden ca. $10 \cdot 10^5$ A-Antigene pro rotes Blutkörperchen gebildet, bei A_2 sind es lediglich $2{,}5 \cdot 10^5$.

Blutgruppe/ Phänotyp	A_1	A_2	B	0	A_1B	A_2B
möglicher Genotyp	A_1A_1, A_1A_2, A_10	A_2A_2, A_20	BB, B0	00	A_1B	A_2B

Bei den in der Praxis üblichen **Blutgruppenbestimmungen** unterscheidet man die **Blutgruppenallele** A_1, A_2, B und 0. Aus den Gesetzmäßigkeiten der **Blutgruppenvererbung** resultieren zwingende Eltern – Kind – Beziehungen, was die Zuordnung und den Ausschluss von Vätern möglich macht. Der **Rhesusfaktor** ist ein weiteres Antigen auf den Erythrocyten. Das Merkmal wird durch drei eng gekoppelte Gene determiniert. Für jedes Gen gibt es zwei oder mehrere Allele. Die häufigsten sind: *D/d*, *C/c*, *E/e*. Im Allgemeinen wird das Antigen (Rh^+) ausgebildet, wenn in der Genkopplung das Allel *D* vorliegt. Was bei etwa 85 % der Mitteleuropäer der Fall ist. Zur Nichtausbildung des Merkmals (rh^-) kommt es bei Homozygotie von *d*.

Blutgruppenzuordnung von Eltern und Kindern

Mutter	Kind	mögliche Väter	unmögliche Väter
0	0	0, A_1, A_2, B	A_1B, A_2B
0	A_2	A_1, A_2B, A_2	0, B, A_1B
B	B	0, A_1, A_2, B, A_1B, A_2B	–
A_1	A_2	0, A_1, A_2, B, A_2B	A_1B
A_1B	A_2B	A_1, A_2, A_2B	0, A_1B, B
A_2	0	0, A_1, A_2, B	A_1B, A_2B
A_2B	B	0, A_1, A_2, B, A_1B, A_2B	–

Genotypische Geschlechtsbestimmung beim Menschen

Aus angefärbten Metaphasechromosomen lässt sich durch Ordnen nach Größe und Form ein **Karyogramm** (eine **Chromosomenkarte**) erstellen.

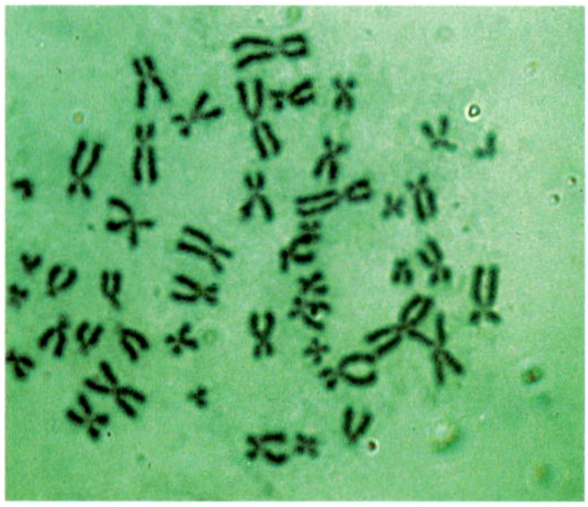

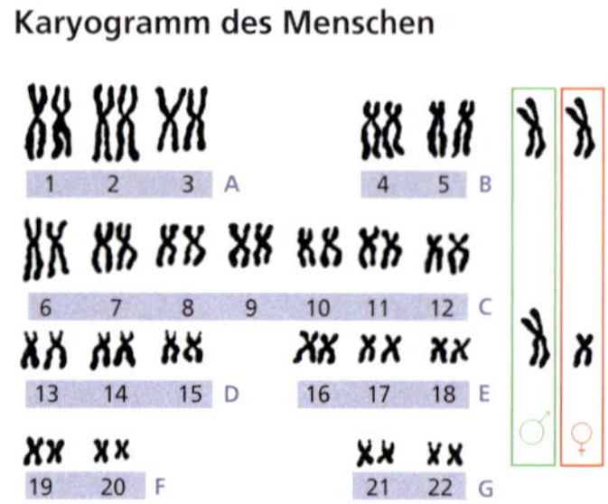

Die homologen Chromosomenpaare werden von 1 bis 22 durchnummeriert und zu sieben Gruppen mit den Kennbuchstaben A bis G zusammengefasst. Es sind die **Autosomen (Körperchromosomen)**.

Beim Menschen treten im diploiden Karyotyp außerdem noch zwei **Gonosomen (Geschlechtschromosomen)** auf. Treten die Gonosomen homolog auf, werden sie mit XX bezeichnet und sorgen für die Ausbildung des weiblichen Geschlechts.

Das männliche Geschlecht wird durch zwei unterschiedliche Gonosomen (XY-Chromosomen) ausgebildet. Die Eizellen enthalten 22 Autosomen und ein X-Chromosom als Gonosom. Die Samenzellen können neben den Autosomen ein X- oder ein Y-Chromosom als Geschlechtschromosom enthalten. Das Geschlecht wird bei der Befruchtung der Eizelle durch die Kombination der Gonosomen bestimmt.

	männlich	**weiblich**
Körperzellen	44 Autosomen + XY	44 Autosomen + XX
Keimzellen	22 Autosomen + X oder Y	22 Autosomen + X

testis: lat. = Hoden

Das Gen für die Ausbildung des männlichen Geschlechts liegt auf dem Y-Chromosom und wird **SRY-Gen** *(**S**ex-Determining **R**egion on **Y**)* genannt. Es codiert den *Testis*-**d**eterminierenden **F**aktor **(TDF)**. Der Faktor bewirkt, dass aus undifferenzierten Keimdrüsenanlagen Hoden entwickelt werden. Die Hoden produzieren ihrerseits das männliche Sexualhormon Testosteron und sorgen somit für die männliche Differenzierung. Die weibliche Differenzierung wird gehemmt. Ohne TDF-Wirkung erfolgt eine weibliche Differenzierung, was beim Gonosomenbestand XX der Fall ist.
Mutationen können aber auch zu einer veränderten Geschlechtsentwicklung führen.

Wird durch eine Translokationsmutation das SRY-Gen auf ein X-Chromosom übertragen, erfolgt auch bei weiblichem Chromosomenbestand XX eine männliche Differenzierung. Die so genannten **XX-Männer** (Häufigkeit 1: 30000) sind normal entwickelt, haben aber eine durchschnittlich weibliche Körpergröße.

Kann das Testosteron nicht wirken, weil die zellulären Rezeptoren mutativ verändert sind, entstehen **XY-Frauen.** Sie zeigen ein normales weibliches Äußeres und Verhalten. Ihre Vagina endet blind, weibliche innere Geschlechtorgane liegen nicht vor, statt dessen männliche Keimdrüsen in der Bauchhöhle.

Bei einem sechswöchigem Embryo ist die **Keimdrüsenentwicklung** noch undifferenziert.

Keimdrüsen

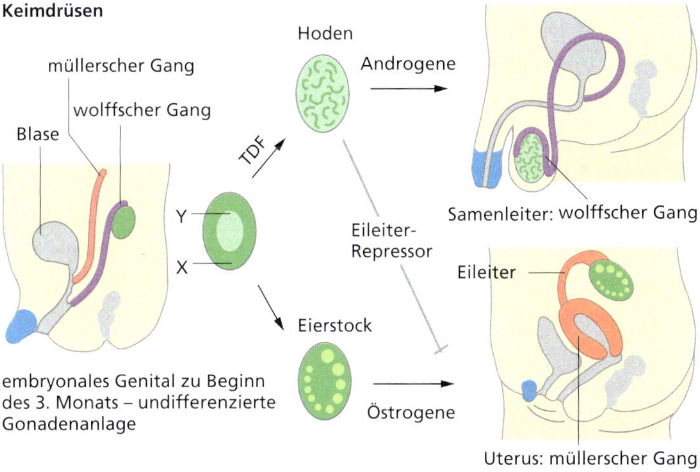

Barr-Körperchen und Lyon-Hypothese

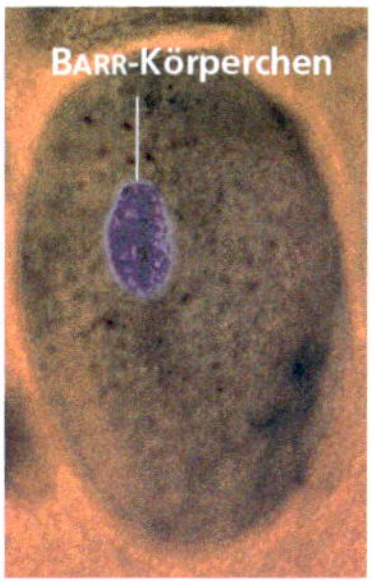

Obwohl die Frauen zwei und die Männer nur ein X-Chromosom besitzen, ist hinsichtlich der Konzentration der Genprodukte meistens kein Unterschied festzustellen. Es ergibt sich die Frage, wie diese „Genüberdosis" kompensiert wird.

Im Jahr 1949 entdeckten **Murray Barr** (1908–1995) und **E. G. Bertram** in Körperzellenkernen weiblicher Katzen ein randständiges, dunkel anfärbbares Körperchen ***(Barr-Body)*** und fanden heraus, dass es das zweite X-Chromosom der Zellkerne ist. **Barr-Körperchen** existieren auch beim Menschen.

Die kanadische Wissenschaftlerin **Mary Lyon** stellte 1961 mit ihrer Hypothese einen Zusammenhang zwischen den Barr-Körperchen und der Genüberdosis auf. Zur Dosiskompensation wird in weiblichen Zellen während der frühen Embryonalentwicklung eines der beiden X-Chromosomen als Barr-Körperchen inaktiviert. Das inaktive Chromosom stammt entweder von der Mutter oder vom Vater. In allen Tochterzellen wird nach der Barr-Körperchen-Bildung immer das gleiche Chromosom inaktiviert.

6.2.4 Genmutationen beim Menschen

Erbkrankheiten sind in der Regel auf Mutationen zurückzuführen.

Gonosomal rezessiv bedingte Erbkrankheiten

Bei Männern kommen **X-chromosomale rezessive Erbgänge** aufgrund des einen X-Chromosoms immer zur Ausprägung. Bei Frauen nur bei bei Homozygotie, die wesentlich seltener ist.

X-chromosomale rezessive Erbgänge

Legende eines genetischen Stammbaums

Geschlecht

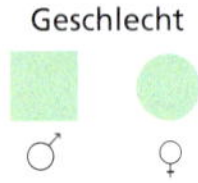

Elternpaar

Verwandtenehe

Geschwister

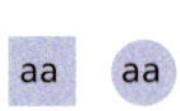

homozygoter Merkmalsträger (autosomal-rezessiv) – erkrankt

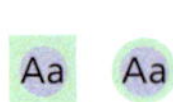

heterozygoter Merkmalsträger – Überträger nicht erkrankt

Die **Hämophilie (Bluterkrankheit)** wird X-chromosomal rezessiv vererbt und beruht auf einem Blutgerinnungsdefekt. Die Blutgerinnung erfordert das Zusammenspiel vieler einzelner Gerinnungsfaktoren. Bei Hämophilie A fehlt einer dieser Faktoren, der Faktor VIII (das antihämophile Globin). Verletzungen können zu lebensgefährlichen Blutverlusten führen. Bluter leiden unter Blutergüssen und neigen zu spontanen inneren Blutungen. Bei der Erstellung von Stammbäumen des europäischen Adels wurde die Bluterkrankheit vorwiegend bei männlichen Personen festgestellt.

Die **Rotgrünsehschwäche** wird ebenfalls X-chromosomal rezessiv vererbt. Die verschiedenen Farben des Lichtes werden in der Netzhaut von unterschiedlichen Zapfen registriert, die auf Rot, Grün oder Blau ansprechen. Die Farbtüchtigkeit wird durch drei X-chromosomale Gene determiniert. Für alle drei Gene sind Veränderungen bekannt, sodass das Grün-, Rot- oder Blausehen gestört sein kann. Am häufigsten ist das Grünsehen (75 %) gestört, wobei Rot und Grün nicht unterschieden werden können. Neben diesen Genen sind noch weitere Gene für das Farbsehen verantwortlich.

Autosomal bedingte Erbkrankheiten

Die meisten Erbkrankheiten sind autosomal-rezessiv. Wie auch der Familienstammbaum zeigt, ist ihr Erbgang relativ schwer zu diagnostizieren, denn Krankheiten kommen innerhalb einer Familie nur gelegentlich zur Ausbildung.
Die Gefahr von Homozygotie ist bei Verwandtenehen besonders hoch.

Autosomal-rezessiver Erbgang

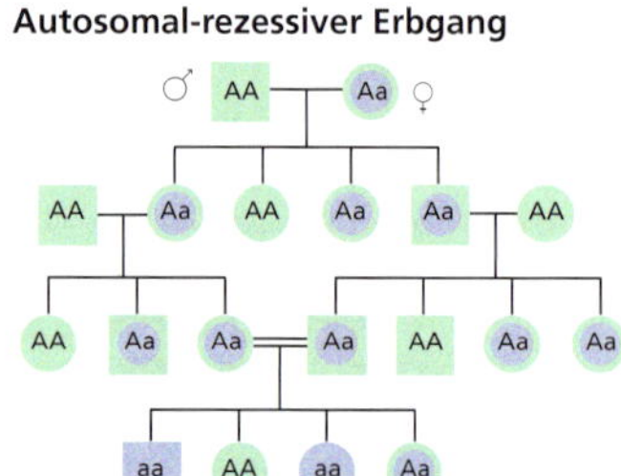

Beim **Albinismus** tritt eine Genmutation u. a. im Chromosom 11 auf, sodass Epidermiszellen nicht das Enzym Tyrosinase synthetisieren können. Das Enzym ist erforderlich, um den Farbstoff Melanin zu bilden. Die Symptome sind eine blasse Haut, nichtpigmentiertes, weißes Haar und schwach blaue oder rötliche Augen, da bei fehlender Pigmentierung die Blutkapillaren der Iris durchscheinen.

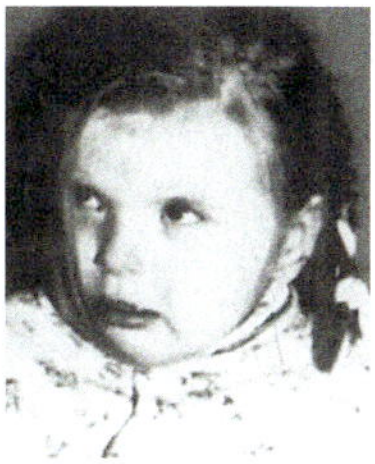

2,5 Jahre altes Kind mit PKU (unbehandelt)

Die **Phenylketonurie (PKU)** ist ebenfalls ein autosomal-rezessives Erbleiden. Durch eine Genmutation auf dem Chromosom 12 kann das Enzym Phenylalanin-Hydroxylase nicht gebildet werden, wodurch die Umwandlung von Phenylalanin in Tyrosin blockiert wird. Phenylalanin häuft sich im Blut an und wird durch einen Nebenstoffwechselweg zu Phenylbrenztraubensäure umgewandelt. Beide Stoffe hemmen die kindliche Gehirnentwicklung, sodass unbehandelt eine irreversible geistige Behinderung auftreten würde, die zum Tode führt.

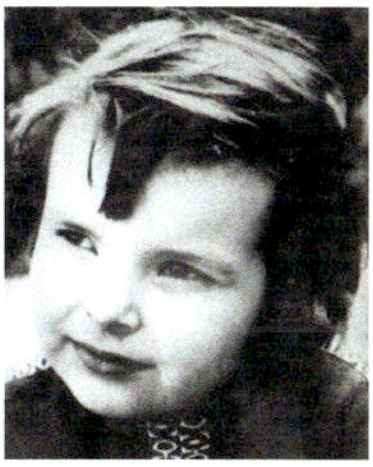

dasselbe Kind nach 1,5 Jahren Behandlung

Beim Screening von Neugeborenen wird auf PKU getestet. Wenn man dabei das Erbleiden feststellt, wird eine Therapie angesetzt, aus einer phenylalaninarmen Diät besteht. Diese ist so abgestimmt ist, dass die essenzielle Aminosäure für den Aufbau des Organismus gerade in ausreichender Menge vorhanden ist und schädlich hohe Konzentrationen der Abbauprodukte vermieden werden.

Bei der **Sichelzellenanämie** ist das mutierte Gen nicht für ein Enzym, sondern für ein Struktureiweiß verantwortlich. Normales Hämoglobin besteht aus zwei α-Ketten mit je 141 Aminosäuren und zwei β-Ketten mit je 146 Aminosäuren. Bei der Sichelzellanämie befindet sich an der 6. Position jeder β-Kette anstelle der Glutaminsäure die Aminosäure Valin. Durch die veränderte Aminosäuresequenz wird aus normalem **Hämoglobin A** (HbA) das **Hämoglobin S** (HbS). Die Erythrocyten nehmen bei Sauerstoffmangel, z. B. bei körperlicher Anstrengung oder im Hochgebirge über 3 000 m Höhe, eine sichelzellförmige Gestalt an. Die Sichelzellen erhöhen die Viskosität des Blutes, verstopfen die Kapillaren und verursachen so zahlreiche Organschäden (Infarkte verschiedener Organe, schmerzhafte Anschwellungen von Hand- und Fußrücken). Der beschleunigte Abbau der Sichelzellen (Hämolyse) äußert sich u. a. in Blässe, Milz-, Leberschäden und Erschöpfungszuständen.

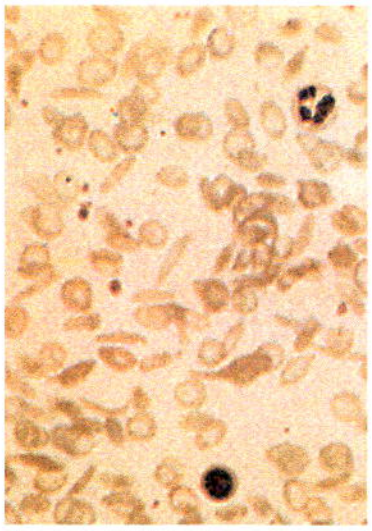

Bezüglich der Krankheit treten drei verschiedene Phänotypen auf. Homozygote Nichtmerkmalsträger (HbA, HbA) sind völlig gesund. Heterozygote Träger (HbA, HbS) leiden meist nur bei Sauerstoffmangel an der Anämie. In ihren roten Blutkörperchen werden zwischen 25 % bis 40 % Sichelzellhämoglobin gefunden. Homozygote Träger des Merkmals (HbS, HbS) sterben meist schon im jugendlichen Alter an den Folgen der Krankheit. Sichelzellanämie wird intermediär verebt. Während in Europa die Sichelzellanämie ziemlich selten ist, können in den Malaria-Gebieten Afrikas bis zu 45 % der Bevölkerung heterozygote Merkmalsträger sein. Sie haben einen Selektionsvorteil gegenüber der *Malaria tropica* (↗ S. 257), da diese gegen den Erreger *Plasmodium falciparum* besser geschützt sind. Unter der afroamerikanischen Bevölkerung Amerikas sinkt der Heterozygotenanteil aufgrund des fehlenden Vorteils.

Seltener sind durch autosomal dominante Gene verursachte Erbkrankheiten. Die häufigste Erbkrankheit dieses Typs ist **Chorea Huntington (Veitstanz).** Sie tritt phänotypisch erst spät, meist nach dem 40. Lebensjahr auf und äußert sich im fortgeschrittenen Zustand in unkontrollierten veitstanzartigen Bewegungen, die auf eine allmähliche Degeneration der Neuronen im Gehirn zurückzuführen sind.

Die Gehirndegeneration führt zu mentalen Veränderungen und später zu Persönlichkeitsveränderungen, die schließlich zum Tode führen. Das Fehlen jeglicher Therapie zum gegenwärtigen Zeitpunkt führt zu schwerwiegenden sozialen Problemen. Die ethische Problematik der genetischen Familienberatung kann auch dadurch nicht gelöst werden, dass es möglich ist, durch Genom-DNA-Untersuchungen das Vorhandensein oder Fehlen eines defekten Allels zu diagnostizieren. Das phänotypisch späte Auftreten der Krankheit erst nach der reproduktiven Lebensphase erklärt, warum das defekte Allel ohne wesentliche Einschränkungen an die Folgegenerationen weitergegeben wird. Neumutationen hat man kaum nachweisen können.

6.2.5 Chromosomenaberrationen beim Menschen

Unter einer **Chromosomenaberration** versteht man eine von dem normalen Genotyp abweichende Anzahl oder Struktur der Chromosomen.

In der Humangenetik wird zwischen den nummerischen und strukturellen Chromosomenaberrationen unterschieden. Sie entsprechen dem Wesen nach den **Genom-** und **Chromosomenmutationen** (↗ S. 218).

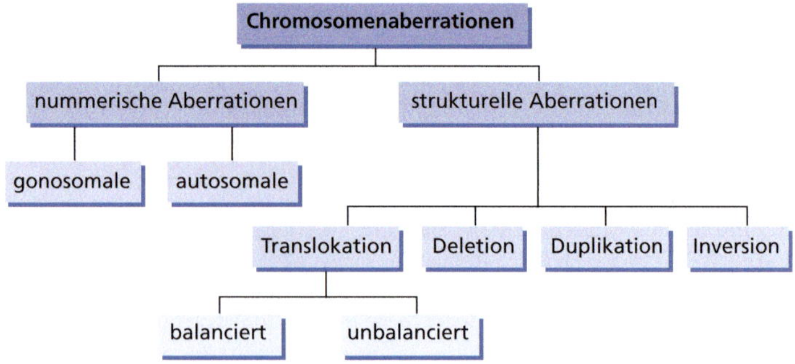

Nummerische Chromosomenaberrationen sind Veränderungen der Chromosomenanzahl, die durch Verteilungsfehler der Chromosomen oder Chromatiden während einer der Reifeteilungen durch *Nondisjunction* hervorgerufen werden. Sie können sowohl gonosomal (↗ S. 234, TURNER-Syndrom [45, X0], KLINEFELTER-Syndrom [47, XXY]) als auch autosomal (z. B. DOWN-Syndrom [Trisomie 21], PÄTAU-Syndrom [Trisomie 13], EDWARDS-Syndrom [Trisomie 18]) auftreten.

Strukturelle Chromosomenaberrationen entstehen durch Umbauten innerhalb eines Chromosoms (intrachromosomal) oder zwischen verschiedenen Chromosomen (interchromosomal). Verlust oder Zugewinn von Chromosomensegmenten innerhalb eines Karyotyps führt zu unbalancierten Genverhältnissen. Strukturumbauten ohne Verlust oder Zugewinn chromosomalen Materials werden als balanciert bezeichnet, sie sind phänotypisch ohne Auswirkungen und können über mehrere Generationen vererbt werden.

Beispiele für nummerische Chromosomenanomalien			
	PÄTAU-Syndrom Trisomie 13	**EDWARDS-Syndrom Trisomie 18**	**DOWN-Syndrom Trisomie 21**
Häufigkeit	Angaben von 1 : 7000 bis 1 : 9000	1 : 3000 bis 1 : 7000	1 : 700
Symptome	Lippen-Kiefer-Gaumen-Spalte, Hexadaktylie, Herzfehler, starke geistige Behinderung	langer, schmaler Schädel, Kleinkiefrigkeit, Überlagerung der Finger, Herzfehler, stark verlangsamte Entwicklung	kurzer Schädel, flache Nase, schmale Lidspalten, vergrößerte Zunge, Herzfehler, verminderter Intellekt
Lebenserwartung (Ø)	bis 5. Lebensjahr sterben alle Jungen und 80 % der Mädchen	im 1. Lebensjahr sterben 90 %	80 % erreichen das 30. Lebensjahr

Beispiele für strukturelle Chromosomenanomalien			
	Katzenschrei-Syndrom	**WOLF-Syndrom**	**PRADER-WILLI-Syndrom (PWS, A) und ANGELMANN-Syndrom (AS, B)**
Häufigkeit	etwa 1 : 50000	1 : 3000	A 1 : 1000 B 1 : 15000 bis 1 : 20000
Genetische Ursache	Deletion des kurzen Armes eines 5. Chromosoms	Deletion des kurzen Armes eines 4. Chromosoms	Deletion von Bandabschnitten des langen Armes des Chromosoms 15 beim väterlichen Chromosom: PWS, beim mütterlichen Chromosom: AS
Symptome	katzenähnliches Schreien der Neugeborenen, gestörte Sprachentwicklung, starke körperliche und geistige Behinderung	Lippen-Kiefer-Gaumen-Spalte, breite Nasenwurzel, hohe Stirn, starke körperliche und geistige Behinderung	PWS: Muskelschwäche, Minderwuchs, Fettsucht AS: fehlende Sprachentwicklung, schwere geistige Behinderung

Geschlechtschromosomenaberrationen beim Menschen

Durch ***Nondisjunction*** der Gonosomen können bei der Befruchtung **gonosomale Genommutationen** entstehen.

In den Zellen der Frauen ist meist nur ein X-Chromosom aktiv, das andere inaktiviert, und in der Interphasenzelle anfärbbar (**BARR-Körperchen, LYON-Hypothese,** ↗ S. 229). Aus der Zahl der BARR-Körperchen kann man auf gonosomale Anomalien schließen.

Übersicht über die Entstehung häufiger gonosomaler Chromosomenaberrationen

Keimzellen	XX	X, X	XX	XXX, X	XXXX
X	X0 TURNER-Frau	XX normale Frau	XXX	XXXX Poly-X-Frauen zunehmend debil	XXXXX
Y	0Y unbekannt	XY normaler Mann	XXY	XXXY KLINEFELTER-Männer zunehmend debil	XXXXY
YY	0YY unbekannt	XYY	XXYY Diplo-Y-Männer zunehmend debil	XXXYY	XXXXYY

TURNER-Syndrom (45, X0, kein BARR-Körperchen):
TURNER-Frauen sind meist durchschnittlich intelligent und weichen bis zur Pubertät äußerlich kaum von anderen Frauen ab. Durch die Rückbildung der Eierstöcke bleibt die Menstruation aus, die Frauen bleiben kinderlos. Das Brustwachstum bleibt gering, die Schambehaarung spärlich. Der Brustkorb ist im Vergleich zum Becken breit. Der Haaransatz ist auffallend tief und die Frauen sind meist kleiner. Selten treten Missbildungen am Herzen oder den Nieren auf.

KLINEFELTER-Syndrom (47, XXY, mind. ein BARR-Körperchen):
Im Kindesalter gibt es kaum Auffälligkeiten. KLINEFELTER-Männer haben oft eine dickliche, übergroße Gestalt mit überlangen Gliedmaßen. Einige können verweiblichte Züge haben. Der Penis wird normal ausgebildet, die Hoden bleiben klein und das Ejakulat ist ohne Spermien, sodass es nicht zur Fortpflanzung kommen kann. Bei einigen tritt eine mädchenhafte Brustentwicklung auf. Eine Intelligenzminderung tritt häufiger auf als bei TURNER-Frauen.

XXX-Trisomie (47, XXX, zwei BARR-Körperchen): Die zunehmende Zahl der Gonosomen bedingt eine Intelligenzminderung. Die Frauen sind fortpflanzungsfähig.

XYY-Trisomie (47, XYY): Überdurchschnittlich große Männer, psychisch labil; bei vielen ist Impulsivität und eine niedrige Angstschwelle nachweisbar, keine Intelligenzdefizite

Die angeblich erhöhte Gewaltbereitschaft von XYY-Männern, die in einem amerikanischen Gefängnis beobachtet wurde, konnte bisher nicht nachgewiesen werden.

6.3 Gentechnik

- Die Genetik der Mikroorganismen und die Molekulargenetik des 20. Jh. bilden das Fundament für die angewandte Forschung der Gegenwart.
- Die Gentechnik wird vielfältige Bereiche von Wissenschaft und Wirtschaft, wie Medizin, Pharmazie und Landwirtschaft, revolutionieren.
- Die Wissenschaft von der gezielten Veränderung von Genen wird als Gentechnologie, ihre praktische Anwendung als Gentechnik bezeichnet.

6.3.1 Grundlagen der Gentechnik

Der griechische Wortstamm „*techne*" bedeutet so viel wie Kunstfertigkeit und umschreibt damit treffend die Entwicklung der molekulargenetischen Methodik seit den 70er-Jahren des 20. Jh. Streng genommen basiert ein großer Teil der heute angewandten Verfahrenstechniken auf dem Prinzip der bei Bakterien vorkommenden Transformation (↗ S. 180, 241), das bereits in den 40er-Jahren analysiert wurde.
Nach der Wiederentdeckung der mendelschen Regeln um 1900 kam es zu einer raschen Entwicklung der neuen Wissenschaft **Genetik**.

1910–1922	T. H. Morgan und Mitarbeiter: Kartierung von über 200 Genen der Taufliege *(Drosophila)*
1927	H. J. MULLER: Erzeugung von Mutationen durch Röntgenstrahlen
1928	F. GRIFFITH transformiert avirulente Pneumokokken durch einen Stoff aus toten virulenten Bakterien in virulente Formen.
1942	M. DELBRÜCK und S. E. LURIA begründen die Genetik der Mikroorganismen und Viren als einen der Eckpfeiler der Molekularbiologie.
1944	O. T. AVERY, C. M. MACLEOD und M. J. MCCARTY beweisen durch die Identifizierung des transformierenden Prinzips erstmalig, dass die DNA der eigentliche Erbträger ist.
1944	G. W. BEADLE und E. L. TATUM stellen Ein-Gen-ein-Enzym-(Polypeptid-)Hypothese auf.
1953	J. D. WATSON und F. H. CRICK entwickeln Modellvorstellung zur Struktur der DNA.
1953	F. SANGER gelingt die Aufklärung der Aminosäuresequenz des Insulins.
1961	S. BRENNER, F. JACOB und M. MESELSON entdecken die messenger-RNA.
1965	R. W. HOLLEY gelingt die erstmalige Sequenzanalyse eines Nucleinsäuremoleküls, einer tRNA.
1966	H. G. KHORANA, M. W. NIRENBERG u. a. entschlüsseln den genetischen Code.
1969	J. R. BECKWITH, L. ERON und J. SHAPIRO: Isolierung eines einzelnen Gens
1970	H. G. KHORANA: Erstmalige chemische Totalsynthese eines einzelnen Gens
1971	Erste Gentechnikfirma CETUS in Berkeley/Kalifornien gegründet
1972	PAUL BERG gelingt die In-vitro Rekombination von DNA unterschiedlicher Organismen.
1974	W. ARBER entdeckt die Restriktionsendonucleasen; COHEN und BOYER gelingt die Übertragung genetischer Information vom Frosch auf *E. coli.*
1975	KÖHLER und MILSTEIN verschmelzen eine Myelomazelle der Maus (Hautkrebszelle) mit einer Antikörper produzierenden Zelle zu einer Hybridomazelle, die in großer Zahl monoklonale einheitliche) Antikörper produzieren kann.

Ausgewählte Aspekte der Viren- und Bakteriengenetik

Die fundamentalen Erkenntnisse der Molekulargenetik als Grundlagendisziplin für die angewandte Forschung der Gentechnik wurden an einfachen Genomen gewonnen.
Bei den Viren handelt es sich hierbei um die bisher einfachste bekannte Beziehung eines Genoms zu seinem Phänotyp. Sie gelten schon seit langem als geeignetes Modell für die Untersuchung von Genen und haben sich in der jüngeren Vergangenheit als Vektoren in der Gentechnik bewährt.

Schon Ende des 19. Jh. wusste man von der Existenz dieser potenziellen **Krankheitserreger**. Sie verursachen viele Infektionskrankheiten bei Mensch, Tier und Pflanze. Bei Viren handelt es sich um Partikel ohne jegliche zelluläre Organisation (↗ S. 83, 259 f.). Sie sind obligate Parasiten in extremster Ausprägung. Um Ihr Genom zu verwirklichen bzw. sich reproduzieren zu können, sind sie auf den genetischen Apparat einer Wirtszelle angewiesen, den sie zumindest teilweise oder aber gänzlich unter ihre Kontrolle bringen müssen.

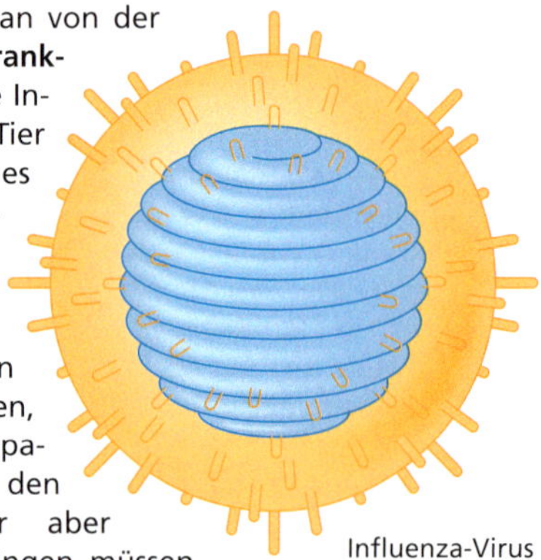

Influenza-Virus

Das bedeutet, dass Virusgene und das genetische System des Wirts kompatibel sein müssen. So erklärt sich die außerordentliche Wirtsspezifität der Viren. Aus der Tabelle wird ersichtlich, dass Viren unterschiedlichste Lebensformen parasitieren können. Ihr Genom kann sich aus unterschiedlichen Typen von Nucleinsäuren zusammensetzen.

Virustyp	Virusfamilie	Typische Vertreter	Nucleinsäuretyp
Menschenviren	Pocken-Viren	Variola-Viren	DNA- Doppelstrang
	Orthomyxo-Viren	Influenza-Viren	RNA-Einzelstrang
	Picorna-Viren	Polio-Viren	RNA-Einzelstrang
	Paramyxo-Viren	Maser- und Mumps-Viren	RNA-Einzelstrang
Tierviren	Rhabdo-Viren	Tollwut-Virus	RNA-Einzelstrang
Pflanzenviren	Tobamo-Viren	Tabak-Mosaik-Virus	RNA-Einzelstrang
Bakteriophagen	Myo-Viren	T_4	DNA-Doppelstrang
		λ	DNA-Doppelstrang
		φX174	DNA-Einzelstrang

Formenvielfalt von Viren

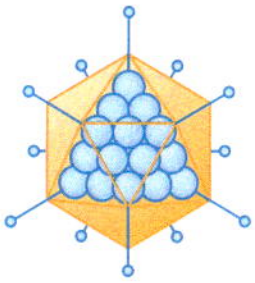

Gelbsucht-Virus

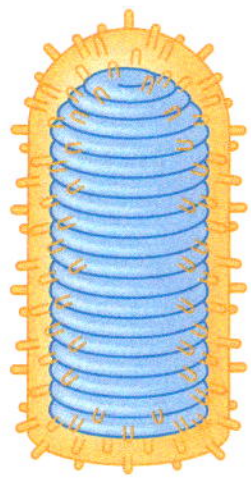

Tollwut-Virus

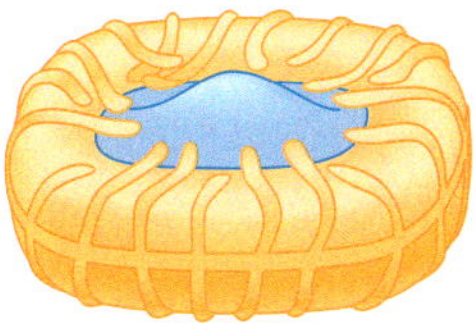

Pocken-Virus

Die Formenvielfalt der Viren geht auf drei Komponenten zurück:
- Nucleinsäure (einzel- oder doppelsträngige DNA oder RNA),
- Proteinkapsel (Capsid),
- Hülle aus Proteinen, Glykoproteiden oder Lipiden (Envelope).

Die molekulargenetische Forschung konzentriert sich vor allem auf Bakterien befallende Viren **(Bakteriophagen)** und bestimmte RNA-Viren **(Retroviren)**.

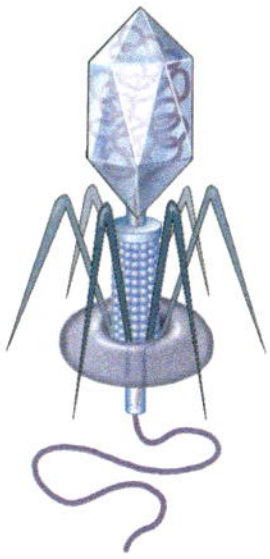

Bakteriophage T_4

Bakteriophagen

Auch das Genom der Phagen widerspiegelt die Mannigfaltigkeit der Erscheinungsformen unter den Viren. Ihre Erbträger, ob RNA oder DNA, können sowohl linear als auch zirkulär angeordnet sein, und auch die Anzahl der Polynucleotidstränge ist variabel. Die Größe der Phagennucleinsäuren schwankt zwischen 1,6 kB und 150 kB. Hinsichtlich ihrer Vermehrungszyklen werden zwei verschiedene Gruppen der Bakteriophagen unterschieden: **temperente** (oder **lysogene**) und **virulente** (oder **lytische**) **Phagen**. Die auf *E. coli* parasitierenden Phagen T_4 (↗ S. 84) und λ sind die bekanntesten Vertreter dieser beiden Strategien.

Bakteriophage λ

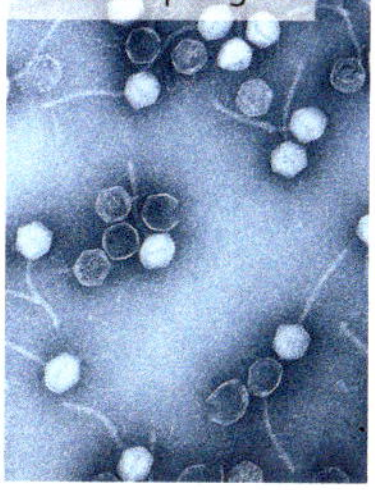

Nach Injektion der Phagen-DNA wird diese als Prophage an einer spezifischen Stelle in das Bakteriengenom integriert. Bei jeder Teilung der Bakterienzelle wird auch der Prophage verdoppelt. Chemische und/oder physikalische Reize können den Übergang in den **lytischen Zyklus** bewirken.

Lysogener Infektionszyklus des Phagen λ

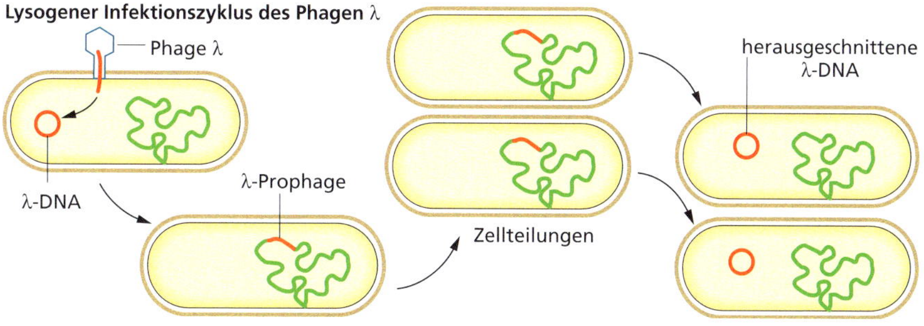

Der lytische Vermehrungsszyklus virulenter Phagen am Beispiel T_4

Adsorption	0 min.	wirtsspezifische Anheftung der Phagenendplatte an Rezeptorproteinen auf der bakteriellen Zellwand	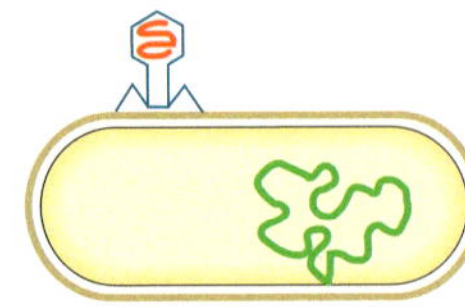
Injektion	0 min.	ausschließlich die DNA des Phagen gelangt in das Plasma der Bakterienzelle	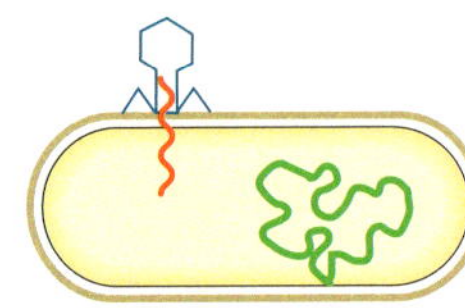
Latenzphase	1 min.	Beginn des Abbaus der *E. coli*-DNA	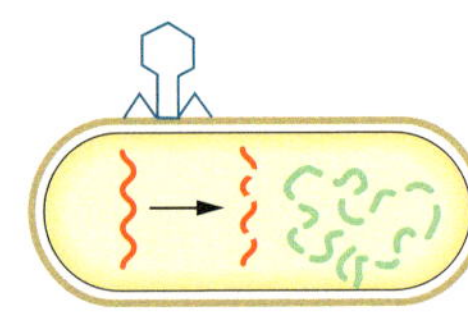
Reifung	 5 min. 12 min.	Transkription der Phagengene Replikation der Phagen-DNA Synthese der Capsidproteine	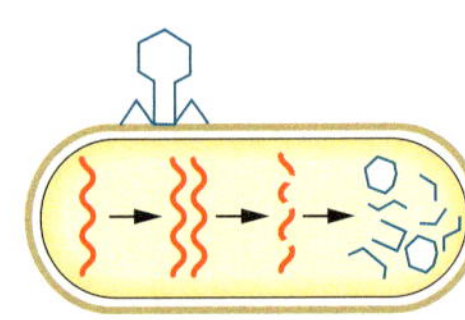
Morphogenese	15 min.	Gestaltbildung – *self assembly* – Findung von Capsid und Phagen-DNA	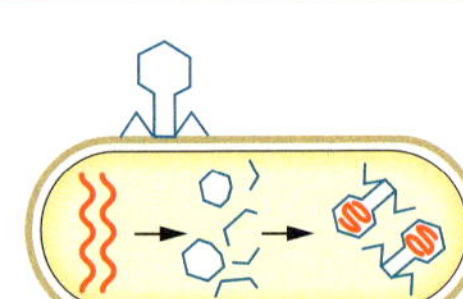
Lysis	22 min.	Zerstörung der bakteriellen Zellwand, Platzen der Wirtszelle und Freisetzung der neuen Phagen-Generation (200–300)	

Retroviren widersprechen dem Dogma der Molekularbiologie

Retroviren kehren den Fluss der genetischen Information um. Ihre virale RNA wird in der infizierten Zelle in doppelsträngige DNA umgeschrieben. Das daran beteiligte Enzym ist die RNA-abhängige DNA-Polymerase, auch reverse Transkriptase oder kurz Revertase genannt. Aus dem entstandenen Hybridstrang wird die RNA enzymatisch abgebaut und mithilfe der **DNA-Polymerase** der Einzelstrang komplementär ergänzt. Diese DNA-Kopie baut sich dann in das Wirtsgenom ein.

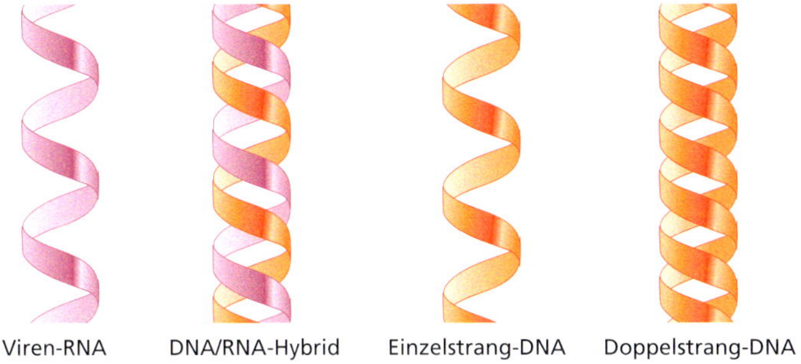

Die experimentelle Nutzbarmachung der **reversen Transkriptase** eröffnete der Gentechnik völlig neue Perspektiven. Mittels dieser Enzyme wurde es möglich, bereits prozessierte Eucyten-mRNA in DNA umzuschreiben und damit als translationsfähige Programmgeber in prokaryotische Produktionsorganismen einzuschleusen (↗ S. 209).

Infektion durch einen Retrovirus

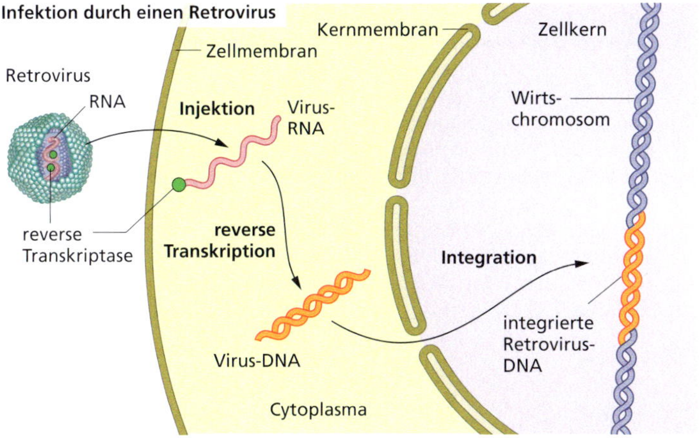

Das wohl bekannteste Retrovirus ist der Auslöser für das erworbene Immunschwächesyndrom, AIDS. Das **H**uman **I**mmunodeficiency **V**irus, oder kurz **HIV** genannt, wurde 1983/84 erstmalig isoliert. Das Verständnis über die Infektionszyklen der Retroviren ist Grundlage für die Erforschung von wirksamen Strategien gegen diesen Krankheitserreger (↗ S. 83, 259 f.).

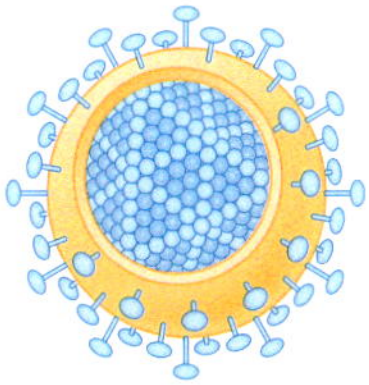

Bakterien

Die große Vielfalt der Prokaryoten (↗ S. 343 f.) hat ihre Ursache darin, dass sich schon in der ersten Phase ihrer Evolution einfache Mechanismen des Genaustausches entwickelt haben. Man unterscheidet zwischen Konjugation, Transformation und Transduktion (↗ S. 180). Diese „parasexuellen" Austauschprozesse sind auch zwischen verschiedenen Bakterienarten möglich.

Konjugation	Transformation	Transduktion
Übertragung von Genen von einer Donor- auf eine Akzeptorzelle über eine Plasmabrücke *(Pilus)*	Übertragung von Genen zwischen Bakterienzellen in Form isolierter DNA	Übertragung des genetischen Materials zwischen Bakterienzellen durch Bakteriophagen

Transduktion

Die Entdeckung der Transduktion im Jahre 1952 geht auf JOSHUA LEDERBERG und NORTON ZINDER zurück, die diesen Gentransfer ohne direkten Zellkontakt am Bakterium *Salmonella typhimurium* nachwiesen. Der Transfer bakterieller Gene erfolgt durch die Infektion mit Bakteriophagen von einer Wirtszelle auf eine andere. Verursacht wird dies durch Fehler beim **lytischen** bzw. **lysogenen Vermehrungszyklus.**

Der bekannteste transduzierende Phage ist der temperente Phage λ (Lambda), ein Beispiel für die so genannte spezielle Transduktion. Nach der Infektion einer Wirtszelle wird die zuvor lineare λ-DNA sofort zirkularisiert und auf dem lysogenen Weg in das Wirtsgenom eingebaut. Dabei existieren kompatible Regionen in Phagen- und Bakterien-DNA, in denen die DNA geöffnet wird und eine Integration des Phagengenoms an einer speziellen Stelle erfolgt.
Beim Übergang vom lysogenen in den lytischen Zyklus können an der Integrationsstelle unmittelbar angrenzende bakterielle Gene mit freigesetzt werden und in die neu gebildeten Phagenhüllen verpackt werden. Nach Injektion dieses Fragments in eine neue Wirtszelle kommt es hier durch homologen Bruchstückaustausch zur Integration der übertragenen Gene in das Genom der Rezeptorzelle.

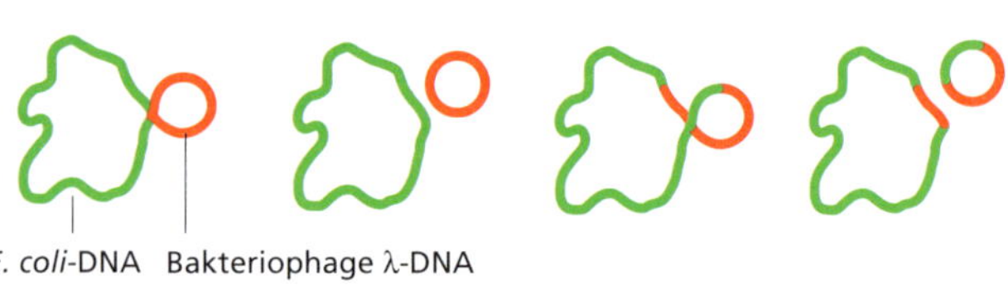

Transduzierende Phagen stellen für die Gentechnik ideale Vektoren dar, um DNA-Fragmente von einem Spender (Donor) auf einen Empfänger (Rezipient) zu übertragen (↗ S. 246 f.).

Transformation

Bei der **Transformation** handelt es sich um eine der Hauptursachen für die Mannigfaltigkeit der Formen, die eine einzige Bakterienspezies annehmen kann. Besonders nachhaltig tritt diese Variabilität bei krankheitsauslösenden Bakterien in Erscheinung. Mit der Entdeckung des transformierenden Prinzips konnte erstmalig die chemische Beschaffenheit des genetischen Materials aufgeklärt werden.

Transformation

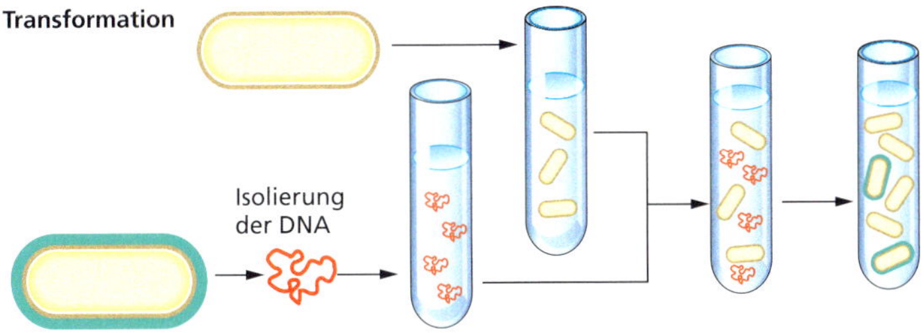

Die Transformation ist eine der wichtigsten methodischen Grundlagen der Gentechnik, um In-vitro rekombinierte DNA in Produktionsorganismen einzuschleusen (↗ S. 246 f.). Die Aufnahmefähigkeit für DNA ist allerdings bei den einzelnen Bakterienspezies sehr unterschiedlich ausgeprägt. Im Experiment kann die Transformationseffizienz erhöht werden, in dem die Zellen zuerst in eiskalter Calciumchloridlösung inkubiert werden und anschließend kurzzeitig auf 42 °C erwärmt werden.

Konjugation

Dabei handelt es sich um einen parasexuellen Prozess, bei dem ein einseitig gerichteter **Gentransfer** von einer Spender- in eine Empfängerzelle über eine **Plasmabrücke *(Pilus)*** erfolgt (↗ Foto). Als Spender fungieren dabei Zellen, die über einen so genannten **Fertilitätsfaktor** verfügen. Dieser ist entweder auf einem Plasmid (F^+-Zellen) oder im Bakterienchromosom **(Hfr-Zellen)** lokalisiert. Er sichert die genetischen Voraussetzungen ab, um lange Plasmafortsätze („Sex-Pili") zu bilden, mithilfe derer der Kontakt zu einer Empfängerzelle hergestellt werden kann. Über diese Konjugationsbrücke kann dann, beginnend mit dem F-Faktor, ein DNA-Einzelstrang zur F^--Zelle transferiert werden. In beiden Zellen werden die Einzelstränge zu DNA-Doppelsträngen ergänzt. Damit können neben dem F-Faktor auch andere Gene des Plasmids übertragen werden, z. B. Resistenzeigenschaften. Ein Transfer chromosomaler Gene ist nur von so genannte Hfr-Zellen möglich. Die Konjugation beginnt dabei immer in der Mitte des Faktors. Übertragene Gene werden in der Empfängerzelle (F^-) rekombinativ durch homologen Bruchstückaustausch in das Rezipientengenom eingebaut (↗ S. 180).

Hfr bedeutet *High frequency of recombination*

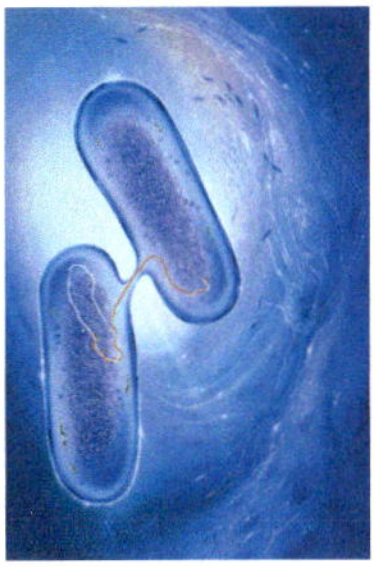

Die **Rekombination des genetischen Materials** ist ein typisches Kennzeichen des Lebens. Auch ohne Zellkern und Meiose erfolgt bei Viren und Bakterien auf der Basis verschiedener Formen der Parasexualität eine Neukombination des Genmaterials. Die moderne **Gentechnik** nutzt gezielt diese natürlichen Prozesse.

6.3.2 Untersuchungsmethoden

Seit den siebziger Jahren des letzten Jahrhunderts wurden eine Vielzahl von genetisch-molekularbiologischen Verfahren entwickelt, die Voraussetzungen für die Gentechnik schufen.

Restriktasen und Ligasen

Bei allen wichtigen Verfahren der Gentechnik werden Erbmoleküle entweder getrennt oder zusammengefügt. Da auf molekularer Ebene aber keine mechanischen Werkzeuge funktionieren, nutzen die Genetiker hier bakterielle Enzyme. Restriktionsenzyme **(Restriktasen)** zerschneiden und **Ligasen** verbinden DNA-Moleküle.

Restriktasen	Ligasen
Die Enzyme erkennen bestimmte DNA-Sequenzen, heften sich an das Molekül und hydrolysieren die Verbindung zwischen dem Phosphat und der Desoxyribose des DNA-Stranges. Liegen die Schnittstellen der beiden einzelnen Stränge versetzt, entstehen „klebrige" Enden. Das sind kurze, ungepaarte DNA-Abschnitte.	Die „klebrigen" Enden der DNA-Fragmente bewirken, dass sich zu verbindende Stücke durch komplementäre Basenpaarung aneinander heften. Das Enzym verschließt dann die Stranglücken. Die dazu benötigte Energie wird meist in Form von ATP bereitgestellt. Das ligieren glatter Schnitte ist prinzipiell auch möglich.

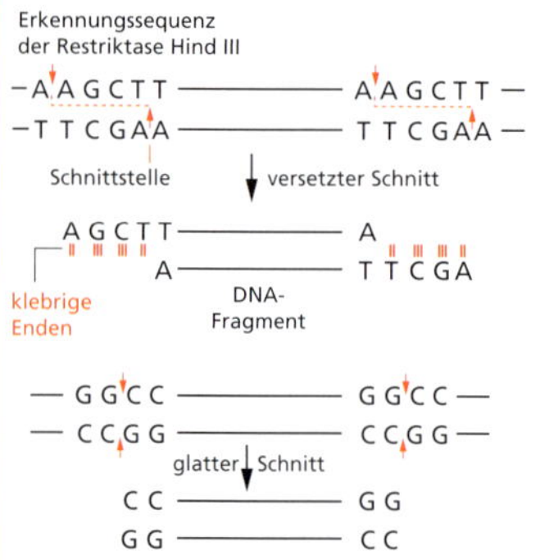

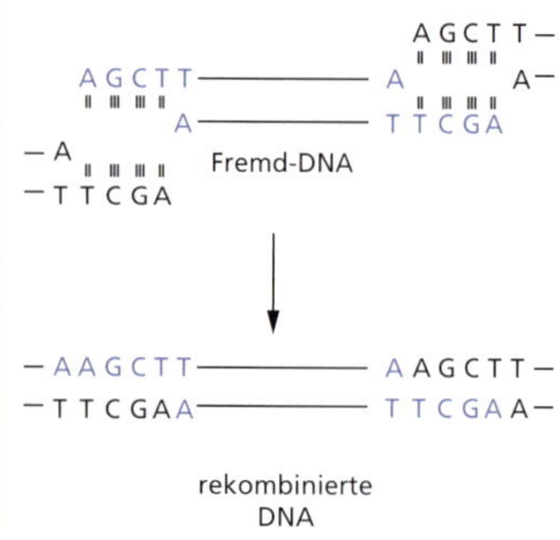

Gelelektrophorese

Die in die Vertiefungen eines Gels (z. B. Agarose-Gel) eingefüllten DNA-Fragmente wandern nach Anlegen einer elektrischen Spannung zur Anode. Die größeren DNA-Stränge wandern langsamer als die kleineren. So erhält man Bandenmuster, die unter analytischen Gesichtspunkten verglichen werden können **(DNA-Fingerprinting)**. Die DNA einzelner Banden kann für weitere Untersuchungen entnommen werden.

Hybridisierung

Wenn doppelsträngige DNA auf über 90 °C erhitzt wird, denaturiert das Molekül. Es zerfällt in Einzelstränge. Anschließendes Abkühlen führt zur Renaturierung. Die Stränge verbinden sich wieder. Das Zusammenlagern von unterschiedlichen Nucleinsäuresträngen, die aber z. T. komplementäre Basensequenzen besitzen, wird als Hybridisierung bezeichnet. Dabei können sich DNA- oder RNA-Moleküle miteinander verbinden.
Je mehr Basenpaare in den hybridisierten Doppelsträngen komplementär sind, umso mehr Wasserstoffbrückenbindungen werden zwischen den Stickstoffbasen ausgebildet, die wiederum das Hybrid stabilisieren.

Bekannte zur Hybridisierung eingesetzte Sequenzen werden als **Sonden** oder **Marker** bezeichnet. Sie sind in der Regel mit einem Fluoreszensfarbstoff oder radioaktiv markiert.

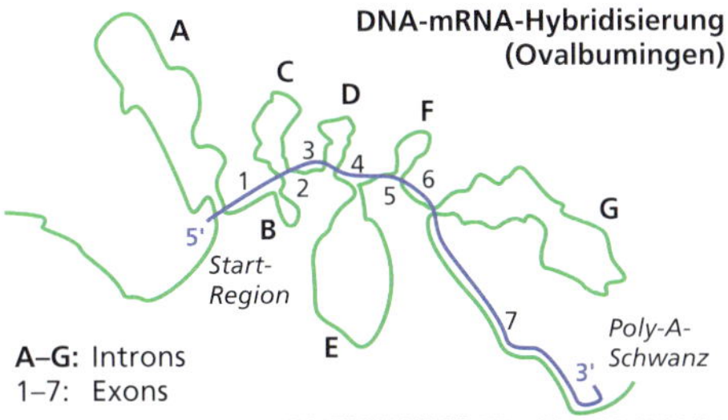

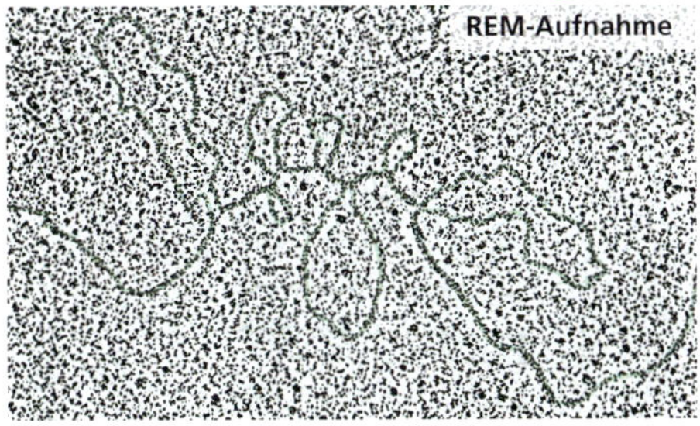

Die Hybridisierungstechnik kann zur Beantwortung einer Reihe von Fragestellungen dienen:

1. Durch Untersuchung der Renaturierungsgeschwindigkeit kann erforscht werden, wie hoch der Anteil von sich wiederholenden DNA-Sequenzen im Genom ist (*Escherichia coli* 0,3 %, Mensch 35 %).
2. Die Lage und Länge des codierenden Bereichs (Exons) eukaryotischer DNA kann durch mRNA-Hybridisierung aufgeklärt werden
3. Mithilfe von Sonden lässt sich das Vorkommen und die Lage spezifischer Sequenzen auf unterschiedlichen Chromosomen oder in verschiedenen Bakterienstämmen ermitteln.
4. Durch die Blotting-Technik können mithilfe von Sonden gelelektrophoretisch aufgetrennte DNA-Fragmente lokalisiert und identifiziert werden.

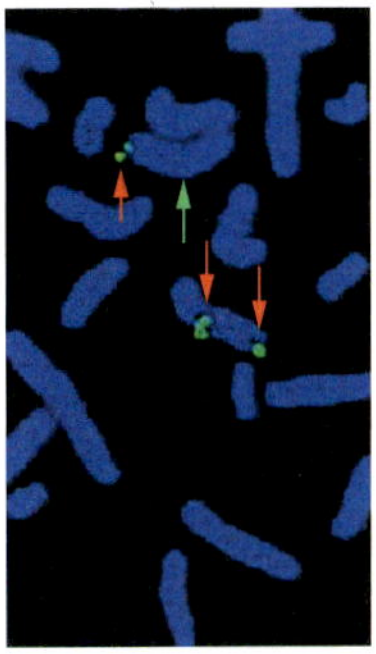

Zwei verschiedene Marker zeigen auf einem Chromosom 7 zwei Genabschnitte (rote Pfeile) an. Aufgrund einer Deletion fehlt eine Markierung auf dem anderen (grüner Pfeil).

Ablauf der Southern-Blotting-Technik

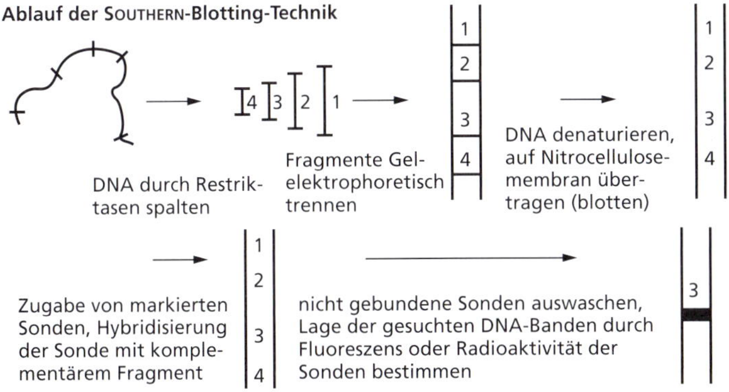

Die **Blotting-Technik** wurde 1975 von **E. M. Southern** entwickelt.

Polymerase-Kettenreaktion (PCR)

Die Entwicklung der **Polymerase-Kettenreaktion** (engl.: *polymerase chain reaction,* PCR) im Jahre 1983 durch KARY B. MULLIS war ein bedeutender Schritt in der gentechnischen Forschung. Diese Methode ermöglichte es, DNA schnell und relativ einfach zu vervielfältigen. Das Verfahren ist mit der identischen Replikation (↗ S. 204 ff.) vergleichbar.
Als Ausgangsstoffe werden die DNA-Probe, die vier Stickstoffbasen in Form von DNA-Nucleotide (dATP, dTTP, dGTP, dCTP) und Primer (20–30 Nucleotide lang) benötigt. Eine hitzestabile DNA-Polymerase der Bakterienart *Thermus aquaticus*, aus heißen Quellen des Yellowstone National Parks in den USA, katalysiert die Kettenreaktion.
Bestimmte DNA-Abschnitte können selektiv vermehrt werden, wenn die ausgewählten **Primer** komplementär zu den Anfängen des betreffenden DNA-Fragmentes sind.

Der dargestellte einzelne Zyklus der PCR, er dauert in der Regel wenige Minuten, wird 30- bis 40-mal in einem Automaten durchlaufen. Die DNA-Menge vermehrt sich um den Faktor $2^{30}-2^{40}$. Eine noch stärkere Vervielfältigung ist nicht sinnvoll, da auftretende **Replikationsfehler** sich anhäufen. Noch größere DNA-Mengen können dann nur durch die aufwendigere Technik der **Klonierung** (↗ S. 197 f.) gewonnen werden.

Verfahren der Polymerase-Kettenreaktion

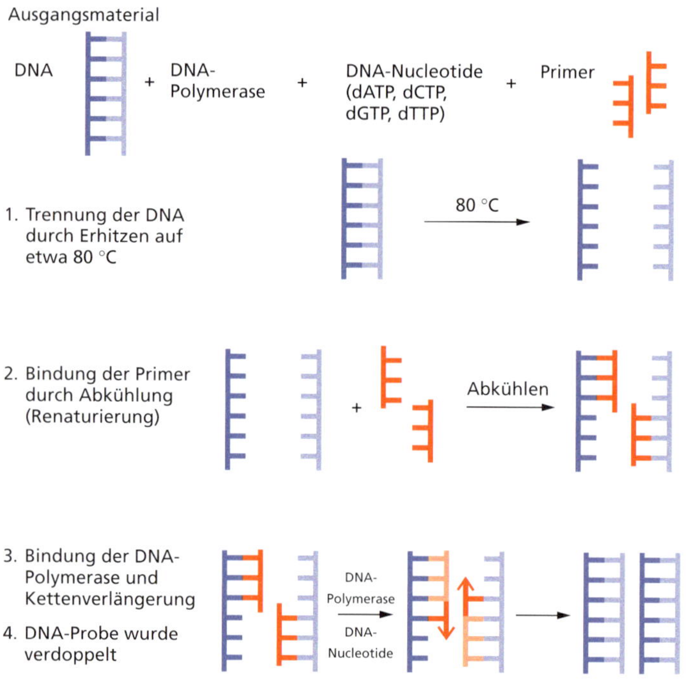

DNA-Sequenzierung

Die Entwicklung von Routineverfahren zur **DNA-Sequenzierung** war einer der größten Fortschritte der genetischen Forschung in den 70er-Jahren des letzten Jahrhunderts. Jetzt war es möglich, mit relativ geringem Aufwand die DNA zu lesen. Heute sind die Verfahren weitestgehend automatisiert. Am weitesten verbreitet ist die Kettenabbruch- bzw. **Didesoxymethode** nach F. SANGER und A. COULSON.

Voraussetzung für das **Kettenabbruchverfahren** sind einsträngige DNA-Fragmente. Der Ablauf der Sequenzierung ähnelt der Polymerase-Kettenreaktion.

Die Einzelstränge dienen der DNA-Polymerase als Matrize zur Synthese eines komplementären zweiten Stranges. Neben den „normalen“, kettenverlängernden **Nucleotiden** enthält die Reaktionsmischung aber auch modifizierte Nucleotide, an denen sich kein neues Nucleotid anheften kann. Bei Bindung dieser veränderten Nucleotide bricht die Kettenreaktion ab. Mit gleicher Wahrscheinlichkeit erfolgt der Kettenabbruch an jedem Nucleotid. Für jedes Didesoxynucleotid (ddN) gibt es eine eigene Reaktionsmischung. Die entstandenen Fragmente werden im Anschluss gelelektrophoretisch, nucleotidgenau getrennt. Das entstandene Bandenmuster entspricht der DNA-Sequenz.

Kettenabbruch durch ein Didesoxynucleotid

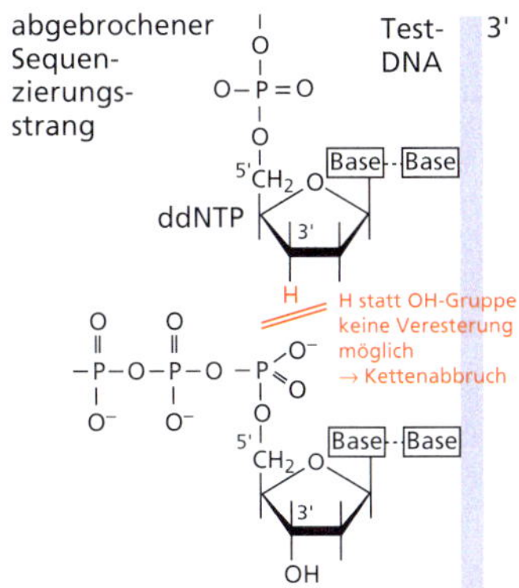

DNA-Sequenzierung nach dem Kettenabbruchverfahren

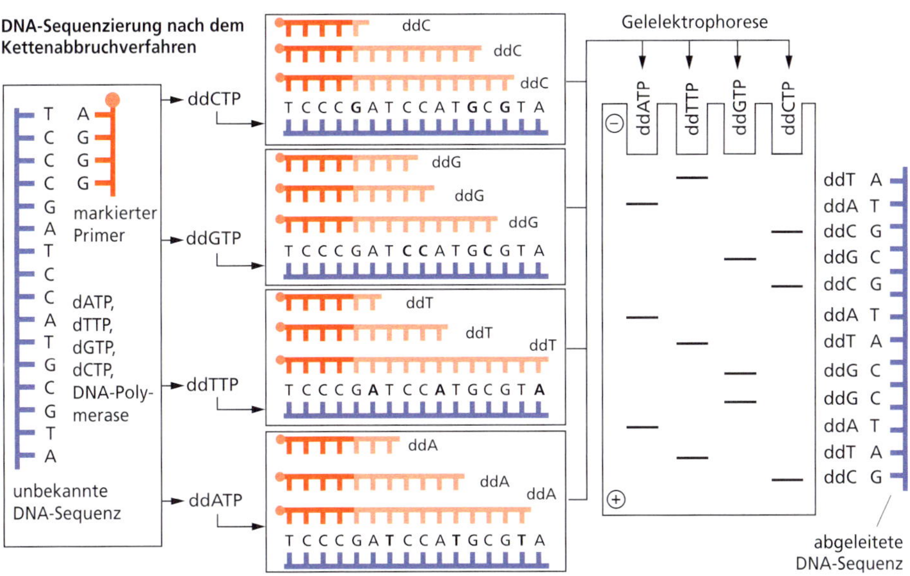

WALTER GILBERT (geb. 1932) und A. MAXAM entwickelten 1977 die **Dimethylsulfat/Hydrazin-Methode.**

FREDERICK SANGER (geb. 1918) und A. COULSON entwickelten ihre Methode 1975.

Übertragung von fremden Erbanlagen

Methoden zur gezielten **Übertragung von fremden Erbanlagen** (Genen) in das Genom eines anderen Lebewesens werden als **Gentechnik** bezeichnet. Die so entstandenen **transgenen Organismen** (TO) besitzen aufgrund ihrer neu kombinierten Erbanlagen veränderte bzw. neue phänotypische Eigenschaften.
Zuerst muss die fremde Erbinformation als so genannter Programmgeber gewonnen werden.

Möglichkeiten der Gewinnung von Spender-DNA

Isolation aus dem Genom

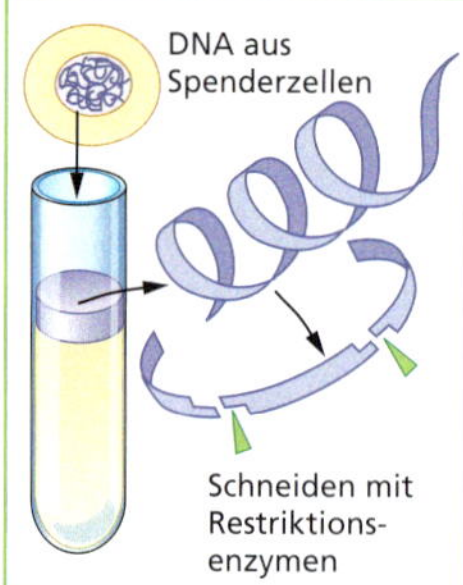

Umkehrtranskription von mRNA

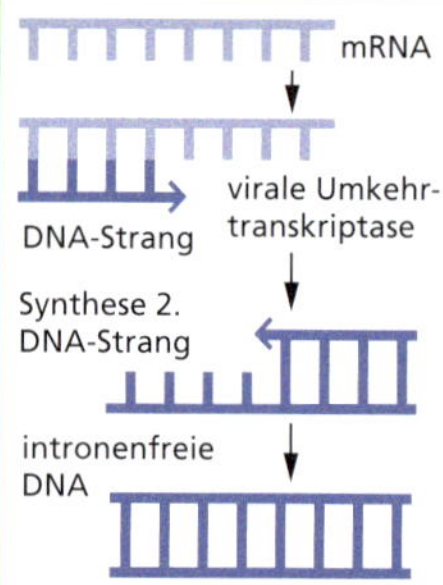

Biochemische Gensynthese

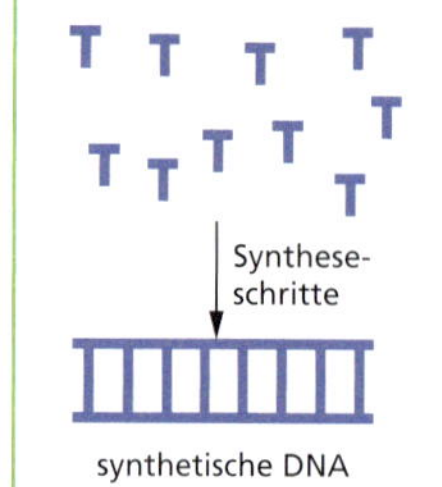

Zur Einschleusung der **Spender-DNA** in die Empfängerzelle werden meist Vektoren genutzt, z. B. **Bakterienplasmide** oder **Viren,** die natürlicherweise DNA in Zellen übrtragen können. Dadurch, dass man den zu übertragenden DNA-Abschnitten **Antibiotikaresistenzgene** anfügt, kann man die erfolgreich transformierten Zellen auslesen. Außerdem beinhalten die Vektoren noch ein Regulationssystem, welches die Transkriptionsaktivität der neuen DNA steuert.

Vektoren

Plasmid pBr322

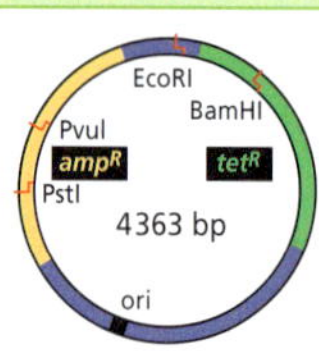

amp[R], *tet*[R]:	Resistenzgene gegen Ampicillin und Tetracyclin
ori:	Replikationsursprung
PvuI, BamHI, PstI, EcoRI:	Schnittstellen für Restriktionsenzyme mit klebrigen Enden zum DNA-Einfügen

Herpes-simplex-Virus 1

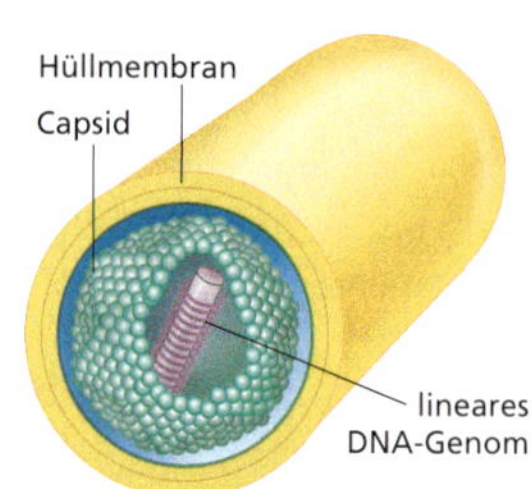

Die Spender-DNA kann in das Genom des Virus integriert werden.

Die **Spender-DNA** wird im nächsten Schritt mit der Vektor-DNA vereinigt. Durch die Bearbeitung beider DNA mit dem gleichen **Restriktionsenzym** (↗ S. 242) besitzen sie komplementäre „klebrige" Enden, die Basenpaarungen ermöglichen. Die DNA-Stränge werden mittels **Ligase** (↗ S. 242) verknüpft. Wenn noch nicht vorhanden, können zusätzlich noch Regulationseinheiten eingefügt werden.

Einfügen der Spender-DNA in den Vektor (Ligation)

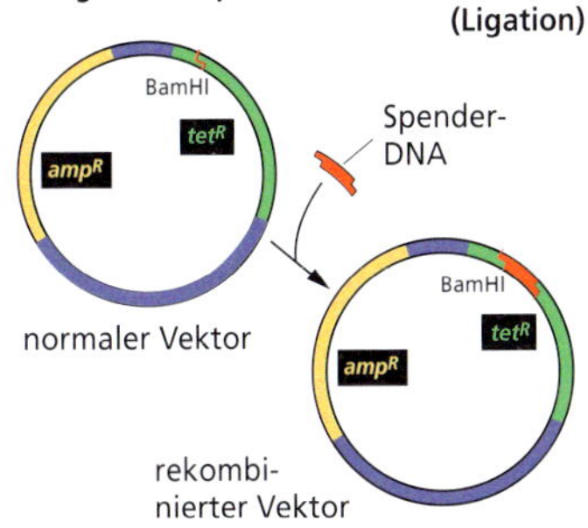

Die fertig gestellten Vektoren werden anschließend in die Empfängerzellen transformiert. Spender-DNA kann auch direkt, beispielsweise in Lipoidbläschen **(Liposomen)** verpackt, in die Empfängerzellen übertragen werden.

Transformationsmethoden

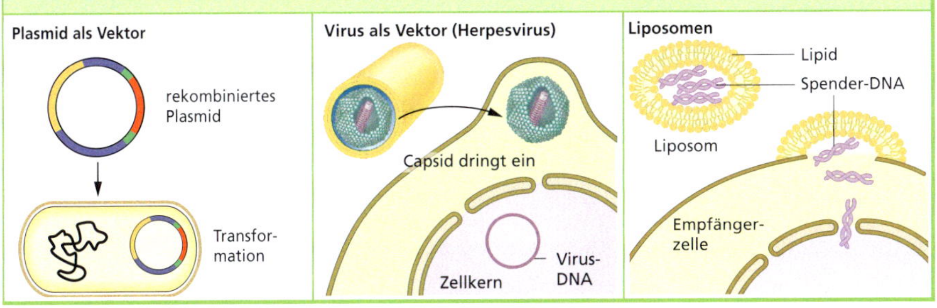

Nach erfolgter Rekombination müssen die Zellen mit der gewünschten DNA selektiert werden, da auch Fehlkombinationen entstehen. Wenn die Spender-DNA in ein Antibiotikaresistenzgen eingefügt ist, verlieren die Zellen ihre Widerstandskraft gegen das betreffende Antibiotikum. Diese Eigenschaft wird zur Selektion genutzt. Mithilfe von Gensonden können die gewünschten Zellen auch ausgewählt werden. Gensonden sind kurze, markierte DNA-Sequenzen, die zur Spender-DNA komplementär sind und sich an sie binden. Durch die Markierung können die gewünschten Zellen erkannt werden. Abschließend werden die selektierten, erfolgreich rekombinierten Zellen vermehrt. Sie können dann eingesetzt werden.

Selektionsmethoden:

1. Antibiotika

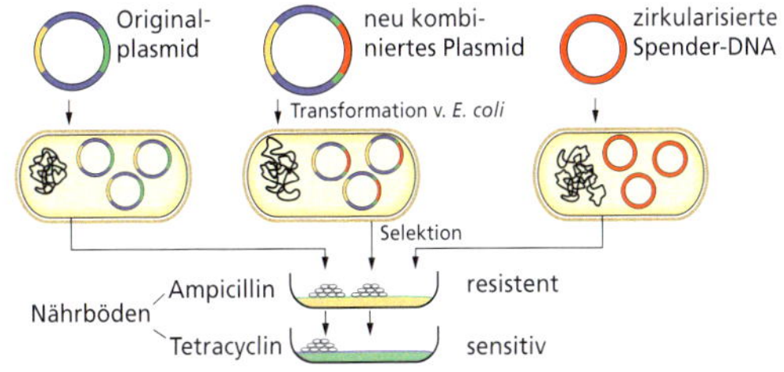

2. Gensonde

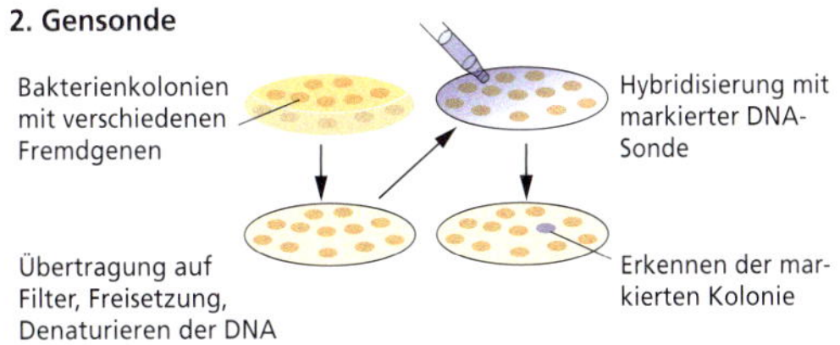

6.3.3 Anwendungen der Gentechnik

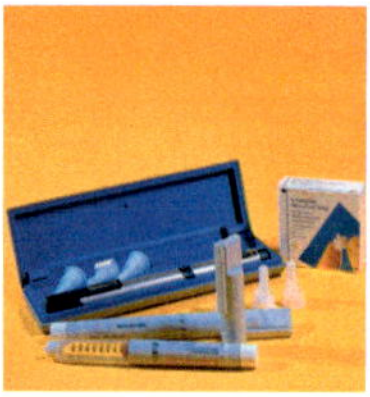

Insulinbesteck für den Diabetiker

Das **Fusionsprotein** beinhaltet beide Aminosäuresequenzen des Insulins. Es wird von den Bakterien gebildet und in ihrem Plasma gespeichert. Das Protein lässt sich relativ einfach isolieren. Nach chemischer Aufarbeitung entsteht das Insulin als Produkt.

Die Einsatzmöglichkeiten transgener Organismen in der Industrie, der Landwirtschaft, dem Umweltschutz, der Forschung und der Medizin werden immer vielfältiger. Sie können u. a. zur Stoffproduktion, wie z. B. für Medikamente oder Enzyme, zur Qualitätsverbesserung und Ertragssicherung von landwirtschaftlichen Erzeugnissen, zur Beseitigung von Umweltverschmutzungen, aber auch zur Diagnostik und Therapie in der Medizin genutzt werden.
Als erstes Medikament wird das menschliche Insulin schon seit 1980 im industriellen Maßstab mit rekombinanten Bakterien hergestellt. Dieses Hormon wird zur Behandlung der Zuckerkrankheit eingesetzt und senkt den Blutzuckerspiegel. Es besteht aus insgesamt 51 Aminosäuren, die eine A- und eine B-Kette bilden. Beide Ketten sind durch Disulfidbrücken miteinander verbunden. In den β-Zellen der Bauchspeicheldrüse wird zuerst ein 110 Aminosäuren langes Prä-Proinsulin synthetisiert, welches dann im GOLGI-Apparat (↗ S. 79) seine funktionstüchtige Raumstruktur erhält und abgegeben werden kann.
Für die biotechnologische Herstellung wurden *Coli*-Bakterien mit einem Plasmid als Vektor rekombiniert. Das Plasmid beinhaltet neben Regulationseinheiten die Bildungvorschrift für ein so genanntes **Fusionsprotein.** Die **Insulinherstellung** verläuft in drei Stufen. In der ersten Anlage werden die Bakterien in Bioreaktoren vermehrt, und das Fusionsprotein wird gebildet. Dann wird das Protein aus den abgetöteten Bakterien isoliert. Durch Falten und Abspalten der überschüssigen Aminosäuresequenzen entsteht im dritten Schritt aus dem Fusionsprotein das Insulin.

Prozess der Insulinherstellung

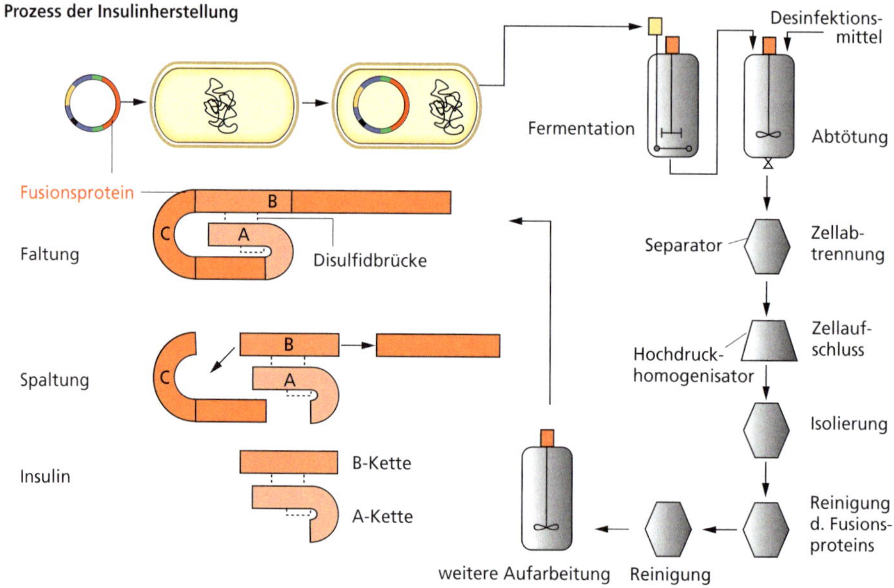

Zur **Übertragung** neuer **Gene** in **Kulturpflanzen** wird u. a. der genetische Parasitismus des Bodenbakteriums *Agrobacterium tumefaciens* bei Pflanzen genutzt. Während der Infektion integriert das Bakterium sein **Ti-Plasmid** in das Genom der Wirtszellen. Entsprechend der genetischen Informationen des Plasmids bilden sich die Pflanzenzellen zu **Krebszellen** um und synthetisieren Opine (verschiedene Derivate der Aminosäure Arginin) als spezielle Nährstoffe für die Bakterien. Gentechnisch veränderte, ungefährliche Ti-Plasmide können mithilfe der Bakterien in das Genom von Pflanzenzellen integriert werden. Aus den neu kombinierten Zellen werden vollständige **transgene Pflanzen** regeneriert.

Genübertragung bei Pflanzen

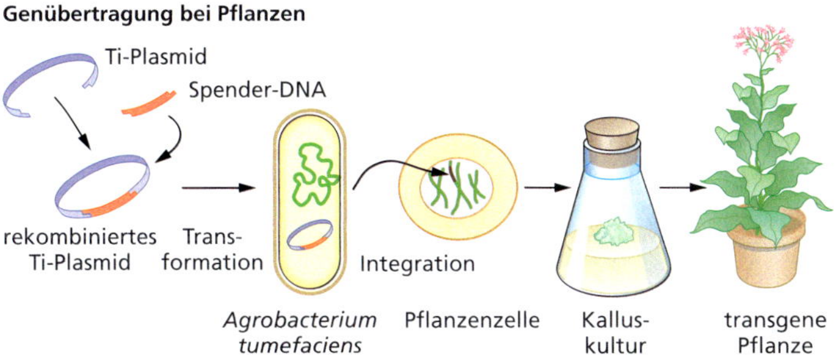

Gentechnik in der Pflanzenzucht

Ziele	Eigenschaft	Pflanzenart
Ertragssicherung	Virusresistenz Pilzresistenz Insektenresistenz	Tomate, Gurke Wein, Weizen, Raps Kartoffel, Mais, Baumwolle
Qualitätsverbesserung	Haltbarkeit Vitamin-A-Zusatz einheitliche Stärke (Amylopectin) Lysin-Zusatz	Tomate Reis Kartoffel, Weizen Soja

Bei der Tomatensorte *„FlavrSavr"* verzögert ein eingefügtes Gen die Synthese des Enzyms **Polygalacturonase.** Es ist während des Reifeprozesses der Tomaten für den Abbau der Mittellamellen in den Zellwänden verantwortlich, wodurch die Früchte weich werden.
Eine transkribierte antisense-RNA hybridisiert mit der mRNA des Enzyms. Die Translation der Polygalacturonase wird dadurch gehemmt. Reife Tomaten werden nicht so schnell matschig und widerstehen länger Fäulniserregern.

Wirkungsweise der Reifeverzögerung bei Tomaten

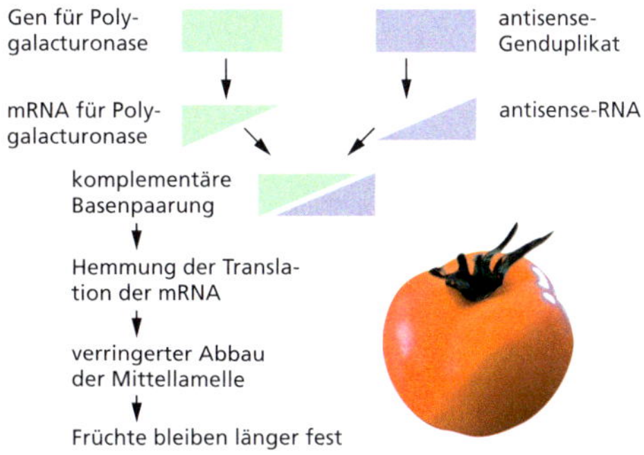

6.3.4 Genkartierung

EM-Aufnahme der entknäuelten menschlichen DNA

Mitte der achtziger Jahre tauchten in den USA die ersten Ideen auf, das menschliche Genom zu entschlüsseln. Man versprach sich davon, das Zusammenspiel der Gene untereinander und mit der Umwelt besser zu verstehen. Die Prophylaxe, Diagnostik und Therapie vieler weit verbreiteter Krankheiten, wie Herz-Kreislauf-Erkrankungen, Krebs, Diabetes oder Infektionskrankheiten, soll durch Wissen aus der Genomforschung entscheidend verbessert werden. Der offizielle Beginn des Genomprojektes war 1990. Eine internationale Koordinierungsstelle, die Human-Genome-Organisation **(HUGO)**, wurde eingerichtet. Deutschland beteiligt sich seit 1996 an diesem internationalen Projekt. Das Unternehmen Celera Genomics arbeitet seit 1998 parallel an der Entschlüsselung.
Das für 15 Jahre geplante **Human Genome Project** wurde 2003 abgeschlossen. Dies ist aber nur ein Teil der Arbeit. Viel komplizierter und aufwendiger gestaltet sich die Aufklärung der Funktion der Gene und anderer DNA-Sequenzen sowie ihre Regulation. Die Erforschung des Zusammenspiels von Genom, Transkriptom (Gesamt-mRNA-Gehalt) und Proteom (Gesamtproteingehalt und Funktion dieser Proteine) hat gerade erst begonnen.
Schon in der Anfangsphase des Genomprojektes wurden viele neue Erkenntnisse zur Größe, Variabilität und Organisation des menschlichen Erbgutes gewonnen, die den bisher herrschenden Vorstellungen widersprachen (↗ S. 22).

Eigenschaften des menschlichen Genoms

- ca. 3,3 Mrd. Basenpaare (haploid)
- wahrscheinlich 30 000 – 35 000 Gene
- ca. 0,1 % der Basenpaare sind zwischen den Menschen variabel
- durchschnittliche Gengröße: 3 000 Basenpaare
- das Dystrophin-Gen mit 2,4 Mio. Basenpaaren ist das größte Gen
- ca. 2,5 % codierende DNA
- bei 50 % der bekannten Gene ist die Funktion unbekannt
- das Chromosom 1 hat mit 2 968 die meisten Gene
- das Y-Chromosom hat mit 231 die wenigsten Gene

Stand der Sequenzierung

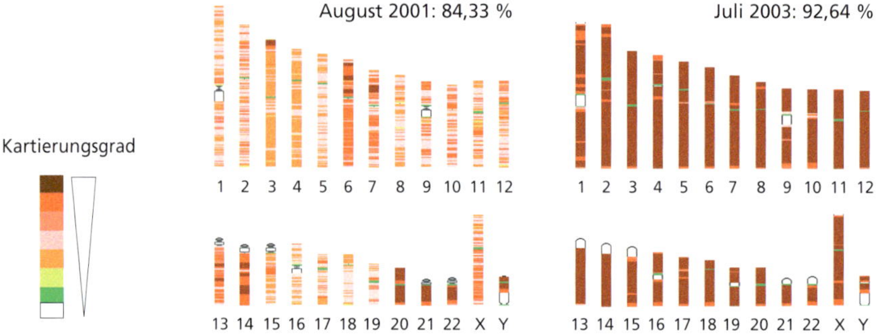

Organisation des menschlichen Genoms

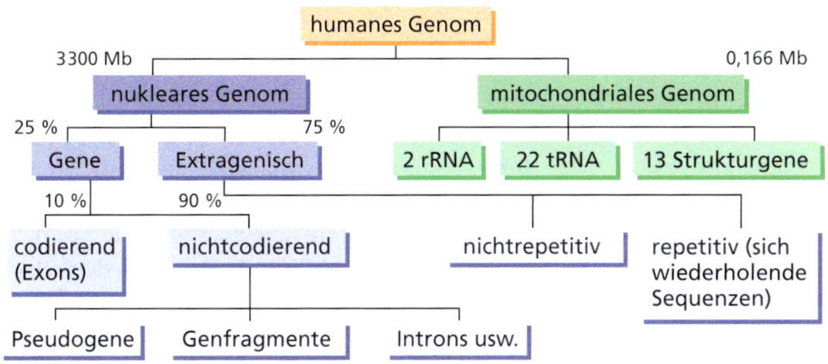

1 Mb = 10^6 bp (Basenpaaare)

Die **Sequenzierung** des **menschlichen Genoms** ist heute nicht mehr so schwierig. Durch Automaten können täglich einige Tausend Basen bestimmt werden. Probleme bereitet jedoch die Länge der in den Chromosomen enthaltenen DNA-Moleküle. Je länger die DNA-Stücke sind, umso häufiger kommt es zu Fehlern bei der Analyse. Deshalb nutzte HUGO eine hierarchische Sequenzierungsstrategie. Die chromosomale DNA wird mit Enzymen in immer kleinere, einander überlappende Fragmente zerschnitten. Von jedem einzelnen DNA-Stück wird die Basenreihenfolge bestimmt und anschließend zu einem fortlaufenden „Text“ zusammengesetzt.

Zur Genomanalyse kann auch die **Schrotschussmethode** angewendet werden.

Sequenzierungsstrategie der Genomanalyse

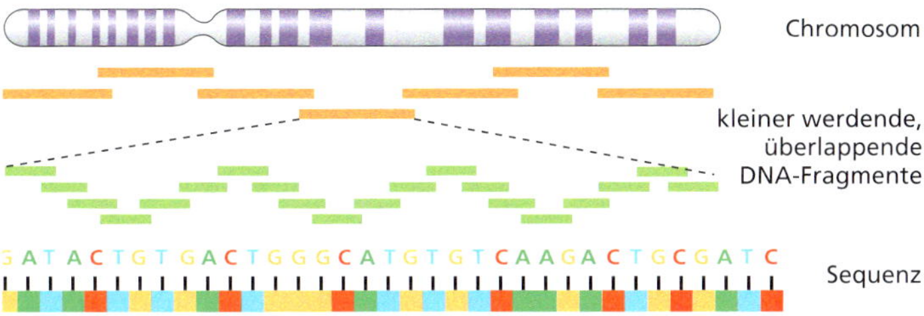

Alle erhaltenen Daten über Basensequenzen und daraus folgende Proteine werden in Datenbanken gespeichert und der Öffentlichkeit, z. B. über das Internet, zugänglich gemacht.

Den aktuellen Stand der Sequenzierung des menschlichen Genoms, kann man unter folgender Inernetadresse abrufen: *www.ensembl.org/Homo_sapiens/*

Ausschnitt der Kartierung des X-Chromosoms

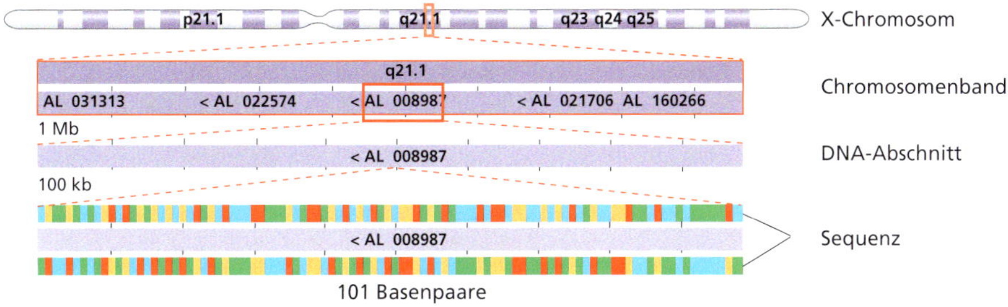

6.3.5 Gentherapie

Neben der Gentherapie gewinnt die Gendiagnostik immer mehr an Bedeutung.

Eine neue Methode zur Behandlung genetisch bedingter Krankheiten ist die Gentherapie. Hierbei werden „gesunde" Gene in das Erbgut der Patienten übertragen, um den Funktionsausfall defekter Gene zu kompensieren und somit die Krankheit zu heilen. Bei der **somatischen Gentherapie** gelangen die intakten Erbanlagen nur in Körperzellen. Die neuen Erbanlagen könnten allerdings auch in Keimzellen eingefügt werden. Diese so genannte **Keimbahntherapie** ist in Deutschland unter ethischen Aspekten und aus Sicherheitsgründen gesetzlich verboten, weil fehlerhafte genetische Veränderungen entstehen und vererbt weren können. Die Gentherapie befindet sich noch in den Anfängen ihrer Entwicklung. Zahlreiche methodische Probleme müssen noch überwunden werden. Aus noch nicht verstandenen Gründen bleiben beispielsweise übertragene Gene „still" oder werden im Genom nach einiger Zeit inaktiviert, sodass die Therapie wiederholt werden muss.

Für eine Gentherapie geeignete Krankheiten:
Erbkrankheiten: Mukoviszidose, Hämophilie, Phenylketonurie (↗ S. 231)

Nichterbliche Krankheiten:
ALZHEIMER-Krankheit, PARKINSON-Krankheit, rheumatische Erkrankungen, AIDS

Für die weitere Erforschung der Gentherapie eignet sich die Leber als Organ gut. Von ihr lassen sich problemlos Zellen isolieren, in Nährlösungen kultivieren und in den Körper zurückübertragen. Außerdem werden besonders viele Stoffwechselerkrankungen durch Fehlfunktionen dieses Organs verursacht.

Die familiäre Hypercholesterinämie ist eine dieser Krankheiten. Sie beruht auf dem Mangel bzw. dem Fehlen von Rezeptoren auf Leberzellen, welche an der Aufnahme bestimmter Cholesterine beteiligt sind. Dadurch haben die Patienten einen extrem hohen Cholesterinspiegel, was schon vor dem zwanzigsten Lebensjahr zu Arteriosklerose und Herzinfarkt führen kann. Bei dieser Therapie werden außerhalb des Organismus mithilfe von Viren die „gesunden" Gene in Leberzellen eingefügt. Die transgenen Zellen siedeln sich nach erfolgter Infusion in der Leber an und synthetisieren den Rezeptor. Der Cholesterinspiegel sinkt. In ersten Versuchen dazu sank der Spiegel allerdings nur gering, und die übertragenen Gene verloren nach einiger Zeit ihre Aktivität. Die Therapiestrategie ist aber im Prinzip richtig.

Die Gentherapie bei Mukoviszidose kann direkt in der Lunge durchgeführt werden.

Gentherapie an der Leber

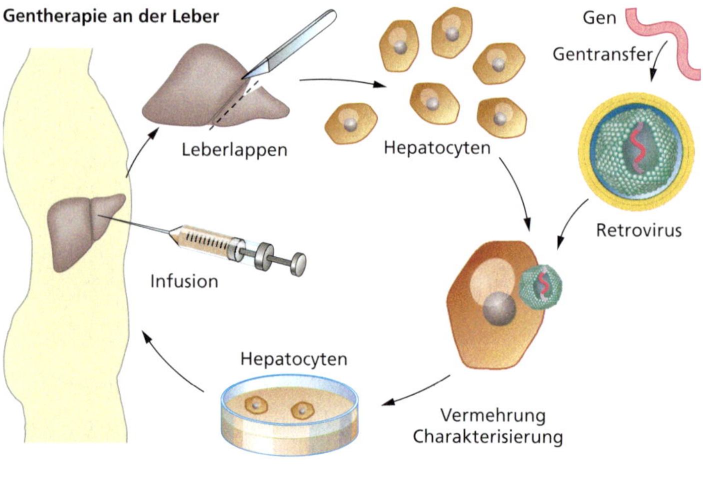

7 KRANKHEIT UND GESUNDHEIT

7.1 Begriffe und Definitionen

- Der Übergang zwischen Gesundheit und Krankheit ist fließend.
- Gesundheit entsteht im Gleichgewicht zwischen Körper, Geist und Umwelt. Krankheit wird als Störung dieses Gleichgewichts betrachtet.
- Gesundheit und Krankheit werden subjektiv wahrgenommen.
- Innere und äußere Faktoren lösen im Komplex Krankheiten aus.
- Heilung umfasst die Beseitigung bzw. Verringerung der gesundheitlichen Beeinträchtigungen.

7.1.1 Gesundheit

Büste des HIPPOKRATES (460–377 v. Chr.) in der Villa Albani in Rom

Im Laufe der Geschichte wurde immer wieder versucht, das Wechselspiel zwischen **Gesundheit** und Krankheit zu erklären. Die meisten, auch historischen Modelle betrachten Gesundheit nicht nur als Abwesenheit von Krankheit, sondern sehen sie als Gleichgewicht zwischen physischem und psychischem Erleben des Menschen in einer sich laufend verändernden Umwelt. Der ständige Aufbau und Abbau von Zellen bzw. fortwährende Stoffumsatz bewirkt durch Regulation die Anpassung des menschlichen Körpers. Psychische Prozesse sorgen für Anpassung im sozialen Umfeld. Gesundheit resultiert also aus einem Gleichgewicht zwischen Körper, Geist und Umwelt, der Homöostase. Eine umfassende wissenschaftliche Definition des Begriffes „Gesundheit" gibt es bis jetzt noch nicht.

Die **Weltgesundheitsorganisation (WHO)** hat 1948 in der Präambel ihrer Satzung Gesundheit *„als Zustand des vollen körperlichen, geistigen und sozialen Wohlbefindens und nicht nur des Freiseins von Krankheit und Gebrechen"* definiert. Das Ziel aller Gesundheitslehren ist es, Krankheit zu vermeiden und zu überwinden.

Gesundheitsmodelle verschiedener Kulturkreise		
antike griechische Medizin	**traditionelle indische Medizin**	**traditionelle chinesische Medizin (TCM)**
Nach HIPPOKRATES besteht die Welt aus den vier Elementen Feuer, Luft, Wasser und Erde. Ihre Eigenschaften gehen in Form von Körpersäften (Blut, gelbe und schwarze Galle, Schleim) auf alles Lebendige über. Das Gleichgewicht zwischen den Säften, welches durch eine entsprechende Lebensführung erreicht wird, hält die Menschen gesund.	Feuer, Luft, Wasser, Erde und Raum stellen Grundbausteine der Welt dar. Drei Kräfte (Doshas) regulieren das Zusammenspiel der Elemente im Körper. Die Erkenntnis des von den Doshas bestimmten, eigenen Typs und die damit verbundene Lebensweise stellen die Voraussetzung für Gesundheit dar.	Die Ordnung in der Welt wird durch die beiden gegensätzlichen Prinzipien Yin und Yang bestimmt. Dem Wechselspiel beider entspringt die Lebensenergie Qi, die von Yin nach Yang fließen sollte. Das ungestörte Fließen von Qi, als Zustand zwischen Yin und Yang, wird als Gesundheit bezeichnet.

7.1.2 Krankheit

Im Allgemeinen wird **Krankheit** als Störung der Regulationsfähigkeit bzw. der Anpassungsfähigkeit des Organismus oder seiner Teilsysteme bei der Aufrechterhaltung der Homöostase betrachtet.
Der Gesundheitszustand eines Menschen hängt von individuellen inneren und äußeren Faktoren ab. Ein einzelner Faktor kann schon zum Krankwerden führen. In der Regel summieren sich aber viele schädigende Einflüsse und ergeben ein multifaktorielles Krankheitsbild.

Beispielsweise kommt es zu **Zahnkaries,** wenn wenig widerstandsfähiges Zahnmaterial (genetische Disposition), mangelnde Mundhyhiene, zuckerreiche Ernährung und Karieserreger als Faktoren zusammentreffen.

Krankheitsursachen	
innere Faktoren	**äußere Faktoren**
– Alterungsprozess – embryonale Fehlbildungen – ererbte Anfälligkeiten/Anlagen – Erbkrankheiten (↗ S. 230 ff.)	– Umweltbedingungen – Krankheitserreger – Ernährungszustand – soziale Verhältnisse, sozialer Stress
⇒ sind wenig beeinflussbar	⇒ sind gut beeinflussbar

Das subjektive Empfinden jedes Einzelnen bestimmt, ob man sich bei ersten Warnsignalen eher krank oder gesund fühlt. Solche ersten Signale sind beispielsweise Unwohlsein, Abgeschlagenheit, Fieber oder Schmerzen. Ärzten obliegt nun die schwierige Aufgabe, diese subjektiven Empfindungen mit objektiv diagnostizierbaren Krankheiten zu verknüpfen. Eine vollständige Heilung von Krankheiten tritt meist nur ein, wenn neben den belastenden Symptomen auch Auslöser der Krankheit beseitigt werden. Die Wiederherstellung des vorhergehenden gesunden Zustandes ist allerdings nicht immer möglich. Die Schwere der Schädigung von Organen, innere Faktoren, wie genetische Disposition oder Alter, aber auch nicht vernichtbare Krankheitserreger lassen in manchen Fällen nur eine teilweise Genesung zu. Durch Medikamente, technische Hilfsmittel, Transplantationen und medizinische Betreuung kann die Lebensqualität der Betroffenen verbessert werden.

Infektionswege

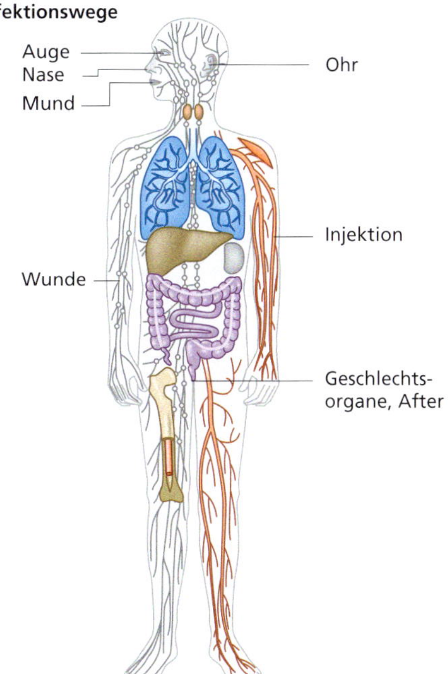

7.2 Infektionskrankheiten des Menschen

- Lange Zeit waren die Erreger von Infektionskrankheiten nicht bekannt und somit war eine gezielte Therapie nicht möglich. Nachdem im 19. Jh. die ersten Krankheiserreger entdeckt worden waren, formulierten HENLE und KOCH die Bedingungen, die gegeben sein müssen, wenn es sich um eine Infektionskrankheit handelt.
- Infektionskrankheiten werden durch Krankheitserreger verursacht.
- Der Ansteckung folgt nach einer Inkubationszeit die Erkrankung. Typische Symptome werden diagnostiziert. Heilung erfolgt durch Therapie oder spontan. Immunität kann Folge einer überstandenen Krankheit sein.
- In allen Verwandtschaftsgruppen heterotropher Lebewesen kommen auch Krankheitserreger des Menschen vor. Außerdem können auch bestimmte subzelluläre Partikel Krankheiten hervorrufen.
- Viele Krankheitserreger können nur bestimmte Wirte und davon bestimmte Gewebe und Zellen infizieren. Sie sind spezifisch.

7.2.1 Übertragung und Verlauf von Infektionskrankheiten

Infektionskrankheiten werden durch Krankheitserreger verursacht. Als sicher bewiesen gilt solch eine Krankheit, wenn die HENLE-KOCH-Postulate zutreffen. Sie erlangen vor allem Bedeutung bei bisher unbekannten Erregern, die noch identifiziert werden müssen.

H. H. ROBERT KOCH (1843–1910, ↗ Foto) formulierte 1890 die nach ihm und F. G. J. HENLE (1809–1885) benannten Postulate.

HENLE-KOCH-Postulate:
- Der Erreger muss unter Bedingungen, die dem natürlichen Krankheitsverlauf entsprechen, nachgewiesen werden.
- Reinkulturen des isolierten Erregers müssen die gleiche Krankheit erzeugen.
- Bei anderen Krankheiten darf der Erreger nicht begleitend vorkommen.

Die „**Ansteckung**" **(Infektion)** kann auf direktem Weg, von Mensch zu Mensch, oder indirektem Weg, über infizierte Tiere oder verunreinigte Medien, erfolgen. Die Erreger gelangen durch Verletzungen der Haut bzw. durch die Körperöffnungen über die Schleimhäute in den Organismus und beginnen sich zu vermehren. Der Zeitraum zwischen der Infektion und dem Ausbruch der Krankheit wird als **Inkubationszeit** bezeichnet. Sie beträgt in der Regel einige Tage, dauert aber je nach Erregerart zwischen wenigen Stunden bis mehrere Monate oder Jahren.

Krankheitserregergruppen:
I: **subzelluläre Partikel:** Prionen, Viroide, Viren
II: ***Prokaryota:*** Bakterien
III: ***Eukaryota:*** Pilze, Protisten

Übertragungsmöglichkeiten von Krankheitserregern	
direkt	**indirekt**
– durch Schmierinfektion – durch Tröpfcheninfektion – beim Geschlechtsverkehr – während der Geburt über die Plazenta oder durch Muttermilch	– durch Lebensmittel und Trinkwasser – durch kontaminierte Gegenstände und Flüssigkeiten – durch Tiere (z. B. Insektenstiche) – durch Bluttransfusionen

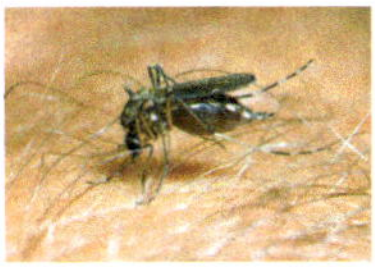

Inkubationszeiten	
Krankheit	**Dauer**
Nahrungsmittelvergiftungen (Salmonellose)	12–48 Stunden
Influenza (Grippe)	1–3 Tage
Keuchhusten	1–3 Wochen
Tollwut	1–6 Monate
Kala-Azar-Krankheit	3–6 Monate, max. 2 Jahre

Die Kala-Azar-Krankheit wird durch Geißeltierchen der Gattung *Leishmania* hervorgerufen.

Das Zusammenwirken zwischen sich vermehrenden Krankheitskeimen und **spezifischer Immunabwehr** führt zu den **Krankheitssymptomen**. Zunächst treten unspezifische Krankheitserscheinungen wie Fieber oder Hautausschläge auf, denen dann erregertypische Symptome folgen. Wenn eine Infektionskrankheit überstanden wurde, kommt es in der Regel zur Ausbildung von Immunität gegen die Erreger (↗ S. 275 f.).

Die Symptome einer bakteriellen Krankheit beruhen meist auf der **Wirkung bakterieller Toxine.**

Verlauf einer Infektionskrankheit

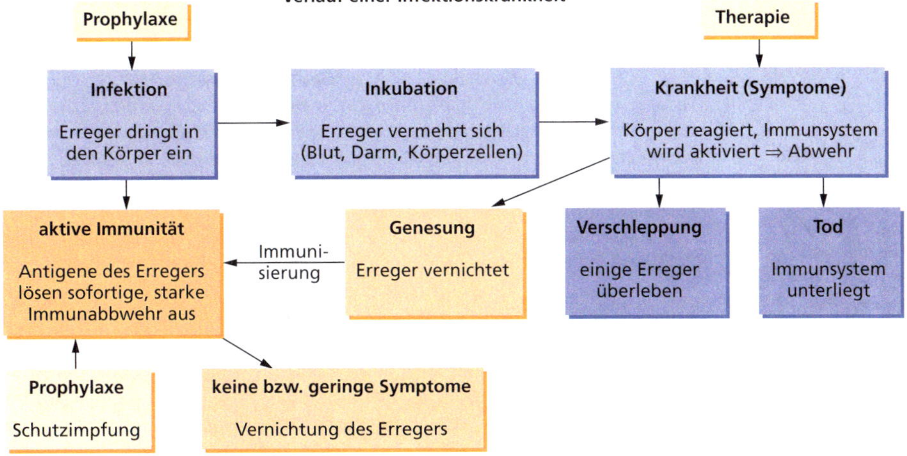

7.2.2 Subvirale Strukturen als Krankheitserreger

STANLEY B. PRUSINER (geb. 1942), Biochemiker, Virologe, Neurologe, beschäftigte sich jahrelang mit Krankheiten wie BSE und CREUTZFELDT-JAKOB und erhielt 1997 den Nobelpreis für Medizin für die Entdeckung von Prionen.

Strukturen eines Prion-Proteins

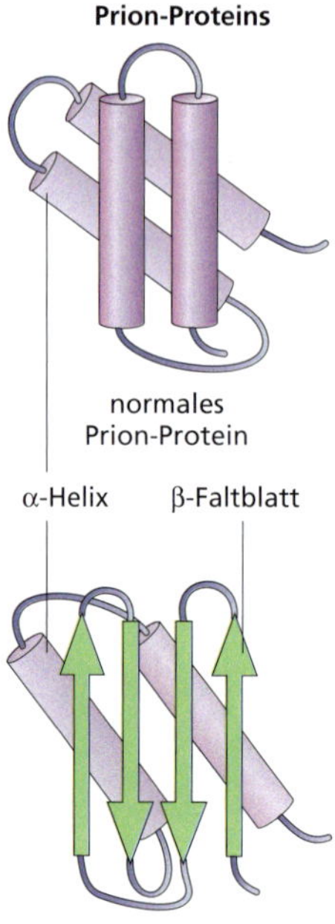

Viroide

Viroide bestehen aus ringförmiger, einzelsträngiger RNA (270–380 Basen), die nicht von Proteinen umgeben ist. Durch teilweise komplementäre Basenpaarung nimmt die RNA eine stäbchenförmige Gestalt an. Die RNA-Moleküle sind nicht codierend, sondern wirken im Sinn einer Antisense-RNA. Die Vermehrung erfolgt mithilfe von Wirtszellenzymen. Bisher sind Viroide nur als Krankheitserreger bei Pflanzen nachgewiesen, wo sie beträchtlichen ökonomischen Schaden hervorrufen können.

Prionen

Prionen (↗ S. 84) wurden 1982 von **STANLEY B. PRUSINER** entdeckt. Ihre Bezeichnung leitet sich von „**pro**teinaceous **i**nfecti**o**us particle" ab. Im Vergleich zu Viren zeichnen sie sich durch eine hohe Widerstandsfähigkeit gegenüber Hitze, Strahlung, Chemikalien wie Formaldehyd und abbauenden Enzymen aus. Prionen rufen im Körper keine Immunantwort hervor.

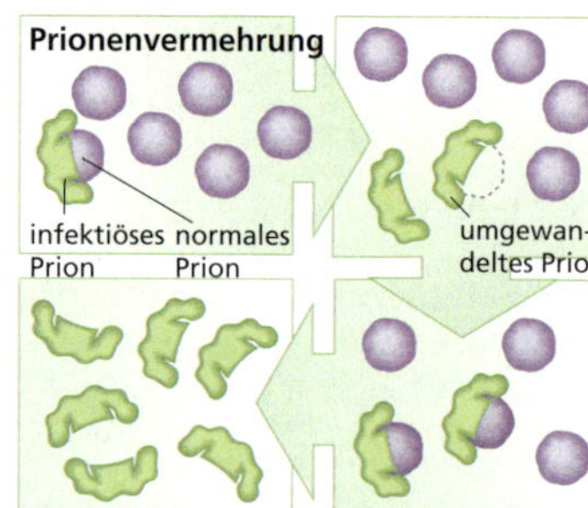

Strukturell gesehen handelt es sich bei diesem Krankheitserreger um fehlgefaltete Formen eines Proteins von Nervenzellen. Während die normale Form des Prion-Proteins beispielsweise eine Konformation mit vier α-Helices besitzt, wandeln sich bei der krankmachenden Variante zwei Helices in β-Faltblattstrukturen um.

Epidemiologie

Diese degenerativen Erkrankungen des Zentralnervensystems (Enzephalopathien) treten bei Menschen (z. B. **CREUTZFELDT-JAKOB-Krankheit,** Kuru) und Tieren (z. B. **Scrapie, BSE** – **b**ovine **s**pongiforme **E**nzephalopathie, ↗ S. 84) auf. Ausgelöst werden sie durch Infektionen mit Prionen. Artengrenzen können überschritten werden. Die genauen Infektionswege sind noch nicht bekannt. Eine bedeutende Rolle spielt sicherlich die Übertragung durch die Nahrung bzw. Futter. Die Krankheit kann wahrscheinlich auch spontan, gefördert durch Genmutationen an den Prion-Proteingenen, entstehen.

Krankheitsverlauf

Im Gehirn und Rückenmark bewirken die infektiösen Formen des Prions Konformationsänderungen der normalen zu krankmachenden Proteinen. Die Umwandlung setzt sich lawinenartig fort. Die Moleküle reichern sich in den Nervenzellen an und führen zu deren Absterben. Das Nervengewebe wird löchrig. Das Absterben von Neuronen führt zu Krankheitssymptomen wie Verlust der Bewegungskoordination und Geistesschwäche. Bis zum Tod können mehrere Jahre vergehen.

7.2.3 Viren als Krankheitserreger

Humanes Immundefiziens-Virus (HIV)

Erreger

Das HIV (↗ S. 83) wurde 1984 annähernd gleichzeitig von dem Franzosen **LUC MONTAGNIER** (geb. 1932) und dem US-Amerikaner **ROBERT CHARLES GALLO** (geb. 1937) entdeckt. Auf der Oberfläche des von einer Lipidhülle umgebenen Virus befindet sich das Glykoproteid gp120. Es ist für die Wirtszellbindung zuständig. Im Inneren von einer Proteinmatrix und dem Kapsid umgeben, befinden sich zwei RNA-Moleküle (9 749 Nucleotide) und zwei Enzymmoleküle zur Umkehrtranskription.

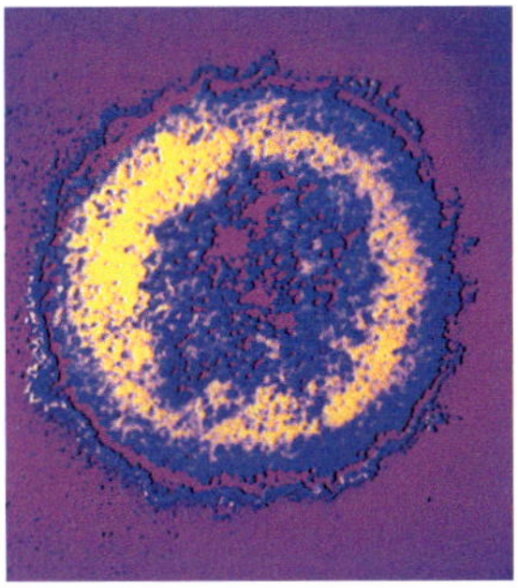

Vermehrung

Das Virus koppelt sich mit seinem gp120 an Rezeptoren der Wirtszellen (T-Helferzellen, Makrophagen) an. Dabei sind drei verschiedene Haupt- und Corezeptoren für die erfolgreiche Virusbindung wichtig. Menschen, denen ein spezifischer Corezeptor (CCR5) fehlt, besitzen eine hohe Resistenz gegenüber HIV. Der **lytische Vermehrungszyklus** beginnt.

Vermehrungszyklus HIV

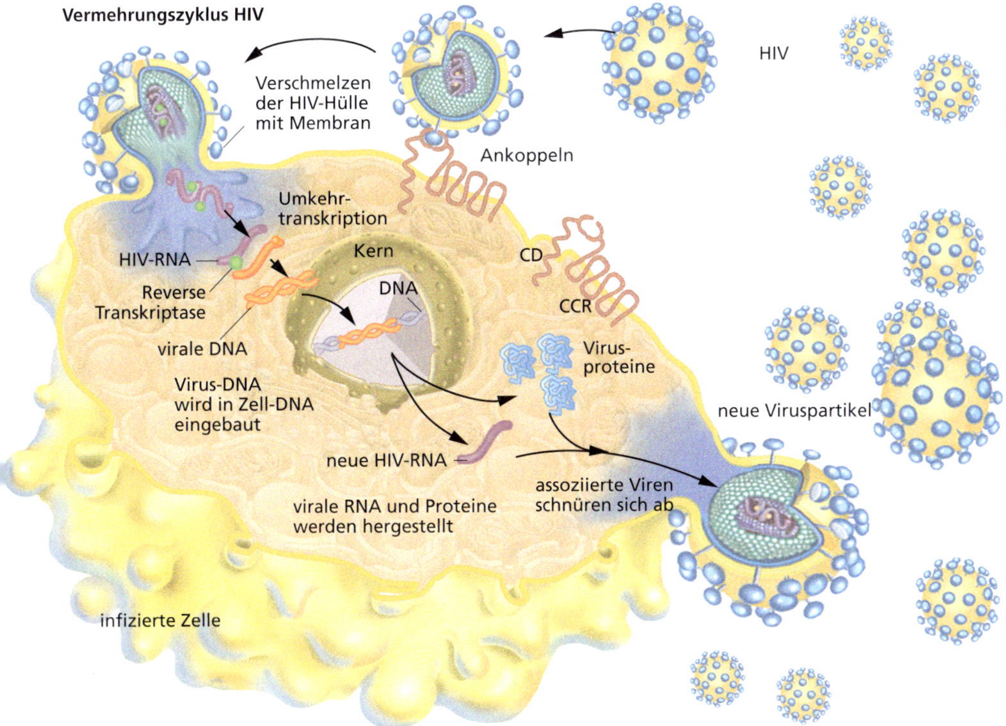

Einen anderen Vermehrungszyklus weist das Influenza-Virus, auch ein **RNA-Virus,** auf.

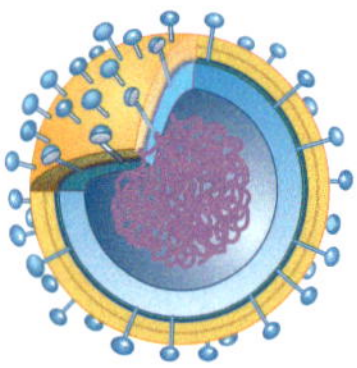

Durch die spanischen Eroberer übertragen, starben in Amerika mehr als 3 Mio. Inka und Azteken an Pocken *(Variolavirus)*.

Das *Herpes-simplex-Virus,* ein DNA-Virus, kann v. a. an den Lippen Bläschen verursachen.

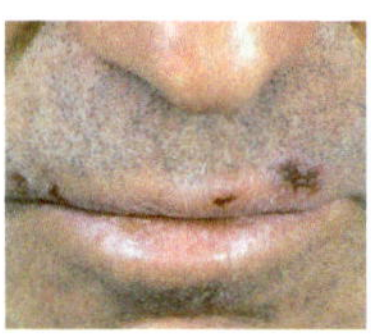

Krankheitsverlauf

Die Infektionsphase mit HIV verläuft meist unbemerkt. Es treten höchstens grippeähnliche Symptome auf. Je nach Intensität der Immunreaktion können erst wenige Wochen danach Antikörper gegen das Virus nachgewiesen werden **(HIV-Test)**. Die Krankheit kann schon vorher auf andere übertragen werden. In der sich anschließenden asymptomatischen Latenzzeit (wenige bis mehr als 10 Jahre) vermehrt sich das Virus vor allem in den Lymphorganen weiter. Die Virusträger fühlen sich gesund. Im Verlauf der Krankheit nimmt die Zahl der T-Helferzellen ab, die Viruszahl wird größer. Es kommt zur Entwicklung des Vollbildes von AIDS (**a**cquired **i**mmune**d**eficiency **s**yndrome). Das Immunsystem bricht zusammen. In der Folge häufen sich Infektionserkrankungen (opportunistische Infektionen) und bestimmte, bei nicht HIV-Patienten seltene Krebserkrankungen. Diese führen meist früher oder später zum Tode.

Epidemiologie

Die **Infektion** erfolgt durch virushaltige Körperflüssigkeiten wie Blut, Vaginalsekret und Sperma. HIV wird nicht durch Schweiß, Tränenflüssigkeit oder Speichel übertragen, obwohl der Erreger in diesen Flüssigkeiten in geringen Mengen nachweisbar ist. Ungeschützter Geschlechtsverkehr und verunreinigte Spritzen bzw. Kanülen bei Drogenkonsum stehen im Mittelpunkt der Infektionsausbreitung. Kinder können von ihren Müttern über die Plazenta, während der Geburt oder durch Muttermilch infiziert werden. Wesentlich seltener dagegen sind heute Ansteckungen durch Ausübung von erster Hilfe, bei Verletzungen medizinischen Personals oder durch Bluttransfusionen. Durch Insektenstiche wird HIV nicht übertragen.

Behandlung

Da noch keine endgültige Heilung möglich ist, wird versucht die HI-Virusvermehrung so früh wie möglich einzuschränken. Dies erfolgt meist in einer Kombinationstherapie mit drei Medikamenten. Durch die verschiedenen Wirkstoffe wird die Umkehrtranskription und die Virusreifung in der Zelle gehemmt.

Prophylaxe

Durch Benutzung von Kondomen bzw. Schutzhandschuhen kann der Kontakt mit virushaltigen infektiösen Körperflüssigkeiten vermieden und die Gefahr einer Infektion verringert werden. Eine Schutzimpfung gibt es noch nicht.

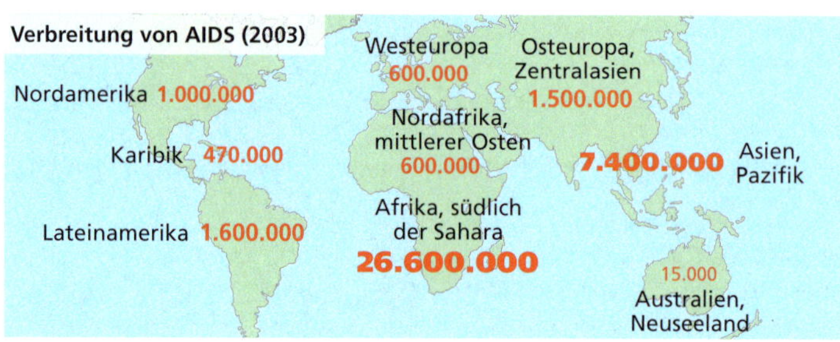

7.2.4 Bakterien als Krankheitserreger

Pesterreger *(Yersinia pestis)*

Erreger

Yersinia pestis wurde 1894 von ALEXANDRE J. E. YERSIN (1863–1943, Foto), einem Schweizer Tropenmediziner, entdeckt. Es ist ein unbegeißeltes, gramnegatives Stäbchenbakterium mit einer Größe von ca. 0,8 x 1,3 μm.

Epidemiologie

Bei der **Pest** handelt es sich primär um eine Erkrankung von Nagetieren, wie z. B. Ratten. In weiten Teilen Asiens, Afrikas und Amerikas ist der Erreger heute in Nagetierpopulationen beheimatet. Auf den Menschen wird die Pest entweder durch direkten Kontakt oder durch Stiche des Rattenflohs übertragen. *Yersinia pestis* muss dabei durch kleinste Verletzungen in den Körper gelangen.

Wird der Impfschutz nicht aufgefrischt, kann der **Tetanus**erreger *(Clostridium tetani)* tödlich sein.

In der Vergangenheit forderten Pestepidemien unzählige Opfer. Während der großen Pest in Europa (1347–1352) starben beispielsweise zwischen 25–43 Mio. Menschen, ca. ein Viertel der Gesamtbevölkerung. Heute tritt die Pest nur noch vereinzelt auf, da erfolgreiche Behandlungsmethoden und Hygienemaßnahmen die Verbreitung des Erregers eindämmen.

Die **Bakterienruhr** wird durch den Erreger *Shigella dysenteriae* hervorgerufen.

Krankheitsverlauf

„Die Pest" (1898) von ARNOLD BÖCHLIN (1827–1901) heute im Basler Kunstmuseum ausgestellt.

Nach einer Inkubationszeit von zwei bis fünf Tagen entwickeln sich Lymphknotenentzündungen, da sich *Yersinia pestis* darin vermehrt. Die charakteristischen Bubonen (Bubonen- oder Beulenpest) entstehen. Von den Bubonen aus kann der Erreger in die Blutbahn gelangen und viele innere Organe befallen.

Dringt das Pestbakterium in die Lunge ein, entwickelt sich nach ein bis zwei Tagen eine Lungenpest. Sie kann auch direkt über die Luft übertragen werden und verläuft bei zögerlicher Behandlung meist tödlich.

Behandlung

Sie erfolgt, wie bei vielen Bakterieninfektionen, mit Antibiotika.

Der **Cholera**-Erreger *Vibrio cholerae* verursacht eine der gefährlichsten Durchfallerkrankungen.

Salmonellen *(Salmonella enterica ssp. enterica)*

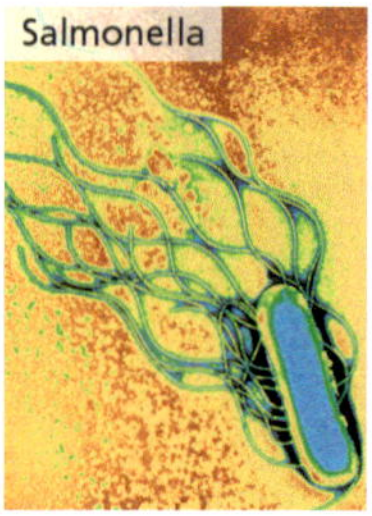

Erreger

Nach neueren molekulargenetischen Studien geht man davon aus, das die Gattung *Salmonella* aus nur einer Art (früher ca. 40 Arten) mit sieben Unterarten besteht. Als Krankheitserreger ist die Unterart *Salmonella enterica ssp. enterica* für den Menschen von Bedeutung. Allein bei dieser Subspezies werden ca. 2 000 Stämme unterschieden, die traditionell z. T. mit eigenem Artennamen benannt werden. *Salmonella enterica* ist ein gramnegatives, fakultativ anaerobes Stäbchenbakterium mit einer Größe von 0,7–1,5 x 2,0–5,0 µm. Salmonellen sind meist beweglich.

Übertragungswege von Salmonellen

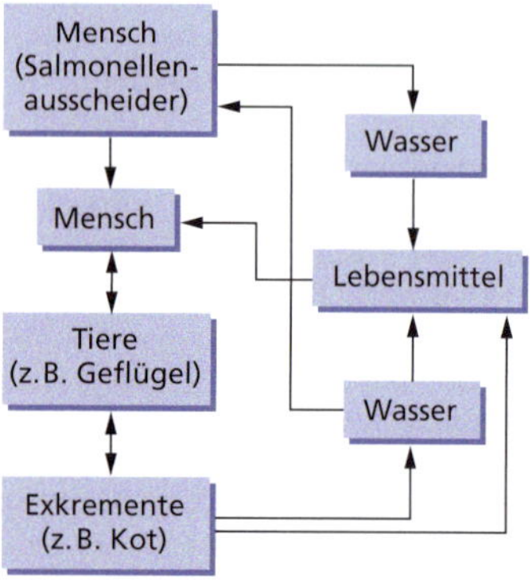

Eine seltene Form der Nahrungsmittelvergiftung, der **Botulismus,** wird durch *Clostridium botulinum* verursacht.

Krankheitsverlauf, Behandlung

Man unterscheidet typhusartige Salmonellenerkrankungen von Nahrungsmittelvergiftungen, die durch Salmonellen verursacht werden.

Prophylaxe

Den ziemlich häufigen, durch Salmonellen verursachten Nahrungsmittelvergiftungen kann nur durch effektive Lebensmittelhygiene vorgebeugt werden.

Bei der Lagerung darf die Kühlkette nicht unterbrochen werden. Die Mindesthaltbarkeit muss beachtet werden. Garzeiten dürfen nicht unterschritten werden.

Erkrankung	**Typhus, Parathyphus**	**Nahrungsmittelvergiftung**
Übertragung	Wasser, verunreinigte Lebensmittel, Schmierinfektion	verunreinigte Lebensmittel, Wasser
Infektionsdosis	10^2–10^3 Bakterien	>10^6 Bakterien
Inkubationszeit	1–3 Wochen	½–2 Tage
Krankheit	Ausbreitung der Erreger im ganzen Organismus, hohes Fieber, Durchfälle, Darmblutungen, Herz-Kreislauf-Versagen	akuter Brechdurchfall durch bakterielles Toxin verursacht, Herz-Kreislauf-Probleme aufgrund des starken Wasserverlustes
Behandlung	Antibiotika	Stabilisierung von Herz, Kreislauf, Wasserhaushalt

7.2.5 Pilze als Krankheitserreger

Wuchsformen von *Candida albicans*

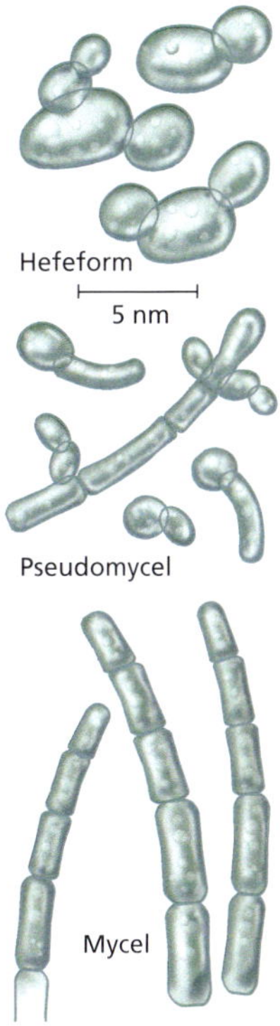

Hefepilze *(Candida albicans)*

Erreger
Von Hefepilzen der Gattung *Candida* sind ca. 80 Arten bekannt. Einige von ihnen dienen als Futterhefe. Sie leben in der Regel saprophytisch und siedeln sich als Kommensale auf den Schleimhäuten von Tier und Mensch an. Während viele Hefearten kaum ein Pilzmycel ausbilden, kommen bei *Candida* verschiedene Wuchsformen einschließlich der Mycelbildung vor. *Candida albicans* vermehrt sich ausschließlich vegetativ durch Sprossung.

Krankheitsverlauf
Bei geschwächtem Immunsystem treten einige *Candida*-Arten als Krankheitserreger auf. Mindestens 90 % aller Infektionen werden durch die Art *Candida albicans* verursacht und als **Soor** oder **Candidose** bezeichnet. Die Krankheit entsteht endogen durch zu starke Vermehrung der Pilze auf den Schleimhäuten der Mundhöhle oder der Geschlechtsorgane. Wird die natürliche Bakterienflora der Schleimhäute aufgrund einer intensiven Antibiotikatherapie vernichtet, kann sich *Candida* auch sehr gut ausbreiten. Auf den Schleimhäuten entsteht ein weißer, bröckliger Belag. Im Falle seltener Komplikationen kann *Candida albicans* auch innere Organe befallen.

Behandlung
Die Schleimhäute werden mit pilzhemmenden Medikamenten behandelt.

Hautpilze (Dermatophyten)

Erreger
Hautpilze sind Organismen, die Gewebe infizieren, welches viel Kreatin enthält, wie Haut, Haare oder Nägel. Sie gehören drei verschiedenen Gattungen an.

Krankheitsverlauf
Übertragen werden die Pilze durch direkten Kontakt von Mensch zu Mensch bzw. Tier zu Mensch. Es besteht aber auch die Möglichkeit, sich indirekt in Duschen, Schwimmbädern und Garderoben anzustecken. Die Krankheit bildet sich primär immer an den Infektionsstellen aus.

Der Mutterkornpilz, *Claviceps purpurea,* parasitiert in Getreidekörnern. Seine Gifte sind sehr wirksam, daher wurde er auch pharmazeutisch eingesetzt.

Behandlung
In der Regel werden die befallenen Hautpartien mit pilzhemmenden Mitteln behandelt.

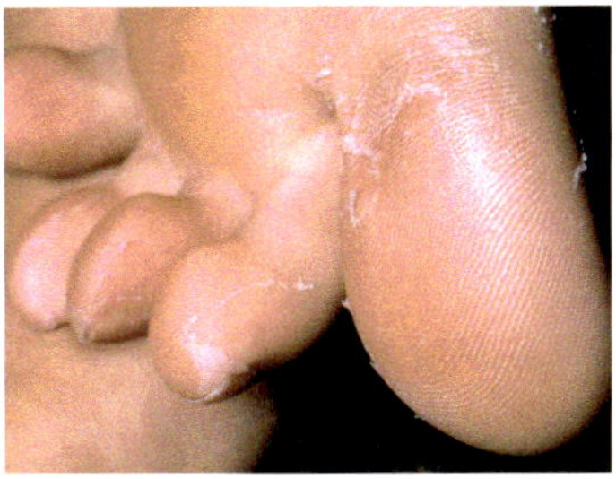

Prophylaxe
Regelmäßige Desinfektion von Fußböden bzw. das Tragen von Schuhen in öffentlichen Bädern mindern die Infektionsgefahr.

7.2.6 Protisten als Krankheitserreger

Malariaerreger (*Plasmodium*-Arten)

Die **Amöbenruhr** wird durch den Erreger *Entamoeba histolytica* hervorgerufen.

Erreger

Die Malariaerkrankungen werden durch Sporentierchen der Gattung ***Plasmodium*** *(P.)* verursacht. Plasmodien leben als intrazelluläre Parasiten in den Zellen ihrer Wirte. Ihr Generationswechsel umfasst geschlechtliche, aber auch ungeschlechtliche Vermehrungsphasen und einen obligaten Wirtswechsel.

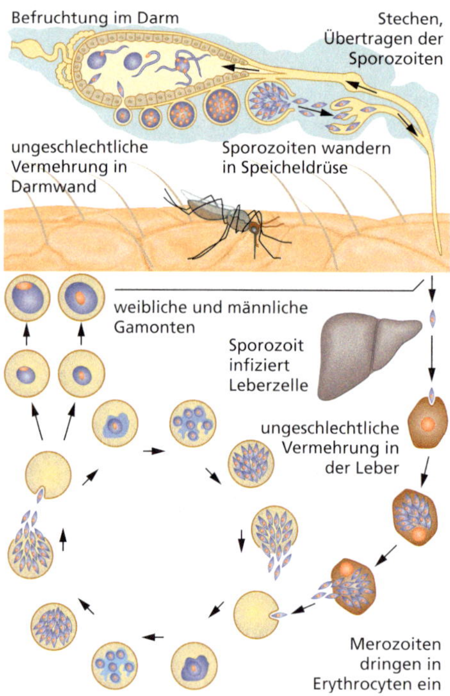

Generationswechsel

Durch den Stich einer ***Anopheles*-Mücke** gelangen Sporozoiten, eine Plasmodienform, in den Organismus. Sie dringen in Leberzellen ein und vermehren sich dort erstmalig ungeschlechtlich. Die entstandenen Merozoiten infizieren rote Blutkörperchen (Erythrocyten) und vervielfältigen sich dort ebenfalls. Nach Zerstörung der Erythrocyten werden sie freigesetzt und beginnen erneut mit ihrer ungeschlechtlichen Vermehrung. Die Vermehrungszyklen können 48 Stunden *(P. vivax, P. ovale, P. falciparum)* oder 72 Stunden *(P. malariae)* dauern. Parallel dazu bilden sich aus den Merozoiten auch weibliche und männliche, haploide Gamonten („Keimzelltiere") heraus. Bei einem weiteren Mückenstich werden die Gamonten mit dem Blut von der Mücke aufgenommen. In ihrem Darm kommt es zur Befruchtung. Die entstandenen Zygoten siedeln sich in der Darmwand der Mücke an und vermehren sich erneut asexuell. Durch die Hämolymphe der Mücke gelangen die Plasmodien in die Speicheldrüsen der Mücke. Sie können jetzt auf einen neuen Wirt übertragen werden.

Erreger und ihre Malariaformen
P. vivax:
Malaria tertiana
P. ovale:
Malaria tertiana
P. malariae:
Malaria quartana
P. falciparum:
Malaria tropica

Krankheitsverlauf

Die Inkubationszeiten variieren je nach Erreger zwischen 7 und 35 Tagen. Die Krankheit zeigt sich, wenn in den roten Blutkörperchen die erste Generation von Merozoiten entstanden ist. Die Vermehrungszyklen der Erreger synchronisieren sich, wodurch neue Merozoitengenerationen in regelmäßigen Zeitabständen freigesetzt werden. Sie betragen 48 Stunden bei der *Malaria tertiana,* 72 Stunden bei der *Malaria quartana* und meist weniger als 48 Stunden bei der *Malaria tropica.* Die Malariaanfälle, verbunden mit sehr hohem Fieber und Schüttelfrost, werden durch die Merozoitenfreisetzung verursacht.
Der Erythrocytenzerfall und die damit verbundene Immunreaktion, aber auch der Befall innerer Organe kann vor allem bei der „bösartigen" *Malaria tropica* schnell zum Tod führen.

Epidemiologie

Die Malaria ist eine der gefährlichsten Infektionskrankheiten. Jährlich sterben zwischen 1,5–2,7 Mio. an der Krankheit, 300–500 Mio. Menschen infizieren sich neu.

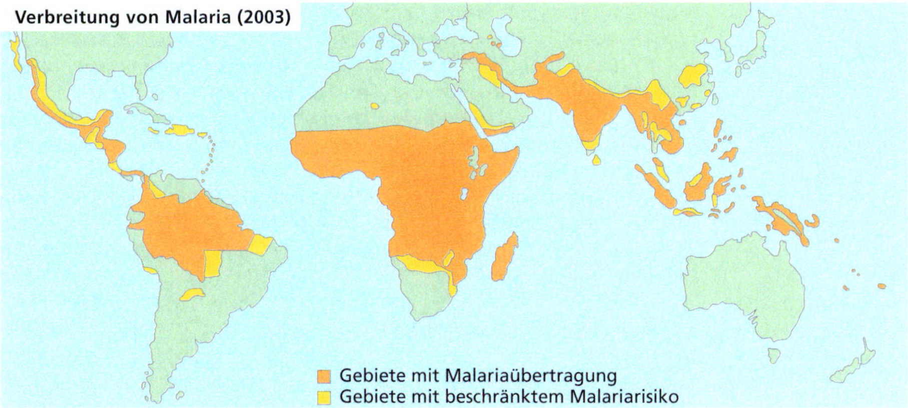

Etwa 60 Arten der kosmopolitischen Mückengattung *Anopheles* können die Malaria übertragen. Plasmodien vermehren sich in den Mücken aber nur bei wochenlang anhaltenden hohen Durchschnittstemperaturen (20–30 °C) und großer Luftfeuchtigkeit, wodurch die Gebiete mit Infektionsrisiko normalerweise auf die Tropen beschränkt bleiben. In anderen Gebieten können Malariafälle allerdings nicht ganz ausgeschlossen werden. So kam es beispielsweise während eines extrem heißen Sommers 1945 in Südwestdeutschland zu einer kleinen Malariaepidemie. Im Normalfall werden die meisten Malariafälle in Deutschland aus tropischen Urlaubsländern importiert. Die Entwicklung der Malariaerreger in den roten Blutkörperchen wird durch veränderte Hämoglobinformen, wie sie bei Sichelzellanämie oder Thalassämie auftreten, behindert. Der Mangel an Vitamin H1 (p-Aminobenzoesäure), häufig bei Milchdiäten oder Säuglingen, hemmt auch die Entwicklung der Plasmodien.

Die Schleimhäute des Urogenitaltraktes werden von *Trichomonas vaginalis* besiedelt, einer sehr häufigen Geißeltierchenart.

Behandlung

Es werden vor allem Medikamente eingesetzt, welche die Merozoiten-Entstehung in den Erythrocyten verhindern. Der klassische Wirkstoff zur **Malariabekämpfung** ist Chinin. In Leberzellen verbliebene Erreger müssen gesondert durch andere Wirkstoffe bekämpft werden. Zunehmend wird leider beobachtet, dass Plasmodien gegen bestimmte Medikamente restistent sind.

Durch die Tsetse-Fliege werden in Afrika Trypanosomen übertragen, welche die Schlafkrankheit verursachen.

Prophylaxe

In malariagefährdeten Regionen steht vor allem die Mückenbekämpfung als prophylaktische Maßnahme im Mittelpunkt. Reisende in diese Gebiete können vorbeugen, wenn sie vor Beginn und einige Zeit während des Aufenthalts Medikamente einnehmen, die die Erregervermehrung hemmen. Eine Schutzimpfung gegen Malaria gibt es gegenwärtig nicht.

Deutsche Gesellschaft für Tropenmedizin und internationale Gesundheit: *www.dtg.mwn.de/malaria/malproph.htm*

7.2.7 Tiere als Krankheitserreger

Madenwurm *(Enterobius vermicularis)*

Verschiedene **Bandwurm-Arten** können den Menschen befallen.
Durch den **Pärchenegel** *(Schistosoma)* wird die Bilharziose verursacht.

Erreger, Epidemiologie

Madenwürmer gehören zu den am weitesten verbreiteten Darmparasiten der gemäßigten Zonen. Weltweit sind über 250 Mio. Menschen, vor allem Kinder, befallen. In der Regel wird die Erkrankung durch den Nachweis lebender Würmer im Kot diagnostiziert. Sie (♀: 8 bis 13 mm, ♂: 2–5 mm lang) leben auf der Schleimhaut des Dickdarmes. Zur Eiablage wandern die Weibchen meist nachts aus dem Darm heraus und legen um den After herum etwa 10 000 Eier ab. Nach erneuter Infektion mit den Eiern schlüpfen im Darm die Larven, welche nach ca. 5 bis 6 Wochen geschlechtsreif werden. Die Ansteckung erfolgt auf oralem Weg. Die Eier werden aus der Analgegend bzw. von Gegenständen in den Mund übertragen.

Der **Holzbock** *(Ixodes ricinus)* überträgt die Erreger der **Zeckenborreliose** und **Zeckenenzephalitis** auf den Menschen.

Krankheitsverlauf, Behandlung

Die im Darm lebenden Madenwürmer sind relativ harmlos, können aber bei Massenbefall in den Wurmfortsatz oder den weiblichen Genitaltrakt einwandern und dort Entzündungen hervorrufen. Ein starker Juckreiz um den After herum kann zu nervösen Störungen und infolge des Kratzens zu Entzündungen führen. Die Madenwürmer werden durch geeignete Mittel abgetötet. Erneute Infektionen während der Behandlung müssen durch starke Hygiene verhindert werden.

Milben als Erreger der Krätze

Erreger, Epidemiologie

Die zu den Spinnentieren gehörende Milbenart ***Sarcoptes scabiei*** (**Krätzmilbe**, ↗ Foto) parasitiert neben anderen Milbenarten am häufigsten beim Menschen. In Europa tritt die **Krätze** immer wieder, v. a. in eng zusammenlebenden Gruppen wie Familien oder Schulklassen, auf. Die 0,2–0,5 mm großen Tiere werden in der Regel direkt von Mensch zu Mensch übertragen, seltener durch Kleidung, Bettwäsche oder Haustiere (häufig andere Arten). Die Milben dringen in die Haut ein und beginnen darin gewundene 4–5 mm, maximal 10 mm lange Gänge anzulegen. Darin werden die Eier abgelegt, aus denen nach einigen Tagen die Larven schlüpfen. Nach mehreren Häutungen entstehen innerhalb von 2–3 Wochen geschlechtsreife Tiere. Der Entwicklungszyklus beginnt von neuem. Die Lebensdauer der Weibchen beträgt 4–6 Wochen.

Krankheitsverlauf, Behandlung

Die Milbengänge sind vor allen an Fingerseiten, Handgelenken, Fußknöcheln oder in der Genitalregion zu finden. Sie sehen wie Bleistiftstriche aus. Etwa 4–5 Wochen nach Infektionsbeginn entsteht, durch Milbenantigene ausgelöst, ein stark juckender Hautausschlag. Durch Kratzen wird die Haut zusätzlich geschädigt.
Die Behandlung mittels Salbe erfolgt direkt auf der Haut. Die Milben werden abgetötet. Kleidung oder Bettwäsche, die mit Erkrankten in Kontakt gekommen ist, muss über 50 °C heiß gewaschen werden.

7.3 Immunbiologie

- Unspezifische Abwehrmechanismen bilden erste Barrieren gegen Infektionen.
- Spezifische Immunität beruht auf zellulären und humoralen Faktoren.
- Die Erkennung von Selbst und Fremd ist Voraussetzung für die Abwehr.
- Der Körper legt während seiner Individualentwicklung ein immunologisches Gedächtnis an.

Immun: *immunis:* lat. = frei von, gefeit gegen, unempfindlich

Gegenstand der Immunbiologie sind die biologischen und chemischen **Abwehrmechanismen** eines Organismus als Selbstschutz gegen die pathogene Wirkung von Fremdsubstanzen. Diese Antisomatogene („gegen den Körper bildend"), kurz **Antigene** genannt, werden durch ihre körperfremde Struktur zum Auslöser für die immunologischen Reaktionen. Das Abwehrsystem des Körpers ist harmonisch aufeinander abgestimmt und reagiert graduell unterschiedlich, je nach Stärke der Bedrohung des Organismus. Grundsätzlich kann man die Infektabwehr in einen unspezifischen, die **Resistenz,** und einen spezifischen Bereich, die **Immunität,** einteilen.

Unspezifische Immunreaktion		**Spezifische Immunreaktion**
passive Resistenz	**aktive Resistenz**	**Immunität**
erblich bedingte allgemeine Unempfindlichkeit durch die körperliche Konstitution	unspezifische Abwehr im Körperinneren durch Proteine und phagocytierende Abwehrzellen	im Laufe des Lebens erworbener hochspezifischer Abwehrmechanismus

7.3.1 Unspezifische Immunreaktion

Dieses von Geburt an vorhandene Abwehrsystem sichert den Körper unspezifisch gegenüber pathogenen Erregern. Trotz der Erblichkeit kann die Resistenz durch Umwelteinflüsse, wie z. B. jahreszeitlich zyklische Faktoren, und Ernährung beeinflusst werden.

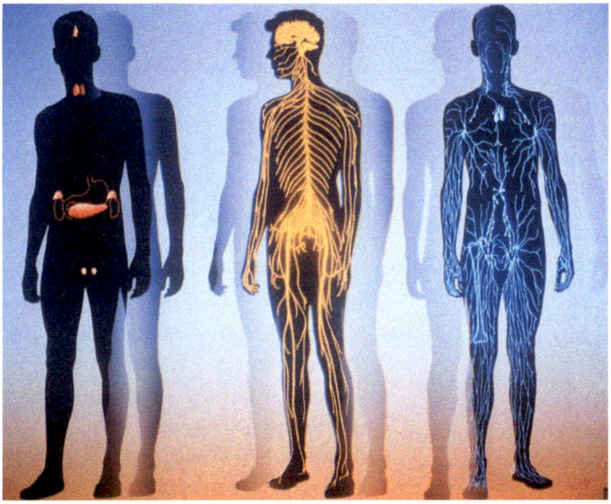

Passive Resistenz – allgemeine Abwehr

Unsere körperliche Konstitution verhindert durch mechanische, chemische und mikrobielle Mechanismen das Eindringen bzw. Wirksamwerden von körperfremden Strukturen.

Mechanische Barrieren

- die **Haut** mit ihrer Wasser abweisenden, verhornten toten Außenschicht, die ständig aus der Keimschicht regeneriert wird
- Augenspülung durch Tränenflüssigkeit und Wischeffekt der Lider
- Schleimhäute binden durch die Sekretion des adhäsiven Schleims die Fremdpartikel und immobilisieren sie damit.
- Flimmerepithelien in den Atemwegen schützen die Lunge.

Chemische Barrieren

- Niedrige *pH*-Werte auf der Haut (3–5), im Scheidengewölbe (4–4,5) und im Magen (1–2) bedingen die Hemmung bzw. Abtötung von Mikroorganismen – Säuresterilisation.
- bakterizide Wirkung des Lysozyms in der Tränen- und Speichelflüssigkeit

Mikrobielle Barrieren

- Sowohl in der Mundhöhle und im Darm als auch auf der Haut wird die Vermehrung von Krankheitserregern durch die Konkurrenz apathogener Bakterien gehemmt.

Körperperipherie mit möglichen Infektionspforten

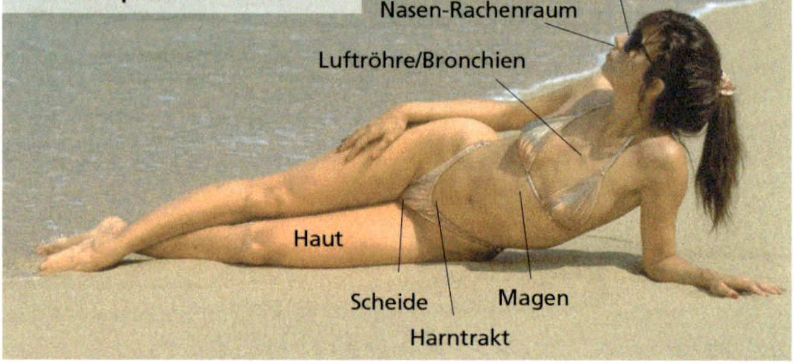

Aktive Resistenz

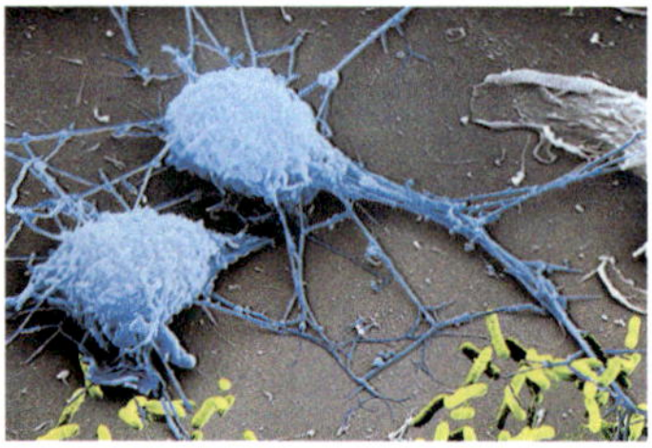

Auf der REM-Aufnahme sind zwei **Makrophagen** zu sehen, die Bakterienzellen angreifen.

Wenn Antigene aufgrund von Verletzungen der Haut diese konstitutionelle Barriere überwunden haben, werden sie durch eine zweite Abwehrreihe erfasst und in ihrer Vermehrung behindert. Dabei handelt es sich um Mechanismen, die an spezifische Zelltypen **(Leukocyten)** gebunden sind.

Makrophagen, Granulocyten, Mastzellen und natürliche Killerzellen können mittels Rezeptoren ein breites Spektrum von Erregern erkennen. Durch ihre amorphe Zellgestalt ist es diesen unspezifischen Abwehrzellen möglich, zwischen den humoralen Systemen (Blut und Lymphe) zu wechseln. Sie können somit über die Interzellularräume auch den gesamten Organismus kontrollieren.

Makrophagen und Granulocyten werden als so genannte **Fresszellen** bezeichnet. Sie besitzen aufgrund ihrer amöboiden Eigenschaften die Fähigkeit der Phagocytose (↗ S. 71). Pathogene Mikroorganismen und Fremdpartikel werden durch Endocytose aufgenommen und anschließend intrazellulär verdaut. Auf diese Weise werden auch gealterte Erythrocyten in Milz und Leber durch Makrophagen eliminiert. Außerdem stellen sie das Bindeglied zur spezifischen Immunreaktion dar.

Nach der Zerlegung und Bearbeitung phagocytierter Antigene werden charakteristische Fragmente, so genannte antigene Determinanten (Epitope), auf der Membranoberfläche präsentiert. Diese haben Signalcharakter für die spezifischen Immunzellen.

Von ihnen werden auch Wirkstoffe mit einem außerordentlich breiten Wirkungsspektrum sezerniert, wie zum Beispiel **Interleukin 1**. Es gehört zu den Faktoren, die das Temperaturzentrum im Hypothalamus beeinflussen können und damit Fieber auslösen. Dadurch kann es einerseits zur thermischen Hemmung von Erregern kommen, und andererseits können Immunzellen in ihrer Aktivität gefördert werden.

leukos: griech. = weiß
Leukocyten – weiße Blutkörperchen

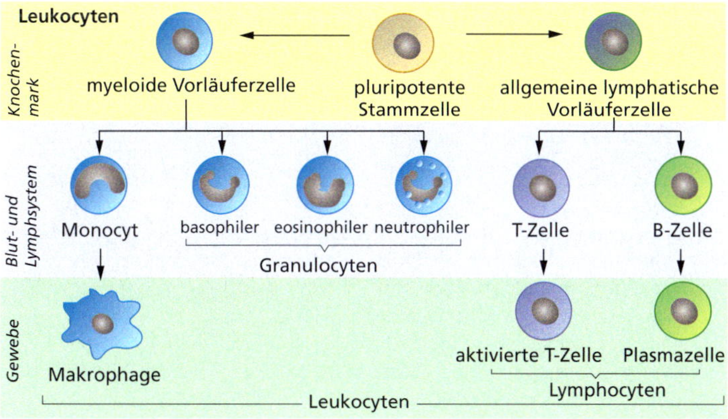

Humorale Resistenzfaktoren

Das folgende Schema gibt einen Überblick über weitere unspezifische Abwehrstoffe.

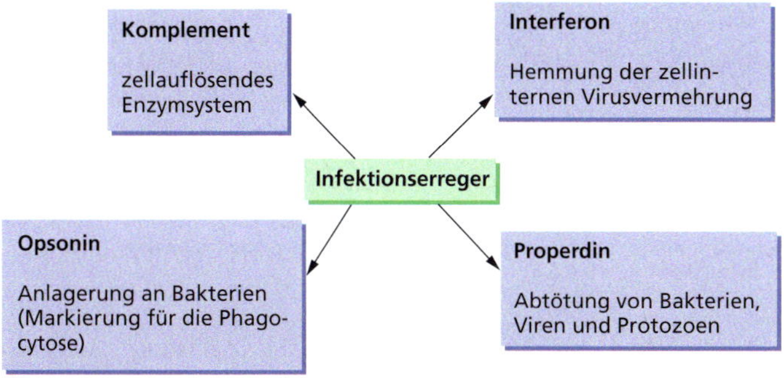

7.3.2 Spezifische Immunreaktion

Aufgrund der optimalen Lebensbedingungen innerhalb homoithermer Organismen und der damit verbundenen Vermehrungsrate pathogener Keime sind die unspezifischen Barrieren des Körpers schnell überfordert. In solchen Fällen mobilisiert das Abwehrsystem seine stärkste Waffe, die **spezifische Immunreaktion.** Die hohe Spezifität dieser Immunantwort bedingt jedoch, dass sie erst dann in Gang gesetzt werden kann, wenn der Körper Kontakt mit dem betreffenden Antigen hat. Es handelt sich also um eine erworbene Fähigkeit, weshalb man auch von einer adaptiven Immunantwort spricht. Hier werden gleich zwei Abwehrreihen aufgefahren. Beide Systeme laufen nebeneinander im Körper ab, ergänzen sich aber nachhaltig in ihrer Wirkung gegenüber pathogenen Keimen.

humor: *umor:* lat. = Flüssigkeit (Körperflüssigkeiten)

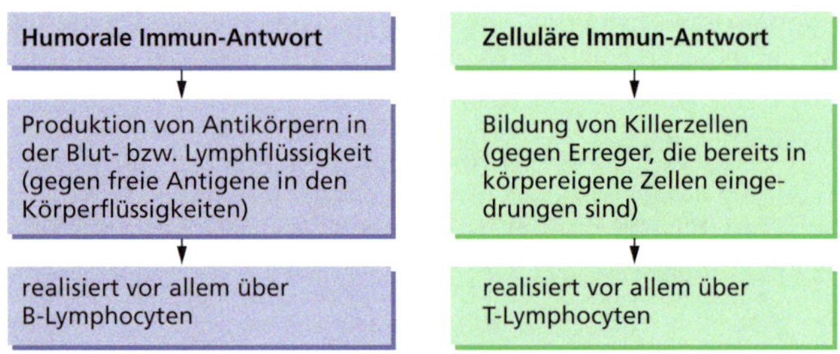

Die außerordentliche Spezifität dieses Abwehrbollwerks veranschaulichen eindrucksvoll die Verfahren der Immunpräzipitation:

- Einem Versuchstier wird im Verlaufe mehrerer Wochen eine spezifische Bakterienart injiziert.
- Nach Gewinnung einer Blutprobe wird durch Zentrifugation das Serum extrahiert und anschließend 1:1000 verdünnt.
- Mischen des Serums mit Bakterienkulturen 1–3 (↗ Tabelle):

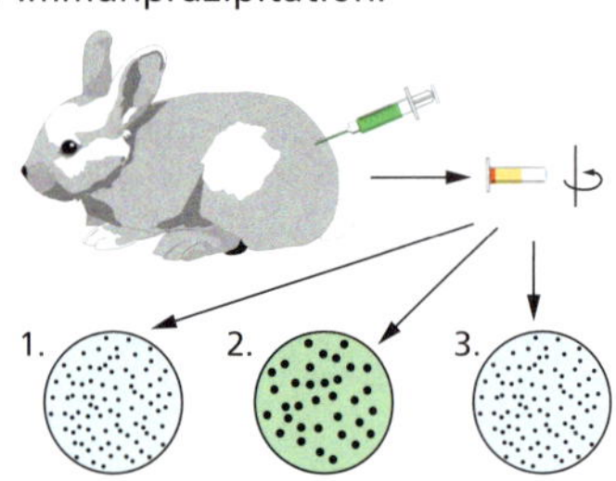

1. Serum eines unbehandelten Kaninchens mit der spezifischen Bakterienkultur ⇒ Keine Reaktion	2. Serum des behandelten Kaninchens mit der spezifischen Bakterienkultur ⇒ Präzipitation: Antigen-Ausfällung	3. Serum des behandelten Kaninchens mit einer anderen verwandten Bakterienkultur ⇒ Keine Reaktion

Schlussfolgerungen:
- Die **Immunantwort** reagiert mit höchster **Antigenspezifität.**
- Sie erfolgt auf molekularer, also azellulärer Ebene.
- Die Abwehr wird aktiv erworben.

Das Immunsystem des Menschen im Überblick	
primäre lymphatische Organe	
rotes Knochenmark ***(bone marrow)***	– Ausgangspunkt der Blutbildung – Ausdifferenzierung und Determination der B-Lymphocyten
Thymus	– Klonierung und immunspezifische Prägung der Vorläuferzellen zu immunologisch kompetenten T-Lymphocyten
sekundäre lymphatische Organe	
Lymphknoten	– Lymphe = Ultrafiltrat des Blutes in den Interzellularräumen bzw. Gewebslücken – Anreicherung mit Lymphocyten – Prägung durch Kontakt mit Antigenen
Mandeln	– immunologische Pforte im hinteren Rachenraum um Luft- und Speiseröhre – enthalten Lymphocyten – Erstkontakt mit Antigenen
Milz	– Klonierung von Lymphocyten bei Infektionen – Blutspeicher

An der spezifischen Immunantwort beteiligte Zelltypen und deren Abstammung:

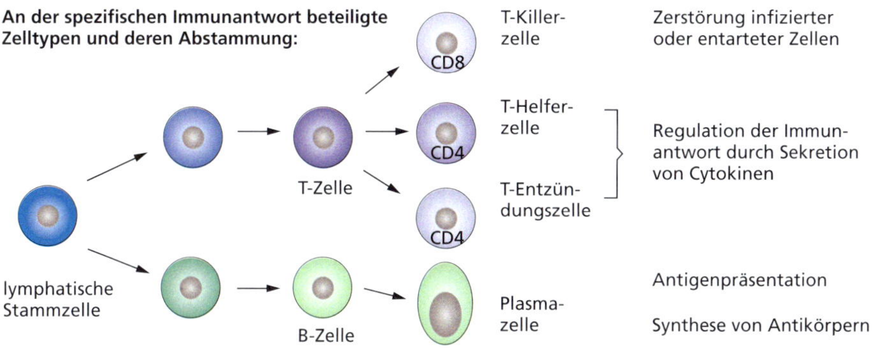

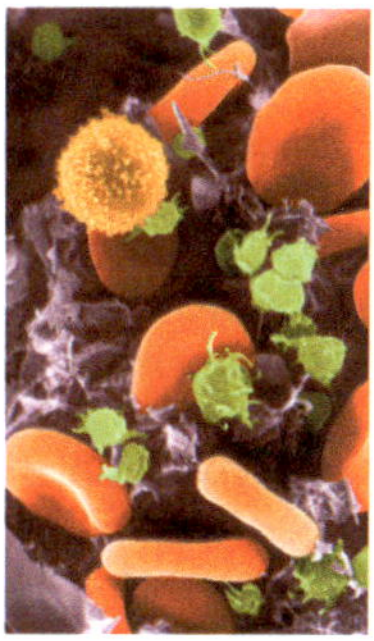

Die **Lymphocyten** und ihre Untergruppen lassen sich durch ihre membrangebundenen Oberflächenmarker systematisieren. So besitzen alle **T-Helferzellen** das Molekül CD4 (CD – *cluster of differentiation*), alle T-Killerzellen CD8 und auf den B- Lymphocyten sind spezielle **Immunglobuline** (IgM) als Rezeptoren für die Antigenbindung lokalisiert. Die mobilen Zellen des Immunsystems entwickeln sich aus pluripotenten Stammzellen im Knochenmark.
Unter dem Einfluss von Wachstums- und Differenzierungsvorgängen entstehen Vorstufen der späteren Differenzierungslinien, die Kolonie bildenden Einheiten. Die **T-Lymphocyten** (↗ Abbildung, orange) verlassen als undeterminierte Vorläuferzelle das Knochenmark und wandern zur vollständigen Ausdifferenzierung in den Thymus ein.

Infektion und Phagocytose
In den Körper gelangte Antigene, die nicht sofort in ihre Wirtszellen eindringen, können in den sekundären lymphatischen Organen von Makrophagen bzw. B-Lymphocyten kontaktiert und anschließend durch Phagocytose aufgenommen werden.
Prozessierung und Präsentation
Im Inneren der Zellen werden die Antigene prozessiert, dass heißt abgebaut und bearbeitet. Die entstandenen kurzkettigen Peptide werden an MHC-Moleküle gebunden und an die Zelloberfläche transferiert, wo die Antigenfragmente – werden auch als **Epitope** oder **antigene Determinanten** bezeichnet – den T-Lymphocyten präsentiert werden.
Erkennung und Aktivierung
Unter 100 000 dieser T-Zellen, die in Blut und Lymphe kursieren, besitzt nur eine den für das Epitop kompatiblen T-Zell-Rezeptor. Die Anlagerung erfolgt über das Schlüssel-Schloss-Prinzip. Durch CD4- bzw. CD8-Co-Rezeptoren der T-Lymphocyten wird diese Bindung stabilisiert.
Differenzierung
T-Lymphocyten mit CD4-Rezeptoren entwickeln sich zu T- Helferzellen. Beim Vorhandensein von CD8-Rezeptoren kommt es zur Entwicklung von T-Killerzellen. Zur Aktivierung der Lymphocyten ist der Kontakt mit mehreren Oberflächenmarkern zur Antigen präsentierenden Zelle notwendig. Für die interzelluläre Kommunikation sind **Cytokine** verantwortlich. Cytokine sind Proteine oder Glykoproteide, die als Botenstoffe wirksam werden.
Klonselektion
Die bis zu diesem Zeitpunkt ruhende T-Zelle beginnt sich zu teilen, sodass innerhalb kürzester Zeit ein **Klon** erbgleicher Zellen mit absoluter Antigenspezifität entsteht. Gleichzeitig wird die Synthese von Botenstoffen (Cytokine) wie **Interleukin 2** angeregt.
Memory, das immunologische Gedächtnis
B- und T- Zellen können nach ihrer ersten Stimulierung durch Kontakt mit Antigenpräsentierenden Makrophagen ihre Weiterentwicklung unterbrechen und zu langlebigen **Gedächtniszellen** werden.
Antigen-Antikörper-Reaktion (AAR)
Die während der Immunisierung gebildeten spezifischen Antikörper lagern sich über komplementäre Molekülstrukturen der beiden Reaktionspartner durch nicht kovalente Bindungen mit den Antigenen zu Antigen-Antikörper-Komplexen zusammen.
Lyse infizierter Körperzellen
Durch Pathogene infizierte Körperzellen präsentieren auf ihrer Zelloberfläche an MHC-Moleküle gebundene antigene Determinanten. T-Killerzellen binden sich mittels ihrer spezifischen Rezeptoren an diese markierten Zielzellen. Das in T-Killerzellen produzierte Perforin wird nach Kontakt mit der infizierten Körperzelle freigesetzt. Die Perforinmoleküle verursachen eine Durchlöcherung der Zellmembran. Das Cytoplasma fließt aus, die Zelle stirbt ab und löst sich auf.

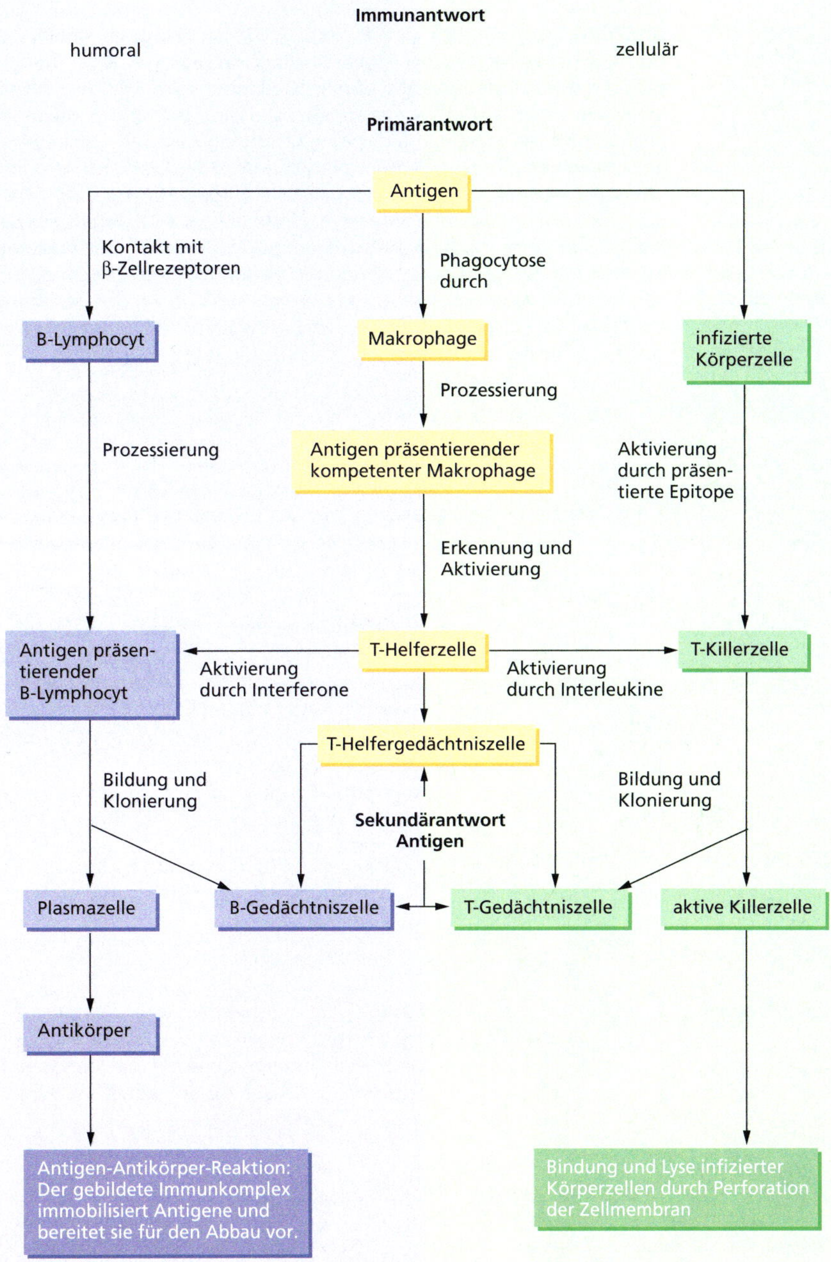
Immunantwort
humoral
zellulär
Primärantwort
Antigen
Kontakt mit β-Zellrezeptoren
Phagocytose durch
B-Lymphocyt
Makrophage
infizierte Körperzelle
Prozessierung
Prozessierung
Antigen präsentierender kompetenter Makrophage
Aktivierung durch präsentierte Epitope
Erkennung und Aktivierung
Antigen präsentierender B-Lymphocyt
T-Helferzelle
T-Killerzelle
Aktivierung durch Interferone
Aktivierung durch Interleukine
T-Helfergedächtniszelle
Bildung und Klonierung
Bildung und Klonierung
Sekundärantwort Antigen
Plasmazelle
B-Gedächtniszelle
T-Gedächtniszelle
aktive Killerzelle
Antikörper
Antigen-Antikörper-Reaktion: Der gebildete Immunkomplex immobilisiert Antigene und bereitet sie für den Abbau vor.
Bindung und Lyse infizierter Körperzellen durch Perforation der Zellmembran

Epitop: *epi:* griech. = auf; *topos* = Ort
Als Antigen wirken bestimmte Moleküle bzw. Atomgruppen an der Oberfläche dieser Moleküle, die als Epitop bezeichnet werden. Der spezifische Antikörper erkennt nur diesen Bereich des Antigens und interagiert daher mit dem Epitop.

Antikörper

Antikörper sind quartär strukturierte Proteinmoleküle aus mindestens vier Polypeptidketten, die über **Disulfidbrücken** verknüpft sind. Die typische Y-Struktur entsteht durch zwei identische leichte- und zwei identische schwere Ketten, die jeweils über eine konstante und variable Region verfügen. Das heißt, die Aminosäuresequenz der konstanten Region ist innerhalb einer Antikörperklasse übereinstimmend und in der Variablen abhängig vom prozessierten Antigen. Die variablen Enden des Antikörpermoleküls fungieren als so genannte **Antigenbindungsstelle.** Hier wird nach dem **Schlüssel-Schloss-Prinzip** der molekulare Kontakt mit körperfremden antigenen Determinanten, den spezifischen Epitopen, hergestellt. Die außerordentliche Vielfalt der Antikörpermoleküle wird also durch die Aminosäuresequenz der variablen Region bestimmt, sie legt die Spezifität für ein bestimmtes Antigen fest.

Die multigene Proteinfamilie der Antikörper:

Immunglobulin G (Ig G) **Monomer**	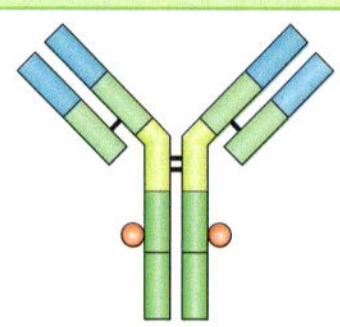	häufigstes Immunglobulin im Blutserum (70 bis 75 %), wichtigster Antikörper der Sekundärreaktion, plazentagängig – passive Immunität des Fötus, aktiviert das Komplementsystem
Immunglobulin A (Ig A) **Dimer**	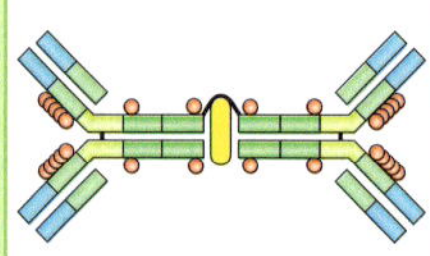	zweithäufigstes Immunglobulin (15–20 %), vor allem in Sekreten wie Speichel und Milch nachweisbar, verhindert die Anheftung von Bakterien und Viren an Epitheloberflächen
Immunglobulin M (Ig M) **Pentamer**	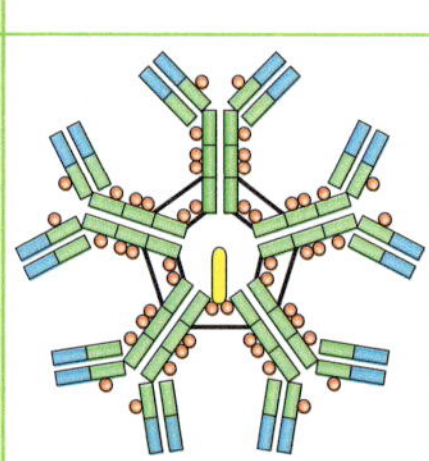	ungefähr 10 % aller Immunglobuline, treten in der Frühphase der Immunantwort in pentamerer Form auf, als Monomer in der Membran von B-Lymphocyten als Rezeptor für Antigene immobilisiert, aufgrund der Größe nicht plazentagängig
Immunglobulin E (Ig E) **Monomer**	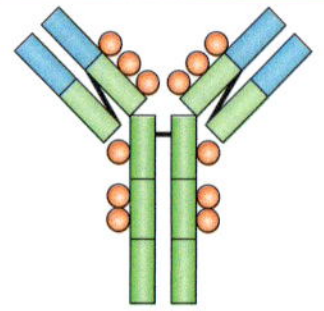	nur in Spuren vorhanden, wahrscheinlich an der Abwehr von vielzelligen Parasiten (z. B. Würmern) beteiligt, Allergie auslösende Wirkung durch die Stimulation von Mastzellen
Immunglobulin D (Ig D) **Monomer**	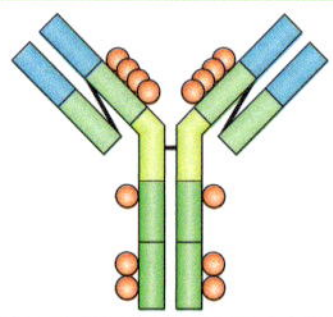	biologische Funktion nicht hinlänglich geklärt, Konzentration kleiner als 1 %, häufig immobilisiert auf der Membran von B-Lymphocyten

7.3.3 Aktive und passive Immunisierung

Als der englische Arzt EDWARD JENNER (1749–1823) Ende des 18. Jh. die ersten Impfungen gegen Pocken durchführte, waren weder die Ursachen für übertragbare Infektionskrankheiten bekannt, noch hatte man Kenntnis von einem Immunsystem. Seine Arbeiten basierten einzig und allein auf jahrzehntelanger Beobachtung und Erfahrung.
Nachdem Ende des 19. Jh. ROBERT KOCH (1843–1910) Mikroorganismen als pathogene Verursacher von Krankheiten nachgewiesen hatte und es LOUIS PASTEUR (1822–1895) gelungen war, den ersten Impfstoff (gegen Hühnercholera) herzustellen, war der Weg für die wissenschaftliche Erforschung des Immunsystems und die gezielte **Synthese von Impfstoffen** geebnet. Heute gelten viele „Geißeln der Menschheit" als ausgerottet, und viele Infektionskrankheiten sind beherrschbar geworden.

EDWARD JENNER
(1749–1823)

Dies darf allerdings nicht darüber hinwegtäuschen, dass die Zahl der zu lösenden immunologischen Problemfälle nach wie vor enorm hoch ist. **Impfstoffe** gegen AIDS, eines langfristig wirkenden Mittels gegen Malaria sowie neu entdeckte Erreger (BSE) seien stellvertretend genannt. Die Bedrohung durch Krankheitserreger gewinnt durch die wachsende Mobilität des Menschen und die rasante Geschwindigkeit des Ortswechsels globale Dimensionen.

Aktive Immunisierung

Die **aktive Immunisierung** beruht auf der Erkenntnis, dass der menschliche Organismus nach dem Überstehen einer spezifischen Infektionskrankheit gegenüber dem pathogenen Erreger eine Immunität erworben hat und somit eine Wiedererkrankung ausgeschlossen ist. Das heißt, sie basiert auf der Reaktion des eigenen Immunsystems und kann künstlich durch eine Impfung ausgelöst werden.
Verwendete Impfstoffe zeichnen sich dadurch aus, dass das infektiöse Agenz unter kompletter Beibehaltung seiner Antigenität so modifiziert wurde, dass es nicht mehr in der Lage ist, die entsprechende Krankheit hervorzurufen.

LOUIS PASTEUR
(1822–1895, ↗ S. 20)

Eine geimpfte Person, die auf den tatsächlichen Krankheitserreger trifft, zeigt dieselbe schnelle und intensive Abwehrreaktion wie eine Person, die diese Krankheit bereits hatte. In beiden Fällen beruht der Effekt auf dem **immunologischen Gedächtnis.**
Die aktive Immunisierung gegen Krankheiten wie Cholera, Typhus, Fleck- und Gelbfieber wird nicht routinemäßig realisiert, sondern empfiehlt sich für Personen, die in gefährdete Gebiete reisen. Zu beachten ist dabei, dass der entsprechende Impfschutz nur dann gewährleistet ist, wenn die notwendige Karenzzeit eingehalten wurde.

Mögliche Impfstoffe:
- niedrige Dosis eines Produkts des infektiösen Agenz
- ein chemisch modifiziertes derartiges Produkt
- abgetötete Erreger mit intakter Oberfläche
- Verwendung abgeschwächter (avirulenter) Stämme

Passive Immunisierung

Hierbei handelt es sich um die Übertragung von Antikörpern von einem Organismus auf einen anderen. Da das eigene Immunsystem dabei nicht mobilisiert wird, liegt eine passive Immunität vor. Diese hält, entsprechend der biologischen Halbwertszeit der Antikörper, nur wenige Wochen an, denn ein immunologisches Gedächtnis wird nicht angelegt.
Da viele Antikörper die Plazentaschranke durchdringen, kommt es während einer Schwangerschaft auf natürlichem Wege zu einer passiven Immunisierung des Fötus durch den mütterlichen Organismus. Auch die Muttermilch enthält diverse Antikörper.
Passive Immunität ist auch künstlich übertragbar, indem bereits spezifizierte Antikörper dem Patienten injiziert werden. Ein innovatives Forschungs- und Anwendungsgebiet sind hierbei die **monoklonalen Antikörper (MAK)**, die nicht nur therapeutische, sondern auch diagnostische und prophylaktische Anwendungsbereiche erschließen.

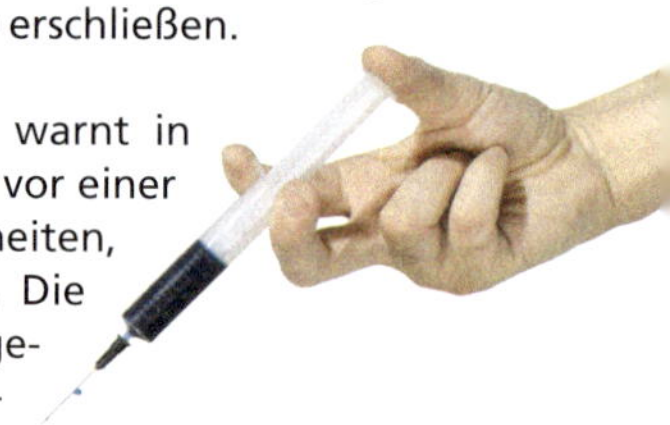

Die **Weltgesundheitsorganisation (WHO)** warnt in ihren jüngsten Jahresberichten wiederholt vor einer weiteren Zunahme der Infektionskrankheiten, die eine globale Krise befürchten lassen. Die „Ständige Impfkommission" des Bundesgesundheitsministeriums hat für die Bevölkerung der Bundesrepublik Deutschland folgende Impfempfehlungen herausgegeben:

Lebensalter	Prophylaxe gegen:	
ab 3. Lebensmonat	– Diphtherie, Keuchhusten, Tetanus – *Haemophilus influenzae* Typ b (Hib) – Kinderlähmung *(Poliomyelitis)* – Hepatitis B	3 x im Abstand von vier Wochen 2 x im Abstand von mindestens sechs Wochen 2 x Schluckimpfung im Abstand von mindestens sechs Wochen 2 x im Abstand von vier Wochen, 3. Impfung nach einem Jahr
13. bis 15. Lebensmonat	– Masern, Mumps, Röteln – Diphtherie, Keuchhusten, Tetanus – *Haemophilus influenzae* Typ b (Hib) – Kinderlähmung *(Poliomyelitis)*	1. Impfung 4. Impfung 3. Impfung 3. Schluckimpfung
ab 6. Lebensjahr	– Masern, Mumps, Röteln – Diphtherie, Tetanus – Impfungen, die bisher versäumt wurden (außer Keuchhusten und Hib)	Auffrisch-Impfung Auffrisch-Impfung
11.–15. Lebensjahr	– Röteln – Diphtherie, Tetanus	für alle Mädchen, auch wenn sie als Kleinkinder geimpft wurden Auffrisch-Impfung (alle 10 Jahre)

7.3.4 Autoimmunerkrankungen

autos: griech. = selbst

Häufig spricht man auch von **Autoaggressionskrankheiten,** autoallergischen oder auch von **Autoantikörperkrankheiten.** Hierbei wird das Krankheitsbild durch Antikörper hervorgerufen, die eine Immunantwort gegen das körpereigene Gewebe auslösen. Diese Autoantikörper sind demnach gegen körpereigene Antigene gerichtet. Dies lässt sich als das Ergebnis eines Zusammenbruchs der Toleranz gegenüber körpereigenen Stoffen auffassen. Das heißt, die immunologische Störung basiert auf Fehlern bei der Erkennung bzw. Unterscheidung von selbst und fremd, sodass körpereigene Strukturen attackiert und zerstört werden.

Beispiele für Autoimmunerkrankungen:	
Skelettmuskelschwäche *(Myasthenia gravis)*	Störung der Erregungsübertragung durch die kompetitive Hemmung von Acetylcholin-Rezeptoren durch Autoantikörper – Unterbrechung der Erregungsleitung
***Diabetes mellitus* Typ I**	Insulin produzierende β-Inselzellen des Pankreas werden angegriffen – dadurch wird die Fähigkeit zur Insulinsynthese vollständig verloren.
Rheumatoide *Polyarthritis*	Deformierung von Knochen- und Knorpelgewebe – Entzündungsreaktionen der Gelenke
Hashimotosche Krankheit (chronische *Thyreoiditis*)	Vergrößerung der Schilddrüse durch Infiltration von Antikörpern, die gegen Schilddrüsenproteine gerichtet sind
Lupus erythematodes	Antikörperbildung gegen native DNA und andere Zellkernabbauprodukte, die beim normalen Abbau von abgestorbenen Zellen freigesetzt werden

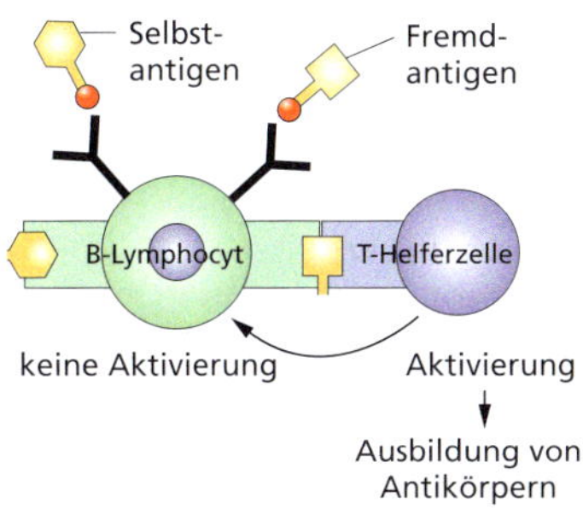

Als Ursache für Autoimmunkrankheiten werden sowohl genetische Veranlagungen vermutet, als auch exogene Einflüsse für möglich gehalten. Eine derartige Vorstellung über die Entstehung von Autoimmunkrankheiten vermittelt die nebenstehende Abbildung. Hierbei trägt ein Fremdantigen ein Epitop, das auch auf körpereigenen Strukturen vorkommt. Während bei der Präsentation des Selbstantigens durch B-Lymphocyten keine selbstreaktiven T-Helferzellen existieren, wird bei Präsentation des prozessierten Fremdantigens durch die in der Immunantwort ausgebildeten T-Helferzellen die B-Zelle aktiviert, sodass es zur Produktion der auf das Epitop spezifizierten Antikörper kommt. Diese sind damit auch gegen das Selbstantigen, also körpereigene Strukturen, gerichtet.

7.3.5 Allergien

allos: griech. = anders,
ergon: griech. = Werk, Handlung

Der Begriff wurde 1906 vom österreichischen Kinderarzt CLEMENS VON PIRQUET (1874–1929) geprägt und umschreibt eine Überempfindlichkeit im Sinne einer abnormen Reaktivität des Immunsystems gegenüber einem nichtinfektiösen Antigen. Derartige körperfremde Substanzen werden in diesem Zusammenhang als **Allergene** bezeichnet.

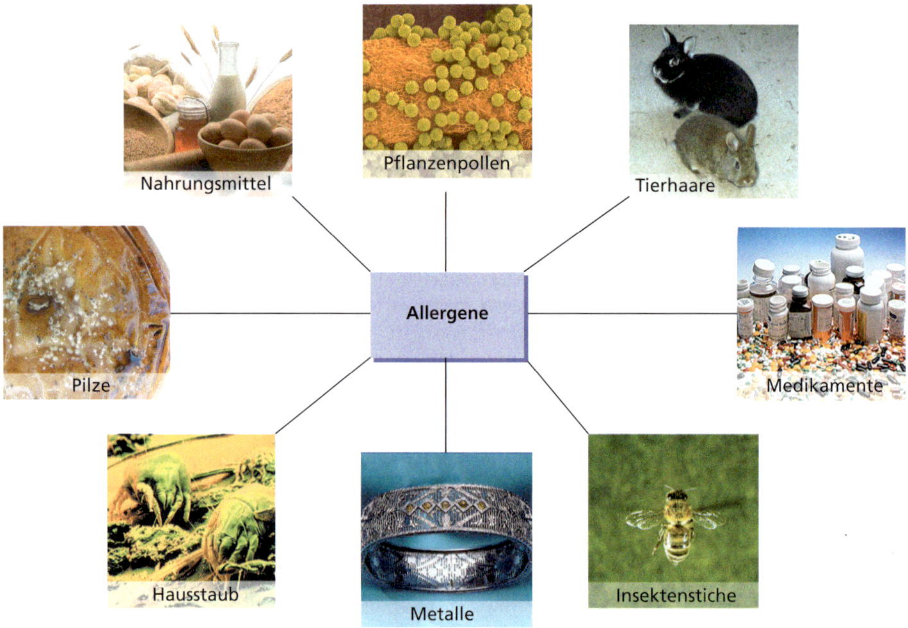

Haptene sind niedermolekulare Stoffe, die allein keine Bildung von Antikörpern induzieren können.

Die meisten Allergene, wie zum Beispiel die abgebildeten Pollen, kommen als suspendierte Staubpartikel vor und werden schon in geringsten Dosierungen wirksam. Während man früher glaubte, dass nur tierische und pflanzliche Allergene im menschlichen Organismus zu Antigenen werden und Antikörperreaktionen hervorrufen, weiß man heute, dass potenziell jede Substanz durch Bindung an Körpereiweiß zum Antigen werden kann. Daher kann man unterscheiden zwischen:
- **Vollallergen:** tierisches oder pflanzliches Eiweiß,
- **Allergen:** Haptene und körpereigenes Eiweiß.

Die Krankheitsbezeichnung Allergie umfasst außerordentlich verschiedene Symptomkomplexe. Die Palette reicht u. a. von periodisch auftretendem Schnupfen über Kreislaufkollaps, Magenkrämpfe, Migräne, tiefrote Hautflecken, brennende Augen, starker Juckreiz bis zu platzender entzündeter Haut. Häufige lokale allergische Erscheinungen sind **Heuschnupfen** *(Rhinitis)*, **Bronchialasthma** und das **Nesselfieber** *(Urticaria)*. Die allergischen Erscheinungen beruhen auf unterschiedlichen immunologischen Mechanismen.

Risikoberufsgruppe (Atemwegsallergie)	Allergen
Angestellte im Zoo, Gärtner, Biologen	Rückstände von Insekten (Blattläuse, Schaben)
Bäcker	Weizenmehl
Drucker	Gummiarabikum
Landwirtschaft	Soja und Luzerne im Kraftfutter
Textilindustrie	Naturseide

Allergien vom Typ I – Soforttyp

Beim größten Teil aller Allergien ist die zeitliche Nähe zwischen dem Kontakt mit einem spezifischen Stoff und der immunologischen Reaktion auffällig. Derartige Phänomene werden vor allem vom körpereigenen Gewebshormon **Histamin** ausgelöst. Dieses kann außerordentlich schnell und in großen Mengen von den so genannten **Mastzellen** der Schleimhäute freigesetzt werden, mit denen das Allergen in Berührung kommt.
Nach dem ersten Antigenkontakt kommt es zur Heranreifung von B-Lymphocyten zu Plasmazellen, welche **antigenspezifische Antikörper** der IgE-Klasse synthetisieren. Diese Antikörper docken an den Rezeptoren der Mastzellen des Blutes an. Der Organismus wird damit für dieses spezifische Antigen sensibilisiert. Beim Zweitkontakt mit der betreffenden Substanz kommt es zu einer Vernetzungsreaktion zwischen IgE-Antikörpern und Antigenen auf der Oberfläche der Mastzellen. Daraufhin kommt es zur exocytotischen Freisetzung – Degranulation – der in den Granula der Mastzellen gespeicherten Mediatoren (z. B. Histamin). Diese bewirken die typischen Allergiesymptome.

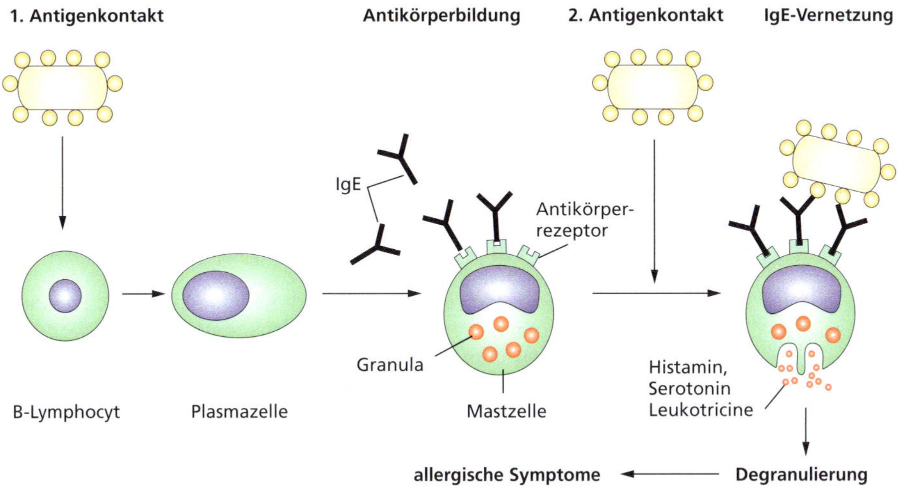

Weitere Allergie-Formen sind:
- Allergie-Typ II: cytotoxische Überempfindlichkeit
- Allergie-Typ III: Immunkomplexbildung
- Allergie-Typ IV: Kontaktekzem

Die schwerste Form einer akuten allergischen Reaktion ist der **anaphylaktische Schock,** hierbei kann es zu lebensgefährlichen Reaktionen auf z. B. durch Insekten injizierte Antigene kommen. Durch die explosive Degranulation von Mastzellen erfolgt eine massive Ausschüttung von Mediatoren, wodurch es zu einer abrupten Erweiterung peripherer Blutgefäße kommt, daraus folgt ein enormer Abfall des Blutdrucks sowie eine Verengung der Bronchialmuskulatur. Weitere Symptome sind Erbrechen, intensive Hautrötungen und Ödeme im Nasen-Rachen-Raum. Es kann unter Umständen innerhalb weniger Minuten zu einem tödlich verlaufenden Gefäßkollaps kommen.

Prophylaxe und Therapie einer Allergie

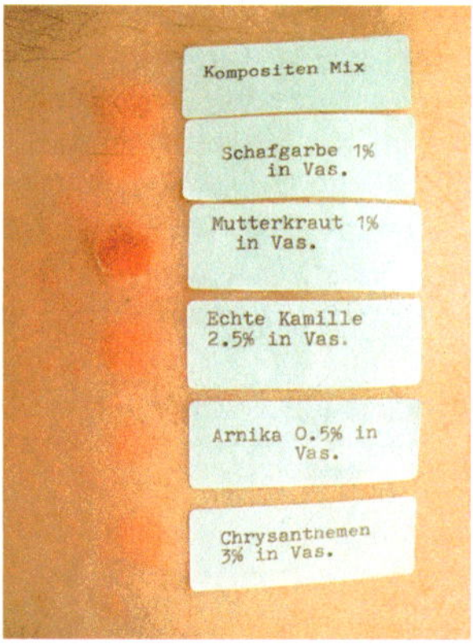

Um eine Allergie therapieren zu können, muss das Allergen, bekannt sein. Die Identifikation des Auslösers erfolgt in klassischen **Hauttests.** Bei Vorliegen eines Verdachts genügt der so genannte Eliminationstest, d. h., das verdächtige Allergen wird konsequent gemieden. Bei der Diagnose über den **Epicutantest** (Expositionstest) wird ein begrenzter Hautbezirk des Patienten mit den infrage kommenden Allergenen in Kontakt gebracht, die positive Reaktion zeigt sich durch Rötung bzw. Quaddelbildung. Bei Meidung bzw. Ausschaltung des Allergens können die Beschwerden schon nachhaltig gemildert werden (z. B. Tierhaare, Hausstaub). Allerdings kommt diese Vorbeugung nicht für alle Allergiker in Betracht. Bei **Pollenallergien** bietet entweder eine gezielte Pollenflugvorhersage oder aber eine Therapie effektive Heilungschancen. Dabei versucht man das **Immunsystem** zu desensibilisieren. Durch die Anregung der Synthese von **IgG-Antikörpern** werden die Allergene bereits abgefangen, bevor sie die **IgE-Antikörper** auf sensibilisierten **Mastzellen** erreichen können. Eine Alternative dazu bietet die medikamentöse Behandlung. Die eingesetzten Substanzen verhindern durch ihre β-adrenerge Wirkung die **Histaminfreisetzung.** Andere Medikamente umgeben die Mastzellen wie ein Schutzschild, sodass ein Andocken der Allergene vermieden wird. Starke Allergiker führen ständig eine Adrenalinspritze mit sich, um im Extremfall die Wirkung der Mediatoren zu neutralisieren. Allergien werden mittlerweile als eine der großen Volkskrankheiten bezeichnet. Heute ist fast jeder Zehnte gegen irgendeinen Stoff allergisch.

7.4 Pflanzliche Abwehrsysteme

Pflanzen sind über spezielle Abwehrsysteme in der Lage, potenzielle Feinde abzuwehren. Solche Abwehrsysteme sind u. a. mechanische Schutzmechanismen, giftige Inhaltsstoffe und Signalstoffe für Parasiten bzw. Fressfeinde von Pflanzenfressern.

7.4.1 Schutzmechanismen der Pflanzen

Obwohl Pflanzen – als standortgebundene Organismen – bei Gefahr nicht flüchten können, sind sie potenziellen Angreifern nicht schutzlos ausgeliefert. Die nachfolgende Abbildung vermittelt einen Eindruck, über die vielfältigen Schutzanpassungen.

Der Schutz vor Fressfeinden erfolgt über mehrere Abwehrreihen. **Mechanische Schutzvorrichtungen** (z. B. Dornen, Stacheln, Drüsenhaare, Oxalatnadeln, Korkschichten) können sowohl herbivore Wirbeltiere als auch Insekten und deren Larven abwehren. Darüber hinaus können sehr unterschiedliche biochemische Wirkmechanismen bei der Abwehr zur Anwendung kommen. Folgende Strategien sind dabei unter anderem nachgewiesen:

- Anreicherung von toxisch wirkenden Metaboliten (sekundäre Pflanzenstoffe),
- Anlockung von Parasiten der Pflanzenschädlinge,
- Beeinflussung des Verhaltens von Insekten,
- Proteinase-Hemmstoffe zur Abwehr von Herbivoren,
- Verhinderung der Eiablage von Insekten (z. B. durch Ausbildung von Ei-Attrappen durch die Pflanze),
- Schutz gegen Blattfraß durch Insektenlarven,
- hormonähnliche Verbindungen, die vor allem bei Insekten zu Entwicklungsstörungen während der Metamorphose führen.

Sekundäre Pflanzenstoffe wie **Alkaloide** und **Glykoside** als Nebenprodukte von Stoffwechselprozessen werden von vielen Pflanzen im Zellsaft der Vakuole akkumuliert. Eine Vielzahl dieser Substanzen besitzen Giftcharakter und stellen eine erfolgreiche Abwehrstrategie gegenüber Herbivoren dar. Neben der toxischen Wirkung spielt die artspezifische Ungenießbarkeit eine zentrale Rolle.

Bei der großen Brennnessel *(Urtica dioica)* ergänzen sich mechanische und biochemische Abwehr durch die Ausbildung der Brennhaare nachhaltig. Dabei handelt es sich um Drüsenzellen, bei denen die Zellwand verkalkt ist und an der Zellspitze verkieselt wird. Bei Berührung bricht die köpfchenförmige, spröde Spitze ab, sodass es zur Entstehung einer Injektionskanüle kommt, die in die Haut eindringt. Der unter Druck stehende Zellsaft wird dabei in das Gewebe gespritzt. Pharmakologisch hochwirksame Verbindungen – Acetylcholin, Natriumformiat und Histamin – verursachen die schmerzhaften Hautreizungen.

Die Kommunikation über gasförmige Signalstoffe sowie die direkte Wirkung solcher Stoffe auf die Regulation der Genexpression stellen weitere Schlüsselstrategien bei der Schädlingsabwehr der Pflanzen dar.

Beispiele für gasförmige Signalstoffe:
- Ethylen
- Metylsalicylsäure
- Methyljasmonat
- Jasmon
- Hexenal

Allgemein sind Pflanzen in der Lage, durch die Synthese von **Phytoalexinen,** auf Infektionen durch Mikroorganismen zu reagieren. Bisher wurden etwa 100 dieser antimikrobiell wirkenden Verbindungen isoliert, wobei sie unterschiedlichsten Naturstoffgruppen angehören können.

7.4.2 Wirtschaftliche Anwendungen

Die Erforschung der Grundlagen pflanzlicher Abwehrstrategien eröffnet völlig neue Wege für den **Pflanzenschutz:** Richtig eingesetzt könnten Signalstoffe der Pflanzen herkömmlichen Pflanzenschutz auf Pestizidbasis weitgehend überflüssig machen. Feldversuche mit Tomatenpflanzen zeigten dabei erste Erfolge. So konnte durch Besprühen der Laubblätter mit Jasmonsäure eine Freisetzung von Substanzen induziert werden, die Parasiten von **Pflanzenschädlingen** anlocken. Insektenlarven, die diese Pflanzen befielen, wurden häufiger von Parasiten vernichtet als Raupen auf Kontrollpflanzen.

8 EVOLUTION UND BIOLOGISCHE VIELFALT

8.1 Zur Geschichte des Evolutionsgedankens

- Unterschiedliche Schöpfungsmythen sind charakteristisch für fast alle bekannten Kulturkreise.
- Schon in der Antike befassten sich Philosophen mit der Herkunft und Verwandtschaft der Lebewesen.
- Die Aufklärung bereitete im 18. Jh. den Boden für eine naturwissenschaftliche Erklärung der Entstehung der Arten.
- CHARLES DARWIN und ALFRED RUSSEL WALLACE veröffentlichten 1858 eine wissenschaftlich fundierte Evolutionstheorie. Diese auch als „Darwinismus" bezeichnete Theorie wurde bis heute mehrfach modifiziert und ergänzt, aber nicht grundlegend geändert.

8.1.1 Evolutionstheorien im Wandel der Zeiten

Schöpfungsmythen

Genesis: griech. = Entstehung, Ursprung

„Der Sündenfall" von „TIZIAN" eigentlich **TIZIANO VECELLIO** (ca. 1490–1576)

In allen Kulturkreisen haben sich die Menschen die Frage nach ihrer eigenen Herkunft, der Herkunft der Lebewesen und der unbelebten Natur gestellt und darauf sehr unterschiedliche Antworten gefunden. Ein bis heute von vielen Menschen als absolute Wahrheit anerkannter Mythos ist in der biblischen Schöpfungsgeschichte niedergelegt. Bis ins 19. Jh. hinein galt die **biblische Genesis** auch vielen Naturwissenschaftlern und Biologen als gesicherte Grundlage, stimmte sie doch mit der Alltagserfahrung überein, dass Eltern einer Tier- oder Pflanzenart immer wieder Nachkommen derselben Art hervorbringen.

Antike Naturphilosophen

Demgegenüber haben sich schon in der Antike griechische Naturphilosophen um eine „natürliche" Erklärung der Schöpfung bemüht. **ANAXIMANDER VON MILET** (610–547 v. Chr.), Schüler des THALES VON MILET (624–546 v. Chr.), vertrat die Ansicht, dass alle Lebewesen einschließlich des Menschen in stufenweiser Entwicklung aus dem Feuchten hervorgegangen seien, das ursprünglich die Erde umgab. Auch **ARISTOTELES** (364–322 v. Chr., ↗ S. 14) ordnete die Natur als „Stufenpyramide" an. Diese Anordnung, die mit dem Unbeseelten beginnt und mit dem Menschen an der Spitze der Pyramide endet, sieht ARISTOTELES allerdings statisch und nicht als einen Evolutionsprozess.

Vom Frosch zum Apoll

Erste Ansätze zu einer naturwissenschaftlichen Abstammungslehre

Durch die gesellschaftlichen Veränderungen im späten Mittelalter, die insbesondere auf das erstarkende Bürgertum zurückzuführen waren, entwickelte sich mit der verstärkten Rückbesinnung auf antike Quellen die **Renaissance.** Nicht länger gab man sich mit religiösen Dogmen als Erklärungen für Naturphänomene zufrieden, sondern versuchte, durch experimentelle Herangehensweise Antworten auf unerklärbare Fragen zu bekommen. **LEONARDO DA VINCI** (1452–1519) verkörpert als universaler Geist besonders gut die Hochrenaissance. Wie kaum ein anderer bemühte er sich erfolgreich um die Verbindung von Kunst und Wissenschaft, Naturbeobachtung und Anwendung von Naturgesetzen. So entwarf er Pläne für unterschiedlichste Apparate und Maschinen einschließlich Flugmaschinen und zeichnete detaillierte, auf Leichensezierung beruhende Bilder der menschlichen Anatomie (↗ S. 15).

DA VINCIS *„Studie der menschlichen Proportionen"* nach **VITRUVIUS POLLIO** (ca. 80–20 v. Chr.)

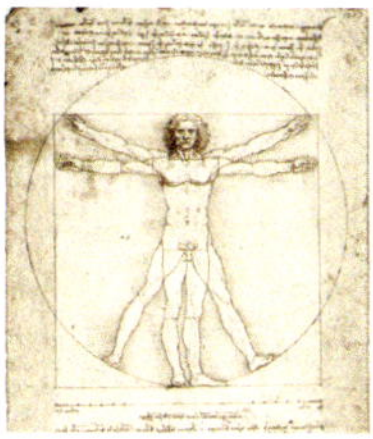

Auch die Frage, ob Lebewesen aus Totem entstehen könnten, die Frage nach der **Urzeugung,** wurde von verschiedenen Forschern experimentell angegangen. **JOHANN BAPTIST VON HELMONT** (1577–1644) z. B. vermischte schmutzige Lumpen und Weizenkörner in einem Behälter, und als sich nach kurzer Zeit Mäuse und Ratten einstellten, vermutete er, dass er eine Rezeptur zur Urzeugung dieser Tiere gefunden hätte. Solche Rezepturen wurden für verschiedene Tiere, z. B. auch für Fliegen und Regenwürmer, entwickelt. Selbst für die „künstliche" Herstellung von Menschen ***(Homunculus)*** wurden Rezepte ausgearbeitet.

Homunculus: lat. = künstlich erzeugter Mensch

Rezept des **PARACELSUS** (1493–1541, ↗ Foto), einen *Homunculus* als künstlichen Menschen aus der Retorte herzustellen:

Der Samen eines Mannes soll in einem verschlossenen Kürbis in sich durch Fäulnis vierzig Tage putrifizieren oder so lange, bis es lebendig wird und sich regt. Nach dieser Zeit wird es ein wenig einem Menschen ähnlich sein, jedoch durchsichtig und ohne Körper. Wenn dies nun täglich mit dem Arcanum des menschlichen Blutes gar weislich gespeist und ernährt und bis zur vierzigsten Woche immer in der gleichen Wärme eines Pferdebauches gehalten wird, so entsteht ein richtig lebendiges Kind mit allen Gliedmaßen daraus, wie ein Kind, das vom Leibe geboren, doch viel kleiner. Dies nennen wir einen Homunculus, und es soll hernach mit großem Fleiß und Sorgfalt aufgezogen werden, bis es zu seinen Tagen und zu Verstand kommt. Das ist wohl eines der größten Geheimnisse, die Gott sterblichen und irrenden Menschen offenbart hat."

Mechanismus und Vitalismus

NIKOLAUS KOPERNIKUS
(1473–1543)

Größte Erfolge verzeichnete die naturwissenschaftliche Methode zunächst auf dem Gebiet der Mechanik einschließlich der „Himmelsmechanik", der Astronomie. Dafür stehen Namen wie **NIKOLAUS KOPERNIKUS** (1473–1543), **GALILEO GALILEI** (1564–1642) oder **JOHANNES KEPLER** (1571 bis 1630). Mit **ISAAC NEWTON** (1643–1727) erlangte die physikalisch-mechanische Erklärung der Welt einen gewissen Höhepunkt.

Auch die Lebewesen versuchte man mechanistisch zu erklären. Die Entdeckung des Blutkreislaufes durch **WILLIAM HARVEY** (1578–1657, ↗ S. 16) war Voraussetzung für weitergehende mechanistische Erklärungsversuche der Lebewesen, wie sie z. B. von dem italienischen Mathematiker und Naturforscher **GIOVANNI ALFONSO BORELLI** (1608–1679) vertreten wurden (1680/81: *„Die Bewegung der Tiere"*). Andererseits gab es physiologische Prozesse, die sich nur schwer mechanistisch bzw. chemisch-physikalisch erklären ließen, wie z. B. die Blutgerinnung, aber auch geistige Prozesse wie Einsicht und Bewusstsein. Von anderen Philosophen und Naturwissenschaftlern wurde deshalb eine Lebenskraft *(„vis vitalis")* postuliert.

GALILEO GALILEI
(1564–1642)

Vitalistische Vorstellungen wurden über einen langen Zeitraum vertreten, so z. B. von dem Schweizer Arzt **THEOPHRASTUS BOMBASTUS VON HOHENHEIM** (1493–1541, **„PARACELSUS"**), von dem Arzt und Chemiker **GEORG ERNST STAHL** (1660–1734) und dem Zoologen und Naturphilosophen **HANS ADOLF EDUARD DRIESCH** (1867–1941).

Heliozentrisches Weltbild des NIKOLAUS KOPERNIKUS

Wegbereiter einer wissenschaftlichen Evolutionstheorie

Bis zu Beginn des 19. Jh. herrschte auch bei Biologen die **Lehre von der Konstanz der Arten** vor, doch bereiteten die wachsenden Kenntnisse, v. a. über die Vielfalt der Lebewesen, die Grundlagen für neue Fragestellungen. Insbesondere das System **Carl von Linnés** (1707–1778) erleichterte die systematische Erfassung der Tier- und Pflanzenarten, die in großer Zahl v. a. auch aus den Kolonien der Neuen Welt, Südostasiens und Afrikas auf zahlreichen Entdeckungsreisen zusammengetragen wurden (↗ S. 17). Linné selbst hielt allerdings an der Konstanz der Arten fest, aber andere stellten schon zu seinen Lebzeiten Überlegungen zur Evolution der Lebewesen an, so auch der Großvater von Charles Darwin, der Arzt und Naturforscher Erasmus Darwin (1731 bis 1802). Der Zoologe **Georges Baron de Cuvier** (1769–1832, ↗ S. 19) lieferte nicht nur ausgezeichnete Beschreibungen rezenter Arten, er gilt auch als ein Begründer der wissenschaftlichen Paläontologie. Weil er Fossilien in ganz unterschiedlichen und, wie er vermutete, unterschiedlich alten Sedimentgesteinen fand, kam er zu der Annahme regelmäßig wiederkehrender Naturkatastrophen, nach denen es jeweils zu einer Neuschöpfung der Lebewesen kam **(„Katastrophen-Theorie")**. Demgegenüber lehnte **Jean Baptiste de Lamarck** (1744–1829) die biblische Schöpfungsgeschichte als Erklärung für die Vielfalt der Arten ab. Er entwickelte eine Evolutionslehre, nach der die Anpassung der Tiere (und Pflanzen) an sich ändernde Umweltbedingungen zum Artenwandel und zur Artenaufspaltung führt.

Georges Baron de Cuvier (1769–1832)

Die darwinsche Evolutionstheorie

Alfred R. Wallace (1823–1913)

Charles Robert Darwin (1809–1882) und **Alfred Russel Wallace** (1823 bis 1913) begründeten die bis heute gültige Evolutionstheorie (↗ S. 19). Beide Forscher veröffentlichten 1858 gemeinsam ihre unabhängig voneinander gewonnenen Erkenntnisse *„Über die Entstehung der Arten durch natürliche Zuchtwahl"*:

1. Die Lebewesen vermehren sich stärker, als dies zur Erhaltung ihrer Art nötig wäre **(Überproduktion von Nachkommen)**.
2. Die Individuen einer Art variieren in ihren Merkmalen **(Variabilität)**.
3. Die an die bestehenden Umweltverhältnisse am besten angepassten Individuen haben die größten Chancen zum Überleben und zur Fortpflanzung **(natürliche Auslese oder Selektion)**.
4. Die Merkmale der sich Fortpflanzenden werden an deren Nachkommen weitergegeben **(Vererbung)**.
5. Diese Faktoren haben in der Vergangenheit genauso gewirkt wie in der Gegenwart **(Aktualitätsprinzip)**.

Ein Jahr nach dieser Erstveröffentlichung, die wenig Beachtung fand, 1859, veröffentlichte Darwin sein epochales Werk *„On the Origin of Species by Means of Natural Selection, or the Preservation of Favoured Races in the Struggle or Life"* (↗ S. 19, 288).
Der zweite Teil dieses Titels ist missverständlich und hatte erhebliche politische Auswirkungen im so genannten **„Sozialdarwinismus"**, einer der Grundlagen der nationalistischen und faschistischen Ideologien.

Jean B. de Lamarck (1744–1829)

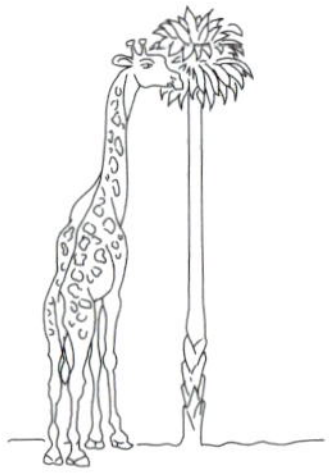

„Papa, warum sind die Palmen so hoch?" – „Damit die Giraffen ihre Blätter fressen können!"

„Wären die Palmen klein, hätten die Giraffen kein Futter!

„Papa, warum sind die Giraffen so groß?" – „Damit sie auf die Palmen hinauflangen können!"

„Hätten die Giraffen keine langen Hälse, könnten sie die Palmen nicht fressen!"

Vergleich der Theorien von LAMARCK und DARWIN

Für **LAMARCK** ist die Veränderung der Umwelt der Ausgangspunkt. Die Organismen passen sich aktiv an die Umweltveränderungen an und vererben diese erworbenen Eigenschaften an ihre Nachkommen.

Für **Darwin** ist der Ausgangspunkt die genetisch begründete Variabilität der Lebewesen einer Art. Durch die **natürliche Auslese** werden die Individuen die meisten Nachkommen erzeugen, die am besten an bestimmte Umweltbedingungen angepasst sind. Das Angepasstwerden ist also für die Lebewesen ein passiver Vorgang.

SALVADOR EDISARD LURIA (geb. 1912) und **MAX DELBRÜCK** (1906–1982) führten 1943 bei Bakterien einen so genannten Fluktuationstest durch, um zu widerlegen, dass sich Bakterien aktiv an bestimmte Umweltfaktoren anpassen können. Sie beimpften viele Kulturen mit der gleichen Keimzahl von Bakterien und beimpften dann nach einer bestimmten Zeit mit diesen Kulturen Agarplatten, die mit Bakteriophagen beimpft waren. Dabei kam es zu sehr unterschiedlichen Ergebnissen, die Impfungen aus einer Kultur brachten jedoch immer dasselbe Ergebnis. Dies kann nur so interpretiert werden, dass die zur Resistenz führenden Mutationen in den verschiedenen Kulturen zu unterschiedlichen Zeiten stattfanden und deshalb ganz unterschiedliche Keimzahlen Träger der Mutationen waren.

Gerade von Bakterien kennt man allerdings schon lange die Möglichkeit des lateralen oder horizontalen **Gentransfers** (↗ S. 309), für Eukaryoten werden solche Möglichkeiten vermehrt festgestellt. Streng genommen handelt es sich dabei um eine Art Eigenschaftserwerb, diese Eigenschaften werden natürlich auch an die Nachkommen vererbt.

Obwohl der Streit um die darwinsche Evolutionstheorie seit der Veröffentlichung 1859 nicht abriss, kann man doch sagen, dass es in den biologischen Wissenschaften kaum eine Theorie gab, die ihre prinzipielle Gültigkeit über so lange Zeit behalten hat. Durch neue Erkenntnisse, insbesondere der Populationsgenetik und der Molekulargenetik, aber auch der Ökologie wurde die darwinsche Abstammungslehre zur **Synthetischen Theorie der Evolution** ausgebaut (↗ S. 303 ff.).

Neue Erkenntnisse über lateralen Gentransfer, insbesondere auch im Zusammenhang mit Symbiose und Parasitismus (↗ S. 309 ff.), lassen vermuten, dass man über die Ursachen der genetischen Vielfalt und das Wechselspiel von Umwelt und Genom neue Erkenntnisse gewinnen wird, die auch in Zukunft eine „Evolution der Evolutionstheorie" erwarten lassen (↗ S. 306 ff.).
Auch solche Erkenntnisse werden jedoch die Grundfesten der Theorie nicht beseitigen. Vor allem in den Vereinigten Staaten spielt bis heute der so genannte **Kreationismus** eine nicht unbedeutende Rolle. Seine Vertreter versuchen, die Gültigkeit des biblischen Schöpfungsberichtes mit wissenschaftlichen Argumenten zu beweisen. Kreationisten sind auch im Internet vertreten (↗ S. 308).

8.1.2 Vorstellungen zur Entstehung des Lebens

Leben ist aus Nichtleben entstanden. Was Leben ist, kann noch nicht hinreichend beantwortet werden. Unstrittig ist, dass Leben an materielle Träger gebunden ist und Zellen jene Strukturen sein dürften, die evolutiv die neue Qualität des Lebens annehmen konnten. Um als Lebewesen zu gelten, müssen Zellen bestimmte Grundfunktionen (↗ S. 65 ff.) erfüllen.

Durch die Evolution des Kosmos, beginnend mit dem **Urknall,** werden die Voraussetzungen für die **Entstehung des Lebens** geschaffen.

Phasen der Entstehung des Lebens		
1. Phase	Entstehung komplizierter Kohlenstoffverbindungen (Monomere) aus einfachen Verbindungen	chemische Evolution
2. Phase	Entstehung von Biopolymeren aus Monomeren	
3. Phase	Wechselwirkungen zwischen den Biopolymeren (Nucleinsäuren und Proteinen) und die Abgrenzung von der Umwelt durch Membranen führen zur Bildung von Protocyten. Protocyten sind Strukturen, die einzelne Lebensmerkmale realisieren.	Übergang vom Nichtleben zum Leben
4. Phase	Entstehung einfacher Einzeller (Prokaryoten)	biologische Evolution
5. Phase	Entstehung der Eukaryoten und der Vielzeller	

Die **chemische Evolution** umfasst chemische Reaktionen, in deren Folge Stoffe entstanden sind, die Voraussetzung für die Entstehung des Lebens waren.

Modellvorstellungen zur Entstehung des Lebens müssen die Schritte von anorganischen Substanzen bis zu lebenden Strukturen erklären können.

Simulation der Bedingungen des Wechselspiels zwischen dem Urmeer und der Atmosphäre

STANLEY L. MILLER

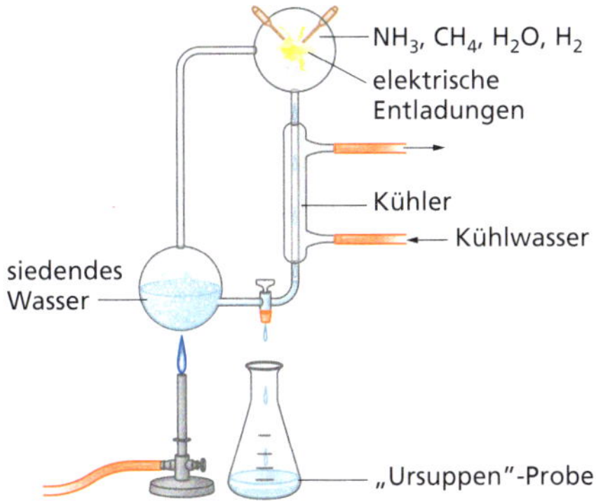

Simulationsexperiment von MILLER

STANLEY LLOYD MILLER (geb. 1930) mischte Methan, Ammoniak, Wasserstoff und Wasser und erhielt unter elektrischen Entladungen ein Gemisch von in Wasser gelösten organischen Substanzen, wie z. B. Aminosäuren (↗ S. 20, 47).

ALEXANDER IWANOWITSCH OPARIN (1894–1980) vertrat bereits 1924 die Auffassung, dass der biologischen Evolution eine chemische Evolution vorausgegangen sein musste.

Vermutlich war die geringe Konzentration an Monomeren im MILLER-Experiment die Ursache, dass die Folgereaktion zu Polymeren ausblieb. Zwei Modellvorstellungen verdeutlichen, wie es zur Bildung von Polymeren gekommen sein könnte.

Pyritkristall

Die Bildung von Biomolekülen ist nach Ansicht des Chemikers **GÜNTER WÄCHTERSHÄUSER** (1988) an einer Pyritoberfläche wahrscheinlicher als in einer homogenen Flüssigkeit (Ursuppe). An dem positiv geladenen Mineral lagern sich viele organische Verbindungen an. So wird eine Konzentration erreicht, die Polymerisationsreaktionen zulässt und erklärt **(„Pizza"- oder Vulkanschlothypothese)**.

Energiequelle könnte die Oxidation von Magnetkies (FeS) gewesen sein:

$$FeS + H_2S \longrightarrow FeS_2 + H_2 \qquad \Delta G = -41{,}9\ kJ \cdot mol^{-1}$$

$$H_2 + CO_2 \longrightarrow H^+ + HCOO^- \qquad \Delta G = +30{,}2\ kJ \cdot mol^{-1}$$

$$FeS + H_2S + CO_2 \longrightarrow FeS_2 + H^+ + HCOO^- \qquad \Delta G = -11{,}7\ kJ \cdot mol^{-1}$$

Diese Reaktion liefert so viel Energie, dass eine Kohlenstoffdioxid-Reduktion möglich ist und z. B. Essigsäure in aktivierter Form entstanden sein könnte. Auf diesem Wege könnte ein einfacher Stoffwechsel zustande gekommen sein. Die in der Nähe vulkanischer Tiefseequellen lebenden Archaebakterien stützen diese Hypothese, denn sie nutzen obige Reaktion für die Energiegewinnung.

In einem anderen Simulationsversuch gelang S. W. FOX 1965 die Anreicherung organischen Materials durch Eindampfen. Durch Erhitzen von Aminosäuregemischen konnte er die abiotische Synthese von Aminosäureaggregaten (Proteinoide) nachweisen. **Proteinoide** sind die Modellsubstanzen für Urproteine. Sie weisen enzymatische Fähigkeiten auf und bilden bei Zusatz von Wasser zellähnliche, von membranartigen Strukturen umgebene **Mikrosphären.** Obwohl Mikrosphären einige Lebensmerkmale wie Stoffwechsel, Wachstum und Vermehrung aufweisen, fehlen ihnen wichtige Eigenschaften, wie z. B. die Vererbung.

Von der chemischen zur biologischen Evolution

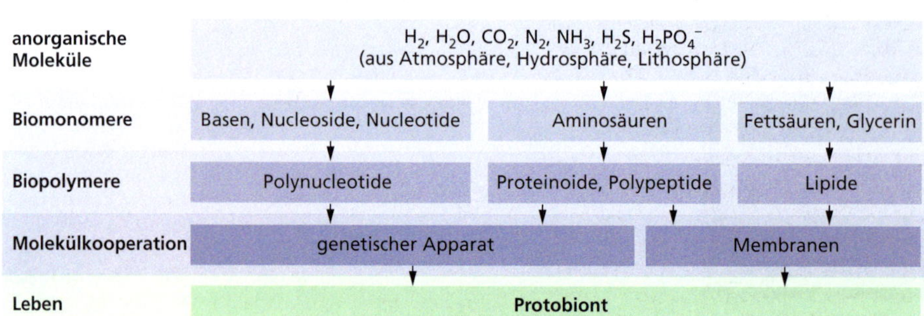

Die „RNA-Welt“

Alle bisherigen Modelle erklären nicht die Wechselwirkung von Nucleinsäuren und Proteinen. Zellstrukturen und Leben konnten sich aber vermutlich nur durch eine solche Kooperation herausbilden. Um das Lebensmerkmal der Vererbung und die Proteinentstehung erklären zu können, überlegte u. a. FRANCIS HARRY CRICK (geb. 1916, ↗ S. 200 f) 1987, ob in der Entstehungsphase des Lebens nicht eine einzige Verbindung informationstragende und enzymatische Funktionen ausgeübt haben könnte. Diese Verbindung stellt die RNA dar, denn sie kann Informationen speichern und hat auch enzymatische Fähigkeiten. Letztere wurden von THOMAS R. CECH (geb. 1947) und SIDNEY ALTMANN (geb. 1939), die dafür 1989 den Nobelpreis bekamen, nachgewiesen. Diese mögliche Vorstufe zur Entstehung des Lebens wird als **RNA-Welt** bezeichnet.
Gestützt wird diese Hypothese dadurch, dass Belege aus dieser Zeit noch heute in den Zellen zu finden sind. Viele Coenzyme, z. B. Coenzym A oder NAD, sind Nucleotide. Eine wichtige Teilreaktion der Proteinbiosynthese, die Translation, erfolgt an den Ribosomen unter Mitwirkung der RNA. Die **tRNA** veranschaulicht eindrucksvoll die Wechselwirkung von Nucleinsäuren und Aminosäuren bei der **Proteinbiosynthese** (↗ S. 208 f.). Die gebildeten Proteine erwiesen sich im Verlauf der Evolution vermutlich als die besseren und anpassungsfähigeren Katalysatoren, sodass es zwischen den Nucleinsäuren und Proteinen zu einer Funktionsteilung kam.

Das Hyperzyklusmodell

Nach MANFRED EIGEN (geb. 1927) kommt die Ausbildung eines **Hyperzyklus** zustande, sobald Polynucleotide und Proteine entstanden sind. Wenn die Nucleinsäure N die Bildung eines Proteins P begünstigt, das seinerseits die Replikation der Nucleinsäure katalysiert, setzt sich dieses als Hyperzyklus bezeichnete System gegenüber anderen konkurrierenden Systemen durch. Mehrere Hyperzyklen können auch miteinander kooperieren. Dies ist nach EIGEN auch die Erklärung für die **Universalität des genetischen Codes** (↗ S. 203), denn mit dem ersten Hyperzyklus wurde eine „Ein-für-allemal-Entscheidung“ getroffen. Experimentell wird die Hypothese dadurch gestützt, dass bei Zusammenführung von RNA-Bausteinen und RNA-Replikase des Qß-Virus eine sich selbst reproduzierende RNA-Population entsteht, obwohl keine Matrize dafür vorliegt.

Ausbildung eines Hyperzyklus

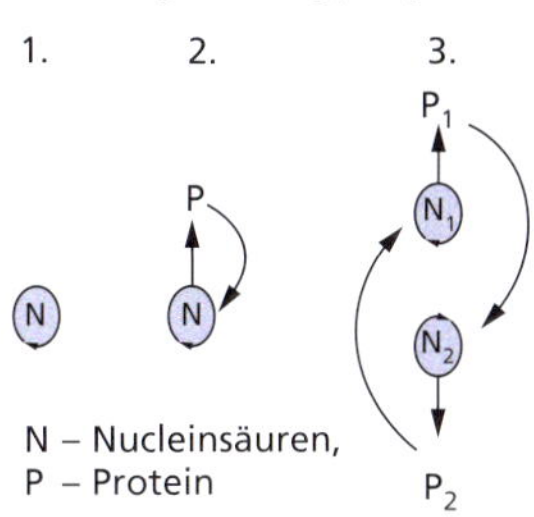

Kooperation mehrerer Hyperzyklen

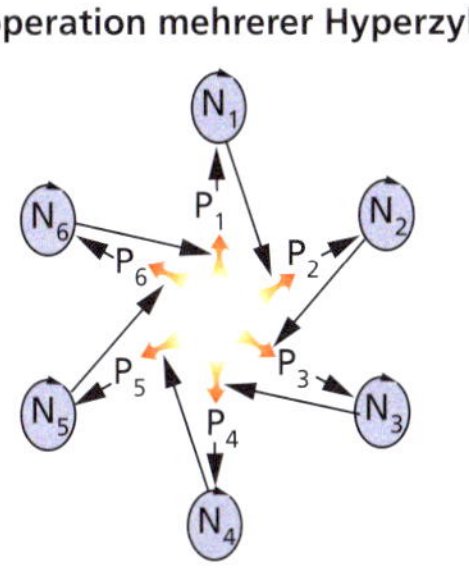

(Aminosäuren und Nucleotide in der Umgebung des Zyklus vorhanden)

MANFRED EIGEN (geb. 1927)

An den RNA-Molekülen können auch Mutationen stattfinden. Durch Zugabe bestimmter Substanzen kann z. B. ein Selektionsdruck in eine bestimmte Richtung ausgeübt werden.

Die Hyperzyklen zeigen bereits Lebensmerkmale wie:
- Selbstvermehrung und Vererbung,
- Stoffwechsel,
- Mutation und damit die Fähigkeit zur Evolution.

Wird ein Hyperzyklus von einer Membran eingeschlossen, liegt eine einfache Lebensform, ein **Protobiont** (Vorläufer von Zellen) vor. Durch den Mutations-Selektions-Mechanismus entstanden allmählich Procyten (Prokaryotenzellen) und später Eucyten.

Extraterrestrische Entstehung des Lebens

SVANTE A. ARRHENIUS, ein berühmter Chemiker, vertat die Auffassung von der extraterrestrischen Lebensentstehung.

Bereits 1908 wies der Chemiker **SVANTE AUGUST ARRHENIUS** (1859–1927, ↗ S. 20) erstmalig darauf hin, dass irdisches Leben durch eine *„Invasion aus dem All"* entstanden sein könnte. Nachdem in einigen Meteoriten organische Bestandteile, hauptsächlich Aminosäuren, nachgewiesen worden sind, erhielten solche Vorstellungen neuen Auftrieb. Der britische Astrophysiker und Kosmologe **FRED HOYLE** (1915–2001) vertrat die Auffassung, dass die ersten Protobionten nicht auf der Erde sondern auf meteorähnlichen bzw. kometenartigen Körpern entstanden sind, die in einer sehr frühen Phase der Entwicklung des Sonnensystems in großer Zahl existierten. Er vermutete, dass die Erde von diesen Meteoriten in einer sehr frühen Entwicklungsphase mit Lebenskeimen „geimpft" wurde. Auch FRANCIS H. CRICK spekuliert über eine extraterrestrische Entstehung des Lebens. Im Jahre 2004 wurde von der Europäischen Weltraumorganisation zur Erforschung möglicher Lebensspuren die Sonde *Rosetta* zu dem Kometen *67P CHURYUMOV-GERASIMENKO* auf den Weg gebracht, die in 10 Jahren den Kometen erreichen soll.

Modelle zur Entstehung von Protobionten

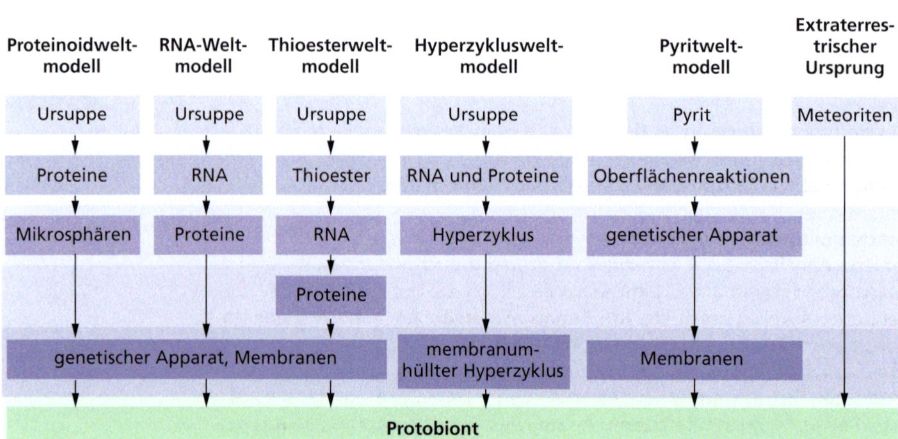

8.2 Indizien für die Evolution der Organismen

- Biochemische und cytologische Übereinstimmungen weisen auf den gemeinsamen Ursprung aller Lebewesen hin.
- Fossilien geben Auskunft über Lebewesen früherer Erdepochen.
- Übergangsformen weisen auf die Beziehungen großer Verwandtschaftsgruppen hin.
- Übereinstimmungen in der Ontogenie sind ein Indiz für gemeinsame Abstammung.
- Die unterschiedliche Ausprägung homologer Merkmale lässt sich ebenso wie rudimentäre Organe und Atavismen nur durch Evolution erklären.

8.2.1 Der gemeinsame Ursprung aller Lebewesen

Betrachtet man die Geschichte des Lebens, so hat man es mit einer nahezu unendlichen Vielfalt der Formen und Lebensfunktionen zu tun. Trotzdem spricht sehr vieles dafür, das alle Lebewesen auf einen gemeinsamen Ursprung zurückgehen.

Typisch für alle Lebewesen ist die Fähigkeit zur identischen Replikation, also zur Vermehrung mit Vererbung. Die Träger der Erbinformation sind bei allen Lebewesen **Nucleinsäuren.** Der **genetische Code** (↗ S. 203), mit dem Nucleinsäuremoleküle die Bildung von Proteinen steuern, ist universell, das heißt, er wird von den Archaea bis zu den Säugetieren und von den Cyanobakterien bis zu den Sonnenblumen verstanden. Replikation, Transkription und Translation zeigen ebenfalls eine grundsätzliche Übereinstimmung. Dies gilt auch für die makromolekularen Grundstrukturen und sogar für die Bausteine der Makromoleküle: Die Bioproteine sind fast alle aus L-Aminosäuren aufgebaut, die Kohlenhydrate aus D-Zuckern (↗ S. 48, 53).

N-Alkane (C_{17}, C_{15}) als Abbauprodukte von biogenen Fettsäuren oder Porphyrine als Reste von Biomembranen und Enzymen deuten auf den biogenen Ursprung eines Sediments hin.

Auch der Stoffwechsel aller Lebewesen zeigt trotz unzähliger Variationen gemeinsame Grundlagen, z. B. die Bildung von Phosphatestern zur Energieübertragung nach dem Muster:

$$\text{Glycerinaldehyd-}H_2PO_3 + H_3PO_4 \longrightarrow \text{Glycerinsäure-}(H_3PO_3)_2 + H$$

(wobei H an ein Trägermolekül, z. B. NAD, gebunden wird).

Bei der Suche nach **Lebensspuren** in alten Gesteinen geht man von dieser Übereinstimmung aus. Wenn es darum geht, zu entscheiden, ob eine Struktur biogenen Ursprungs sein könnte, sind bestimmte Molekültypen, die als Abbauprodukte von Biomolekülen gelten, eine Argumentationshilfe, z. B. Oligopeptide oder Porphyrine (↗ S. 49, 62 f.).
Aber auch komplexere Stoffwechselwege zeigen große Übereinstimmung bei Prokaryoten und den verschiedensten Eukaryoten. Dies gilt zum Beispiel für die abbauenden, Energie freisetzenden Stoffwechselwege Glykolyse, Citratzyklus und Atmungskette (↗ S. 113 ff.).

8.2.2 Fossilien als Belege für die Evolution

Fossilien sind Reste oder Spuren von Organismen früherer Erdzeitalter.

Fossilien von *fossilis:* lat. = ausgegraben

Fossilien sind Belege für die Stammesgeschichte der Organismen, denn:
- sie dokumentieren das Aussehen der Organismen in früheren Erdzeitaltern,
- sie verdeutlichen durch den Vergleich mit heutigen Lebewesen den Formenwandel und die Verwandtschaftsbeziehungen der Organismen,
- sie ermöglichen durch die Bestimmung ihres Alters Aussagen über den zeitlichen Ablauf der Evolution.

Entstehung von Fossilien

Tote Organismen müssen schnell von Sedimenten eingeschlossen werden, um den Sauerstoffzutritt und damit die Zersetzung zu verhindern. Nach der Art ihrer Entstehung werden mehrere Typen von Fossilien unterschieden:

Die Altersbestimmung von Fossilien kann mithilfe unterschiedlichster Methoden durchgeführt werden.

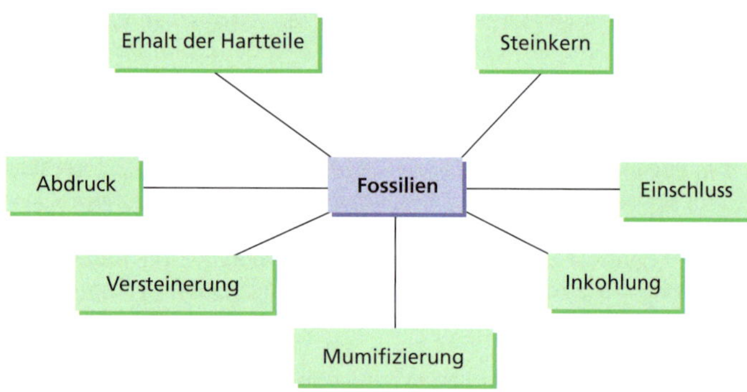

Eine echte **Versteinerung** entsteht, wenn organische Substanz von Lebewesen durch Mineralien ersetzt (substituiert) wird. Beispiele sind die versteinerten Knochen des „Tambacher Liebespaares" (*Seymouria sanjuanensis,* Reptilien) und versteinertes Holz (z. B. in Chemnitz).

Leitfossilien sind Fossilien, mit denen sich das relative Alter der sie umschließenden Gesteine ermitteln lässt.
Sie erfüllen folgende Kriterien:
1. leicht erkennbar,
2. häufig,
3. auf eine kurze Epoche beschränkt,
4. geographisch weit verbreitet.

versteinerte Knochen

versteinerte Baumstämme

Steinkerne, z. B. von Ammoniten oder einem Seeigel, entstehen dadurch, dass sich die Hohlräume innerhalb der Schalen nach der Zersetzung des Weichkörpers mit Sediment füllen und erhärten. Die Steinkerne zeigen die inneren Abdrücke der Schalen.

Ammonit (Steinkern)

Seeigel (Steinkern)

Wurden Organismen in ein Sediment eingebettet und der Körper zersetzt, kann sein **Abdruck** erhalten bleiben, wie z. B. der eines Muschelschalers *(Lioetheria sp.)* oder der Federn des *Archaeopteryx.* Wird ein Abdruck erzeugt und dieser durch ein Sediment ausgefüllt, entsteht ein Abguss, z. B. von Saurierfährten.

Muschelschaler (Abdruck)

Saurierfährte (Abguss)

Häufig bleiben von den Organismen nur die **Hartteile,** wie Knochen, Schalen, Gehäuse, Panzer oder Zähne über erdgeschichtliche Epochen hinweg erhalten. Beispiele hierfür sind Mammutzähne, zahlreiche Schneckengehäuse, aber auch Kalkfelsen. Die Kreidefelsen auf Rügen bestehen aus über 65 Mio. Jahre alten fossilen Kugelschwämmchen, die Kalkfelsen im Altmühltal bei Dollnstein aus Schwammnadeln. Unter bestimmten Bedingungen, wie hoher Druck, hohe Temperatur und Luftabschluss, entstanden durch allmähliche Umwandlung organischer Verbindungen in Kohlenstoff **(Inkohlung)** aus Pflanzenresten Kohlelagerstätten. Da die Pflanzenstrukturen weitgehend erhalten blieben, kann man an diesen Fossilien Zellstrukturen untersuchen. So ist der anatomische Bau der Steinkohlepflanzen aus dem Karbon weitgehend bekannt.

In der Zeit vor 360 bis 290 Mrd. Jahren bedeckte eine reiche Sumpfvegetation einen Großteil der Erde. Aus diesen Farn-, Bärlapp- und Schachtelhalmgewächsen entstanden **Steinkohlelager** (z. B. im Rheinland, im Saarland und in Polen).

Werden die Fossilien dem Alter nach geordnet, erhält man einen Überblick über die Organismen in den verschiedenen **Erdzeitaltern.**

Mikrofossilien sind versteinerte Überreste von mikroskopisch kleinen Strukturen, z. B. Zellen.

Baumfarn (Inkohlung)

Kugelschwämmchen

Einschlüsse (Inklusien) entstehen, wenn Organismen in Harz, Salz oder Eis eingebettet wurden und gut erhalten geblieben sind. Zu ihnen zählen beispielsweise ein im sibirischen Dauerfrostboden eingeschlossenes Mammut, der etwa 5 000 Jahre im Eis eingeschlossene Ötzi und vor etwa 45 Mio. Jahren in Bernstein (Nadelholzharz) eingeschlossene Insekten und Würmer. In Gegenden mit extremer Trockenheit können tote Organismen durch Austrocknung konserviert werden. Diese Fossilien werden als **Mumien** bezeichnet. Ein Beispiel ist der Ritter Kahlbutz aus Kampehl in Brandenburg.

Inklusie in Bernstein

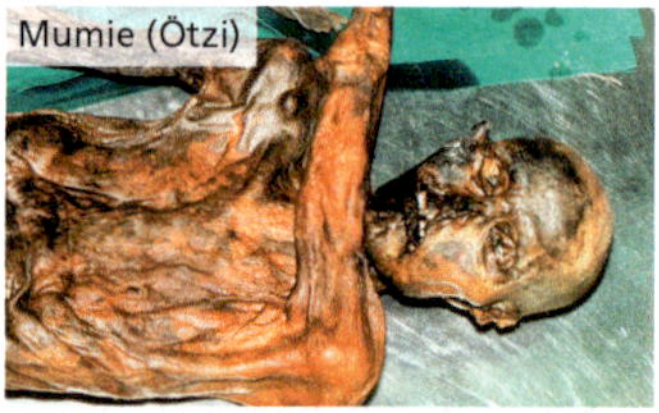
Mumie (Ötzi)

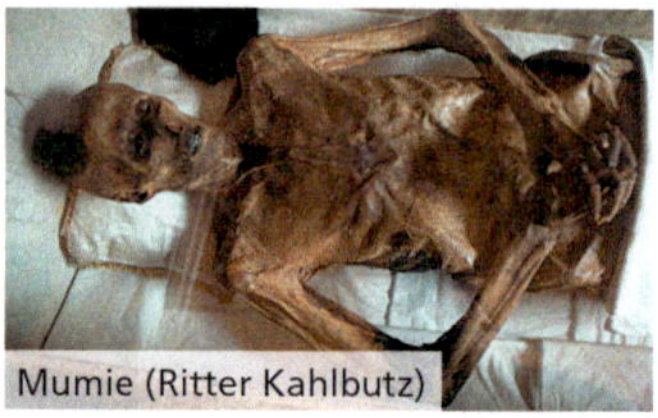
Mumie (Ritter Kahlbutz)

Als älteste Lebensspuren gelten die in präkambrischen, 3,5 Mrd. Jahre alten **Sedimentgesteinen** Westaustraliens vorkommenden Stromatolithen. Diese geschichteten Strukturen enthalten Mikrofossilien, die an **Cyanobakterien** erinnern. Heute gibt es noch an wenigen Stellen der Erde, z. B. in der Shark Bay an der westaustralischen Küste, vergleichbare, von Blaugrünen Bakterien gebildete Strukturen (↗ Abbildung).

Stromatolithen

Allgemeine Erkenntnisse aus der Fossilgeschichte der Lebewesen

1. Fossilien zeigen, dass es in den früheren Erdepochen Lebewesen gegeben hat, die es heute nicht mehr gibt, und dass nicht alle Lebewesen von Anfang an vorhanden waren.
2. Je weiter man in der erdgeschichtlichen Vergangenheit zurückgeht, desto mehr weichen Flora und Fauna von den heutigen Verhältnissen ab.
3. Die verschiedenen Organismengruppen treten nacheinander auf und haben sich, auf erreichte Entwicklungsstufen aufbauend, weiter entwickelt, wie z. B. Rundmäuler, Knorpelfische und Knochenfische.
4. Wichtige Evolutionsschritte, wie z. B. der Übergang vom Wasser- zum Landleben, wurden erst von den Pflanzen und dann von den Tieren vollzogen.
5. Entwicklungsvorgänge sind nicht umkehrbar (dollosche Regel der Irreversibilität der Entwicklung).

Die **dollosche Regel** lässt sich z. B. dadurch belegen, dass zum Wasserleben übergegangene Säuger niemals mehr Kiemen ausgebildet haben, obwohl sie embryonal angelegt werden. Organismen mit reduzierter Zehenzahl (Paarhufer, Unpaarhufer) haben keine Arten mit erhöhter Zehenzahl hervorgebracht (↗ S. 324).

8.2.3 Übergangsformen der Evolution

Übergangsformen sind Lebewesen, die Merkmale von Organismen, die zwei unterschiedlichen systematischen Gruppen angehören, in sich vereinen.

Als Bindeglieder zwischen zwei Organismengruppen zeigen Übergangsformen deren Verwandtschaft an und weisen auf gemeinsame Vorfahren hin. Ein bekanntes Beispiel eines **Brückentieres** ist der **Urvogel *(Archaeopteryx)*.** Er zeigt ein Mosaik von Reptilien- und Vogelmerkmalen.

Urvogel *Archaeopteryx*

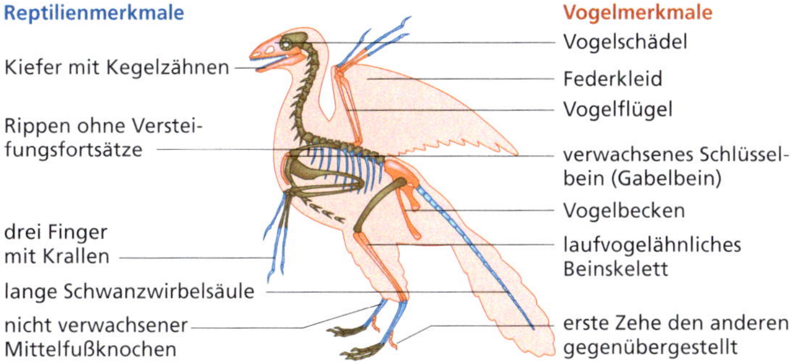

Dabei sind solche Übergangsformen in der Regel nicht identisch mit den wirklichen Vorfahren von zwei Verwandtschaftsgruppen. Auch der *Archaeopteryx* ist als ein Seitenzweig der Entwicklungslinie von den Reptilien zu den Vögeln anzusehen, der in vielen Merkmalen mit den gemeinsamen Vorfahren übereinstimmt.

Neben den bereits ausgestorbenen fossilen **Brückenorganismen** gibt es auch heute noch lebende Arten, die als Übergangsformen angesehen werden können.

Weitere Übergangsformen, auch im Pflanzenreich, können grundlegende Schritte der Evolution belegen.

Das zu den **Kloakentieren** zählende Schnabeltier *(Ornithorhynchus anatinus)* vereint Reptilienmerkmale (Kloake, wechselwarm, Eier legend) mit Säugermerkmalen (Milchdrüsen, Haarkleid).

Die heute lebenden Formen können keine wirklichen Vorfahren verschiedener Verwandtschaftsgruppen sein. Da sie aber eine Merkmalskombination zeigen, die solchen Vorfahren nahe kommt, werden sie oft als Modell für solche Bindeglieder herangezogen.

Der Begriff „lebende Fossilien" geht auf DARWIN zurück, der ihn auf den Ginkgobaum anwendete.

Der **Ginkgobaum,** ursprünglicher einziger Vertreter einer im Erdmittelalter artenreichen Gruppe der Nacktsamer, hat sich seit 180 Mio. Jahren kaum verändert.

Ganz allgemein werden lebende Tier- und Pflanzenarten mit einer großen Zahl urtümlicher Merkmale und isolierter Stellung im System als **lebende Fossilien** bezeichnet. Ihre nächsten Verwandten sind längst ausgestorben.

8.2.4 Hinweise aus der Ontogenie

Der Embryologe CARL-ERNST VON BAER (1792 bis 1867) formulierte das Gesetz der Embryonenähnlichkeit. Danach erscheinen in der Embryonalentwicklung zunächst die allgemeinen Baumerkmale eines Stammes und erst am Ende die speziellen, arttypischen Strukturen.

Bei einem Vergleich von Wirbeltierembryonen aus verschiedenen Entwicklungsstadien stellte ERNST HAECKEL (↗ S. 20) Ähnlichkeiten fest. Er leitete daraus das **„biogenetische Grundgesetz"** ab:
Die **Ontogenie (Keimesentwicklung)** ist eine verkürzte, schnelle Rekapitulation der **Phylogenie (Stammesentwicklung).**

Aus heutiger Sicht muss man sagen, dass kein naturgesetzlicher Zusammenhang zwischen der sich ständig wiederholenden und selbst der Evolution unterliegenden Ontogenese und der einmaligen Phylogenese besteht. Ontogenetische Merkmale unterliegen im Allgemeinen einem geringeren Selektionsdruck.

Aus diesem Grund sind ontogenetische Merkmale sehr konservativ und können zur Klärung von Abstammungsfragen herangezogen werden:

- DARWIN erkannte aufgrund ähnlicher Larvenformen, dass Seepocken zu den Krebsen gehören.
- Die Embryonalentwicklung der Wale weist auf die Abstammung von vierbeinigen, landlebenden Säugetieren hin und ist inzwischen durch Fossilfunde belegt.
- Das Herz hat in einem frühen Embryonalstadium bei allen Wirbeltieren die Gestalt eines Fischherzens und besteht aus nur einer Vorkammer und nur einer Hauptkammer.

Embryonalentwicklung der Wirbeltiere

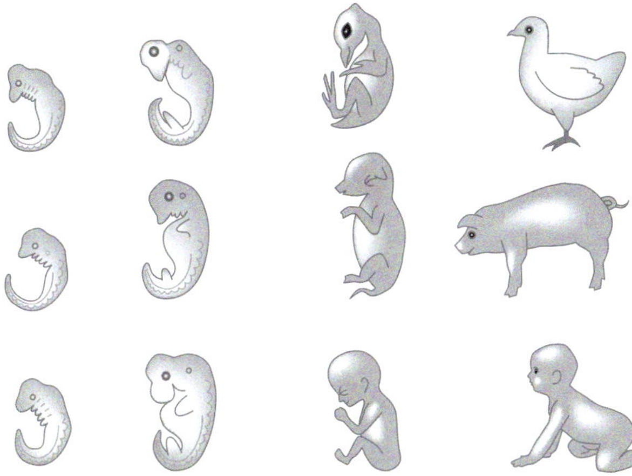

In der Embryonalentwicklung der Landwirbeltiere und auch des Menschen zeigen sich Kiemenandeutungen. Sie erreichen kein funktionstüchtiges Stadium. Aus ihnen gehen z. B. Unter- und Oberkiefer, Zungenbein, Kehlkopf, Mittelohrknöchelchen hervor.

8.2.5 Homologie und Analogie

Ähnlichkeiten aus der vergleichenden Biologie in der Gestalt (Morphologie), dem inneren Bau (Anatomie), im Stoffwechsel (Biochemie) oder im Erbgut (Genetik) werden als Belege für die Verwandtschaft und die Evolution der Organismen herangezogen. Doch in der Biologie werden zwei Formen der Ähnlichkeit unterschieden: **Homologie** und **Analogie.** Nur homologe Merkmalsausprägungen können als Argumente für die Verwandtschaft herangezogen werden. Es ist deshalb wichtig, zu erkennen, ob es sich um eine homologe oder analoge Merkmalsausprägung handelt.

Ähnlichkeiten im Sinne von **Analogien** finden wir z. B. im Bau von Autos, Fernsehgeräten oder Fotoapparaten. Obwohl in anderen Ländern hergestellt, weisen sie durch gleiche Funktionen Ähnlichkeiten auf.

Analoge Organe sind Organe mit verschiedenem Grundbauplan, die in Anpassung an gleiche Funktionen Ähnlichkeiten aufweisen. Die stammesgeschichtliche Entwicklung ähnlicher Formen in Anpassung an gleiche Funktionen wird als **Konvergenz** bezeichnet.

So ähneln sich z. B. die Grabbeine von Maulwurf und Maulwurfsgrille, die Flügel von Insekten und Vögeln, die Strukturen von Sprossdorn, Blattdorn und Stachel, obwohl ihnen verschiedene Baupläne zugrunde liegen. Das Grabbein des Maulwurfs hat z. B. ein knöchernes Innenskelett, das der Maulwurfsgrille ein Außenskelett aus Chitin. Auch die Körperformen von wasserlebenden Wirbeltieren sind konvergente Entwicklungen.

Homologe Organe sind Organe mit gleichem Grundbauplan und gleichem phylogenetischen Ursprung. Sie können in Anpassung an unterschiedliche Funktionen spezifische Veränderungen aufweisen.

Der Homologiebegriff wurde bereits 1843 von dem Anatomen RICHARD OWEN (1804–1892) definiert und klar von dem der Analogie abgegrenzt. Bis dahin wurden beide Begriffe synonym verwendet. OWEN sah Homologie als Variation eines Grundbauplanes an.

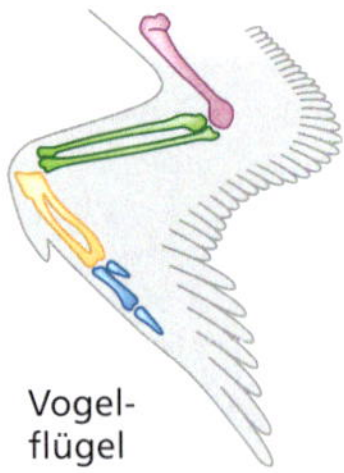
Vogelflügel

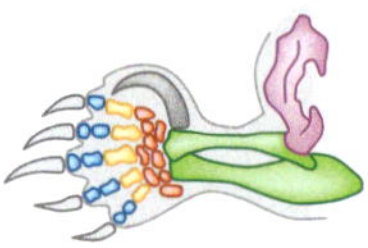
Grabbein des Maulwurfs

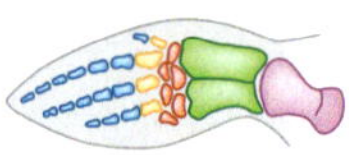
Delfinflosse

Der gleiche Grundaufbau lässt auf eine gemeinsame Abstammung schließen und wird auf das gleiche, für die verschiedenen Formen jedoch leicht abgewandelte genetische Programm zurückgeführt.

Die Vordergliedmaßen verschiedener Wirbeltiere, z. B. der Arm des Menschen, der Vogelflügel, das Grabbein des Maulwurfes und die Flosse eines Wales mögen auf den ersten Blick sehr unterschiedlich aussehen. Ihr anatomischer Grundaufbau ist aber vom Oberarmknochen bis zu den Fingerknochen gleich.

Da viele Organe im Verlauf der Evolution einen Funktionswechsel durchlaufen haben, können sie sehr unterschiedlich gestaltet sein. Zum Nachweis von Homologien und damit von Abstammungsverhältnissen hat der Zoologe ADOLF REMANE (1898–1976) drei Homologiekriterien vorgeschlagen.

Die **Homologiekriterien** sind:
- das Kriterium der Lage,
- das Kriterium der spezifischen Qualität,
- das Kriterium der Verknüpfung durch Zwischenformen oder der Stetigkeit.

Das Kriterium der Lage

Zwei Organe sind homolog, wenn sie gleiche Stellen im Gefügesystem verschiedener Organismen einnehmen.

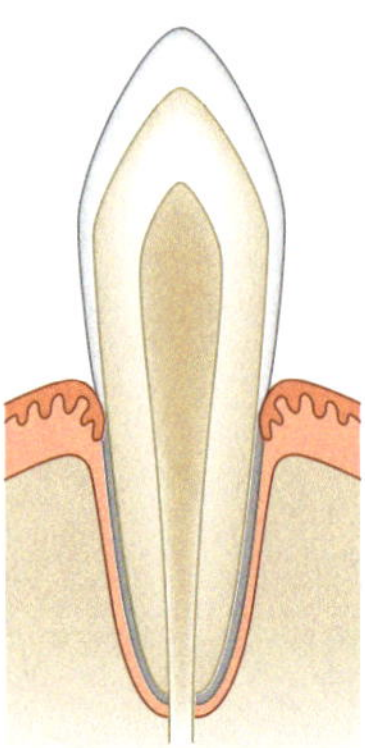
Zahn (Säugetier)

Demnach sind die Brustflossen der Wale, die Vorderextremitäten der Wirbeltiere und der Vogelflügel homolog. Ein weiteres Beispiel sind die Mundwerkzeuge der Insekten.

Das Kriterium der spezifischen Qualität

Komplex gebaute Organe, die während der Phylogenie die Lage im Gefügesystem verändert haben, können auch dann homologe Organe sein, wenn sie in zahlreichen Einzelheiten ihres Baues übereinstimmen.

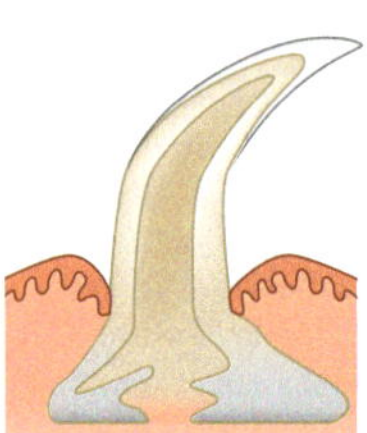
Hautschuppe (Hai)

Je komplexer und ähnlicher zwei vergleichbare Strukturen sind, desto unwahrscheinlicher ist es, dass sie sich unabhängig voneinander entwickelt haben.

Nach diesem Kriterium werden beispielsweise die Hautschuppen des Haies A mit den Schneidezähnen der Säugetiere B homologisiert.

Das Kriterium der Verknüpfung durch Zwischenformen oder der Stetigkeit

Einander unähnliche und verschieden gelagerte Organe sind dann homolog, wenn sie sich durch eine Reihe von Zwischenformen miteinander verbinden lassen.

Demnach ist der Blutkreislauf zwischen den verschiedenen Wirbeltierklassen homolog. Zwar ähnelt der Blutkreislauf der Fische dem der Säuger nur geringfügig, aber deutlich dem der Amphibien, dieser dem der Reptilien und dieser dem der Säuger.

Teile des primären Kiefergelenkes der Knochenfische haben bei den Säugetieren einen Funktionswechsel erfahren und wurden zu den Gehörknöchelchen. Übergänge findet man bei Amphibien und Reptilien.

Fischschädel **Säugerschädel**

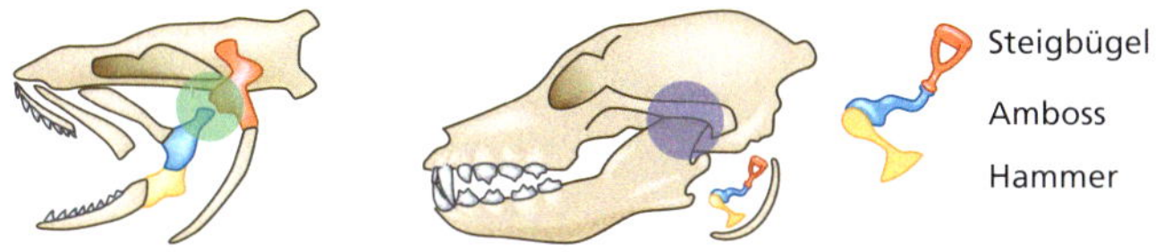

primäres Kiefergelenk sekundäres Kiefergelenk

8.2.6 Rudimentäre Organe und Atavismen

Rudimentäre Organe sind rückgebildete Organe. Sie haben im Verlauf der Evolution ihre ursprüngliche Funktion ganz oder teilweise verloren und sind nur noch als Organreste vorhanden.

Rudimentäre Organe stehen oft am Ende von **Regressionsreihen.** Sie lassen sich durch die Reihung aus Strukturen voll funktionsfähiger Organe verwandter Arten ableiten. Von daher sind sie ein weiteres Indiz für Abstammungszusammenhänge.

Regressionsreihe bei Zahn- und Bartenwalen

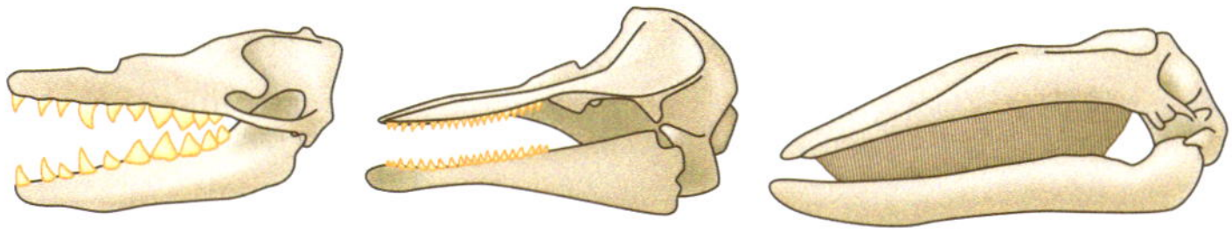

Urwal (fossiler Zahnwal) | Delfin (rezenter Zahnwal) | Bartenwal (rezent)

Bei Bartenwalen kommt es statt einer Ausbildung von Zähnen zur Neubildung von Barten.

Die **Griffelbeine** (gelb) am Mittelfußknochen der Pferde haben keine erkennbare Funktion und gelten als Rudimente. Ein Vergleich mit den Fußknochen von Tapir und Nashorn belegen die Regression.

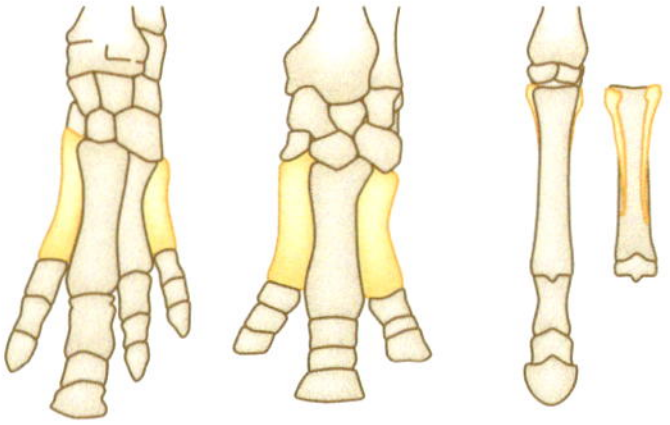

Aufgrund ihrer Lage und der Verknüpfung durch Zwischenformen können die Griffelbeine als homolog zu den Zehen tragenden Mittelfußknochen angesehen werden. Dies gestattet die Annahme, dass die Pferde Vorfahren mit mehrstrahligen Extremitäten haben.

Weitere Beispiele:

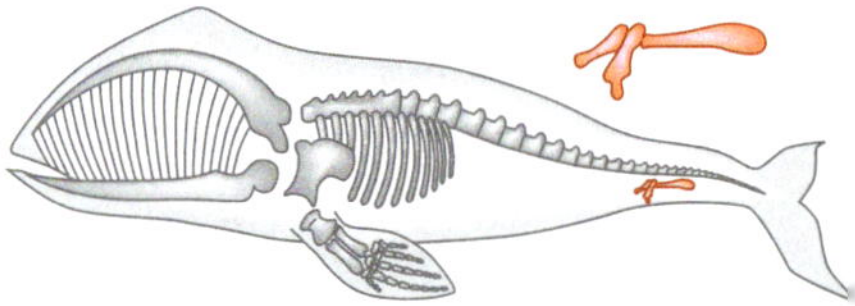

- Reste des Beckengürtels bei Walen
- Nägel an den Flossen bei Seelöwen und Walross
- Gehäusereste bei Nacktschnecken
- Rückgebildete Augen bei Höhlentieren
- Wurmfortsatz des Blinddarmes beim Menschen
- Muskeln zur Ohrenbewegung beim Menschen

Die Existenz solcher funktionslos gewordenen Organe ist nur durch die Evolution erklärbar.

Atavismen sind nur gelegentlich bei einzelnen Individuen einer Art ausgebildete Strukturen, die an frühere stammesgeschichtliche Zustände erinnern.

Atavismen gelten als Rückschläge in phylogenetisch frühere Stadien. Sie sind ihrem Wesen nach weniger stark zurückgebildete rudimentäre Organe. Sie weisen darauf hin, dass die verantwortlichen Gene noch vorhanden, aber normalerweise unterdrückt sind, und werden daher gelegentlich als Folge zufällig bzw. versehentlich reaktivierter „eingeschlafener" Gene angesehen.

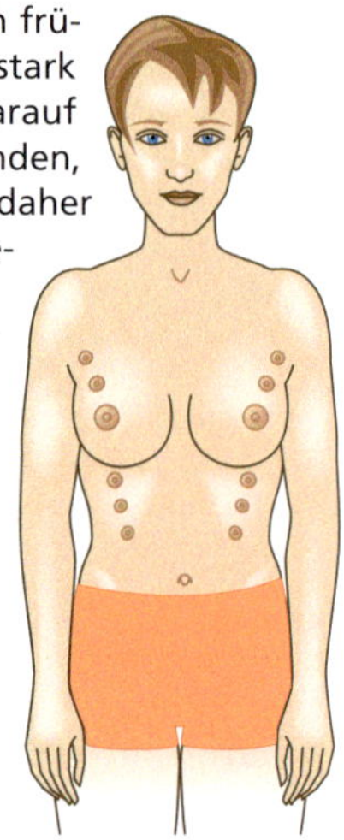

Beispiele:

- Verlängertes Griffelbein mit Zehenknochen und Huf bei Pferden
- Schwanzartig verlängertes Steißbein beim Menschen, zwei Leisten zusätzlicher Brustwarzen, starke Behaarung und Halsfistel (offene Kiemenspalte) beim Menschen

8.3 Evolutionsfaktoren und ihre Wirkung

- Die synthetische Theorie der Evolution ist eine Weiterentwicklung der darwinschen Selektionstheorie.
- Es werden die Evolutionsfaktoren Mutation und Rekombination, Anpassungsselektion, Gendrift (Zufallsselektion), Migration (Genfluss) und Isolation unterschieden.
- Die Isolation ist für die Bildung neuer Arten verantwortlich.
- Die jüngsten Ergebnisse der Genetik und der Evolutionsforschung lassen erkennen, dass die Synthetische Theorie gewisser Ergänzungen bedarf.

8.3.1 Die synthetische Theorie der Evolution

DARWIN hat die Grundlagen für das Verständnis der Evolutionsmechanismen geschaffen. Die grundlegenden Elemente seiner Theorie (Überproduktion von Nachkommen, Variabilität und Selektion) sind bis heute gültige Erklärungen für das Evolutionsgeschehen. Aufbauend auf diesen Grundlagen, hat die Synthetische Theorie die Erkenntnisse aus verschiedenen Wissensgebieten, wie Paläontologie, Ökologie und Genetik, insbesondere Populationsgenetik, aufgegriffen. Bei der Erklärung des Evolutionsablaufes betrachtet die Synthetische Theorie den Genpool einer Population und seine Veränderungen. Sie untersucht, wie es zu einer Veränderung in der Zusammensetzung dieses Genpools kommen kann.

CHARLES DARWIN begab sich von 1831 bis 1836 mit der *Beagle* auf eine Weltreise und erforschte die Küstenregionen und Inseln der Südhalbkugel.

Als Evolutionsfaktoren bezeichnet man die Ursachen, die für die Veränderung des Genpools einer Population verantwortlich sind. Die wichtigsten Faktoren sind Mutation und Rekombination, Anpassungsselektion, Gendrift (Zufallsselektion), Migration (Genfluss) und Isolation.

Neuere Erkenntnisse deuten darauf hin, dass die synthetische Theorie der Evolution der Ergänzung bedarf, insbesondere was Kooperation, Beziehung von Ontogenie und Phylogenie und die Bedeutung des Verhaltens für die Evolution betrifft (↗ S. 375 ff.).
Während Gentheorien vor allem die Selektionswirkung auf einzelne Gene in den Blick nehmen, betonen Genomtheorien der Evolution die Wechselwirkungen zwischen den Genen und Genabschnitten.
Die großen und komplex gebauten Genome der Eukaryoten weisen zahlreiche und umfangreiche Abschnitte auf, die nicht zur Bildung von mRNA führen, zum Beispiel Introns (↗ S. 208 ff.), Promotor- und Enhancerbereiche, Pseudogene und repetitive DNA-Abschnitte. Auch wenn die Wechselwirkungen und Regulationsmechanismen im Einzelnen noch wenig erforscht sind, kann man schon heute sagen, dass der Umformung und Neukombination vorhandener Genomanteile eine große Bedeutung in der Evolution zukommt.

Übersicht über Evolutionsfaktoren

Durch **Mutation und Rekombination** werden eine Vielzahl von unterschiedlichen Genotypen und Phänotypen geschaffen, die dann den Einwirkungen anderer Evolutionsfaktoren ausgesetzt sind.

Die **Anpassungsselektion** bewirkt, dass Individuen mit einer besseren Eignung mehr Nachkommen haben als andere. Diese unterschiedliche Fitness (↗ S. 385) kann sich z. B. beim Nahrungserwerb, beim Wettbewerb um einen Geschlechtspartner, bei der Flucht vor Fressfeinden oder der Resistenz gegenüber Krankheiten auswirken.

Gendrift (Zufallsselektion) bewirkt die Veränderung von Genhäufigkeiten durch zufällige Auswahl. Rein zufällig überleben bestimmte Individuen Naturkatastrophen, wie z. B. Waldbrände, Überschwemmungen oder Erdbeben. Auch bei der Neubesiedelung eines Gebietes, z. B. einer neu entstandenen Insel, bestehen die Gründerpopulationen aus einer zufälligen Genotypkombination.

Migration (Genfluss) beschreibt die Veränderungen der Genfrequenzen in einer Population, die durch Zuwanderung oder Abwanderung von Individuen bewirkt werden.

Unter **Isolation** versteht man die Trennung einer Population in Teilpopulationen, zwischen denen der Genaustausch eingeschränkt oder ganz unterbunden wird. Isolation ist die Voraussetzung für Artbildung.

Mutation und Rekombination

Mutationen des Birkenspanners

Als **Mutation** bezeichnet man spontan oder aufgrund bestimmter physikalischer oder chemischer Einwirkungen auftretende Veränderungen im Genotyp. Die Mutationen schaffen einmal neues genetisches Material, das dann der Einwirkung der anderen Evolutionsfaktoren unterliegt, zum anderen verändern sie durch bestimmte Mutationsraten die Häufigkeit bestimmter Allele im Genpool einer Population. Wenn auch die Anzahl günstiger Mutationen äußerst gering ist, so kann ihr Zusammentreffen in einem Individuum durch genetische Rekombination wahrscheinlicher werden. Außerdem wird die Vielfalt der Genotypen und damit auch der Phänotypen in einer Population erheblich vergrößert. Der wichtigste Rekombinationsmechanismus bei Eukaryoten ist die Rekombination zwischen homologen DNA-Sequenzen während der Prophase I der Meiose (↗ S. 178). Bei Prokaryoten und in geringerem Ausmaße wohl auch bei Eukaryoten gibt es auch genetische Austauschprozesse zwischen Individuen einer Generation, z. T. sogar zwischen Individuen verschiedener Arten (horizontaler oder lateraler Gentransfer, Parasexualität bei Bakterien). Darüber hinaus können bestimmte DNA-Abschnitte, so genannte Transposons, innerhalb des Genoms ihre Position wechseln **(transpositionale Rekombination)**.

Anpassungselektion

Anpassungsselektion

Die **Anpassungsselektion** setzt an den Phänotypen an. Voraussetzung ist die genetisch bedingte Unterschiedlichkeit der Individuen. Ihre große Potenz wird deutlich, wenn man sich vor Augen führt, welche Möglichkeiten der Veränderung in der gezielten Auslese durch den Menschen in der Tier- und Pflanzenzüchtung stecken. Die verschiedenen Rassen der Haustaube oder des Haushundes, die alle von der gleichen Wildform abstammen und trotz ihrer großen Unterschiede immer noch zu dieser Art gehören, sind Beispiele, die schon DARWIN anführte.
Anpassungsselektion kann sich recht unterschiedlich auswirken. Bei konstanter Umwelt werden durch Selektion vor allem die Extreme eliminiert. Dadurch wird die Variationsbreite der Phänotypen und der Genotypen vermindert. Die natürliche Auslese wirkt deshalb in erster Linie beschränkend **(stabilisierende Selektion)**.

Ändert sich die Umwelt einer Population, so bewirkt die Selektion eine Verschiebung der Phänotypen- und Genotypenhäufigkeiten **(gerichtete Selektion)**. Ein Indiz für die Wirksamkeit der gerichteten Selektion sind die großen Übereinstimmungen in Bau und Funktion, die unter dem Selektionsdruck derselben Umwelt oft parallel von Vertretern ganz unterschiedlicher Verwandtschaftsgruppen erworben wurden.

Durch disruptive Selektion (Kältezeiten) kam es in Europa zur Ausbildung von Teilpopulationen der Rabenkrähe.

Die **disruptive Selektion** schließlich führt zur Aufgliederung einer Population: Bestimmte Varianten, die in der Stammpopulation keine Chance haben, können in Teilräumen des Populationsareals einen Selektionsvorteil haben. Eine solche Situation kann zum Beispiel durch Arealerweiterungen oder durch Veränderungen der Umweltbedingungen im alten Verbreitungsgebiet der Population auftreten.

Gendrift (Zufallsselektion)

Je kleiner eine Population, desto größer ist der Einfluss zufälliger Ereignisse bei der Verteilung der Gene auf die Tochterpopulation. Natürliche Populationen sind oft Größenschwankungen ausgesetzt. Oft überwintern z. B. nur wenige Individuen, die dann im nächsten Jahr die neue Population aufbauen. Die Auswahl dieser „Stammväter" ist meistens mehr von Zufällen als von „Anpassungsselektion" abhängig. Ein weiterer wichtiger Ansatzpunkt für Zufallsselektion ist die große Menge von Keimzellen, die vor allem im männlichen Geschlecht gebildet wird. Die Auswahl der Keimzellen, die zur Zygotenbildung beitragen, ist weitgehend zufällig.

Isolation und Artbildung

Bei einer räumlichen Auftrennung (Separation) einer Ausgangspopulation spricht man von **allopatrischer Artbildung.** Erfolgt die Unterbrechung des Genaustausches innerhalb des Verbreitungsgebietes einer Ausgangsart, nennt man dies **sympatrische Artbildung.**

Während die bisher genannten Evolutionsfaktoren in den meisten Fällen nur zu einer Veränderung innerhalb der Populationen führen, ist die Isolation die Ursache für die Auftrennung der Arten und damit letztlich die Voraussetzung für die Entstehung der Formenvielfalt der Lebewesen.
Es gibt unterschiedliche Isolationsmechanismen:

1. Bei der **geographischen Isolation** kann der Genaustausch zwischen den Teilpopulationen durch Gebirgsbildung, Inselbildung oder Meerestransgressionen unterbrochen werden. Gute Beispiele sind die Darwinfinken auf Galapagos, die Kleidervögel auf Hawai oder die Aeonien (blattsukkulente Pflanzen) auf den Kanaren.
2. Die **ökologische Isolation** kann durch disruptive Selektion eingeleitet werden. Es entstehen polymorphe Populationen mit Anpassungen an unterschiedliche ökologische Nischen. Bei Parasiten kann z. B. die Artbildung bei ihren Wirten zur Ausbildung einer genetischen Schranke führen.
3. Wird die erfolgreiche Paarung zwischen Individuen einer Population eingeschränkt, spricht man von **fortpflanzungsbiologischer Isolation.** Sie kann z. B. durch Veränderungen von Kontaktstoffen (Pheromonen), Balzverhalten, Paarungszeiten oder durch genetische Unverträglichkeit bewirkt werden.

8.3.2 Weiterentwicklung der synthetischen Theorie und alternative Theorien

Neuere Erkenntnisse zeigten, dass auch die synthetische Theorie einer Ergänzung und Erweiterung bedarf. So dürften der Koevolution und der **Kooperation** eine genau so wichtige Rolle im Evolutionsgeschehen zufallen wie der **Konkurrenz** (↗ S. 309 ff.). Die Möglichkeit der Tiere, aufgrund von Wahrnehmungsapparat und Bewegungsfähigkeit aktiv bestimmte Umwelten auszuwählen, hat Rückwirkungen auf ihre genetische Substanz und damit auf ihre Evolution. In besonders starkem Maße gilt dies für den Menschen (**„Kulturevolution"**, ↗ S. 332 f.). Die Evolution ist ein dynamischer Prozess. Es geht nicht darum, dass sich ein Gleichgewicht zwischen Population und Umwelt einstellt, sondern darum, dass ständig wechselnde Bedingungen stetigen Wandel verursachen.

Neutralitätstheorie der Evolution

Etwa ab 1970 bekam man durch die Entwicklung der Gelelektrophorese eine neue diagnostische Möglichkeit zur Unterscheidung ähnlicher Proteine. Es zeigte sich dabei eine bisher nicht vermutete Variabilität verschiedener Isoenzyme, die meist zufällig bedingt ist. Offensichtlich breiten sich Mutationen, die vom Filter der Selektion kaum beeinflusst werden, ständig in Populationen aus. Dies veranlasste MOTOO KIMURA (1924–1994) im Jahr 1983, ein v. a. auf Diffusionsgesetzen aufbauendes Modell zur Erklärung der Ausbreitung selektiv neutraler Mutationen in natürlichen Populationen zu entwickeln.

Soziobiologie und eigennützige Gene

Für die Soziobiologie sind nicht die Individuen oder die Populationen, sondern die einzelnen Gene die Einheiten der Evolution. Verhaltensbiologische Phänomene wie Altruismus zwischen Verwandten oder Kindstötung bei Rudelübernahme (↗ S. 385) können auf der Basis „eigennütziger Gene" erklärt werden. Diese Sichtweise, die auf **RICHARD DAWKINS** (geb. 1941) zurück geht (1976), kann allerdings zu keinem besseren Verständnis der Entstehung und Weitergabe von Merkmalen führen, die auf Wechselwirkungen zwischen Genen beruhen. Eine solche dynamische Verknüpfung einzelner Gene im Netzwerk des Genoms ist aber Voraussetzung für die Einheit des Organismus und seines Phänotyps.

Schwarbrauenalbatrosse aufden Falklandinseln bei der Brutpflege als Beispiel für altruistisches Verhalten zwischen Verwandten.

Kritische Evolutionstheorie und innere Selektion

Die von **W. G. GUTMANN** und der „Frankfurter Schule" 1987 begründete „Kritische Evolutionstheorie" betont besonders die Bedeutung solcher „inneren Vorgaben", die der Evolution eine Richtung geben. Auch die Keimesentwicklung, die Ontogenie der Organismen, wirkt sich über innere Selektion auf **Evolutionsprozesse** aus. **RUPERT RIEDL** (geb. 1925) vergleicht das Verhältnis zwischen innerer und äußerer Selektion mit dem zwischen Betriebs- und Marktselektion bei Wirtschaftsunternehmen.

Genomtheorien

Im Gegensatz zu den Evolutionstheorien, bei denen das einzelne Gen im Mittelpunkt der Betrachtungen steht, nennt man die Theorien, bei denen die Wechselwirkungen der Gene besonders beachtet werden, auch **Genomtheorien der Evolution**.

Offensichtlich stehen die einzelnen Exons eines Gens für unterschiedliche Proteinabschnitte, die auch als Domänen bezeichnet werden und die bestimmte Merkmalsträger eines Proteins sind. Sie sind im Durchschnitt nur 30 bis 40 Aminosäuren lang. Rekombination verschiedener Exons innerhalb eines Gens – z. B. durch Crossing over – ist eine zusätzliche Quelle phänotypischer Mannigfaltigkeit, indem sie Domänen neu kombiniert. Aber auch die durch Sexualität und Diploidie schon lange bekannten sehr vielfältigen Rekombinationsmöglichkeiten lassen den Schluss zu, dass bei Eukaryoten Rekombinationsvorgänge für die Evolution wichtiger sind als Mutationen. Möglicherweise waren die meisten Gene schon zu einem sehr frühen Zeitpunkt der Evolution – eventuell noch vor Entstehung der Eukaryoten – vorhanden. Später wurde die Evolution vor allem durch die neue Kombination dieser lange erprobten Vererbungseinheiten vorangetrieben.

Eine besondere Bedeutung für die Entwicklung von Genomtheorien war 1978 die Entdeckung von WALTER GILBERT, dass die Gene von Eukaryoten gestückelt sind: Sie sind aus vielen einzelnen Abschnitten zusammengesetzt, die durch andere DNA-Abschnitte getrennt werden, die für die Proteinbiosynthese keine Rolle spielen (Exons und Introns, ↗ S. 208 ff.).

DARWIN-Karikatur aus dem *Hornet*, einem Witzblatt der damaligen Zeit.

Allmählicher Übergang oder Sprünge?

Während **DARWIN** und seine frühen Nachfolger eine allmähliche (graduelle) Veränderung der Organismen annahmen, wurde von den Wiederentdeckern der mendelschen Regeln erstmals die These vertreten, dass Erbsprünge, große Mutationen, für die wichtigen Veränderungen im Laufe der Evolution verantwortlich waren. Durch den Punktualismus wurde die **Saltationstheorie** spezifiziert: Nach **STEPHEN J. GOULD** kennt die Evolution Phasen, in denen sie besonders schnell voran schreitet, die dann von Phasen der Stagnation abgelöst werden. **JOSEPH H. REICHHOLF** (geb. 1945) versuchte dies mit einem Wechselspiel von Überfluss und Mangel zu erklären. Der Überfluss eines Stoffes, z. B. eines Stoffwechselendproduktes wie Calciumcarbonat, führt zur Evolution völlig neuer Strukturen (z. B. Knochenplatten und Skelett). Mangel führt demgegenüber zur Herausbildung von Vielfalt (adaptive Radiation, ↗ S. 320).

Vererbung erworbener Eigenschaften (Lamarckismus)

Der entscheidende Unterschied zwischen den Evolutionstheorien von LAMARCK und DARWIN war, dass LAMARCK die Vererbung erworbener Eigenschaften für möglich hielt. DARWIN hatte diese Möglichkeit nicht völlig ausgeschlossen. Sie wurde aber dann von seinen Nachfolgern, insbesondere von **AUGUST WEISMANN** (1834–1914), dogmatisch abgelegt. Dieses Dogma haben auch die Vertreter der synthetischen Theorie übernommen. In der UdSSR wurden neolamarckistische Ideen von **IWAN W. MITSCHURIN** (1855–1935) verteten und später von **TROFIM D. LYSSENKOW** (1898–1976) wieder belebt und von der sozialistischen Partei der Sowjetunion gefördert. Später wurden seine angeblichen Forschungsergebnisse als Betrug entlarvt.

Kybernetische Evolutionstheorie

FERDINAND SCHMIDT betont in seiner „kybernetischen Evolutionstheorie" ebenfalls die Wechselwirkung von Umwelt und Organismus, die im Ergebnis ähnlich funktionieren soll wie die Vererbung erworbener Eigenschaften, z. B. wird von ihm die Möglichkeit erwogen, dass zweckgerichtete Gene im Gehirn als eine Art Gedächtnisstoff erzeugt werden und in die Keimzellen übergehen. Es gibt jedoch keine eindeutigen Befunde, die eine solche Hypothese rechtfertigen.

„Die natürliche Auslese spielt gewiss eine bedeutende Rolle. Aber sie ist nicht ... die große schöpferische Kraft, Formprinzipien werden den Lebewesen nicht von außen aufgezwungen, sondern sie sind in ihnen selbst..." formuliert **R. SHELDRAKE.**

Morphogenetische Felder

Eine weitere, außerhalb der derzeit anerkannten Wissenschaftstheorien liegende Hypothese wird von **RUPERT SHELDRAKE** vertreten. Nach ihm werden alle Formen in der Natur – anorganische wie organische, die eine Art „Gedächtnis der Natur" darstellen. Durch morphogenetische Resonanz steht jedes Individuum bzw. jede Form mit diesen Feldern in Verbindung. Je mehr Einzelformen, desto stärker wird das morphogenetische Feld. Auch für diese Hypothese gibt es bisher keine Beweise.

Kreationismus

Schließlich spielt nach wie vor – v. a. in den Vereinigten Staaten – der so genannte Kreationismus eine wichtige Rolle. Dieser mit wissenschaftlichen Argumenten untermauerte Schöpfungsglaube gründet sich auf die **Schöpfungsgeschichte der Bibel.**

8.4 Symbiogenese

- Das Zusammenleben und die Wechselwirkungen über Grenzen hinweg sind ein wichtiges Charakteristikum des Lebens und der Lebensvorgänge.
- Die Wechselbeziehungen verschiedener Lebewesen werden durch Konkurrenz, Symbiose, Karpose und Antibiose beschrieben.
- Symbiosen zwischen Organismen, die für die Evolution von Bedeutung sind, werden Symbiogenese genannt.
- Die Endosymbiontentheorie beschreibt die Symbiogenese von Prokaryoten, die zur Bildung der Eucyte führte.

8.4.1 Leben heißt zusammenleben

Einmal zeichnet sich Leben durch Individualität und damit durch Grenzen und Grenzziehungen aus. Zum anderen sind alle diese Grenzen – angefangen von den intrazellulären Membranen – „semipermeabel": Wechselwirkungen über diese Barrieren hinweg sind ein Charakteristikum aller Lebensvorgänge und auch aller Lebewesen. Dazu gehören auch Wechselwirkungen mit anderen Individuen und anderen Arten. Im Hinblick auf die biologische Evolution wurde dieses wichtige Prinzip bis heute nicht ins rechte Licht gerückt – möglicherweise als Folge des unglücklichen Begriffs vom „Kampf ums Dasein" und der mit diesem Schlagwort verbundenen populärwissenschaftlichen und biologistischen Interpretationen der Evolutionstheorie. Dabei wurde die große Bedeutung des „Zusammenlebens" schon in der zweiten Hälfte des 19. Jh. von vielen Biologen erkannt und beschrieben. **A. F. W. SCHIMPER** äußerte bereits 1883 die Vermutung, dass Plastiden Algenendosymbionten in Zellen sein könnten. Die Theorie geriet zunächst in Vergessenheit. Erst in den letzten zwei Jahrzehnten des 20. Jh. sorgte vor allem die amerikanische Biologin **LYNN MARGULIS** (geb. 1938) dafür, dass so viele Beweise für diese **„Endosymbiontentheorie"** zusammengetragen wurden, dass sie heute als vollständig gesichert gilt.

SYMBIOSEFORSCHER des 19. und beginnenden 20. Jh.:
A. DE BARY (1831–1888)
S. SCHWENDENER (1829–1919)
P. J. VAN BENEDEN (1846–1910)
A. B. FRANK (1839–1900)
A. F. W. SCHIMPER (1856–1901)
A. S. FAMINIZIN (1835–1918)
E. WALLIN (1890–1967)
K. S. MEREZHKOVSKY (1855–1921)

Es ist nun unumstritten, dass eukaryotische Zellen das Produkt einer Fusion von Archaebakterien mit anderen Bakterien darstellen (↗ S. 317 f.). Auch so wichtige Lebewesen wie Schwämme, Korallen oder herbivore Säugetiere basieren auf zwischenspezifischer Integration. Gerade von Prokaryoten weiß man, dass diese Integration bis zur Vermischung der Genome gehen kann. Dieser **horizontale Gentransfer (HGF)** – Genübertragung zwischen verschiedenen Arten – dürfte jedoch auch für die Evolution der Eukaryoten eine große Bedeutung haben.

In der nebenstehenden Abbildung ist eine Symbiose zwischen Einsiedlerkrebs *(Pagurus arrosor)* und Schwamm *(Suberites domuncula)* dargestellt.

8.4.2 Konkurrenz – Symbiose – Karpose – Antibiose

Erdhummel bei der Blütenbestäubung

Die Beziehung verschiedener Arten kann man in **Konkurrenz, Karpose** (= Parabiose), **Symbiose** und **Antibiose** einteilen. Nach gängiger Definition kann die Konkurrenzsituation zwischen zwei Arten kein Dauerzustand sein. Entweder wird eine Art verdrängt, oder sie wandelt sich in ihren Ansprüchen, und es kommt zu einem räumlichen **(Allopatrie)** oder ökologischen **(Sympatrie)** Nebeneinander. Wenn allerdings unter natürlichen Bedingungen bestimmte Umweltfaktoren – z. B. klimabedingt – dauernd schwanken, so können auch zwei oder mehr Arten mit nahezu gleichen Ansprüchen in einem Lebensraum erhalten bleiben.

> Unter **Symbiose** versteht man enge Gemeinschaften verschiedener Arten, die für beide Partner von Vorteil sind.

Neben lang andauernden, oft lebenslangen Partnerschaften, wie sie z. B. zwischen Darmbakterien und Rindern oder zwischen Einsiedlerkrebs und Aktinie bekannt sind, werden z. T. auch Gemeinschaften, die nur von kurzer Dauer sind, als Symbiosen bezeichnet. Solche kurzzeitigen Beziehungen bestehen z. B. zwischen Blüten bestäubenden Insekten und Blumen. Andere Beziehungen – **Allianz** genannt – kennzeichnen vorübergehende Verbindungen, wie die zwischen Madenhackern und Pflanzen fressenden Huftieren oder zwischen großen Riff-Fischen und Putzerfischen. Wenn eine Symbiose zur Entstehung einer neuen Art beiträgt, spricht man von **Symbiogenese.**

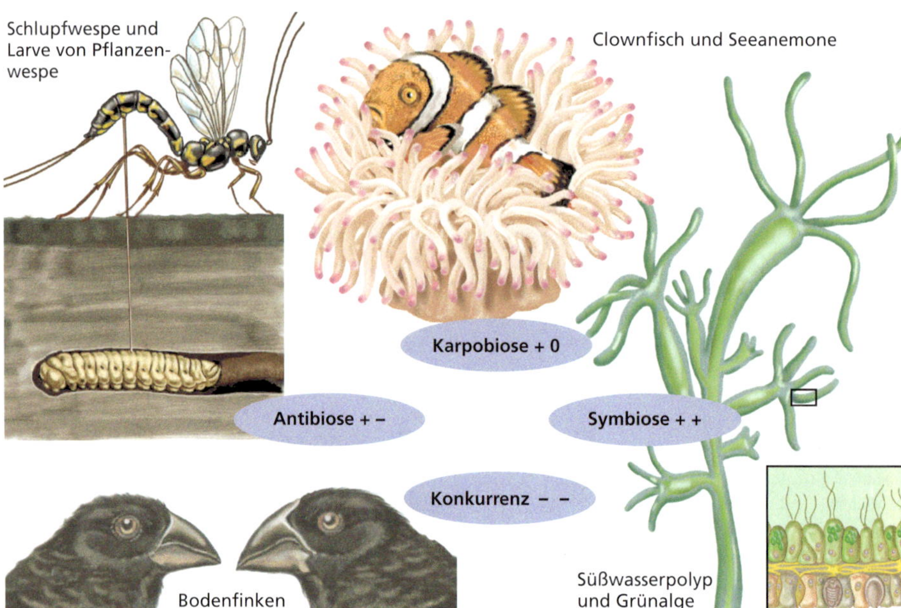

Sehr charakteristisch sind **Stoffwechselsymbiosen** zwischen Tieren und Bakterien und Pilzen. Dies hängt damit zusammen, dass bei Bakterien und Pilzen eine Vielzahl von Stoffwechselwegen entwickelt sind, die bei Tieren fehlen. Durch die Symbiose können sich die Konsumenten so Nahrungs- und Energiereserven erschließen, die ihnen anderenfalls verschlossen geblieben wären. Gleichzeitig profitieren die endosymbiontischen Mikroben von den Stoffwechselendprodukten ihrer Symbiosepartner und von den relativ geschützten Lebensräumen, die ihnen von diesen geboten werden.

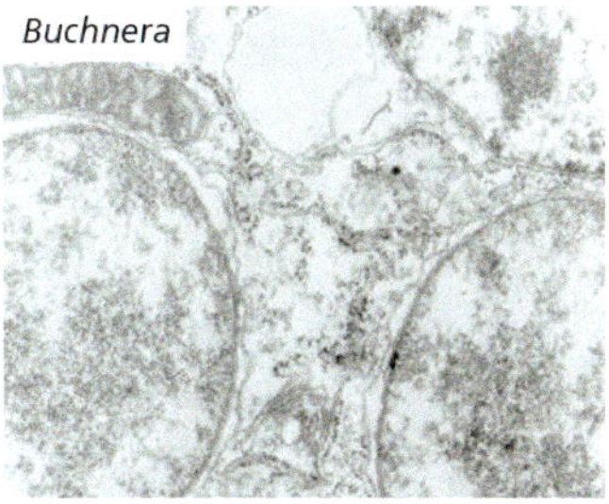

Eine besonders enge Symbiose besteht zwischen Blattläusen und den endocytosymbiontischen Bakterien der Gattung *Buchnera,* die in besonders großen Darmzellen (Bacteriocyten) leben. Diese **Endosymbionten** werden von Generation zu Generation über die Eier weitergegeben. Das enge Zusammenleben mit den Wirten wird dadurch deutlich, dass von *Buchnera* alle für seinen Wirt essenziellen Aminosäuren produziert werden. Die Blattläuse produzieren als stickstoffhaltiges Exkret Glutamin, das die Bakterien als Ausgangsstoff für die Produktion dieser Aminosäuren verwenden. Die Bakterien erhalten sogar ihre Außenmembran vom Wirt, sodass man sagen kann, dass diese Symbiose ein Stadium erreicht hat, das *Buchnera* schon fast als ein Zellorganell erscheinen lässt.

Ähnliche Symbiosen kommen bei Holz bzw. Cellulose fressenden Insekten wie Tabakskäfern, Borkenkäfern und Termiten vor. Auch Blut saugende Egel, Zecken und Läuse bessern die Inhaltsstoffe ihrer relativ einseitigen Nahrung durch symbiontische Darmbakterien auf.

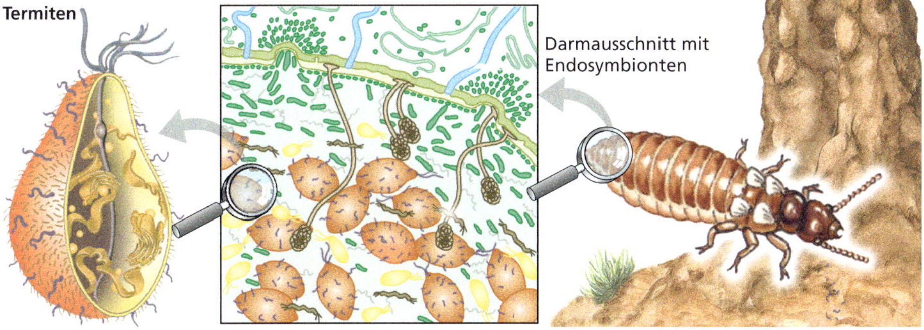

Stickstoffsymbiosen bestehen zwischen Pflanzen und Prokaryoten, die Luftstickstoff assimilieren können.

Wurzelknöllchen eines Schmetterlingsblütlers

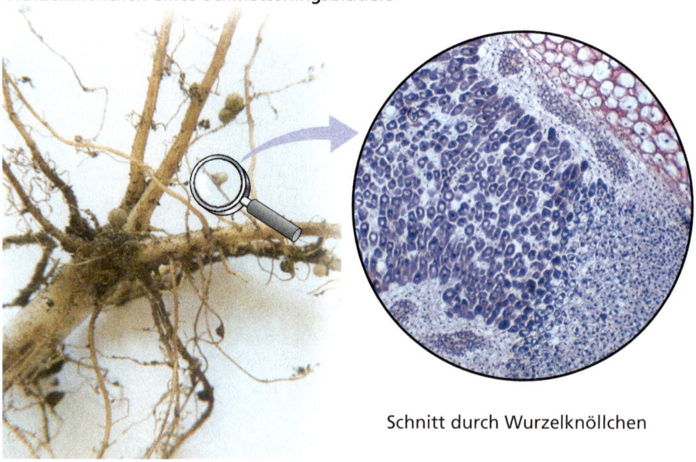

Schnitt durch Wurzelknöllchen

Ein anderer Stoffwechselsymbiosetyp besteht zwischen höheren Pflanzen und Prokaryoten, die das Luftstickstoffmolekül N_2 assimilieren können. Besonders bekannt sind diese Stickstoffendosymbionten der Gattung *Rhizobium* von den Hülsenfrüchtlern (Wurzelknöllchen). Bei anderen höheren Pflanzen wie Erlen oder Sanddorn kommen Stickstoff bindende endosymbiontische Actinobakterien der Gattung *Frankia* vor. Blaugrüne Bakterien sind als Symbionten des tropisch-subtropischen Schwimmfarns *Azolla* bekannt und dadurch von erheblicher Bedeutung für die Fruchtbarkeit von Reisfeldern.

Algen kommen häufig **als Endosymbionten** in wirbellosen Tieren vor.

Auch einzellige oder **eukaryotische Algen** mit wenigen Zellen kommen häufig als **Symbiosepartner** anderer Lebewesen vor, z. B. als Partner von Pilzen in dem Doppelorganismus **Flechte.**

Auch bei **niederen Tieren** spielen **Algensymbionten** eine bedeutende Rolle, so in den Polypen der Korallen, in marinen Würmern und Schnecken, in verschiedenen Muscheln und Schwämmen. In all diesen Fällen werden die heterotrophen Tiere durch die Algensymbionten teilweise autotroph. Bei einigen Strudelwürmern kann dies bis zum Verlust des eigenen Darmkanals gehen **(„Pflanzentiere").**

Flechten sind Doppelorganismen aus Algen oder Cyanobakterien und Pilzen.

Strudelwurm bei *Convoluta roscoffensis*

Auch so genannte **Leuchtsymbiosen** sind typische Symbiosen zwischen Prokaryoten und Tieren. Meerestiere, wie Manteltiere, Tintenfische und Knochenfische, nehmen die im Seewasser weit verbreiteten Leuchtbakterien in besonderen Organen als Symbionten auf und betreiben mit diesen Bakterienkolonien besondere Leuchtorgane.

Leuchtsymbiose beim Tintenfisch

Bemerkenswerte symbiontische Gemeinschaften zwischen Tieren und Pflanzen finden sich bei den so genannten **Ameisenpflanzen** oder **Myrmecophyten.** Sie stellen Hohlräume in Blättern, Stielen oder Wurzeln bereit, die vor allem von Ameisen, aber auch von anderen Kleintieren bewohnt werden. Aus Südostasien kennt man mehr als 150 Arten solcher Myrmecophyten. Für die Pflanzen sind die sie besiedelnden Ameisen vor allem ein Schutz gegen Fressfeinde.

Die Wirksamkeit dieses Pflanzenschutzes wurde für das Symbiosepaar der *Crematogaster*-Ameise und Ameisenpflanze *Macaranga* (Wolfsmilchgewächse) genauer untersucht. Die Pflanze stellt den Ameisen fett- und eiweißreiche Futterkörperchen zur Verfügung. Die Ameisen revanchieren sich dafür, dass sie ständig die Oberfläche ihres Wirtsbaumes absuchen und diesen dabei vor allem von allem Fremdmaterial reinigen. Sie entfernen Insekteneier und Pflanzen fressende Raupen, Käfer und andere Gliedertiere. Auch pilzliche Krankheitserreger werden von den Ameisen beseitigt. Es wurde festgestellt, dass *Macaranga* mehr als 80 % seiner Blattfläche verliert, wenn man die symbiontischen Ameisenkolonien entfernt.

Myrmecophyten sind Pflanzen, die enge Gemeinschaften mit Ameisen bilden.

Myrmecophyt Hydnophytum

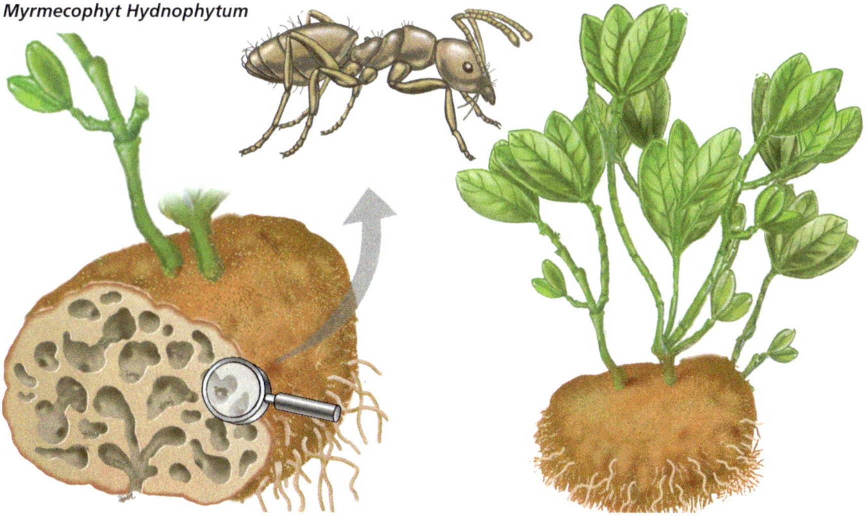

Die Beziehung zwischen Blütenbestäubern und zu bestäubenden Pflanzen ist in der Regel weniger eng. Es gibt jedoch auch hier Beispiele einer engen Gemeinschaft zweier Arten, die für beide lebensnotwendig ist.

Dies gilt etwa für die komplizierten Wechselwirkungen von Feige und **Feigen-Gallwespe** oder von Yucca und **Yucca-Motte.**

Feige und Feigengallwespe

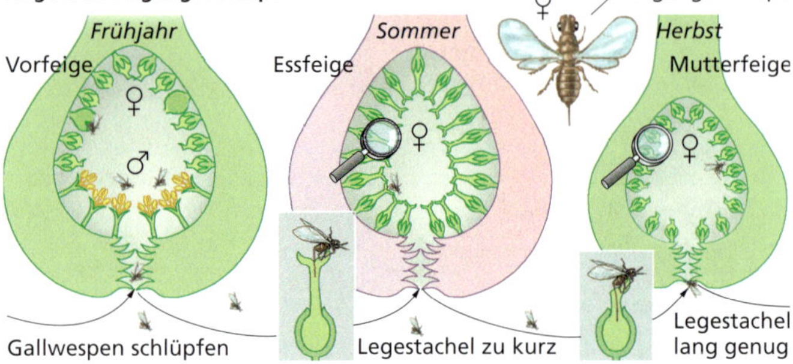

Im Gegensatz zur Symbiose kennzeichnet die Antibiose eine Beziehung, die für einen der beiden Partner vorteilhaft, für den anderen aber schädigend ist. Einmal gilt dies für die Beutegreifer-Beute-Beziehung oder für die Beziehung von Pflanzen und Pflanzenfressern. Als **Parasitismus** bezeichnet man, wenn ein Organismus einen Wirt ausnützt, ohne dessen unmittelbaren Tod zu bewirken. Häufig ist der Wirtsorganismus gleichzeitig der Lebensraum des Parasiten, und der **Parasit** lebt in dem **Wirt.** Besonders typisch für viele Parasiten ist die Erscheinung, dass sie auf mehreren Wirtsarten parasitieren, die sie im Laufe ihres Lebenszyklus sukzessiv besiedeln. Häufig ist dieser Wirtswechsel mit einem Generationswechsel des Parasiten verbunden (↗ S. 264).

Verschiedene Beispiele für Parasiten:

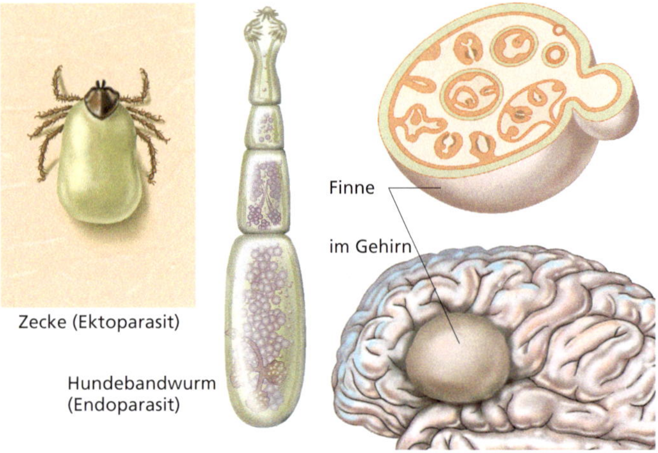

Zecke (Ektoparasit)

Hundebandwurm (Endoparasit)

Der Getreiderost *(Puccinia graminis)* entwickelt sich einmal auf Gräsern und Getreidearten, zum anderen auf der Berberitze. Dort wächst das haploide Stadium des **Rostpilzes,** auf der Getreidepflanze das Zweikernstadium. In überwinternden zweikernigen Dauersporen kommt es zur Kernverschmelzung und anschließend zur Meiose (↗ S. 178) und zur Basidienbildung. Die Basidiosporen infizieren erneut Berberitzen.

Rostpilze sind **Pflanzenparasiten.**

Getreiderost

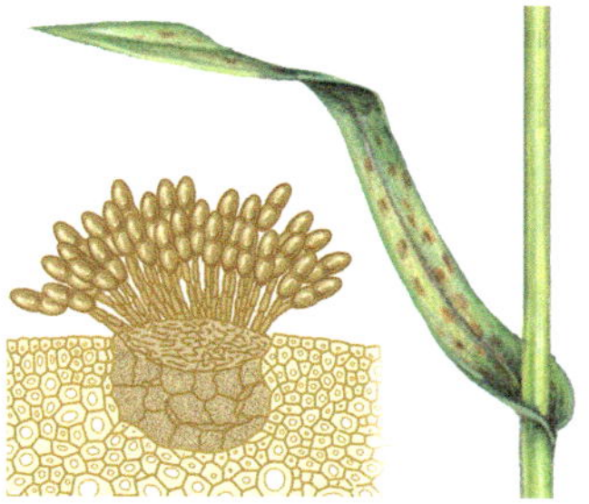

Der in Vögeln parasitierende Saugwurm *Leucochloridium macrostomum* lebt als Sporocyste im Zwischenwirt Bernsteinschnecke. Die Sporocyste treibt einen Ausläufer in den Fühler der Schnecke, die pulsierenden Bewegungen locken Vögel an und fördern so deren Infektion.

Leucochloridium in Bernsteinschnecke

Zahlreiche Parasiten mit komplizierten Lebenszyklen kennt man vom Stamm der Plattwürmer *(Plathelminthes).* Typisch für die **Saugwürmer** *(Trematoda),* eine Klasse der Plattwürmer, ist eine endoparasitische Lebensweise im Darm-, Leber- oder Lungenbindegewebe und im Blutgefäßsystem von Wirbeltieren. Sie haben einen relativ komplizierten Generationswechsel, der gleichzeitig mit einem Wirtswechsel verbunden ist. Aus den befruchteten Eiern der Tiere, die im Hauptwirt leben, schlüpfen in der Regel Wimpernlarven *(Miracidien),* die im ersten Zwischenwirt zur Sporocyste werden. Auf der Sporocyste entstehen so genannte Redien, die im zweiten Zwischenwirt zu Cercarien heranwachsen. Aus ihnen entwickeln sich, nachdem sie von Wirtstieren aufgenommen wurden, die adulten Geschlechtstiere.

Bekanntes Beispiel ist der Kleine **Leberegel** aus den Gallengängen von Schafen mit den Zwischenwirten Heideschnecke bzw. Zebraschnecke und Ameise oder der Große Leberegel mit dem Zwischenwirt Schlammschnecke.

Entwicklungszyklus des kleinen Leberegels

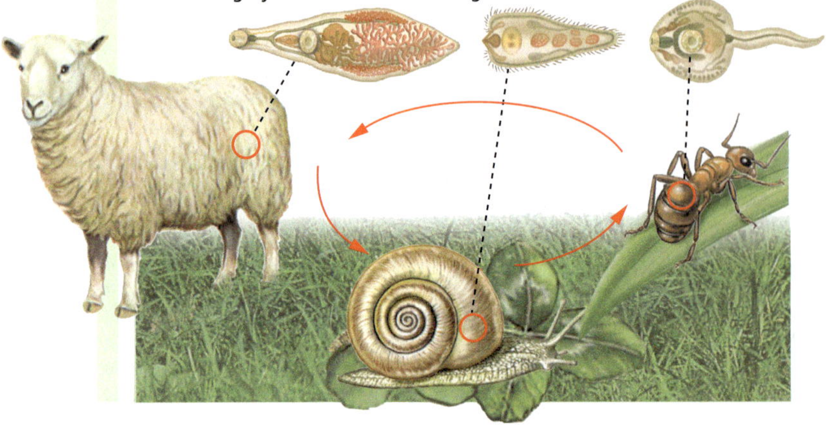

Auch die große Zahl der Beziehungen, die für einen Partner mehr oder weniger vorteilhaft, für den anderen jedoch nicht schädigend sind **(Karposen),** spielen in der Evolution des Lebens eine wichtige Rolle. Hier kann z. B. der zeitweilige Aufenthalt in Körperhöhlen von anderen Tieren genannt werden. Die als Muschelwächter bezeichneten Kurzschwanzkrebse leben in der Mantelhöhle von Muscheln. Clownfische leben in enger Gemeinschaft mit Aktinien und sind immun gegen deren Nesselgifte.

Alle diese Formen des Miteinanders verschiedener Arten sind für die erfolgreiche Produktion von Nachkommen und damit für die Evolution im darwinschen Sinne von großer Bedeutung.

Muschelwächter in Mördermuschel

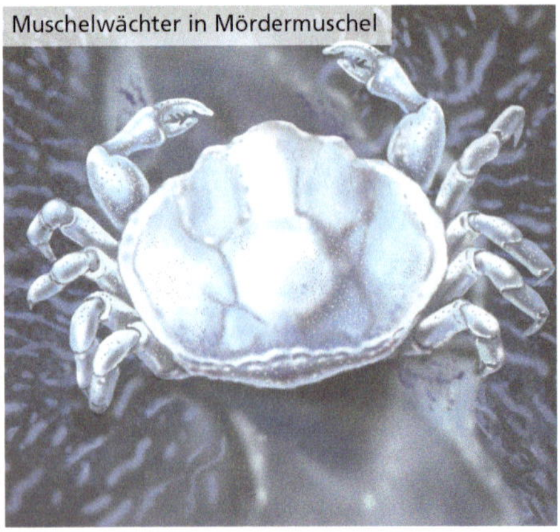

Clownfisch in Seeanemone

8.4.3 Entstehung der Eukaryoten aus Prokaryoten (Endosymbiontentheorie)

Wie sind Zellen mit Zellkern – Eukaryoten – entstanden? Es ist heute weitgehend anerkannt, dass dies durch die Verschmelzung (= **Endosymbiose**) verschiedener Prokaryoten geschah. Die schon im 19. Jh. formulierte These, dass Chloroplasten und Mitochondrien ursprünglich prokaryotische Symbionten gewesen sind, wurde erst zur anerkannten Theorie, als man in den 60er und 70er Jahren den eigenen DNA-Gehalt dieser Zellorganellen nachweisen konnte. Unter Prokaryoten sind Symbiosen besonders weit verbreitet. Dies hängt auch damit zusammen, dass die winzigen Bakterienzellen permanent Gene aufnehmen und abgeben können. Nur so gelingt es ihnen, rasch auf Umweltänderungen zu reagieren – z. B. durch Resistenzbildung gegen Antibiotika.

Schon sehr früh in der Geschichte des Lebens, vermutlich vor mehr als 3 Mrd. Jahren, entwickelte sich aus kernlosen Prokaryoten auf bisher noch ungeklärte Weise – vermutlich in sehr warmer Umgebung – ein kernhaltiger Einzeller. Die Kernproteine (Histone) können dabei zur Stabilisierung der Nucleinsäuren bei hohen Außentemperaturen entstanden sein, wie man dies heute z. B. von dem Prokaryoten *Thermoplasma* kennt. Dies geschah zu einer Zeit, in der die Atmosphäre noch sauerstofffrei war. Eine weitere Besonderheit dieses **Ureukaryoten** war die Fähigkeit, über die Zelloberfläche Nahrungspartikel in Nahrungsvakuolen aufzunehmen, eine Fähigkeit, die bei anderen Prokaryoten fast vollständig fehlt.

Aufgrund der Aktivität Blaugrüner Bakterien, die in der Lage sind, aus Kohlenstoffdioxid und Wasser unter Ausnutzung des Sonnenlichtes Kohlenhydrate und Sauerstoff zu produzieren, wurde die Atmosphäre der Erde vor 2,5 Mrd. Jahren allmählich sauerstoffhaltig. Zu diesem Zeitpunkt verschluckten Urkaryoten ein aerobes Purpurbakterium, das jedoch nicht verdaut wurde, sondern als „Mitochondrium" ein Zellorganell bildete und in Zukunft für die Atmung der Zelle verantwortlich wurde. Etwas später, vermutlich zwischen 2- und 1,5 Mrd. Jahren, wurde durch „Verschlucken" einer Cyanobakterienzelle ein weiteres Zellorganell in die Eukaryotenzelle aufgenommen, ein Chloroplast.

Auch die typische **Geißel** der Eukaryoten mit ihrer Stuktur aus 9 **Doppelfilamenten** und zwei Zentralfilamenten („9 + 2-Struktur": **Undulipodium**) hat sich vermutlich durch Endosymbiose eines beweglichen, den heutigen Spirochaeten ähnlichen Bakteriums entwickelt. Noch heute sind solche Spirochaeten weit verbreitet, z. B. die in unserem Speichel, im Verdauungstrakt, in den verschiedensten Tierdärmen und in anderen Innenhöhlen von Lebewesen. Nicht selten bilden sie reversible Gemeinschaften, indem sie sich an größere Organismen anheften und diese vorantreiben.

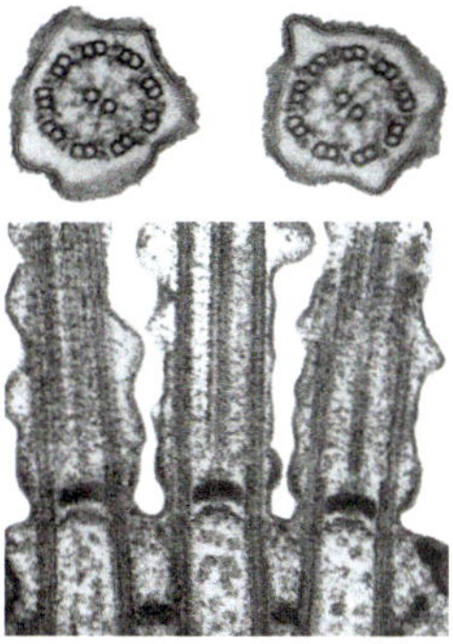

Geißelursprung (↗ S. 74)

Endosymbiontentheorie

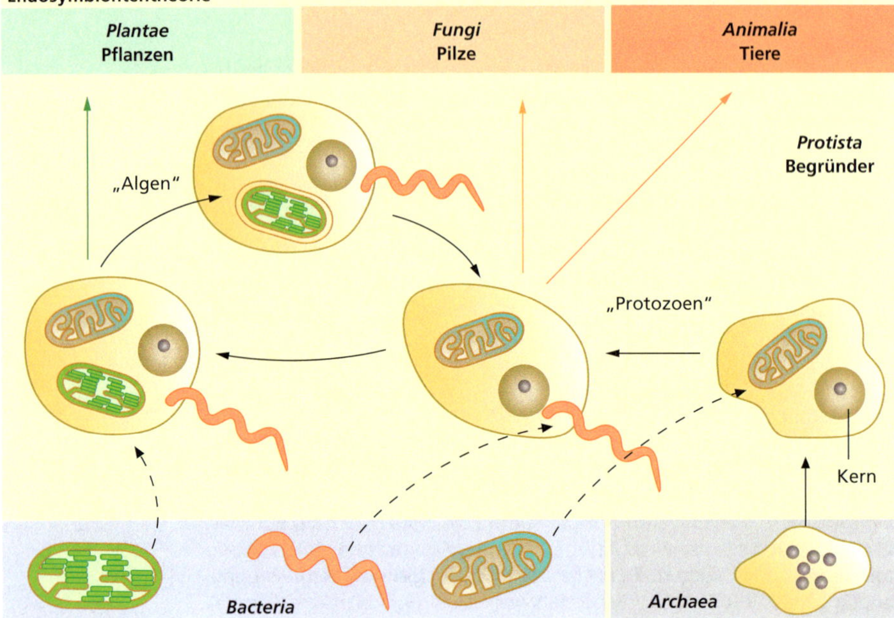

Mixotricha paradoxa

Die Einzeller *Mixotricha paradoxa* und *Trichonympha* entwickeln sogar Hakenstrukturen, an die sich frei lebende Spirochaeten anheften können. Auch innere Filamentstrukturen von Eukaryotenzellen, wie sie z. B. bei der Zellteilung auftreten (Spindelapparat, ↗ S. 87), gehen wahrscheinlich auf endosymbiontische, spirochaetenartige, Bakterien zurück.

Neben dem Einschluss fotoautotropher Bakterienzellen kam es vor allem bei Algen auch zu Endosymbiose anderer, bereits eukaryotischer Zellen. Dies erklärt z. B. die **Drei- und Mehrfachmembranhüllen** mancher **Algenchromatophoren.**

Algenchromatophor mit zwei Doppelmembranhüllen

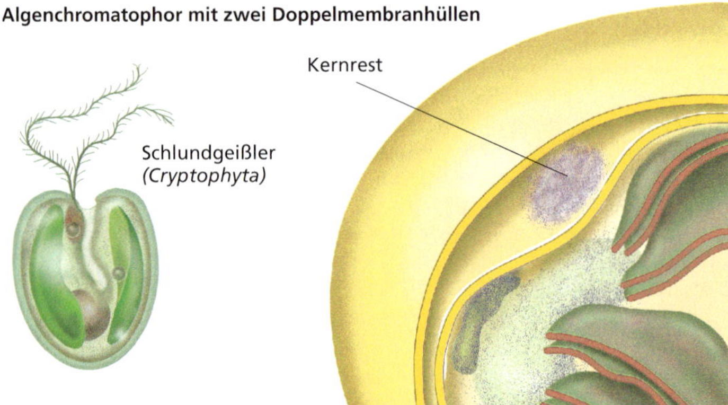

8.5 Stammesgeschichte und die Vielfalt der Lebewesen

- Evolutionsprozesse auf dem Niveau der Populationen werden Mikroevolution genannt, als Makroevolution bezeichnet man die Stammesgeschichte höherer taxonomischer Einheiten.
- Isolationsprozesse, aber auch Genomverschmelzungen sind die Ursachen für die Neubildung von Arten.
- Beim Ablauf der Makroevolution kann man Allogenese (adaptive Radiation), Arogenese (Erreichen einer neuen adaptiven Zone) und Stasigenese unterscheiden.
- Für die Aufklärung der Verwandtschaft verschiedener Arten (Stammbaumforschung) ist der Besitz gemeinsamer abgeleiteter Merkmale von besonderer Bedeutung.

8.5.1 Ablaufformen der Evolution

Evolutionsprozesse, die sich auf dem Niveau der Populationen abspielen und die letztlich zur **Artbildung** führen, werden auch **Mikroevolution** genannt. Arten sind – nach der Definition der biologischen Art (↗ S. 337) – geschlossene genetische Systeme. Sie umfassen alle Populationen oder Individuen, die einer Fortpflanzungsgemeinschaft angehören. Aufgrund dieser genetischen Übereinstimmung, dieses gemeinsamen Genpools, besitzen die Individuen einer Art morphologische, physiologische, ökologische und andere, von allen anderen Fortpflanzungsgemeinschaften unterscheidbare Merkmale. Diese Unterschiede beruhen auf reproduktiver Isolation :

Auf den Galapagosinseln lässt sich geographische Isolation als Evolutionsfaktor gut nachweisen.

Unter disruptiver Selektion versteht man die aufspaltende Selektion in Richtung auf zwei unterschiedliche ökologische Nischen.

Liegt dieser Unterbrechung eine räumliche Trennung zugrunde **(geographische Isolation)**, so spricht man auch von **allopatrischer Artbildung.** Findet die Unterbrechung des Genflusses innerhalb eines Areals einer Population statt, z. B. aufgrund von ökologischer oder fortpflanzungsbiologischer Isolation, so spricht man von **sympatrischer Artbildung.** In der Abbildung ist der Ablauf der Mikroevolution innerhalb einer Populationsgruppe schematisch als Genflussdiagramm dargestellt. Die Einzelsymbole in den vier Zeitebenen stehen für die Individuen. Ihre unterschiedliche Farbe und Form steht für die unterschiedliche physiologische, morphologische und genetische Konstitution der Einzelindividuen. Räumliche oder ökologische Isolation führt zur Aufspaltung, getrennte Tochterpopulationen können jedoch eine Zeitlang auch wieder verschmelzen, wenn sie sich noch nicht sehr weit auseinanderentwickelt haben.

Mikroevolution

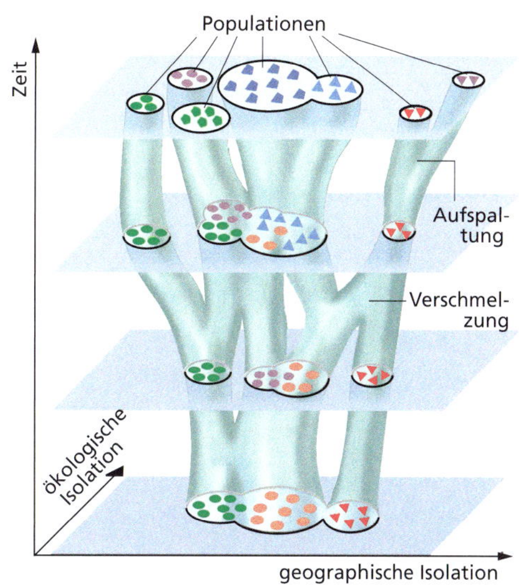

Insbesondere bei Pflanzen kann es durch Verschmelzung von Genomteilen oder ganzen Genomen spontan zur Neubildung von Arten kommen **(Allopolyploidie).** Im häufigsten Fall werden Bastarde durch unregelmäßige Meisose fertil. Ein Biespiel ist die Entstehung von Raps durch Allopolyploidie aus den Stammarten Rübsen und Gemüse-Kohl.

Allopolyploidie

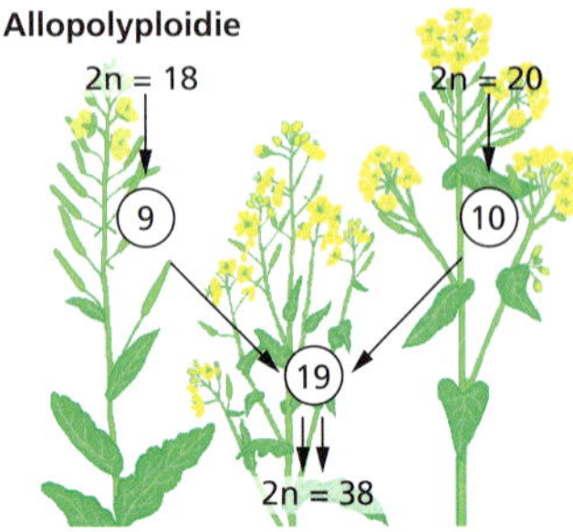

Aber auch in anderen Fällen und über größere systematische Distanz kann es durch enge Kooperation verschiedener Individuen zur Bildung neuer Einheiten kommen (Endosymbiontentheorie ↗ S. 317 ff.).

Als **Makroevolution** bezeichnet man die Herausbildung höherer taxonomischer Einheiten und die stammesgeschichtliche Entwicklung ganzer Organismengruppen. Im Bereich dieser Makroevolution, also oberhalb der Artbildung, kann man vor allem drei Typen des Evolutionsablaufes unterscheiden:

1. Die Entstehung zahlreicher nahe stehender Formen, die voneinander etwa denselben evolutiven Abstand haben. Diese Aufspaltung gleichen Maßstabs erfolgt innerhalb eines Anpassungsbereiches, einer adaptiven Zone. Sie wird deshalb auch **„adaptive Radiation"** oder **„Allogenese"** genannt. Andere Namen, die denselben Vorgang bezeichnen, sind **„Allomorphose"**, **„Cladogenese"** und **„Idioadaptation"**. Dies kann z. B. im Anschluss an die Kolonisation eines neuen Lebensraumes stattfinden: Eine Ursprungsart gelangt mehr oder weniger zufällig auf eine noch unbesiedelte Insel. Die Abwesenheit von Konkurrenzarten bietet die Möglichkeit zur Entstehung neuer ökologischer Nischen. Die zweite Voraussetzung, die zu einer adaptiven Radiation führen kann, ist die Entwicklung einer neuen Funktionsstruktur oder einer neuen Verhaltensweise, die eine neue, Schwellen überschreitende Lebensweise ermöglicht:

Gute Beispiele für die adaptive Radiation auf Inseln sind die DARWIN-Finken der Galapagosinseln, die Kleidervögel der Hawai-Inseln und die *Aeonium*-Arten (Dichtblattgewächse) auf den Kanaren.

Adaptive Radiation

Präadaptationen △ ☆ ○
Schlüsselmerkmale □ ○

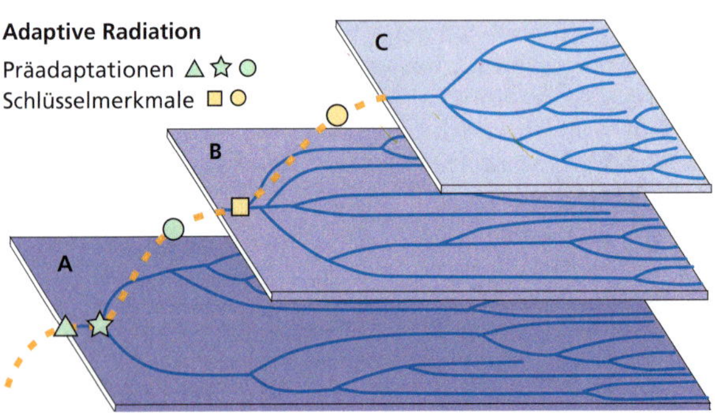

Das Schema zeigt drei aufeinander folgende Radiationen innerhalb einer monophyletischen Gesamtgruppe. Die orange Linie stellt jeweils den, durch eine „Neuerfindung" (Schlüsselmerkmal) ermöglichten Übergang in eine neue adaptive Zone dar. Da die Arten verschiedener adaptiver Zonen sich nicht vollständig verdrängen, spricht man von „Überschichtung".

2. Während die Allogenese den Normalfall des Evolutionsablaufs darstellt, kommt es in seltenen Ausnahmefällen dazu, dass evolutive Veränderungen einer kleinen Gruppe von Arten oder nur einer Art den Übertritt aus einer adaptiven Zone in eine andere gestatten. Dieser Übertritt erfolgt gewöhnlich relativ schnell, wobei viele Gruppen in den interzonalen Räumen untergehen können, ohne die neue adaptive Zone zu erreichen. Sobald jedoch einer Gruppe dieser Sprung gelungen ist, tritt eine neue adaptive Aufspaltung ein. Diese seltenere Ablaufform der Evolution wird auch **„Arogenese"** genannt. Sie führt zu Schlüsselmerkmalen, die insgesamt einen bestimmten „Bauplan" bewirken.

Beispiele wären die Entwicklung von Kieferbögen aus Kiemenbögen bei den frühen Fischen, die Entwicklung von Samen aus Megasporen bei frühen Landpflanzen, die Entwicklung von Eihüllen bei Landtetrapoden oder der Federn bei Vorfahren der Vögel.

Evolution der Samenanlage aus einem Sporangium

3. Als dritte Form des Evolutionsablaufs kann man die lange andauernde Evolution einer wenig aufspaltenden Linie unterscheiden, die nicht zu einer neuen adaptiven Zone führt **(„Stasigenese").**
Beispiele für solche Ablaufformen der Evolution findet man vor allem in Lebensräumen mit sehr gleich bleibenden konstanten Bedingungen wie etwa in der Tiefsee oder in heißen vulkanischen Quellen, in denen Erdurzeitbedingungen bis heute erhalten blieben. Stasigenese kann zur Erhaltung sehr isoliert stehender Arten führen, die viele Merkmale längst ausgestorbener Organismengruppen tragen, so genannte **„lebende Fossilien"**.

Beispiele sind die Zungenmuschel *Lingula,* die Tintenschnecke *Nautilus,* der Schwertschwanz *Limulus,* die Stummelfüßer *(Onychophora),* der Ginkgobaum oder die Brückenechse (↗ S. 297 f.).

Stummelfüßer *(Onychophora)* als Beispiel für lebende Fossilien

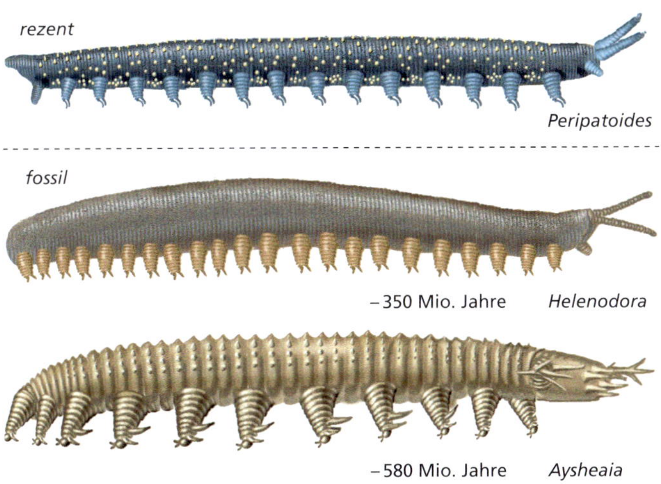

Unter **Orthoevolution** versteht man die gerichtete Veränderung eines Merkmals oder einer Population im Laufe der Stammesgeschichte, hier am Beispiel von Pferde-Extremitäten.

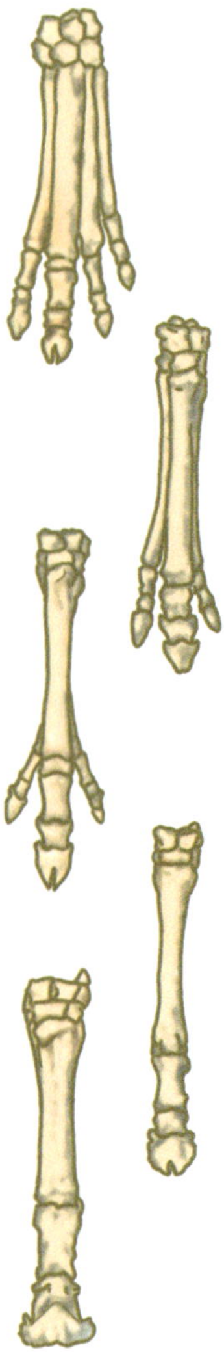

Viele Stammeslinien folgten Jahrmillionen hindurch immer unverändert denselben Entwicklungstendenzen: So verlief z. B. die paläontologisch ausgezeichnet untersuchte Entwicklung der Unpaarhufer ausgesprochen **orthoevolutiv.** Das gilt sowohl für die Herausbildung eines einzehigen Fußes als auch für die stetige Größenzunahme. Gibt es für so einen gerichteten Prozess der Evolution eine kausale Erklärungsmöglichkeit, oder ist sie Ausdruck einer den Lebewesen, der Materie oder dem ganzen Kosmos innewohnenden **„Finalität"?**

Eine Erklärungsmöglichkeit wäre, dass gleichartige Umwelteinflüsse sehr lange auf eine Population einwirkten. Außerdem ist jede Art das Ergebnis einer langen stammesgeschichtlichen Entwicklung. Jede Anpassung bedeutet ein Hinauswerfen nicht angepasster Gene und damit eine Einschränkung des genetisch verankerten Formenpotenzials. Je weiter eine Spezialisation fortschreitet, desto mehr wird die mögliche Bandbreite evolutiver Entwicklungen eingeschränkt. Es besteht also eine positive Rückkopplung zwischen Anpassung und weiterer Spezialisation in dieselbe Richtung. Eine weitere Förderung gerichteter Evolutionsprozesse dürfte dadurch zustande kommen, dass mit zunehmendem stammesgeschichtlichen Alter Merkmale immer polygener werden, d. h., dass immer mehr Gene für die Ausbildung eines Merkmals verantwortlich sind. Die Chance für eine evolutive Änderung in eine ganz andere Richtung wird deshalb umso geringer, je älter ein Merkmal ist.

8.5.2 Stammbaumforschung

Die abgestufte Ähnlichkeit der Lebewesen lässt sich mit der Evolutionstheorie als **genealogische Verwandtschaft** erklären. Das Ziel der Systematiker ist es, ein der natürlichen genetischen Verwandtschaft entsprechendes System der Lebewesen aufzustellen.

Mit den Methoden der modernen Molekularbiologie und insbesondere der Molekulargenetik scheint dieses Ziel heute näher denn je zu sein, ist es doch möglich, dass vollständige Genom selbst so komplizierter Lebewesen wie des Menschen zu entschlüsseln. Der Vergleich von ganzen Genomen oder von ausgewählten Nucleotidsequenzen müsste – so könnte man meinen – zu einer objektiven Klärung aller stammesgeschichtlichen Fragen verhelfen.

Stammbaum nach HAECKEL

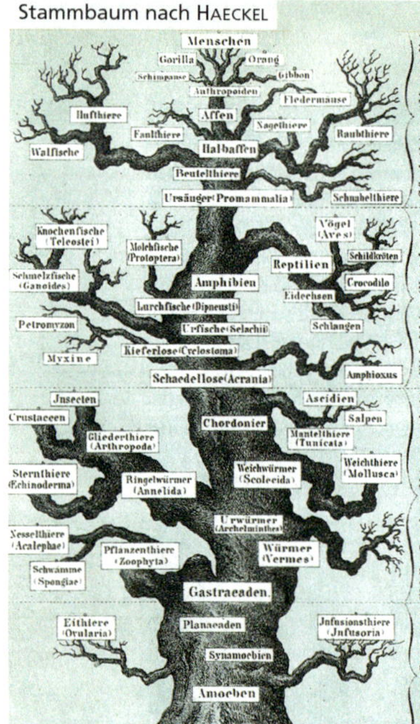

In der Tat haben molekulargenetische Untersuchungen zu wichtigen neuen Erkenntnissen in der Aufhellung von Verwandtschaftsbeziehungen geführt. So konnten z. B. die **Verwandtschaftsbeziehungen im Pflanzenreich** im letzten Jahrzehnt des 20. Jh. aufgrund solcher Untersuchungen erheblich umgestellt werden (↗ S. 348 f.). Aus mehreren Gründen sind jedoch auch Genomvergleiche und Nucleotidsequenzen kein absoluter Maßstab für genealogische Verwandtschaften:

- Entscheidende Ursache für die Aufspaltung einer Art in zwei Tochterarten kann ein sehr rascher, aber auch ein sehr lange andauernder Vorgang sein, z. B. dann, wenn der **Genfluss** zwischen **Teilpopulationen** immer wieder unterbrochen und neu aufgenommen wird.
- Die Zahl der Abweichungen in einer Nucleotidsequenz oder einer Aminosäuresequenz eines Proteins kann grob der absoluten Zeit, die seit der Aufspaltung aus einer Stammart verstrichen ist, zugeordnet werden. Dies gilt jedoch nur für näher verwandte systematische Grup-pen und auch nur für nicht zu große erdgeschichtliche Zeiträume.
- Innerhalb großer Populationen kann die genetische Variabilität sehr groß sein, ohne dass es zu einer Unterbrechung des Genflusses gekommen ist, die eine Aufspaltung in mehrere Arten erlauben würde.

Um herauszufinden, welches Paar von drei Arten oder drei anderen gleichrangigen **Taxa** näher miteinander verwandt ist, bedient sich der Systematiker des Merkmalsvergleiches.

Bei diesem Merkmalsvergleich muss unterschieden werden zwischen
- Merkmalsausprägungen, die in einer monophyletischen Gruppe ursprünglich vorhanden sind und die innerhalb der Gruppe abgewandelt werden können **(plesiomorphe Merkmale),**
- abgeleiteten Merkmalsausprägungen **(apomorphe Merkmale).**

Nur wenn zwei der drei Arten oder höheren Taxa ein gemeinsames abgeleitetes Merkmal mehr besitzen, sind sie näher miteinander verwandt als jede der beiden Arten mit der dritten Art. Gemeinsames Auftreten ursprünglicher Merkmale sagt nichts über die Verwandtschaft aus und kann daher bei der Aufstellung eines natürlichen Systems nicht als Kriterium herangezogen werden.

Fünfstrahlige Vorderextremität bei Mensch und Dachs

Gemeinsames ursprüngliches Merkmal: keine nähere Verwandtschaft

Zweistrahlige Vorderextremität bei Elch und Gemse

Gemeinsames abgeleitetes Merkmal: nähere Verwandtschaft

Homologe Merkmale gehen auf ein gemeinsames Ursprungsmerkmal zurück.

Die **dollosche Regel** besagt, dass die Merkmalsphylogenie nicht umkehrbar ist.

Parallelismus nennt man die mehrfache Entstehung von ähnlichen Merkmalen aus einem Ursprungsmerkmal.

Unter **Konvergenz** versteht man die Entwicklung ähnlicher Merkmale aus unterschiedlichen Ursprungsmerkmalen.

Will man nach diesen Kriterien für eine Gruppe von Arten ein natürliches System aufstellen, so können eine Reihe von Schwierigkeiten auftreten:

1. Wie kann man z. B. erkennen, welche Merkmale verschiedener Arten als abgeleitet von ein und demselben ursprünglichen Merkmal gelten können **(Homologieproblem)?** Homologiekriterien sind nach ADOLF REMANE (1898–1976): Gleichheit der Lage (innerhalb eines Bauplans), Vorhandensein von Zwischenformen und Kriterium der speziellen Qualität der Strukturen (↗ S. 297).
2. Wie erkennt man, welches das abgeleitete und welches das ursprüngliche Merkmal ist? Hier können Fossilfunde, aber auch Vergleiche mit Arten aus benachbarten Verwandtschaftsgruppen weiterhelfen.
3. Kann die Merkmalsphylogenie nur in eine Richtung fortschreiten, oder ist eine Rückkehr zum Ausgangspunkt möglich? Dies hängt von der Komplexität des untersuchten Merkmals ab. Je komplizierter und polygener ein Merkmal ist, desto unwahrscheinlicher ist eine „Umkehr" der Evolution **(dollosche Regel).**
4. Können bestimmte abgeleitete Merkmale nur durch einmalige Transformation eines primitiven Merkmals entstanden sein, oder ist eine mehrmalige Entstehung aus bestimmten Ursprungsbedingungen möglich? Dieses **Parallelismusproblem** ist die häufigste Ursache für die falsche systematische Einordnung einer Gruppe.
5. Kann ein scheinbar vom selben Ursprung abgeleitetes Merkmal auch durch Transformation eines anderen Ausgangsmerkmals entstanden sein? Dieses **Konvergenzproblem** korrespondiert zu 1.

Um Aussagen über die Verwandtschaft von verschiedenen Taxa zu machen, reichen unter Umständen rezente Formen aus. Um den zeitlichen Ablauf rekonstruieren zu können, ist man jedoch in der Regel auf Fossilfunde angewiesen. Allerdings kann man – wie oben schon erwähnt –auch aus molekularbiologischen Unterschieden (Aminosäure- bzw. Nucleotidsequenzen) auf die Zeit rückschließen, die seit der Aufspaltung der Stammeslinien vergangen ist. So klaffte z. B. lange Zeit eine Lücke zwischen der von Paläontologen entwickelten zeitlichen Abfolge der menschlichen Evolution und der durch biochemische Daten gewonnenen Datierungen. Diese Lücke hat sich zugunsten der **molekularbiologischen Chronometrie** verkleinert (↗ S. 330 f.).

8.6 Evolution des Menschen

- Zu den heute lebenden Primaten gehören eine große Zahl sehr unterschiedlicher Formen und Funktionstypen.
- Anhand der Stammesgeschichte der Primaten lässt sich der Ursprung des Menschen verfolgen, der einen sehr jungen Zweig am Stammbaum der Wirbeltiere besetzt.
- Prädispositionen, Evolutionstrends und Schlüsselereignisse geben Aufschluss über die Evolution zum modernen Menschen.
- Die Paläoanthropologie beschäftigt sich mit der Fossilgeschichte bzw. biologischen Evolution des Menschen.
- Für den Ursprung des modernen Menschen gibt es zwei Theorien: „Out-of-Africa-Hypothese" versus „Multiregionale Hypothese".
- Anstelle des Begriffs „Menschenrassen" sollte man von geographischen Gruppen sprechen.
- Die geistige und kulturelle Evolution des Menschen ist ein neues Phänomen in der Geschichte des Lebens.

8.6.1 Verwandtschaft der Primaten

Was stellen wir uns unter einem Primaten vor? Woran können wir ein Mitglied dieser Säugetierordnung erkennen, auch wenn nur wenige fossile unvollständige Bruchstücke dieser Lebewesen existieren? Die morphologische Vielfalt unter den heute lebenden Vertretern ist enorm: Sie reicht von dem kleinen ca. 30 g leichten Zwergmausmaki auf Madagaskar bis hin zum ca. 200 kg schweren Gorillamännchen auf dem afrikanischen Kontinent.

Die **Verbreitung der nichtmenschlichen Primaten** reicht von den Halbaffen Madagaskars bis hin zum Orang-Utan in Sumatra und Borneo. Durch die fortschreitende Zerstörung des Lebensraumes, z. B. des tropischen Regenwaldes, nimmt die Zahl der bedrohten Arten dramatisch zu. **CITES** und **IUCN** (*www.cites.org/* bzw. *www.iucn.org/*) geben darüber Auskunft.

Die meisten Primaten sind Baumbewohner der tropischen und subtropischen Wälder. Neben dem Menschen sind aber auch die Paviane und Dscheladas als Savannenbewohner zum Bodenleben übergegangen. Eine weitere Ausnahme bezüglich des tropischen/subtropischen Klimas bilden z. B. auch

- die japanischen Rotgesichtsmakaken, die in ihrem Lebensraum sehr strengen Wintern ausgesetzt sind;
- die im nordafrikanischen Atlasgebirge beheimateten Berberaffen;
- die nepalesischen Languren und Rhesusaffen, die zum Teil auch in den höher gelegenen und somit kühleren Bergregionen leben;
- und der Mensch, der sich nahezu in allen Regionen und Klimazonen der Erdhalbkugel aufhält.

Die Stellung des Menschen im natürlichen System

Dieser aus dem Jahr 1641 vom niederländischen Anatomen NICOLAAS TULP gezeichnete „Orang-outang" war in der Realität wohl eher ein Schimpanse.

Als der schwedische Naturforscher **CARL VON LINNÉ** bereits im Jahr 1735 in seinem ***„Systema naturae"*** die Lebewesen nach morphologischen Merkmalen ordnete und den Menschen erstmals mit einbezog, vereinigte er diesen mit Affen und Halbaffen zur Säugetierordnung der *Herrentiere* oder **Primaten,** auch *„Menschengestaltige"* genannt.
Der Mensch hat sich immer schon für das Tier interessiert, das ihm am nächsten steht. Während im mittelalterlichen Europa der Affe die Verkörperung des Bösen darstellte, wird er in Asien als heilig verehrt. Als aber **CHARLES DARWIN** 1859 behauptete, dass der Mensch und die Affen gemeinsame Vorfahren haben und dies in seinem Werk „Entstehung der Arten" mit einem einzigen Satz veröffentlichte, breitete sich Entsetzen und Empörung unter den gläubigen Christen aus. Erst im Jahr 1871, also 12 Jahre später, behandelte er das heikle Thema in der „Abstammung des Menschen" ausführlicher. Die Zugehörigkeit des Menschen zu den Primaten ist heute unumstritten, allerdings wird seine genaue systematische Stellung auch heute noch sehr kontrovers diskutiert. Die Nähe des Affen zum Menschen ist ein Thema, das die Menschen seit jeher beschäftigte. **ALFRED E. BREHM,** CARL V. LINNÉ, CHARLES DARWIN, **ERNST HAECKEL** sind namenhafte Wissenschaftler, die in diesem Zusammenhang Stellung bezogen. Engagierte Primatologinnen, wie **JANE GOODALL, DIAN FOSSEY** oder **BIRUTE GALDIKAS** deckten jedoch erst ab den 70-er-Jahren des letzten Jahrhunderts die überraschenden Ähnlichkeiten im Verhalten des Menschen und seiner wilden Verwandten, der **Menschenaffen,** auf.

Stammbaum der Primaten

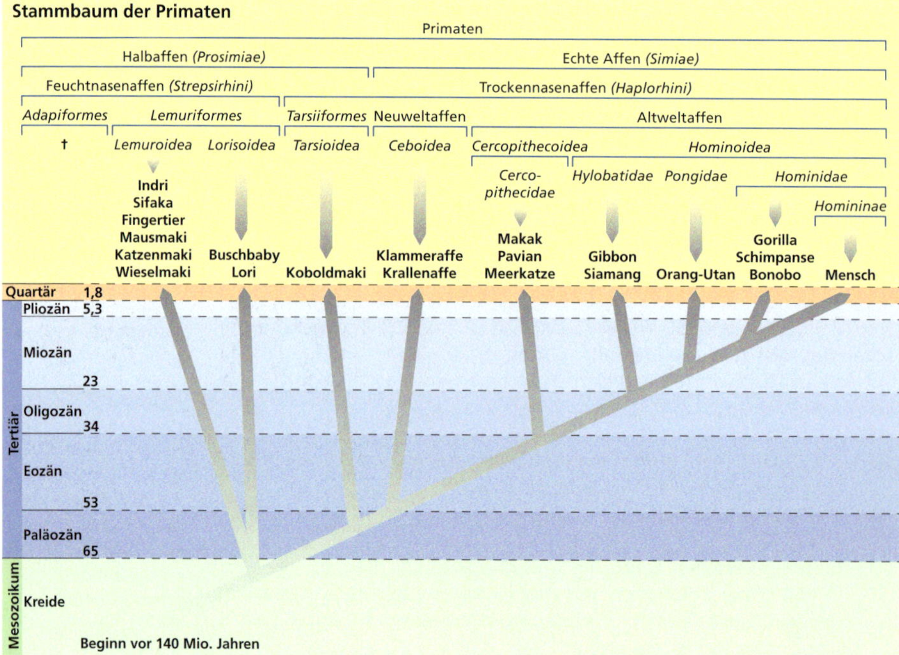

Die Ordnung der Primaten umfasst je nach Gewichtung anatomischer und biochemischer Merkmale 10 bis 2 Familien, ca. 60 Gattungen und etwa 190 bis 200 Arten. Lemuren, Loris, Galagos und Koboldmakis werden als so genannte **Halbaffen** oder **Prosimiae** den **echten Affen** oder **Simiae** bzw. **Anthropoidea** gegenübergestellt: Man unterscheidet sechs natürliche Verwandtschaftsgruppen:

1. Die **Lemuren** Madagaskars (Überfamilie *Lemuroidea*) mit den Lemuren im engeren Sinn, dem Fingertier, den Indris und Sifakas, den Wieselmakis und den Maus- und Katzenmakis;
2. Die **Loris** und **Galagos,** auf dem afrikanischen Kontinent und in Süd- bzw. Südostasien beheimatet (Überfamilie *Lorisoidea*);
3. Die **Koboldmakis** Südostasiens (Überfamilie *Tarsioidea*);
4. Die **Neuweltaffen** oder **Breitnasenaffen** aus Mittel- und Südamerika (Überfamilie *Ceboidea*) mit den Greifschwanz- oder Klammeraffen (z. B. Kapuzineraffen) und den Krallenaffen;
5. Die in Afrika, Süd- und Südostasien verbreiteten **Altweltaffen** (Überfamilie *Cercopithecoidea*) oder **Schmalnasenaffen** mit der Familie der Meerkatzenverwandten, zu denen neben den Meerkatzen auch Makaken, Paviane, Mangaben, asiatische Languren und afrikanische Stummelaffen gehören;
6. Die **Menschenaffen** (Gibbon, Siamang, Orang-Utan, Gorilla, Schimpanse, Zwergschimpanse (Bonobo)) und Menschen bilden zusammen die zoologisch systematische Kategorie der Überfamilie *Hominoidea.*

Anhand molekularbiologischer Untersuchungen ist die **Sonderstellung des Menschen** zumindest in phylogenetischer Sicht ins Wackeln geraten. Es gibt daher unterschiedliche **Interpretationsmöglichkeiten des Primatenstammbaumes** bzw. der Verwandtschaften zwischen den einzelnen Untergruppen.

Eine Auflistung von Beispielen für **Gemeinsamkeiten und Unterschiede von Mensch und Menschenaffen** belegt die stammesgeschichtliche Verwandtschaft

Evolution der Menschenaffen

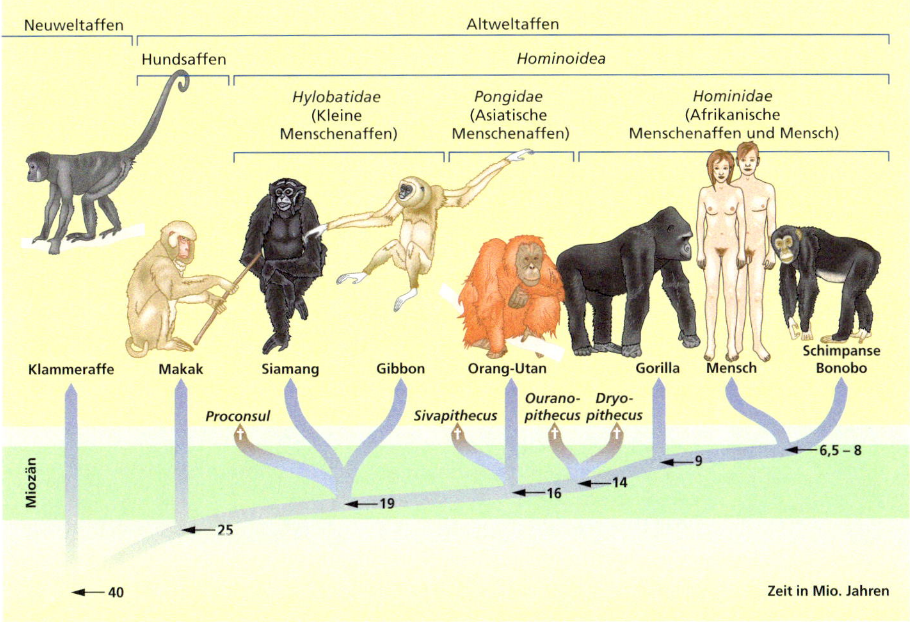

Nasenspiegel

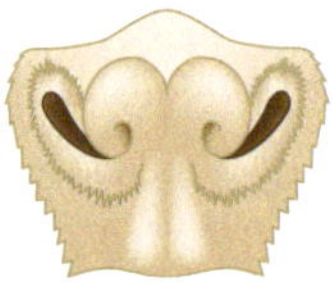

Halbaffen

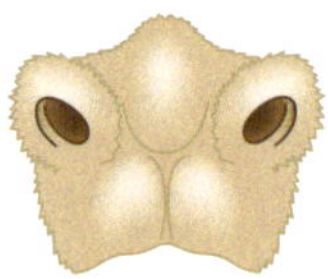

Neuweltaffen

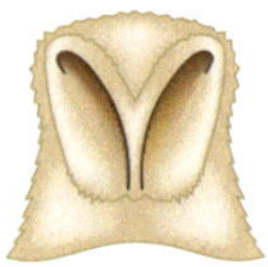

Altweltaffen/
Hominoidea

Die Bezeichnungen **Breitnasen-** und **Schmalnasenaffen** kommen aufgrund unterschiedlicher Ausprägungen der Nasenregion zustande: Während die Nasenlöcher der Neuweltaffen weit auseinander stehen und nach außen gerichtet sind, liegen sie bei den Altweltaffen viel enger zusammen und weisen eher nach vorn.

Den Koboldmakis fehlt – wie den „Echten Affen" – ein feuchter Nasenspiegel, weshalb sie mit diesen auch zu den Trockennasenaffen zusammengefasst werden (Gegensatz: Feuchtnasenaffen mit Loris und Lemuren). Die dem Menschen nächstverwandten heutigen Primaten sind die Menschenaffen Afrikas, während die entferntesten die Lemuren Madagaskars sind. Der **Ursprung der Primaten** reicht bis in die Oberkreide zurück, also etwa 70 bis 80 Mio. Jahre vor der heutigen Zeit. Es gibt Belege dafür, dass sich die ersten „äffischen Formen" aus der vielfältigen Gruppe der kreidezeitlichen Insektenfresser entwickelten. Als **Fossilien** tauchen Überreste von Primaten aber erst im frühen Tertiär auf.

- Der älteste namentlich bekannte Vertreter der Primaten soll ein kleiner baumbewohnender, nachtaktiver Halbaffe mit dem Namen *Altiatlasius koulchii* gewesen sein, der vor ca. 60 Mio. Jahren in Nordafrika lebte.
- Der älteste bisher gefundene **„Echte Affe"** *Eosimias* lebte vor ca. 55 Mio. Jahren in China, das Gebiss erinnert an das Gebiss der Koboldmakis. Das Gebiss eines etwas jüngeren Primaten *(Biretia)* aus Nord-Algerien dagegen erinnert schon sehr an typische Merkmale der Schmalnasenaffen.
- Aus Lateinamerika, dem Ursprungsland der **Neuweltaffen,** gibt es nur wenige Fossilien, die ältesten Fossilien stammen aus dem Oligozän, weisen also ein Alter von 28 bis 26 Mio. Jahre auf.

Die Spaltung in die beiden großen, geographisch voneinander getrennten Gruppen **(Neu- und Altweltaffen)** muss schon im frühen oder mittleren Eozän stattgefunden haben, da Fossilien unwesentlich jüngeren Datums bereits einer der beiden Gruppen zuzuordnen sind. Es ist nicht eindeutig geklärt, auf welchem Kontinent der Alten Welt die „echten Affen" entstanden. Der *Proconsul*, der im frühen Miozän lebte, gilt als letzter gemeinsamer Vorfahr der modernen kleinen und großen Menschenaffen. Während *Sivapithecus* ein möglicher Vorfahr des Orang-Utans gewesen sein könnte, kämen entweder *Dryopithecus* oder *Ouranopithecus* als Urahn für die afrikanischen Menschenaffen und den Menschen in Frage (↗ Abbildung S. 327).

Die **Lemuren,** zu denen die Sifakas (↗ Abbildung) gehören, haben sich in **geographischer Isolation** entwickelt.

Neuweltaffe (Lisztaffe)

Altweltaffe (Dschelada)

8.6.2 Fossilgeschichte des Menschen

Für die Erforschung der menschlichen Stammesgeschichte werden in erster Linie drei unterschiedliche Untersuchungsmethoden herangezogen:

- Die Einordnung und Untersuchung gefundener Fossilreste mithilfe der **Paläoanthropologie,** wenn möglich mit absoluter **Altersdatierung der Fossilien** anhand stratigraphischer oder physikalischer Zeitbestimmungsmethoden.
- Homologe DNA-Sequenzen und Proteine von Menschenaffen und Menschen werden molekularbiologisch untersucht. Die **molekulare Uhr,** ein paläogenetisches Datierungsverfahren, berechnet den für das Zustandekommen einer Mutation in einer molekularen Struktur verstrichenen Zeitraum. Auf dieser Grundlage wird der Zeitpunkt der Trennung der betreffenden Stammlinien ermittelt; dieses Datierungsverfahren ist sehr kritisch zu beurteilen, da ein unabhängiger Taktgeber fehlt. Andere Forschungsdisziplinen, z. B. die Paläontologie, müssen hinzugezogen werden, um die molekulare Uhr zu eichen.
- Ausgegrabene Fundstätten mit Knochen und Werkzeugansammlungen aus dem Plio- und Pleistozän werden analysiert, zusätzliche ethnologische Feldstudien an rezenten Jäger- und Sammlerpopulationen helfen die Funde besser einzuordnen, und auch die vergleichende Erforschung des Sozialverhaltens unterschiedlicher nichtmenschlicher Primaten verdeutlicht, dass diese vernetzten, komplexen Sozialstrukturen eine nicht unerhebliche Gehirngröße voraussetzen. Für die Evolution des Menschen war diese Präadaptation maßgeblich.

Die **Buschmänner** oder **San** waren vor langer Zeit Herren der Savanne und Berglandschaften des gesamten südlichen Afrikas, wurden aber von den Weißen und den sesshaften Bantu-Völkern in die letzten unbesiedelten Gebiete der Kalahari verdrängt. Ihre traditionelle Lebensweise als einst stolze, mit der Natur in völligem Einklang lebende Jäger und Sammler gerät durch ihre Verbannung in ein unfruchtbares Stück Wildnis an der Grenze zu Botswana allmählich in Vergessenheit.

Buschmänner in der Kalahari

Für die gesamte Stammesgeschichte der Primaten gilt, dass jeder neue Fossilfund ein sehr großer Zufall ist, ein kleines Puzzlestück in einem kaum überschaubaren Riesenpuzzle oder die so genannte Nadel im Heuhaufen. Es gibt noch so viele Lücken mit Fossilien zu füllen, und man muss sich darüber im Klaren sein, dass selbst die einleuchtendste Hypothese nur so lange sinnvoll erscheint, bis ein neuer Fund sie wieder zunichte machen kann.

Der **Überblick über die Evolution von den Organismen in den verschiedenen Erdzeitaltern** ermöglicht eine Einordnung der Evolutionsstufen des Menschen.

Die **Paläoanthropologie** ist die Wissenschaft, die sich mit den ausgestorbenen Vorfahren des heutigen Menschen beschäftigt.

Die **Soziobiologie** ist die Wissenschaft, die das Sozialverhalten von Mensch und Tier mithilfe der Individualselektion und des genetischen Eigennutzes von Verhalten untersucht.

Altruismus, Kooperation, Verwandtschafts- und Geschlechtsbeziehungen sind Phänomene, die das Gruppenleben beeinflussen und sich auf die **Sozialstruktur der Primaten** unterschiedlich auswirken.

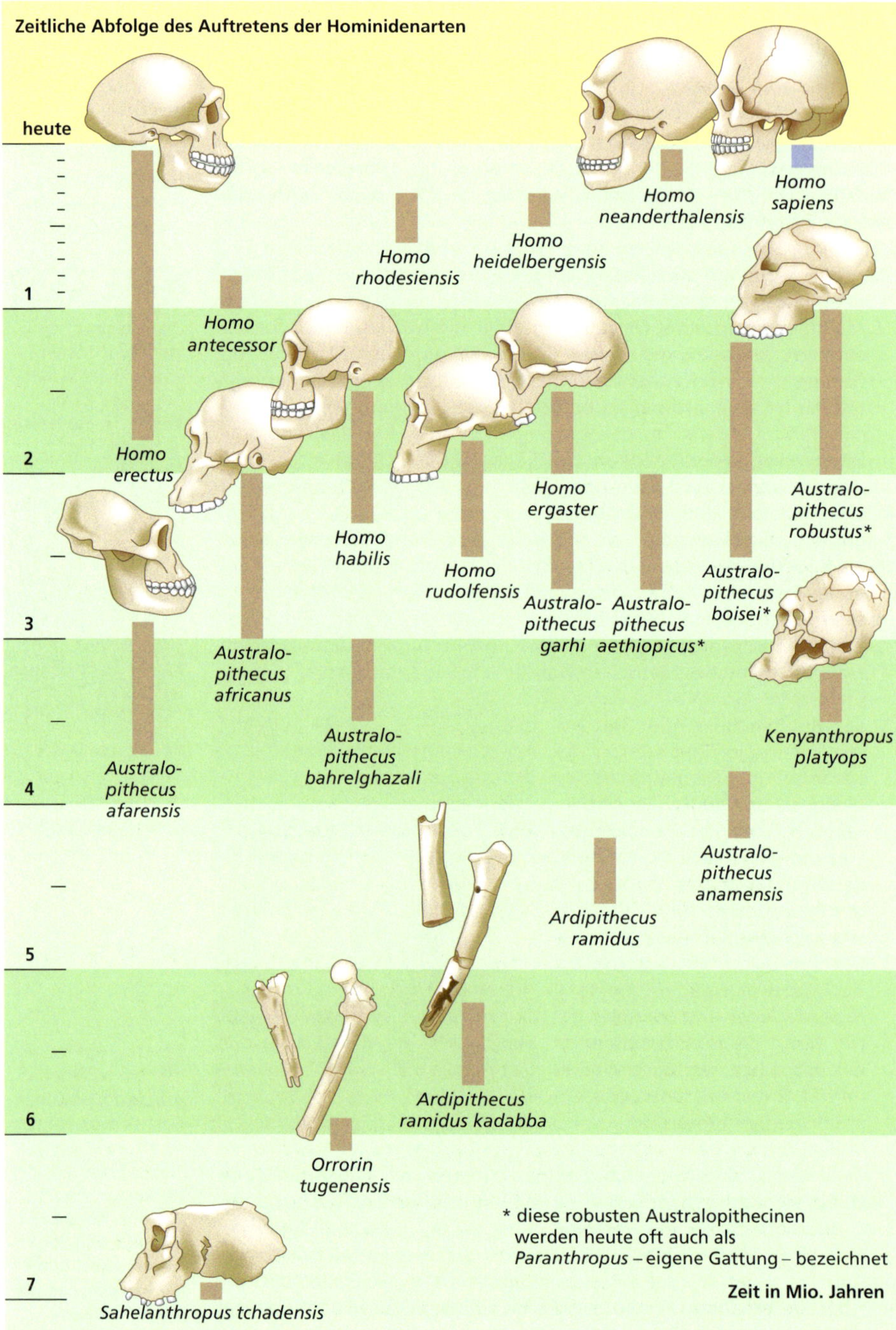

Zeitliche Abfolge des Auftretens der Hominidenarten
heute
1
2
3
4
5
6
7
Homo erectus
Homo antecessor
Homo rhodesiensis
Homo heidelbergensis
Homo neanderthalensis
Homo sapiens
Homo habilis
Homo rudolfensis
Homo ergaster
Australopithecus robustus*
Australopithecus africanus
Australopithecus garhi
Australopithecus aethiopicus*
Australopithecus boisei*
Australopithecus afarensis
Australopithecus bahrelghazali
Kenyanthropus platyops
Australopithecus anamensis
Ardipithecus ramidus
Ardipithecus ramidus kadabba
Orrorin tugenensis
Sahelanthropus tchadensis
* diese robusten Australopithecinen werden heute oft auch als *Paranthropus* – eigene Gattung – bezeichnet
Zeit in Mio. Jahren

Die *Dryopithecinen,* von denen 25 bis 9 Mio. alte Fossilfunde existieren, zeigen eine Mischung von Tieraffen- und Menschenaffenmerkmalen und sind daher aller Wahrscheinlichkeit nach die Stammgruppe an der Gabelung Menschenaffen und Hominiden des **Hominidenstammbaumes.** Als Vormenschen gelten die Formen, die noch nicht alle Merkmale der echten Menschen aufweisen und auch noch keine aufwendigen Werkzeuge herstellten bzw. benutzten (mit Ausnahme von einfachen Knochen- oder Holzwerkzeugen). Die Gruppe der *Australopithecinen* sind die ältesten Hominiden, die uns zur Zeit bekannt sind:

Die **Hypothesen zum Ursprung der menschlichen Bipedie** sind vielfältig und weden sehr kontrovers diskutiert.

Ardipithecus ramidus hat ein relativ weit vorn positioniertes Hinterhauptsloch, was auf einen aufrechten Gang schließen lässt, er war aber auch ein guter Kletterer und lebte vor ca. 4,5 Mio. Jahren im nördlichen Äthiopien (Ostafrika).
Australopithecus afarensis ging aufrecht, was durch ein gut erhaltenes 3,18 Mio. altes weibliches Skelett (Lucy) und in vulkanischer Asche erhaltene Fußspuren sehr gut belegt werden kann, er lebte vor ca. 3,6 bis 2,8 Mio. Jahren, sein Gehirnvolumen betrug 310 bis 485 cm^3, und er lebte in Äthiopien, Tansania und vermutlich auch in Kenia.

Lucy
(Australopithecus afarensis)

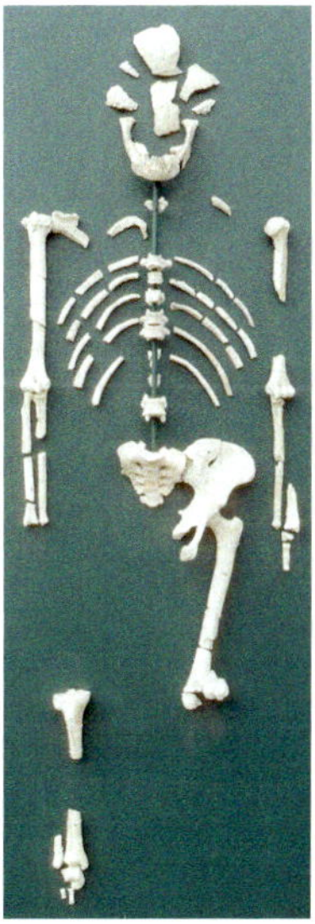

Skelett von „Lucy"

Weitere *Australopithecinen* wie *A. anamensis, A. africanus, A. bahrelghazali, A. garhi, A. boisei, A. aethiopicus* und *A. robustus* gingen ebenfalls aufrecht, ihr Gehirn war vergleichbar mit dem eines heutigen Schimpansen (um die 400 bis 500 cm^3), ihre Eckzähne waren kaum größer als die übrigen Zähne, und sie lebten vor ca. 4 bis etwa 1,3 Mio. Jahren in Afrika.
Der im März 2001 am Westufer des Turkana-Sees über 3,5 bis 3,2 Mio. Jahre alte gemachte *Kenyanthropus platyops*-Fund weist sowohl Ähnlichkeiten mit *A. anamensis* und *A. afarensis* als auch mit dem 1,5 Mio. Jahre jüngeren *Homo rudolfensis* auf und wurde deshalb einer neu geschaffenen Gattung zugeordnet. Die ersten Vertreter der Gattung *Homo* werden auch als Frühmenschen bezeichnet. Der älteste derzeit bekannte Vertreter ist der *Homo rudolfensis* mit einem Alter von 2,4 bis 1,8 Mio. Jahre aus Kenia.
Ca. 2 bis 1,7 Milllionen Jahre alt ist der *Homo habilis.* Sein Gehirnvolumen beträgt bereits 510 bis 650 cm^3, außerdem hat er bereits scharfkantige selbst hergestellte Steinwerkzeuge zum Zerlegen von Tieren benutzt. Im Gegensatz zu den Pflanzen essenden *Australopithecinen* besetzten diese Repräsentanten eine neue ökologische Nische: Sie ernährten sich u. a. von Fleisch und lebten in Äthiopien und Kenia.

ERNST HAECKEL fand für das zu seiner Zeit gesuchte **„missing link"** (das fossile Übergangsglied, welches Menschen- und Affenmerkmale in sich vereinigt und somit einen Beweis für die Abstammung des Menschen von tierischen Vorfahren liefert) den wissenschaftlichen Namen ***Pithecanthropus,*** zu deutsch Affenmensch.

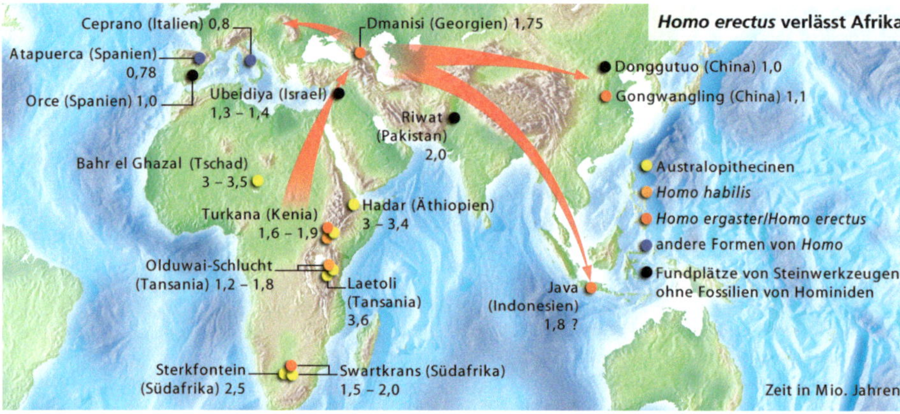

Schädelfunde aus dem Dorf Dmanisi (Georgien, an den Südausläufern des kleinen Kaukasus gelegen) aus den Jahren 1991 bis 2001 weisen sowohl Ähnlichkeiten mit *Homo habilis* als auch mit *Homo erectus* auf.

Der vermutlich erste Mensch, der Afrika verließ, war der *Homo ergaster.* In Äthiopien, Tansania und Südafrika weisen die Funde ein Alter von 2 Mio. Jahre auf, jüngste Funde aus Dmanisi, Vorderasien, sind erst 1,75 Mio. Jahre alt. Sein Hirnvolumen beträgt zwischen 900 bis 1 000 cm^3. Ob der *Homo erectus* (Aufrechter Mensch), der ein deutlich höheres Hirnvolumen (900 bis 1 300 cm^3) besaß, nur in China und auf Java oder auch in Europa und Afrika vertreten war, ist strittig. Viele Paläoanthropologen ordnen die afrikanischen Funde dem *Homo ergaster* zu. Er war bereits in der Lage, unterschiedlich geformte Werkzeuge aus Feuerstein herzustellen und das Feuer für seine Zwecke zu nutzen. Er lebte vor ca. 1,8 Mio. bis 0,4 Mio. Jahren in China und ist auf Java vermutlich erst vor 40 000 Jahren ausgestorben.

Biologische und kulturelle Evolution des Menschen

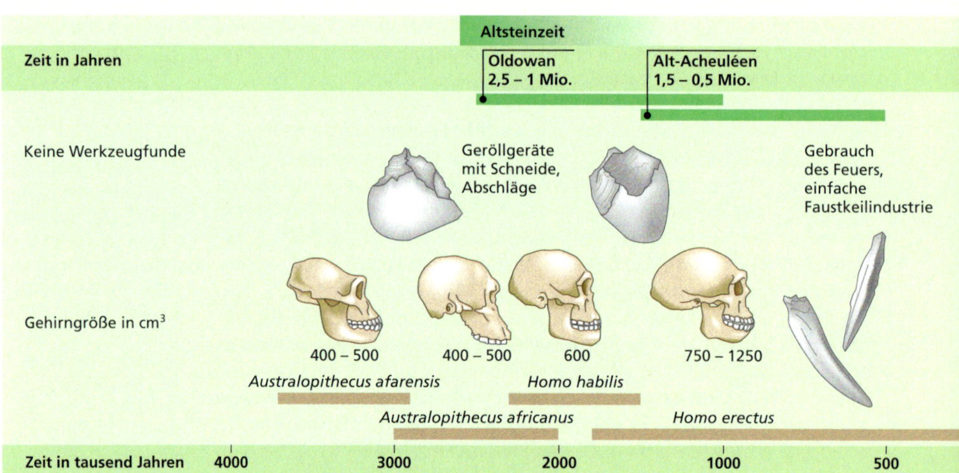

Aus *Homo erectus* entstand schließlich durch eine Artumbildung der *Homo sapiens*. So war der früheste Vorfahre des Neandertalers der *Homo heidelbergensis,* dessen Unterkiefer bei Heidelberg gefunden wurde.

Der Neandertaler, *Homo sapiens neanderthalensis* (zum Teil auch als *Homo neanderthalensis* bezeichnet), hatte seine Blütezeit vor 200 000 bis 30 000 Jahren, er wurde ca. 160 cm groß und wog in etwa um die 80 kg. Erstaunlich war sein Hirnvolumen, das mit 1 200 bis 1 750 cm^3 das Hirnvolumen eines modernen Menschen übertreffen konnte.

Die ältesten Fossilien des modernen *Homo sapiens* sind ca. 150 000 Jahre alt und wurden im Sudan (Ostafrika) gefunden. Vor ca. 40 000 Jahren wanderte eine Teilpopulation nach Europa aus. Die ältesten europäischen modernen Menschen sind die so genannten *Cro-Magnon-Menschen,* die nach ihrem Fundort in Frankreich benannt wurden. Dieser Jetztmensch unterschied sich anatomisch von seinen Vorgängern in folgenden Merkmalen:

- grazilerer Körperbau,
- Unterkiefer mit vorstehendem Kinn,
- hochgewölbter Hirnschädel,
- kleinere Zähne.

Die *Cro-Magnon-Menschen* waren nun bereits in der Lage, filigranere Steinwerkzeuge herzustellen, die ersten Kunstwerke wurden geschaffen, wie die **Höhlenmalereien von Lascaux.** Die Löwenfrau aus dem Elfenbein eines Mammuts, aus einer Höhle in Hohenstein Stadl bei Asselfingen, im Alb-Donau-Kreis, wird mit ihren 30 000 Jahren als ältestes plastisches Kunstwerk der Menschheit angesehen (↗ Abbildung rechts).

Die ersten **Höhlenmalereien** wurden vom modernen Jetztmenschen vor ca. 30 000 Jahren angefertigt.

Vom **Steinwerkzeug zum Internet** – die Meilensteine der **kulturellen Evolution** des Menschen sind vielfältig.

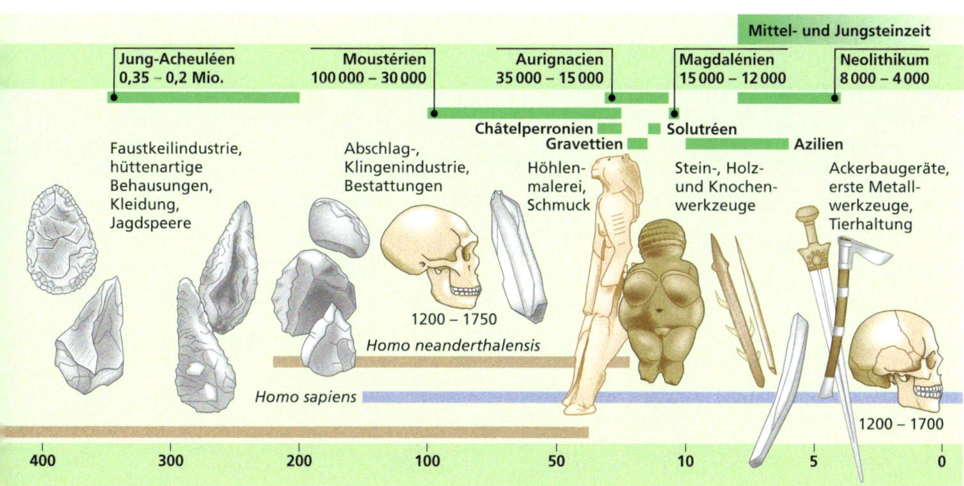

8.6.3 Gibt es Menschenrassen?

Ursprung des modernen Menschen

Wenngleich die Methoden und Ergebnisse auf dem Forschungsfeld der **Paläoanthropologie** und **Paläogenetik** in den letzten Jahren einen enormen Zuwachs verzeichnen, so führte dieses Wissen nicht zur Lösung bestehender Fragen, sondern warf neue Fragen auf: Die Frage nach der Herkunft des modernen Menschen kann aufgrund der Lückenhaftigkeit von Fossilfunden nicht eindeutig beantwortet werden. Es scheint sicher, dass die Evolution der Hominiden in Afrika begann. Für die weitere Entwicklung zum modernen Menschen werden derzeit zwei Hypothesen sehr kontrovers diskutiert:

- Die **„Out-of-Africa-Hypothese" („Arche-Noah-Hypothese")** geht davon aus, dass der moderne Mensch sich in Afrika entwickelt hat, dass also alle modernen Menschen von einem frühen *Homo sapiens* aus Afrika abstammen und sich von dort aus vor ca. 100 000 Jahren in kleinen Gründerpopulationen über die Erde ausgebreitet haben.
- Nach der **„Multiregionalen Hypothese"** hat sich der moderne Mensch getrennt in verschiedenen Regionen der Erde entwickelt. Alle stammen jedoch von einem ca. 1 Mio. Jahre alten Vorfahren ab. Zum Teil geht die Theorie sogar so weit, anzunehmen, dass alle modernen Menschen aus fossilen Populationen des *Homo erectus* oder *Homo ergaster* an verschiedenen Stellen unseres Planeten hervorgegangen sind.

Bei einer **Gegenüberstellung der „Out-of-Africa-Hypothese" mit der „Multiregionalen Hypothese"** wird deutlich, dass beide Modelle in ihrer Argumentation Stärken und Schwächen aufweisen.

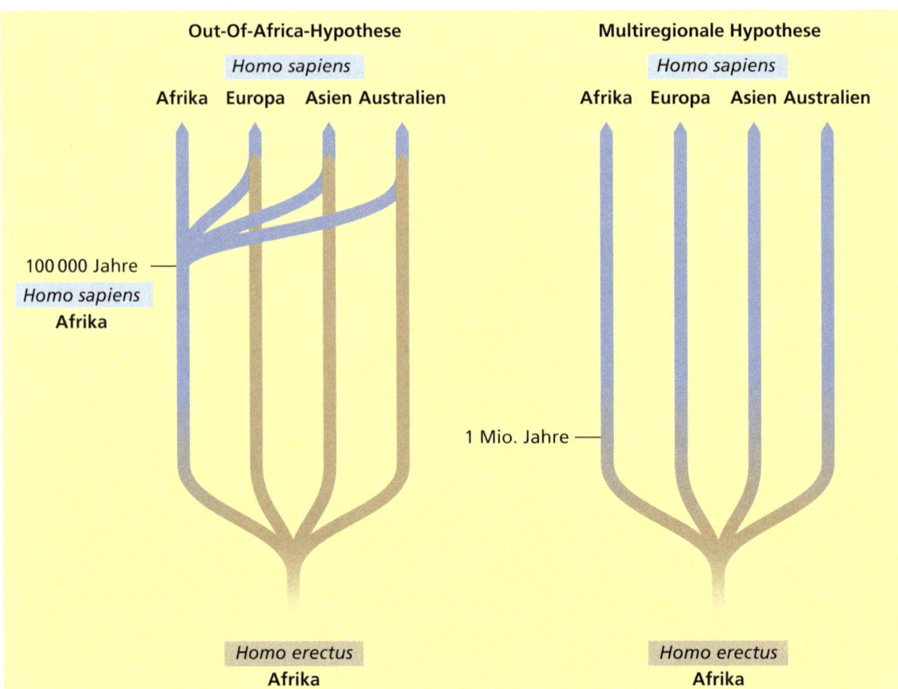

Alle heute lebenden Menschen gehören zu ein und derselben Art. Systematiker klassifizieren die Menschen zur Unterart ***Homo sapiens sapiens.***

Als **Rasse** bezeichnet man **Populationen** einer **Art,** die sich in ihrem Genbestand, in ihrem Aussehen, physiologischen Eigenschaften und Ansprüchen an die Umwelt von anderen Populationen dieser Art unterscheiden.

Der Genetiker CAVALLI-SFORZA hält die traditionelle Aufteilung in „Rassen" für weitgehend willkürlich, da sich auf genetischer Ebene keine klaren Abgrenzungen zwischen Menschenpopulationen aus verschiedenen Erdteilen ziehen lassen.

Beim Menschen hat man lange Zeit nur äußerlich sichtbare Merkmale, wie z. B. Hautfarbe, Haarstruktur, Augenform, Nasenbreite und Gesichtsform, zwecks Einteilung in verschiedene Rassen herangezogen, ohne die biologische Bedeutung zu berücksichtigen. Später versuchte man sich in einer Rasseneinteilung nach Blutgruppenmerkmalen. Anhand dieser Merkmale gliederten Wissenschaftler die Menschheit in eine Anzahl von 7 Rassen (Afrikaner, Kaukasier, Amerindianer, Südasiaten, Nordasiaten, Insulaner, Australide). Andere dagegen sprachen sich für eine Einteilung in drei Großrassen aus (Europide, Mongolide, Negride).
Durch die Analyse des menschlichen Genoms konnten genetische Unterschiede und Gemeinsamkeiten zwischen menschlichen Populationen neu bewertet werden. Die komplexe Vielfalt der Gene zwischen und innerhalb von Populationen veranlasst immer mehr Humangenetiker aufgrund unzureichender genetischer Grundlagen zu der Auffassung, von einer Einteilung der Menschen in unterschiedliche Rassen abzusehen.
Wenn überhaupt, sollte man von **geographischen Gruppen** bzw. typologischen Kategorien sprechen. Die **Populationsdifferenzierung** in Menschengruppen bzw. typologischen Kategorien wird als Ergebnis der Einwanderungen von Afrika aus („Out-of-Africa-Hypothese") gesehen.

Chromosomenzahl, Schwangerschaftsdauer, viele Verhaltensweisen, Bau und Funktion von Sinnesorganen, Gehirn, Skelett und Muskulatur sind bei den Menschen dieser verschiedenen geographischen Gruppen identisch. Die Merkmale jedoch, die innerhalb dieser Gruppen variieren, wie z. B. Hautfarbe, Haarstruktur oder Augenform, wurden vermutlich eher durch Klimabedingungen und Umweltfaktoren selektiert. Alle Unterschiede in der „Zivilisationshöhe" haben gesellschaftliche Ursachen und entbehren jeglicher biologischer Grundlage. Somit berechtigen die Unterschiede zwischen den Menschen verschiedener Gruppen in keiner Weise zu einer Bewertung im Sinne von „hoch- oder minderwertigen Rassen" mit ihren antihumanen Folgen. Sie sind deshalb konsequent abzulehnen und scharf zu verurteilen. Außerdem ist eine immer stärkere Durchmischung der verschiedenen Menschengruppen und ihrer Kulturen zu beobachten, sodass eine geographische Zuordnung der Menschen immer schwieriger wird.

8.6.4 Geistige und kulturelle Evolution des Menschen

Viele rezente Arten können sich durch die vom Menschen verursachten Umweltänderungen nicht schnell genug anpassen; die **Aussterberate** lag im 20. Jh. 50-mal höher als der Durchschnitt in den vergangenen 100 000 Jahren.

Folgende biologische Merkmale des Menschen waren der Motor für seine kulturelle Evolution:

- Aus der Bipedie resultierten weitere anatomische Veränderungen: Umwandlungen der Wirbelsäule, des Beckens und des Fußes und das Entstehen der Greifhand mit opponierbarem Daumen, die es ermöglicht, Werkzeuge herzustellen und zu gebrauchen.
- Vergrößerung des Gehirns als Folge einer verlängerten Wachstumsperiode von Schädel und Inhalt (nur das Gehirn der Primaten wächst auch nach der Geburt weiter, beim Menschen länger als bei anderen Primaten); dieses stark entwickelte Großhirn ist die Voraussetzung für lebenslanges Lernen und die Entwicklung von Kreativität.
- Die Verlängerung der menschlichen Entwicklung erfordert einen längeren Zeitraum elterlicher Fürsorge: Kinder schöpfen aus dem Vorrat an Erfahrungen und Kenntnissen der älteren Generationen!
- Überlieferung von angesammeltem Wissen über mehrere Generationen mit dem unverzichtbaren Hilfsmittel der menschlichen Sprache in Wort und Schrift. Voraussetzung für die Sprachentwicklung war die Ausbildung eines differenzierten Kehlkopfes.

Durch die Übernahme von Wertvorstellungen, Techniken oder aber auch Verhaltensweisen entstehen **Traditionen.**

Man kann die kulturelle Evolution in folgende Stadien einteilen:

1. Beginn mit den Nomaden, die vor 2 Mio. Jahren in der afrikanischen Savanne jagten und Nahrung sammelten. Werkzeuge wurden hergestellt, gemeinschaftliche Aktivitäten organisiert, und eine Arbeitsteilung fand statt.
2. Die Entwicklung der Landwirtschaft in Afrika, Eurasien und Amerika vor ca. 10 000 bis 15 000 Jahren brachte dauerhafte Ansiedlungen und die ersten Städte wurden gegründet.
3. Die industrielle Revolution begann im 18. Jh. als Folge der Aufklärung. Entscheidend war die Erfindung von Wärmekraftmaschinen (Dampfmaschine, Elektromotor, Benzinmotor usw.). Vom ersten Flug der Gebrüder WRIGHT bis zur Mondlandung NEIL AMSTRONGS verging weniger als ein Menschenalter. Kennzeichen der Kulturellen Evolution ist, dass sie sich kaum auf genetischem Niveau abgespielt hat. Die Fähigkeit, Computer zu konstruieren, ist nicht in unseren Genen verankert, sondern das angesammelte Ergebnis von vielen Generationen menschlicher Erfahrung, die durch Bücher, Lehrer und Eltern weitergegeben wurde.

Die **menschliche Sprache** ist in ihrer Komplexität und Differenzierungsmöglichkeit einzigartig.

Die Erweiterung unseres Gehirns machte uns zu einer Organismenart, die in der Lage ist,
- sich über ihre körperlichen Einschränkungen hinwegzusetzen;
- zielgerichtet für die Weitergabe und Erweiterung ihres Wissens zu sorgen;
- die biologische Evolution abzukürzen bzw. in ihrer Geschwindigkeit um mehrere Größenordnungen zu übertreffen;
- die Umwelt mithilfe z. B. von Technik und Medizin nach ihren Bedürfnissen zu modifizieren.

Die negativen **Folgen der kulturell bedingten Veränderungen durch den Menschen** sind u. a. Überbevölkerung, chemische Umweltverschmutzung und die Zerstörung von Lebensräumen.

8.7 Gliederung der Vielfalt (Systematik)

- Ziel der biologischen Systematik ist die Ordnung der Lebewesen nach ihrer stammesgeschichtlichen Verwandtschaft.
- Die Art ist die grundlegende Einheit der Systematik.
- Im Gegensatz zur Art lassen sich höhere systematische Kategorien nicht eindeutig definieren.
- Die Lebewesen werden in drei Domänen eingeteilt: Archaea, Bacteria und Eukarya.
- Die Domäne Eukarya wird in vier Reiche unterteilt: Protoctista (Begründer), Plantae (Pflanzen), Fungi (Pilze) und Animalia (Tiere).

8.7.1 Begriffe und Definitionen

Seit den Anfängen der Kultur teilt der Mensch Naturobjekte in verschiedene Gruppen ein. Bei Pflanzen unterschied man z. B. in solche, die essbar sind, und andere, die als Brennstoff genutzt werden konnten, weiter in Giftpflanzen, Heilpflanzen und Drogen. Eine solche Untergliederung der Vielfalt führte jedoch auch schon zu der Erkenntnis, dass die Unterschiede zwischen verschiedenen Individuen mehr oder weniger groß, manchmal aber fast nicht zu erkennen sind. Auf diese Weise entstand der **morphologische Artbegriff:** Individuen, die einander zum Verwechseln ähnlich sehen, wurden mit einem Namen benannt.

Durch die weitergehende wissenschaftliche Beschäftigung mit Pflanzen und Tieren wurde immer deutlicher, dass die morphologische Definition der Art nicht ausreicht. So lassen sich männliche und weibliche Vertreter einer Art aufgrund ihrer Gestalt nicht immer als zusammengehörig erkennen, noch deutlicher wird dies bei verschiedenen Altersstufen, z. B. eines Grasfrosches oder einer Buche.

Hier sind weitere biologische Untersuchungen zum Entwicklungsgang oder zur Fortpflanzungsweise notwendig. Solche Untersuchungen führten zur Entwicklung des **biologischen Artbegriffs:** Arten sind Gruppen von Individuen (Populationen), die sich miteinander sexuell fortpflanzen können und die von anderen Populationen reproduktiv isoliert sind. Sie bilden einen **Genpool.** Dieser Artbegriff setzt allerdings zweigeschlechtliche Fortpflanzung voraus. Bei Lebewesen, die sich ungeschlechtlich vermehren – z. B. durch Zweiteilung, wie viele Bakterien –, aber auch bei höheren Pflanzen, die sich selbst befruchten oder auch ohne Befruchtung Samen ansetzen, wird die Artabgrenzung schwierig.

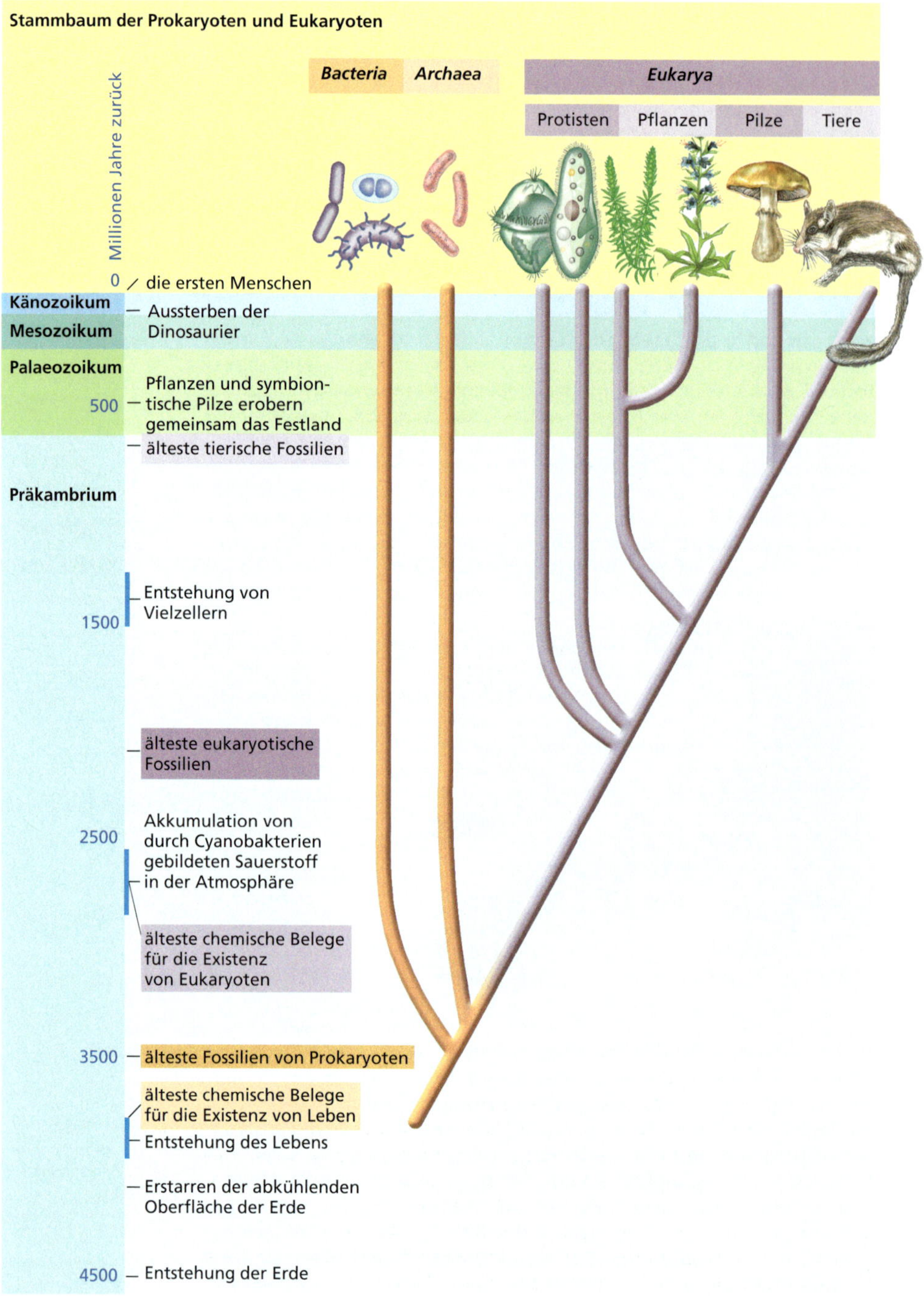
Stammbaum der Prokaryoten und Eukaryoten
Bacteria
Archaea
Eukarya
Protisten
Pflanzen
Pilze
Tiere
Millionen Jahre zurück
0
500
1500
2500
3500
4500
Känozoikum
Mesozoikum
Palaeozoikum
Präkambrium
die ersten Menschen
Aussterben der Dinosaurier
Pflanzen und symbiontische Pilze erobern gemeinsam das Festland
älteste tierische Fossilien
Entstehung von Vielzellern
älteste eukaryotische Fossilien
Akkumulation von durch Cyanobakterien gebildeten Sauerstoff in der Atmosphäre
älteste chemische Belege für die Existenz von Eukaryoten
älteste Fossilien von Prokaryoten
älteste chemische Belege für die Existenz von Leben
Entstehung des Lebens
Erstarren der abkühlenden Oberfläche der Erde
Entstehung der Erde

CARL VON LINNÉ (1707–1778) führte 1735 die heute noch übliche wissenschaftliche Benennung von Pflanzen- und Tierarten ein: Jeder Name setzt sich aus einem Gattungs- und einem Artnamen zusammen, analog den Familien- und Vornamen der Menschen: *Galanthus nivalis L.* z. B. ist der wissenschaftliche Name des Schneeglöckchens, *Parus major L.* der der Kohlmeise (**binäre Nomenklatur**, ↗ S. 17). Der erste dieser lateinischen oder latinisierten Namen wird großgeschrieben, der zweite klein. Das *L.* steht als Abkürzung für LINNÉ und bezeichnet den Autor, der als Erster die **wissenschaftliche Artbeschreibung** verfasst hat. Die Regeln, die bei der Artbeschreibung eingehalten werden müssen, sind in internationalen Codes festgelegt.

Die abgestufte Ähnlichkeit der Lebewesen, die es in den meisten Fällen leicht macht, Inividuengruppen als Arten zu erkennen und abzugrenzen, setzt sich „nach oben" fort: Es gibt ähnliche Artengruppen, die als Gattungen, ähnliche Gattungsgruppen, die als Familien zusammengefasst werden. Diese abgestufte Ähnlichkeit der Lebewesen rechtfertigt die Eingruppierung aller Lebewesen in ein **hierarchisches System.**

CARL VON LINNÉ (1707 bis 1778) begründete die wissenschaftliche Benennung von Lebewesen.

Prinzip des hierarchischen Systems

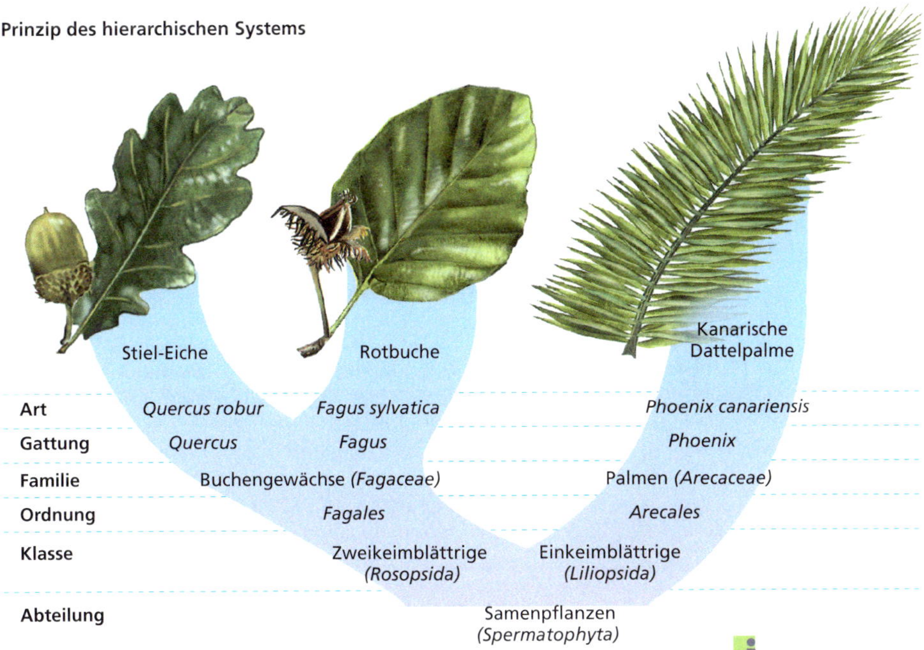

Im Unterschied zur Art lassen sich jedoch die höheren **taxonomischen Kategorien** nicht objektiv definieren. Was ein Systematiker für eine Gattung hält, dem mag ein anderer schon den Rang einer Familie zugestehen. Weitgehend einig ist man sich allerdings darüber, dass die taxonomischen Kategorien die **stammesgeschichtliche Verwandtschaft** der enthaltenen Arten zum Ausdruck bringen sollen: Arten einer Gattung gehen auf eine Ursprungsart zurück, Gattungen einer Familie auf eine Ursprungsgattung, Familien einer Ordnung auf eine Ursprungsfamilie.

Taxonomie nennt man die Wissenschaft von der richtigen Benennung der Lebewesen.

Die **Systematik** nennt man die Wissenschaft von der Ordnung der Lebewesen. Die **Phylogenetische Systematik** bemüht sich um eine Ordnung entsprechend der stammesgeschichtlichen Verwandtschaft.

Man könnte dies auch so ausdrücken: Was in einer früheren erdgeschichtlichen Epoche eine Art war, ist später zu einer Gattung, dann zu einer Familie, einer Ordnung, einer Klasse usw. geworden. Die auf diesen Grundlagen beruhende systematische Einteilung wird auch **Cladistik** genannt. Die Vielfalt der Lebewesen wird traditionell in zwei Reiche, das Pflanzenreich und das Tierreich, eingeteilt. In unserer makroskopischen Welt fällt es im Allgemeinen auch nicht schwer, ein Lebewesen als „Pflanze" oder „Tier" zu erkennen. Es gibt allerdings Fälle, die auch schon LINNÉ Schwierigkeiten bereiteten.

Zu diesen gehören u. a. die fest sitzenden **„Seeanemonen"** oder die auch als **„Blumentiere"** bezeichneten Steinkorallen.

Seeanemone

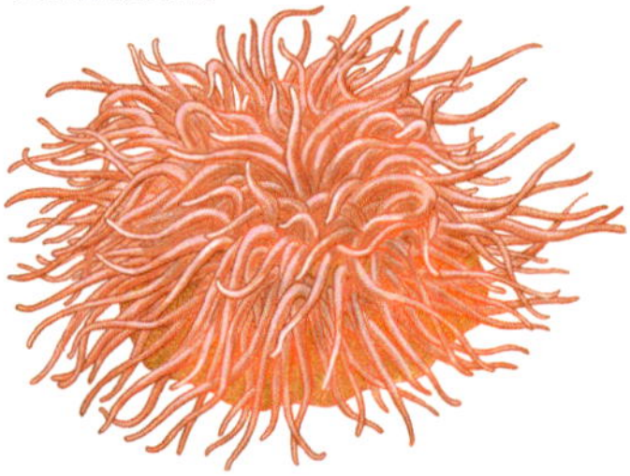

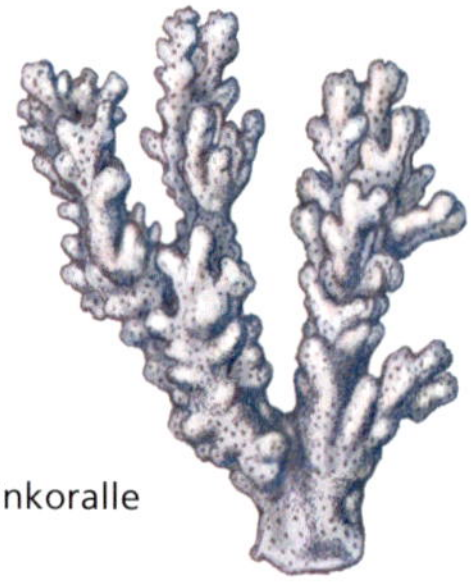

Steinkoralle

Noch schwieriger wird die Unterscheidung bei Mikroorganismen. Lange Zeit behielt man die Einteilung jedoch bei. Bakterien und Pilze wurden dem Pflanzenreich zugerechnet, bei Einzellern rechnete man die Formen mit Chlorophyll dem Pflanzenreich, die anderen als „Protozoen" dem Tierreich zu.

Formen wie die **Augengeißler** (Gattung ***Euglena***) oder die **Panzergeißler** (Dinoflagellaten, ***Ceratium***) wurden sowohl in das zoologische wie in das botanische System eingeordnet, obwohl sie zur Fotosynthese in der Lage sind. Beim Augengeißler *Euglena* können durch schnelle Teilungsfolge und ungleiche Verteilung Chloroplasten freie Individuen entstehen. So könnte der Übergang von der Pflanze zum Tier innerhalb einer Art stattfinden.

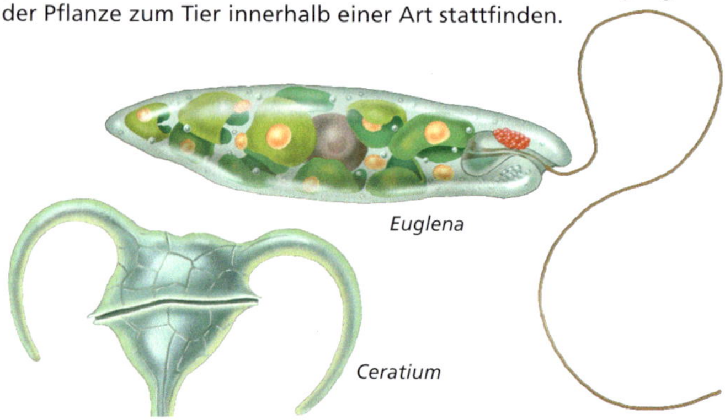

Euglena

Ceratium

Heute weiß man, dass der grundlegendste Unterschied zwischen den Lebewesen die Organisation der einzelnen Zelle ist. Bei den ***Prokaryota,*** den „Kernlosen", sind die einzelnen Zellen wesentlich einfacher gebaut als bei den ***Eukaryota,*** den „Kernhaltigen". Innerhalb der *Prokaryota* kann man aufgrund der unterschiedlichen genetischen Struktur, insbesondere der ribosomalen RNA (↗ S. 203) die ursprünglicheren ***Archaea (Archaebacteria)*** und die ***Bacteria (Eubacteria)*** unterscheiden.

Zur **Einteilung der Lebewesen** in Domänen und Reiche gibt es auch noch andere Vorschläge.

Die **Einteilung der Lebewesen** erfolgt in drei große Gruppen, so genannte **Domänen:**
- ***Archaea* (Urbakterien),**
- ***Bacteria* (echte Bakterien)** und
- ***Eukarya* (Kernhaltige).**

Durch einen relativ komplizierten Prozess mehrfacher Endosymbiose (↗ S. 317) sind aus Prokaryota Eukaryota hervorgegangen. Sie werden in die **Reiche**
- ***Protista*** (auch *Protoctista*, **Begründer**),
- ***Plantae* (Pflanzen),**
- ***Fungi* (Pilze)** und
- ***Animalia* (Tiere)** aufgeteilt.

Während Pflanzen, Pilze und Tiere gut abgrenzbare Reiche bilden, die sich jeweils relativ sicher auf einen gemeinsamen Ursprung zurückführen lassen, sind die *Protoctista* eine sehr heterogene Gruppe, deren gemeinsamer phylogenetischer Ursprung nicht gesichert ist. So unterschiedliche Lebewesen wie der ein Fußballfeld füllende Riesentang *Macrocystis* und die wenige Tausendstel Millimeter großen Malariaerreger *Trypanosoma* werden hier eingeordnet. Da eine klare und übersichtliche Aufteilung in mehrere Reiche schwierig ist, empfiehlt sich jedoch die Beibehaltung eines an der Basis aller anderen *Eukaryota* stehenden Reiches, das sich allerdings in sehr unterschiedliche Gruppen aufgespalten hat.

Drei Domänen und vier Reiche

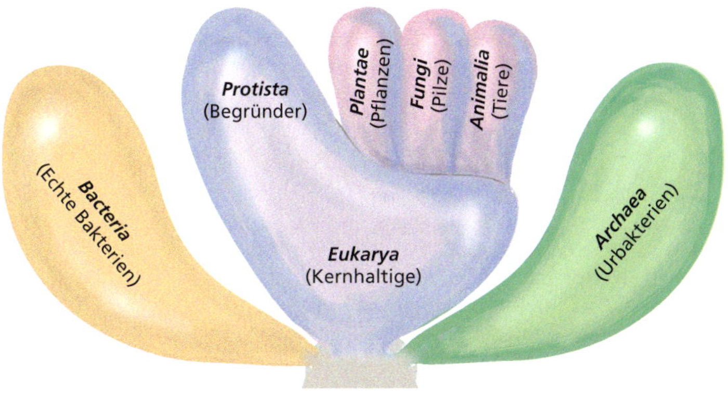

8.7.2 Domäne *Archaea* (Urbakterien)

Nach ihrer genetischen Verwandtschaft kann man die Archaea in *Crenarchaeota* und *Euryarchaeota* einteilen.

Solfateren = schwefelhaltige heiße Quellen mit Temperaturen von 100 bis 250 °C

Archaea stellen Anpassungsformen an den Urzustand der Biosphäre dar, die sich in gewissen Modifikationen an Spezialstandorten bis heute erhalten haben. Die stark isolierte Stellung der heutigen Gruppen spricht für ihre Reliktnatur, eine „Erinnerung" an die Anfänge des Lebens auf der Erde.
Man kennt heute mehr als hundert verschiedene Archaea, doch dürfte diese Zahl in Zukunft noch stark ansteigen. Sie besiedeln extreme Lebensräume. Nach ihrer Genausstattung kann man die Archaea in zwei Gruppen einteilen. Nach ihrem Vorkommen und ihren biochemischen Leistungen werden im Allgemeinen drei Hauptgruppen unterschieden:

Extrem thermophile schwefelabhängige *Archaea*

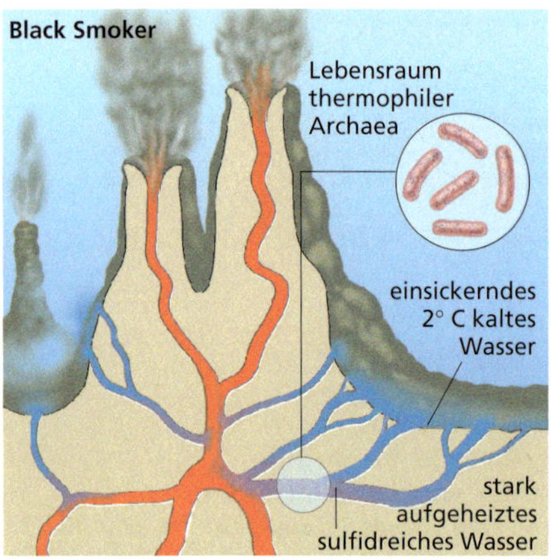

Sie sollen der Ursprungsgruppe besonders nahe stehen. Die Zellen von *Pyrodictium ocultum* sind scheiben- bis schüsselförmig und haben einen Durchmesser bis zu 2,5 µm. Ihr Wachstumsoptimum erreichen sie bei 100 °C, sie halten aber auch noch Temperaturen bis 110 °C aus. Wasser mit derart hohen Temperaturen bleibt nur unter Druck, z. B. am Meeresboden oder in der Tiefe von Solfaterenfeldern, flüssig. *Pyrodictium* ist anaerob und reduziert Schwefel zu Schwefelwasserstoff. *Thermoplasma acidophilum* wurde aus schwelenden Kohlehalden und heißen Quellen isoliert. Diese zellwandlosen Bakterien haben ein Wachstumsoptimum bei etwa 60 °C und einen *pH*-Wert zwischen 1 und 2.

Methanogene *Archaea*

Sie reduzieren Kohlenstoffdioxid mithilfe von Wasserstoff zu Methan. Diese Anaerobier sind sehr empfindlich gegen Sauerstoff. Sie leben in Sümpfen und in den Sedimenten stehender Gewässer (Faulschlamm). Die verschiedenen Vertreter sind sehr unterschiedlich geformt und haben recht unterschiedliche Zellhüllen, die aus Proteinen oder Polysacchariden bestehen können. Praktische Bedeutung haben Methanogene in der Abwasseraufbereitung und für die Gewinnung von Biogas aus organischen Abfällen. Im Pansen der Wiederkäuer und im Darm anderer Tiere, die sich vorwiegend von Cellulose ernähren, spielen Methanogene eine wichtige Rolle.

Extrem halophile *Archaea*

Sie leben an sehr salzhaltigen Orten wie im Toten Meer, im Großen Salzsee in den Vereinigten Staaten oder in Meerentsalzungsanlagen. Durch den Farbstoff Bacteriorhodopsin bilden sie purpurrote Kolonien. *Halobacterium halobium* benötigt für das Wachstum eine mindestens 12%ige Salzlösung. Das Temperaturoptimum liegt zwischen 40 und 45 °C. Mithilfe des Farbstoffs können die Halobakterien einen Wasserstoffgradienten an ihrer Zellmembran aufbauen, der der ATP-Gewinnung dient.

8.7.3 Domäne *Bacteria* (Bakterien)

Es gibt auch Bakterienriesen bis zu 1 mm Durchmesser.

Die ***Bacteria*** umfassen die Mehrzahl der heute bekannten **Prokaryoten.** Kennzeichnend ist eine riesige Vielfalt von Ernährungsweisen und Stoffwechselwegen. Sie sind für die Energieflüsse und Stoffkreisläufe in der Biosphäre von besonderem Wert. Als Destruenten bauen sie komplizierte organische Stoffe zu einfachen anorganischen Bestandteilen ab. Als Produzenten oder autotrophe Prokaryota können sie nicht nur CO_2 zu komplizierteren Kohlenstoffverbindungen aufbauen, es gelingt ihnen auch, die Elemente Stickstoff, Phosphor und Schwefel aus anorganischen Verbindungen in Körpersubstanz zu überführen. Zur Energiegewinnung dient nicht nur das Sonnenlicht, viele Bakterien können sich auch die bei chemischen Reaktionen frei werdende Energie nutzbar machen, z. B. bei der Oxidation von zweiwertigem zu dreiwertigem Eisen (Eisenbakterien).

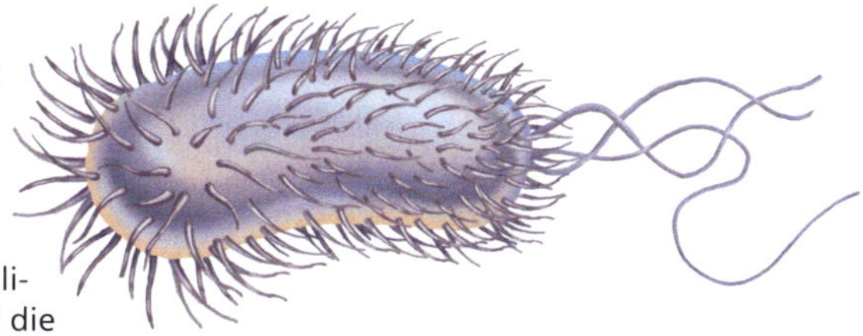

Die Zelle der *Bacteria* ist meist nicht viel größer als 1 μm. Charakteristische Formen sind Kugeln, Stäbchen, gekrümmte Stäbchen, spiralförmige Längsstrukturen usw. (↗ S. 344). Es kommen aber auch fädige und kompliziertere räumliche Strukturen vor, und die Zellen können sich zu größeren Zellaggregaten zusammenschließen. Dabei kommt es auch zur Differenzierung in verschiedene Zellformen.

Ein echter, durch Kernmembran abgegrenzter Zellkern fehlt ebenso wie Chromosomen, Kernspindel und Centriolen. Es gibt keine Mitochondrien und Plastiden und keine Geißeln, wie sie für Eukaryota typisch sind (Undulipodien). Außer einem großen ringförmigen DNA-Molekül („Bakterienchromosom") enthalten *Prokaryota*-Zellen kleinere DNA-Ringe, so genannte Plasmide, die relativ leicht von einer Zelle auf eine andere übertragen werden können. In der Gentechnologie werden sie deshalb als Vektoren zur Übertragung und Vermehrung externer Gene genutzt (↗ S. 246 f.).

Bakteriengeißel (↗ S. 74, 317)

Auf der Urerde entstanden Bakterienpigmente vermutlich zunächst als Lichtschutz. Sekundär „lernten" die Bakterien, die absorbierte Lichtenergie zum Aufbau chemischer Energieäquivalente zu nutzen. So entstanden Bakterien, die Elektronen vom Schwefelwasserstoff auf $NADP^+$ übertragen konnten. Das entstehende Reduktionsäquivalent NADPH wurde dann verwendet, um Kohlenstoffdioxid zu Zuckern und Polysacchariden zu reduzieren. Etwas später entwickelten sich die **Cyanobakterien (Blaugrüne Bakterien)**, die in der Lage waren, als Wasserstoffdonator bei der Fotosynthese das Wassermolekül zu nutzen.
Zunächst wurde der bei der Wasserspaltung freigesetzte Sauerstoff zur Oxidation von Molekülen der Erdkruste, insbesondere von Eisenverbindungen, verwendet. Danach reicherte sich O_2 in der Atmosphäre an. Nun konnte auch die **Zellatmung** – eine sehr effektive Form der Energieumsetzung in Lebewesen – entwickelt werden (↗ S. 113 ff.).

Nach der genetischen Verwandtschaft lassen sich etwa 10 bis 12 verschiedene **Bakteriengruppen** unterscheiden (↗ S. 72), z. B.:

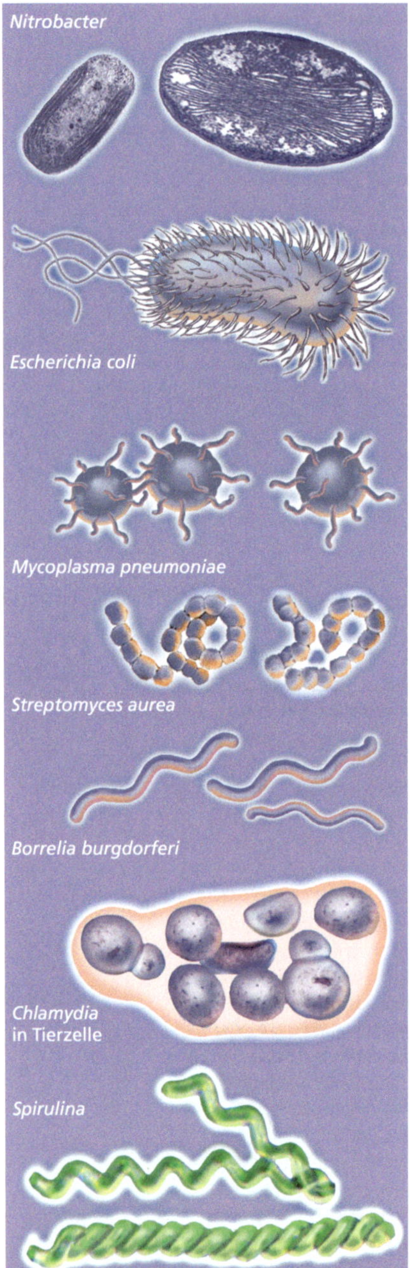

Proteobacteria

- **Purpurbakterien:** fotoautotrophe und fotoheterotrophe Organismen mit Bakterienchlorophyll.
- **Chemoautotrophe Proteobakterien** können anorganische Substanzen wie Ammoniak, Schwefelwasserstoff oder Wasserstoffmoleküle als Energiequelle nutzen. Nitrifikanten *(Nitrobacter)* produzieren Nitrat aus Nitrit bzw. Ammoniak.
- **Chemoheterotrophe Proteobakterien** spielen im Stickstoffkreislauf von Ökosystemen eine wichtige Rolle. Wichtige Endosymbionten stellt die Gattung *Rhizobium* in den Wurzelknöllchen von Leguminosen. Endobakterien wie *Escherichia coli* leben im Darmtrakt von Tieren.

Grampositive Bakterien

- Actinomyceten (Strahlen„pilze") sind fädige Bakterien, die v. a. im Boden häufig vertreten sind. *Streptomyces* ist ein wichtiger Antibiotikaproduzent.
- Mycoplasmen sind winzige Endoparasiten, *Mycoplasma pneumoniae* bewirkt beim Menschen eine Form der Lungenentzündung.

Spirochaeten

Diese Bakterien sind schraubenförmig und werden bis zu 250 µm lang, können dabei aber sehr dünn bleiben. *Treponema palladium* ist der Erreger der Syphillis, *Borrelia burgdorferi* der Erreger der Borreliose.

Chlamydien

Chlamydien sind obligate intrazelluläre Tierparasiten. Sie erhalten ATP von der Wirtszelle. *Chlamydia trachomatis* verursacht Geschlechtskrankheiten.

Cyanobakterien
(Blaugrüne Bakterien, Blau„algen")

Fotoautotrophe Bakterien, deren Fotosyntheseapparat dem der autotrophen Eukaryoten sehr stark ähnelt (Chlorophyll a und b, zwei Fotosysteme, O_2 als Nebenprodukt).
Cyanobakterien können in Süß- und Salzwasser zum Teil giftige „Algen"blüten hervorrufen. Einige Gattungen wie *Spirulina* werden in Kulturen zur Biomasseproduktion genutzt.

8.7.4 Domäne *Eukarya*

Zu den ***Eukarya*** gehören alle Lebewesen mit kernhaltigen Zellen und Zellorganellen, wie Plastiden, Mitochondrien und Undulipodien, sowie eine reichhaltige Kompartimentierung. Die Domäne kann in **vier Reiche** unterteilt werden (↗ S. 341).

I. Reich: *Protista* (Begründer)

Die ***Protista*** sind eine Sammelgruppe für alle jene *Eukaryota*, die nicht eindeutig Pflanzen, Pilzen oder Tieren zuzuordnen sind. Sie lassen sich in mindestens 30 Abteilungen bzw. Stämme untergliedern.
Protista mit tierähnlicher Ernährungsweise werden auch ***Protozoa*** („Urtiere") genannt:

- Die **Wurzelfüßer *(Rhizopoda)*** haben keine begeißelten Stadien. Dafür ist ihre Zelloberfläche sehr beweglich, und es werden ständig neue Zellfortsätze, so genannte Scheinfüßchen oder **Pseudopodien,** gebildet. Syngamie und Meiose sind unbekannt. Auch die beiden folgenden Gruppen bilden keine Geißeln, dafür dünne Scheinfüßchen.
- Die **Strahlenfüßer *(Actinopoda)*** bilden sehr dünne lange Pseudopodien (Axopodien) aus. Diese Fortsätze halten die Organismen in Schwebe und dienen der Nahrungsaufnahme. Im Süßwasser kommen die „Sonnentierchen" *(Heliozoa)*, im Salzwasser die „Strahlentierchen" *(Radiolaria)* mit einem Kieselsäureskelett vor.
- Die **Kammerlinge *(Foraminifera)*** sind ausschließlich marin. Sie leben in gekammerten Schalen aus organischem Material, das durch Kalk verfestigt ist. Lange Pseudopodien dienen – wie bei der vorigen Gruppe – zum Schweben und zur Nahrungsaufnahme. Foraminiferen sind häufig Leitfossilien (z. B. Kreidefelsen von Dover, ↗ S. 294).
- Die **„Sporentierchen" *(Sporozoa)*** leben häufig parasitisch. Besonders bekannt ist der Erreger der Malaria (Gattung *Plasmodium,* ↗ S. 264). Durch ständige Veränderung ihrer Oberflächenproteine können Plasmodien das Immunsystem von Menschen und Säugetieren unterlaufen.
- Die **„Wimpertierchen" *(Ciliata)*** haben zwei verschiedene Zellkerntypen: einen großen Makrokern und meist mehrere kleine Mikrokerne. Die Gene sind nicht auf Chromosomen verteilt, sondern auf viel kleineren DNA-Einheiten. Der bis zu 50fach polyploide Makrokern kontrolliert den gesamten Stoffwechsel und Bewegungsvorgänge der Zelle, auch die asexuelle Fortpflanzung (meist Zweiteilung). Viel seltener kommt sexuelle Reproduktion vor, wobei es zur **Konjugation** von zwei Zellen kommt (↗ S. 180, 241). Die Mikronuclei sorgen für den Austausch von genetischem Material.
- Zu den **„Geißeltierchen" *(Flagellata)*** zählte man früher viele Arten, die heute in unterschiedliche Gruppen gestellt werden. Den *Diplomonadina* und den *Trichomonadina* fehlen als einzigen Protista Mitochondrien. Allerdings wurden sie vermutlich sekundär durch parasitische Lebensweise verloren. Vielgeißelige Einzeller im Darm von Wiederkäuern sind die Polymastiginen. Die *Kinetoplastida* enthalten nur ein großes Mitochondrium. Zu ihnen zählen gefährliche Blutparasiten (z. B. der Erreger der Schlafkrankheit ***Trypanosoma***).

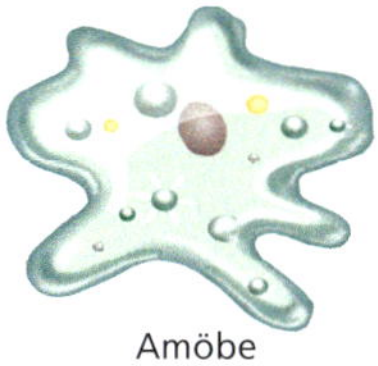
Amöbe

Kammerling

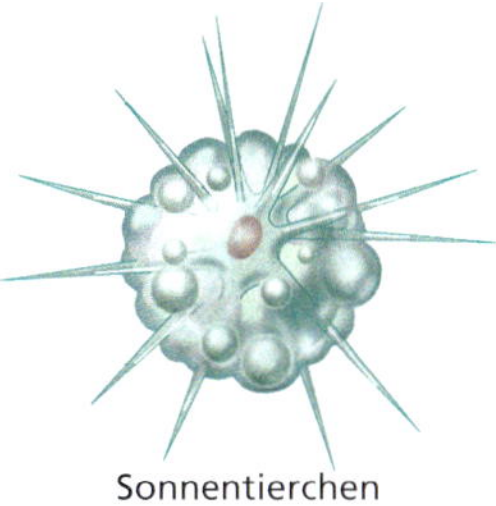
Sonnentierchen

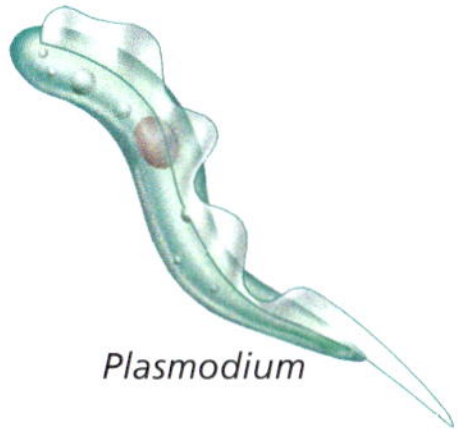
Plasmodium

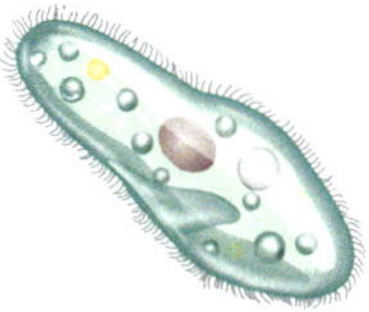
Pantoffeltierchen

i

Konjugation ist die besondere Art der sexuellen Fortpflanzung bei Ciliaten.

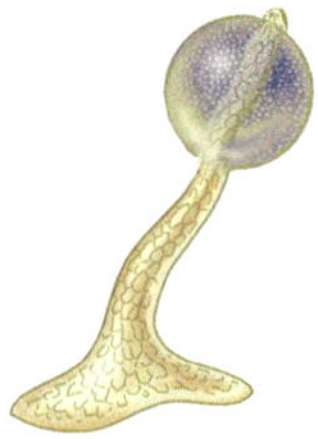
Schleimpilz
Dictyostelium

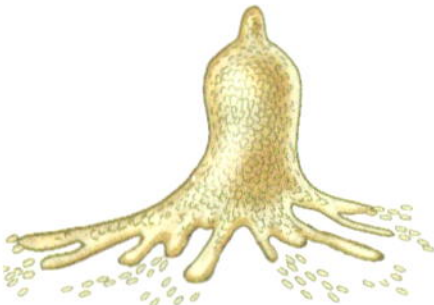
Sporocysten-bildung

Plasmodium

Schönaugengeißler

Panzergeißler

Schlundgeißler

Viele **Algen** bilden **Symbiosen** mit anderen Lebewesen.

Zu den **pilzähnlichen *Protista*** zählen **Schleimpilze** und **Algenpilze.**

- Bei den **Echten Schleimpilzen** besteht das nahrungsaufnehmende Stadium aus einer amöboiden zellwandlosen Protoplasmamasse, dem so genannten ***Plasmodium.*** Aus den *Plasmodien* entwickeln sich umweltgesteuert Sporocysten, in denen unter Meiose haploide Sporen entstehen. Aus diesen schlüpfen einzellige Amöben oder Flagellaten. Nach Syngamie entwickelt sich erneut ein *Plasmodium* durch mitotische Kernteilung.
- Die ähnlichen **zelligen Schleimpilze** bilden keine Plasmodien ohne Zellwände, sondern Aggregationen von amöboiden Zellen (Pseudoplasmodien). Der Entwicklungszyklus läuft weitgehend in der Haplophase ab.
- Die **Algenpilze *(Oomycota)*** bilden dünne verzweigte Zellfäden (Hyphen) ohne Querwände mit einer Außenwand aus Cellulose. Die Kerne sind diploid. Lediglich bei der Gametocystenbildung kommt es innerhalb der **Gametocyste** zur Reduktionsteilung. Männliche und weibliche Kerne verschmelzen in der Oocyste zu Zygoten. Zu dieser Gruppe gehört der Falsche Mehltau des Weines *(Plasmopora viticola)* oder die Krautfäule der Kartoffel und der Tomate *(Phytophthora infestans)*. Genetisch bestehen relativ enge Beziehungen zu den *Heterokontobionta* (s. u.).

Die dritte große Gruppe der Protista wird normalerweise als **Algen *(„Phycophyta")*** bezeichnet. Kennzeichnendes Merkmal ist die Fähigkeit zur Fotosynthese von organischen Kohlenstoffverbindungen. Algen bilden die wichtigsten Primärproduzenten in aquatischen Lebensräumen, insbesondere im Meer, wo sie als **Phytoplankton** oder als fest gewachsene oder flutende **Makroalgen** vorkommen.
Abteilungen, in denen nur einzellige Arten vorkommen, sind die **Augengeißler *(Euglenobionta)***, die **Panzergeißler *(Dinobionta)***, die **Haftfadengeißler *(Haptobionta)***, die **Schlundgeißler *(Cryptobionta)*** und die **Blaugrünen Geißler *(Glaucobionta)***.
Vor allem aufgrund ihres Pigmentgehaltes unterscheidet man drei große Gruppen vorwiegend mehrzelliger Algen:

- Die **Gelbbraunen Algen *(Chrysobionta*** oder ***Heterocontobionta)*** mit zwei unterschiedlich gestalteten Geißeln kommen im Meer und im Süßwasser vor. Zu den einzelligen Formen gehören z. B. die sehr artenreichen **Kieselalgen *(Diatomeen)***. Die Schlauchalge Vaucheria findet sich auf feuchter Erde, auch in Blumentöpfen. Zu den Braunalgen gehören die großen **Meerestange** (*Fucus, Laminaria, Macrocystis* und viele andere).
- Die immer geißellosen **Roten Algen *(Rhodobionta)*** sind typische Vertreter wärmerer Meere. Wenige Arten kommen im Süßwasser vor. Beispiele nördlicher Meere sind der Porphyrtang *(Porphyra)*, der Horntang *(Ceramium)* und der Meerampfer *(Delesseria)*.
- Die **Grünen Algen *(Chlorobionta)*** stellen neben Einzellern auch Kolonie bildende, fädige und Gewebe bildende Arten. Fotosynthesepigmente, Reservestoffe und Zellwandaufbau stimmen weitgehend mit dem Reich *Plantae* überein. Man nimmt an, dass die ersten Landpflanzen aus Grünen Algen aus der Verwandtschaft der heutigen Gattung *Coleochaete* (Schildgrünalge) entstanden sind.

Die verschiedenen **Algengruppen** lassen sich biochemisch unterscheiden (↗ Abbildung). Ihre Chloroplasten gehen auf Endosymbiose zurück, und zwar handelt es sich dabei nicht nur um endosymbiontische *Prokaryota*, sondern auch um endosymbiontische *Eukaryota*, woraus man schließt, dass es zu Mehrfachendosymbiosen gekommen ist (mindestens vier-, eventuell sechs- oder achtfach). Dies kann man z. B. aus der Zahl der Membranen, mit denen die Chloroplasten umschlossen werden, und aus teilweise noch vorhandenen Kernresten erkennen. Typisch für den Lebenszyklus vieler Algen ist ein **Generationswechsel.**

Algen besiedeln die unterschiedlichsten Lebensräume von tropischen Korallenriffen bis zu polaren Packeisfeldern.

Grüne Algen (*Chlorophyta*) Gelbbraune Algen (*Heterokontophyta*) Rote Algen (*Rhodophyta*)

Abteilungen	Grüne Algen	Gelbbraune Algen	Rote Algen
Fotosynthese-pigmente	Chlorophyll a und b, Xanthophylle, Lutein, Zeaxanthin	Chlorophyll a und c, Xanthophylle, Diadino-xanthin, Diatoxanthin	Chlorophyll a, Phycobiline, Xanthophylle, Lutein, Zeaxanthin
Speicherstoffe	Stärke	Chrysolaminarin	Florideenstärke
Zellwandsub-stanzen	v. a. Cellulose (parallele Micellen)	sehr unterschiedliche Wand-Polysaccharide, z. B. Alginate	Cellulose (Micellen filzig verflochten), verschleimende Galactane (Agar, Carrageen)

II. Reich: *Plantae* (Pflanzen)

Schildgrünalgen *(Coleochaete)* gelten als die nächsten Verwandten der Pflanzen.

Am Beginn der **Entwicklung von Algen zu Landpflanzen** standen vermutlich krustige Formen, die in feuchten Übergangszonen vorkamen und ähnlich organisiert waren wie bestimmte Lebermoos-Gametophyten. Bei der weiteren Anpassung an das Landleben mussten vor allem folgende Einrichtungen erworben werden:

1. **Leitgewebe** für **Wasser- und Assimilatetransport** und damit verbunden die Arbeitsteilung zwischen Wasser aufnehmenden Organen (Wurzeln mit Wurzelhaaren) und der Assimilation dienenden Organen (beblätterte Sprosse).
2. **Festigungsgewebe** für die Stabilisierung der **Luftsprosse** vor allem zur Erhöhung ihrer Biegungsstabilität. Wichtiges biochemisches Merkmal in diesem Zusammenhang: Bildung des Lignins und die damit verbundene Lignifizierung von Zellwänden.
3. **Schutzeinrichtung** gegen übermäßigen Wasserverlust bzw. Regulationseinrichtungen für die **Transpiration** und den **Gasaustausch** (geschlossene Außenhaut mit möglichst dicht schließendem Überzug aus Kutin, die Durchlässigkeit regulierenden Spaltöffnungen).
4. **Keimzellen** und **Sporenbehälter,** die gut gegen Austrocknung geschützt sind (Bildung von **Sporangien** und **Gametangien, Antheridien** und **Archegonien,** mit Schutzhüllen aus sterilen Zellen).

Landgang der Pflanzen

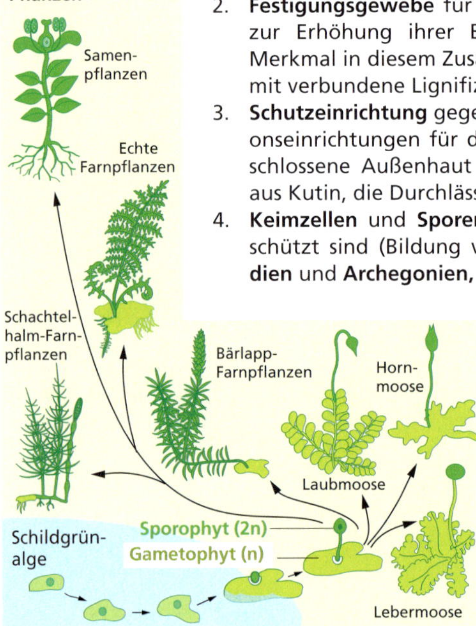

Die ersten Pflanzen sind vor mehr als 400 Mio. Jahren, im Silur, entstanden. Typisch für alle Pflanzen ist ein **Generationswechsel.** Bei den **Moospflanzen** dominiert die Gametophytengeneration. Bei allen **Farnpflanzen** sind die Gametophyten deutlich kleiner als die Sporophyten. Diese Entwicklung setzt sich bei den vor ca. 360 Mio. Jahren (Devon/Karbon) entstandenen **Samenpflanzen** fort. Bei ihnen bleibt der Gametophyt in der neuen Verbreitungseinheit **Samen** eingeschlossen.

Ein Thallus ist eine nicht in Sprossachse, Blätter und Wurzeln gegliederte Wuchsform, ein Spross oder Cormus ist in Blätter und Sprossachse gegliedert.

Abteilung Moospflanzen *(Bryophyta)*

Klasse Lebermoose *(Marchantiopsida):*
Unbeblätterte (thallose) und beblätterte, sprossähnliche Wuchsformen, Blättchen ohne Mittelrippe, runde Kapsel (Sporophyt) enthält Sporen und spiralbandartige sterile Zellen (Elateren).

Klasse Hornmoose *(Anthocerotopsida):* Sporophyt besteht aus langer, schotenförmiger Kapsel mit zentraler, steriler Gewebesäule (Columella), Sporophyt und Gametophyt z. T. mit Spaltöffnungen

Klasse Laubmoose *(Bryopsida):* Sprosse meist polysymmetrisch mit Blättchen, die häufig Mittelrippen besitzen, Sporophyt mit Spaltöffnungen; Unterklassen: Torfmoose, Klaffmoose, Birnmoose

Abteilung Farnpflanzen *(Pteridophyta)*

Urfarnpflanzen (Klasse *Psilophytopsida*): Sie entstanden vor ca. 420 Mio. Jahren im Silur. Ihre Vegetationskörper waren wenig differenziert, ohne echte Blätter und Wurzeln und häufig gabelig verzweigt. Leitgewebe waren von sehr einfachem Bau und meistens zentral angeordnet. Die Sporangien wurden endständig an Haupt- oder Seitentrieben gebildet. Die Klasse ist schon im Laufe des Devon erloschen.
Die Vegetationskörper aller folgenden Klassen der Farnpflanzen sind in Sprossachse, Blätter und Wurzeln gegliedert. Bei den Sporen kann es zu einer Differenzierung in Mega- und Mikrosporen kommen **(Heterosporie)**.

Klasse Bärlapp-Farnpflanzen *(Lycopodiopsida):* Die Sprosse der Bärlapp-Farnpflanzen tragen meist ziemlich kleine, wenig differenzierte Blätter **(Mikrophylle)**. Sporangien werden einzeln oder zu wenigen auf der Blattoberseite gebildet. Die Sporophylle können zu Sporophyllständen zusammengefasst sein. Im Karbon gab es baumförmige Arten (Schuppenbäume und Siegelbäume).

Klasse Schachtelhalm-Farnpflanzen *(Equisetopsida)*: Die Sprossachsen sind an den Knoten wirtelig verzweigt. Die kleinen, wirtelig stehenden Blätter umfassen die Sprossachse. Die Sporangien sitzen an der Unterseite von schildförmigen Sporophyllen, die zu einem zapfenartigen Sporophyllstand zusammengefasst sind. Einzige rezente Gattung ist *Equisetum* (Schachtelhalm).

Klasse Echte Farnpflanzen *(Polypodiopsida, Filicopsida):* Die Blattorgane sind meist sehr groß und stark unterteilt (Wedel, **Makrophylle**) mit einem sehr lange anhaltenden Spitzenwachstum. Damit hängt zusammen, dass die jungen Wedel lange Zeit bischofsstabartig eingerollt sind. Die Sporangien werden meist in großer Zahl am Rand oder auf der Unterseite normaler oder umgeformter Wedel gebildet.

Klassen der Farnpflanzen

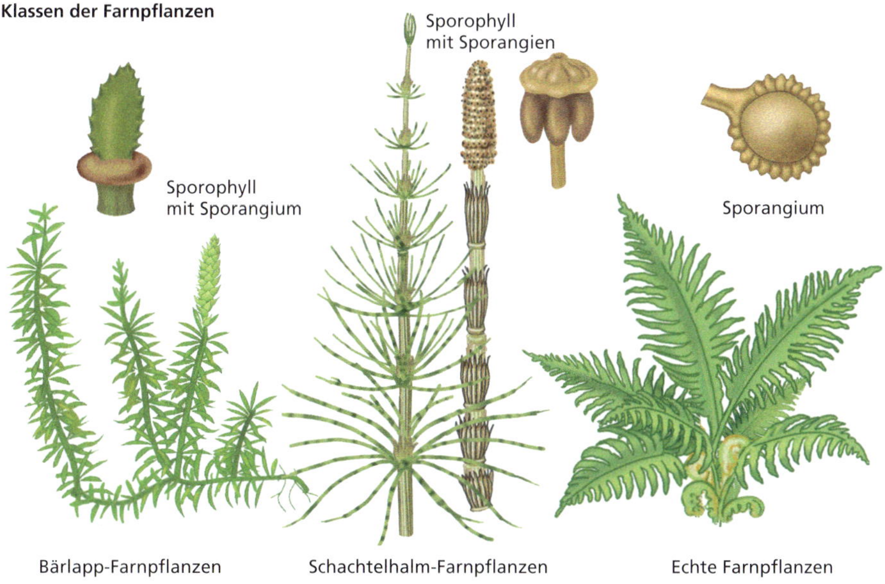

Erst 1851 wurde von W. HOFMEISTER (1824 bis 1877) erkannt, dass die Samenpflanzen – wie die Farne und die Moose – einen Generationswechsel mit einer sehr stark reduzierten Gametophytengeneration besitzen.

Keulenbärlapp

Magnolie

Blüten sind Sporophyllstände mit begrenztem Wachstum

Abteilung Samenpflanzen *(Spermatophyta)*

Die Samenpflanzen sind mit mehr als einer viertel Million beschriebener Arten die erfolgreichste Pflanzenabteilung der Gegenwart. Sie prägen die Vegetation der Erde und haben eine Vielzahl verschiedener Lebensformen ausgebildet – von den winzigen, oft nur Millimeter großen Wasserlinsen bis zu weit über 100 m hohen Baumriesen (*Eucalyptus*-Arten und Mammutbäume).

Das hervorragende Kennzeichen der Samenpflanzen ist der besondere Schutz der Fortpflanzungsorgane und die „Brutpflege", die durch die Hüllen und das Nährgewebe des Samens dem jungen Embryo zuteil wird. Schon im Devon – vor mehr als 350 Mio. Jahren – haben sich die ersten Samenpflanzen aus Sporenpflanzen entwickelt. Auch für die Samenpflanzen ist – wie für Farnpflanzen und Moospflanzen – ein **Generationswechsel** charakteristisch. Allerdings bleibt der **Gametophyt** sehr klein. Im weiblichen Geschlecht ist er zeitlebens in die **Megasporenwand** und sogar in das **Megasporangium** eingeschlossen. Die Megaspore ist so bei ihrer Keimung noch mit dem **Sporophyten** verbunden, und dieser ernährt den Gametophyten bis zur Befruchtung und bis zur Embryobildung. Samen sind meistens besonders widerstandsfähig gegen Klimaextreme. Vor der Keimung machen sie in der Regel ein Ruhestadium durch.

Die **Mikrosporen** werden bei den Samenpflanzen traditionell **Pollen** oder **Pollenkörner** genannt. Schon im Pollenkorn beginnt die Bildung des Mikroprothalliums. Es bilden sich wenige Prothalliumszellen, eine Pollenschlauchzelle und teilweise auch eine Stielzelle. Aus einer fertilen Zelle entstehen mindestens zwei Gameten. Bei primitiven Nacktsamern sind sie noch begeißelt. Das Pollenkorn keimt mit einem Pollenschlauch. Werden keine begeißelten Gameten gebildet, so wächst dieser Schlauch bis zur Eizelle einer weiblichen Samenanlage und transportiert die Spermazellen bis dorthin (Pollenschlauchbefruchtung).
Die Samenanlagen bzw. die **Mikrosporangien** stehen bei Samenpflanzen häufig auf so genannten **Sporophyllen,** und diese sind wiederum in den allermeisten Fällen zu **Sporophyllständen** zusammengefasst (↗ S. 187).

Sporophyllstände mit begrenztem Wachstum werden als **„Blüten"** bezeichnet. Erste Vorläufer der Samenpflanzen waren die im Devon lebenden Vor-Nacktsamer, die als unmittelbares Bindeglied zwischen den noch älteren Urfarnen und den Samenpflanzen gelten.
Aus diesen Vorläufern haben sich mindestens drei Linien entwickelt:

- die **Wedelblättrigen Nacktsamer,** zu denen z. B. die Palmblatt-Nacktsamer *(Cycadopsida)* gehören;
- die **Nadelblättrigen Nacktsamer** mit den Koniferen oder Nadelgehölzen und den Ginkgo-Verwandten;
- als jüngste Entwicklungslinie die **Bedecktsamer.**

Abteilung Samenpflanzen (Fortsetzung)

Wedel-Nacktsamer und **Nadel-Nacktsamer** ***(Gymnospermophytina)*** tragen die Samenanlagen offen auf Samenschuppen oder am Ende von Kurzsprossen (daher der Name „Nackt"samer oder „Gymno"spermen von griech. *gymnos* = nackt). Demgegenüber sind die Samenanlagen bei den Bedecktsamern (Angiospermen von griech. *angeion* = Behälter) in die Fruchtblätter eingeschlossen.

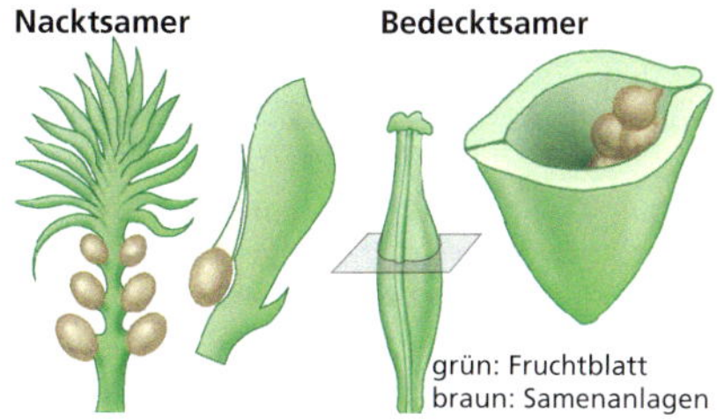

Bedecktsamer
(Angiospermophytina, Magnoliophytina)
Die ersten Bedecktsamer sind vermutlich vor 150 Mio. Jahren im ausgehenden Jura entstanden. Schon im Laufe der Kreidezeit haben sie die Nacktsamer überflügelt. Das entscheidende Merkmal der Bedecktsamer ist, dass die Samenanlagen in einem oder mehreren Fruchtblättern eingeschlossen sind. Oft sind die Fruchtblätter einer Blüte zu einem Stempel verwachsen, der gegliedert ist in Fruchtknoten, Griffel und Narbe. Die Befruchtung setzt „Bestäubung" voraus. Hierzu muss ein Pollenkorn auf die Narbe gelangen. Es keimt dort und der Pollenschlauch wächst bis zur Samenanlage und dringt durch die Micropyle bis zur Eizelle vor. Aus dem Fruchtknoten, teilweise auch aus weiteren Blütenteilen, entwickelt sich bis zur Samenreife eine **Frucht.** Die Samenanlagen sind durch den Einschluss in die Fruchtblätter nicht nur besser geschützt, mit der Frucht ist ein neues, sehr plastisches Organ entstanden. Im Laufe der weiteren Evolution entstanden daraus sehr vielfältige und effektive Verbreitungshilfen für die Samen.

Samenanlagen

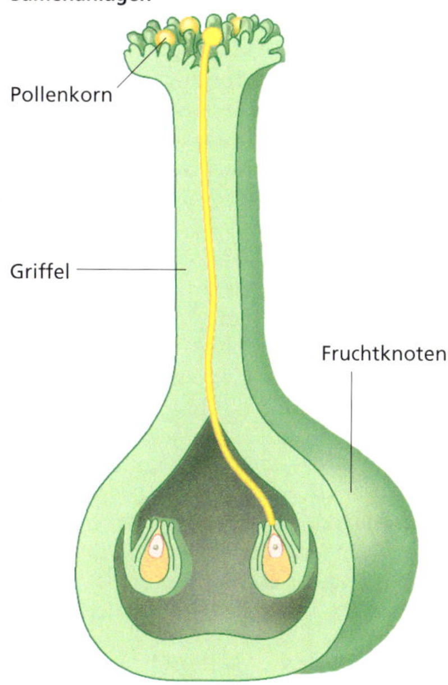

Fruchttypen

Abteilung Samenpflanzen (Fortsetzung)

Neben holzigen Gewächsen kommen bei Bedecktsamern in großer Zahl auch krautige Lebensformen vor. Das Stoffleitungssystem ist stark differenziert. Im Xylem sind Tracheen (Leitungsbahnen mit aufgelösten Querwänden) ausgebildet. Die Siebröhren für den Assimilatetransport sind kernlos und besitzen besondere Geleitzellen. Seitenzweige entstehen immer in der Achse von Tragblättern, die allerdings sehr hinfällig sein können.
Mit der großen Formenvielfalt der Angiospermen geht auch eine große Vielfalt der Stoffwechselwege des so genannten Sekundärstoffwechsels und damit eine große Zahl von unterschiedlichen Inhaltsstoffen parallel. Diese Stoffe dienen nicht nur dem Schutz vor Fraßfeinden, sondern auch der innerartlichen und zwischenartlichen Kommunikation (↗ S. 174).

Ursprüngliche Bedecktsamer

Zu den ursprünglichsten Bedecktsamern gehören neben den Magnoliengewächsen die Seerosengewächse, die Pfeffergewächse, die Osterluzeigewächse und die Lorbeergewächse. Obwohl sie zwei Keimblätter ausbilden, sind sie mit den einkeimblättrigen Bedecktsamern näher verwandt als mit den anderen zweikeimblättrigen.

Zweikeimblättrige Bedecktsamer

Zu den zweikeimblättrigen Bedecktsamern gehört die größte Zahl der rezenten Arten. Wichtige mitteleuropäische Familien sind die Hahnenfußgewächse, die Nelkengewächse, die Kohlgewächse („Kreuzblütler"), die Rosengewächse, die Bohnengewächse („Schmetterlingsblütler"), die Taubnesselgewächse („Lippenblütler"), die Braunwurzgewächse („Rachenblütler"), die Selleriegewächse („Doldenblütler") und die Asterngewächse („Korbblütler").

Einkeimblättrige Bedecktsamer

Zu den einkeimblättrigen Bedecktsamern gehören die Lilienverwandten mit den Orchideengewächsen, die Grasgewächse, die Sauergrasgewächse und die Binsengewächse sowie die tropisch-subtropischen Palmengewächse und die Aronstabgewächse.

Wasserlinsen

Aronstab

Palme

Lilie

III. Reich: *Fungi* (Pilze)

Pilzmycel und Fruchtkörper

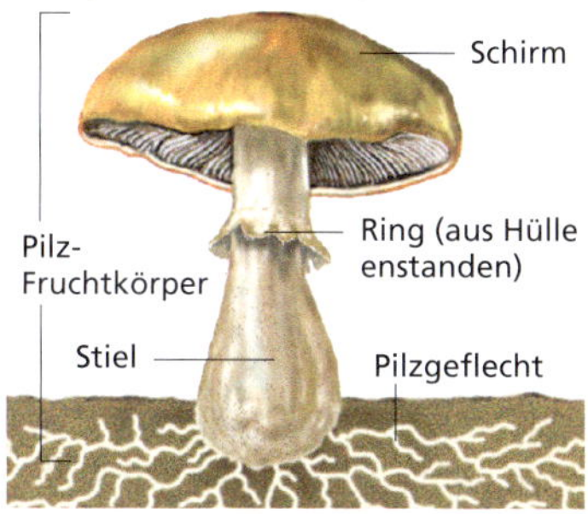

Pilze sind eukaryotische Lebewesen ohne Chlorophyll oder andere Fotosynthesepigmente mit Zellwänden aus Chitin. Sie sind auf organische Nährstoffe angewiesen (heterotroph). Durch Enzyme, die von den Pilzen an ihre Umgebung abgegeben werden, wird die Nahrung bis auf Molekülgröße abgebaut. Die gelösten Stoffe werden dann absorbiert. **Zellfäden (Hyphen)** sind die vorherrschende Organisationsform. Sie bilden reich verzweigte Geflechte, so genannte Mycelien (von griech. *Mykos* = Pilz), die sich – v. a. in Fruchtkörpern – zu dichten Flechtgeweben zusammenlagern können. Typische Fortpflanzungseinheiten sind einzellige oder mehrzellige Sporen mit verstärkter Wand. Die meisten Pilzarten leben auf dem Lande, etwa 2 % im Süßwasser oder im Meer.

Das Mycel der Pilze eignet sich hervorragend zur Besiedelung der obersten Bodenschichten und anderer fester Substrate. Die einzellreihigen Hyphen können mit großer Geschwindigkeit Substrate durchwuchern, die ihnen genügend Feuchtigkeit, Sauerstoff und Nährsubstanz bieten. So wachsen Mycelien durch die Laubstreu des Waldbodens, durch die oberste humusreiche Schicht einer Wiese oder durch andere organische Materialien. Wenn sich im Substrat wenige Hindernisse und Unregelmäßigkeiten befinden, breitet sich das Mycel kreisförmig aus. Zu einem bestimmten Zeitpunkt werden Fruchtkörper gebildet, und diese stehen dann in einem Kreisring, einem so genannten „Hexenring".

Beimpft man z. B. eine Agar-Platte mit *Sordaria*, so kann sie schon innerhalb von 24 Stunden vollständig überwachsen sein.

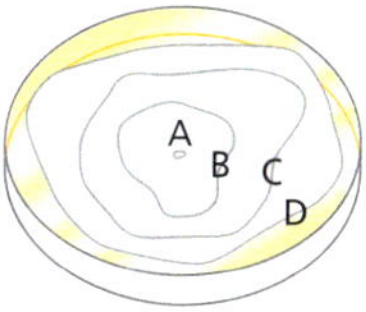

D: 26.08. 8:00
C: 25.08. 21:00
B: 25.08. 12:00
A: 24.08. 12:00

Das Reich Fungi wird in vier Abteilungen untergliedert: Die **Geißelpilze *(Chytridiomycota)***, die **Jochpilze *(Zygomycota)***, die **Schlauchpilze *(Ascomycota)*** und die **Ständerpilze *(Basidiomycota)***.

Parasitische Geißelpilze tragen möglicherweise zum weltweiten Rückgang der Amphibien bei.

Geißelpilze *(Chytridiomycota)*

Die Geißelpilze sind die einzigen „Chitinpilze" mit begeißelten Stadien. Sie leben vorwiegend im Wasser und ernähren sich von organischen Abfällen, aber auch parasitisch. Ihre Zugehörigkeit zum Reich der Pilze beruht auf der Zellwandsubstanz Chitin, auf molekulargenetischen Befunden und der Enzymausstattung. Die Hyphen der Geißelpilze und der Jochpilze sind coenocytisch, d.h., sie bilden keine Querwände aus, außer wenn Reproduktionsstadien gebildet werden.

Pilobolus

Jochpilze *(Zygomycota)*

Jochpilze finden sich häufig auf organischen Abfällen, Exkrementen und alten Lebensmitteln. Namengebend ist die brückenartige Verbindung zwischen zwei Hyphen bei der **Syngamie.** Ein charakteristischer Vertreter ist der Pillenwerfer oder Hutschleuderer *(Pilobolus,* ↗ Abbildung*)*, der auf Pferdedung wächst und seine Sporenkapseln mehrere Meter weit in Richtung des Lichts abschleudern kann.

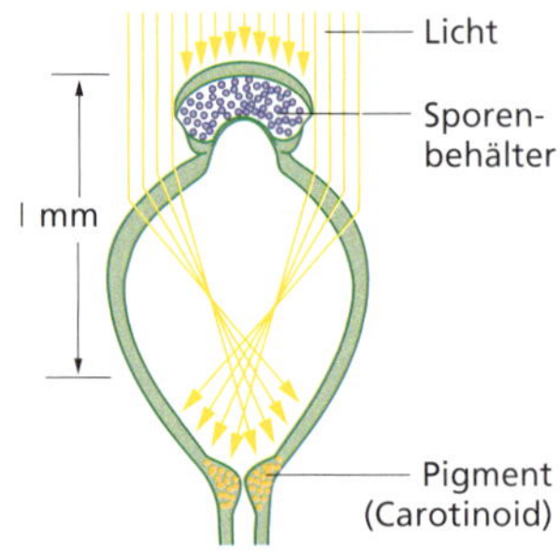

Gametocystogamie nennt man einen Geschlechtsvorgang, bei dem nicht einzelne Gameten sondern ganze Gametocysten verschmelzen.

Schlauchpilze *(Ascomycota)*

Zu dieser Gruppe gehören sowohl meist einzellige Hefepilze wie auch Arten mit großen Fruchtkörpern wie Morcheln und Trüffeln. Verbindendes Merkmal sind die Sporocysten, bei dieser Pilzgruppe auch Schläuche oder Asci (sing. **Ascus**) genannt, in denen sich unter Meiose die acht Ascosporen bilden. Die Ascosporen entstehen nach **Gametocystogamie** und einem kurzen Paarkernstadium unmittelbar nach der Syngamie. Man nennt die Verschmelzung der Gametocysten **Plasmogamie,** und die Verschmelzung der Kerne am Ende des **Paarkernmycel**-Stadiums **Karyogamie.** Die Schlauchpilze können geschlossene Fruchtkörper (**Kleistothecien,** z. B. Echte Mehltaupilze), flaschenförmige Fruchtkörper (**Perithecien,** z. B. Holzkeulenpilze), offene becherförmige Fruchtkörper (Apothecien, z. B. Becherlinge, abgewandelt auch Morcheln, Lorcheln, Trüffeln) und so genannte **Pseudothecien** bilden. Sehr charakteristisch für Schlauchpilze ist, dass sie neben sexuell erzeugten Sporen auch asexuell erzeugte Sporen in großer Zahl bilden können, die man **Konidien** nennt. Besonders auffällig ist diese Sporenbildung bei **Schimmelpilzen.**

Echter Mehltau

Geweihartige Holzkeule

Morchel

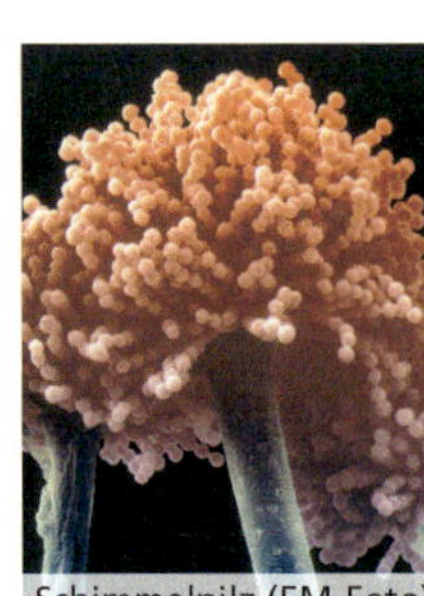
Schimmelpilz (EM-Foto)

Abteilung Ständerpilze *(Basidiomycota)*

Aus den Basidiosporen (Meiosporen) der Ständerpilze keimt ein haploides Mycel, dessen Hyphen sich über Plasmogamie schnell mit einem anderen haploiden Mycel verbinden können. So entstehen zweikernige Zellen. Bei jeder Zellteilung teilen sich auch diese beiden Kerne und werden auf die Tochterzellen verteilt. Häufig wird einer der beiden Kerne über eine Schnalle an die Tochterzelle weitergegeben. Dieses zweikernige Mycel **(Dikaryon)** ist typisch für die Ständerpilze. Abhängig von äußeren und endogenen Faktoren bilden sich aus dem Dikaryon regelmäßig so genannte Fruchtkörper (Basidiokarpien).

Lebenszyklus eines Ständerpilzes

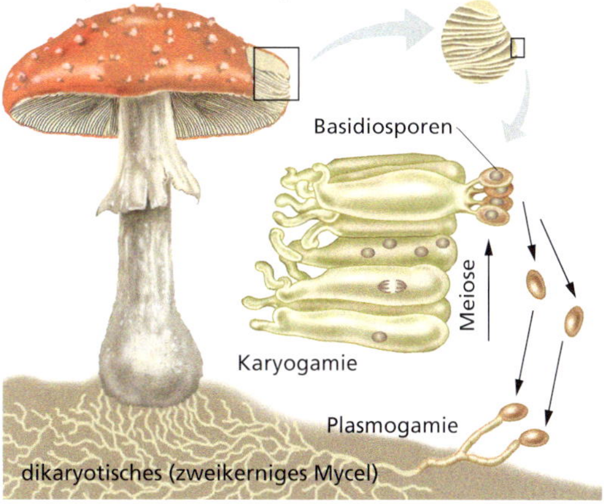

Im Allgemeinen werden diese makroskopisch sichtbaren Körper aus dicht gelagerten Hyphen als „Pilze" bezeichnet. Häufig haben sie die typische Pilzgestalt aus Stiel, Hut und Blättern auf der Hutunterseite. Aber es kommen auch völlig andere Fruchtkörpertypen vor. Auf einem Teil der Fruchtkörperoberfläche – bei den „Blätterpilzen" auf den Blättern – entwickeln sich die Sporocysten, die hier **Basidien** genannt werden. In der jungen Basidie verschmelzen die beiden Kerne (Karyogamie) und es schließt sich sofort eine Meiose an. Die vier haploiden Kerne wandern in die Ausstülpungen der Basidie ein und so bilden sich vier Basidiosporen (nur selten kommen zwei oder mehr als vier Sporen vor).

Gruppe mit ungeteilten Basidien (Klasse *Holobasidiomycetes*)
Hierzu gehören die auf Pflanzen parasitierenden Exobasidiales sowie die Nichtblätterpilze *(Aphyllophorales)*, zu denen Porlinge, Rindenpilze und Korallenpilze zählen, und die Blätterpilze *(Agaricales)* mit typischen Speisepilzen wie Steinpilz, Marone, Egerling, aber auch gefährlichen Giftpilzen wie Grünem Knollenblätterpilz oder Orangefuchsigem Hautkopf. Auch die Bauchpilze *(Gastromycetales)* bilden ungeteilte Basidien, allerdings zunächst im Inneren von Fruchtkörpern (Boviste, Erdsterne). Bei der Stinkmorchel öffnet sich dieser kugelförmige Fruchtkörper bei der Sporenreife und bildet einen Stiel mit einer mit klebrig stinkender Sporenmasse überzogenen Kappe aus. Die Sporen werden von Fliegen verbreitet.

Fruchtkörpertypen der Ständerpilze

Gruppe mit geteilten Basidien (Klasse *Phragmobasidiomycetes*)

Rostpilze

Zur Gruppe mit **geteilten Basidien** (Klasse *Phragmobasidiomycetes*) gehören die Pflanzenparasiten **Brandpilze** und **Rostpilze** sowie die saprophytischen **Zitterlinge**, **Tränenpilze** und **Ohrlappenpilze.**

Brandpilze

Flechten

Flechten sind symbiontische Assoziationen aus fotosynthetisch aktiven Mikroorganismen, Grünen Algen und Blaugrünen Bakterien, und Pilzarten (↗ S. 343, 346 f.). Die Pilzkomponente besteht meistens aus einem Schlauchpilz, seltener auch aus einer Ständerpilzart. Die beiden Partner bilden eine neue morphologische, physiologische und ökologische Einheit, so dass man sie lange für eigenständige Organismen hielt und ihnen auch eigene Gattungs- und Artnamen gab. Während sich die Pilze der meisten Flechten sexuell reproduzieren können, vermehren sich die Algen unabhängig vom Pilz durch asexuelle Zellteilung.

Es gibt aber auch vegetative Vermehrungseinheiten, in denen Pilzhyphen und Algenzellen enthalten sind (Soredien, Isidien).

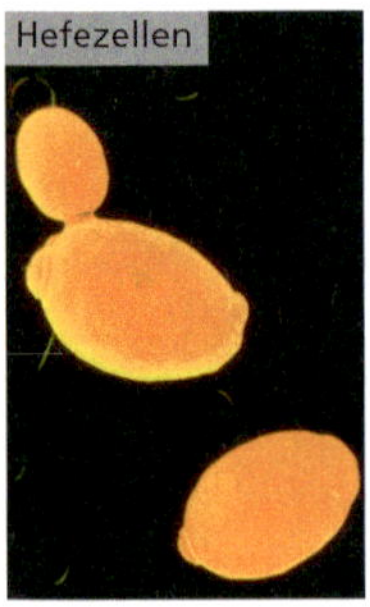
Hefezellen

Hefen

Hefen sind vorwiegend einzellige Pilze, die feuchte oder flüssige Lebensräume besiedeln, vor allem auch Pflanzensäfte und Tiergewebe. Sie reproduzieren sich durch Zellteilung bzw. das Abschnüren einer Knospe von der Mutterzelle. Sie kommen sowohl bei den Schlauchpilzen als auch bei den Ständerpilzen vor, ebenso bei einer Pilzgruppe, die keine sexuelle Fortpflanzung mehr zeigt ***(Fungi imperfecti)***.

Mykorrhiza

Eine weitere, für die Biosphäre besonders bedeutende Symbiose mit Pilzen stellt die Mykorrhiza (↗ S. 414) oder Pilzwurzel dar, eine Verbindung zwischen Pflanzen und Pilzen. Für die erfolgreiche Behauptung von Gefäßpflanzen in terrestrischen Lebensräumen dürften Mykorrhizen eine entscheidende Bedeutung haben.

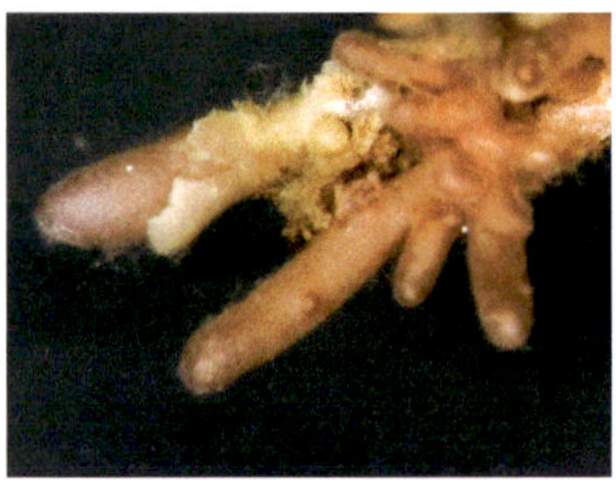

IV. Reich: *Animalia* (Tiere)

Eine mögliche Entstehung der Tiere

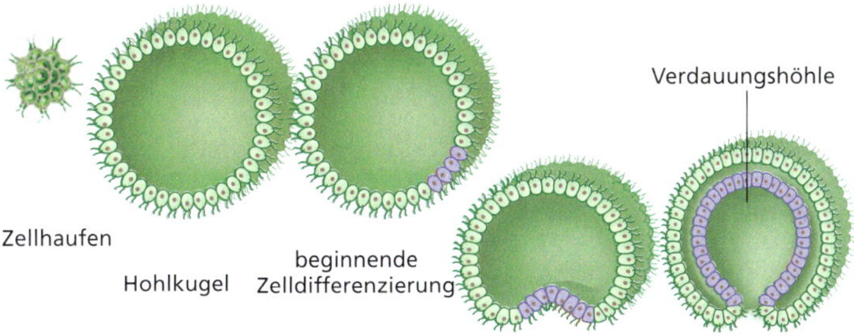

Die **Geißel** *(Undulopodium)* der Kragengeißeltierchen *(Craspedomonadidae)* ist – wie bei den Choanocyten im Gastrallager eines Schwammes – von einem Kragen aus Mikrohärchen umgeben.

Einfachste Vielzeller und Schwämme *(Porifera, Parazoa)*

Die ersten Tiere entstanden vermutlich aus Einzellerkolonien durch Zelldifferenzierung. Die Schwämme (Stamm *Porifera*) unterscheiden sich von allen anderen Tierstämmen, weshalb sie auch als **„Parazoa"** von den übrigen ***Metazoa*** abgetrennt werden. Schwämme sind sessile Tiere, die in großer Artenzahl verschiedene Lebensräume des Meeres besiedeln. Nur wenige Arten kommen im Süßwasser vor. Nach den für die Körperstabilität wichtigen Skelettnadeln unterscheidet man **Kalkschwämme** *(Calcispongiae)* und **Kieselschwämme** *(Silicospongiae)*. Möglicherweise haben sich die Schwämme unabhängig von den anderen Tieren aus einzelligen **Kragengeißeltierchen** entwickelt.

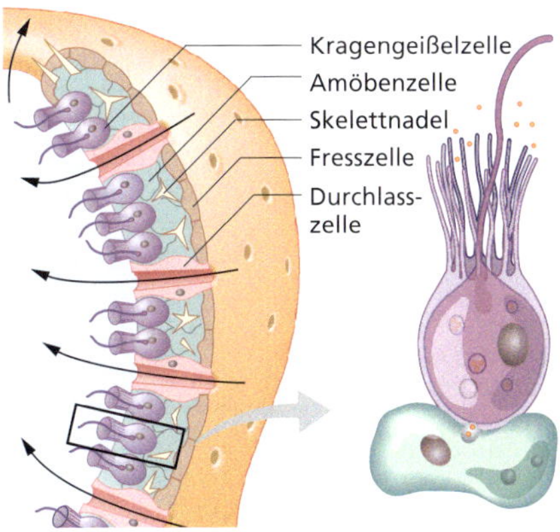

Gruppe Hohltiere *(Coelenterata, Radiata)*

Die echten Vielzeller spalten sich in zwei Hauptgruppen auf, die sich vor allem in ihrer Körpersymmetrie unterscheiden: Durch den Körper der Hohltiere lassen sich zahlreiche Symmetrieebenen legen. Die Tiere besitzen weder Kopf noch Schwanz, lediglich ein Mundende (orale Seite) und eine dem Mund abgewandte Seite (aborale Seite). Der Körper der Hohltiere besteht aus zwei Zellschichten. Die innere Zellschicht wird **Entoderm** oder inneres Keimblatt und die äußere Zellschicht **Ektoderm** oder äußeres Keimblatt genannt (↗ S. 192 ff.). Zu den Hohltieren zählen die mit giftigen Nesselzellen bewehrten **Nesseltiere *(Cnidaria)*** und die **Rippenquallen** *(Acnidaria)*. Die Nesseltiere untergliedert man in drei Klassen: die *Hydrozoa*, zu denen z. B. der Süßwasserpolyp, aber auch die koloniebildenden Staatsquallen gehören, die *Scyphozoa*, zu denen z. B. die in Nord- und Ostsee häufige Ohrenqualle gehört, und die *Anthozoa* mit den riffbildenden Steinkorallen, den Gorgonien, den Seenelken und den Seeanemonen.

Typisch für viele Nesseltiere ist ein Generationswechsel zwischen sich ungeschlechtlich fortpflanzender Polypengeneration und sich geschlechtlich fortpflanzender Medusengeneration ***(Metagenesis)***.

Ohrenqualle

Seeanemone

Das **Coelom** ist eine vom mittleren Keimblatt (Mesoderm) umschlossene Körperhöhle. Es wird auch **Sekundäre Leibeshöhle** genannt. Als primäre Leibeshöhle bezeichnet man demgegenüber den Hohlraum zwischen Ektoderm und Entoderm. Das **Pseudocoel** der Fadenwürmer ist eine Mischform.

Gruppe *Bilateria*

Alle übrigen Tiere haben ursprünglich nur eine Symmetrieebene (bilaterale Symmetrie). Sie haben eine Rücken- und eine Bauchseite und ein Vorne und ein Hinten. Typisch für diese Tiere ist weiterhin, dass sich zwischen Entoderm und Ektoderm ein drittes Keimblatt schiebt, das **Mesoderm.**

Coelomformen bzw. Mesoderm

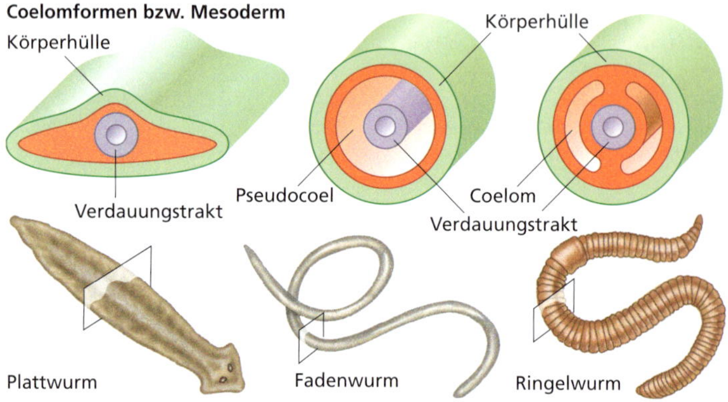

Protostomia von *protos*: griech. = Erster; *stoma:* griech. = Mund
Deuterostomia von *deuteros:* griech. = Zweiter

Auch innerhalb der Bilateria lassen sich wieder zwei getrennte Entwicklungslinien erkennen. Sie unterscheiden sich vor allem in ihrer frühen Embryonalentwicklung (↗ S. 191 f.): Während der Gastrulation bildet sich der **Urdarm** als blind endende Tasche des Embryos aus, welche eine einzige Öffnung nach außen besitzt (Urmund oder Plastoporus). Bei den **Protostomiern** bildet sich aus diesem länglichen Urmund an einem Ende der spätere Mund, am anderen Ende der spätere After. Im Gegensatz dazu entsteht der Mund bei den **Deuterostomiern** aus einer sekundär am anderen Ende des Urdarms neu entstandenen Öffnung. Auch die Bildung des dritten Keimblatts unterscheidet sich bei beiden Gruppen. Bei den Protostomiern wandern aus den Urdarmzellen Zellhaufen aus. In diesen mesodermalen Zellhaufen bilden sich flüssigkeitsgefüllte Spalten, die sich zur Leibeshöhle erweitern (Schizocoel). Bei den Deuterostomiern entsteht das Mesoderm durch Abspaltung **(Divertikelbildung)** des Urdarmes **(Plastocoel,** ↗ S. 194).

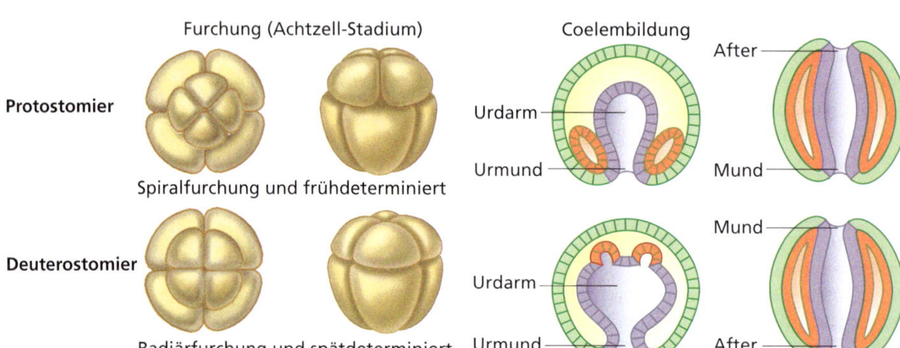

Nach molekulargenetischen Daten lassen sich die Protostomier in zwei monophyletische Gruppen teilen. Zu den ***Lophotrochozoa* (Weichhäuter)** rechnet man neben den Ringelwürmern *(Annelida)* auch die Mollusken (beide bilden ***Trochophora*-Larven**) und Stämme mit einem armförmigen Tentakelträger **(Lophophor)**, z. B. die Moostierchen *(Bryozoa)*, sowie die Plattwürmer *(Plathelminthes)*, die Rädertierchen *(Rotatoria)* und die Schnurwürmer *(Nemertini)*. Zur zweiten Gruppe gehören die Nematoden (Fadenwürmer) und die Arthropoden, für die ein Außenskelett charakteristisch ist, das durch **Häutungen** (Ecdysis) erneuert wird. Die Gruppe wird deshalb ***Ecdysozoa* (Panzerhäuter)** genannt. Zu den Deuterostomiern gehören die Stachelhäuter *(Echinodermata)* und die Chordatiere *(Chordata)*.

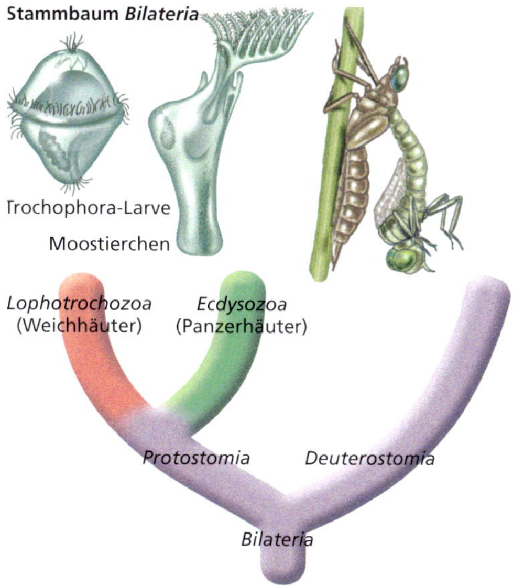

Auswahl wichtiger Tierstämme der *Protostomia* (Urmünder)

Stamm Plattwürmer *(Plathelminthes)*
Plattwürmer haben eine einfache Körpergliederung. Auf die äußere Körperhülle aus Epidermis, Ring- und Längsmuskeln folgt ein aus dem Mesoderm hervorgegangenes schwammiges Parenchym, das das Körperinnere zwischen Hautmuskelschlauch und dem meist reich verzweigten, blind endenden Darm **(Gastrovaskularsystem)** ausfüllt. Die Geschlechtsorgane können sehr kompliziert gebaut sein. Weitere Körperorgane fehlen. Außer den frei lebenden Strudelwürmern zählen hierzu die parasitischen Saugwürmer *(Trematoda)* und Bandwürmer (*Cestoda*, ↗ Abbildung).

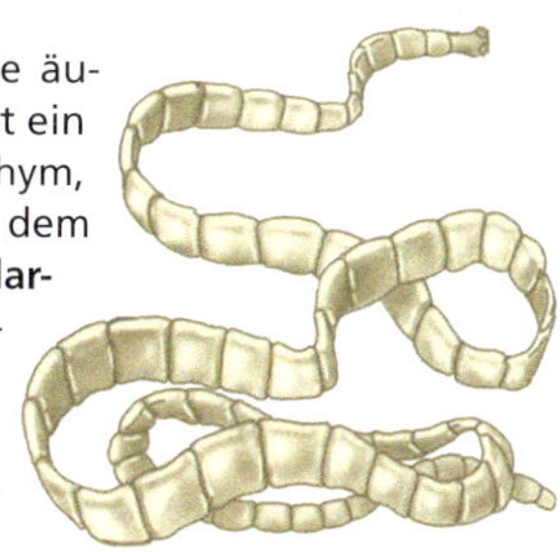

Stamm Schnurwürmer *(Nemertini)*
Die überwiegend marinen Schnurwürmer sind meist sehr dünn. Einzelne Arten können aber bis zu 30 m lang werden. Sie fangen ihre Beute mit einem weit herausstülpbaren Rüssel. Im Gegensatz zu den Plattwürmern besitzen sie einen Darm mit Mund und After und ein geschlossenes Kreislaufsystem. Bei einigen Arten kommen rote, hämoglobinhaltige Blutzellen vor.

Stamm Rädertierchen *(Rotatoria)*
Die mikroskopisch kleinen Rädertierchen sind oft Bestandteil von Heuaufgüssen.Viele sind nicht größer als einzellige Wimpertierchen. Zwei rundlich gestaltete Wimpernfelder vor der Mundöffnung (Räderorgan) dienen dem Einstrudeln von Nahrungspartikeln.

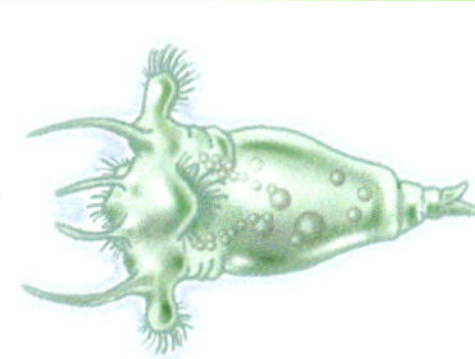

Auswahl wichtiger Tierstämme der *Protostomia* (Fortsetzung)

Stamm Moostierchen *(Bryozoa)*

Bryozoen sind sehr kleine, meist sessile Tiere mit Tentakelkrone *(Lophophor)*. Ihre Kolonien (Abbildung rechts) erinnern an Algen oder Leber„moose".

Stamm Ringelwürmer *(Annelida)*

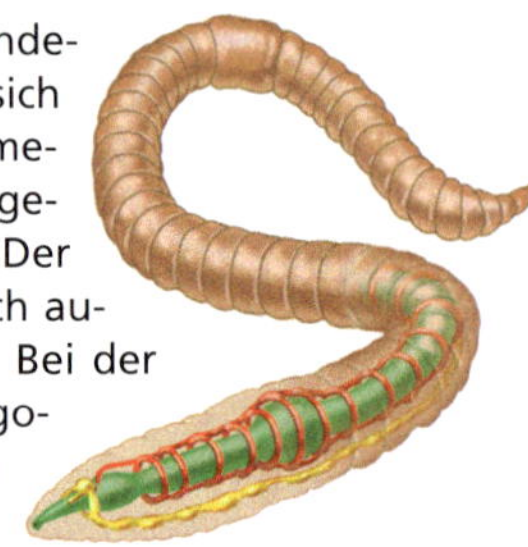

Obwohl die Anneliden eine oberflächliche Ähnlichkeit mit anderen wurmförmigen Tiergruppen haben, unterscheiden sie sich von diesen sehr stark durch ihre Körpersegmentierung (Metamerie). Die einzelnen Segmente sind ursprünglich gleichartig gebaut, können aber sekundär unterschiedlich gestaltet sein. Der Hautmuskelschlauch der Ringelwürmer besteht von innen nach außen aus Längsmuskeln, Ringmuskeln und einem Integument. Bei der Bewegung ist der Binnendruck der Körperflüssigkeit der Antagonist der Hautmuskeln (Hydroskelett). Zu den Ringelwürmern gehören die marinen **Vielborster** *(Polychaeta)*, die **Wenigborster** *(Oligochaeta)* mit dem **Regenwurm** (↗ Abbildung) und die **Egel** *(Hirudinea)*. Ringelwürmer haben ein entsprechend den Segmenten gekammertes Coelom, ein geschlossenes Kreislaufsystem mit einem dorsal gelegenen Gefäßstamm, ein auf der Bauchseite gelegenes Nervensystem (Strickleiternervensystem) und paarige Exkretionsorgane in jedem Segment (Nephridien).

Stamm Weichtiere *(Mollusca)*

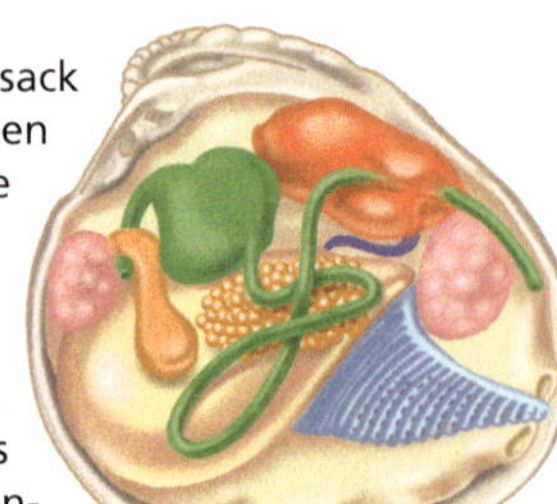

Der Körper der Mollusken ist in Kopf, Fuß und Eingeweidesack gegliedert. Das offene Kreislaufsystem wird von einem Herzen angetrieben. Wichtiges Darmanhangsorgan ist eine große Mitteldarmdrüse. Der Stamm gliedert sich in acht verschiedene Klassen, darunter die Käferschnecken mit einer Schale aus acht gegeneinander beweglichen Platten, die Schnecken mit einer meist spiralig gewundenen Schale, die Muscheln (↗ Abbildung) mit zwei Schalenklappen, die durch ein Schloss miteinander verbunden sind, und die schnell beweglichen Tintenfische mit hoch entwickelten Augen.

Stamm Fadenwürmer *(Nematoda)*

Fadenwürmer sind häufige Bewohner feuchter Lebensräume (nasse Böden, Pflanzengewebe, Körperflüssigkeiten). Der Spulwurm *Ascaris lumbricoides* ist ein Parasit des menschlichen Darmes.

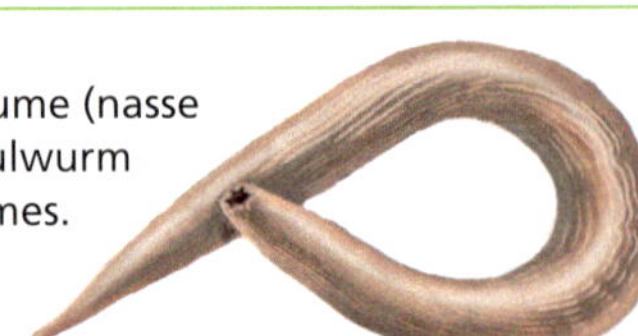

Stamm Gliederfüßer *(Arthropoda)*

Gemessen an der Arten- und Individuenzahl sind die Gliederfüßer der erfolgreichste Stamm in der Biosphäre (etwa eine Million beschriebene Arten, etwa 10^{18} Individuen). Wie die Anneliden haben auch die Arthropoden einen segmentierten Körper **(Metamerie)**, der jedoch im Gegensatz zu den Anneliden ein hartes Exoskelett und gegliederte, ebenfalls von einem harten Skelett umgebene Extremitäten aufweist.

Auswahl wichtiger Tierstämme der *Protostomia* (Fortsetzung)

Diese „modulare" Bauweise erlaubt eine große Flexibilität des Grundbauplans und sehr unterschiedliche Körpergestaltung. Das **Exoskelett** besteht aus dem stickstoffhaltigen Polysaccharid Chitin und einem vernetzten Protein (Sklerotin). Bei den Krebsen kommt es zu einer zusätzlichen Härtung durch Kalkeinlagerung. Das Außenskelett ist durch Gelenke gegliedert, sodass eine gute Beweglichkeit des Körpers und der Extremitäten gewährleistet ist. Allerdings kommen durch dieses Skelett auch erhebliche Probleme zustande. So kann ein Gliederfüßer nur wachsen, wenn er sich häutet: Er muss sich durch einen komplizierten hormonell gesteuerten Prozess aus seiner alten Hülle herausschälen, nachdem er darunter eine neue, noch weiche abgesondert hat. Solche Häutungen erfordern einen großen Energieaufwand, und bis zur Aushärtung des neuen Panzers sind die Tiere äußerst gefährdet. Ein weiterer Nachteil zumindest für die landbewohnenden Arthropoden ist das große Gewicht des Außenskeletts, das der erreichbaren Körpergröße enge Grenzen setzt. Arthropoden besitzen ein offenes Kreislaufsystem mit einem Rückenherzen. Das Nervensystem ist – wie bei den Anneliden – als Bauchmark ausgebildet. Oberschlundganglion und Unterschlundganglion sind stark vergrößert und können als „Gehirn" betrachtet werden.

Klassen der Gliederfüßer

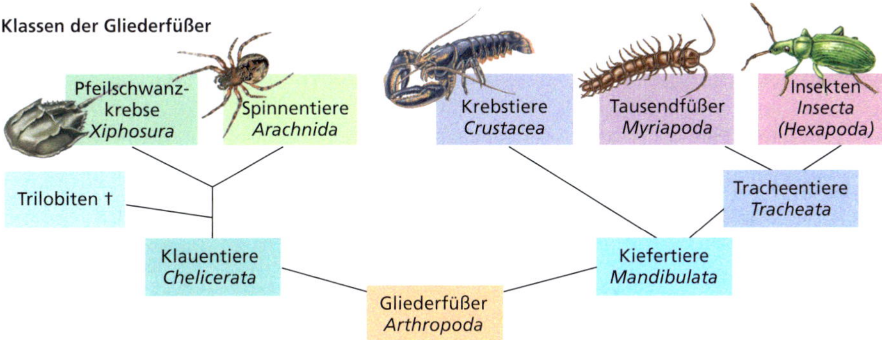

Zu den frühesten, heute ausgestorbenen Arthropoden zählen die **Trilobiten.** Mit ihnen verhältnismäßig nahe verwandt sind die **Spinnentiere** (Klasse *Arachnida*) mit den Echten Spinnen, den Skorpionen, den Pseudoskorpionen, den Weberknechten und den Milben. Die Klasse *Xiphosura* mit dem lebenden Fossil Pfeilschwanzkrebs *(Limulus polyphemus)* steht zwischen Trilobiten und Spinnentieren.

Während für die Mundwerkzeuge der Spinnen die so genannten *Cheliceren* (Klauen) charakteristisch sind, besitzen die folgenden Klassen ungegliederte kieferartige **Mandibeln.** Die meisten **Krebse** *(Crustacea)* leben im Meer. Aber auch im Süßwasser kommen viele Arten vor, und einige haben den Schritt ans Land geschafft, besonders erfolgreich die Gruppe der Asseln *(Isopoda)*. Krebse sind äußerst vielgestaltig. Auffällige und große Vertreter gehören zu den Zehnfußkrebsen *(Decapoda),* u. a. auch Garnelen, Hummer und Flusskrebs. Wichtige Planktonorganismen wie Wasserflöhe und Hüpferlinge (Ruderfußkrebse und Blattfußkrebse) kommen im Meer und im Süßwasser vor.

Auswahl wichtiger Tierstämme der *Protostomia* (Fortsetzung)

Die Klassen der **Tausendfüßer** und der **Insekten** zeichnen sich durch besondere Atmungsorgane, so genannte Tracheen, aus. Es handelt sich dabei um ein fein verästeltes Kanalsystem, das durch Poren (Stigmen) mit der Außenluft in Verbindung steht. Die Luftkanäle umspinnen die einzelnen Organe und sorgen dafür, dass Sauerstoff direkt an die Orte des Verbrauches geführt werden kann.
Während die Tausendfüßer einen langen wurmförmigen, in viele gleichartige Segmente geteilten Körper haben, weist der Körper der Insekten eine charakteristische Dreigliederung in Kopf, Brustabschnitt und Hinterleib auf. Die drei Beinpaare der Insekten, die deshalb auch Hexapoda („Sechsfüßler") genannt werden, sitzen am Brustabschnitt. Die meisten Insekten besitzen zudem zwei Flügelpaare, die ebenfalls vom Brustabschnitt gebildet werden. Wie die anderen Arthropoden haben die Insekten ein offenes Kreislaufsystem mit einem lang gestreckten Herzen und einem bauchwärts gelegenen Nervensystem. Als Exkretionssystem dienen schlauchartige Darmanhänge, die so genannten **Malpighi-Gefäße.**
Viele Insekten machen während ihrer Entwicklung eine **Metamorphose** durch (↗ S. 173). Bei der unvollständigen Metamorphose, wie sie z. B. für Schaben, Libellen und Heuschrecken charakteristisch ist, ähneln die Larven dem adulten Tier (Imago). Mit jeder Häutung wird die Larve dem Imago ähnlicher. Bei den Insekten mit vollständiger Metamorphose liegt zwischen Larve und Imago ein Puppenstadium, in der Regel eine Ruhephase, die vor allem dem Umbau des Larvenkörpers in den Imaginalkörper dient (Schmetterlinge, Käfer, Hautflügler, Zweiflügler).

Auswahl wichtiger Tierstämme der *Deuterostomia* (Neumünder)

Stamm Stachelhäuter *(Echinodermata)*
Zu den Stachelhäutern gehören meist radiärsymmetrisch gebaute Tierarten mit einer stacheligen, harten, kalkhaltigen Außenschicht. Es handelt sich durchweg um Meeresbewohner. Ein besonderes Merkmal ist das Ambulacralsystem, ein Wassergefäßsystem aus Coelomkanälen. Die so genannten Ambulacralfüßchen dienen nicht nur der Fortbewegung und der Nahrungsaufnahme, sondern auch der Haftung am Untergrund und dem Gasaustausch.

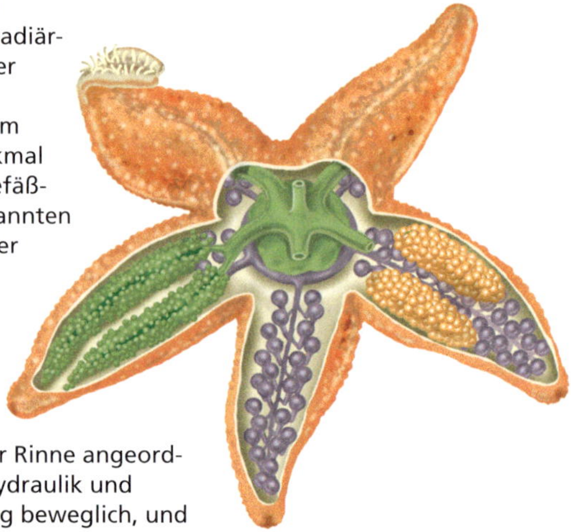

Die **Seesterne** (Klasse *Asteroidea*) haben meist fünf Arme, auf deren Unterseite die Ambulacralfüßchen in einer Rinne angeordnet sind. Durch ein Wechselspiel von Hydraulik und Muskulatur ist jedes Füßchen wurmartig beweglich, und zudem kann sich sein vorderer Saugnapf anheften oder lösen. Seesterne ernähren sich räuberisch vor allem von Mollusken. Zur Nahrungsaufnahme können sie ihren Magen ausstülpen.

Auswahl wichtiger Tierstämme der *Deuterostomia* (Fortsetzung)

Bei der Klasse der **Schlangensterne** (Klasse ***Ophiuridea***) sind die Arme lang und beweglich. Ambulacralfüßchen fehlen. Die **Seeigel** (Klasse ***Echinoidea***) sind kompakter gebaut, aber an der Anordnung der Ambulacralfüßchen ist die fünfstrahlige Symmetrie gut zu erkennen. Sie haben meist lange bewegliche Stacheln, auf denen sie wie Stelzen laufen können. Ein mächtiger Kieferapparat hilft den Seeigeln, krustigen Algenwuchs und tierischen Aufwuchs vom Substrat abzurupfen und zu zerkleinern.

Die **Seelilien** (Klasse ***Crinoidea***) sind von kelchförmiger Gestalt. An dem Kelch sitzen 5, 10, 20 oder mehr Arme mit fiederartigen Seitenästen, mit denen die Tiere Plankton filtrieren. Während die eigentlichen Seelilien mit einem langen Stiel am Substrat festgewachsen sind, sind die häufigeren Haarsterne frei beweglich (↗ Foto).

Die **Seegurken** (Klasse ***Holothuroidea***) haben eine wurstförmige Gestalt. Ihnen fehlen die Stacheln, und auch das harte Endoskelett ist stark reduziert. Seegurken nehmen Sediment auf und verdauen die darin enthaltenen organischen Stoffe. Bei Gefahr können sie ihren gesamten Verdauungstrakt einschließlich der so genannten Wasserlungen ausstoßen und in wenigen Wochen wieder regenerieren.

Stamm Chordatiere *(Chordata)*

Charakteristisches Merkmal des Stammes ist die ***Chorda dorsalis,*** die auch als Rückensaite bezeichnet wird – ein lang gestreckter, flexibler, knorpeliger Stab zwischen dem Darmkanal und dem röhrigen Nervensystem **(Neuralrohr)**. Die Chorda besteht aus großen, mit Flüssigkeit gefüllten Zellen. Sie ist steif-elastisch und dient als Widerlager der segmental angeordneten Muskelpakete. Das Neuralrohr entwickelt sich aus dem Ektoderm durch Einsenkung. Ein weiteres typisches Merkmal ist der **Kiemendarm.** Der vordere Abschnitt des Darmrohres ist durch paarige Kiemenspalten mit der Außenwelt verbunden. Durch diese Spalten kann das in den Mund eingesogene Wasser wieder ausströmen, ohne den gesamten Verdauungskanal passieren zu müssen. Dadurch lassen sich Nahrungspartikel aus dem Wasser filtern. In der weiteren Entwicklung der Chordatiere wurde diese Filterfunktion dann für den Gasaustausch verwendet. Typisch für die Chordatiere ist weiterhin ein hinter dem After gelegener muskulöser Körperabschnitt, der als Schwanz bezeichnet wird.

Manteltier und Larve

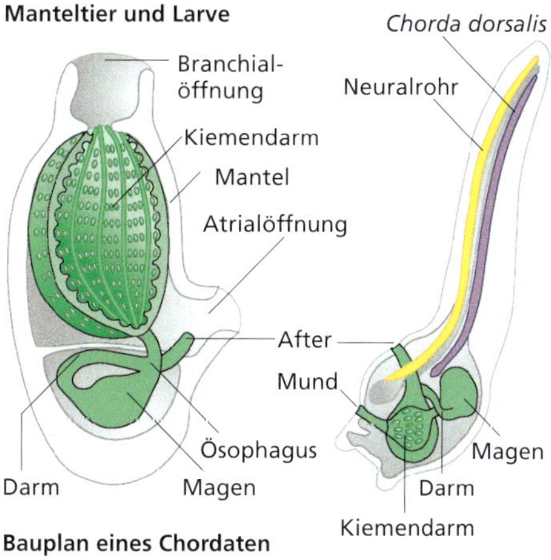

Bauplan eines Chordaten

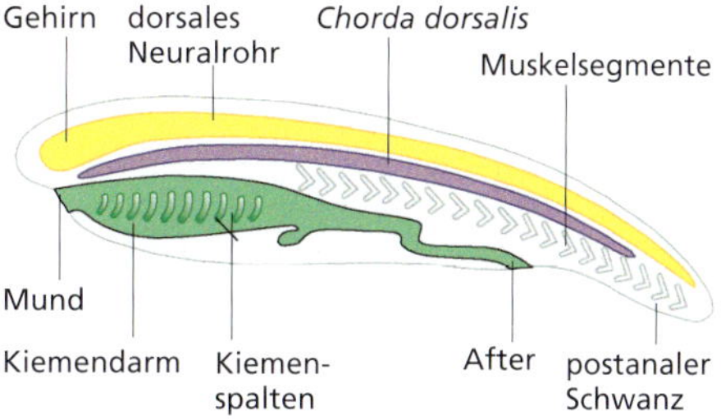

Auswahl wichtiger Tierstämme der *Deuterostomia* (Fortsetzung)

Die Chordatiere gliedern sich in drei Unterstämme: die sessilen **Manteltiere *(Tunicata)***, die **Schädellosen** oder *Acrania*, zu denen das Lanzettfischchen zählt, und schließlich die **Wirbeltiere,** die mit großer Arten- und Individuenzahl fast alle Lebensräume der Biosphäre besiedeln.

Wirbeltiere zeigen die typischen Chordatenmerkmale. Sie haben jedoch weitere, abgeleitete Merkmale entwickelt. So besitzen sie im Gegensatz zu Tunicaten und Acraniern einen **Kopf.** In diesem vorderen Körperabschnitt sind Nervenzellen, Sinnesorgane und Mundwerkzeuge konzentriert.

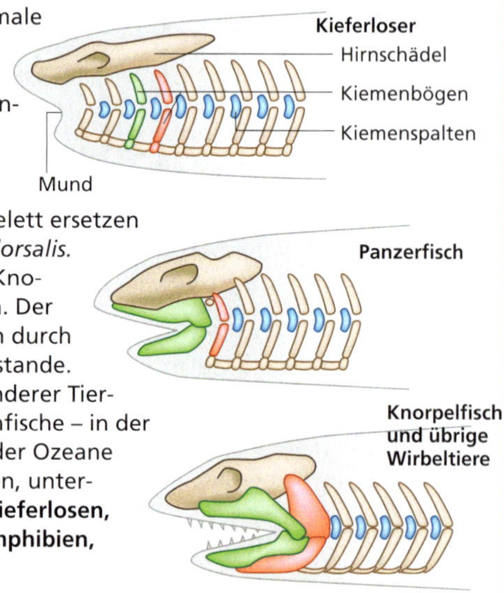

Der Schädel und die **Wirbelsäule** als Innenskelett ersetzen das ursprüngliche Hydroskelett der *Chorda dorsalis.* Dieses **Skelett** kann aus festen kalkhaltigen Knochen oder aus flexibleren Knorpeln bestehen. Der große Erfolg der Wirbeltiere, kam vermutlich durch ihre Fähigkeit zum schnellen Schwimmen zustande. Dadurch waren sie besser als die Vertreter anderer Tierstämme – vielleicht mit Ausnahme der Tintenfische – in der Lage, den dreidimensionalen Wasserkörper der Ozeane zu besiedeln. Wie auf der Abbildung zu sehen, unterscheidet man sieben Wirbeltierklassen: die **Kieferlosen,** die **Knorpelfische,** die **Knochenfische,** die **Amphibien,** die **Reptilien,** die **Vögel** und die **Säugetiere.**

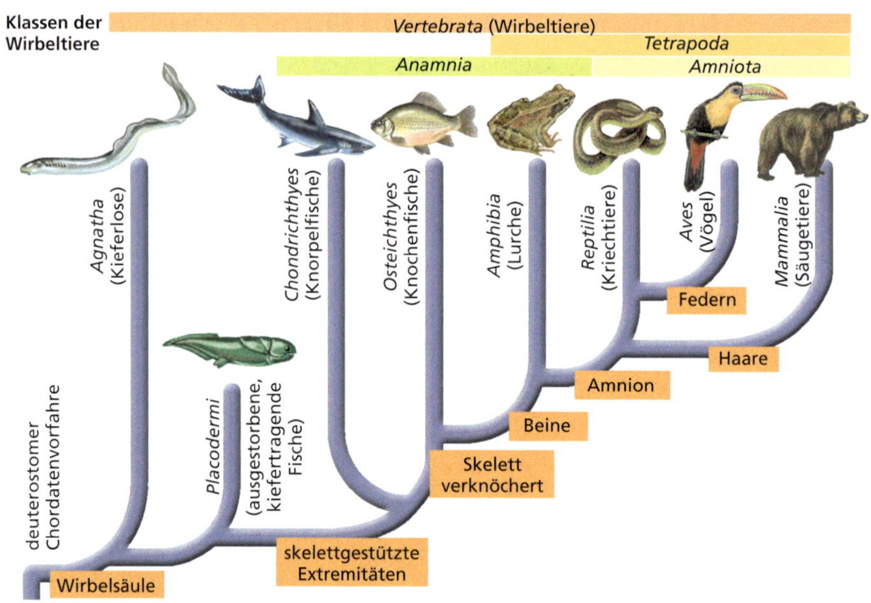

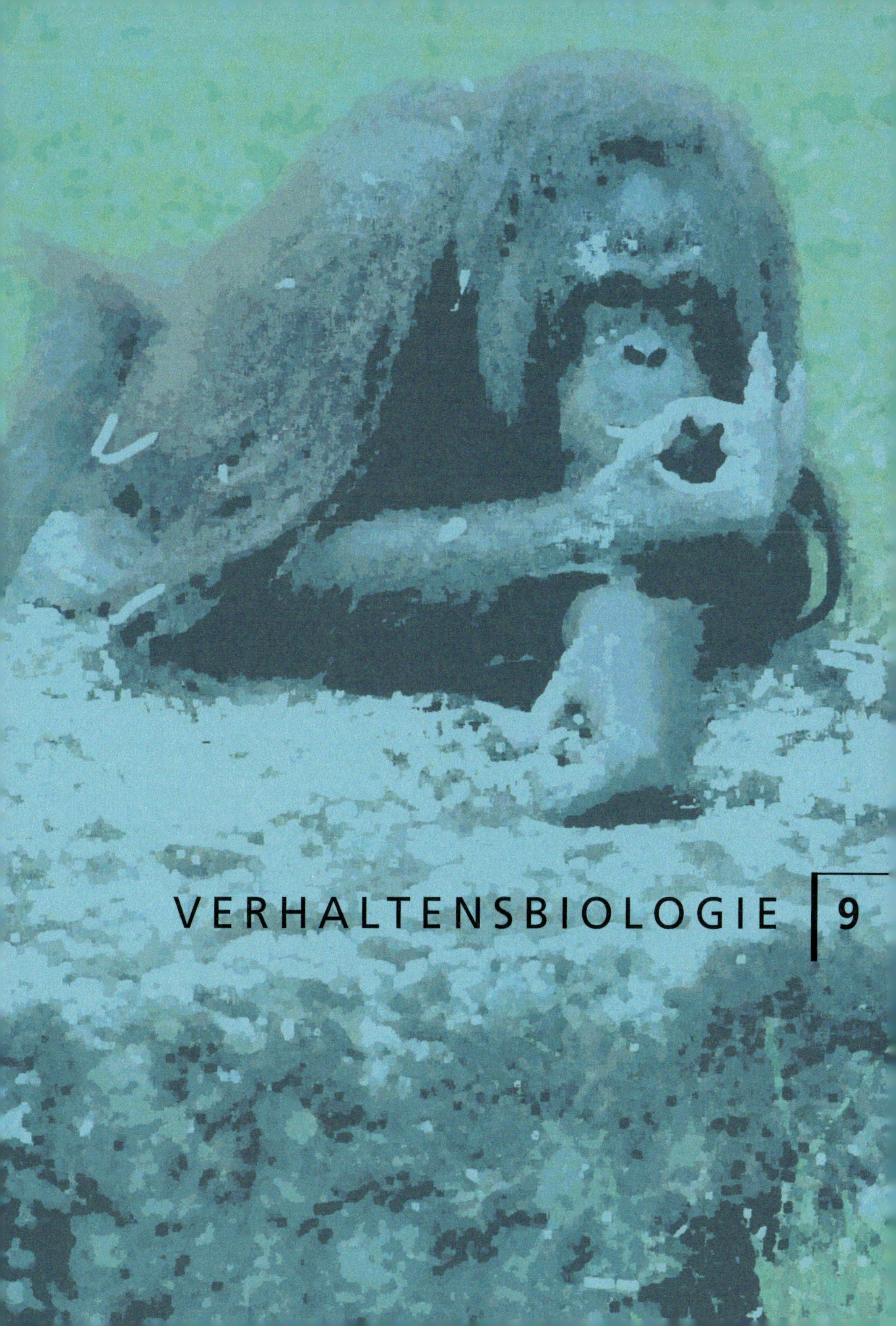

VERHALTENSBIOLOGIE 9

9.1 Ziele und Methoden der Verhaltensbiologie

- Die Verhaltensbiologie ist durch ihre Bezüge zu anderen Teildisziplinen der Biologie (z. B. Ökologie, Evolutions- und Neurobiologie) sowie zu der Psychologie und den Geisteswissenschaften sehr integrativ.
- Die drei entscheidenden Fragen der Verhaltensbiologie sind die Fragen nach Anpassungswert, Ontogenese und Mechanismus eines Verhaltensphänomens.
- Zu den Methoden der Verhaltensbiologie gehören das Beobachten (ohne zu interpretieren), das Benennen von Verhaltensweisen, das Beschreiben, Messen, Auswerten und Analysieren.
- Mit dem quantitativen Registrieren von Verhaltensweisen (wer, wann und wie lange wird beobachtet) können Hypothesen getestet werden.
- Jede Verhaltensweise hat proximate und ultimate Ursachen.
- Das Verhalten eines Individuums entwickelt sich unter dem Einfluss von Erbanlagen (Genen) und Umweltbedingungen.

9.1.1 Teilgebiete der Verhaltensbiologie

Die Verhaltensbiologie oder **Ethologie** hat starke Bezüge zur Ökologie, zur Evolutionsbiologie, zur Neurobiologie, Endokrinologie und zur Molekular- bzw. Populationsgenetik. Als besonders integrative Teildisziplin der Biologie kommt ihr nicht nur eine große wissenschaftliche, sondern auch eine gesellschaftliche Bedeutung zu. Über die Psychologie schlägt sie ein Brücke zu den Geisteswissenschaften.

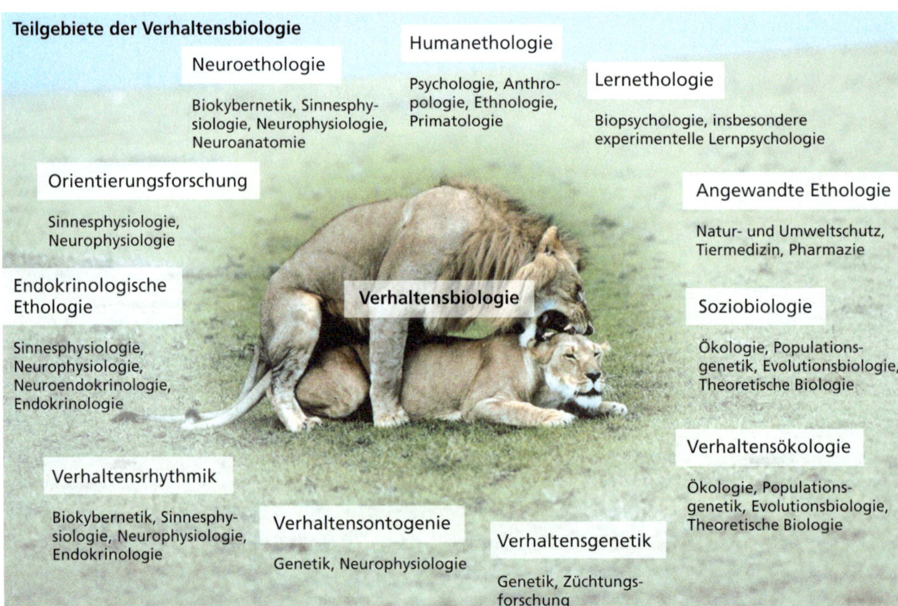

Einige Vertreter der unterschiedlichen Richtungen aus der Verhaltensforschung	
Name	**Schwerpunkt/Disziplin**
ALFRED E. BREHM (1829–1884)	Naive Tierbeobachtung, Tierpsychologie
CHARLES R. DARWIN (1809–1882)	Evolutionstheorie, Selektionstheorie
IWAN P. PAWLOW (1849–1936)	Reflextheorie (1. Lerntheorie der Verhaltensbiologie): früher Behaviorismus
ERICH V. HOLST (1908–1962) KARL V. FRISCH (1886–1982)	Verhaltensphysiologie Neuroethologie
BURRHUS F. SKINNER (1904–1990)	Behaviorismus
KONRAD LORENZ (1903–1989) NIKOLAAS TINBERGEN (1907–1988)	Klassische Ethologie, Vergleichende Verhaltensforschung
JANE GOODALL (geb. 1934) DIAN FOSSEY (1932–1985)	Vergleichende Verhaltensforschung an Primaten (Freilanduntersuchungen, Langzeitstudien)
IRENÄUS EIBL-EIBESFELDT (geb. 1928) HANS HASS (geb. 1919)	Vergleichende Verhaltensforschung am Menschen; Humanethologie
WILLIAM D. HAMILTON (geb. 1936) EDWARD O. WILSON (geb. 1929) WOLFGANG WICKLER (geb. 1931) RICHARD DAWKINS (geb. 1941) JOHN M. SMITH (1920–2004)	Soziobiologie, Verhaltensökologie (Öko-Ethologie)
DONALD R. GRIFFIN (geb. 1915)	Kognitive Biologie

Themen, die eine Reichweite von den genetischen Grundlagen des Verhaltens bis hin zur Auswilderung bedrohter Tierarten aufweisen, verdeutlichen die Bandbreite sowie den Aktualitätsbezug der Verhaltensbiologie. Der Anwendungsbezug ist in den letzten Jahren stärker geworden, so spielt z. B. eine artgemäße Tierhaltung oder aber die Weiterentwicklung von *„Tiermodellen"* für die medizinische Forschung eine immer größere Rolle. Als KONRAD LORENZ, NIKOLAAS TINBERGEN und KARL VON FRISCH im Jahr 1973 den Nobelpreis für ihre wissenschaftlichen Erkenntnisse bekamen, hatte sich die Verhaltensbiologie als eigenständige wissenschaftliche Teildisziplin etabliert. Die Forschung ging unaufhaltsam weiter, und die Kritiker (nicht selten ehemalige Schüler) der klassischen Ethologie modifizierten bereits die Hypothesen und Konzepte ihrer Gründerväter oder distanzierten sich sogar ganz und gar von deren Aussagen. Die zentralen Begriffe der „klassischen Ethologen", wie z. B. Trieb, Erbkoordination, Schlüsselreiz, Instinktbegriff, oder aber das psychohydraulische Modell spielen in der soziobiologischen Forschung keine Rolle mehr. Ob sich der hier andeutende **Paradigmenwechsel in der Verhaltensforschung** durchsetzen wird, ist noch nicht absehbar.

KONRAD LORENZ (1903–1989) hielt bis zu seinem Tod am **Prinzip der Arterhaltung** und der **Gruppenselektion** fest .

9.1.2 Ziele der Verhaltensbiologie

Schon in der Steinzeit war das Wissen über die Verhaltensweisen der Tiere für das Überleben des Menschen von existenzieller Bedeutung. Das Kennen der Gewohnheiten, Bevorzugungen und Aversionen der Tiere, die sich im Umfeld des Menschen aufhielten, war notwendig, um als Jäger erfolgreich Beute zu machen, und es verminderte gleichzeitig das Risiko, selbst zur Beute zu werden. Durch die Beobachtung tierischen Verhaltens steigerten unsere Vorfahren also ihren **Fortpflanzungserfolg (DARWIN-Fitness)**. Als objektive Wissenschaft hat sich die Verhaltensbiologie jedoch erst relativ spät (im 20. Jh.) entwickelt.

Verhalten ist, was ein lebendes Tier tut und wie es dies tut. Dazu zählen u. a. Bewegungen, Lautäußerungen, Körperhaltungen, ein aktives Abgeben von Duftstoffen oder aber eine Veränderung der Form und Farbe des Körpers.

Der Gesang eines Goldammermännchens ist für das geschulte menschliche Ohr ein im Frühjahr immer wieder zu erkennendes musikalisches „Tschitschi tschitschi tschitschi bäh", bei dem die letzte Note nach unten gezogen wird.

Der Vogelkundler (Ornithologe) jedoch wird dem Laien erklären, dass der Gesang für die Ohren des Vogels ganz und gar keine *„Musik"* darstellt, sondern dass die Vögel aus funktionalen Gründen singen, um etwa ihren Artgenossen mitzuteilen, wo ihr Aufenthaltsort ist, um Geschlechtspartner anzulocken oder um ein Revier zur Aufzucht und Ernährung ihrer Jungen abzugrenzen und zu verteidigen. Vögel singen also, um zu überleben und um ihre Gene an die nächste Generation weiterzugeben.
Der Gesang der Vögel lässt sich sehr gut mithilfe moderner Methoden, z. B. unter Verwendung von **Sonagrammen** (Lautspektrogramm, Klangspektrogramm), untersuchen. Mithilfe dieser graphischen Aufzeichnung von Lautfolgen können Rufe und Gesänge genau dokumentiert und beschrieben werden. Auf diese Weise finden die Verhaltensforscher immer mehr über die Entwicklung, die Funktionen und die Konsequenzen des Vogelgesangs heraus. Außerdem ist der Vogelgesang ein geeignetes Modellsystem für tierisches Verhalten, weil mit ihm ein wichtiges Prinzip verdeutlicht werden kann:

Verhalten wird sowohl von genetischen Faktoren als auch von Umweltfaktoren beeinflusst (↗ S. 370, 375).

JANE GOODALL (↗ Foto), DIAN FOSSEY und BIRUTE GALDIKAS lieferten mit ihren Langzeit-Freiland-Studien interessante neue Erkenntnisse über das Leben der Menschenaffen **(Schimpansen, Gorillas** und **Orang-Utans).**

NIKOLAAS TINBERGEN hat ursprünglich vier Fragen der Verhaltensforschung bezüglich des Auftretens von Verhaltensphänomenen formuliert:

1. Frage nach **Mechanismus** und **Form des Auftretens**
2. Frage nach den Ursachen in der Entwicklung **(Ontogenese)**
3. Frage nach der **biologischen Funktion**
4. Frage nach der **Stammesgeschichte**

NIKOLAAS TINBERGEN (1907–1988)

Schon bei der Formulierung der Frage denkt man sich also mögliche Antworten (Hypothesen) aus. Diese Hypothesen beziehen sich auf Zusammenhänge zwischen dem beobachteten Verhalten und den Bedingungen sowie zwischen einem Verhaltensphänomen und seinen Folgen:

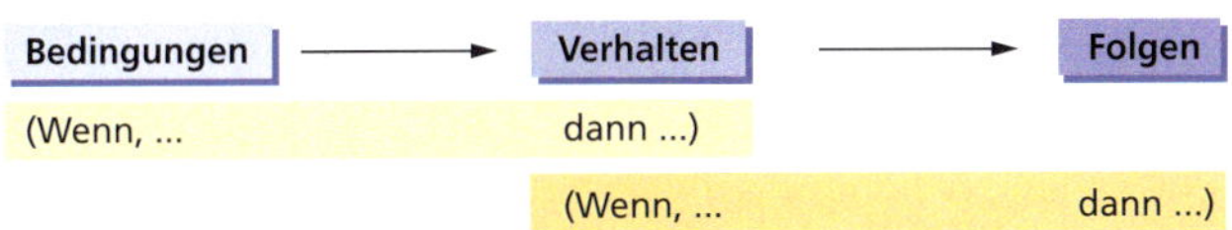

In der Verhaltensbiologie zielen die Fragen auf zwei ganz verschiedene Aspekte ab: Entweder geht es um die **Mechanismen,** die der zu erklärenden Verhaltensweise zugrunde liegen, oder aber es geht um die **Funktion,** die die Verhaltensweise erfüllt. Das Verhalten der Individuen kommt einerseits durch die **inneren** und **äußeren Faktoren (proximate Ebene)** zustande und beeinflusst andererseits aufgrund seiner Funktionen die **reproduktive Fitness (ultimate Ebene).**
Um Verhalten umfassend zu analysieren, müssen sowohl auf der proximaten als auch auf der ultimaten Ebene Forschungen durchgeführt werden.

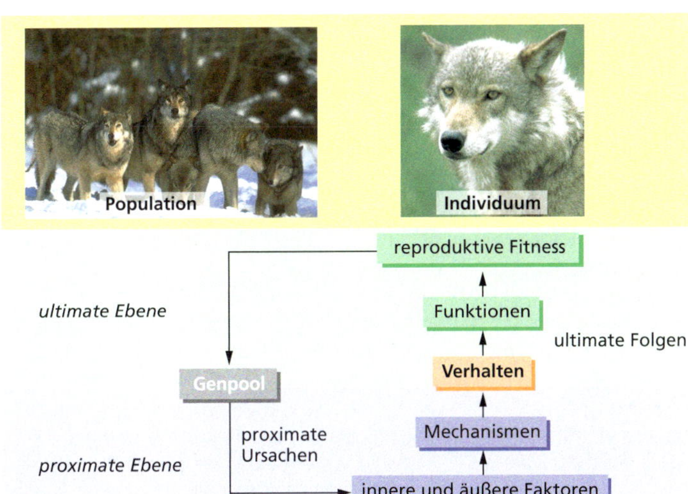

Proximate Ursachen von Verhalten	Ultimate Ursachen von Verhalten
Wirkursache (direkt, unmittelbar)	**Zweckursache (indirekt, mittelbar)**
Frage: – nach den Mechanismen der Verhaltensentwicklung (Ontogenese) – nach den Mechanismen der Verhaltenssteuerung	**Frage:** – nach der biologischen Funktion – nach dem Anpassungswert
Wie wird das Verhalten ausgelöst und gesteuert? Inwieweit sind z. B. Gene oder Hormone an der Verhaltenssteuerung beteiligt?	Wozu dient die Verhaltensweise? Welchen reproduktiven Nutzen hat das Individuum von seinem Verhalten?
Teildisziplin der Verhaltensbiologie: – Verhaltensphysiologie, – Mechanismusforschung	**Teildisziplin** der Verhaltensbiologie: – Evolutionsbiologie, – Verhaltensökologie, – Soziobiologie

Mechanismus der Verhaltenssteuerung: Die Tageslänge nimmt im Frühjahr zu, dadurch steigt die Konzentration einzelner Hormone im Blut männlicher Singvögel. Dieser physiologische Prozess bewirkt das artspezifische Singen männlicher Vögel an speziellen Plätzen und zu bestimmten Zeiten.	**Funktion des Verhaltens:** Vögel singen nicht in erster Linie, um ihren Artgenossen oder anderen Individuen eine Freude zu machen. Mit ihrem Gesang teilen sie ihren Artgenossen mit, wo ihr Aufenthaltsort ist. Sie locken damit fortpflanzungswillige Weibchen an bzw. grenzen ihr Revier gegenüber männlichen Rivalen ab.
Mechanismus der Verhaltensentwicklung: Sowohl vorhandene Gene als auch Umweltfaktoren sind notwendig, damit Entwicklungsprozesse biologisch sinnvoll ablaufen können. So sind z. B. beim Buchfinkenmännchen die Grundstrukturen des Gesangs durch Gene vorgegeben, die Vielfältigkeit des arttypischen Gesangs jedoch wird erst erlernt.	**Evolutionäre Bedeutung des Verhaltens:** Gene, die die Entwicklung von Verhaltensmustern oder aber des Körperbaus steuern, werden von den Vorfahren an die nachfolgenden Generationen vererbt. Die Vorfahren haben also das Verhaltensmuster des Gesangs der heute lebenden Singvögel vererbt. Das Vogelmännchen erhöht mit seinem Verhalten seinen Reproduktionserfolg.

9.1.3 Methoden der Verhaltenserfassung und -auswertung

Grundlegende **Methoden der Verhaltensbiologie** sind
- Beobachten und Beschreiben von Verhalten
- konkrete Fragen formulieren (↗ S. 369, 372)
- Messen, Auswerten und Analysieren
- quantitative Verhaltensregistrierung
- Beschreiben von komplexen Verhaltensweisen (z. B. soziale Strukturen und Organisationsformen)

Bevor man darüber nachdenkt, warum ein Tier bzw. eine Tierart eine bestimmte Verhaltensweise ausübt, muss man wissen, was die Tierart insgesamt an **Verhaltensrepertoire** aufweist. Verhaltensweisen müssen als wiederkehrende Abläufe erkannt, definiert und möglichst interpretationsfrei benannt werden. Es muss ein **Verhaltenskatalog (Ethogramm)** erarbeitet werden, der das beobachtete Verhalten in konkrete, mehr oder weniger feine Kategorien unterteilt. Das Ethogramm kann je nach Fragestellung von der einfachen Muskelbewegung bis hin zu komplexen Verhaltensabfolgen alles beinhalten. Es ist die erste notwendige Voraussetzung für das Beantworten konkreter Fragen in der Verhaltensbiologie. Art und Anzahl der dort aufgeführten Verhaltenselemente richtet sich also immer nach den zu beantwortenden Fragen:

Wann am Tag sind Meerschweinchen aktiv?
- Die Unterscheidung in aktiv und inaktiv reicht aus, man muss jedoch klar definieren, was sich hinter diesen Begriffen verbirgt.

Wann am Tag singen Nachtigallen?
- Die Unterscheidung in Singen und Nicht-Singen ist ausreichend.

Wie kommt ein Fuchs zu seiner Nahrung?
- Hier ist ein ausführlicher Katalog erforderlich:
  Beute- und Beerenstandorte des Fuchses ausmachen, Verhalten des Fuchses bei der Nahrungssuche analysieren: Wie beschafft er sich die Früchte, bzw. wie bearbeitet er sie? Wie fängt er Mäuse, Hasen oder andere Tiere? Wie sucht er Futterplätze auf?

Ziel ist es, Zusammenhänge zu erkennen und daraus „Wenn-dann-Sätzen" zu formulieren (↗ S. 369). Indem man **Verhaltensweisen** definiert, bildet man konkrete Kategorien von Verhaltensabläufen. Verhaltensweisen, die man zählt oder misst, müssen klar definiert sein, damit auch andere die Untersuchung nachvollziehen können. Ist eine Fragestellung zu einem bestimmten Verhaltensphänomen überprüfbar formuliert, kann gezielt beobachtet, gemessen, ausgewertet und analysiert werden. Zwecks Analyse der Ursachen werden einzelne Umweltfaktoren verändert, um die Reaktion des Tieres beobachten zu können. Experimente unter kontrollierten Bedingungen sind im Freiland zwar möglich, können aber häufig sinnvoll durch Laboruntersuchungen ergänzt werden. Es ist dabei unbedingt zu berücksichtigen, das Tiere sich in einer künstlichen Umgebung anders als in ihrem natürlichen Habitat im Freiland verhalten.

Am 25.5.1828 steht ein auffällig sonderbar gekleideter junger Mann in Nürnberg auf dem Unschlittplatz, mit einem Zettel in der Hand, der ihn als KASPAR HAUSER ausweist. Er ist tagblind, verstört und wurde scheinbar völlig isoliert in der Dunkelheit gefangen gehalten (KASPAR-HAUSER-Experiment ↗ S. 372).

Die qualitativen Methoden des Beschreibens und Katalogisierens von Verhalten werden durch **quantitative Untersuchungsmöglichkeiten** sinnvoll ergänzt. Die ermittelten quantitativen Verhaltensdaten dienen dazu, eine formulierte Hypothese zu testen. Dabei muss klar sein:

WAS registriere ich WIE, WO und WANN bei WEM?

Für die Auswertung der Daten muss überlegt werden, welche statistischen Verfahren angewendet werden müssen. Die konkrete Null-Hypothese (Verhalten widerspricht der Erwartung) und die konträre Alternativ-Hypothese (Verhalten entspricht der Erwartung) sollte formuliert sein, bevor man mit dem Sammeln der Daten beginnt. Abhängig von der Fragestellung müssen die im Ethogramm definierten Verhaltensweisen als **Zustände (Aktivitäten)**, **Ereignisse (Episoden)**, **Zeitanteil** oder **Häufigkeiten** registriert werden.

Bezeichnung	Untersuchungsmethode
KASPAR-HAUSER-Experiment	Tier wird isoliert aufgezogen, um angeborenes und erlerntes Verhalten zu unterscheiden.
Attrappenversuch	Mithilfe von Attrappen (= Objekten, die bestimmte Eigenschaften eines Gegenstandes charakterisieren), wird untersucht, welche Eigenschaft ein Schlüsselreiz hat.
Zootier- und Labortierexperimente; Experimente mit zahmen Tieren	Die Versuchsbedingungen sollen kontrollierbar, aber auch möglichst natürlich sein. Im Labor werden durch das gezielte Einsetzen von Apparaturen die Bedingungen detailliert vorgeben. Dagegen ist das Beobachten von Tieren im Zoo mit möglichst naturnaher, artgerechter Umgebung der Kompromiss zwischen der Beobachtung von zahmen Tieren und Wildtieren im Freiland.
Technische und molekularbiologische Methoden	– Tragbare Sender (z. B. Satelliten-**Telemetrie**) garantieren eine Überwachung von Tieren aus großer Entfernung oder in unübersichtlichem Terrain. – Die weltweite Vogelberingung macht es möglich, eine Vielzahl von Aspekten aus dem Leben der Vögel zu erforschen. Die Beringung wird durch nationale Beringungszentralen organisiert, die die Beringer ausbilden und Beringungsprojekte koordinieren. – Anhand chemischer Nachweismethoden lassen sich in Kot- und Urinproben z. B. Hormone nachweisen. – Anhand von DNA-Spuren des Einzelindividuums, die aus dem Kot, dem Speichel und den Haaren gewonnen werden können, sind verwandtschaftliche Beziehungen nachweisbar.
Freilandbeobachtungen	Diese Beobachtungsmethode ist die aufwendigste, oft aber auch ergiebigste Art und Weise, das Verhalten von Tieren zu studieren. In der Regel sind Langzeitstudien nötig. Die Tiere werden anfangs aus der Ferne beobachtet, gewöhnen sich aber in der Regel mit der Zeit an den Anblick und Geruch des Beobachters (Habituation).

9.1.4 Angewandte Verhaltensforschung

Beim menschlichen Umgang mit Tieren gibt es viele Bereiche, wo die Kenntnis des Verhaltens notwendig ist, wenn es um die Lösung von bestehenden konkreten Problemen geht. Solche Bereiche sind z. B.

- die **Schädlingsbekämpfung,**
- der **Umgang mit Haus- und Nutztieren:** Auswahl der Nutztiere, Vorbereitung (Dressur) auf die Funktion für den Menschen, Produktion (Reproduktion, Wachstum),
- der **Umgang mit Wildtieren** (jagen, fotografieren, filmen, Zootierhaltung; Erhaltung und kontrollierte Nutzung von Wildtierpopulationen; Erhaltung und Retten bedrohter Arten (sowohl in freier Wildbahn als auch in Gefangenschaft züchten und anschließend auswildern),
- der **Tierschutz** (bei Tierhaltung und Tierproduktion),
- Untersuchungen, die zum besseren **Verständnis menschlichen Verhaltens führen.**

Als der Wolf in grauer Vorzeit domestiziert wurde, spielte bei der Auswahl zum Begleit- und Wachhund des Menschen die soziale Anpassungsfähigkeit des in Rudeln lebenden und bei Störung bellenden Tieres eine große Rolle.

Viele Tiere sind gefährliche Parasiten des Menschen oder aber schädigen seine begrenzten Ressourcen. Will der Mensch sich dieser Tiere entledigen, muss er ihre Gewohnheiten, ihre Bevorzugungen oder ihre Aversionen – ihr Verhalten – kennen.

Erfolgreiche Schädlingsbekämpfung wurde an der Dasselfliege *(Cochliomyia hominivorax)* ausgeübt:

Die Weibchen haben auf vielen amerikanischen Rinderfarmen großen Schaden verursacht, indem sie ihre Eier in das Fell der Rinder ablegen und die schlüpfenden Maden sich durch die Haut in das Fleisch des Rindes bohren, dadurch werden die Tiere geschädigt und der Wert des aus der Haut hergestellten Leders gemindert. Da die Weibchen sich nur ein einziges Mal paaren, setzte man in dem Habitat der Weibchen massenhaft sterile Männchen aus, die man im Labor züchtete und dann mit Röntgenstrahlen zwar steril, aber nicht begattungsunfähig machte. Die Eier der begatteten Weibchen wurden also nicht befruchtet, und die Dasselfliegenplage wurde auf diese Weise erfolgreich eingeschränkt.

Wenn es um **Maßnahmen zum Erhalten und Retten** bedrohter Arten geht, so sind die Maßnahmen am erfolgreichsten, die bei gefährdeten Arten direkt im Freiland ansetzen. Die Ausbürgerung von in Gefangenschaft gezüchteten Tieren dagegen stößt auf vielerlei „hausgemachte" Probleme (wie z. B. eine sexuelle Prägung auf den menschlichen Pfleger, die Fremdheit der neuen Umgebung, mangelnde Feinderkennung, fehlende Erfahrung bezüglich Nistplatzwahl oder Nahrungssuche oder aber die zu große Zahmheit Menschen und Raubtieren gegenüber), die den Erfolg nicht selten verhindern.

Bei Raubvögeln kommt es häufig vor, dass zwei Eier gelegt, aber nur ein Junges aufgezogen wird. Das zuerst geschlüpfte Junge tötet das zweitgeborene Geschwister, indem es das Ei zerstört. Die Eltern dulden dieses Verhalten. Sind die Nahrungsbedingungen günstig, wären die Eltern jedoch in der Lage, beide Junge aufzuziehen. Die Aggressionen des Jungen sind nur direkt nach dem Schlüpfen sehr stark. Diese Beobachtung machten sich Verhaltensforscher zunutze, um die Aufzuchtsrate des Schreiadlers *(Aquila pomarina)* zu verdoppeln, indem man das schwächere Küken aus dem Nest nahm, es anderen Raubvögeln unterschob und später, als man die Attacke des Geschwisterkükens ausschließen konnte, den Eltern wieder ins Nest setzte.

HANS HASS (geb. 1919) und **IRENÄUS EIBL-EIBESFELDT** (geb. 1928) begründeten Ende der 60er-Jahre des 20. Jh. die **Humanethologie**, indem sie die Methoden der objektiven Verhaltensbeobachtung auf das menschliche Verhalten anwandten. Anfangs wurden Filmaufnahmen sehr detailliert analysiert. Man betrachtete den Menschen unter bisher nicht üblichen, biologischen Aspekten, die neue Fragen aufwarfen und schließlich zu neuen Antworten führten.

IRENÄUS EIBL-EIBESFELDT (geb. 1928)

– IRENÄUS EIBL-EIBESFELDT hat unterschiedliche Kulturen, wie z. B. die Buschleute in der Kalahari, die Yanomani in Venezuela, die Eipo in Neuguinea oder unseren Kulturkreis vergleichend untersucht. Vom Jäger und Sammler, über den Pflanzer bis hin zum westlich „zivilisierten Menschen" konnte er trotz unterschiedlicher Lebensbedingungen und Erziehungseinflüsse nachweisen, das Verhaltensweisen wie Lachen, Grüßen, Flirten oder aber der Ausdruck der Verachtung bei allen Kulturen in gleicher Weise vorhanden ist.

Das Beispiel ist ein Beleg dafür, dass diese Verhaltensweisen mit hoher Wahrscheinlichkeit genetisch bedingt also angeboren sind. Auch das Unterstützen von Verwandten als Evolutionsprodukt (ein indirekter Fitnessvorteil wird erreicht, ↗ S. 385) ist bei vielen Tieren belegt und mithilfe DARWINS biologischer Selektionstheorie gut zu erklären. Dieses Verhaltensphänomen der **Vetternwirtschaft (Nepotismus,** ↗ S. 392) könnte auch auf den Menschen angewendet werden, wenn gleich auch kulturelle Mechanismen zu solchen Phänomenen führen können. Aber die an Tieren gewonnenen Ergebnisse lassen immer wieder die Frage aufkommen, ob sich für den Menschen nicht vergleichbare Zusammenhänge finden lassen. Dabei konnte immer wieder festgestellt werden, dass es viele Übereinstimmungen gibt. Inwieweit der „freie Wille" des Menschen dadurch beeinflusst wird, ist schwer zu beurteilen.

Das menschliche Verhalten unter soziobiologischen Gesichtspunkten zu betrachten, kann sehr aufschlussreich sein.

9.2 Verhaltensentwicklung

- Bei der Individualentwicklung vom Embryo zum Erwachsenen ist das Zusammenspiel der genetischen Ausstattung eines Tieres und seiner Umwelt entscheidend.
- Verhalten, das sich durch Umwelteinflüsse entwickelt, wird als erlernt bezeichnet.
- Viele Tierarten sind in spezifischen Entwicklungsphasen besonders empfänglich für bestimmte Umwelteinflüsse. Der Lernprozess innerhalb dieser sensiblen Phase wirkt sich in der Regel auf das gesamte weitere Leben aus.
- Umwelteinflüsse können sich auf jedes Stadium des Entwicklungsprozesses auswirken, sind aber gleich nach der Geburt bzw. nach dem Schlüpfen am massivsten. In der Regel sind die Umstände, unter denen Eltern ihre Jungtiere aufziehen so, dass der Nachwuchs vor ungünstigen Umwelteinflüssen geschützt wird.
- Jungtiere sind in der Lage, auf Umweltereignisse wie z. B. die Versorgung mit Nahrung durch die Eltern mit charakteristischen Verhaltensweisen angemessen zu reagieren. Im Erwachsenenalter gehen diese Verhaltensweisen verloren.

9.2.1 Ontogenese und Individualentwicklung des Verhaltens

Die Gene steuern den Entwicklungsvorgang, sie codieren Proteine, die den Ablauf der Entwicklung kontrollieren. Aber auch bestimmte Umweltbedingungen müssen gegeben sein, damit der Embryo sich entsprechend entwickeln kann. Der Ablauf der Individualentwicklung wird also sowohl von den Genen als auch von der Umwelt, in der sich der Vorgang abspielt, vorgegeben.
Der Phänotyp der befruchteten Eizelle, der Zygote (P_1) wird auf der nächsten Entwicklungsstufe (P_2) sowohl durch die Gene (G_1) als auch durch die Umweltbedingungen (U_1) bestimmt:

In der Verhaltensbiologie sind nur sehr wenige Beispiele bekannt, in denen einzig und allein der Einfluss der Gene auf die Verhaltensmerkmale **(Verhaltensgenetik)** sicher nachgewiesen werden kann.

$$P_1 + G_1 + U_1 \longrightarrow P_2$$

$$P_2 + G_2 + U_2 \longrightarrow P_3$$

P_1: Phänotyp der befruchteten Eizelle (Zygote)
P_2, P_3: Phänotyp der nächsten Entwicklungsstufe
G_1, G_2: Gene
U_1: biochemische Faktoren in der Umgebung des Embryos
U_2: Umweltbedingungen nach dem Schlüpfen bzw. nach der Geburt (biochem. Bedingungen hinsichtlich des Ernährungszustandes; Informationen, die mit Sinnesorganen erfasst werden; Lernen)

Ausgangsphänotyp, Gene und **Umweltfaktoren** sind also die Bestandteile einer normalen **Individualentwicklung.** Das nächste Stadium kann sich anschließen, wenn folgende Faktoren gegeben sind: Der Phänotyp des sich entwickelnden Tieres muss die entsprechende Reife haben, die richtigen Gene müssen bereit stehen und die Umweltbedingungen müssen sich innerhalb bestimmter Grenzwerte bewegen.

Bei den Jungtieren vieler Nestflüchter kann man eine scheinbar wahllose Hinwendung zu beweglichen Objekten beobachten.

Wenn man z. B. frisch geschlüpfte Enten- oder Grauganskükenvon ihrer Mutter trennt, so folgen sie einer einfachen Entenattrappe, einer Person oder aber einem Kasten, der sich langsam von ihnen fortbewegt und Geräusche von sich gibt.

Dieser **Lernvorgang,** bei dem sich unter natürlichen Bedingungen die Bindung zur Mutter entwickelt, wird als **Prägung** (↗ S. 383) bezeichnet und findet während einer besonderen **sensiblen Phase der Entwicklung** statt, die je nach Tierart und Umständen variieren kann. Diese Art des Lernens ist irreversibel. Sie läuft vorprogrammiert als Teil des normalen Entwicklungsprozess und unter beliebigen Begleitumständen ab.
Welche Art von **Erfahrungen** bzw. welche **Umwelteinflüsse** im einzelnen für eine normale Individualentwicklung nötig sind, ist artspezifisch. So beeinflussen bei Säugetieren die unterschiedlichen Umweltfaktoren, Lern- und Sozialisationsprozesse das Verhalten der erwachsenen Tiere, auch pränatale Einflüsse spielen dabei eine Rolle.

9.2.2 Verhalten der Jungtiere

Tiere müssen in jeder Lebensphase optimal an ihre Umwelt angepasst sein. **Jungtiere** zeichnen sich daher durch **spezifische Verhaltensweisen** aus, die sie in ihrem späteren Leben nie wieder zeigen und die in der Regel ihren unmittelbaren Bedürfnissen entsprechen.

Silbermöwenküken entfernen sich bei Gefahr von ihrem Nest und verstecken sich duckend, still und bewegungslos in der Vegetation. Die erwachsenen Möwen zeigen ein gänzlich anderes Verhalten: Sie fliegen vom Nistplatz auf und stoßen Alarmrufe aus. Würden die Küken sich wie ihre Eltern verhalten, wären sie eine leichte Beute für Krähen und andere Möwen. Indem sie sich ruhig und bewegungslos verhalten, minimieren sie das Risiko, von einem Raubfeind entdeckt zu werden.

Jungtiere zeichnen sich i. d. R. durch ein hohes Maß an Lernfähigkeit aus, es gibt aber auch so genannte „angeborene“ Verhaltensweisen.
Der Begriff **„angeboren“** wurde von den klassischen Ethologen sehr eng definiert: Sowohl KONRAD LORENZ als auch NICOLAAS TINBERGEN verstanden unter angeborenem Verhalten, ein in allen Einzelheiten erblich festgelegtes Verhalten, ohne Beeinträchtigung des einzelnen Individuums. Da sich zeigte, dass es solche Verhaltensweisen kaum gibt, wird die Definition heute weniger stringent formuliert:
Die moderne Verhaltensbiologie definiert angeborenes Verhalten als Verhalten, dass sich ohne offensichtlichen Umwelteinfluss entwickelt.

9.3 Mechanismen des Verhaltens

- Anhand von Signalen sind Tiere und Menschen in der Lage sich zu orientieren und zu kommunizieren.
- Das Verhalten wird von Innen- und Außenreizen bestimmt und wirkt regulierend auf innere und äußere Bedingungen.
- Die entscheidenden proximaten Faktoren der Verhaltensauslösung sind sehr häufig Hormone, insbesondere das Sozialverhalten wirkt wiederum stark auf den Hormonhaushalt zurück.
- Einfache Lernvorgänge kann man meist als Konditionierungen beschreiben.
- Im Tierreich gibt es eine Vielfalt von komplexen Lernformen, denen einfache Denkprozesse zugrunde liegen.

9.3.1 Koordination der Bewegungen

Ein Organismus besitzt die Fähigkeit, Reize aufzunehmen, sie zu verarbeiten und durch eine entsprechende Reaktion beantworten zu können (↗ S. 146). Vielzellige Organismen sind durch das Zusammenspiel von Sinnesorganen, Drüsen, Muskeln und Nerven dazu in der Lage.
Folgende Bewegungsabläufe werden peripher von den Sinnesorganen, Muskeln und Nerven koordiniert:
- das Zusammenspiel und die Bewegung der Körperteile,
- die stabile Haltung und die Fortbewegung des Körpers im Raum,
- Stellungs- und Haltungsreflexe,
- Schutzreflexe (z. B. Pupillen-, Husten-, Lidschlussreflex),
- angeborene und durch Lernen modifizierte Bewegungsprogramme (z. B schwimmen, laufen, fliegen, Rad fahren, Klavier spielen)

Wird die Handinnenfläche eines Säuglings mit dem Finger berührt, so greift der Säugling danach. Solche Reaktionen, die nur von einem bestimmten Reiz ausgelöst werden und in der Regel immer gleich ablaufen, werden als **Reflexe** bezeichnet.

Um bei Säuglingen den Entwicklungsstand des ZNS ärztlich zu untersuchen, überprüft man die **frühkindlichen Reflexe.**

Die klassische Verhaltensbiologie ging aufgrund des kaum veränderlichen Bewegungsablaufes und der einfachen neuronalen Verschaltungen davon aus, dass alle Reflexe angeboren sind. Man spricht in diesem Zusammenhang auch von **unbedingten Reflexen**, die durch **unbedingte Reize** ausgelöst werden.
Wie Reflexe ablaufen ist vom augenblicklichen Zustand des Organismus abhängig und kann jederzeit modifiziert werden. Ein Augenlid schließt sich, wenn ein Luftstrom das Auge streift. Wird es aber kurz vor dem Luftstrom von einem Lichtstrahl getroffen, dann reicht nach mehreren Durchgängen der Lichtstrahl allein aus, den Lidschluss auszulösen. Das Licht fungiert als Reiz für den Lidschluss. Ein neutraler Reiz wird also zur selben Zeit mit einem unbedingten Reiz kombiniert und kann nach mehrmaligem Auftreten die gleiche Reaktion auslösen, wie der unbedingte Reiz. Der neutrale Reiz wird zum **bedingten Reiz**, der eine bedingte Reaktion, den **bedingten Reflex** auslöst.

Werden bedingte Reflexe nur über den bedingten Reiz allein ausgelöst, gehen sie sehr schnell wieder verloren.

9.3.2 Angeborenes Verhalten

Bei einer Attrappe handelt es sich um die Nachbildung eines Originals, das sich in Größe, Farbe oder anderen Eigenschaften vom Original unterscheidet.

Während Reflexe in der Regel durch die ihnen entsprechenden Reize ausgelöst werden, gibt es viele Verhaltensweisen, die auch bei Anwesenheit der zugehörigen auslösenden Reize nicht immer auftreten. Wenn ein Tier satt ist, wird es ein üppiges Nahrungsangebot ignorieren. Daraus folgt, dass neben dem auslösenden Reiz auch der innere Antrieb bzw. die Motivation oder Handlungsbereitschaft vorhanden sein muss, damit bestimmte Verhaltensweisen auftreten. Diese Motivationsstärke wird durch das vorausgegangene Verhalten und durch Außen- und Innenreize beeinflusst. Bestimmte Außenreize, die ein spezifisches Verhalten auslösen, sind so genannte **Schlüsselreize.** Sehr häufig handelt es sich dabei um Merkmalskombinationen, die man mithilfe von Attrappen zu untersuchen versucht. Wirkt dieser Reiz innerhalb einer Art, nennt man ihn Auslöser. Im ZNS und in den **Sinnesorganen** (↗ S.147 ff.) vermutet man einen neurosensorischer Filter, der angeboren oder erworben sein kann, und dafür sorgt, dass ein Organismus nur auf bestimmte Reizkonstellationen reagiert: Ist er angeboren, spricht man vom **angeborenen Auslösemechanismus (AAM)**, ist er erlernt, nennt er sich **erworbener Auslösemechanismus (EAM)**. Wird ein AAM durch Erfahrung verändert, spricht man vom durch Erfahrung ergänzten AAM, kurz EAAM.

Eine **innere circadiane Uhr** ermöglicht den Tieren eine Sonnenkompassorientierung.

Verhalten tritt auf, wenn äußere Reize, innere Bedingungen und die zentralnervösen Verarbeitungsmechanismen zueinander passen.

Beim Menschen ist das **Kindchenschema** (großer Kopf; große Augen; rundliche Körperformen; dicke und kurze Extremitäten) ein Reizmuster, auf das wir mit vorhersagbaren Verhaltensweisen (Zuwendung, beschützen) reagieren.

Beobachtet man eine Erdkröte bei der Nahrungssuche, so zeigt sie immer wieder die gleichen Verhaltensweisen. Sie sitzt zum Teil über einen langen Zeitraum regungslos an derselben Stelle, wechselt ab und zu den Ort, wo sie dann wieder bis zum nächsten Ortswechsel verharrt. Entdeckt sie ein potenzielles Beutetier, z. B. eine Fliege, richtet sie ihren Körper so aus, das ihr Kopf der Beute zugewandt ist und sie die Fliege beidäugig fixieren kann. Blitzschnell wird die Zunge ausgeklappt und das Tier gefangen.

Das Beutefangverhalten der Erdkröte kann man in drei Abschnitte unterteilen:

1. **Appetenzverhalten** = ungerichtetes Suchen nach bestimmten Schlüsselreizen
2. **Einstellbewegung** = Orientierungsreaktion, sobald das Beutetier wahrgenommen wird
3. **Erbkoordinierte Endhandlung**, plötzliches Schnappen nach der Fliege = führt zum Absinken der zugrunde liegenden Motivation

Dieses Gesamtprogramm nennt man **Instinkthandlung.** Instinkthandlungen sind zum Teil vollständig ererbt, zum Teil aber auch modifizierbar. Für eine ausschließlich genetisch festgelegte Bewegungsabfolge wird der Begriff **Erbkoordination** verwendet.

Das Modell der Erbkoordination ist aber nur für die Erklärung einfacher Verhaltensweisen praktikabel. Die Realität ist meist wesentlich komplexer: Viele AAM sind durch Erfahrungen modifizierbar. Schlüsselreize sind oft komplizierter als es die Attrappenversuche vermuten lassen. Außerdem können sogar erbkoordinierte Endhandlungen durch Lernen verändert werden. Es ist kaum möglich, das Instinktverhalten von bewusstem, erlerntem und umweltbedingten Verhalten losgelöst zu betrachten. Analysiert man z. B. den komplexen Vorgang des Nestbaus bei Vögeln, so kommt die grundsätzliche Handlungsbereitschaft sicherlich durch die hormonell gesteuerte Fortpflanzungsbereitschaft zustande. Viele einzelne, voneinander abhängige Prozesse greifen ineinander, die meisten Instinkthandlungen sind zu **Handlungsketten** bzw. **Handlungskomplexen** zusammengefasst (↗ Abbildung).

Die erblichen Anteile des tierlichen Verhaltens sind das Ergebnis eines langen Anpassungsprozesses einer Art an ihre Umwelt. Individuen, die sich zwecks Weitergabe ihrer Gene so verhalten haben, konnten sich in der Evolution besser durchsetzen als ihre Artgenossen mit ungünstigeren Verhaltensweisen. Dabei sind auch angeborene Verhaltensweisen nicht starr. Sie bilden den Rahmen, innerhalb dessen sich jedes Tier seinen inneren und äußeren Bedingungen anpassen kann. Hat ein Tier Hunger, ist die Handlungsbereitschaft zum Fressen sehr hoch und viele verschiedene Reize dienen als Auslöser, ist es jedoch satt, so wirken nur besonders attraktive Futterquellen (doppelte Quantifizierung durch Handlungsbereitschaft und Stärke des Auslösers).

Der umgangssprachliche „Instinkt" eines Kaufmannes für gute Geschäfte hat nichts zu tun mit dem Instinktverhalten aus der Biologie, denn für den Kaufmann spielen weder genetisch festgelegte Programme noch AAM für gute kaufmännische Geschäfte eine Rolle. Begriffe aus der Verhaltensbiologie müssen daher klar definiert sein, damit deutlich wird, dass sie sich von den umgangssprachlichen Bedeutungen unterscheiden.

In der Nahrungsmittelindustrie macht man sich das Prinzip der doppelten Quantifizierung zu nutze: Angebotene Waren müssen appetitlich aussehen und werden mit Geschmacksverstärkern versehen. So werden zwei starke Auslöser für die Instinkthandlung Essen angeboten. Die Ware wird also auch gekauft, wenn der Kunde satt und die Handlungsbereitschaft daher eher niedrig ist.

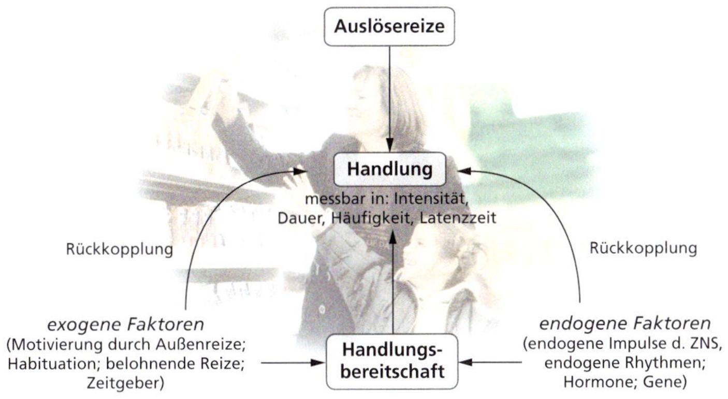

9.3.3 Erlerntes Verhalten

Tiere verändern ihre Verhaltensweisen in zukünftigen Situationen aufgrund früherer gemachter Erfahrungen. Dieser Prozess wird als **Lernen** bezeichnet.

Um lernen zu können, müssen die Individuen in der Lage sein, Informationen aus der Umwelt aufzunehmen und zu speichern. Diese *gespeicherte Information* – auch als **Gedächtnis** bezeichnet – muss in einer späteren Situation abrufbar sein. Die **Gedächtniskapazität** bedingt die **Lernfähigkeit** eines Tieres. Der **Lernvorgang** entscheidet ob die Speicherung kurz- oder längerfristig erfolgt. So wird z. B. der Aufenthaltsort eines Beutetieres im Kurzzeitgedächtnis gespeichert, während z. B. die Lage des Nestes für den brütenden Vogel eine dauerhaft wichtige Information darstellt, die im Langzeitgedächtnis abgelegt wird. Alle erlernten Verhaltensweisen, die ein Tier braucht, um in seiner Umwelt überlebensfähig zu sein, werden auch als **notwendiges (obligatorisches) Lernen** bezeichnet (z. B. Fähigkeit, das eigene Nest in einer Brutkolonie wiederzufinden). Von **fakultativem Lernen** spricht man, wenn der Lernvorgang dem Tier zwar Vorteile verschafft, aber nicht unbedingt notwendig für das Überleben ist (z. B. Werkzeuggebrauch bei Affen).

Die **Instinkt-Lern-Verschränkung** verdeutlicht die enge Verknüpfung zwischen angeborenen und erlernten Verhaltensweisen. Das genetisch festgelegte Programm (Erbkoordination) wird durch obligatorische Lernvorgänge an die verschiedenartigen Lebens- und Umweltbedingungen angepasst.

Auch Lernvorgängehaben genetische Grundlagen. Diese **Lerndispositionen** können artspezifisch vom Lebensraum, der Ernährungsweise, der Art, sich fort zu bewegen aber auch von der unterschiedlichen Begabung der einzelnen Tiere einer Art abhängig sein.

Das Sandwespenweibchen *Ammophila pubescens* gräbt Höhlen, um dort gefangene, durch Giftstiche gelähmte Raupen abzulegen. Die Raupen werden mit eigenen gelegten Eiern versehen und die sich daraus entwickelnden Larven fressen die Raupen.
Das Weibchen überprüft regelmäßig, ob dem Nachwuchs die Raupen ausgehen und sorgt ggf. für Nachschub. Dieses aufwendige Brutpflegeverhalten ist angeboren, wird aber durch obligatorische Lernvorgänge an die Lebensbedingungen angepasst. Die Wespenweibchen müssen nämlich lernen, an welchen Standorten sich die Höhlen mit den Larven befinden und wie sie auf dem Luftweg (fliegend) bzw. über den Landweg (wenn die Raupen zur Höhle transportiert werden) zur Höhle zurückfinden.

Erfahrungsunabhängige zentralnervöse Entwicklungsprozesse können auf den Betrachter wie ein Lernvorgang wirken. Im Experiment kann man aber das Lernen ausschließen. Diese Prozesse werden als **Reifung** von Verhaltensweisen bezeichnet.

Bedingte Reaktionen

Tiere können assoziativ lernen, indem sie unterschiedliche Reizsituationen kombinieren und daraufhin angeborene, unbewusste Handlungen entsprechend verändern. Dabei werden positive Reizkombinationen **(bedingte Appetenz)** vom Tier bevorzugt und entsprechend häufiger aufgesucht als negative Reizkombinationen **(bedingte Aversion).** Verhaltensweisen, die auf diese Weise erlernt werden, nennt man **bedingte Reaktionen**. In der klassischen Verhaltensbiologie wurde diese Vorgänge als **klassische Konditionierung** bezeichnet.
Der russische Physiologe **IWAN P. PAWLOW** (1849–1936) entwickelte zum Ende des 19. Jh. eine Methode, den Speichelfluss und die Magensaftsekretion von Hunden auf Reize quantitativ zu erfassen.

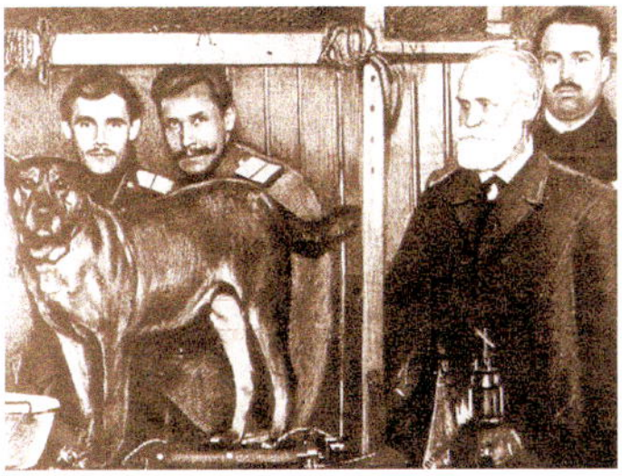

Der unbedingte Reiz, den PAWLOW den Hunden anbot, war Futter in einer Schüssel. Mit dem Angebot des Futters bot er schließlich stets einen zunächst neutralen Reiz an. Dabei handelte es sich um ein bestimmtes Licht oder er ließ einen Glockenton erklingen. Schon nach kurzer Zeit reichte das Aufleuchten der Lampe oder aber der Ton allein aus, um Speichelfluss und Magensaftsekretion auszulösen. Der Speichelflussreflex wurde durch die neue Erfahrung verändert, man spricht vom **bedingten Reflex.**

Bedingte Aktionen

Neben dem assoziativen Verhalten sind Tiere aber durchaus auch in der Lage bestimmte Verhaltensweisen neu zu erlernen. Solche bedingte Aktionen werden ausgebildet, wenn ein Tier aktiv Spiel-, Neugier- bzw. Erkundungsverhalten zeigt und durch Versuch und Irrtum die Folgen einer Handlung abzuschätzen lernt. Tiere lernen, dass zufällige Handlungen positive Folgen haben können und führen diese Handlung dadurch erneut aus. Menschen nutzen diese Erkenntnis dazu, Tiere zu dressieren und somit zu Handlungen zu bewegen, die nicht ihrem natürlichen Verhaltensinventar entsprechen. Man spricht in diesem Zusammenhang auch von **operanter Konditionierung.** Voraussetzung für das Zustandekommen **bedingter Aktionen** ist die Aktivität der Tiere.

Ratte in SKINNER-Box

Der amerikanische Psychologe **B. F. SKINNER** (1904–1990) beschäftigte sich in der ersten Hälfte des 20. Jh. mit dem Phänomen der bedingten Aktionen. Dafür entwickelte er die **SKINNER-Box,** ein Käfig, in der Tiere zu bedingten Aktionen bewegt werden. Betätigen Ratten bei ihrem Erkundungsverhalten in der SKINNER-Box bestimmte Hebel oder Tasten, werden sie mit Futter belohnt. Sie lernen also, den Hebel zu benutzen, wenn sie hungrig sind.

Gewöhnung

Wenn einem Tier ein bestimmter Reiz immer wieder angeboten wird, der weder positive noch negative Auswirkungen hat, reagiert das Tier immer weniger und schließlich gar nicht mehr **(Gewöhnung, Habituation).** Dabei können bedingte Reaktionen verlernt werden **(Extinktion).**
Während z. B. freilebende Tiere zu Beginn einer Verhaltensstudie auf den Beobachter sehr scheu reagieren und bei Annäherung meist fliehen, gewöhnen sie sich mit der Zeit an seine Anwesenheit und „dulden" ihn in ihrer Nähe.

Nachahmung (Imitation) – Traditionsbildung

Tiere vollziehen Nachahmung und Tradition immer objektgebunden. Menschen lernen sowohl am Objekt als auch durch Sprache, die Handlungen anderer nachzuahmen.

Beim Lernen durch Beobachten oder bei der **Nachahmung (Imitation)** übernimmt das beobachtende Tier Verhaltensanteile des handelnden Tieres. Auf diesem Weg können sich **Traditionen** bilden, das sind Verhaltensweisen, die von einer bestimmten Gruppe einer Tierart über mehrere Generationen, in einer spezifischen, vom Verhalten anderer Gruppen derselben Art, abweichenden Weise ausgeübt werden (↗ S. 394).

In den 90-er-Jahren haben VITTORIO GALLESE und GIACOMO RIZZOLATTI von der Universität Parma in Primatenversuchen Nervenzellen im prämotorischen Cortex (BROCA-Areal, ↗ S. 161) entdeckt, die ein ungewöhnliches Verhalten zeigen. Sie geraten zwar ebenso wie andere Neuronen in Erregung, wenn der Körper eine bestimmte Tätigkeit ausführt, sind aber auch aktiv, wenn dieselbe Tätigkeit bei einem anderen Individuum beobachtet wird. Eine völlig neue Erkenntnis, da man bisher von einer strikten Arbeitsteilung des Gehirns in sensorische und motorische Areale ausgegangen war. Das Verhalten des anderen Individuums kann demnach gedeutet und verstanden werden. Die Forscher gehen sogar davon aus, dass von diesen **Spiegelneuronen** Sympathie und Einfühlung, Lernen durch Nachahmung und alle weiteren Formen der menschlichen Kommunikation ausgehen.

Prägung

KONRAD LORENZ (1903–1989) entdeckte das Phänomen der **Prägung.** Er fand heraus, das Grauganskükеn jedem Objekt folgen, das sich kurze Zeit nach dem Schlüpfen bewegt und Laute von sich gibt. Zwei Tage nach dem Schlüpfen jedoch ist die **sensible Phase** der Küken beendet. Wenn in dieser Zeit keine Prägung stattgefunden hat, fliehen die Küken vor allen Objekten, die in der sensiblen Phase eine Nachfolgeprägung ausgelöst hätten. Werden Verhaltensweisen in einer kurzen, genetisch bestimmten Zeitspanne der frühen Jugendentwicklung durch einen spezifischen Reiz festgelegt, spricht man von Prägung. Der Vorgang ist i. d. R. irreversibel. Bleibt der prägende Reiz in der sensiblen Phase aus, kann er später nicht mehr wirken.

Man unterscheidet drei Formen von **Prägung:**
- **Nachfolgeprägung**
- **Sexuelle Prägung**
- **Motorische Prägung**

Der Ablauf des Verhaltens (Nachfolgen, balzen) ist vermutlich angeboren, aber die Prägungsprozesse an sich sind völlig unabhängig voneinander. Eine Gans könnte also einem Menschen folgen und sexuell auf Schwäne geprägt sein, weil die entsprechenden sensiblen Phasen nicht zeitgleich sind. Auch die Reihenfolge der Prägungen ist artspezifisch. Dohlen z. B. werden vor der Nachfolgeprägung sexuell geprägt, bei Gänsen und Enten ist es, wie wir bereits wissen, umgekehrt.

Der Prägung ähnliche Vorgänge sind die **Ortsprägung** beim Wanderverhalten der Lachse und Zugvögel oder aber die **Nahrungsprägung** mancher Insekten bei der ersten Nahrungsaufnahme.

Kognitive Leistungen

Viele Tierarten sind in der Lage ein Problem gedanklich zu erfassen und einen entsprechenden Lösungsweg zu planen. Wenn sich dieser Prozess losgelöst vom Lernvorgang in deren Vorstellung ereignet, spricht man von kognitivem Lernen (↗ S. 394).

WOLFGANG KÖHLER (1887–1967) beobachtete von 1913 bis 1917 diesbezüglich das Verhalten von Schimpansen in einer Versuchsstation auf Teneriffa.
Bei seinen Versuchen über die Intelligenzleistungen von Menschenaffen stellte er den Schimpansen unterschiedliche Hilfsmittel, wie Kisten oder ineinander zu steckende Stöcke zur Verfügung, deren Gebrauch ihnen ermöglichte, zu einer hoch hängenden Futterquelle zu gelangen. Er konnte beobachten, dass sie nicht nur über Versuch und Irrtum zum Futter gelangten, sondern in der Lage waren, die Aufgabe erfolgreich zu lösen, indem sie unterschiedliche Verhaltensweisen neu kombinierten. Sie wählten aus mehreren Alternativen die erfolgsversprechendste aus.

9.4 Angepasstheit des Verhaltens

- Die Ermittlung des Fortpflanzungserfolgs und Kosten-Nutzen-Analysen bieten Erklärungsansätze für ultimate Ursachen des Verhaltens.
- Sozialverhalten wird von ökologischen Faktoren, von der zeitlichen und räumlichen Verteilung der Ressourcen und von der Konkurrenz um diese Ressourcen bestimmt.
- Interagieren Individuen derselben Art miteinander, ist die Komplexität des Verhaltens um ein Vielfaches höher als bei anderen Verhaltensweisen. Beispiele für Verhaltenskategorien des Sozialverhaltens sind Aggression, Territorialität, Balz, Brutpflege, Kooperation und Täuschung.
- Die Soziobiologie erforscht und interpretiert das Sozialverhalten im evolutionsbiologischen Kontext und versucht auch menschliche Verhaltensweisen entsprechend einzuordnen.

9.4.1 Anpassungsstrategien

Vorausgesetzt, dass jedem natürlichem Verhalten eine biologisch sinnvolle Funktion zuzuordnen ist, interessieren als Erklärungsansatz für Verhalten in erster Linie der evolutionsbiologische Nutzen bzw. der Anpassungswert. Diese **ultimaten Verhaltensursachen** sind Thema der **Soziobiologie**, einem Zweig der Verhaltensbiologie, der sich in der zweiten Hälfte des 20. Jh. etablierte.
Während die Soziobiologie das Sozialverhalten mithilfe von Individualselektion und genetischem Eigennutz interpretiert, befasst sich die **Verhaltensökologie** mit den Zusammenhängen der tierlichen Verhaltensweisen und den ökologischen Bedingungen der Umwelt.
Das gesamte Verhaltensrepertoire eines Tieres verkörpert in diesem Sinn die Strategie, einen möglichst hohen **Reproduktionserfolg** zu erlangen. Die Größe dieses Erfolges hinsichtlich der **Fortpflanzungsrate** und der Überlebensfähigkeit eines Individuums einschließlich seiner Nachkommen wird als **Fitness** bezeichnet.

Wüstenfüchse

Storchenpaar

Als Begründer der Soziobiologie gilt der Engländer **William D. Hamilton** (1936–2000), der sich v. a. mit der Frage beschäftigte, wie die natürliche Selektion das Sozialverhalten von Individuen beeinflusst. Er fand heraus, dass für die Fitness-Maximierung eines einzelnen Individuums nicht nur die eigenen Nachkommen, sondern auch Geschwister, Nichten, Neffen und andere Verwandte, mit denen das Individuum Gene gemeinsam hat, von Bedeutung sind. Die **Gesamtfitness,** auch als **„inklusive Fitness"** bezeichnet, die sich aus der **direkten Fitness** (durch eigene Nachkommen) und der **indirekten Fitness** (durch Verwandte) ergibt, sorgt für den evolutionären Erfolg.

Als **evolutionär stabile Strategie (ESS)** bezeichnet man eine Strategie, die sich unter gegebenen Bedingungen evolutionär behaupten kann.

Die **Hamilton-Regel** ermöglicht als quantitatives Hilfsmittel eine Berechnungsgrundlage, inwieweit die natürliche Selektion ein bestimmtes altruistisches Verhalten begünstigt.

Untersucht man das Sozialverhalten der Tiere, müssen also die Verwandtschaftsverhältnisse der beteiligten Individuen berücksichtigt werden. Nur so ist gewährleistet, dass die ultimaten Ursachen überhaupt entsprechend erkannt werden.

Uneigennütziges (altruistisches) Verhalten ist vor allem zwischen genetisch verwandten Individuen zu beobachten. Es steigert die Gesamtfitness mithilfe der **Verwandtenselektion** (***kin selection,*** ↗ S. 374, 392).

Bei den Hausmäusen leben die Schwestern meist zusammen und betreiben die Brutpflege ihrer Jungtiere gemeinsam.

Während ein einzelnes Weibchen in seiner Lebenszeit von 6 Monaten im Durchschnitt 2,8 Würfe mit 13 Jungen großziehen kann, schafft es in Kooperation mit seiner Schwester 3,3 Würfe mit 21 Jungen. Durch die gemeinsame Jungenaufzucht wird also die Gesamtfitness erhöht.

Um das Verhaltensrepertoire eines Tieres zu analysieren, bedient die Soziobiologie sich einer so genannten **Kosten-Nutzen-Analyse.** Der Aufwand bzw. die Kosten einer Verhaltensweise werden dabei ins Verhältnis zu ihrem Nutzen für das einzelne Tier gesetzt. Wenn dabei ein möglichst großer Nutzen bei möglichst kleinem Aufwand hinsichtlich Fortpflanzungsrate und Überlebensfähigkeit eines Individuums zu verzeichnen ist, kann sich dieses Verhalten innerhalb einer Art ausbreiten.

Die Kosten, die ein Individuum für die Eroberung eines Territoriums oder aber für die Überlebenschancen des eigenen Nachwuchses aufwendet, bezeichnet man auch als **„Investment".**

Reviergröße in Bezug auf Kosten-Nutzen-Bilanz

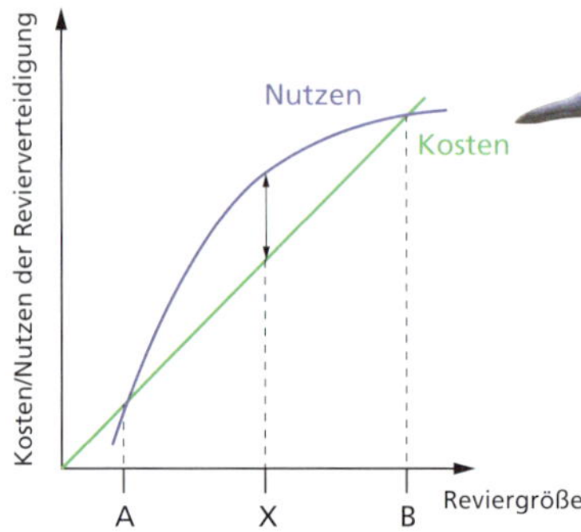

Blaufuß-Tölpel

So übersteigen mit zunehmender Reviergröße die Kosten (für die Verteidigung gegen Eindringlinge) den Nutzen, der z. B. durch zusätzliche **Ressourcen** entsteht.

Das **Sozialverhalten** der Tiere wird von ökologischen Faktoren, von der zeitlichen und räumlichen Verteilung der Ressourcen, z. B. **Nahrungsangebot, Revier** oder **Fortpflanzungspartner,** und von der **Konkurrenz** um diese Ressourcen bestimmt.

Eine besondere Form optischer Signale ist das aktive Erzeugen von Licht. Dieser Vorgang wird als **Biolumineszenz** bezeichnet und kommt im Tierreich z. B. bei Insekten, Hohltieren, Tintenfischen, Manteltieren (↗ Foto) und Tiefseefischen vor.

Clione

9.4.2 Kommunikation

Ein Verhalten, das bei einem anderen Tier eine Verhaltensänderung auslöst, wird als Signal bezeichnet. Solche Signale können akustisch, optisch, chemisch, mechanisch oder elektrisch sein, wie z. B. das Quaken des Frosches oder die zur Schaustellung des Rad schlagenden Pfaus.

Sowohl das Aussenden und den Empfang von Signalen als auch die Reaktion auf diese Signale bezeichnet man als Kommunikation.

Bei diesem Sender-Empfänger-Modell wird vom Sender eine Nachricht in Form eines Signals codiert, der Empfänger registriert das Signal über seine Sinnesorgane, entschlüsselt und versteht das Signal (Decodierung) und zeigt eine Reaktion auf die Nachricht. Tiere kommunizieren mithilfe unterschiedlicher Signale. Die Modalität, die für den Informationsaustausch infrage kommen kann, wird von der Lebensweise der entsprechenden Tierart mitbestimmt:

- akustisch, z. B. Gesang der Vögel, quakender Frosch;
- optisch (Körperform und -färbung, Mimik, Gestik); wirkt über kurze Distanzen, z. B. Verfärbung des Chamäleons;
- chemisch (olfaktorisch: Pheromone, Sexuallockstoffe); wirkt über längeren Zeitraum und größere Distanz, z. B. Duftabgabe bei Ameisen;
- mechanisch (taktil), wirkt über kurze Distanzen, z. B. Schnabelsperren bei Jungvögeln nach Erschütterung des Nestrandes;
- elektrisch (Aussenden elektrischer Entladungen), wirkt über kurze Distanzen, z. B. beim Drohen des Nilhechtes.

Bei der **Mimikry** (↗ S. 403) werden spezifische Signale nachgeahmt bzw. kopiert, um z. B. Beutegreifer abzuwehren (Signalfälschung).

Form	Funktion	Beispiele
Appell	Empfänger wird aufgefordert, bestimmte Verhaltensweisen auszuführen oder zu unterlassen.	Junge Spechte geben in ihrer Bruthöhle laute Bettelrufe von sich, sobald sich ein Elternteil der Höhle nähert. Die Eltern werden aufgefordert, die jungen Spechte zu füttern.
Darstellung	Wissensübermittlung vom Sender zum Empfänger	„Feindalarm„ der Meerkatze: Anhand der spezifischen Rufe des Senders wird dem Empfänger übermittelt, um welchen Raubfeind es sich handelt (Leopard, Schlange oder Raubvogel)
Ausdruck	Sender vermittelt Handlungsbereitschaft	Imponiergehabe (Brusttrommeln) des Gorillamännchens

9.4.3 Soziale Strukturen und Organisationsformen

Sozialverhalten beinhaltet alle Verhaltensweisen, die beim Umgang mit Artgenossen auftreten können. Beispiele für Verhaltenskategorien des Sozialverhaltens sind u. a. Kommunikation, aggressives und submissives Verhalten (agonistisches Verhalten), Revierverhalten, Territorialität, Balz, Brutpflege, Kooperation und Täuschung.

Von einer **Gruppe** spricht man, wenn eine mobile Anzahl von Individuen einen geringeren Abstand zueinander einhält als zu anderen Individuen und untereinander auch anders als mit fremden Artgenossen umgeht. Alters- und Geschlechtszusammensetzung sowie die Anzahl der Mitglieder kann sehr unterschiedlich sein.

I. **Familiengruppen** sind Gruppen, in denen Mutter, Vater oder beide Eltern mit ihrem Nachwuchs zusammenbleiben.

Mutterfamilie: Mutter und Kinder leben zusammen, z. B. Säuger
Vaterfamilie: Vater und Kinder leben zusammen, z. B. Stichling, viele Fische und Vögel.
Elternfamilie: Vater und Mutter leben mit Kindern zusammen, z. B. Gibbons, Gänse, Schakale, Singvögel.

Häufig zählt man zum Sozialverhalten auch vergleichbares Verhalten zu Angehörigen anderer Arten, wenn beteiligte Individuen miteinander interagieren (Ausnahme: Räuber-Beute-Interaktion). Zwei Dscheladas sitzen auf einem Mähnenspringer.

Die häufig verwendete Klassifikation von Gruppen nach den Ursachen der räumlichen Nähe und der Unterscheidung zwischen Mitgliedern und Nichtmitgliedern (anonyme und offene Aggregation, anonyme, offene Gruppe; anonyme geschlossene Gruppe, individualisierte geschlossene Gruppe) wird in der Praxis kaum genutzt, da diese Einteilung eine genaue Analyse voraussetzt.

II. **Fortpflanzungsgruppen (Paarungssysteme,** ↗ S. 393**)** im Tierreich

III. **Verbände** aus weitgehend gleichartigen Individuen
Jungtiergruppen (z. B. bei Fischen)
Weibchengruppen (z. B. bei Antilopen)
Junggesellengruppen (z. B. Dscheladas, Geparden)

Der in Äthiopien vorkommende Dschelada *(Theropithecus gelada)* lebt in großen Herden mit bis zu 600 Tieren zusammen. Man spricht auch von einer so genannten 3-Stufen-Gesellschaft: Eine Herde (3. Stufe) setzt sich aus mehreren Bands (2. Stufe) zusammen, deren Größe zwischen 30 bis 260 Tieren schwankt. Nahrungsplätze und Wasserstellen werden gemeinsam genutzt, die Tiere bilden eine ökologische Einheit. In der 1. Stufe findet man Ein-Männchen-viel-Weibchen-Gruppen (Harem) zusammenlebend mit Junggesellen-Clans, die sich an der Peripherie des Harems aufhalten und auch periphere Kontakte zu den Haremsmitgliedern pflegen.

IV. Saisonal bedingte soziale Organisationsformen
Viele Singvogelarten verpaaren sich nur zur Fortpflanzungssaison, die übrige Zeit des Jahres leben sie in anonymen Schwärmen (Winterschwärme).

V. Gruppenbezeichnung anhand der gemeinsam ausgeführten Verhaltensweisen: Wandergruppen, Fortpflanzungsgruppen, Jagdgruppen, Spielgruppen, Brutpaare, Überwinterungsgruppen

In einer Population können auch verschiedene Gruppierungen gleichzeitig vorkommen.

Für das Individuum haben soziale Strukturen Vorteile: Es ist besser gegen Raubfeinde geschützt, da eine Gruppe von Tieren Feinde schneller erkennen, abwehren und verwirren kann als ein Einzeltier. Das Individuum investiert daher weniger Zeit für die Flucht und für die Wachsamkeit Raubfeinden gegenüber. Höher entwickelte soziale Strukturen bieten zusätzliche Vorteile durch eine gemeinsame Aufzucht der Nachkommen, außerdem verbessern sie die Möglichkeiten des Lernens durch Nachahmung voneinander. Auch der Räuber profitiert von der Gruppe, da das Finden und Fangen der Beute in der Gruppe aufgrund der gemeinsamen Jagd um ein Vielfaches erfolgreicher sein kann.

Wölfe leben in Rudeln, in denen sie gemeinsam auf die Jagd gehen. Die erlegte Beute wird aufgeteilt, das ranghohe α-Männchen bekommt den größten, das rangniedrigste den kleinsten Teil. Die rangtiefen Tiere bleiben trotzdem im Rudel, da der Energieaufwand der Rudelmitglieder beim Erlegen eines großen Beutetieres, das sie allein nicht erlegen könnten, um ein Vielfaches geringer ist, als wenn sie alleine jagen würden. Die ranghohen Tiere sind bei der gemeinschaftlichen Jagd aktiver und gehen ein größeres Risiko ein. Aber alle Tiere im Rudel nehmen den gleichen Schutz vor Feinden in Anspruch.

9.4.4 Konfliktverhalten

Individuen einer Population besetzen dieselbe ökologische Nische, was zwangsläufig zu Konflikten führt. Der Zugang zu einer begrenzten Ressource, z. B. Fortpflanzungspartner oder Nahrung, wird durch das agonistische Verhalten mindestens zweier miteinander konkurrierender Individuen bestimmt. Sowohl **Droh-** als auch **Demutsverhalten** spielen in diesem Kontext eine Rolle. Mithilfe spezifischer Drohlaute, durch eine entsprechende Drohhaltung oder -mimik messen Gegner ihre Kräfte. Wenn einer der Gegner das Drohen einstellt und zum Demut- oder Beschwichtigungsverhalten übergeht, kommt dies einer Niederlage gleich. In der Regel ist dieses Verhalten sehr stark ritualisiert, d. h., dass es sich aus symbolischen Handlungsabfolgen zusammensetzt, die den Gegnern nur selten ernsthafte Verletzungen zufügen. Inwieweit diese ritualisierten Zweikämpfe **(Kommentkämpfe)** ausarten, kann vom Angebot der begrenzten Ressource abhängen.

agonistikos: griechisch = kämpferisch

Das **Paradigma von der Arterhaltung** wurde mit beobachteten **Kindestötungen (Infantiziden)** bei Wechseln des Rudel- oder Gruppenführers von Löwen und Languren außer Kraft gesetzt.

Bei männlichen grauen Zieseln *(Citellus citellus)* kann es vorkommen, dass sie sich im Kampf um eine Fortpflanzungspartnerin tödliche Verletzungen zufügen, da die Weibchen nur für einige Stunden im ganzen Jahr empfängnisbereit und somit als Paarungspartner verfügbar sind. Über die gesamte direkte Fitness eines Zieselmännchens kann unter Umständen an diesem einen Tag entschieden werden.

Gegenüber dem agonistischen Verhalten dient das **kooperative Verhalten** von Sozialpartnern der Zusammenarbeit.

Agonistisches Verhalten:
Imponieren (aggressionskontrollierend): Individuum zeigt durch Brüllen, Brusttrommeln (z. B. Gorilla), Aufplustern oder Sträuben des Fells (Vergrößerung des Körperumrisses) oder Stolzieren seine physische Überlegenheit, um Angreifer einzuschüchtern bzw. abzuschrecken.
Drohen (aggressionskontrollierend): Individuum demonstriert Kampfbereitschaft, indem es Waffen (Zähne oder Krallen) präsentiert oder Drohlaute artikuliert.
Beschwichtigung (Demutshaltung, aggressionshemmend): Das unterlegene Tier nimmt eine Demutshaltung ein und demonstriert damit seine Niederlage. Der Kampf wird durch das Wegnehmen aggressionsfördernder Reize beendet. Zum Beispiel legen sich beschwichtigende Dschelada-Weibchen gegenüber dem Männchen mit dem Bauch flach auf den Boden, das Hinterteil erhöht und schnattern/schmatzen mit den Zähnen.
Kommentkampf/Turnierkampf: Diese Kampfform ist eine Art Wettkampf unter Artgenossen, der stark ritualisiert nach klaren Regeln abläuft. Es werden keine tödlichen Waffen eingesetzt, in der Regel nur unempfindliche Körperpartien angegriffen und dieser Kampf dient einzig und allein dazu, das überlegene Tier zu ermitteln.
Beschädigungskampf: Die beteiligten Individuen benutzen alle ihnen zur Verfügung stehenden Mittel, um den Konkurrenten zu verletzen. Zähne, Geweihe oder Hörner werden so eingesetzt, das der Gegner verletzt oder in seltenen Fällen sogar getötet wird.

Analysiert man das Verhalten individuell unterscheidbarer Mitglieder einer Gruppe, geht es oft um die Frage, wer wem ausweicht oder aber wer wen verjagen kann, wenn ein Konflikt um eine begrenzte Ressource ausgetragen wird. Aus solchen Untersuchungen resultiert eine **Rangordnung** bzw. **Dominanzhierarchie.**

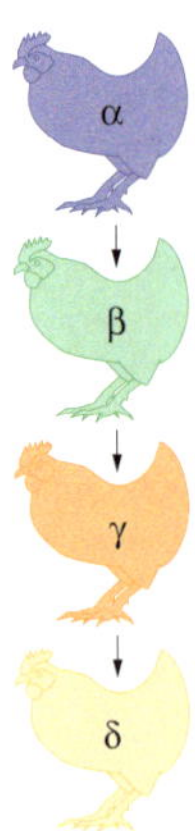

Wenn man mehrere Hühner, die sich nicht kennen, gemeinsam in ein Gehege sperrt, kommt es unweigerlich zu Auseinandersetzungen, die durch „Hacken" ausgetragen werden. In kürzester Zeit bildet sich eine Hackordnung heraus, die in diesem Fall eine lineare Rangordnung (Dominanzhierarchie) aufweist.

An der Spitze dieser Hierarchie kontrolliert das ranghöchste Tier, das α-Huhn, alle anderen Gruppenmitglieder. Das in der Rangordnung unter ihm stehende β-Huhn dominiert alle anderen Hühner, mit Ausnahme des α-Huhns, es folgen γ- und δ-Huhn.

Lineare Rangordnungen sind selten. Auch Dreiecksbeziehungen (α ist dominant über β, β über γ, aber δ dominiert das α-Tier) sind im Tierreich vertreten. In der Regel sind die Dominanzbeziehungen jedoch weitaus komplexer, und das Beobachten in Konfliktsituationen ist notwendig, um die Beziehungen innerhalb einer Gruppe zu charakterisieren. In der Regel sind *Körpergröße, physische Kondition und Kampfkraft* für die Ranghöhe eines Individuums ausschlaggebend. Das ranghöchste Tier sichert sich auf diese Weise den bevorzugten Zugang zur begrenzten Ressource (z. B. Nahrungsquelle oder Fortpflanzungspartner).

Wie bei der Dominanzhierarchie wird ein Revier zunächst durch Kämpfe und Auseinandersetzungen gebildet. Klare Regeln und Grenzen bestehender Reviere tragen dazu bei, Konflikte zu vermeiden.

Ein **Revier** oder ein **Territorium** ist ein Bereich, der von einem Individuum mithilfe agonistischen Verhaltens in der Regel gegen Artgenossen verteidigt und besetzt wird. Meist sind Reviere ortsfest, ihre Größe wird durch die Tierart, die Revierfunktion und die Menge der verfügbaren Ressourcen bestimmt.

Ränge können auch „vererbt" werden, z. B. von dominanten Müttern auf ihre Nachkommen (**nepotistische Rangordnung**).

Die Begriffe Revier und Territorium sind gleichbedeutend, allerdings wird in der Ornithologie (Vogelkunde) eher der Begriff Revier verwendet, während die Säugetierkundler bevorzugt die Bezeichnung Territorium benutzen. Territorialität bzw. Revierverhalten tritt bei allen Klassen der Wirbeltiere, bei Insekten und in seltenen Fällen auch bei Krebsen und Spinnen auf:

Wölfe haben riesige Territorien (mehrere hundert Quadratkilometer groß), Singammerpaare z. B. bewohnen Reviere mit einer Größe von 3 000 m^2, in denen alle Verhaltensweisen der mehrere Monate anhaltenden Brutsaison ablaufen.
Tölpel dagegen paaren und nisten in Revieren, die nur einige Quadratmeter groß sind, auf Nahrungssuche gehen sie allerdings außerhalb ihres Reviers. Seelöwenbullen verteidigen kleine Territorien, in denen sie sich paaren, und Orang-Utans haben riesige Territorien, die sie für den Nahrungserwerb benötigen.

Man kann **Individualreviere,** die nur von einem Individuum bewohnt werden und **Gruppenreviere,** in denen mehrere Tiere leben, voneinander unterscheiden. Außerdem besitzen Tiere unterschiedliche Reviere für die Jagd (Nahrungssuche), den Schlaf, die Balz, die Paarung oder die Brut. Diese Reviere müssen nicht unbedingt deckungsgleich sein

Neben dem Territorium gibt es auch **Streifgebiete.** Das sind Bereiche, in denen Tiere sich regelmäßig aufhalten, aus denen Artgenossen aber in der Regel nicht vertrieben werden. Meist handelt es sich dabei um neutrale Räume zwischen den Territorien, oder dort befindet sich eine kostbare natürliche Ressource, wie z. B. eine Wasserstelle, deren Verteidigung zu aufwendig wäre.

9.4.5 Fortpflanzungsverhalten und Brutpflege

Das **Fortpflanzungsverhalten** umfasst einen umfangreichen Verhaltenskatalog: **Partnersuche, Kontaktaufnahme** und **Auswahl** geeigneter Fortpflanzungspartner, **Konkurrenz** um die Partner und schließlich der **Elternaufwand** für die Nachkommen sind ausschlaggebend für die **sexuelle Selektion**.

Es setzen sich die Varianten in der Evolution durch, die einen Nutzen für die Weitergabe des eigenen Erbguts darstellen, also den direkten Fortpflanzungserfolg verbessern. Bei sehr vielen Tierarten werden von den Weibchen große, plasmareiche, meist unbewegliche Eizellen produziert.

Bei vielen Tierarten unterscheiden sich männliche und weibliche Individuen äußerlich durch **sekundäre Geschlechtsmerkmale.** Diese physischen Geschlechtsunterschiede werden auch als **Sexualdimorphismus** bezeichnet.

Die Männchen stellen eine riesige Anzahl an kleinen, plasmaarmen, beweglichen Spermien bereit. Aus dieser Ungleichartigkeit lassen sich konträre Verhaltensstrategien der beiden Geschlechter ableiten.

Erdkrötenpaar

Männliche und weibliche Individuen verfolgen bei der Wahl des Fortpflanzungspartners oft sehr unterschiedliche Interessen. Allen Geschlechtern gleich ist, dass sie Partner bevorzugen, die aufgrund ihrer Fitness (↗ S. 384 f.) einen möglichst großen **Fortpflanzungserfolg,** also gesunde, überlebensfähige Jungtiere, garantieren.

Schwarzbrauenalbatrosse

Bei den Tierarten jedoch, die auch Brutpflege betreiben, kommen noch andere Parameter bezüglich der Partnerwahl hinzu: Wenn die Mütter die Jungen allein aufziehen, investieren sie ein Vielfaches an Zeit und Energie in ihren Nachwuchs. Die „richtige" Partnerwahl hat für diese Weibchen einen weitaus höheren Stellenwert als für die Männchen, die in erster Linie an einer möglichst weiten Verbreitung ihres Erbguts interessiert sind. Während also die Männchen versuchen, sich mit möglichst vielen Weibchen zu paaren, kommt es den Weibchen eher darauf an, einen geeigneten, „fitten" Partner zu finden, der seine „attraktiven" Gene an die gemeinsamen Nachkommen weitergibt. Investieren beide Elternteile gleichermaßen in die Aufzucht der Jungen, ist die Partnerwahl in der Regel ein sehr aufwendiger Prozess. Es gibt aber auch Fälle, wo die Männchen die Brutpflege übernehmen oder aber andere Gruppenmitglieder sich an der Aufzucht beteiligen.

Auch unter nichtverwandten Tieren kommt **altruistisches Verhalten** vor. Revanchiert sich der Empfänger der Hilfe zu einem späteren Zeitpunkt, spricht man auch von reziprokem **Altruismus**. Vermutlich dienen alle Verhaltensweisen, die scheinbar altruistisch sind, der eigenen Fitness.

Es gibt auch Tierarten, bei denen sich einige Individuen zugunsten anderer Gruppenmitglieder nicht selbst fortpflanzen und diese bei der Aufzucht ihrer Jungen unterstützen. Dieses auf den ersten Blick uneigennützige altruistische Verhalten widerspricht dem egoistischen Streben nach einem maximalen Fortpflanzungserfolg. Da die Tiere dieser Gesellschaften oder Staaten mehr oder weniger eng miteinander verwandt sind, tragen sie durch ihre Unterstützung auf indirekte Weise **(indirekte Fitness)** zur Weitergabe ihrer Gene bei (↗ S. 385). Dieses Phänomen bezeichnet man als **Verwandtenselektion (kin selection)**. Es wurde u. a. bei Bienen, Ameisen, Wespen, Termiten, Nacktmullen, Graufischern, Murmeltieren, Zieseln und Krallenaffen untersucht.

Auch bei der Partnerwahl bzw. sexuellen Selektion gibt es erhebliche Unterschiede: Versucht ein Männchen ein Weibchen für sich zu erobern, sind seine Fähigkeiten einem starken Selektionsdruck ausgesetzt.

Man unterscheidet zwei Formen der sexuellen Selektion:
- die **intrasexuelle Selektion**, wo die Männchen um das Weibchen kämpferisch miteinander konkurrieren (z. B. bei Löwen),
- die **intersexuelle Selektion,** wo die Weibchen sich ihren Fortpflanzungspartner anhand bestimmter Merkmale selbst auswählen. Nicht selten wirken beide Selektionstypen zusammen. Stehen nur wenige Weibchen als potenzielle Fortpflanzungspartner zur Verfügung oder ist der Aufwand der elterlichen Investitionen bei der Jungenaufzucht sehr groß, wirkt die sexuelle Selektion sehr stark.

Männchen müssen bei vielen Tierarten durch ihr **Balzverhalten** um das paarungsbereite Weibchen buhlen, indem sie ihre sekundären Geschlechtsmerkmale zum Ausdruck ihrer Fitness präsentieren (↗ S. 384). Sie können aber auch mithilfe von Revieren, Nestern oder Nahrung versuchen, die Gunst der Weibchen zu gewinnen.

Wenn Männchen um die Gunst der Weibchen buhlen, kann man sehr oft ein sehr komplexes, artspezifisches Balzritual beobachten.

Auch das **Paarungssystem,** die Art und Dauer des partnerschaftlichen Zusammenlebens kann im Tierreich und sogar innerhalb derselben Tierart aufgrund begrenzender Faktoren (Nahrungsangebot oder zur Verfügung stehende Fortpflanzungspartner) sehr unterschiedlich sein:
- So wird die Partnerbindung durch eine gemeinsame und aufwendige Aufzucht der Jungen gefestigt, weil beide Partner ein gemeinsames Interesse an der erfolgreichen Aufzucht ihrer Jungen haben. **Monogame Paare** können daher dauerhaft – zumindest aber für eine Fortpflanzungsperiode – sexuelle Beziehungen haben oder sogar eine lebenslange Bindung aufbauen.
- Viele Tiere leben **polygam:** a) Sie bilden **Harems,** in denen mehrere Weibchen von einem Männchen versorgt, beschützt und begattet werden **(Polygynie)**. b) Ein Weibchen hat während der Fortpflanzungssaison sexuellen Kontakt zu mehreren Männchen **(Polyandrie)**.
- **Promiskuitiv lebende Tiere** dagegen haben sexuelle Kontakte mit mehreren Partnern (↗ S. 388).

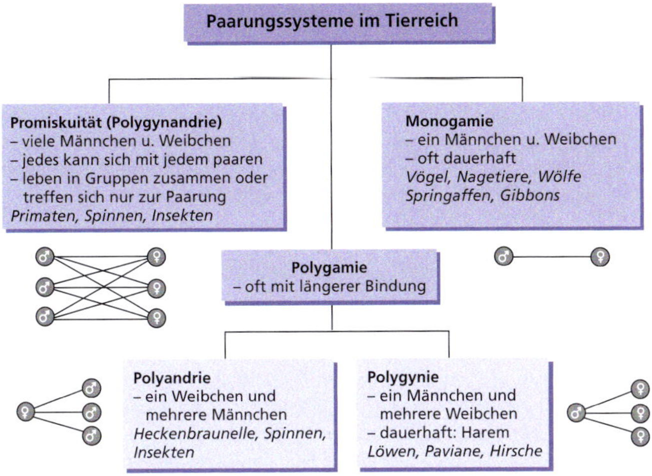

9.4.6 Die Sonderstellung des Menschen – eine überholte Vorstellung?

Das **menschliche Sexualverhalten** und die Partnerwahl bzw. die **Paarungssysteme des Menschen** lassen in vielen menschlichen Kulturen einen Zusammenhang zwischen Fortpflanzungserfolg und gesellschaftlicher Stellung erkennen.

Die meisten Anhänger unseres Kulturkreises sehen im Menschen ein Wesen, das sich grundlegend von den Tieren unterscheidet. Aber die angeblich menschenspezifischen geistigen Fähigkeiten, wie z. B. *Vernunft, Bewusstsein, Werkzeuggebrauch, Sprache und Kultur,* werden von der heutigen Verhaltensforschung in ihrer Ausschließlichkeit infrage gestellt. Vor allem nichtmenschliche Primaten, aber auch andere Tiere weisen vergleichbare Fähigkeiten auf:

- Schimpansen, Gorillas und Orang-Utans sind in der Lage, Kategorien zu bilden, diesen Kategorien Begrifflichkeiten oder Gegenstände zuzuordnen und abstrakt zu denken: Sie stapeln Kisten aufeinander oder stecken Stangen ineinander, um Zugang zu einer Nahrungsquelle zu bekommen.
- Menschenaffen, denen man einen Spiegel vorhält, erkennen ihr Spiegelbild.
- Seeotter benutzen Steine, mit denen sie die harte Schale von Muscheln zertrümmern, Schimpansen stellen sogar ihr Werkzeug selbst her, indem sie Äste bearbeiten, um damit Termiten zu angeln.
- Der Gesang der Wale, das umfangreiche Lautrepertoire der Grünen Meerkatze und insbesondere die künstliche Zeichensprache des Bonobos Kanzi sind Beispiele für **Kommunikationssysteme** im Tierreich, die dem Begriff „Sprache" sehr nahe kommen.

Werden Informationen durch Lernen oder Lehren innerhalb einer Population weitergegeben und erfolgreich gespeichert, kann man diesen Vorgang als **Kultur** bezeichnen. Werden diese Informationen auch an die nächste Generation weitergegeben, spricht man auch von **Traditionsbildungen.**

Ein bekanntes Beispiel dafür sind die Kartoffeln und Weizen waschenden Rotgesichtsmakaken *(Macaca fuscata)* von der japanischen Insel Koshima. Sandige Kartoffeln wurden dadurch sauber und schmackhafter (Salzwasser), der Weizen schwamm an der Oberfläche, während der Sand in die Tiefe sank, und war somit leichter aufzunehmen. Ein heranwachsendes Weibchen machte diese Entdeckungen und gab sie an ihre Mutter, nahe weibliche Verwandte und andere Gleichaltrige weiter. Diese wiederum gaben die erlernte Fähigkeit an ihre Kinder weiter.

Will man die Ursachen menschlichen Verhaltens und der menschlichen Kultur verstehen, so bietet das menschliche Gehirn als leistungsfähigerer Informationsspeicher sicher einen Erklärungsansatz. Außerdem ist es dem Menschen gelungen, sich durch die Erfindung von Schrift, Schallplatte, Tonband und vom Computer weitere Informationsspeicher zu schaffen, die ihm eine neue Dimension der Weitergabe von Informationen ermöglichten. Viele Arten zeigen Höchstleistungen. Der Mensch zeichnet sich aber durch seine komplexe **Sprache** und sein Abstraktionsvermögen aus, die die Voraussetzung für die **Kulturevolution** bilden.

ÖKOLOGIE 10

10.1 Lebewesen in ihrer Umwelt

- Lebewesen können nur innerhalb eines Toleranzbereiches existieren.
- Organismen besitzen eine physiologische und eine ökologische Potenz.
- Wasser, Licht, Temperatur, chemische und mechanische Einwirkungen sind die wichtigsten abiotischen Umweltfaktoren, denen Lebewesen ausgesetzt sind.
- Die Einflüsse der Organismen aufeinander werden als biotische Umweltfaktoren zusammengefasst.

10.1.1 Toleranzbereich und ökologische Potenz

Der Toleranzbereich eines Lebewesens in Bezug auf einen Umweltfaktor umfasst die Werte zwischen dem kleinsten **(Minimum)** und dem größten Wert **(Maximum)**, die vom Organismus gerade noch ertragen werden können. Trägt man diese Werte gegen die Intensität der Lebensvorgänge in einem Diagramm auf, erhält man eine Toleranzkurve. Sie ist weitgehend genetisch bestimmt (Reaktionsnorm einer Art). Aus ihr geht der für das Lebewesen günstigste Wert **(Optimum)** hervor, außerdem kann man einen Bereich eintragen, der von der jeweiligen Art bevorzugt wird **(Präferendum)**.

Arten mit einem engen Toleranzbereich nennt man **stenök.** Sie können als **Bioindikatoren** zur Beurteilung von Standorten genutzt werden. Demgegenüber werden Arten mit weitem Toleranzbereich als **euryök** bezeichnet.

Aus Toleranzkurven für Organismen in Reinkultur, d. h., ohne die Konkurrenz anderer Lebewesen, ergibt sich die **physiologische Potenz.** Der durch Konkurrenz veränderte Toleranzbereich wird als **ökologische Potenz** bezeichnet. Bei konkurrenzstarken Arten ähneln sich physiologische und ökologische Potenz, bei konkurrenzschwachen Arten weichen beide beträchtlich voneinander ab.

JUSTUS FREIHERR VON LIEBIG (1803–1873), der Begründer der Mineraldüngung, formulierte das **Minimumgesetz.**

ERNST HAECKEL führte im Jahr 1866 den Begriff „Ökologie“, für die Wissenschaft vom „Haushalt der Natur“, ein.

Toleranzkurven

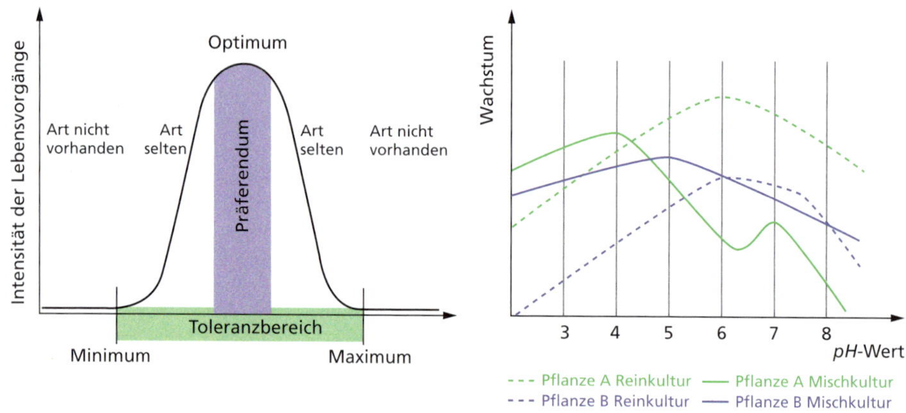

10.1.2 Abiotische Umweltfaktoren

Abiotische Umweltfaktoren umfassen Einwirkungen der unbelebten Natur, wie z. B. Wasser, Licht, Temperatur, edaphische und mechanische Einflüsse (Wind, Schnee).

edaphos: griech. = Boden

Einfluss des Umweltfaktors Wasser

Wasser hat z. B. als Transport- und Lösungsmittel eine zentrale Bedeutung für die Organismen (↗ S. 43 ff.). Lebewesen zeigen je nach Wassergehalt im Biotop anatomische, morphologische und physiologische Anpassungen. Pflanzen mit mittleren Feuchtigkeitsansprüchen nennt man **Mesophyten.** Die besonderen Eigenschaften von Wasserpflanzen, Feuchtpflanzen und Trockenpflanzen sind in der Tabelle zusammengestellt. Die meisten Pflanzen **(homoiohyde Pflanzen)** sind auf einen mehr oder weniger konstanten Wassergehalt angewiesen. Wechselfeuchte **(poikilohydre)** Pflanzen findet man z. B. bei den Moosen. Sie ertragen periodische Austrocknung.
Alle Landtiere verlieren durch Ausscheidung und Verdunstung ständig Wasser. Je nach besiedeltem Lebensraum werden **Feuchtlufttiere** und **Trockenlufttiere** unterschieden.

Organismen zeigen je nach Biotop verschiedene Anpassungen an den Umweltfaktor Wasser.

Wassertiere (auch Meeresvögel) steuern ihren Wasserhaushalt aktiv durch Osmoregulation.

Wasserpflanzen (Hydrophyten)	Feuchtpflanzen (Hygrophyten)	Trockenpflanzen (Xerophyten)
Blattquerschnitt Sumpfschraube 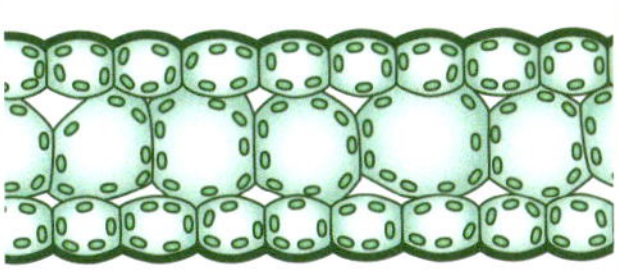	**Blattquerschnitt Ruellie** 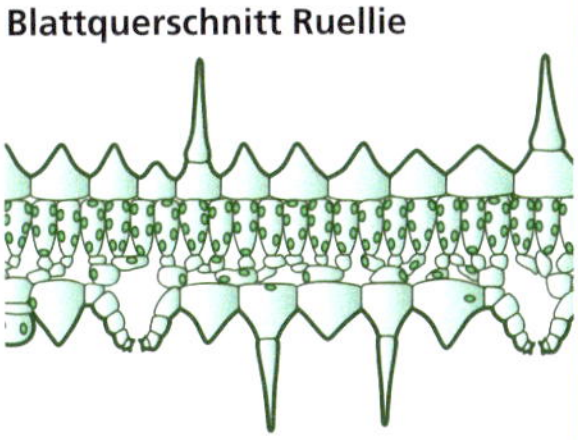	**Blattquerschnitt Oleander** 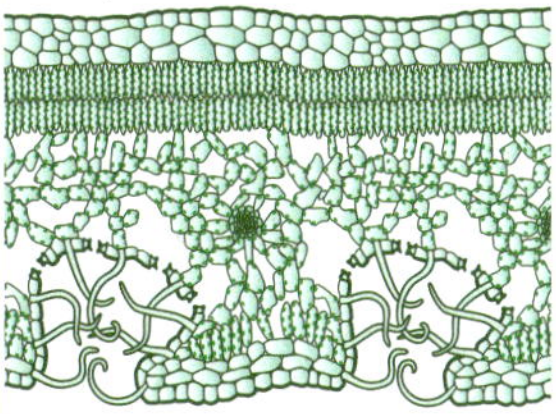
– dünne, oft stark aufgeteilte Blätter – Kutikula fehlend oder schwach ausgebildet – Spaltöffnungen fehlend, bei Schwimmblättern auf der Oberseite – große, luftgefüllte Interzellularen – Wurzelsystem fehlend oder zurückgebildet – teilweise aktive Wasserabscheidung **(Guttation)** durch Wasserporen **(Hydathoden)**	– Blätter dünn, großflächig – Epidermis mit dünner Kutikula – dünnes Assimilationsgewebe – Spaltöffnungen über die Epidermisfläche herausgehoben – oft lebende Haare – Wurzelsystem oft flach – teilweise aktive Wasserabscheidung (Guttation) durch Wasserporen (Hydathoden)	– Blätter klein, eingerollt oder fehlend – Epidermis mit dicker Außenwand und Kutikula – mehrschichtiges Assimilationsgewebe – eingesenkte Spaltöffnungen – oft mit abgestorbenen Haaren bedeckt – Wurzelsystem ausgedehnt und kräftig

Einfluss des Umweltfaktors Licht

Organismen zeigen je nach Lichteinfluss verschiedene Anpassungen an den **Umweltfaktor Licht.**

Unter **Lichtgenuss** versteht man das Verhältnis von Beleuchtungsintensität am Standort einer Pflanze zu der des gesamten Tageslichtes oberhalb der Vegetationsdecke.

Eine ausreichende Lichtintensität ist für die fotosynthetisch aktiven Pflanzen lebensnotwendig. Viele Pflanzen wachsen dem Licht entgegen (positiver Fototropismus, ↗ S. 138).

In Anpassung an unterschiedliche Lichtintensitäten können sogar von einer Pflanze unterschiedlich gestaltete und aufgebaute **Sonnenblätter** und **Schattenblätter** gebildet werden (↗ S. 110). **Lichtpflanzen** sind im Gegensatz zu Schattenpflanzen auf eine hohe Lichtintensität angewiesen. **Schattenpflanzen** können ihre höchste Fotosyntheseleistung bereits bei ca. 10 % des vollen Lichtgenusses erreichen. Der **Lichtkompensationspunkt,** bei dem sich CO_2-Assimilation durch Fotosynthese und CO_2-Abgabe durch Atmung die Waage halten, wird je nach Lichtbedarf schon bei ca. 1 % Lichtgenuss überschritten (↗ S. 109).
Die Belichtungsdauer bzw. Tageslänge beeinflusst die Entwicklungsprozesse von Pflanzen **(Fotoperiodizität)**.

Fotosyntheseleistung von Licht- und Schattenpflanzen

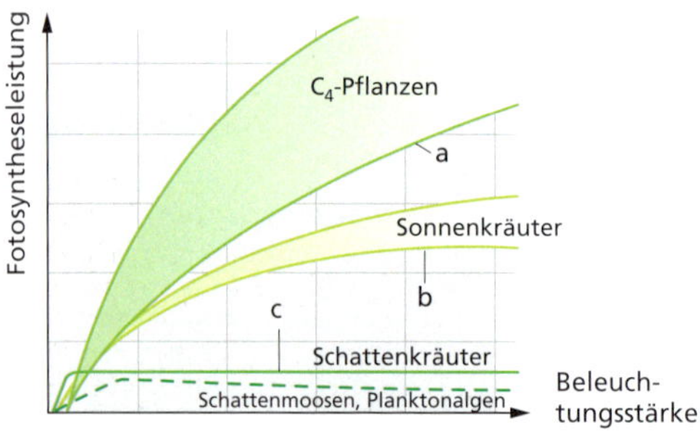

Langtagpflanzen (z. B. Getreide, Zuckerrübe, Salat) blühen, wenn sie über die kritische Tageslänge von 12 Stunden belichtet werden. Mais, Hirse, Chrysanthemen als **Kurztagpflanzen** bilden ihre Blüten aus, wenn die Belichtung unter der kritischen Tageslänge liegt. Auf die Blütenbildung von Sonnenblume oder Hirtentäschel hat die Tageslänge keinen Einfluss **(Tagneutrale).**
Der Umweltfaktor Licht beeinflusst auch das Verhalten und die Entwicklung der Tiere. In Abhängigkeit vom Licht werden bei Tieren verschiedene Aktivitätszeiten beschrieben: tag-, nacht- und dämmerungsaktiv. Bei tagaktiven Vögeln setzt z. B. der Gesang artspezifisch bei bestimmten Helligkeitsstufen ein **(Vogeluhr)**. Eine kritische Tageslänge nutzen verschiedene Insekten, Säugetiere oder Zugvögel als Startpunkt zum Aufsuchen der Winterquartiere. In Abhängigkeit von der Tageslänge entwickelt sich das Landkärtchen, eine einheimische Schmetterlingsart (↗ S. 215), zu zwei verschiedenen Farbformen **(Saisondimorphismus)**. Für die Steuerung durch den Lichteinfluss ist eine innere hormongesteuerte Rhythmik verantwortlich („innere Uhr", Biorhythmus, ↗ S. 428).

Einfluss des Umweltfaktors Temperatur

Organismen können unterschiedlich extreme Temperaturen überleben, z. B. überwintern Lärchen bei Oimekon in Ostsibirien bei bis zu –70 °C. Verschiedene Archaebakterien überstehen Temperaturen bis zu 110 °C. Die einzelnen Vegetationszonen unterschiedlicher geographischer Breiten und verschiedener Höhenstufen der Gebirge werden sehr stark vom Klima und insbesondere vom Temperaturfaktor geprägt. Pflanzen sind stark von der Außentemperatur abhängig. Transpirationskälte und Atmungswärme können die Pflanzentemperaturen i. d. R. nur geringfügig nach unten oder oben verändern. Eine größere Rolle spielt die Erwärmung durch Absorption der Sonneneinstrahlung.

Für viele Pflanzen ist der jahreszeitliche Temperaturwechsel von Bedeutung. So benötigen viele Frühblüher eine Kälteperiode, bevor sie austreiben können. Zweijährige Pflanzen wie Möhren oder Wintergetreide bilden erst nach der Überwinterung Blütentriebe. Einige Kieferarten entlassen ihre Samen erst aus den Zapfen, wenn sie durch Feuer einer hohen Temperatur ausgesetzt waren (**Pyrophyten,** ↗ S. 421).

Anpassungen an den Umweltfaktor Temperatur sind je nach Lebensraum sehr unterschiedlich.

Beim **Winterschlaf** wird die Körpertemperatur stark herabgesetzt.

Fische, Lurche, Kriechtiere und wirbellose Tiere gehören zu den **wechselwarmen (poikilothermen)** Organismen. Ihre Körpertemperatur und damit ihre Aktivität sind stark von der Außentemperatur abhängig **(exotherm)**. Die Körpertemperatur von Vögeln und Säugetieren unterliegt keinen großen Schwankungen, weshalb sie auch als **gleichwarm (homoiotherm)** bezeichnet werden. Die relativ hohe Körpertemperatur wird bei niederen Außentemperaturen durch hohen Energieumsatz erreicht. Weil sie ihre Wärme selbst produzieren können, werden sie auch **endotherm** genannt. Gegen großen Wärmeverlust helfen Fell und Federkleid bzw. eine dicke Speckschicht, die gleichzeitig als Energiespeicher dient. Zusätzlich zeigen gleichwarme Tiere verschiedene Überwinterungsstrategien (Vogelzug, Winterruhe, Winterschlaf). Bei der Verbreitung naher verwandter homoiothermer Tierrassen oder -arten treten klimabedingt morphologische und physiologische Unterschiede auf, die in bestimmten **Klimaregeln** (z. B. bergmannsche Regel) beschrieben werden. Auch einige Insekten zeigen Ansätze zur **Endothermie,** z. B. Bienen, die durch Muskelzittern oder Eintrag von Wasser die Stocktemperatur nahezu konstant halten, oder Hummeln, die ihre Flugmuskulatur zur Erhöhung der Körpertemperatur nutzen.

Toleranzkurve wechsel- und gleichwarmer Tiere

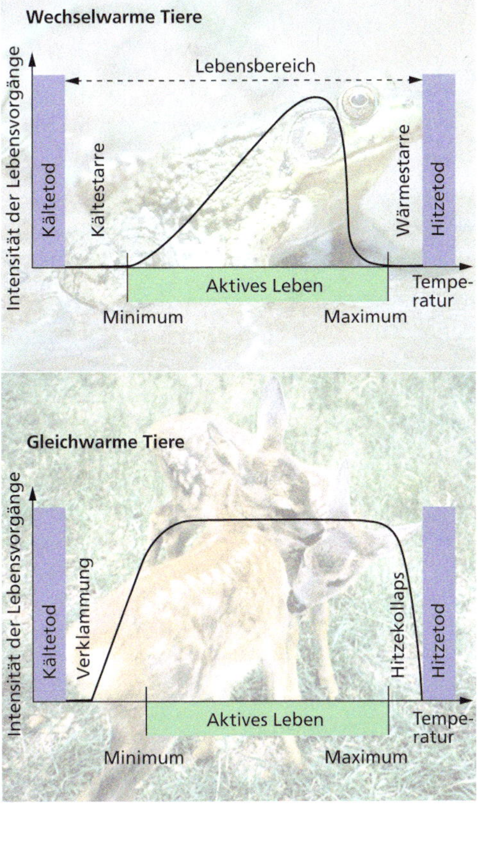

Ein Bodenprofil mit vier Bodenhorizonten:

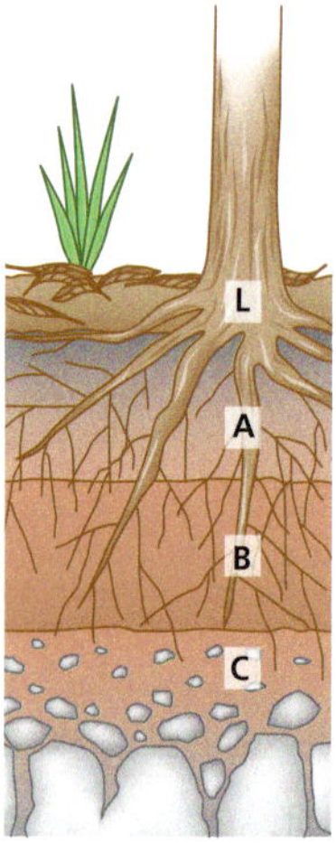

Einfluss von mechanischen Umweltfaktoren

Mechanische Umweltfaktoren umfassen besonders Wind, Schnee, Eis und Bodenbewegungen. Diese Einflüsse haben z. B. an Küsten (Wellenschlag, Dünenbildung, Ebbe und Flut) oder in Gebirgen (Windschliff, Lawinen, Schnee, Steinschlag, Erdrutsche) einen entscheidenden Einfluss auf die Vegetation. Dabei können mechanische Faktoren auch Einfluss auf andere Faktoren haben. Stürme z. B. wirken direkt oder dadurch, dass sie Sandkörner oder Salzpartikel transportieren, sie erhöhen aber auch die Transpiration oder verblasen die wärmeisolierende Schneeschicht.

Einfluss von edaphischen Umweltfaktoren

„Der Boden ist die unter dem Einfluss von Klima und Lebewesen veränderte oberste Schicht der Erdkruste" (H. WALTER).

Böden entstehen durch die Verwitterung von Ausgangsgestein und den Abbau organischer Abfallstoffe. Entsprechend kann man vier **Bodenhorizonte** unterscheiden:

1. Streuschicht, organisches Ausgangsmaterial L-Horizont,
2. Oberboden A-Horizont,
3. Unterboden B-Horizont,
4. Untergrund, Ausgangsgestein C-Horizont.

Die wichtigsten Funktionen des Bodens sind:

- Wasserspeicherung,
- Speicherung von Mineralstoffen, die für das Pflanzenwachstum wichtig sind,
- Verhinderung von Erosion,
- Schadstoffabsorption (Filterung).

Für das Pflanzenwachstum besonders wichtig ist der *pH*-Wert des Bodens (Gehalt an Hydronium-Ionen), der Kalkgehalt und der Gehalt an Nitrat. Für hohe bzw. niedrige Werte dieser Bodeninhaltsstoffe gibt es bestimmte **Zeigerpflanzen (Bioindikatoren)**.

Hohe Konzentrationen leicht löslicher Salze (z. B. NaCl, KCl, $MgSO_4$) sind für das Pflanzenleben besonders problematisch, da sie die osmotische Wasseraufnahme durch die Wurzeln erschweren oder verhindern. Nur wenige Spezialisten **(Halophyten)** können auf solchen salzhaltigen Böden, z. B. in den Salzwiesen und Mangroven der Meeresküsten und in anderen Gebieten gedeihen (↗ S. 419).

10.1.3 Biotische Umweltfaktoren

Biotische Umweltfaktoren sind alle Einwirkungen auf einen Organismus, die von anderen Lebewesen ausgehen. Sie können innerhalb einer Art **(intraspezifisch)** und zwischen verschiedenen Arten **(interspezifisch)** auftreten.

Die interspezifischen Wechselwirkungen können neutrale, positive oder negative Einflüsse auf die Populationsdichte haben (↗ S. 428 f.). Die **Prädation (Räuber-Beute-Beziehung)** als häufigste und leicht erkennbare Interaktion ist dadurch gekennzeichnet, dass der Räuber **(Prädator)** seine Beute frisst und sowohl die Beute als auch sich selbst dadurch bestimmten Regulationsmechanismen (↗ S. 432) unterwirft. Je nach Ernährungsweise werden z. B. **Phytophagen** (Herbivoren, Pflanzenfresser), **Zoophagen** (Carnivoren, Fleischfresser), **Omnivoren** (Allesfresser) u. a. unterschieden. Organismen verschiedener Arten können zum gegenseitigen Vorteil in Form von **Symbiosen (Mutualismus)** zusammenleben (↗ S. 309). Wenn ein Partner von der Interaktion profitiert, der andere aber nicht beeinflusst wird, spricht man von **Karposen** (z. B. Algen auf dem Panzer von Schildkröten, ↗ S. 310). Hyänen, Geier oder Schakale fressen oft die Reste der Beute von Großraubtieren, welches als **Kommensalismus** (Tischgemeinschaft) bezeichnet wird.

Herbivoren können durch Verbiss und Tritt einen starken Einfluss auf die Vegetation ausüben (z. B. Großwildherden Afrikas oder – früher – Bisonherden Nordamerikas).

Parasiten („Schmarotzer", ↗ S. 314) schädigen ihren Wirt durch Stoffentzug, Zerstörung von Geweben oder die Abgabe von giftigen Stoffen. Parasiten können sowohl außerhalb (**Ektoparasiten,** z. B. Läuse, Menschenflöhe) als auch innerhalb des Wirtes (**Endoparasiten**, z. B. Bandwürmer) leben. Flöhe nutzen den Wirt nur zeitweilig *(temporär)*, z. B. zur Nahrungsaufnahme. Läuse dagegen sind während ihres Lebens ständig *(permanent)* an einen Wirt gebunden. Viele pflanzliche Parasiten haben die Fähigkeit der Fotosynthese. Solche **Halbparasiten** (z. B. Mistel) sind nur auf Wasser und Mineralstoffe vom Wirt angewiesen. **Vollparasiten** (z. B. Hopfenseide) benötigen außer Wasser und Mineralstoffen auch die organischen Stoffe des Wirtes.

Zecke

Mistel

In jedem Biotop leben Organismen, die einen ähnlichen Anspruch an den Lebensraum haben und so miteinander in Konkurrenz um vorherrschende begrenzte Ressourcen (z. B. Nahrung, Geschlechtspartner) stehen. Diese Beziehungen sind ein wichtiger Faktor zur Regulierung der Populationsdichte (↗ S. 431 ff.).

Konkurrenz bei Pantoffeltierchen

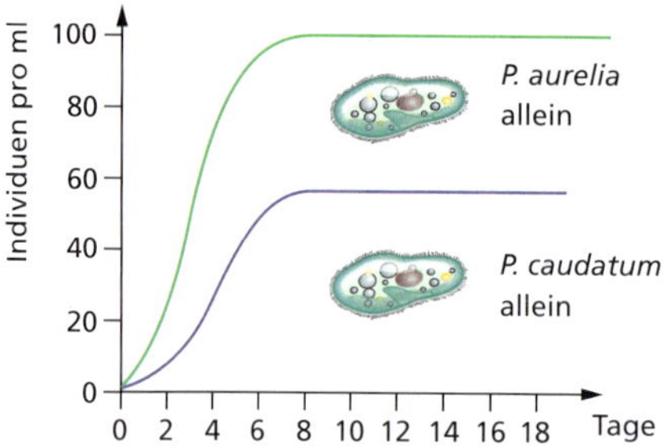

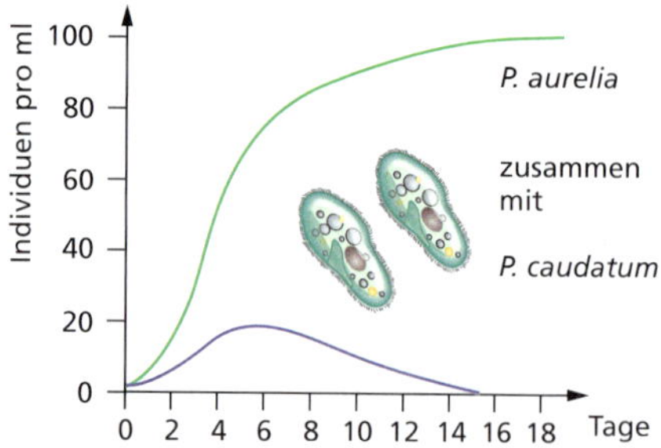

Paramecium-Arten *(P. aurelia* und *P. caudatum)* werden zunächst in getrennten Kulturgefäßen herangezogen. Beide Arten stellen in Reinkultur ähnliche Ansprüche an ihre Umwelt (physiologische Potenz, ↗ S. 396). Wenn sie in einem Kulturgefäß zusammen gehalten werden, verdrängt das sich schneller vermehrende *P. aurelia* die konkurrierende Art *P. caudatum*. Infolge der interspezifischen Konkurrenz verändern sich die Toleranzkurven beider Arten (ökologische Potenz, ↗ S. 396). Diesem Phänomen liegt folgende Gesetzmäßigkeit zugrunde:

Je ähnlicher die Umweltansprüche zweier konkurrierender Arten sind, umso geringer ist die Möglichkeit, dass beide dauerhaft im gleichen Biotop nebeneinander existieren. Die konkurrenzstärkere Art wird die andere verdrängen **(Konkurrenz-Ausschluss-Prinzip)**.

Die einfachste Form, diese interspezifische Konkurrenz zu vermeiden, liegt im Abwandern einer Art. Konkurrenten können auch durch Einpassung in neue **ökologische Nischen** (Nutzungsbereiche, ökologische Planstellen) ausweichen, sodass sie weiter im gleichen Biotop vorkommen können. So haben Pflanzen eines Standortes zur **Konkurrenzvermeidung** Wurzelsysteme in verschiedenen Tiefen ausgebildet.

Die Koexistenz zwischen konkurrierenden Arten kann auch durch ständige Umweltveränderungen gefördert werden.

Es besteht eine **Korrelation** zwischen den Körperteilen des Ibis (Wirtsvogel), auf dem sich die Federlinge aufhalten und ihrer Farbe bzw. Beweglichkeit: Auf dem Rücken, auf den Flügelspitzen und den Flügelaußenseiten kommen die hellen, agilen Vertreter vor, die dunklen, weniger beweglichen halten sich am Hals und an der Flügelbasis auf, die der Ibis schwer erreichen kann (Nischenbildung).

Parasiten des Ibis

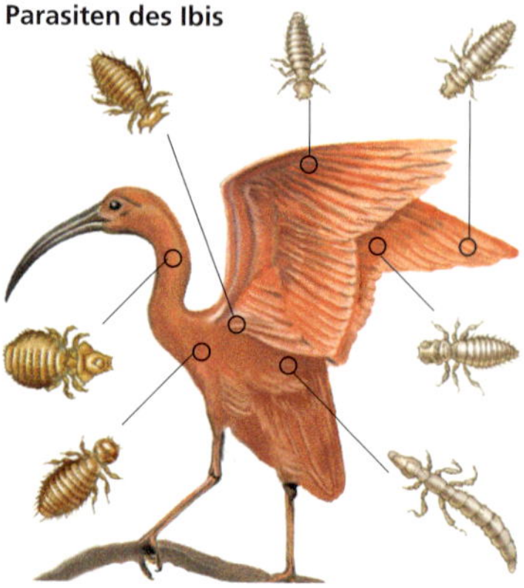

Die gegenseitige Beeinflussung von Pflanzen durch die Abgabe von mehr oder weniger spezifischen Stoffwechselendprodukten (Allelopathie) kann auch unter dem Gesichtspunkt der **Konkurrenzvermeidung** gesehen werden. So entsteht bei der Zersetzung der Blätter des Walnussbaumes Juglon. Diese Chinonverbindung verhindert das Auskeimen von anderen konkurrierenden Pflanzenarten. Andere Pflanzenarten produzieren Warnstoffe, wenn sie von Pflanzen fressenden Insekten befallen werden. Sie bewirken, dass Nachbarpflanzen – sogar auch andere Arten – Abwehrstoffe gegen diese Fressfeinde bilden (↗ S. 174).

Tiere sind zum Schutz vor Fressfeinden oft mit **Schutztrachten** ausgestattet. Es werden folgende Formen unterschieden:

Batessche Mimikry: Harmlose Arten ahmen gefährliche Arten nach.
Müllersche Mimikry: Mehrere gefährliche Arten bedienen sich der gleichen Warntracht.

Tarntracht	Warntracht
– Farbanpassungen an die Umgebung, z. T. sogar Farbwechsel bei einigen Chamäleonarten (Abbildung) und Plattfischen	– Auffällige Färbung giftiger Tiere z. B. beim Feuersalamander (Abbildung) oder beim Pfeilgiftfrosch

Nachahmungstarntrachten (Mimese)	**Scheinwarntracht (Mimikry)**
– Nachahmen von Gegenständen ihres Lebensraumes in Farbe, Gestalt oder Haltung, z. B. bei Schnarrheuschrecken	– Nachahmen von ungenießbaren bzw. wehrhaften Tieren, z. B. bei Schwebfliegen, die Wespen nachahmen

10.2 Aufbau der Biosphäre

- Die Biosphäre umfasst den untersten Bereich der Atmosphäre, die gesamte Hydrosphäre und die oberste Lithosphäre der Erde.
- Der Biosphäre wird von außen Sonnenenergie zugeführt, davon wird nur ein Bruchteil für den Energiehaushalt der Lebewesen genutzt.
- Die für den Aufbau der Lebewesen erforderlichen stofflichen Bestandteile werden in Stoffkreisläufen recycelt.
- Die Organismen der Biosphäre lassen sich nach ihrer Funktion in Stoffkreisläufen in Produzenten, Konsumenten und Destruenten einteilen, die in Nahrungsketten und Nahrungsnetzen verbunden sind.
- Die Biosphäre gliedert sich in Ökosysteme, die jeweils eine Funktionseinheit aus Lebensgemeinschaft und Lebensraum bilden.
- In der Biosphäre kann man 9 breitenabhängige Ökosystemtypen (Zonobiome) sowie Gebirgsökosysteme und breitenunabhängige Biome unterscheiden.
- Ökosysteme entwickeln und verändern sich.
- Wichtige natürliche Ökosysteme Mitteleuropas sind Wälder und Seen.

10.2.1 Energiefluss und Stoffkreislauf

Der Begriff **„Biosphäre"** wurde 1875 von EDUARD SUESS (1831–1914) geprägt. Eine ausführliche Darstellung gab WLADIMIR I. WERNADSKIJ (1863–1945) in seinem Werk *„Die Biosphäre"* von 1926.

Die **Biosphäre** umfasst den von Organismen ständig bewohnten Raum der Erde, also den bodennahen Luftraum (unterer Teil der Atmosphäre bis etwa 100 m Höhe), die dünne Schicht der Festlandoberfläche (oberer Teil der Litosphäre, Boden bis etwa 100 m Tiefe) und die gesamte **Hydrosphäre** (Flüsse, Seen und Meere), deren größte Tiefe über elf Kilometer ausmacht. Der Begriff „Biosphäre" richtet die Aufmerksamkeit auf den Gesamtzusammenhang aller Systeme in dieser dünnen, belebten Schicht der Erdoberfläche. Dieser Zusammenhang drückt sich in **Stoffkreisläufen** und **Energieflüssen** aus sowie in den Einflüssen, die alle Lebewesen auf die nicht lebende Natur nehmen und die in erdgeschichtlichen Zeiträumen zu einer Entwicklung geführt haben (z. B. Anreicherung der Atmosphäre mit Sauerstoff, Ablagerungen von Carbonaten, Kohlenstoff und Erdöl).

Die Biosphäre ist auf ständige **Energiezufuhr** angewiesen. Für das Leben auf der Erde ist dies in allererster Linie die Strahlungsenergie der Sonne. Fotosynthetisch aktive grüne Pflanzen fixieren Sonnenenergie bei der Synthese von organischen Kohlenstoffverbindungen aus Kohlenstoffdioxid der Luft und Wasser unter Freisetzung von Sauerstoff. Bei der Atmung werden in den Zellen aller Lebewesen organische Moleküle wiederum in Kohlenstoffdioxid und Wasser umgewandelt, wobei Energie für die verschiedenen Lebensprozesse freigesetzt wird. Auch totes organisches Material wird durch Mikroorganismen wieder in anorganische Bestandteile – insbesondere in Kohlenstoffdioxid und Wasser – zerlegt. Nur ein kleiner Teil der Gesamtmasse wird diesem kurzfristigen Kreislauf entzogen und bildet als fossiles Kohlenstoffvorkommen (Kohle, Erdöl, Erdgas) und als carbonathaltige Sedimente (Kalkstein) einen Kohlenstoffpool, der erst allmählich wieder der Biosphäre zugeführt wird.

Von der auf die Außenseite der Atmosphäre auftreffenden **Sonnenstrahlung** gelangt nur ein Teil auf die Erdoberfläche. Wie in der Abbildung dargestellt, sind dies in mittleren Breiten der Nordhalbkugel durchschnittlich 43 %. In den wolkenarmen Subtropen können dies bis zu 70 % sein. Ein Großteil der Sonnenstrahlung, der die Erdoberfläche erreicht, fällt auf vegetationslose Flächen oder auf Wasserkörper, wo er entweder absorbiert oder reflektiert wird. Nur ein kleiner Teil trifft tatsächlich auf blaugrüne Bakterien, Algen oder Pflanzenblätter, und davon entfällt wiederum nur ein kleiner Teil auf den Spektralbereich, der in der **Fotosynthese** nutzbar ist.

Von dem sichtbaren Licht, das fotosynthetisch aktive Organismen erreicht, wird ca. 1 % zum Aufbau organischer Substanz genutzt. Trotz dieses geringen Anteils macht dies pro Jahr insgesamt rund 170 Mrd. Tonnen aus.

Die **Effizienz der fotosynthetischen Primärproduktion** ist je nach den Bedingungen sehr unterschiedlich.

Die jährliche **Nettoprimärproduktion der Biosphäre** beträgt $170 \cdot 10^9$ t.

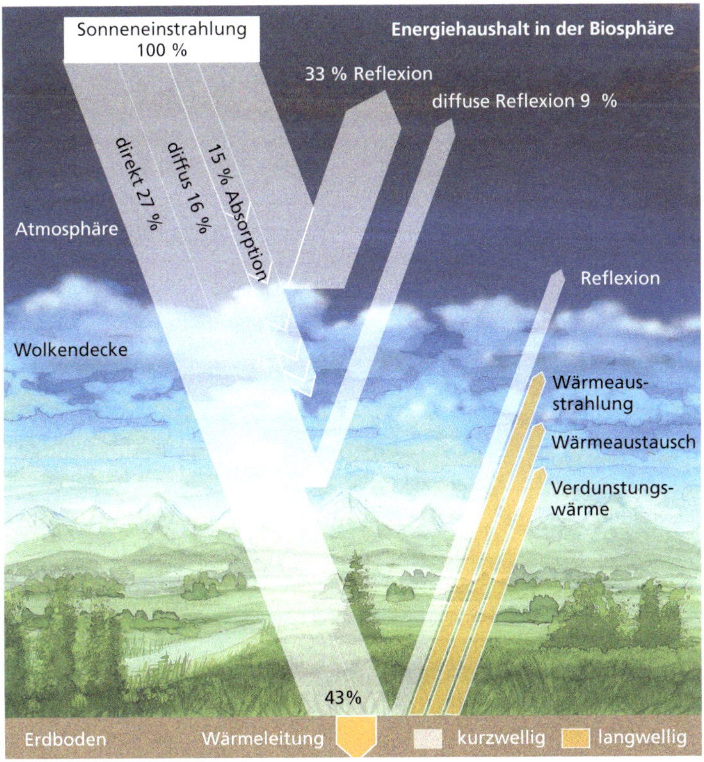

Die Gesamtstoffmenge, die bei der Fotosynthese umgesetzt wird, nennt man **Bruttoprimärproduktion** (BPP). Zieht man von der Bruttoprimärproduktion die Stoffmenge ab, die als Betriebsstoff für die eigene Zellatmung verwendet wird, bleibt die **Nettoprimärproduktion** (NPP) übrig. Diese Nettoprimärproduktion gibt an, wie viel gespeicherte chemische Energie die **Konsumenten** und **Destruenten** eines Ökosystems von den **Primärproduzenten** zur Verfügung gestellt bekommen.

Als **Solarkonstante** bezeichnet man die pro Zeit- und Flächeneinheit auf die äußere Erdatmosphäre treffende Strahlungsenergie der Sonne.

In der Abbildung wird dargestellt, wie sich der Energiefluss in einem Ökosystem im Allgemeinen vollzieht.

Die **Solarkonstante,** also die von der Sonne eingestrahlte Energie, beträgt durchschnittlich 120 000 $kJ \cdot m^{-2} \cdot d^{-1}$. Wenn von 100 % unter günstigen Bedingungen 5 % von fotosynthetisch aktiven Lebewesen absorbiert werden, ergibt sich das dargestellte **Energieflussdiagramm.**

Die Nettoproduktion der Primärproduzenten stellt die mögliche Nahrungsenergie für die **Pflanzenfresser** (Phytophagen) dar, jedoch reduziert sich diese auf viererlei Weise:

- Ein gewisser Teil kann nicht verbraucht werden (Bestandsabfall, totes Holz, Falllaub).
- Bestimmte Substanzen sind nicht verdaulich und werden als Kot abgegeben.
- Ein Teil der Nährstoffe wird abgebaut, und die Abbauprodukte werden mit der Exkretion (z. B. Urin, Schweiß) abgegeben.
- Ein erheblicher Teil der mit der Nahrung aufgenommenen Energie wird veratmet.

Energieflussdiagramm eines Ökosystems

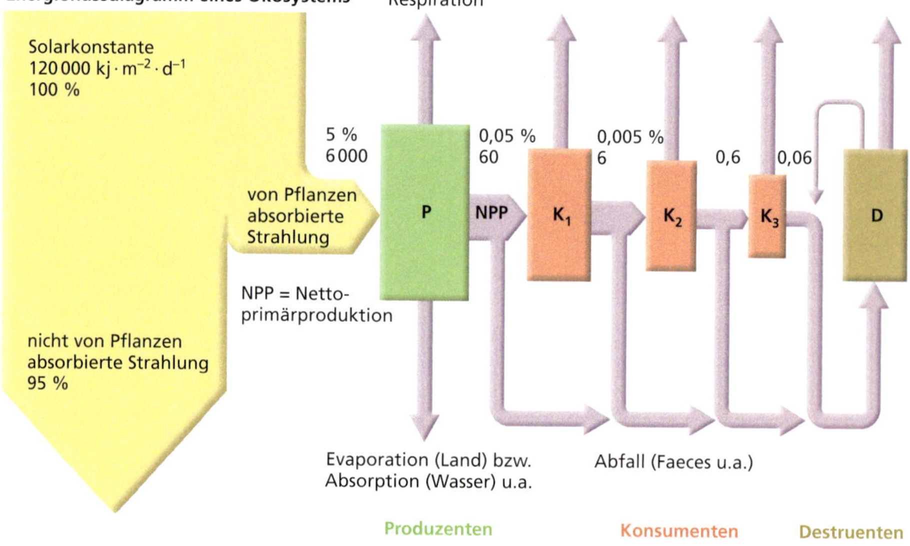

Insgesamt belaufen sich die Verluste an verfügbarer Energie im Schnitt auf 90 %, d. h., 10 % der Energie stehen dann den **Konsumenten 2. Ordnung (Tierfresser)** zur Verfügung. Bei der Weitergabe an Konsumenten höherer Ordnung verläuft der Energiefluss in analoger Weise. Daraus lässt sich ableiten, dass **Nahrungsketten** in ihrer Länge begrenzt sind, da die Energieversorgung für Konsumenten höherer Ordnung immer unsicherer wird. Mit steigender Stufe in der Nahrungskette muss auch die Individuenzahl der jeweiligen Population sinken. Dies umso mehr, wenn die Körpergröße der Konsumenten von Stufe zu Stufe steigt. Der Bestandsabfall wird von den **Saprophagen** (Verwerter toter organischer Substanz) und den **Destruenten** (Reduzenten, Zersetzer) verwertet.

Mit der **Zahlenpyramide** gibt man die Anzahl der Individuen jeder Nahrungsstufe an, die für das untersuchte Ökosystem ermittelt wurde. Die Anzahl der Pflanzen (z. B. bei Bäumen) muss aber nicht zwingend höher sein als die Zahl der Phytophagen, wodurch sich eine Doppelpyramide ergeben kann. Auch werden Mikroorganismen bei Zahlenpyramiden häufig nicht berücksichtigt. Eine quantitativ aussagekräftigere Form der Darstellung ist die **Energiepyramide.** Hier wird angegeben, welche biomassebezogene Energiemenge auf jeder **Trophiestufe** zur Verfügung steht. Wenn man dies auf einen bestimmten Zeitraum – z. B. auf ein Jahr – bezieht, erhält man einen Überblick über die Leistungsfähigkeit eines Ökosystems.

Energienutzung in der Nahrungskette

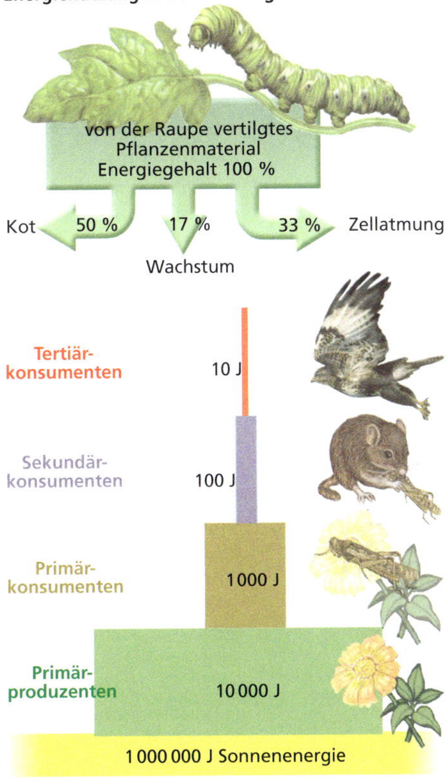

Im Gegensatz zu dem viele Jahrmilliarden anhaltenden Energiefluss von der Sonne sind die stofflichen Ressourcen auf der Erde begrenzt. Somit bestand im Laufe der Evolution die unbedingte Notwendigkeit eines stofflichen Recyclings. Im günstigsten Fall werden alle durch die Fotosynthese aufgebauten organischen Substanzen in kurzer Zeit wieder in anorganische Substanzen zurückverwandelt. Ein solcher fast vollständiger Kreislauf ist z. B. in tropischen Wäldern gegeben.

Allerdings kommt es in vielen Ökosystemen zu einer gewissen Depotbildung organischer Abfallstoffe, die erst in erdgeschichtlichen Zeiten dem Stoffkreislauf wieder zugeführt werden. So wurden die meisten der heute genutzten Steinkohlelager im Karbon (↗ Abbildung) in einer Zeit vor 380 bis 280 Mio. Jahren abgelagert. Aber auch die viel jüngere Torfbildung in den Hochmooren stellt einen solchen Prozess dar, der sich in Jahrtausenden messen lässt. Schließlich werden kurzfristiger auch im Humuskörper der Böden organische Stoffe gespeichert.

Fossile Brennstoffe sind in früheren **Erdzeitaltern** dadurch entstanden, dass organische Abfallstoffe nicht vollständig abgebaut wurden.

Der Begriff Reduzenten ist etwas irreführend, da sie organische Stoffe oxidieren (z. B. zu CO_2, H_2O, NO_3^-).

Kohlenstoffkreislauf

Mithilfe der Lichtenergie wird das Kohlenstoffdioxid der Atmosphäre von blaugrünen Bakterien, Algen und grünen Pflanzen primär zu Glucose reduziert. Nachfolgend entstehen dabei unter Einbau anderer Elemente alle lebenswichtigen organischen Verbindungen. Über die **Nahrungskette** bzw. das **Nahrungsnetz** gelangt der organisch gebundene Kohlenstoff zu allen übrigen Organismen des Ökosystems. Das sind die Konsumenten verschiedener Ordnungen und die Destruenten, die sich in Abfallfresser (Saprophagen) und Reduzenten unterteilen lassen. Bei der Respiration (Zellatmung) wird der Kohlenstoff aus den organischen Verbindungen dann zum überwiegenden Teil wieder in Form von Kohlenstoffdioxid freigesetzt.

Der gesamte **Kohlenstoffgehalt der Erde** beträgt ca. 10^{17} t. Davon ist der weitaus größte Teil in Sedimenten eingeschlossen, v. a. in Kalkgesteinen. Die Summe der Kohlenstoffvorräte, die den Kreisläufen zugänglich sind, beträgt etwa $4 \cdot 10^{13}$ t. In den Ozeanen sind davon $3{,}8 \cdot 10^{13}$ t gespeichert, viel weniger im Boden ($1{,}5 \cdot 10^{12}$ t), in der Atmosphäre ($7{,}5 \cdot 10^{11}$ t) und in der lebenden Biomasse ($5{,}6 \cdot 10^{11}$ t). Die fossilen Lagerstätten von organisch produziertem Kohlenstoff (Kohle und Erdöl) waren vor Beginn der menschlichen Aktivitäten dem Kohlenstoffkreislauf weitgehend entzogen. Durch die Nutzung fossiler Brennstoffe durch den Menschen steigt der Kohlenstoffdioxidgehalt der **Atmosphäre** seit einiger Zeit kontinuierlich an (↗ S. 446).

Exakte Voraussagen über die zukünftige Entwicklung sind allerdings sehr schwierig, da Klimaänderungen und Änderungen im CO_2-Gehalt z. B. die Nettoprimärproduktion und die Speicherung von Biomasse (CO_2-Abnahme), aber auch die Abbaurate organischer Stoffe (CO_2-Zunahme) beeinflussen. Auch die Rolle der Ozeane als CO_2-Puffer ist nicht geklärt.

Globaler Kohlenstoffkreislauf pro Jahr und Bestand (in 10^9 t)

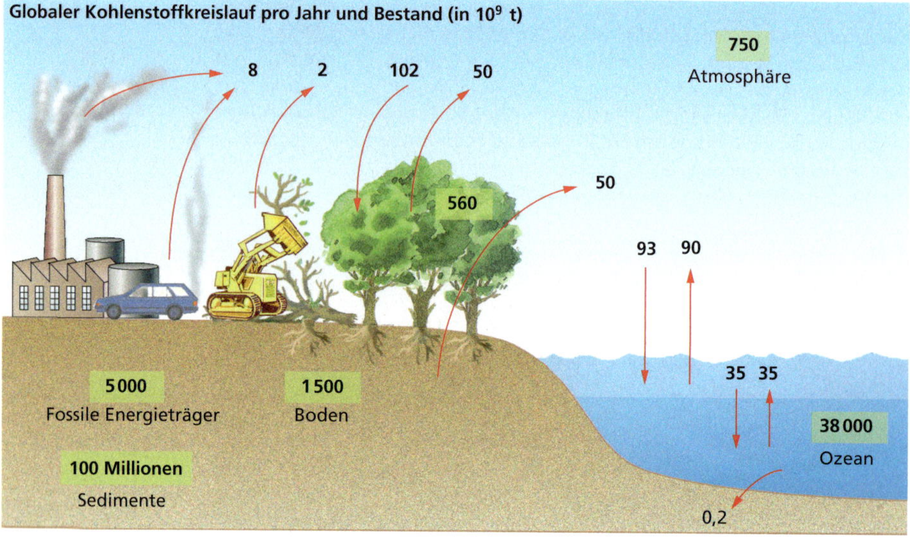

Stickstoffkreislauf

Da **Stickstoff** bei den als Mineralstoffe aufgenommene Elementen mengenmäßig an erster Stelle steht, stellt er bei Primärproduzenten häufig einen Mangelfaktor dar. Außerdem unterscheidet sich der Stickstoffkreislauf vom Kreislauf anderer Mineralstoffe dadurch, dass ein riesiges Stickstoffreservoir in der Atmosphäre vorhanden ist. Allerdings sind die atmosphärischen N_2-Moleküle nur für einige Prokaryoten zugänglich, die zudem für diese Stickstoffassimilation sehr große Energiemengen verbrauchen. Am wirkungsvollsten gelingt die Bindung atmosphärischen Stickstoffs deshalb in Symbiosen von höheren Pflanzen und Bakterien (↗ S. 312). Ein Acker mit Lupinen, Klee oder Bohnen (Hülsenfrüchtler) kann mithilfe seiner symbiontischen **Knöllchenbakterien** jährlich bis zu 200 kg Stickstoff/ha binden. In terrestrischen Ökosystemen wird Luftstickstoff sowohl von frei lebenden als auch von symbiontischen Bakterien fixiert. In aquatischen Ökosystemen sind vor allem Cyanobakterien an der Luftstickstoff-Fixierung beteiligt.

Knöllchenbakterien an Lupinenwurzeln

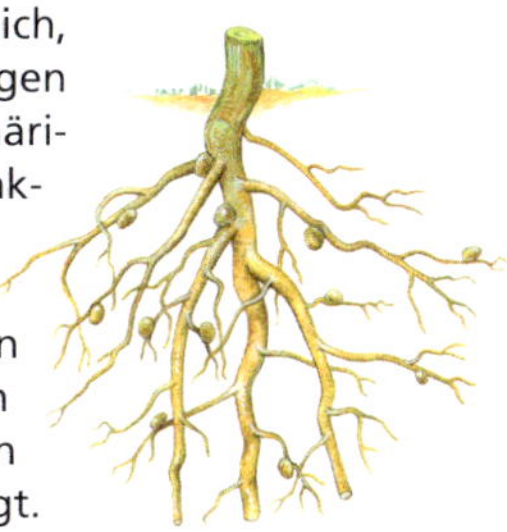

Durch Destruenten wird ein großer Teil des organisch gebundenen Stickstoffs freigesetzt, und zwar in Form von Ammonium (NH_4^+). Nitrifizierende Bakterien nutzen dieses Ammonium und oxidieren es zu Nitrat. Dabei gewinnen sie Energie. Das Nitrat wiederum ist der wichtigste Stickstofflieferant für die grünen Pflanzen. Einige Bakterien nutzen das Nitrat jedoch auch zur Denitrifikation, d. h. zur Bildung von Stickstoffmolekülen. Neben diesem natürlichen Kreislauf spielt heute auch der durch industrielle Stickstoff-Fixierung **(HABER-BOSCH-Verfahren)** erzeugte **Kunstdünger** eine erhebliche Rolle beim Stickstoffkreislauf, insbesondere in den stark landwirtschaftlich genutzten Regionen. Durch die starke Nutzung fossiler Brennstoffe werden überdies Stickoxide freigesetzt, die mit dem Regen in den Boden und in die Gewässer gelangen.

Stickstoffdüngung

Globaler Stickstoffkreislauf pro Jahr und Bestand (in 10^6 t)

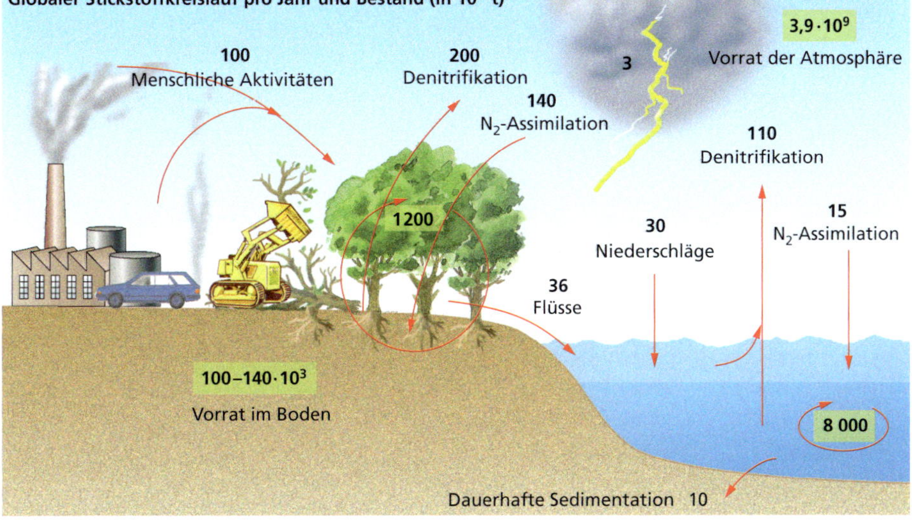

Phosphorkreislauf

Phosphathaltige Wasch- und Reinigungsmittel können in Gewässern zur **Algenblüte** führen.

Phosphor wird von Organismen zum Aufbau von Nucleinsäuren und Nucleosidphosphaten (ATP, GTP, NADP usw.) sowie für die **Phospholipide** der Biomembranen benötigt (↗ S. 58). Außerdem ist er ein wichtiger mineralischer Bestandteil von Knochen und Zähnen. Im Gegensatz zum Kohlenstoff-, Schwefel- und Stickstoffkreislauf spielt die Atmosphäre beim Phosphorkreislauf keine Rolle, da es keine nennenswerten phosphorhaltigen Gase gibt. Die einzig biologisch wichtige Form ist das Phosphat, das von Prokaryoten, Algen und Pflanzen resorbiert werden kann. Es gelangt mit den phosphathaltigen Ausscheidungen von Tieren und mit organischen Abfallstoffen, die von Destruenten remineralisiert werden, wieder zurück in den Boden. Humus und Bodenpartikel binden das Phosphat, sodass es in vielen Fällen zu einem relativ engen Kreislauf kommt.
Allerdings kann Phosphat auch in das Grundwasser ausgewaschen werden und so allmählich aus terrestrischen Ökosystemen ins Meer gelangen. Durch geologische Prozesse können phosphathaltige Meeressedimente irgendwann wieder Bestandteile terrestrischer Ökosysteme werden, sodass Phosphor, der den Ökosystemen über die Sedimentation verloren ging, in geologischen Zeiträumen auch wieder freigesetzt werden kann.

Über Mineraldünger und Waschmittel greift auch der Mensch in den Phosphorkreislauf ein. Hohe Phosphatgehalte in Gewässern führen zunächst zu einer erhöhten Primärproduktion, insbesondere wird das Algenwachstum gefördert. Der aerobe Abbau führt dann zu einem Sauerstoffdefizit und schließlich zum „Umkippen" des Gewässers, da die unter anaeroben Bedingungen entstandenen Stoffe wie Ammoniak und Schwefelwasserstoff für die meisten höheren Lebewesen giftig sind.

Globaler Phosphorkreislauf pro Jahr und Bestand (in 10^6 t)

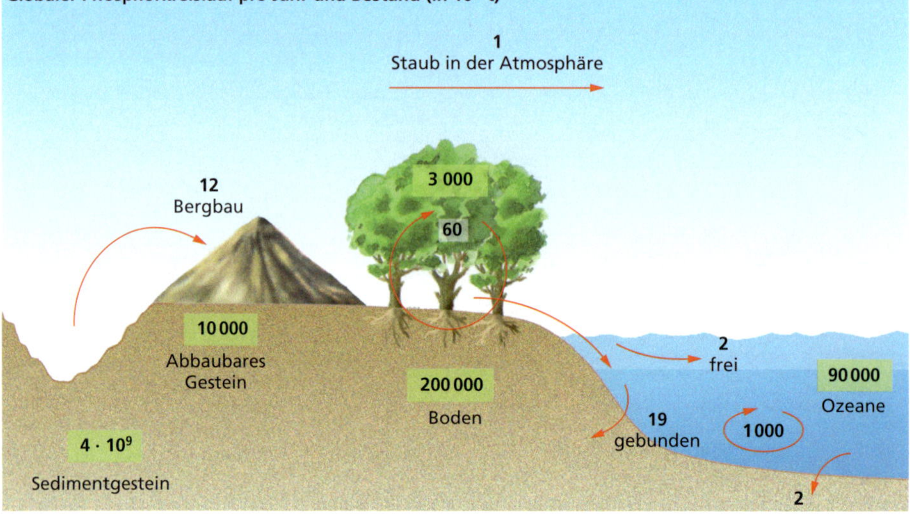

Schwefelkreislauf

Schwefel ist ein wichtiger Bestandteil einiger essenzieller Aminosäuren (↗ S. 47 ff.). Etwa die Hälfte des Schwefels, der vom Land über Flüsse und Seen ausgetragen wird, stammt aus der Verwitterung von Gesteinen, die andere Hälfte aus der Atmosphäre. Dorthin gelangt er durch drei natürliche Prozesse:
- durch Aerosole aus der Meeresgischt (Dimethylsulfid, etwa 144 Mio. t/a),
- durch anaerobe Atmung Sulfat- und Schwefel reduzierender Bakterien (die Schätzungen des jährlichen Umsatzes schwanken zwischen 30 und 230 Mio. Tonnen),
- durch vulkanische Aktivität (gering).

Im Vergleich zu Phosphor und Stickstoff ist der interne Kreislauf des Schwefels verhältnismäßig unbedeutend. Ein größerer Teil verläuft über die vorwiegend marine Sedimentation und die spätere Verwitterung wieder zu Festländern gewordener mariner Sedimente.
Durch die Verbrennung fossiler Brennstoffe greift der Mensch massiv in den Schwefelkreislauf ein (Kohle enthält bis zu 5 % Schwefel, Öl bis zu 3 %). Die anthropogene Freisetzung von Schwefel in die Atmosphäre liegt etwa in der gleichen Größenordnung wie die natürliche – allerdings sehr stark konzentriert auf die Industrieregionen. Da industrielle Schwefelemissionen vor allem aus **Schwefeldioxid** bestehen, bilden sich in der Luft durch Folgereaktionen Schwefelsäure und schweflige Säure, die den so genannten **„sauren Regen"** verstärken. Durch die Filterung von Abgasen ist die Schwefeldioxidemission in den letzten Jahren stark zurückgegangen.
Für den jährlichen Umsatz des Schwefels ist – wie beim Stickstoff – der Weg über Gase, die durch biogene Reduktionsprozesse entstehen (z. B. H_2S) und in die Atmosphäre gelangen, von Bedeutung.

In Filteranlagen von Kraftwerken kann das Schwefeldioxid als Gips ($CaSO_4$) gebunden werden.

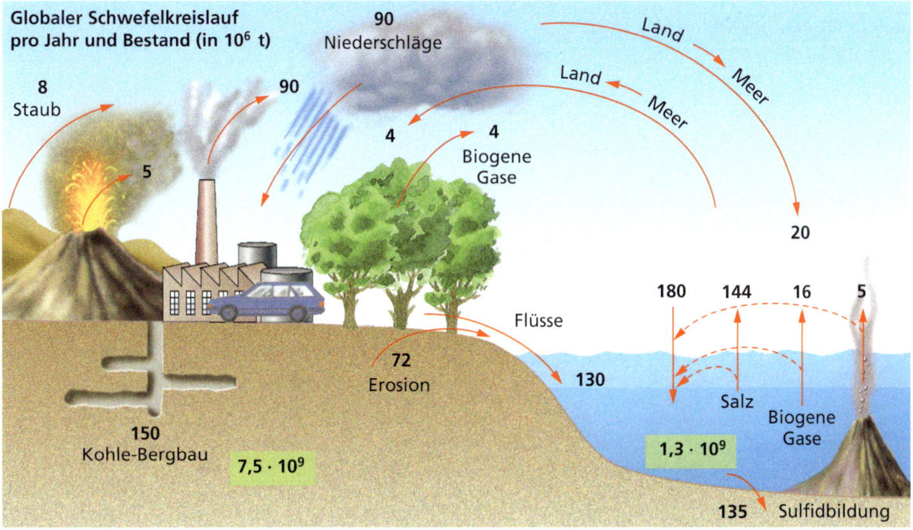

Der Begriff Biogeozönose wurde 1947 von VLADIMIR N. SUKACHEV (1880–1967) geprägt. Der Begriff Ökosystem aus dem Jahr 1935 geht auf ARTHUR G. TANSLEY (1871bis 1955) zurück.

10.2.2 Ökosysteme

Der Energiefluss und die Stoffkreisläufe in der Biosphäre spielen sich nicht in einer gleichmäßigen Wechselwirkung aller Organismen ab, vielmehr kann man bestimmte, räumlich benachbarte Organismengruppen abgrenzen, die untereinander besonders zahlreiche Verflechtungen und Wechselwirkungen zeigen. Nach außen besitzen diese Gemeinschaften deutlich weniger Verbindungen. Solche räumlich begrenzten **Lebensgemeinschaften (Biozönose)** werden zusammen mit ihrer **unbelebten Umwelt (Biotop)** als **Biogeozönosen** oder Ökosysteme bezeichnet. Dabei legt der erste Begriff den Schwerpunkt auf den räumlichen Bezug, der zweite auf die funktionellen Verknüpfungen.

Ökosystem = Biotop + Biozönose

Eine gegebene Kombination von abiotischen Standortfaktoren führt zu einer Besiedelung dieses Standorts durch eine ganz bestimmte Lebensgemeinschaft. Wie alle Lebensprozesse ist auch dieser Prozess nicht voll deterministisch. Die Entwicklung einer solchen Biozönose an einem definierten Standort ist ein sehr komplexer Vorgang, insbesondere deshalb, weil die besiedelnden Organismen sofort auf die Bodenbildung, den Wasserhaushalt, die Strahlungsintensität, das Mikroklima usw. zurückwirken. Zufallsereignisse können dabei für die weitere Entwicklung des Systems Weichen stellen.

Wie ein Organismus so ist auch jedes Ökosystem ein offenes System, das nur dadurch in einem Gleichgewichtszustand bleibt, wenn sich zwischen der Umgebung und dem System eine ausgeglichene **Stoff- und Energiebilanz** einstellt. Die Wechselwirkungen innerhalb des Systems sind individuell sehr verschieden, sie lassen sich aber doch in ein gemeinsames Grundschema einordnen.

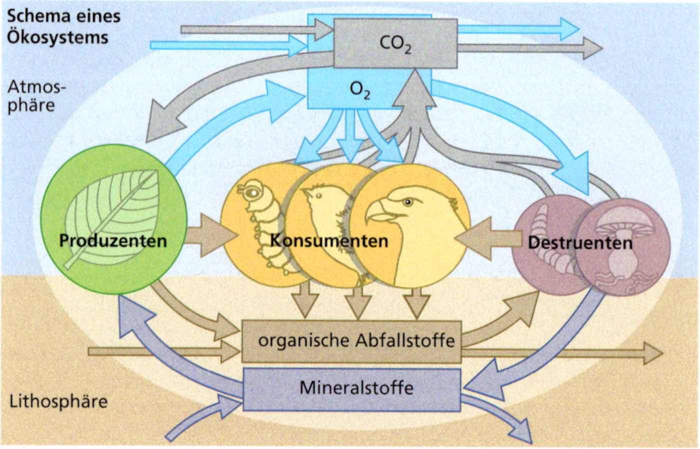

Mengenmäßig überwiegen in allen Ökosystemen die **Primärproduzenten.** Sie alleine können Sonnenenergie binden, weshalb man sie auch als **Energieautotrophe** bezeichnet. In terrestrischen Ökosystemen sind dies vor allem die Pflanzen, in marinen Ökosystemen Mikro- und Makroalgen und Cyanobakterien. Sie stellen die Energiequelle für die Konsumenten erster Ordnung, die Pflanzenfresser und Pflanzenparasiten, dar. Der **Stoff- und Energiefluss** geht dann mit der **Nahrungskette** weiter zu den Fleischfressern und Tierparasiten, den **Konsumenten** zweiter und höherer Ordnung. Organische Abfallstoffe, wie abgestorbene Pflanzenteile, Kot oder Tierleichen, werden von einer dritten Organismengruppe, den **Destruenten (Zersetzer),** ausgenutzt. Die Zersetzer kann man unterteilen in **Saprovoren (Streufresser),** zu denen etwa Regenwürmer, viele Bodeninsekten und Aasfresser zählen, und mikrobielle Zersetzer, Pilze und Bakterien. Sie wandeln organische Stoffe in anorganische Stoffe um. Anorganische Abbauprodukte stehen den Primärproduzenten wieder als Nährmineralien zur Verfügung.

Prinzip des Stoffkreislaufs

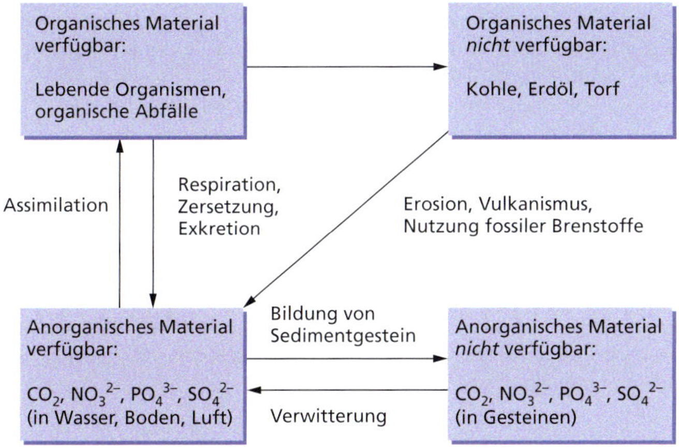

Dieses Einteilungsschema der Organismen eines Ökosystems nach ihren Ernährungsbeziehungen ist sehr schematisch. Viele Arten sind **omnivor** und deshalb sowohl Konsumenten erster und zweiter Ordnung als auch Saprovoren (z. B. der Mensch, Dachs, Bären). Andere Konsumenten leben vor allem von Saprovoren und sind damit an das Detritussystem angeschlossen (↗ S. 423). Alle Konsumenten scheiden auch anorganische Abbauprodukte aus, sind also auch Reduzenten.

Auch die verschiedenen Entwicklungsstadien einer Art können unterschiedliche Plätze in diesem Nahrungsnetz einnehmen:
So leben die Larven der Raupenfliegen *(Tachinidae)* parasitisch von Raupen oder anderen Insektenlarven, während sich die Imagines von Pollen oder Nektar ernähren. Die Weibchen der Bremsen *(Tabanidae)* saugen das Blut von Säugetieren, während die Männchen sich von Nektar ernähren.

Man kann versuchen, die komplizierten **Nahrungsbeziehungen** eines Ökosystems in einem **Nahrungsnetz** darzustellen. Auch wenn solche Darstellungen meist lückenhaft sind, kann man doch für viele Ökosysteme quantitative Aussagen machen, da die Hauptstoffmengen oft über relativ einfache Ketten und Netze laufen. Bedeutungsvoll werden andere weniger benutzte „Nebenstraßen" erst, wenn ein Glied durch irgendwelche Einflüsse plötzlich ausfällt. Von den unbelebten Bestandteilen des Ökosystems sind im Gasraum vor allem Sauerstoff- und Kohlenstoffdioxid zu nennen, der mengenmäßig vorherrschende Stickstoff wird nur zu einem geringen Teil umgesetzt. Der Boden enthält die organischen Abfallstoffe, die daraus entstehenden Humusstoffe und die Mineralstoffe. Hinzu kommt als wichtiger Bestandteil des Bodens und der Luft das Wasser. In vielen Ökosystemen können die Hauptwege des Energieflusses von Jahr zu Jahr stark wechseln. Bei starkem Raupenbefall eines Laubwaldes z. B. geht der Hauptweg über Primär- und Sekundärkonsumenten, in Jahren mit geringem Raupenbefall wird die Hauptstoffmasse über den Bestandsabfall und die Detrituskette weitergegeben (↗ S. 423). Darüber hinaus spielen bei allen Stoff- und Energieflüssen symbiontische Beziehungen eine entscheidende Rolle.

Die enge Partnerschaft zwischen Pilzen und Pflanzen, Pilzwurzel oder ***Mykorrhiza*** genannt, besteht vermutlich schon seit der Entstehung der ersten Landpflanzen im Silur. Heute nehmen die Mykorrhizapilze (↗ S. 356) zwischen 10 und 20 % der fotosynthetischen Primärproduktion von Pflanzen direkt auf, das sind bis zu $2 \cdot 10^{10}$ t pro Jahr.

Besondere Bedeutung haben sie für den Phosphor- und Stickstoffhaushalt (↗ S. 409 f.), da sie kurzschlussartige Verbindungen zwischen organischen Abfallstoffen und Primärproduzenten herstellen und so den Export dieser Elemente aus Ökosystemen deutlich verringern. Schließlich können Pilze auch tierliche Eiweißquellen für höhere Pflanzen erschließen. Der Zweifarbige Lacktrichterling *(Laccara bicolor)* „frisst" beispielsweise Springschwänze. Da der Lacktrichterling mit Waldbäumen eine *Mykorrhiza* eingeht, werden die tierlichen Stickstoffverbindungen über den Pilz an die Bäume weitergegeben.

Mykorrhiza verursacht einen Kurzschluss zwischen organischen Abfallstoffen und Primärproduzenten (↗ Abbildung).

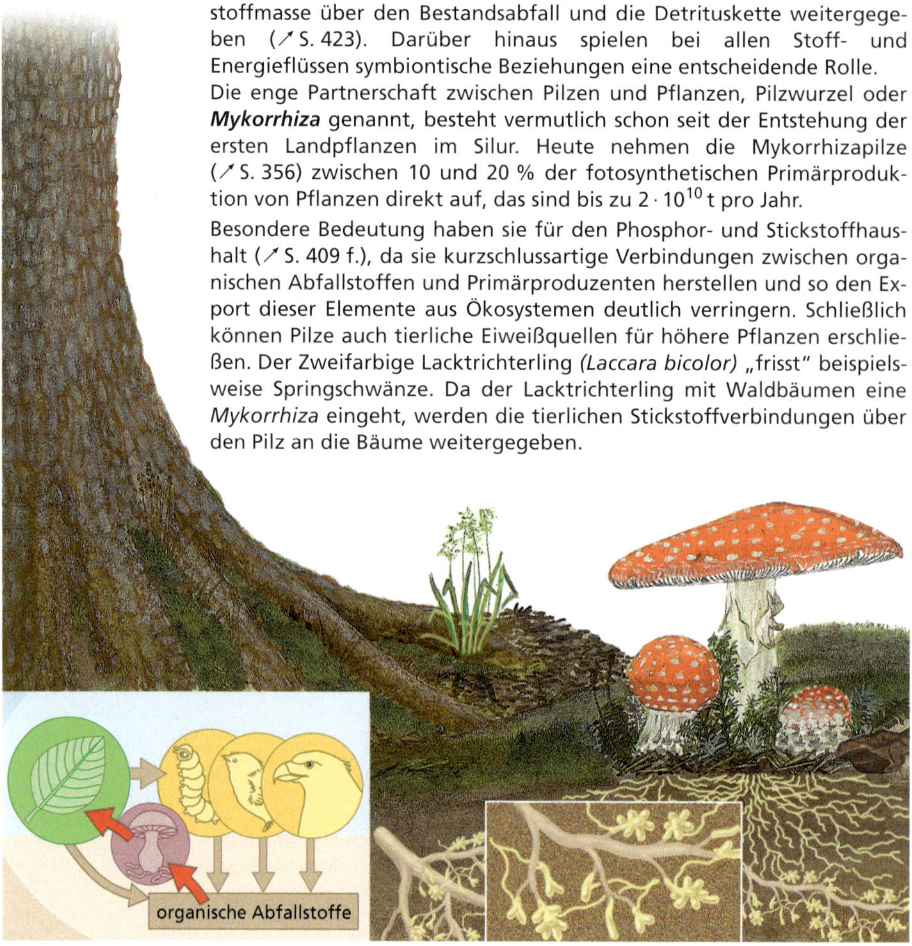

10.2.3 Gliederung der Biosphäre

Ein **Ökosystem** kann ein eng begrenzter Waldbestand, ein kleines Moor, ein Dorfteich oder eine Felskuppe sein. Aber auch viel größere Einheiten kann man mit dem Begriff Ökosystem benennen, etwa einen großen See wie den Bodensee oder einen Meeresteil wie die Ostsee oder ein riesiges Waldgebiet wie das Amazonasbecken. Verschiedene Ökosysteme kann man zu Ökosystem-Typen zusammenfassen, die als **Biome** bezeichnet werden. So wie es meist keine scharfen geographischen Klimagrenzen gibt, gibt es auch zwischen Biomen Übergänge.

- **Marine Biome** nehmen ca. 75 % der Erdoberfläche ein. Man gliedert sie in **Gezeitenzonen** (Eulitoral), Flachmeerregionen über den Kontinentalschelfen (neritische Zone), Hochseebereiche (ozeanische Zone) sowie in den Bereich des freien Wassers (Pelagial) und der Meeresböden (Benthal). Besondere Biome im sublitoralen Bereich stellen die v. a. aus riffbildenden Korallenpolypen aufgebauten **Korallenriffe** dar.
- Von viel geringerer Ausdehnung sind **limnische Biome** (Süßgewässer), die man in stehende und fließende Gewässer unterteilt. Trotzdem sind limnische Ökosysteme für die Biosphäre von großer Bedeutung, da viele Lebewesen an Süßgewässer gebunden sind (↗ S. 424 ff.).
- Die **Landökosysteme** der Erde lassen sich weitgehend nach den großen Vegetationszonen gliedern, und diese hängen wiederum stark von den Klimazonen ab. Die Biome, die entsprechend der geographischen Breite aus den Klimabedingungen resultieren, werden auch als **Zonobiome** bezeichnet.
- Für die Ausgestaltung der Ökosysteme ist weiterhin der Abstand zum Meeresspiegel entscheidend, entsprechend nennt man die Ökosysteme der verschiedenen Höhenstufen der Gebirge **Orobiome.**
- Darüber hinaus gibt es spezielle, von der geographischen Breite weitgehend unabhängige Biome (**Azonale Biome,** z. B. vom Boden abhängige **Pedobiome**).

I Äquatoriales Zonobiom
II Tropisches Zonobiom
Trockensavannen
Feuchtsavannen
III Suptropisches arides Zonobiom
(Halb-)Wüsten
Gras- u. Strauchsteppen
Dornsavannen u. -steppen
IV Winterfeuchtes Zonobiom (mediterraner Klimatyp)
V Warmtemperiertes Zonobiom (Lorbeerwaldzone)
VI Gemäßigtes Zonobiom (Laub abwerfende Wälder)
VII Aridgemäßigtes Zonobiom (kontinental)
(Halb-)Wüsten
Grassteppen
VIII Kaltgemäßigtes Zonobiom (Taiga)
IX Polares Zonobiom (Tundra)
X Eiswüsten
Orobiome

Gliederung der Biosphäre in Biome

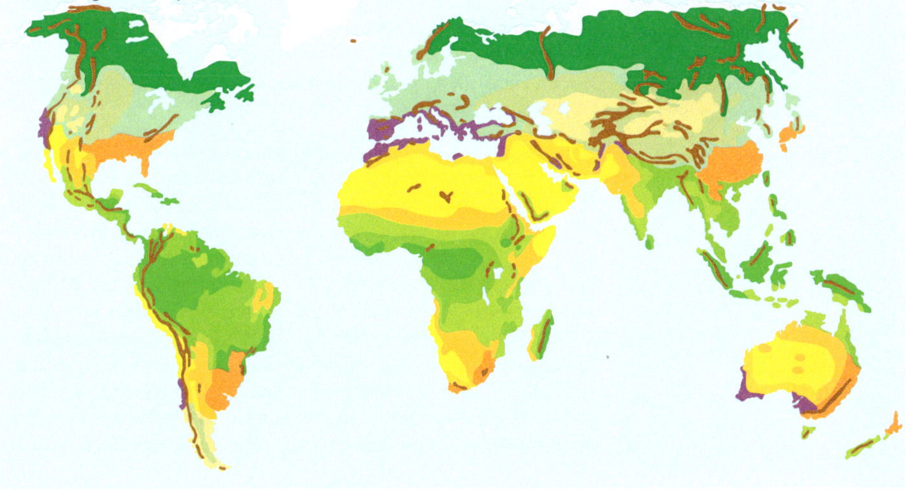

I. Äquatoriales Zonobiom mit Tageszeitenklima

Charakteristisch sind feuchttropische Tieflandwälder (tropische Regenwälder), die sich in drei Großregionen konzentrieren: Das nördliche Südamerika mit Amazonien, das westliche Zentralafrika (Kongobecken und Küstengebiete) und Südostasien einschließlich der Nordspitze Australiens. Diese Wälder zeichnen sich durch eine riesige Artenfülle aus, die schon bei den Gehölzen beginnt und ihre größten Zahlen bei Wirbellosen erreicht. Typisch ist der große Reichtum an Schlingpflanzen (Lianen) und Aufsitzerpflanzen (Epiphyten).

II. Tropisches Zonobiom mit Sommerregen und Trockenzeit

Bestimmend sind regengrüne Wälder, Monsunwälder und Trockenwälder, die eine deutliche saisonale Veränderung erkennen lassen. Das wechselfeuchte Klima resultiert aus der jahreszeitlichen, durch die Schrägstellung der Erdachse bedingten Verschiebung des thermischen gegenüber dem geographischen Äquator. Die Region ist insgesamt sehr variabel und setzt sich aus vielen recht unterschiedlichen Unterbiomen zusammen, vom feuchttropischen Wald bis zum ariden Dornbusch.

III. Subtropisches arides Zonobiom

Nach Norden und Süden schließen an die Sommerregengebiete subtropische Trockengebiete an. In den trockensten Bereichen dieses Zonobioms fallen fast keine Niederschläge (heiße Wüsten), während die feuchtesten Regionen bis zu 1 500 mm Niederschlag erhalten, dazwischen aber ausgeprägte Trockenzeiten aufweisen. Charakteristisch sind Trockenwälder, Galleriewälder (entlang der Ströme) und Grasländer (Savannen, Prärien, Steppen). Dabei nehmen die heißen Wüstengebiete eine Sonderstellung ein. Man findet sie im Süden Nordamerikas, westlich der Anden Südamerikas, an der Spitze Südafrikas, in Zentralaustralien und in einem breiten Gürtel von Nordafrika bis nach Afghanistan.

IV. Winterfeuchtes Zonobiom mit Sommerdürre (mediterraner Klimatyp)

Am Grenzbereich zwischen gemäßigtem und subtropischem Klima gibt es in mehreren Regionen der Erde einen Übergangstyp, für den sommerliche Trockenheit und Winterregen charakteristisch sind. Diese Klimazone hat die größte Ausdehnung im Mittelmeergebiet. Analoge Zonen gibt es in Kalifornien, in Chile, in der Kapregion und in Südaustralien. Typisch sind immergrüne Wälder und Gebüsche (immergrüne Hartlaubvegetation, Macchie). Durch intensive menschliche Nutzung (Brandrodung, Überweidung, Bodenerosion durch Ackerbau) sind diese Ökosysteme oft stark degradiert.

V. Warmtemperiertes Zonobiom (Lorbeerwaldzone)

Dieses Zonobiom war in der Tertiärzeit wesentlich ausgedehnter als heute. Typische Restbestände finden sich z. B. auf den Kanarischen Inseln und auf Madeira, aber auch in Südostasien, an der australischen Ostküste und in Florida. Das Lorbeerwaldklima ist durchgehend feucht mit Niederschlägen zwischen 1 000 und 3 000 mm, selten auch darüber. Die Winterminima bleiben meist über –2 °C. Absolute langjährige Minima gehen nie unter –10 °C. Die fruchtbaren, tiefgründig lehmig-schluffigen Böden werden gerne unter Kultur genommen. Entsprechend gering sind natürliche Ausprägungen dieses Bioms (Coastal Redwoods in Kalifornien, Valdivianischer Regenwald Südchiles, Eukalyptuswälder an der Südwestspitze Australiens, Castanopsiswälder in Südostasien, Südbuchenwälder in Südwestneuseeland).

VI. Typisch gemäßigtes Zonobiom mit kurzer Frostperiode (Laub abwerfende Wälder)

Dieses Biom stellt die typische Lebensgemeinschaft der humiden mittleren Breiten der nördlichen Hemisphäre dar, während es auf der Südhemisphäre auf kleine Areale beschränkt ist. Das Biom ist durch eine Vegetationszeit von fünf bis acht Monaten gekennzeichnet, die länger andauernde winterliche Kälteperiode mit Temperaturen unter 0 °C hält mehrere Monate an, Fröste bis –25 °C können auftreten. Die Niederschlagsmaxima liegen in den Sommermonaten, insgesamt schwanken die Niederschläge im Allgemeinen zwischen 500 und 1 000 mm pro Jahr. Typische Böden sind schwachsaure Braunerden mit unterschiedlich mächtigen Verwitterungshorizonten. Das Biom ist typisch für das östliche Nordamerika, große Teile der mittleren Breiten Europas von den Britischen Inseln bis in das westliche Russland und mittleren Breiten Ostasiens. Ein wenig ausgedehntes Areal des Bioms sind die Laub abwerfenden Südbuchen-Wälder Südchiles.

VII. Aridgemäßigtes Zonobiom mit kalten Wintern (kontinental)

Hierher zählen weitgehend baumfreie Ökosysteme, in denen oft Gräser dominieren (Steppen Asiens, Prärien Nordamerikas, Pampa Argentiniens), sowie die kühlen Wüstengebiete mit ihrer größten Ausdehnung in Zentralasien, vom Kaspischen Meer bis zur Mongolei. Für die große Ausdehnung der von Gräsern dominierten Biome spielen neben klimatischen Gründen auch große Herbivoren (Huftiere), regelmäßig auftretende Brände und menschliche Aktivitäten (z. B. in Australien) eine Rolle. Charakteristisch ist ein großer Gegensatz der Temperaturen zwischen Winter und Sommer (Schwankungen bis zu 100 °C). Insgesamt übersteigen die Jahresniederschläge selten 500 mm.

VII. Aridgemäßigtes Zonobiom mit kalten Wintern (kontinental) – Fortsetzung

Die Bodenfeuchtigkeit während der Wachstumsperiode resultiert zu einem wesentlichen Teil aus der Schmelze des winterlichen Schnees, aber auch aus Frühjahrsregen und in den feuchteren Gebieten aus Sommergewittern. Da ein großer Teil der Pflanzenproduktion Wurzeln und Rhizome betrifft, entstehen durch die unterirdisch absterbende Pflanzenmasse tiefe Humusprofile (Schwarzerden). Wühlende Nagetiere (Hamster, Präriehund, Ziesel ↗ Abbildung) bewirken eine starke Bodendurchmischung. Frostige Winter, regenlose Sommer und salzhaltige Böden können an extremsten Standorten dazu führen, dass nur noch eine Art von Primärproduzent auftritt. Zum Teil fallen Niederschläge nur sehr sporadisch und bei weitem nicht in jedem Jahr (Taklamakan-Wüste in Zentralasien unter 60 mm pro Jahr). Typisch für die Wüstengebiete sind Salzböden mit stark angepassten Pflanzen (Halophyten), z. B. aus der Familie der Gänsefußgewächse.

VIII. Kaltgemäßigtes Zonobiom (Taiga)

Der russische Begriff *„Taiga"* für nordischen Nadelwald ist einer Turksprache entlehnt. Der nördliche (boreale) Nadelwaldgürtel reicht von Alaska über Kanada und Nordeuropa bis nach Nordostasien. Dominierende Gattungen sind Nadelgehölze wie Fichte, Kiefer, Tanne und Lärche. Die Nadelbäume stehen z. T. sehr locker, sie sind sehr schlank und bis an den Boden beastet. Im Unterwuchs dominieren Moose, Flechten und Zwergsträucher. Die Wachstumsperiode ist mit drei bis fünf Monaten relativ kurz. In Sibirien können Wintertemperaturen von bis zu –70 °C auftreten. Typisch Böden sind Podsole (Bleicherden) sowie sandige Rohböden.

IX. Polares Zonobiom (Tundra)

Der Begriff *„Tundra"* leitet sich vom finnischen *„tunturi"* für baumloses Hügelland ab. In der Antarktis kommen nur zwei indigene Pflanzenarten vor, und sie besitzt nur ein sehr kleines eisfreies Areal. Demgegenüber ist die zirkumpolare Vegetationszone der Nordhemisphäre mit 5 % der Festlandsfläche relativ ausgedehnt, hier kommen immerhin noch 1 000 verschiedene Samenpflanzen-Arten vor. Die Vegetationsperiode dauert 6 bis 16 Wochen, zum großen Teil mit 24 Stunden Tageslicht. In dieser Zeit kann die Temperatur über 20 °C ansteigen. Neben Zwergsträuchern dominieren Sauergräser, es kommen ausgedehnte Moore vor. Streckenweise können auch Moose und Flechten die Vegetationsdecke bilden. Eine wichtige Rolle spielen weiterhin zwergstrauchartige Kriechweiden.

Orobiome – Ökosysteme der Gebirge

Die Vegetation der Gebirge unterteilt man in **collin, montan, alpin** und **nival.** Schon ALEXANDER VON HUMBOLDT (1769–1859) stellte fest, dass die **Höhenstufen der Gebirge** in gewissem Sinne auf engem Raum die Zonierung der geographischen Breite wiederholen (die nivale und alpine Stufe entsprechen dem polaren Zonobiom, die montane Stufe entspricht dem kaltgemäßigten Zonobiom usw.). Ein deutlicher Unterschied besteht jedoch zwischen den **tropischen Hochgebirgen,** die ein Tageszeitenklima aufweisen, und den **Hochgebirgen der gemäßigten Zonen** mit einem ausgeprägten Jahreszeitenklima. Typisch für tropische Hochgebirge sind Schopfrosettenbäume, in Afrika Baum-Greiskräuter (*Dendrosenecio*, Asterngewächse) und Lobelien (Lobeliengewächse), in den Anden Espeletien (Asterngewächse) und Puya (Bromeliengewächse). Abgestorbene Blattbasen schützen zumindest bei jüngeren Exemplaren das Wasser im Stamm vor nächtlichem Durchfrieren.

Charakteristische Lebensformen der alpinen Stufe sind weiterhin Spaliergehöze (Kriechweiden, Zwergmispeln), deren Äste und Zweige weitgehend horizontal an der Bodenoberfläche oder sogar im Boden wachsen, und Polsterpflanzen. Besonders auffällig sind die Dornpolsterbestände subtropischer Gebirge.

Kleine Lauch-Art *(Allium derderianum)* auf alpinem Geröllhang (Elbursgebirge)

Azonale Biome

Zu den azonalen Biomen gehören z. B. verschiedene **Küstenbiome.** Prägend sind der Salzeinfluss vom Meer und mechanische Faktoren, insbesondere mit Sandkörnern angereicherter Wind. An tropischen Flachküsten mit Sand oder Korallenschutt kommen häufig Bestände der Kokospalme *(Cocos nucifera)* vor. Tropisch-subtropische Schlickküsten werden durch Mangrovenwälder *(Avicennia, Rhizophora)* dominiert. Küsten gemäßigter bis mediterraner Breiten weisen einmal typische Dünenlandschaften mit Strandhafer, Strandgerste und Sauergräsern auf, zum anderen können an Steilküsten typische salztolerante Felsbesiedler auftreten (Meerfenchel, Meersenf, Meerrübe, Strandflieder). Auch auf versalzten oder schwermetallreichen Böden entwickeln sich weitgehend breitenunabhängig ähnliche Biome.

Hochgebirge

Mangrovenwald

Dünenlandschaft

10.2.4 Ökosysteme entwickeln und verändern sich

Beginnt eine Sukzession auf einem Standort, der frei von Lebewesen ist, nennt man sie **Primärsukzession.** Die ersten Arten, die sich an einem solchen Standort ansiedeln, nennt man **Pionierarten.**

Wenn eine bestehende Gemeinschaft durch eine Störung verändert wird und dann eine neue Sukzession auf diesem Standort anfängt, spricht man von **Sekundärsukzession.**

Das ursprüngliche Biommodell kann man sich an der Neubesiedelung einer bei Gletscherrückzug freifallenden Fläche deutlich machen: Zunächst kommt es zu einer **Sukzession** von unterschiedlichen Lebensgemeinschaften, die mit Einwandern und Aussterben von Arten verbunden ist. Diese Entwicklung endet in einem ausgeglichenen Endzustand, der auch als **Klimaxzustand** bezeichnet wird. An diesem **„biologischen Gleichgewicht"** verändert sich dann nichts mehr, außer, es kommt durch Eingriffe von außen oder durch Katastrophen dazu, dass die Entwicklung nach dem Zusammenbruch des Systems wieder von vorne beginnt. Nach der Klimaxvorstellung sind das aber Ausnahmen.

Sukzession

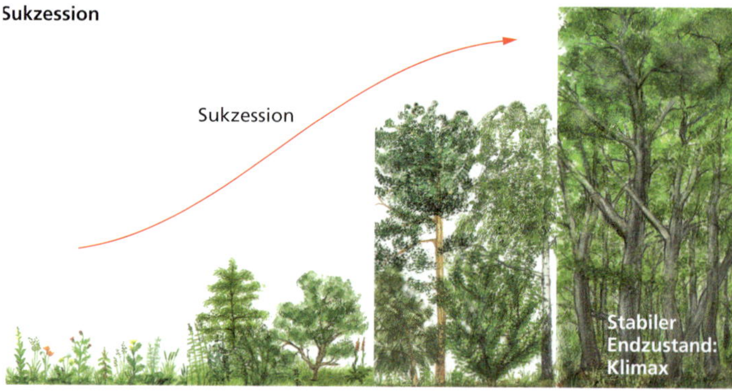

Dem steht die dynamische Auffassung von Biozönosen gegenüber, wie sie z. B. durch die **Mosaik-Zyklus-Theorie** beschrieben wird. Sie sei am Beispiel von Untersuchungen zu **Urwaldökosystemen** erläutert. Es gibt danach keinen Endzustand eines natürlichen Urwalds, vielmehr entwickeln sich nach dem Zusammenbrechen alter Bäume Lichtungen, und dort entstehen, unter heftiger Konkurrenz, zunächst Gesellschaften von Pionierbaumarten, die ihrerseits nach einiger Zeit wieder zusammenbrechen. Dann kommt es wieder zu heftiger Konkurrenz, und erst nach einer längeren Sukzession kann sich der ursprüngliche Zustand wieder einstellen. In großen Waldökosystemen laufen diese Prozesse ständig auf kleinen Flächen (*„Patches"*) nebeneinander ab, sodass immer viele verschiedene Entwicklungsstadien mosaikartig nebeneinander liegen.

Ein Beispiel für diese sich im Kreis entwickelnde Dynamik zeigt die Abfolge der Waldstadien in einer flachen Senke, die z. B. durch Biber zu einem See aufgestaut wurde. Zunächst kommt es durch die Massenentwicklung von blaugrünen Bakterien zu einer erheblichen Stickstoffanreicherung in diesem See. Dies wiederum führt zu einem starken Wachstum der höheren Pflanzen, insbesondere der Ufervegetation, und der See verlandet. Auf dem mineralstoffreichen humosen Boden entwickelt sich zunächst eine üppige Staudenvegetation Stickstoff liebender Pflanzen. Dann siedeln sich erste Weichhölzer an, und ganz zum Schluss kommt es zu einer Wiederbesiedelung durch die ursprünglichen Waldbaumarten.

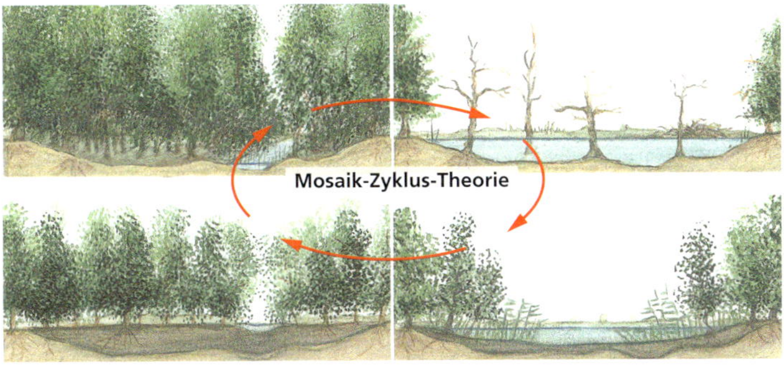

In Wäldern können solche Zyklen Jahrhunderte, vielleicht sogar Jahrtausende dauern, in anderen Vegetationsformen immerhin noch Jahrzehnte. Dabei handelt es sich aber nicht um vollständige Kreisprozesse, eher um eine spiralige Entwicklung. Im Allgemeinen nimmt die Komplexität von Ökosystemen in langen Zeiträumen zu. Die Vielfalt der möglichen Wege des Stoffkreislaufes und des Energieflusses wird dabei immer komplexer. Die ältesten Ökosysteme sind deshalb die kompliziertesten, und die Wechselwirkungen innerhalb solcher Systeme sind besonders zahlreich und schwer durchschaubar.

In Mitteleuropa sind nach der letzten Vereisung vor ca. 12 000 Jahren neue **Waldökosysteme** entstanden. Im Vergleich zu den Wäldern des gemäßigten Zonobioms (↗ S. 417) in Nordamerika und Ostasien sind diese Wälder artenarm. Dies kann damit in Zusammenhang gebracht werden, dass die Waldökosysteme in Ostasien und Nordamerika während der Kaltzeiten nach Süden ausweichen konnten, während sie in Europa durch die Barriere der Alpen am Rückzug gehindert und dadurch vernichtet wurden. Hätten sich in Mitteleuropa Urwälder weiter entwickelt, so würde ihre Artenzahl im Laufe der Jahrtausende vermutlich immer weiter angestiegen sein.

Unter **Feuerökologie** versteht man die Wissenschaft, die sich mit dem Einfluss von Feuer auf Ökosysteme beschäftigt.

Einige Ökosysteme sind auf regelmäßige Brände angewiesen. **Pyrophyten** (Feuerpflanzen) nennt man Pflanzen, die an das Vorkommen von Feuer nicht nur angepasst sind, sondern sogar darauf angewiesen sind, da sich die reifen Früchte sonst nicht öffnen. Die wichtigste Baumart in großen Teilen des nordamerikanischen Yellowstone-Nationalparks ist die Drehkiefer.
Drehkieferbestände können sich nur nach Waldbränden verjüngen, da sich ihre Zapfen nur bei großer Hitze öffnen und dabei die Samen freigeben, die dann für die Naturverjüngung sorgen.

Verholzte Früchte der Myrtenheide *(Melaleuca),* einem australischen Pyrophyten (↗ Abbildung).

10.2.5 Ökosystem Wald

Da die Rotbuche (↗ Foto) besonders schattenunempfindliche Jungpflanzen hat, funktioniert die Naturverjüngung von Buchenwäldern besonders gut. Deshalb ist die Buche der wichtigste Waldbaum Mitteleuropas.

Aufgrund seiner klimatischen Lage ist Mitteleuropa ursprünglich ein reines Waldland. Nur salzhaltige Küstenstreifen, einige Dünenlandschaften, Moore, Lawinenbahnen und Schutthalden und die höchsten Lagen der Gebirge waren von Natur aus waldfrei. Durch die Aktivitäten des Menschen hat sich diese Landschaft in eine reine Kulturlandschaft verwandelt, und selbst die Wälder, die heute in Mitteleuropa anzutreffen sind, sind in mehr oder weniger großem Maße vom Menschen verändert. Der ursprüngliche mitteleuropäische Wald war – abgesehen von den Hochlagen der Gebirge – ein **sommergrüner Laubwald** vor allem aus Buchen und Eichen und in speziellen Lagen auch einigen anderen Laubgehölzen wie Hainbuche, Linde, Ulme, Ahorn-Arten oder Eschen. Auf trockensandigen Böden gedeihen Kiefern, feuchte Niederungen werden von Erlen dominiert.

Die wichtigsten **Primärproduzenten** des Waldes sind die Bäume. Sie bilden die oberste Schicht, die in Mitteleuropa bis etwa vierzig Meter erreichen kann. Je nach Waldtyp folgen dann nach unten weitere **Vegetationsschichten,** z. B. eine **Strauchschicht,** eine **Krautschicht** und eine **Moosschicht.** Für Urwälder dieses Typs ist das Nebeneinander von Bäumen verschiedener Altersklassen charakteristisch. Durch Windbruch, Blitzschlag u. Ä. entstehen in einem Waldgefüge immer wieder kleinere oder größere Lücken, in denen vor allem die **Naturverjüngung** stattfindet. Sträucher und Hochstauden finden ihre Hauptverbreitung in Lichtungen und an Lichtungsrändern. Eine Besonderheit mitteleuropäischer Wälder stellen die **Frühblüher** dar, Pflanzen, die die lichtreiche Frühlingsperiode im Laubwald für ihre Stoffproduktion nutzen und die im Mai nach dem Austrieb der Laubbäume ihre Aktivitäten weitgehend einstellen. Hierzu zählen z. B. Scharbockskraut, Busch-Windröschen, Lärchensporn oder Bingelkraut. Die Produktion organischer Stoffe durch Pflanzen wird von Tieren, den **Konsumenten,** genutzt. Dabei ist der Artenreichtum der Konsumenten größer als der der Primärproduzenten.

Schichtenbau eines Waldes

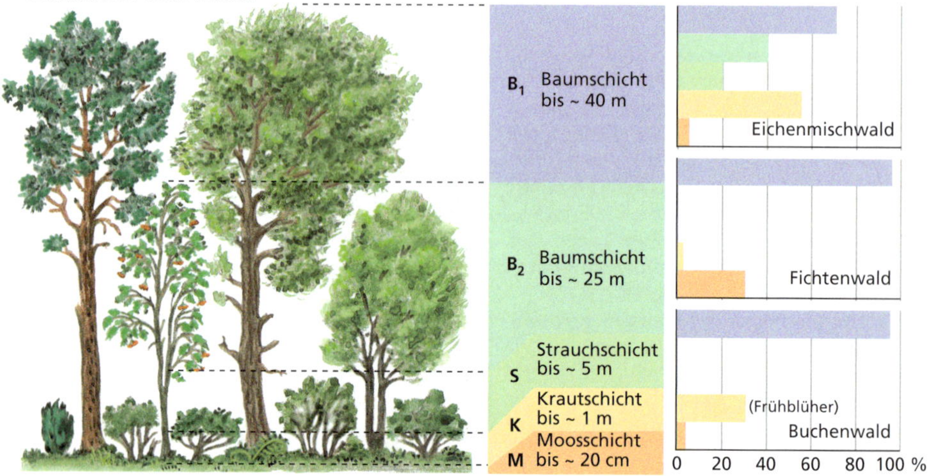

An der Eiche können allein rund tausend verschiedene Insektenarten leben:
- Laubfresser (zahlreiche Insekten wie Raupen, Blattwespenlarven, Käfer und ihre Larven, aber auch Säugetiere wie Hirsch und Reh)
- Holzfresser – vor allem verschiedene Käferlarven. Sie verfügen über kräftigere Mundwerkzeuge. Bezüglich des Abbaus von Cellulose und Ligninstoff sind sie oft auf darmbewohnende Symbionten, vor allem Pilze, angewiesen.
- Säftesauger – v. a. Blattläuse und Blattwanzen. Auch sie enthalten oft Endosymbionten, die ihnen bei der Verdauung und Beschaffung wichtiger Wirkstoffe behilflich sind.
- Fresser von Früchten und Samen: Viele Tiere haben sich auf die besonders nährstoffreichen Früchte und Samen der Pflanzen spezialisiert. Dies gilt für Insekten (Haselnussbohrer) ebenso wie für Wirbeltiere (Eichelhäher, Eichhörnchen, Wildschwein).

Da die meisten Konsumenten zweiter Ordnung zahlreiche verschiedene Tierarten fressen, nimmt jeder dieser Konsumenten mehrere Nährstoffketten in sich auf. Gerade in den sommergrünen Wäldern fällt durch den jährlichen Laubfall besonders viel totes organisches Material an, das für den Stoffkreislauf eine wichtige Rolle spielt. Dabei kann dies von Jahr zu Jahr wechseln, wenn z. B. in einem Jahr ein großer Raupenbefall zu verzeichnen ist, so führt dies zu einer geringeren Blattmasse und einem anderen **Energiefluss.**

Verschiedene Wege des Energieflusses im Ökosystem Wald

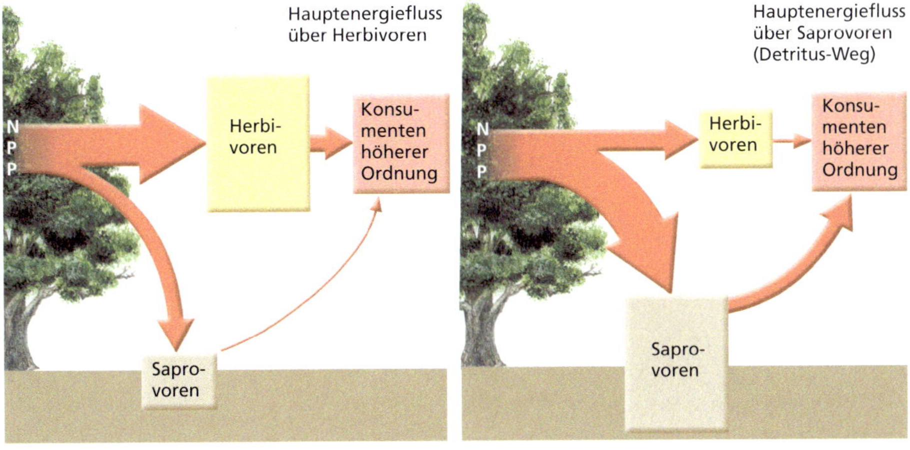

Typen stehender Gewässer:
- Zeitweilig austrocknend: Tümpel
- Flach: Weiher
- Tief: See
- Ablassbar: Teich, Stausee

Gartenteiche können – richtig angelegt – die biologische Vielfalt eines Gartens erheblich bereichern.

10.2.6 Ökosystem See

Stehende Gewässer sind in sich abgeschlossen und klar umgrenzt, weshalb sie zu den ersten gut untersuchten Ökosystemen gehörten. Einmal kann man stehende **Gewässer** nach ihrer Größe, Tiefe und Dauerhaftigkeit unterscheiden, zum anderen nach ihrem Mineralstoffgehalt und ihren physikalischen Eigenschaften. **Oligotrophe** (nährmineralarme) Seen sind bis in die Tiefe sauerstoffreich und haben eine im Vergleich zum Abbauvolumen geringe Produktionskraft, sodass das gesamte organische Material remineralisiert wird. Im tiefen Wasser kommt es dabei zu keiner bedeutenden Anreicherung von Mineralsalzen. Insbesondere wird ein Großteil der Phosphate an den Seengrund und an eingeschwemmte Tonmineralien adsorbiert. Auch bei der Vollzirkulation im Frühjahr und im Herbst bleibt die Nährsalzzufuhr in den produktiven oberen Wasserschichten der für die Primärproduktion begrenzende Faktor. Oligotrophe Seen kommen z. B. in den Gebirgen – besonders in den Alpen und dem Alpenvorland – vor. Durch ihre große Tiefe haben diese Seen eine hohe Abbaukapazität. Weiterhin traten oligotrophe Seen früher auf mageren Sandböden des norddeutschen Flachlandes auf (Heideseen).

Demgegenüber sind die typischen Flachlandseen meist reicher an Nährmineralien **(meso- bis eutroph)**. Dabei spielen der Untergrund (z. B. Jungmoränen), der Eintrag über die Zuflüsse und die geringere Seentiefe eine Rolle. Die produktive Oberschicht kann über die Hälfte des Seevolumens ausmachen. So reicht die Abbaukapazität nicht aus, in den tieferen Schichten kommt es – vor allem im Sommer – zu starker Sauerstoffzehrung, schließlich zur Faulschlammbildung und zur Entwicklung von Schwefelwasserstoff. Der Bodenschlamm zeigt die durch Eisensulfid hervorgerufene typische blauschwarze Färbung. Die **Wasserzirkulation** im Frühjahr und Herbst führt zu einer kräftigen Düngung der Oberschicht und gleichzeitig zu einer Sauerstoffzufuhr in die tieferen Schichten. Die Folge ist eine anhaltend hohe **Stoffproduktion** und **Sedimentation,** was schließlich zur **Verlandung** führt.

Eutropher und Oligotropher See

Moorsee (Moorauge)

Ein dritter Seentyp wird als Braunwassersee **(dystroph)** bezeichnet. Die braune Farbe stammt von sauren Humusstoffen, die aus umgebenden Torfschichten (Hochmoore) oder bodensauren Heiden bzw. Nadelwäldern eingeschwemmt werden. Die besonderen Eigenschaften dieser Seen werden vor allem durch den niedrigen *pH*-Wert und die hohe Lichtabsorption bestimmt.

In der mitteleuropäischen Kulturlandschaft sind nährmineralarme Gewässer ausgesprochen selten geworden. Durch die Einleitung von **Abwässern,** die Einschwemmung überschüssiger Düngemittel und den Eintrag von Stickstoffverbindungen über die Niederschläge werden den Gewässern große Mineralstoffmengen zugeführt. Die zunehmende **Eutrophierung** aller oligotrophen Seen, ein an sich natürlicher Vorgang, wurde in den letzten Jahrzehnten in Mitteleuropa sehr stark beschleunigt.

Die **Anomalie des Wassers** (↗ S. 44) ist für das Ökosystem See von entscheidender Bedeutung: Wasser hat bei +4 °C seine größte Dichte. Kälteres Wasser wird wieder leichter. Im Sommer erwärmt sich der See vor allem durch direkte Strahlungsabsorption. Seen mit vielen Schwebeteilchen erwärmen sich besonders schnell. Mit der Tiefe nimmt die durchgelassene Strahlungsmenge exponenziell ab. Das führt zu einer Temperaturschichtung, die wegen der geringen Wärmeleitfähigkeit des Wassers relativ konstant bleibt. Der Gradient ist umso steiler, je mehr Schwebeteilchen im Wasser vorhanden sind, je eutropher also das Gewässer ist. Durch die Wellenbewegung an der Wasseroberfläche wird eine mehr oder weniger tiefe Schicht gut durchmischt. Sie ist nahezu gleichwarm **(Epilimnion)**. Von dem kühleren unbewegten Tiefenwasser **(Hypolimnion)** ist diese Schicht durch eine Sprungzone **(Metalimnion)** getrennt. Häufig liegt diese Sprungschicht in der Zone, in der auch die Strahlungsintensität einen Grenzwert für autotrophes Leben erreicht. In diesem Fall ist nur die erwärmte obere Schicht nährstofferzeugend **(trophogen)** und sauerstoffreich. Im Hypolimnion wird Sauerstoff verbraucht, sodass sich im Laufe des Sommers ein nahezu anaerober, mit organischen Abfällen angereicherter Tiefenbereich entwickeln kann. Erst die herbstliche Abkühlung des Oberflächenwassers leitet in der Regel eine tiefer greifende **Wasserzirkulation** und damit einen Stoffausgleich im See ein.

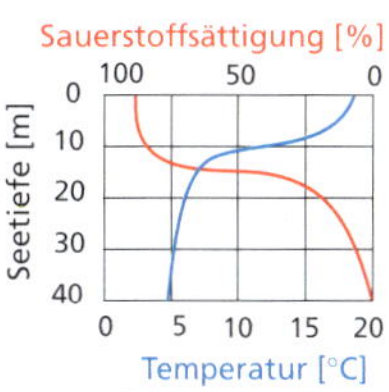

Ein See im Jahresverlauf

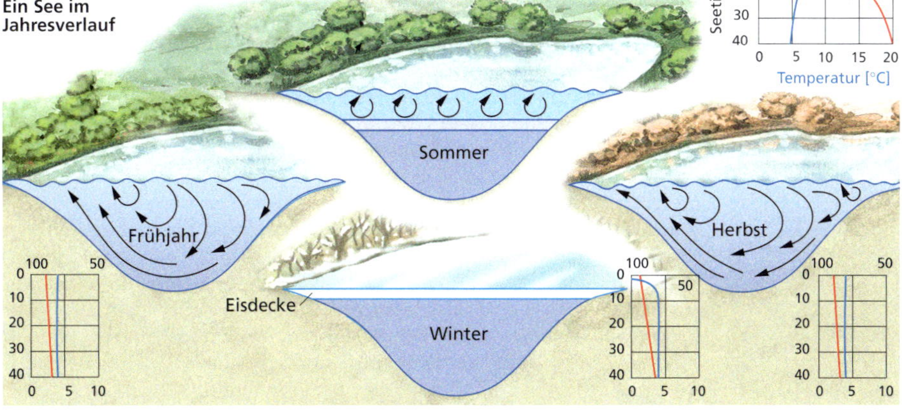

Lebensbereiche des Sees

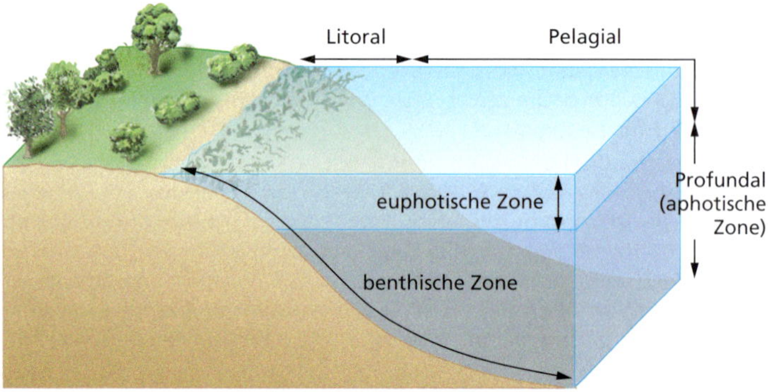

Ein See ist in verschiedene Lebensbereiche gegliedert. Man unterscheidet die **Bodenzone (Benthal)** von der **Freiwasserzone (Pelagial)**. Das Benthal wird wiederum in einen **Uferbereich (Litoral) u**nd einen **Tiefenbereich (Profundal)** gegliedert. Für die verschiedenen Bereiche sind bestimmte Lebensformen charakteristisch. Plankton nennt man die Gesamtheit der im Freiwasser schwebenden Kleinlebewesen, deren Eigenbewegung gegenüber den Wasserbewegungen unbedeutend ist. Demgegenüber sind Nekton frei schwimmende Tiere – vor allem Fische und einige Insekten –, die auch gegen die Wasserbewegung vorankommen („Schwimmer").

Für eine größere Zahl von Lebewesen stellt die Wasseroberfläche **(Neuston)**, die aufgrund der Kohäsion der Wassermoleküle eine Art Häutchen bildet, einen besonderen Lebensraum dar. Bakterien bilden eine Kahmhaut, Algen können dünne Schichten bilden, aber auch größere Pflanzen wie Wasserlinsen sind an diese Wasseroberfläche gebunden, ebenso Tiere, die daran hängen, darauf schwimmen oder laufen (Stechmückenlarven, Rückenschwimmer, Wasserläufer, die mit dem Haarkranz ihres Atemrohres an der Oberfläche hängen, oder Wasserschnecken, die an der Wasseroberfläche kriechen können). Die Gesamtheit der bodenbewohnenden Lebewesen wird auch **Benthon** genannt. Neben vielen Tierarten wie Würmern, Schnecken, Muscheln, Wasserasseln und Insektenlarven zählen hierzu auch die Pflanzen, die im typischen Fall in Gürteln unterschiedlicher Lebensformen angeordnet sind. Zu den stets untergetaucht lebenden **Tauchblattpflanzen** zählen Arten wie Hornblatt, Tausendblatt oder Wasserpest. Über ihre dünnen, oft fein verästelten Blätter können sie Mineralstoffe direkt aus dem Wasser aufnehmen. Landseitig folgt ein Gürtel mit **Schwimmblattpflanzen**. Hierzu zählen die Wasserrosen und Teichrosen, deren Blätter mit der Unterseite dem Wasserspiegel aufliegen und die daher nur auf der unbenetzbaren Oberseite Spaltöffnungen besitzen. Aber auch verschiedene Laichkraut-Arten und der Wasser-Knöterich zählen zu dieser Lebensform. Landseitig folgen dann die **Röhrichtpflanzen**, zu denen neben dem Schilfrohr („Reet") Rohrkolben und Teich-Simsen zählen. Diese Pflanzen können mehrere Meter in den Luftraum ragen und gleichzeitig mit ihren unterirdischen Sprossen tief in den Seeboden eindringen.

Sie besitzen ein ausgeprägtes Durchlüftungsgewebe, durch das ihre im sauerstoffarmen Boden wachsenden Erdsprosse mit Sauerstoff versorgt werden. Zwar sind Röhrichte relativ arm an Pflanzenarten, doch bieten sie vielen Tieren wichtigen Lebensraum. Die starke Bodendurchwurzelung und der Sauerstoffeintrag in den an organischen Abfallstoffen reichen Seeboden führt zu einem sehr wirkungsvollen Abbau organischer Abfallstoffe. Aus diesem Grund können Röhrichtbeete auch zur Klärung von Abwasser eingesetzt werden (Wurzelraumentsorgung, Pflanzenkläranlagen). An den Schilfgürtel schließen landseitig Weidengebüsche und Erlengehölze an, in baumfreien Bereichen auch Sumpfpflanzenbestände wie Seggenrieder und Feuchtwiesen.

Leben an einem Seerosenblatt

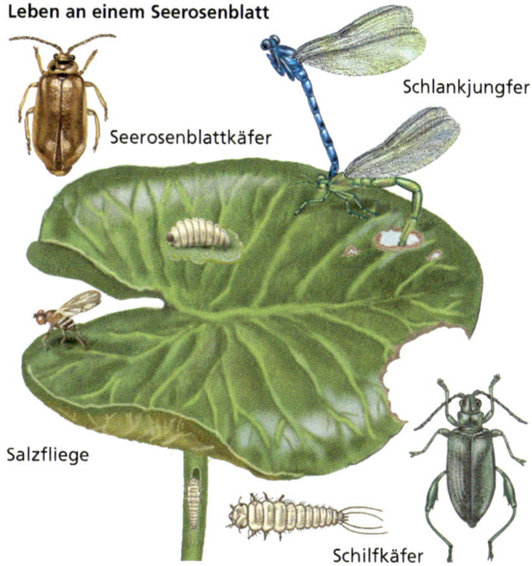

Vegetationsgürtel am See

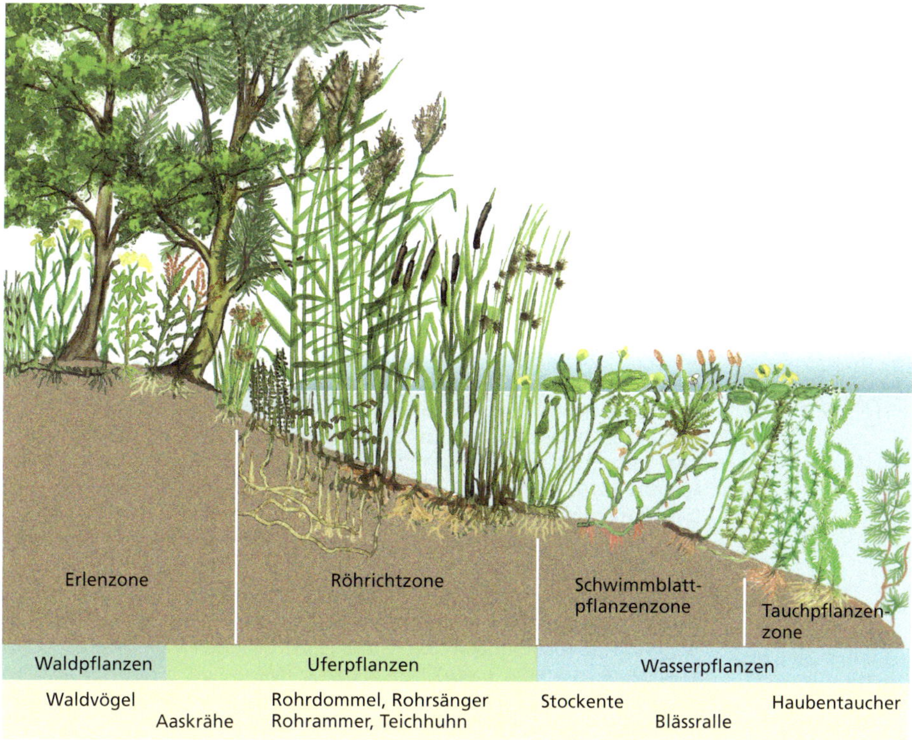

10.3 Populationsökologie

- Die Häufigkeit und Verteilung der Individuen, das Zahlenverhältnis der Geschlechter, die Höhe der Fortpflanzungsrate und die Altersstruktur sind Merkmale einer Population, die für ihre ökologische Wirksamkeit bedeutsam sind.
- Populationen zeigen vor allem ein exponentielles oder logistisches Wachstum.
- Die Altersstruktur von Populationen lässt sich in Form von Alterspyramiden darstellen.
- Die Populationsdichte wird durch dichteabhängige und dichteunabhängige Faktoren reguliert.

10.3.1 Wachstum und Entwicklung einer Population

Populationsgrößen lassen sich durch verschiedene **Schätzmethoden** bestimmen.

Alle Individuen einer Art, die in einem abgegrenzten Gebiet leben, werden als **Population** bezeichnet (↗ S. 389). Für die ökologische Wirksamkeit einer Population sind folgende Merkmale von Bedeutung:
- Häufigkeit der Individuen (Populationsgröße und -dichte),
- Verteilung der Lebewesen (räumlich und zeitlich),
- Zahlenverhältnis der Geschlechter,
- Zuwachsrate,
- Altersstruktur (↗ S. 430, 434).

Brutkolonie von Pinguinen (kontinuierliche Verteilung)

Die **Populationsgröße** gibt die Anzahl der Individuen einer Art in einem bestimmten Gebiet an. Daraus ergibt sich die **Populationsdichte (Abundanz)**. Sie ist u. a. vom Verhalten (Individual- und **Popularverhalten)**, dem Nahrungsangebot, dem Klima und den Fressfeinden abhängig (↗ S. 389). Entsprechend diesen Bedingungen fasst ein Lebensraum nur eine maximale Individuenzahl **(Umweltkapazität *K*)**, wobei der ungünstigste Faktor begrenzend wirkt (Gesetz des Minimums). Die Verteilungen der Individuen einer Population können unregelmäßig, regelmäßig oder gehäuft sein. Ein gleichmäßiger Abstand ergibt sich z. B. durch **Revierbildung** ↗ S. 391) oder die Einhaltung einer **Hackdistanz** (Pinguinkolonie, ↗ Abbildung), Häufungen kommen oft durch unregelmäßig verteiltes Nahrungsangebot zustande (z. B. Fliegen auf Kuhfladen). Neben der räumlichen Verteilung lassen sich in Abhängigkeit des **Biorhythmus** und der Aktivitätszeit der Tiere auch zeitliche Verteilungsmuster erkennen (z. B. tag- und nachtaktiv, Aufsuchen bestimmter Futterplätze, Schlafplätze).
Das **Wachstum einer Population** ist von der Fortpflanzungsweise abhängig. Häufig sind bisexuelle (zweigeschlechtliche) oder unisexuelle (eingeschlechtliche) Populationen. Eingeschlechtliche männliche Populationen kommen z. B. zeitlich begrenzt bei Rothirschen vor. Blattläuse leben während des Sommers in rein weiblichen Populationen, die sich parthenogenetisch fortpflanzen. Beim häufigen Fall bisexueller Populationen kann das Geschlechterverhältnis, wie beim Menschen, ausgeglichen sein, es kommen aber auch höhere Weibchenanteile (Kiefernblattwespe: 75 %) oder Männchenanteile (Kiefernspanner: 63 %) vor.

Individuen einer Population unterscheiden sich. Diese Variabilität hat sowohl genetische als auch von Umwelteinflüssen bestimmte Ursachen (Modifikationen, ↗ S. 214). Wenn sich bei einer genetischen Variante Vorteile gegenüber den anderen Populationsmitgliedern ergeben, so hat sie einen Selektionsvorteil durch höheren Fortpflanzungserfolg (↗ S. 392).

Um das Wachstum einer Population zu beschreiben, sind die Geburts- **(Natalität *b*)** und Sterberate **(Mortalität *m*)** einer Population von Bedeutung. Die Differenz bestimmt das Populationswachstum und wird in der **Zuwachsrate *(r)*** ausgedrückt: $r = b - m$.

Unter idealen Bedingungen wachsen Populationen exponenziell (b > m), als Wachstumsgleichung ausgedrückt:

Exponenzielles Wachstum

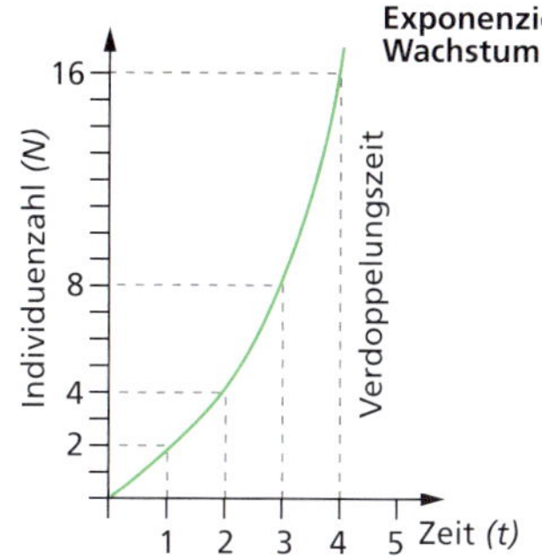

$$\frac{dN}{dt} = r \cdot N$$ (Die Zunahme der Individuenzahl ist proportional der Individuenzahl und der Zuwachsrate).

Mit zunehmender Individuenzahl wächst die Mortalitätsrate immer mehr an, bis Mortalität und Natalität sich die Waage halten (b = m). Dieser Wert entspricht der **Umweltkapazität *K*,** dem maximalen Fassungsvermögen der gegebenen Umwelt für eine bestimmte Art. Die Population kann solange wachsen, solange zwischen der erreichten **Individuenzahl *N*** und der Kapazität eine Differenz besteht.

Dies wird durch folgenden Zusatz zur **Wachstumsformel** ausgedrückt:

$$\frac{dN}{dt} = r \cdot N \cdot \left(\frac{K - N}{N}\right)$$

Die Gesamtheit der wachstumshemmenden Faktoren wird **Umweltwiderstand** genannt. Wächst die Population über ihre Kapazitätsgrenze hinaus weiter exponenziell (Massenvermehrung bzw. Gradation), kommt es nach einer gewissen Zeit zum Zusammenbruch (↗ S. 431). Am häufigsten sind Schwankungen der Individuenzahl um die Kapazitätsgrenze zu beobachten, die als Massenwechsel bzw. Fluktuationen bezeichnet werden. Im Allgemeinen ist das Wachstum einer Population am größten, wenn ihre Individuenzahl N die Hälfte der Kapazität K erreicht hat. Die Ermittlung von $\frac{K}{2}$ ist deshalb für die Produktionsbiologie in Land-, Forst- und Fischereiwirtschaft von Bedeutung.

Wachstumskurve mit verschiedenen Begrenzungen

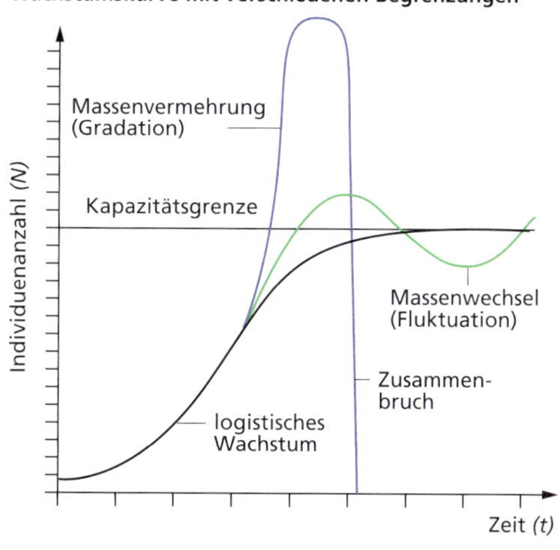

Populationsbiologen unterscheiden zwei unterschiedliche, durch Übergänge verbundene Strategien zum Populationserhalt:

1. die **Vermehrungsstrategie (*r*-Strategie)**, bei der ein sehr großer Überschuss an Nachkommen erzeugt wird (hohe Vermehrungsrate *r*).
2. die **Anpassungsstrategie (*K*-Strategie)**, bei der wenige Nachkommen optimal geschützt werden (Individuendichte nahe bei *K*).

Merkmale	*r*-Strategen	*K*-Strategen
Lebensdauer	kurz	lang
Individualentwicklung	schnell	langsam
Vermehrungsrate	hoch	niedrig
Anzahl der Nachkommen	viele	wenige
elterliche Fürsorge	gering, keine	ausgeprägt
Sterberate	hoch	niedrig
Umweltbedingungen	wechselhaft	konstant
Populationsgröße	stark schwankend	konstant, nahe bei K
innerartliche Konkurrenz	schwach, unregelmäßig	stark
	– Feldmäuse, Hasen – viele Insekten, – Kleinkrebse – einjährige Pflanzen	– Wale, Elefanten – Primaten, Mensch – Bäume – Sonderfall: soziale Insekten

10.3.2 Altersstruktur von Populationen

Populationen verschiedener Länder unterscheiden sich erheblich in der Form ihrer Alterspyramiden.

Populationen können einen unterschiedlichen Altersaufbau haben, d. h., das Zahlenverhältnis der Individuen verschiedener Altersstufen bzw. Entwicklungsstadien kann unterschiedlich sein.
Dies lässt sich grafisch darstellen (↗ Abbildung): Im Wachstum einer Population ist die Anzahl der Jungtiere am höchsten. Die Populationsstruktur hat die Form einer **Pyramide.** Die erwartete Altersstruktur der Bevölkerung Deutschlands im Jahre 2025 ist mit einer **Urnenform** vergleichbar. Hier werden weniger Kinder geboren als alte Menschen leben (schrumpfende Bevölkerung). Wenn die Populationsgröße ungefähr gleich bleibt, sieht die Altersstruktur dem Bild einer **Glocke** ähnlich.

Alterspyramiden

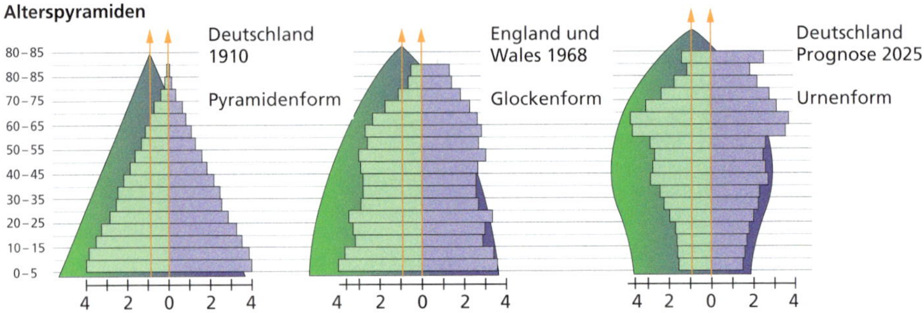

10.3.3 Regulation der Populationsdichte

Für die Schwankungen von Populationsgrößen ist der Umweltwiderstand (↗ S. 429) verantwortlich, wobei man **dichteabhängige** und **dichteunabhängige Faktoren** unterscheiden kann:

Faktoren	Verminderung der Populationsdichte durch:
dichteabhängige Faktoren (innerartliche Konkurrenz): – Nahrungs- und Energieangebot – Platzangebot	 – Abwandern einer Art – Erhöhung der Sterblichkeitsrate (z. B. durch mehr Krankheiten, geringeres Wachstum von Pflanzen bei Lichtmangel) – Verminderung der Geburtsrate (z. B. geringere Fruchtbarkeit) – Territorialverhalten – (Verteidigung des Reviers gegenüber Artgenossen, mehr Kontakte zu Artgenossen) – Stress (erhöhte Aggressivität, Abnahme der sexuellen Aktivität, Kannibalismus) – hormonelle Regulation
dichteunabhängige Faktoren: – Witterungsbedingungen (Licht, Temperatur, Feuchte, Wind) – Katastrophen (Erdbeben, Überschwemmungen...)	 – z. B. Hochwasser – Vernichtung der Nester bodenbrütender Vögel – z. B. Erfrieren von Insekten im Winter – Verdursten durch Dürre – Vernichtung durch Brände

Der **Lärchenwickler,** ein Schmetterling, der in ganz Nord- und Mitteleuropa verbreitet ist, zeigt im Populationswachstum regelmäßige Zyklen. Die Hauptfutterpflanze für die Raupen ist die Lärche, aber das Weibchen legt seine Eier auch an Zirbelkiefern ab. Die Populationsdichte kann sich in 8–10 Jahren so stark entfalten, dass ein großflächiger Kahlfraß entsteht und die Population aus Nahrungsmangel zusammenbricht. Danach baut sich die Population über Jahre hinweg wieder auf, und der Zyklus beginnt von vorn.

Einige Populationen (viele Insekten, kleine Nagetiere, einjährige Pflanzen) unterliegen einer **inneren Dynamik,** ohne dass andere Arten einen Einfluss ausüben (innerartliche Konkurrenz). So kann sich unter günstigen Witterungsbedingungen (dichteunabhängiger Faktor) die Nahrungssituation so verbessern, dass es zu einem Anstieg der Populationsdichte um ein Vielfaches über die Kapazitätsgrenze kommt **(Gradation).** Der wachsende Umweltwiderstand bewirkt den Rückgang oder Zusammenbruch der Population.

Massenvermehrungen bei Forstschädlingen (Kiefernspanner, Lärchenwickler, Feldmaus) führen oft zu hohen wirtschaftlichen Schäden **(Kalamität).**

Räuber-Beute-Beziehung

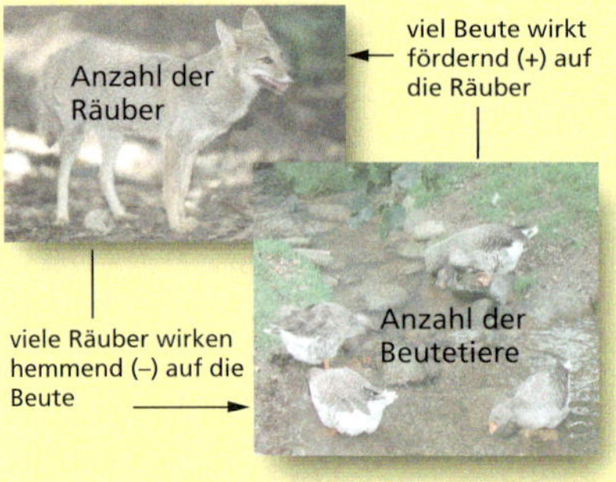

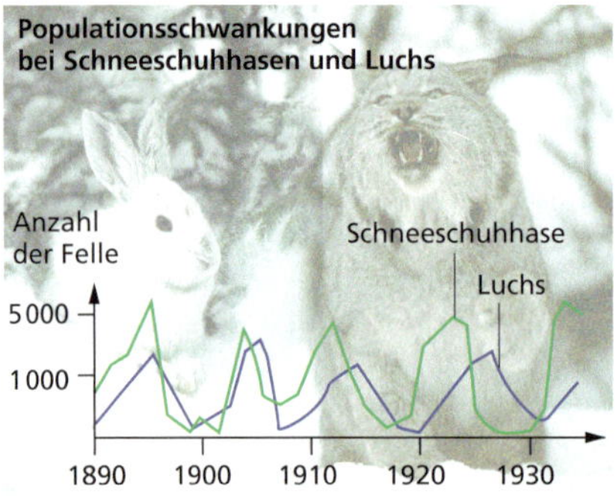

Volterra-Regeln

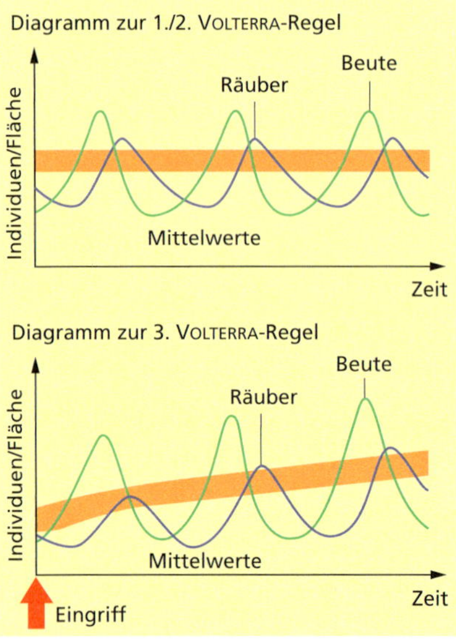

Neben der inneren Dynamik einer Population durch das Zusammenwirken von dichteabhängigen und -unabhängigen Faktoren können sich Populationen auch gegenseitig beeinflussen. Gut untersucht sind Beziehungen zwischen **Prädatoren (Räuber)** und **Beute.** Wenn in einem Biotop eine große Anzahl von Beute vorkommt, wirkt sich dies fördernd auf die Nahrungssuche und den Fortpflanzungserfolg der Räuber aus. Dadurch steigt die Populationsdichte der Räuber, die dann nicht mehr soviel Beute finden und somit nur eine geringere Anzahl an Nachkommen großziehen können. Dadurch sinkt die Anzahl der Räuber, und der Kreislauf beginnt von vorn.

Das wohl bekannteste Beispiel für eine **Räuber-Beute-Beziehung** ist die Abhängigkeit von Luchs und Schneeschuhhase in Kanada. Die abgelieferten Felle der Tiere wurden bei der *Hudson Bay Company* seit 1800 registriert. So konnte man den Bestand der Populationen weit zurückverfolgen. Es zeigte sich, dass in einem Abstand von ca. 10 Jahren viele Felle der Luchse erfasst wurden und es ca. 2 Jahre vor den Luchsen zu einer Häufung der Hasenfelle, der Hauptbeute des Luchses, kam.

In den in der Landwirtschaft üblichen Monokulturen steigt die Populationsdichte von Schädlingen, z. B. Raupen oder Blattläusen, stark an. Vernichtet man durch den Einsatz von Giften die Schädlinge, so trifft man zeitverzögert auch ihre „nützlichen" Fressfeinde, wie etwa Florfliegen oder Marienkäfer. Nach der Verminderung beider Arten erholen sich die Pflanzenschädlinge schneller, sodass eine erneute **Massenvermehrung** auftritt (↗ Abbildung, 3. Regel).

Für diese wechselseitigen Räuber-Beute-Beziehungen wurden von G. F. Gause, A. J. Lotka und **Vito Volterra** (1860–1940) mathematische Modelle entwickelt **(Volterra-Regeln)**:

1. Die Populationsdichten von Beute und Fressfeind schwanken periodisch und zeitlich gegeneinander verschoben.
2. Die Dichte jeder Population schwankt um einen Mittelwert.
3. Eine Erhöhung der Beutedichte bewirkt eine Zunahme der Räuber. Nach einer gleich starken Verminderung beider Arten erholt sich die Population der Beute schneller als die des Fressfeindes.

10.4 Mensch und Biosphäre

- Die wachsende Erdbevölkerung ist die Hauptursache für die Umweltbelastungen durch den Menschen.
- Endliche Ressourcen müssen in Zukunft zunehmend durch erneuerbare Rohstoffe und Energiequellen ersetzt werden.
- Die Bewirtschaftung von Land und Meeren darf auch langfristig nicht zur Beeinträchtigung ihrer Produktionskraft führen.
- Luft, Wasser und Boden sind die Grundlagen des Lebens in der Biosphäre. Schadstoffe gefährden ihre Funktionsfähigkeit.
- Vermeidung und Recycling von Abfällen und Minimierung von Schadstofffreisetzungen sind wichtige Voraussetzungen für nachhaltige Entwicklungen.

10.4.1 Entwicklung der Weltbevölkerung

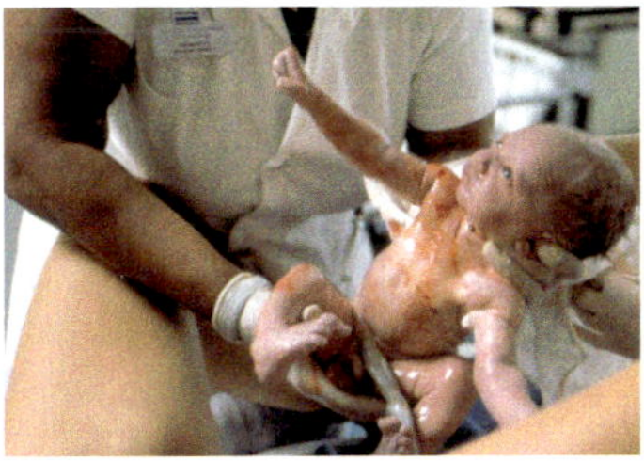

Am 11. 07. 1987 begrüßte der Generalsekretär der Vereinten Nationen in Zagreb im damaligen Jugoslawien symbolisch den fünfmilliardsten Erdenbürger. Bereits zwölf Jahre später wurde die Sechs-Milliarden-Grenze überstiegen. Die Zeiträume, in denen sich die Erdbevölkerung verdoppelt, wurden im Laufe der Geschichte immer kürzer: Bis zum Beginn unserer Zeitrechnung hatte die Verdoppelung etwa 1 000 Jahre gedauert. Die letzte Verdoppelung dauerte ungefähr 40 Jahre! Allerdings kann man in den letzten Jahrzehnten eine Verlangsamung beobachten. So wuchs die **Weltbevölkerung** zwischen 1950 und 1975 um 64 %, zwischen 1975 und 2000 jedoch nur um 48 %. Setzt sich diese Entwicklung fort, wird die Menschheit gegen Ende dieses Jahrhunderts mit 11 Milliarden ihr Maximum überschritten haben und zahlenmäßig wieder abnehmen.

Die Erdbevölkerung wächst derzeit pro Jahr um etwa 80 Mio. Pro Sekunde bedeutet dies einen Zuwachs um 3 Erdenbürger. Siehe dazu auch die „Weltbevölkerungsuhr": *www.dsw-online.de/wbuhr.html.*

Da die höchste Bevölkerungszunahme in den strukturell wenig entwickelten Ländern Afrikas, Asiens und Lateinamerikas zu beobachten ist, kann man davon ausgehen, dass eine bessere Ausbildung – insbesondere der Mädchen und Frauen – sowie eine Verbesserung der Gesundheits- und Sozialsysteme und der Einkommensverhältnisse in diesen Ländern zu einer Stabilisierung der Weltbevölkerung beitragen könnten.

Für die **nachhaltige Entwicklung der Biosphäre** ist eine solche Stabilisierung der menschlichen Population auf einem nicht zu hohen Niveau unbedingt erforderlich. Auch wenn die obere Grenze der Belastbarkeit kontrovers diskutiert wird, so ist klar: Die Biosphäre ist endlich. Die Ressourcen an Nahrungsmitteln, Rohstoffen und Energiequellen sowie die Kapazität, Abfälle und Schadstoffe aufnehmen zu können, sind begrenzt. Gelingt es der Menschheit nicht, steuernd einzugreifen, wird das Ende des Wachstums mehr oder weniger katastrophal verlaufen.

Im Juni 1992 fand in Rio de Janeiro eine **Konferenz der Vereinten Nationen für Umwelt und Entwicklung** statt. Eine zweite Konferenz gab es 2002 in Johannesburg (↗ S 447 f.).

Die **Bevölkerungszahl** wird vom Verhältnis der Geburten zu den Todesfällen bestimmt. Ist das Verhältnis >1, wächst die Weltbevölkerung.

Bevölkerungsstruktur von Honduras (2003):
0–14 Jahre: 41,6 %
15–64 Jahre: 54,8 %
über 64 Jahre: 3,6 %
Wachstumsrate: 2,36 %

http://www.cia.gov/cia/publications/factbook/geos/ho.html

Schon heute leiden viele Menschen an Unterernährung. Sie haben keinen Zugang zu ausreichendem Trinkwasser, und es steht ihnen fast keine medizinische Versorgung zur Verfügung. Mit Sicherheit sind die Möglichkeiten zur Erzeugung von Nahrungs- und Futtermitteln und zur gerechten Verteilung der Ressourcen auf der Erde noch nicht ausgeschöpft. Aber gerade in Ländern mit geringem Bildungsniveau und mangelnder Rechtssicherheit sowie ungünstigen wirtschaftlichen Beziehungen zu den Industrieländern stehen Verbesserungen fast unüberwindliche Schwierigkeiten entgegen. Wie auf den UNO-Konferenzen in Rio 1992 und Johannesburg 2002 festgestellt wurde, gehört zu aber zur Sicherung einer nachhaltigen Entwicklung der Erde nicht nur der schonende Umgang mit der Umwelt, sondern auch eine gerechte Verteilung der Güter im Weltmaßstab.

Nicht nur die gegenwärtige Bevölkerungszahl, auch die **Altersstruktur** lässt Rückschlüsse auf die künftige Wachstumstendenz einer Population zu. Entspricht die Altersgliederung in einer Region oder in einem Land einer Pyramidenform – was für einen hohen Anteil an jungen, fortpflanzungsfähigen Menschen spricht –, ist mit einem deutlichen Bevölkerungszuwachs zu rechnen. Fehlt der Pyramide eine breite Basis, stagniert das Bevölkerungswachstum, oder es nimmt sogar ab.
In den Industrienationen nehmen die Bevölkerungszahlen eher ab, in den Ländern der Dritten Welt wachsen sie jährlich um etwa 1–3 %.

Altersstruktur in Industrie- und Entwicklungsländern

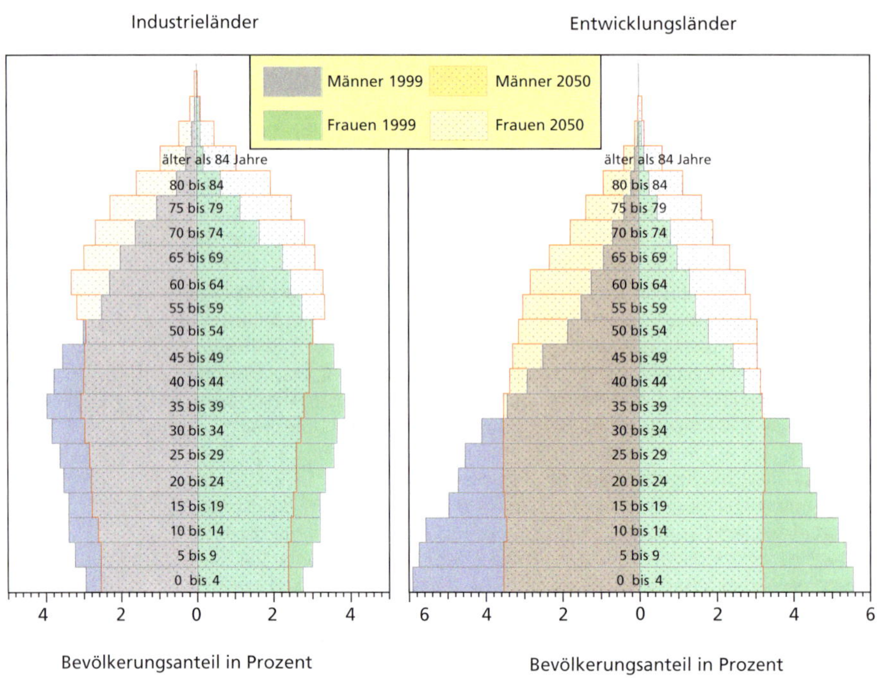

10.4.2 Rohstoffe und Bewirtschaftung von Land und Meeren

Rohstoffe in Form von Bodenschätzen wie Erz, Kohle, Erdöl und Erdgas sind nicht erneuerbar. Auch wenn die Schätzungen über die Vorräte und ihre Verfügbarkeit unterschiedlich ausfallen, steht fest, dass sie in nicht allzu ferner Zukunft erschöpft sein werden. Zu fordern ist deshalb nicht nur ein sparsamer Umgang mit diesen nicht erneuerbaren Ressourcen, sondern auch eine zunehmende Nutzung nachwachsender Rohstoff- und erneuerbarer Energiequellen. Die Produktion von Rohstoffen aus Pflanzen **(Biomasseproduktion),** die direkte oder indirekte Nutzung der Sonnenenergie - dazu gehört die Nutzung von Wind- und Wasserenergie - sind zukunftsweisende Möglichkeiten. Die prinzipielle Möglichkeit, über Atomspaltung oder Kernfusion praktisch unerschöpfliche Energieressourcen zu öffnen, würde zwar Energieengpässe beseitigen, wäre aber mit sehr großen Risiken verbunden.

Nachwachsende Rohstoffe nennt man Substanzen, die von Pflanzen gebildet werden und als industrielle Rohstoffe im Nichtnahrungsmittelbereich genutzt werden (↗ S. 442).

In **Tschernobyl** explodierte im Jahr 1986 ein Atommeiler, die schrecklichen Nachwirkungen sind bis heute spürbar.

Mit der Erfindung des Ackerbaus und der Viehzucht begann der Mensch vor gut 10 000 Jahren aktiv in das ökologische Gefüge seiner Umgebung einzugreifen und Ökosysteme zu seinem Nutzen umzugestalten. Seither ist es Ziel der Land- und Forstwirtschaft, einen möglicht hohen Zuwachs an Biomasse zu erzielen, der dann dem Produktionsort weitgehend entzogen wird. Diese großen Mengen geernteter organischer Stoffe werden in den Zentren menschlicher Siedlung „verbraucht", ihre Reste als „Abfall" zu einem großen Teil über die Gewässer dem Meer zugeleitet.

Nur zu einem geringen Teil – etwa über den Stallmist, die **Jauche-Düngung** oder die **Kompostierung** – gelangen diese Stoffe wieder zurück in die Nutz-Ökosysteme. Dafür wird den Nutz-Ökosystemen in steigendem Maße Mineraldünger aus geologischen Sedimenten und aus industrieller Luftstickstoffbindung **(Haber-Bosch-Verfahren)** zugeführt. Mineralische Dünger, vor allem Nitrate und Phosphate, verweilen nur relativ kurz im Boden, sie werden sehr leicht ausgewaschen und gelangen über das Grundwasser oder die Vorfluter in die Gewässer. Diese Gewässerdüngung hat zu einer starken **Gewässereutrophierung** geführt. Auch küstennahe Biozönosen sind durch den Eintrag von Mineralstoffen und Schwebeteilchen über die Flüsse gefährdet. Dies gilt zum Beispiel für die auf klares Wasser angewiesenen Korallenriffe. Nährmineralien wie Nitrate und Phosphate können natürlichen Lebensgemeinschaften auch dadurch schaden, dass durch sie wenige, schnell wachsende Arten (z. B. Löwenzahn, Wiesen-Kerbel, Brennnessel) gefördert werden, die alle anderen überwuchern.

Erzlaugung (Leaching) mithilfe von Bakterien dient der besseren Ausnutzung von metallhaltigem Gestein im Bergbau.

Landwirtschaftliche Nutzflächen sind normalerweise gegenüber natürlichen Ökosystemen in ihrer Artenzusammensetzung stark vereinfacht, meistens handelt es sich um Monokulturen aus nur einer Nutzpflanzenart. Solche Systeme sind nicht zur Selbstregulation in der Lage.

Besonders gefährdet sind sie durch das Überhandnehmen spezieller „Unkräuter" sowie bakterieller, pilzlicher oder tierlicher „Schädlinge". Hiergegen werden **„Schädlingsbekämpfungsmittel" (Pestizide)** eingesetzt. Usprünglich handelte es sich bei diesen Substanzen um schwer abbaubare Verbindungen, z. B. halogenierte Kohlenwasserstoffe wie **DDT,** Aldrin, Dieldrin, Heptachlor usw. Sie reichern sich in den **Nahrungsketten** an und können in den Endgliedern – Konsumenten höherer Ordnung – lebensbedrohende Konzentrationen erreichen (↗ S. 405 ff.). Aber auch moderne Pestizide stellen eine Gefahr für natürliche Lebensgemeinschaften dar.

Erosionsschäden

Eine weitere Gefahr durch unsachgemäß betriebenen Ackerbau und Viehzucht besteht in der Bodenvernichtung. Insbesondere wenn zu steile Hänge bearbeitet werden, kann dies zu **Wassererosion** führen. Dadurch, dass nach der Ernte unbewachsene Bodenflächen entstehen, kann v. a. in Gebieten mit Trockenzeiten auch **Winderosion** die Böden abtragen. In vielen semiariden Gebieten ist Überweidung eine große Gefahr. Oft geht dies einher mit exzessiver Brennholznutzung. Auf diese Weise können Kulturlandschaften allmählich zu Wüsten werden **(Desertifikation)**. Die Abholzung natürlicher Wälder ist ein großes Problem, da diese Waldökosysteme meist sehr empfindlich sind und nur schlecht regenerieren. Gleichzeitig beherbergen sie besonders viele Pflanzen- und Tierarten. Mit den Regenwäldern verschwindet ein großer Teil dieser **Biodiversität** (↗ S. 444). Viele wertvolle Ressourcen gehen auf diese Weise vermutlich verloren, ehe sie entdeckt und erkannt werden konnten.

i

Pestizide sind chemische Substanzen zur Bekämpfung von tierischen, pflanzlichen und mikrobiellen Organismen, die Nutztiere, Nutzpflanzen, Lebensmittel oder Materialien schädigen oder zerstören.

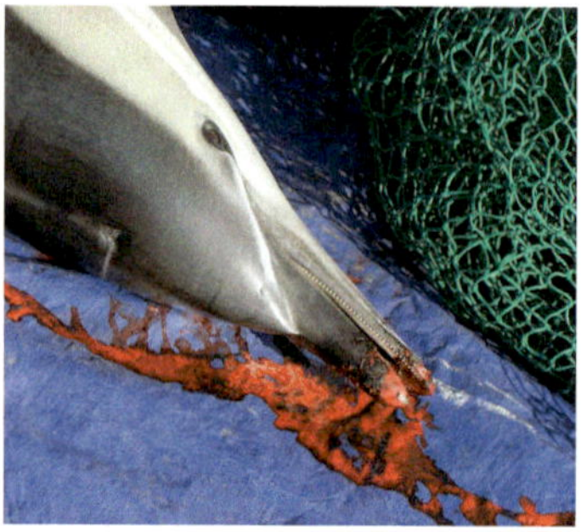

Die gezielte Bewirtschaftung der **Weltmeere** steht erst am Anfang, hier ist der Mensch weitgehend noch Jäger und Sammler, allerdings mit sehr ausgereifter Jagdtechnik, die der Jagdbeute kaum eine Chance lässt. So hat die Intensivierung und Mechanisierung der Fangmethoden an vielen Stellen schon zu einer Bedrohung der Fischbestände und zu einer Gefährdung oder sogar **Ausrottung von Arten** geführt.

Der Einsatz von **Treibnetzen** ist besonders gefährlich: Ein kilometerlanges, relativ engmaschiges Netz wird über Nacht in den Ozean gehängt und fängt alles, was zufällig vorbeischwimmt, auch solche Tiere, die gar nicht verwertet werden. Dazu gehören junge, noch nicht geschlechtsreife Speisefische, die dann im nächsten Jahr fehlen; außerdem Wale und Delfine, Haie, Schildkröten und Seevögel, die sich beim Tauchen nach Beute im Netz verheddern. Dieser „Beifang" wird nicht genutzt und bleibt tot oder schwer verletzt im Ozean zurück.

Durch gezielte **Aquakulturen** könnte man die Nachhaltigkeit der Meereserträge im Prinzip auf hohem Niveau sichern, doch zeigt die bisherige Praxis solcher Anlagen, dass auch hierbei – ähnlich wie bei der Landwirtschaft – die Probleme der Überdüngung und des Pestizidaustrages auftreten, außerdem können nicht indigene Kulturarten zu Faunenverfälschungen führen.

Lachsfarm

10.4.3 Belastungen von Luft, Wasser und Boden

Großstädte und andere Ballungsgebiete beweisen, dass viele Menschen auf engem Raum zusammenleben können. Umweltbelastungen werden aber in solchen Populationszentren besonders deutlich: Die Qualität von Luft, Wasser und Boden kann durch menschliche Aktivitäten erheblich beeinträchtigt werden. Für alle Lebewesen einschließlich des Menschen stellen diese Bausteine der Biosphäre die unabdingbare Existenzgrundlage dar. Wird ihre natürliche Zusammensetzung verändert und werden sie mit Schadstoffen belastet, so hat dies direkte Auswirkungen auf alle Lebewesen und auf die Gesundheit der Bevölkerung.

Luft

Jeder erwachsene Mensch atmet pro Minute 30 bis 40 Liter Luft. Damit nimmt er nicht nur Sauerstoff, Stickstoff und Kohlenstoffdioxid auf, sondern auch alle anderen Inhaltsstoffe der Luft, z. B. die Schadstoffe, die durch Verbrennungsprozesse in den Haushalten, der Industrie und dem Verkehr aus Brennstoffen wie Kohle und Mineralöl freigesetzt werden. Das sind z. B. Schwefeldioxid, Stickstoffoxide, Kohlenstoffmonooxid, Halogenkohlenwasserstoffe, Ruß und Staub.

Produktion und Verbrauch von Fluorchlorkohlenwasserstoffen wurden 1987 durch das Montrealer Protokoll eingeschränkt. Die deutsche chemische Industrie verzichtet seit 1995 auf die Produktion von FCKWs. (1989 betrug die Produktion noch 95 000 Tonnen.)

Außer direkt über die Atemgase können diese Stoffe auch in anderer Form schädlich wirken: Als **saurer Regen** kehrt ein beachtlicher Teil des Schwefeldioxids und der Stickstoffverbindungen auf die Erdoberfläche zurück. Er fügt dem Wasser, dem Boden und der Vegetation beachtlichen Schaden zu. So werden insbesondere die Waldschäden der zunehmenden Bodenversauerung zugeschrieben. Auch die chemische Korrosion an Gebäuden geht teilweise auf diese Luftschadstoffe zurück.

Stickstoffoxide und **Fluorchlorkohlenwasserstoffe** sind vor allem an der Zerstörung der **Ozonschicht** in der unteren Stratosphäre beteiligt. Der acht Kilometer dicke Ozonmantel um die Erde ist für den Schutz des Lebens von großer Bedeutung, da er einen hohen Anteil der UV-Strahlung absorbiert. Das seit 1985 über der Antarktis zu beobachtende, in seiner Ausdehnung schwankende, aber doch eher zunehmende Ozonloch hat Diskussionen um die Auswirkungen der Zerstörung des Ozonmantels intensiviert.

CO_2, CH_4 und N_2O sind derzeit für etwa 95 % des zusätzlichen Treibhauseffektes verantwortlich.

Immissionen sind Stoffe, die auf die Organismen einwirken. Emissionen sind Stoffe, die feigesetzt werden.

Die festen, flüssigen oder gasförmigen luftverunreinigenden Stoffe, die beim Verlassen einer Fabrikanlage, eines Kraftwerkes oder eines Kfz-Motors in die Atmosphäre gelangen, werden als **Emissionen** bezeichnet. Sie werden durch die Luftströmungen mehr oder weniger weit transportiert und verteilt und wirken als **Immissionen** auf die Organismen. Bei bestimmten Wetterlagen (Windstille, Inversionswetterlagen) kann die rasche Verteilung der **Schadstoffe** vermindert werden, sodass im Bereich von Großstädten und Industriegebieten gesundheitsgefährdende Konzentrationen erreicht werden können (Smog).

Verschiedene Stoffe bewirken eine Erwärmung der Erdatmosphäre **(Treibhausgase),** indem sie die von der Erdoberfläche abgegebene Wärmestrahlung absorbieren. Für einen natürlichen Treibhauseffekt sind bereits Wasserdampf und Kohlenstoffdioxid verantwortlich. Erhöht wird dieser Effekt durch zusätzliches Kohlenstoffdioxid sowie durch Methan, Lachgas (N_2O), Fluorchlorkohlenwasserstoffe und Schwefelhexafluorid. Höhere Lufttemperaturen führen zu einem verstärkteAbschmelzen der Gletscher und dadurch zu einem Anstieg der Weltmeere.

Wasser

Die gesamte **Hydrosphäre** besteht aus $1{,}4 \cdot 10^9$ km^3 **Wasser.** Davon entfallen 97,3 % auf die Ozeane, und 2,7 % sind auf den Kontinenten verteilt, wobei die Hauptmasse in den riesigen Gletschern der Antarktis gespeichert ist. Der Wasserkreislauf in der Biosphäre sorgt dafür, dass Wasser ständig umverteilt und aufbereitet wird. Der über den Weltmeeren in die Atmosphäre aufsteigende Wasserdampf fällt nur zum Teil als Regen wieder auf sie zurück, der andere Teil gelangt in Form von Niederschlägen in andere Regionen. Damit auf der Erde jährlich etwa 470 000 km^3 Niederschlagswasser fallen können, muss sich das atmosphärische Wasser ungefähr 35- bis 40-mal im Jahr umsetzen.
Durch Schadstoffe in der Luft, besonders aber durch das Abwasser aus menschlichen Siedlungen, werden Gewässer in großem Maße verunreinigt. Zwar benötigt der Mensch täglich nur etwa 2 bis 3 Liter als Trinkwasser. Doch als Brauchwasser im Haushalt, in sanitären Einrichtungen und Industrieanlagen werden in den Industriestaaten mittlerweile pro Kopf weit mehr als 100 Liter Wasser täglich benötigt.

Luftaufnahme einer Kläranlage in Niedersachsen, Delmenhorst (↗ Foto)

Wasser wird mit Schmutz und Schadstoffen häufig so stark angereichert, dass seine natürliche **Selbstreinigungskapazität** nicht mehr ausreicht, um wieder **Trinkwasserqualität** zu erlangen. Die gezielte Reinigung von Abwässern in **Kläranlagen** ist unumgänglich. Dabei wird in einer *mechanischen Reinigungsstufe* grober Abfall zurückgehalten. In der *biologischen Reinigungsstufe* werden organische Abfallstoffe abgebaut, und in einer chemischen Reinigungsstufe werden vor allem Nitrate und Phosphate, aber in speziellen Anlagen auch andere Schadstoffe, entfernt.

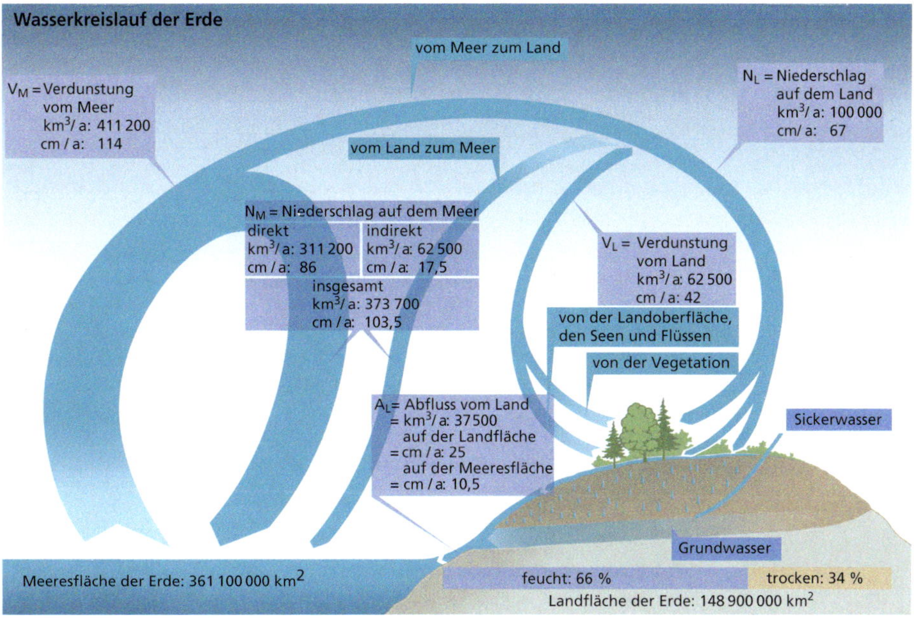

Boden

Unter **Boden** versteht man die oberste, durch Klima und Pflanzen veränderte Schicht der Erdoberfläche (↗ S. 400). Nur sie ist in der Lage, Pflanzenwuchs zu tragen. Der Boden liefert damit die Existenzgrundlage aller Ökosysteme. Außerdem ist er wichtiges **Produktionsmittel** in der **Landwirtschaft.** Als **Rohstoffspeicher** ist er ein wichtiger Bestandteil aller Stoffkreisläufe, denn neben seiner Aufgabe als Filter und Puffer sowie als **Wasserspeicher** bietet er den remineralisierenden Mikroorganismen geeigneten Lebensraum. Dadurch beliefert er die Primärproduzenten mit den essenziellen Mineralstoffen.
Boden und Bodenentwicklung ist durch viele menschliche Aktivitäten gefährdet. Die Folgen intensiver unüberlegter Landbewirtschaftung sind Erosion, Bodenverdichtung, Überdüngung und Schadstoffbelastungen durch Pestizide (↗ S. 436). In Ballungsgebieten gehen große Anteile der Bodenflächen durch Versiegelung verloren.

Besonders gefährlich für Boden, Wasser und Luft bzw. für die Lebewesen, die auf diese Grundsubstanzen der Biosphäre angewiesen sind, sind schwer abbaubare giftige Substanzen: einmal die Schwermetalle, zum anderen organische Verbindungen, z. B. chlorierte Kohlenwasserstoffe, wie sie etwa für Pestizide verwendet werden. Das 1939 entwickelte Dichlordiphenyltrichlorethan (DDT) ist ein Insektengift, das wesentlich zur Eindämmung der Malaria beigetragen hat. Da es nur sehr langsam abgebaut werden kann (Halbwertzeit mehr als 20 Jahre), kann eine starke Anreicherung in den Nahrungsketten erfolgen (Gefährdung von Konsumenten höherer Ordnung wie Greifvögeln und Fischfressern).

Besonders giftig sind die chlorierten Derivate des Dibenzo-1,4-dioxins **(Dioxine).**

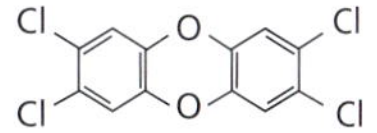
Dioxin (2,3,7,8-Tetrachlordibenzo-1,4-dioxin)

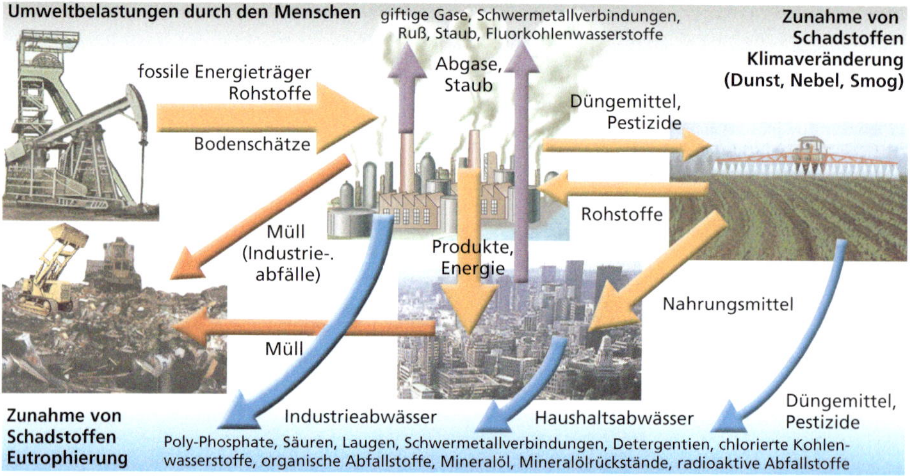

10.4.4 Abfall und Recycling

Sowohl für die Lebewesen als auch für die gesamte Biosphäre sind Stoffkreisläufe charakteristisch, d. h. Prozesse, bei denen ein großer Teil der Ausgangsstoffe wieder zurückgewonnen wird. Trotzdem handelt es sich dabei im Einzelfall keineswegs um vollständige Kreisprozesse, bei denen alle Abfallstoffe recycelt werden.

Kreisprozesse im Zellstoffwechsel sind etwa der Citratzyklus (↗ S. 115) und der CALVIN-Zyklus (↗ S. 108). In der menschlichen Niere werden täglich 180 l Primärharn produziert, von denen mehr als 99 % Flüssigkeit durch Rückresorption wieder in den Blutkreislauf zurückkehren. Gleichzeitig ist das Harnsystem jedoch ein gutes Beispiel für Abfallproduktion im menschlichen Körper, in diesem Fall vor allem aus dem Proteinstoffwechsel und dem dabei entstehenden Überschuss an stickstofforganischen Verbindungen. Aber nicht nur Lebewesen produzieren organische und anorganische Abfallstoffe. Auch natürliche Ökosysteme zeigen keinen vollständigen Stoffkreislauf: Torf, Erdöl, Erdgas und Kohle sind aus den Abfällen früherer Ökosysteme entstanden. Ebenso gilt dies für die riesigen Kalkmengen in Sedimentgesteinen. Sogar der Sauerstoffgehalt unserer Atmosphäre wurde zunächst als „Abfallgas" der Fotosynthese produziert. Charakteristisch für die Biosphäre ist allerdings, dass diese Abfallstoffe meist im Laufe erdgeschichtlicher Zeiträume wieder in den Stoffkreislauf einbezogen werden. Außerdem sind diese „Abfälle" in biologischen Systemen viel geringer als in modernen menschlichen Gesellschaften. Das gesamte Abfallaufkommen Deutschlands betrug 1996 ca. 391 Mio. Tonnen und stieg bis 2000 auf ca. 405 Mio. Tonnen an.

Im Jahr 2000 fielen pro Einwohner 432 kg Haushaltsabfälle an, davon konnten 45 % wieder verwertet werden.

i

Abfallmengen in Deutschland (2000):

Bauschutt, Bodenaushub, Straßenaufbruch, Baustellenabfälle:	62 %
Bergbau:	12 %
produzierendes Gewerbe:	11 %
Siedlungsabfälle:	11 %
Sonderabfälle:	4 %

Dies stellt zwar eine deutliche Verbesserung gegenüber früheren Situationen dar, das Wiederverwerten von Abfällen könnte aber noch sehr viel weiter ausgebaut werden. Allerdings stehen bei Fragen der Abfallbeseitigung Naturschutz, Schonung der Umwelt, Fragen der Gesundheit und wirtschaftliche Interessen oft im Widerstreit.

Besonders problematisch sind so genannte Sonderabfälle, deren Entsorgung große Schwierigkeiten bereitet und die für die Umwelt und für die Menschen besonders gefährlich sind. Zu solchen Stoffen gehören z. B. Schwermetalle wie Quecksilber, Cadmium, Blei und Arsen oder chlorierte Kohlenwasserstoffe, ebenso persistente Kunststoffe wie Polyester, Polyamid oder PVC oder besonders giftige Stoffe wie Dioxine.

Unter Abfallbeseitigung versteht man Deponierung, Kompostierung, Verbrennung und Export.

Leitgedanke der heutigen **Abfallwirtschaft** ist eine möglichst kreislaufartige Verbindung von Versorgung und Entsorgung. Diesem Ziel versucht man in Deutschland und in der EU durch verschiedene gesetzgeberische Aktivitäten näher zu kommen (Verpackungsverordnung von 1991, Kreislaufwirtschafts- und Abfallgesetz von 1996, Pfand für Einweggetränkeverpackungen 2003/2004). Hinsichtlich des Umgangs mit Abfällen sollte man sich an die Rangfolge: *„Vermeidung vor Verwertung"* und *„Verwertung vor Beseitigung"* halten.

Zur **Abfallvermeidung** zählen auf der Produktionsseite abfallarme Produktgestaltung und Kreislaufführung von Rohstoffen, auf der Konsumentenseite der Erwerb abfall- und schadstoffarmer Produkte. An die **Wiederverwertung von Abfällen** sollte man erst denken, wenn eine Vermeidung nicht möglich ist. Denn normalerweise ist Recycling nicht ohne weitere Energiezufuhr und auch zusätzlichen Rohstoffverbrauch möglich. Wenn man Kunststoffabfälle z. B. zu Zaunpfählen oder Parkbänken verarbeitet, so bedeutet dies nur eine Verschiebung der Enddeponie, denn diese Produkte sind nicht recycelbar.

Recycling bei der Bierherstellung

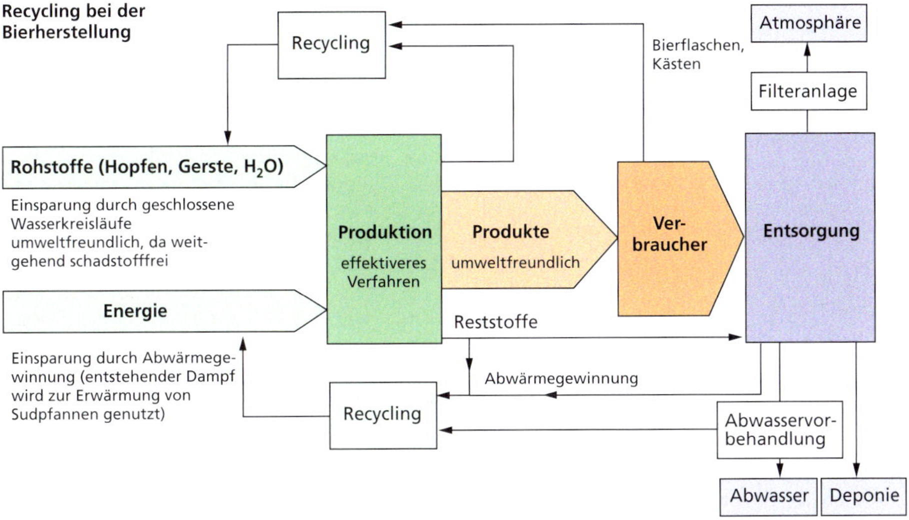

Bis heute spielt das **Deponieren von Abfällen** auch in Deutschland eine wichtige Rolle. Doch gehen von diesen Deponien, auch wenn sie gut angelegt sind, Gefahren für das Grundwasser und für die Atmosphäre (Klimagase), Lärm- und Geruchsbelästigungen, Verwehung von Stäuben, Brand- und Explosionsgefahr sowie Landschaftsverbrauch aus. Bei der **Kompostierung von Abfällen** kann unter aeroben Bedingungen ein Kompost gewonnen werden, der zur Bodenverbesserung eingesetzt werden kann. Wegen der enthaltenen Schadstoffe ist er allerdings für die landwirtschaftliche Produktion von Nahrungsmitteln nicht geeignet. Bei der **anaeroben Fermentation** kann außerdem **Biogas** als Energieträger entstehen.

Durch **Müllverbrennung** bei 800 bis 1 000 °C wird das Müllvolumen um 90 %, die Masse um 60 % reduziert. Die Abgase können durch Filter weitgehend gereinigt werden. Doch sind die Reste wegen ihrer hohen Schadstoffbelastung (Schwermetalle, Dioxine) Sondermüll und müssen besonders sorgfältig deponiert werden. Nach der Einrichtung von zentralen Müllverbrennungsanlagen kann es zudem dazu kommen, dass Gemeinden nicht mehr an einer Müllvermeidung interessiert sind, da bei zu geringem Müllaufkommen die Anlagen nicht rentabel gefahren werden können.

Verbrennung von Abfällen als „energetisches Recycling" zu bezeichnen, ist irreführend.

Als beste Lösung für das Abfallproblem bietet sich auf lange Sicht die zunehmende Verwendung **nachwachsender Rohstoffquellen** an. Weiterhin sollte die Verwendung biologisch leicht abbaubarer Kunststoffe gefördert werden. Dabei könnten auch „neue Mikroorganismen", eventuell mit gentechnisch erzeugten besonderen Abbauleistungen, eingesetzt werden. Die Freisetzung solcher genetisch veränderter Mikroorganismen könnte jedoch ebenfalls Umweltprobleme mit sich bringen. Auch eine gründlichere Nutzung von Rohstoffen durch moderne technische Verfahren kann der Müllreduzierung dienen.

Durch das getrennte Sammeln von Abfällen kann die Wiederverwertung erleichtert werden (z. B. Biotonne, Batterien, Altglas).

Wichtige nachwachsende Rohstoffe

Industriepflanzen

Farbstoffe:
Färbereiche
Färberwaid
Färberwau
Krapp
Kreuzdorn
Safran

Fasern:
Chinaschilf
Faserlein (Flachs)
Hanf
Kapokbaum
Sisalagave

Heil- und Gewürzpflanzen:
Baldrian
Fenchel
Johanniskraut
Knoblauch
Pfefferminze
Salbei
Zitronenmelisse

Holz, Lignocellulose:
Buche
Kiefer
Hemicellulose
Lignin

Zucker:
Topinambur
Zichorie
Zuckerrohr
Zuckerrüben

Stärke:
Kartoffeln
Mais
Weizen

Lipide, Proteine:
Erbse
Lein
Lupine
Mohn
Raps
Soja
Sonnenblume
Weizen

Energiepflanzen

Öl (Kraft- und Brennstoff):
Rapsöl
Sonnenblumenöl

Energie aus Biomasse:
Chinaschilf
Getreide
Mais
Ölpflanzen
Schnell wachsende Hölzer

Energie aus Biomasseabfall (Biogas):
Deponiegas
Gülle
Klärschlamm

10.5 Natur- und Umweltschutz

- Der Mensch soll sich aus Eigeninteresse für die Natur verantwortlich fühlen und sie daher schützen.
- Die Vielfalt der Ökosysteme, die Artenvielfalt und die Vielfalt der genetischen Informationen, die in den Arten enthalten sind, werden unter dem Begriff der biologischen Vielfalt oder Biodiversität zusammengefasst.
- Die biologische Vielfalt ist durch den Menschen bedroht und geht dramatisch zurück.
- Durch zahlreiche unterschiedliche nationale und internationale Schutzmaßnahmen soll dem Verlust der biologischen Vielfalt Einhalt geboten werden.

10.5.1 Warum Natur- und Umweltschutz?

Leben ist das Merkmal, das unseren Planeten so einzigartig macht, und vielleicht ist die riesige **Vielfalt des Lebens** sein eindrucksvollstes Charakteristikum. Diese Vielfalt und die Variabilität der Lebewesen und der ökologischen Komplexe, in denen sie auftreten, wird auch als **biologische Vielfalt** oder **Biodiversität** bezeichnet (↗ S. 444).

Nicht nur aus ethischen und religiösen Gründen wird der belebten Natur ein Eigenwert zuerkannt, der ihren Schutz erfordert. Pflanzen, Tiere und Mikroorganismen werden seit Jahrtausenden vom Menschen als Nahrungs- und Rohstoffquelle genutzt.

Mit der Entwicklung der Biotechnologie erreicht diese Nutzung eine neue Qualität. Die in den Pflanzen, Tieren und Mikroorganismen enthaltenen genetischen Ressourcen rücken zunehmend in das Blickfeld des allgemeinen Interesses.
Der Mensch ist Bestandteil des **Ökosystems Erde.** Wir stehen nicht außerhalb des zu Schützenden, sondern mitten darin. Wir greifen nicht nur in die Natur ein, sondern diese wirkt auch auf uns zurück.
Während sich der reine **Naturschutz** um die Erhaltung und Förderung von frei lebenden Tieren und Pflanzen samt ihrer Lebensgrundlagen bemüht, geht es dem **Umweltschutz** auch weiter gehend um die Bewahrung und Entwicklung einer „lebenswerten Biosphäre".

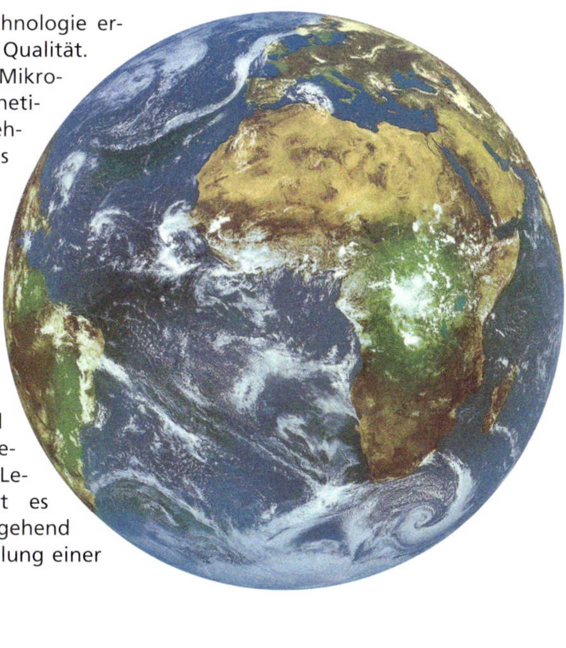

Da die natürlichen Belange des Menschen nur zu wahren sind, wenn zugleich auch die Belange der Pflanzen- und Tierwelt gesichert werden, sprechen wir von Natur- und Umweltschutz. Die häufig verwendete Formulierung „Natur- und Umweltschutz" geht der Annahmeaus, dass die bedürfnisse des Menschen zu wahren sind, wenngleich auch die Belange der Pflanzen- und Tierwelt geschützt wreden.

10.5.2 Rückgang der biologischen Vielfalt

Mit dem Begriff der **biologischen Vielfalt** (**Biodiversität,** ↗ S. 32) verbinden sich drei Ebenen der Vielfalt, die ineinander greifen, die:
- Vielfalt an Ökosystemen oder Lebensräumen,
- Artenvielfalt,
- Vielfalt genetischer Informationen, die in den Arten enthalten sind.

Der Rückgang der biologischen Vielfalt ist dramatisch. Der durch den Menschen verursachte Verlust an Arten wird mehr als 10 000-mal so hoch eingeschätzt, als er unter derzeit relativ stabilen natürlichen Bedingungen auf der Erde sein müsste. Dieser Trend hält bisher unvermindert an. Das Bedrohliche an dieser Entwicklung ist, dass der Verlust an Arten unwiederbringlich ist.

Anlässlich des 10. Jahrestages der CBD formulierte ihr Generalsekretär, HAMDALLAH ZEDAN: *„dass in der gesellschaftlichen Wahrnehmung der Biodiversität ein großer Wandel stattgefunden hat. Sie wird nun als ein entscheidender Faktor bei den Anstrengungen angesehen, nachhaltige Entwicklung und Beseitigung der Armut zu erreichen".*

Im Anschluss an der Umweltgipfel in Rio 1992 wurde am 29. 12. 1993 eine internationale Vereinbarung über Biodiversität getroffen *(CBD Convention on Biological Diversity).*
Biodiversität gilt – spätestens seit dem Weltgipfel in Johannisburg 2002 – als Schlüsselproblem nicht nur für Natur- und Umweltschutz, also der Sicherung der natürlichen Lebensgrundlagen, sondern auch für die globale wirtschaftliche Entwicklung. Besonders folgende in Johannisburg formulierte Zielen sollen auch mithilfe der CBD erreicht werden:
- Gerechte Verteilung beim Nutzen genetischer Ressourcen,
- Biosicherheit (insbesondere durch vollständigen Informationsaustausch über transgene Organismen),
- Technologie-Transfer,
- Bewahrung und rechtliche Sicherung von traditionellem Wissen über Biodiversität,
- Bereitstellung von Finanzmitteln für den Erhalt der Biodiversität,
- Ausarbeitung von speziellen Programmen, die insbesonde dem Schutz der Biodiversität in strukturschwachen Ländern dienen.

Durch nationale und internationale Vereinbarungen hofft man in der nahen Zukunft, über die Bedeutung der Biodiversität exaktere Aussagen machen zu können. Denn auch wenn wir heute schon erstaunlich gut über die Grundlagen des Lebendigen, die wichtigsten Erscheinungsformen, die Wechselwirkungen zwischen Genen und Proteinen und die Stoffkreisläufe in Ökosystemen Bescheid wissen, so sind die meisten Detailfragen zu qualitativen und quantitativen Aspekten der biologischen Vielfalt bisher nicht zu beantworten. Die heutigen Möglichkeiten der Datenerfassung und Bearbeitung sind jedoch eine gute Voraussetzung für zukünftige Fortschritte.

Die wesentlichen Belastungen und Gefahren sind:

1. Änderungen der Flächennutzung
(Landwirtschaft, Forstwirtschaft, Fischerei, Siedlung, Verkehr)

Die Vielfalt wild lebender Populationen ist im mitteleuropäischen Raum heutzutage vor allem durch anthropogene Veränderungen der Landschaft gefährdet.
Lebensraumverluste und -reduktionen sowie die Zerschneidung der Landschaft durch Verkehrswege und überbaute Flächen können zu Auslöschung, Isolation, Fragmentierung und Verkleinerung von Populationen führen (↗ S. 428).

Luftaufnahme von Kiel

2. Verbreitung von gebietsfremden Organismen und zukünftig auch von gentechnisch veränderten Organismen

Gebietsfremde Arten können je nach Region und Begleitumständen einen wesentlichen Faktor für den Verlust heimischer Arten darstellen. Bei gezieltem Einsatz der Gentechnik kann es zu unerwünschten Auswirkungen kommen, wie die Gefahr des Verlustes genetischer Vielfalt. Neozoen und Neophyten sind Tiere und Pflanzen, die erst in der Neuzeit in ein Gebiet eingewandert sind. Oft wurde dies durch den Menschen verursacht, wie z. B. bei der Wollhandkrabbe aus China.

„Neubürger" Wollhandkrabbe

3. Eintrag von Stoffen über die Luft und das Wasser und Schadstoffe im Boden

Einträge von biologisch abbaubaren Stoffen können den Sauerstoffhaushalt der Gewässer belasten. Nährmineralien können zu Algenblüten führen oder Schadstoffe auf Organismen giftig insbesondere Luft und Boden.
Nutzungen der Gewässer, insbesondere die Trinkwassergewinnung u. Ä. werden dadurch beeinträchtigt (↗ S. 435).
Ebenso können Luft und Boden durch giftige Immissionen belastet werden.

Algenblüte

Klimaänderungen

In den letzten hundert Jahren hat sich das Klima der Erde unverhältnismäßig stark verändert. Experten sprechen von einem durch den Menschen beeinflussten **Global-Change-Scenario.**

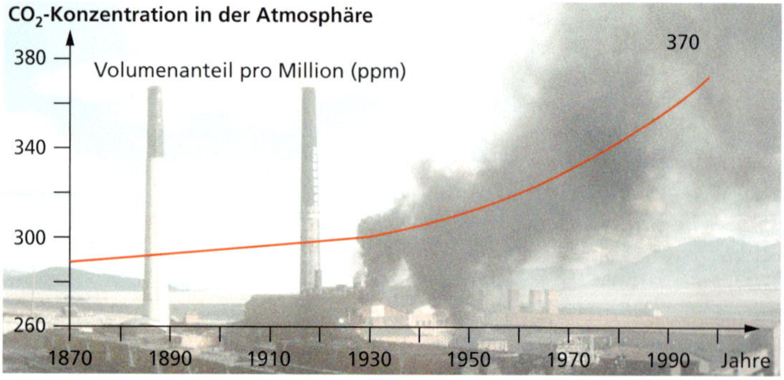

Seit Beginn der Industrialisierung führen menschliche Aktivitäten zur Freisetzung von Spurengasen, die sich in der Atmosphäre anreichern. So stiegen gegenüber der vorindustriellen Zeit weltweit die Konzentrationen von Kohlenstoffdioxid (CO_2) um 45 %. So genannte **Treibhausgase** verweilen Jahrzehnte bis Jahrhunderte in der Atmosphäre. Werden diese anthropogenen Emissionen der klimawirksamen Gase nicht gestoppt, muss mit einer **globalen Klimaveränderung** gerechnet werden.
Betrachten wir allerdings die Klimaveränderungen der Erdgeschichte oder auch nur die Temperaturschwankungen der letzten 400 000 Jahre, erkennen wir, dass das Klima sich auch *ohne Mensch* regelmäßig drastisch änderte. Für die Erdtemperaturen sind eine Reihe von Faktoren verantwortlich, wie z. B. auch der atmosphärische Druck, die Konvektion in der Troposphäre und die Sonnenaktivitäten (↗ S. 23).

10.5.3 Gesetze und Maßnahmen

Die Belastung des Naturhaushaltes durch den Menschen hat im Laufe der Zeit ein Ausmaß angenommen, das in seinen Wirkungen für jeden von uns sichtbar und spürbar ist. Die Beschleunigung des Bevölkerungszuwachses, der erhöhte Energiebedarf und die Ausweitung der industriellen Produktion gehen mit der Verschmutzung von Gewässern und Luft einher. Tier- und Pflanzenarten sind durch die Vernichtung ihrer Lebensräume zum Tode verurteilt.
Nach Angaben der Vereinten Nationen werden zur Zeit täglich rund 150 Tier- und Pflanzenarten ausgerottet. In 100 Jahren wären somit bereits 50 % aller Arten ausgestorben und in 250 Jahren alle. Wie aber wollen wir ohne Tiere und Pflanzen leben? Auch wenn diese Extrapolation nicht ganz realistisch ist, ist das „Ende der biologischen Vielfalt“ eine reale Gefahr.
Um der dramatischen Verarmung der biologischen Vielfalt Einhalt zu gebieten, bedarf es also dringend einer Reihe von Gegenmaßnahmen.
Neben nationalen Natur- und Umweltschutzgesetzen müssen besonders Übereinkommen oder Konventionen auf internationaler Ebene getroffen werden, denn die Grenzen der bedrohten Lebensräume stimmen selten mit den Staatsgrenzen überein.

http://www.umweltbundesamt.org/dzu/default.html

Internationale Bemühungen

Naturschutzmaßnahmen orientieren sich stark an gefährdeten Arten. Ein wichtiges Instrument des Artenschutzes sind die **roten Listen**, die u. a. der Aufklärung der Öffentlichkeit über die Gefährdung einzelner Arten dienen.

Um eine Übernutzung von Tier- und Pflanzenarten durch den internationalen Handel zu verhindern, ist eine Kontrolle und Überwachung erforderlich. Hierzu wurde 1973 in Washington die „**C**onvention on **I**nternational **T**rade in **e**ndagered **S**pecies of flora and fauna" **(CITES)** verabschiedet. Im deutschen Sprachgebrauch wird sie auch als **Washingtoner Artenschutzübereinkommen (WA)** bezeichnet. Alle drei Jahre treffen sich die Mitgliedstaaten der Konvention, um den Vertrag bzw. die Anhänge zu aktualisieren, denn das WA enthält u. a. Listen mit Arten, die durch den internationalen Handel gefährdet sind. Als die Konvention in Kraft trat, umfassten diese Listen 375 Arten, heute sind über 40 000 Pflanzenarten und über 8 000 Tierarten in ihr aufgelistet.

Des Weiteren gibt es eine Anzahl von anderen wichtigen internationalen **Natur- und Artenschutzkonventionen.**

Der Entwicklung von weitaus umfassenderen Gegenmaßnahmen im Rahmen des Natur- und Umweltschutzes liegt die Erkenntnis zugrunde, dass Umwelt- und Entwicklungsprobleme nicht voneinander zu trennen sind.

Rote Listen enthalten verschiedene Gefährdungsstufen von ausgestorben bis potenziell gefährdet.

In Deutschland ist das **Washingtoner Artenschutzübereinkommen (WA)** seit 1976 gültig und bis heute sind mehr als 150 Staaten dem WA beigetreten.

Internationale Natur- und Artenschutzkonventionen

Abkommen	Inhalt
1. Internationale Walfangkommission (IWC, 1948)	Internationale Kontrollinstanz für Walfang – kein Artenschutzübereinkommen; nur „wissenschaftl. Walfang"
2. Ramsar-Konvention (1971)	Schutz von Feuchtgebieten internationaler Bedeutung als Lebensräume bedrohter Vogelarten
3. Washingtoner Artenschutzübereinkommen (WA, 1973)	Regulierung des Handels mit gefährdeten frei lebenden Tieren und Pflanzen ⇒ CITES
4. Berner Konvention (1979)	Übereinkommen über die Erhaltung der europäischen wild lebenden Pflanzen und Tiere und ihrer natürlichen Lebensräume
5. Bonner Konvention (1979)	Erhaltung wandernder wild lebender Tiere
6. EU-Vogelschutzrichtlinie (1979)	Erhaltung wild lebender Vogelarten innerhalb der EU
7. Canberra Konvention (1981)	Erhaltung der Meeresflora und -fauna in der Antarktis
8. Biodiversitätskonvention (Rio de Janeiro 1992, Johannesburg 2002)	Globaler Schutz der biologischen Vielfalt (seit 29.12. 1993 in Kraft, von 157 Staaten unterzeichnet) ⇒ Agenda 21
9. Fauna-Flora-Habitat-Richtlinie der EU (FFH-RL, 1992)	Erhaltung natürlicher Lebensräume wild lebender Tiere und Pflanzen in der EU
10. EU-Vereinbarung zum WA (1997))	Umsetzungsbestimmungen des WA innerhalb der EU

Die Frage ist, wie sich ein verstärkter Schutz der Umwelt und der biologischen Vielfalt mit einer wirtschaftlichen Entwicklung in den Entwicklungsländern vereinbaren lässt.

Bereits 1992 trafen sich in Rio de Janeiro auf der „Konferenz der Vereinten Nationen für Umwelt und Entwicklung" *(United Nations Conference on Environment and Development, UNCED)* Vertreter aus 178 Ländern, um über eine Lösung zu diskutieren. Der Begriff der **nachhaltigen Entwicklung** (*sustainable development,* ↗ S. 32) wurde geprägt, deren Umsetzung inzwischen als internationales Leitbild bezeichnet werden kann.

Die **Agenda 21** ist das globale Aktionsprogramm für die nachhaltige Entwicklung unserer Erde.

Die Konferenz resultierte in einer Reihe wichtiger Vereinbarungen. Hierzu zählen beispielsweise:
- die **Klimakonvention,** die verlangt, dass Industrienationen ihre Emissionen an Kohlenstoffdioxid und anderen Treibhausgasen reduzieren, und
- die **Biodiversitätskonvention,** ein „Übereinkommen zum Schutz der natürlichen Lebensgrundlagen".

Konkrete Maßnahmen zur Umsetzung der auf dem „Erdgipfel" in Rio gefassten Beschlüsse wurden in einem Aktionsplan für den Weg ins 21. Jh. formuliert, der **Agenda 21.**

Der südafrikanische Präsident THABO MBEKI umarmt mit einem Globus in der Hand am 25.08. 2002 bei der Willkommenszeremonie zum Weltgipfel für nachhaltige Entwicklung in Johannesburg, ein Kind, das an den Darbietungen teilgenommen hat.

Im September 2002 kam in Johannesburg die Staatengemeinschaft erneut zusammen. Der „Weltgipfel für nachhaltige Entwicklung" (World Summit on Sustainable Development) hatte eine Bestandsaufnahme dessen zum Ziel, was seit Rio mit Blick auf die nachhaltige Entwicklung unserer Erde erreicht wurde. Der globalen Umweltpolitik sollten neue Impulse gegeben werden.

Zu den Verhandlungsergebnissen zählten u. a. eine Verständigung zur Reduzierung des Rückgangs der Artenvielfalt bis 2010, eine Verminderung der Vernichtung der Weltfischbestände bis 2015 und eine Erhöhung des Anteils erneuerbarer Energien.

Gesetzgebung

Das **Bundesnaturschutzgesetz (BNatSchG)** räumt als Rahmengesetz den Bundesländern einen weiten Regelungsbereich ein.

Das Bestreben, unsere natürliche Umwelt zu erhalten, macht eine entsprechende Gesetzgebung zur Durchsetzung von Natur- und Umweltschutzmaßnahmen unverzichtbar.

In Deutschland wird der Naturschutz durch das **Bundesnaturschutzgesetz (BNatSchG)** geregelt. Es orientiert sich an dem in Artikel 20 a des Grundgesetzes niedergelegten Umweltpflegeprinzip.

Im Bundesnaturschutzgesetz wird Naturschutz und Landschaftspflege als übergreifende, das ganze Land betreffende Aufgabe verstanden. Damit soll der ganzheitliche Schutz des Naturhaushaltes und der natürlichen Lebensgrundlagen bundesrechtlich verankert werden.

Das Gesetz soll den Schutz von einheimischen Tier- und Pflanzenarten sowie ihrer Lebensräume stärken. Besonders hervorzuheben ist die Bestrebung eines bundesweiten Biotopverbundes auf mindestens 10 % der Landesfläche.

Die Überwachung der konkreten Maßnahmen des Naturschutzes innerhalb der Bundesländer liegt bei den jeweiligen Naturschutzbehörden. Es existieren spezielle Fachinstitutionen. Deren Aufgabe ist die wissenschaftliche Beratung von Politik und Verwaltung. Das **Bundesamt für den Naturschutz (BfN)** übernimmt auf Bundesebene die fachliche und wissenschaftliche Beratung des Bundesumweltministeriums. Auf Länderebene übernehmen diese Aufgabe die Landesanstalten und Landesämter für Naturschutz.

Nationale und internationale **Schutzgebiete** sollen Tieren und Pflanzen ausreichend ungestörten Lebensraum bieten.

Neben der Regelung des Naturschutzes spielt auch das **Umweltrecht** eine wesentliche Rolle. Stoffliche Belastungen von Luft, Wasser und Boden sollen vermieden werden. Wichtige Regelwerke sind das Immissionsschutzgesetz, das Wasserhaushaltsgesetz, das Abfallgesetz, das Chemikaliengesetz und das Gentechnikgesetz.

Schutzgebiete

Die Veränderung oder teilweise Zerstörung eines Lebensraumes ist häufig der Hauptgrund für den Rückgang der Tier- und Pflanzenarten in diesem Gebiet. Deshalb muss dieser Raum überwacht und die Natur darin ihrem eigenen Rhythmus überlassen werden.

Neben der Landschaftsplanung oder der Eingriffsregelung ist die Ausweisung von **Schutzgebieten** ein wichtiges Instrument des Natur- und Umweltschutzes bzw. des Naturschutzgesetzes. Es gibt verschiedene Schutzkategorien mit unterschiedlicher Zielsetzung, um Flächen für den Naturschutz zu sichern. Am strengsten geschützt sind in Deutschland die **Naturschutzgebiete (NSG).**
Lebensgemeinschaften oder Lebensräume von Tier- und Pflanzenarten sollen wegen ihrer Seltenheit und Schönheit oder ihres wissenschaftlichen Wertes geschützt werden. Menschliche Aktivitäten sind in ihnen weitestgehend untersagt.

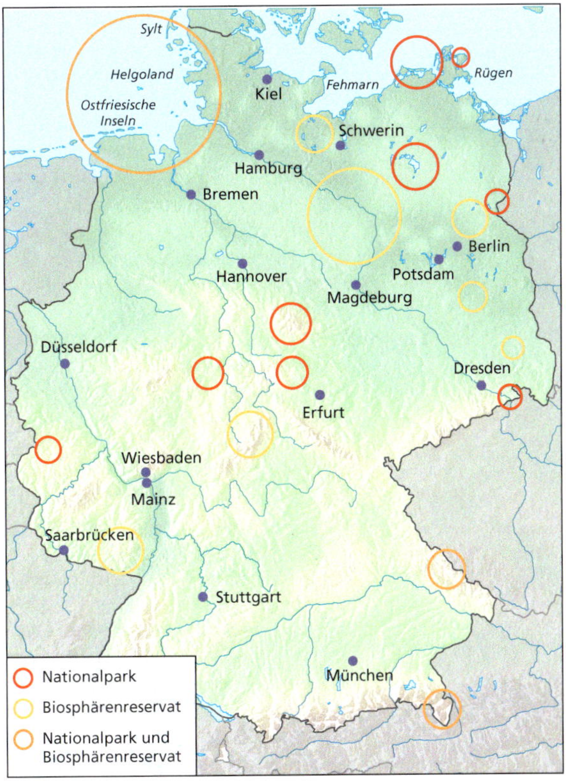

Nationalparke sind großräumige Schutzgebiete. Sie umfassen mindestens 10 000 ha noch weitgehend naturnaher Landschaft. Die Kerngebiete sind frei von menschlicher Nutzung, in großen Bereichen ist eine forstliche, landwirtschaftliche oder fischereiwirtschaftliche Nutzung allerdings erlaubt.

Einen geringeren Status weisen eine Anzahl weiterer Schutzgebiettypen in Deutschland auf. Zu ihnen gehören z. B. **Landschaftsschutzgebiete** und **Naturparke.**

Internationalen Charakter haben die von der UNESCO (United Nations Educational, Scientific an Cultural Organization) eingerichteten Biosphärenreservate. Sie schützen Kulturlandschaften die durch menschliche Nutzung entstanden sind und mit der Aufgabe der Nutzung verloren gehen würden.

Natur- und Umweltschutzorganisationen

!

In einer **Natur- und Umweltschutzorganisation** kann jeder aktiv werden:
www.iucn.org
www.wwf.de
www.greenpeace.de
www.bund.net
www.nabu.de
www.robinwood.de
www.tierschutzbund.de

So manche Gründung einer heutzutage angesehenen Natur- und Umweltschutzorganisation ist wohl der Trägheit staatlicher Stellen zu verdanken. So gaben Wissenschaftler und Vertreter von Naturschutzverbänden den entscheidenden Anstoß, als 1948 in Frankreich die **Internationale Organisation für Naturschutz (IUCN)** durch die UNESCO und die französische Regierung gegründet wurde.

Als wichtigste Organisationen auf internationaler, nichtpolitischer Ebene gelten zur Zeit der im Jahre 1961 gegründete **World Wildlife Fund (WWF)** und die 1972 entstandene Gruppe **Greenpeace,** die besonders durch ihre spektakulären Aktionen berühmt wurde.
Während sich der WWF hauptsächlich auf den Artenschutz konzentriert, umfasst das Tätigkeitsfeld von Greenpeace alle Bereiche des Umweltschutzes.
In Deutschland zählen der **Bund für Umwelt und Naturschutz (BUND),** der **Naturschutzbund (Nabu),** der **Tierschutzbund** und **Robin Wood** zu den bekanntesten Organisationen auf Landesebene.

© WWF ®

Die Zielsetzungen der verschiedenen Organisationen sind nicht identisch, sie decken sich jedoch in dem Bestreben, das Umweltbewusstsein der Bevölkerung zu stärken und die Bereitschaft zu persönlichem und politischem Handeln zu erhöhen. Je mehr Menschen sich aktiv am Natur- und Umweltschutz beteiligen, desto größer sind die Aussichten auf Erfolge.

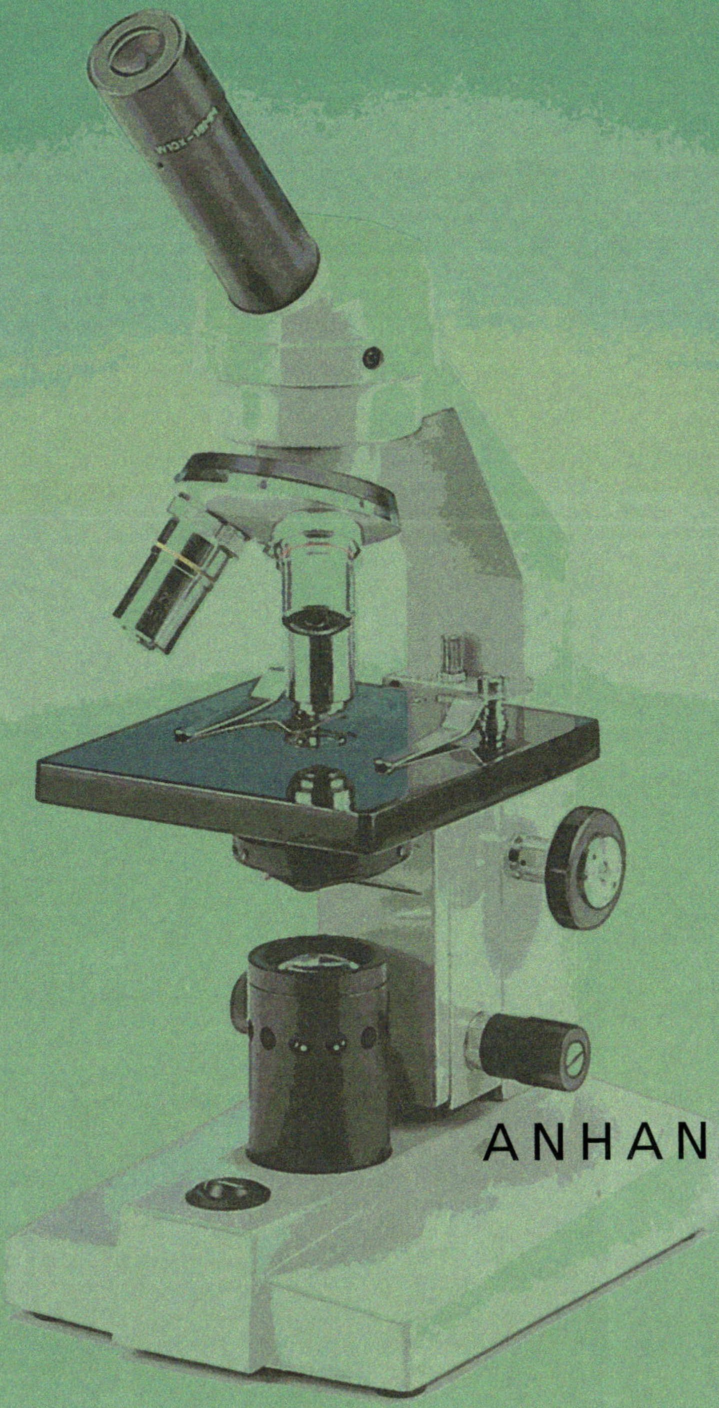

ANHANG 11

Register

C

Q

R

S

Bildquellenverzeichnis

aisa, Archivo iconografico, Barcelona: 285/1, 286/1; AKG Berlin: 13, 19/1, 36, 261/1, 367; P. Baumann, University of California, Davis: 311/2; Prof. J. Baumüller, Stuttgart: 437/2; Bayer AG/ Leverkusen: 311/1, 315/1, 354/1; Berliner Stadtreingungsbetriebe: 442; Bibliographisches Institut & F. A. Brockhaus, Mannheim: 10/1, 15/1, 16/1, 16/2, 17/1, 17/2, 19/2, 21/1, 22/1, 63/1, 81, 83, 98, 116, 138/1, 138/2, 143/1, 145, 201/1, 212/1, 216/1, 226/1, 261/2, 285/2, 287/1, 298/1, 298/2, 298/3, 310, 325/1, 328/1, 339, 352/1, 352/2, 366, 380, 384/1, 401/1, 403/1, 403/2, 417/1, 418/1, 419/1, 419/2, 419/3; Bibliothek der Humboldt-Universität, Berlin: 47; Bildarchiv Pflanzen: 352/3; BPK, Berlin: 275/1; A. Börner, Berlin: 296/1; Prof. Dr. G. Bräuer, Hamburg: 331; C. Brockmann, Berlin: 31/1, 31/2; Carl Zeiss, Oberkochen: 65/1, 65/2; W. Claus, Fulda: 14/1; Contributions of 20th Century Women to Physics, Copyright (CWP) and the regents of the University of California 1995–1999: 21/2, 201/2; CORBIS-ROYALTY FREE: 11/1; 20/2, 289 (R. Ressmeyer); 417/2; Corel Photos Inc.: 11/2, 11/3, 25, 99/1, 268/1, 278/1, 328/2, 352/4, 357/1, 369/1, 369/2, 384/2, 399/1, 401/2, 403/3, 421/1, 426/1, 432/1, 432/2, 437/1; A. Deutsch, Berlin: 399/2; DIZ-Süddeutscher Verlag Bilderdienst: 381; S. Dilger, http://www.zoologie-online.de: 194; dpa/Zentralbild: 409, 450/1; Dr. H. Eichler, Heidelberg: 122; Dr. K.-H. Firtzlaff, Berlin: 226/2; Dr. Fischer: 18/1; Prof. Dr. W. Fritz, Köln: 63/2, 294/2; Floramedia: 218, 312/1; R. E. Franklin & R. G. Gosling (1953) Evidence for 2-chain helix in crystalline structure of sodium desoxyribonucleate, Nature, 172, 156: 200; J. B. Fredy, Riehen/Schweiz: 55/2; H.-A. Freye, Spur der Gene, Edition Leipzig, 1980: 231/1, 231/2; H. R. Gelderblom, Robert-Koch-Institut, Berlin: 74; GettyImages/Strandperle: Titelbild; B. Grimm, Berlin: 425; 92/1; S. Haddock: 143/2, 386/2; E. Haeckel: Anthropogenie oder Entwicklungsgeschichte des Menschen, 1874: 322; Hauff-Museum, Holzmaden: 363; A. Held, Falkensee: 168; H. Hoock: 403/4; R. Hooke: Micrographia, Printed for J. Martyn, London, 1667: 15/2, 65/3; F. Horn, Rostock: 398/1; Dr. H. Huber, Regensburg: 72; Institut für Geschichte der Medizin: 18/2; Institut Pasteur, Paris: 237; F. Jantzen, Bad Arolsen: 46; John Foxx Images: 411; Journal of Cell Biology, 77, 1978: D. J. Burks & P. J. Stambrook: 204; Keystone Pressedienst, Zürich: 79/1; Kleinig/Sitte: Zellbiologie, 4.Auflage, 1999 © Elsevier GmbH, Urban & Fischer Verlag München: 69/1, 75, 76, 77, 78/1, 79/2, 79/3, 80/1, 80/2, 87; Klimmer, Lingen: 435/1; Dr. R. König, Kiel: 55/1, 306, 309; Lavendelphoto: 445/1; Lawrence Berkely National Laboratory, Berkely, Kalifornien: 108; Leammli et al., Metaphase Chromosome Structure: The role of Nonhistone Prot. Cold Spring Habor: 250; J. Lethmate: 383; G. Liesenberg, Berlin: 249, 376/1, 432/3; C. v. Linné: Systema naturae, Nürnberg, 1773: 17/3; H. Mahler, Berlin: 42/1, 112/1, 112/2, 112/3; Dr. T. Martens, Museum der Natur, Gotha: 294/1, 295/1; T. Martens, Großrettbach: 295/2, 296/2; Mauritius: 438; 389 (Age); 374/1 (Arthur); 88 (Birke); 263 (Ducatez); 99/2 (Haag + Kropp); 281 (K. Paysan); 183, 260, 266/1, 271, 278/3, 354/2, 356/1, (Phototake); 335 (PowerStock); 445/2 (Schmidt-Luchs); 307, 392/1, 394 (Steve Bloom Images); 329 (Torino), 398/2 (West Studios); Medical Life: The Life and Works of Sanctorius, 38, 1931, 726: 96; L. Meyer, Potsdam: 312/2; Musée National d'Histoire Naturelle, Paris: 19/3; Museum für Naturkunde, Berlin: 11/5, 290, 296/3, 297; National Aeronautics and Space Administration (NASA): 23 (Pressebild), 443; Naturfotografie F. Hecker: 11/4, 368/1, 385, 426/2; Nobelstiftelsen, The Nobel Foundation, Stockholm: 33/1, 212/2, 292; OKAPIA KG, Berlin: 262, 278/4, 382; W. Okon, Kiel: 445/3; Österreichische Nationalbibliothek, Wien: 14/2; Paetec Bildarchiv: 37, 42/2, 78/2, 92/2, 112/4, 136/1, 216/2, 216/3, 216/4, 231/3, 254, 287/2, 308, 326; H.-U. Pews, Berlin: 64/1, Photo Disc Inc.: 10/2, 11/6, 59, 64/2, 64/3, 64/4, 131, 259, 267, 278/5, 278/6, 376/2, 386/1, 418/2, 428, 432/4; Photosphere: 435/2; Phywe Systeme GmbH, Göttingen: 213; Picture Press: 433; picture-alliance/OKAPIA KG Berlin: 248; picture-alliance/akg-images, Frankfurt am Main: 286/2; picture-alliance/dpa, Frankfurt am Main: 20/1, 22/2, 33/2 (Pressebild), 38/1 (Pressebild), 201/3, 221, 258, 286/3, 291, 296/4, 296/5, 356/2, 368/2, 369/3, 371, 374/2, 400/1, 436/1, 440, 448; picture-alliance/OKAPIA , Frankfurt/M.: 268/2; picture-alliance/OKAPIA KG, Germany: 229 (G. W. Willis), 241 (C.-W. Röhrig), 248, 261/3 (M. Kage), 280 (Neufried), 328/3 (Sohns), 354/3 (F. Hecker), 395; Pierre Chambon, Paris: 243/2; Planetposter editions/Zoologisches Institut Göttingen: 407; Prof. Dr. W. Probst, Flensburg: 21/3, 78/3, 124, 136/2, 185/1, 185/2, 185/3, 185/4, 315/2, 352/5, 354/4, 354/5, 356/3, 356/4, 410, 416/1–416/4, 417/3, 418/3, 419/4, 421/2, 422, 426/3, 436/2; B. Raum, Neuenhagen: 216/5; R. Rawer, Karlsruhe: 296/6; rebelpeddler Chocolate Cards: 16/3, 119, 256, 275/2; N. Schlaak, Altenhof: 400/2; P. Schuchardt, Berlin: 150, 325/2, 387, 388/1, 388/2 ; W. Schuchardt, Göttingen: 295/3, 295/4; Dr. S. Schuffenhauer, Karlsfeld: 243/1; G. Schulz, Berlin: 278/7; T. Stephan: Ulmer Museum: 333; Spektrum Akademischer Verlag, Heidelberg: 20/3, 22/3, 287/3, Strassburger: Lehrbuch der Botanik, 35. Auflage, 2002 © Elsevier GmbH, Spektrum Akademischer Verlag, Heidelberg: 80/3, 82/1, 82/2, 317; Tetra Pak GmbH & Co.: 379; The York Projekt, 10 000 Meisterwerke der Malerei: 284; H. Theuerkauf, Gotha: 228, 278/8, 357/2; Tierbildarchiv Angermayer, Holzkirchen: 174, 257, 266/2, 370, 386/3, 392/2, 401/3; R. Ulsamer, Wien: 398/3; Universität Bremen, Fachgebiet Mineralogie: 38/2; Universität Greifswald: 63/3; University of Nebraska Department of Entomology, Jim Kalisch: 373; U. S. Information Service, Bonn: 207; VDS, Hagen: 44/1–44/4; V. Wehser: 424; A. Windelband, Potsdam: 36873; Wissen Online: 44/5; WWF International, Gland, Schweiz: 450/2; Prof. Dr. E. Zabel, Güstrow: 282